煤炭行业标准汇编

（第五辑）

国家煤矿安全监察局　编

应 急 管 理 出 版 社

·北　京·

图书在版编目（CIP）数据

煤炭行业标准汇编．第五辑/国家煤矿安全监察局编．
--北京：应急管理出版社，2020
ISBN 978－7－5020－7794－5

Ⅰ.①煤…　Ⅱ.①国…　Ⅲ.①煤炭行业—行业标准—汇编—中国　Ⅳ.①TD82－65

中国版本图书馆 CIP 数据核字(2019)第 254742 号

煤炭行业标准汇编（第五辑）

编　　者　国家煤矿安全监察局
责任编辑　赵金园
责任校对　邢蕾严
封面设计　楚红兵

出版发行　应急管理出版社（北京市朝阳区芍药居 35 号　100029）
电　　话　010－84657898（总编室）　010－84657880（读者服务部）
网　　址　www.cciph.com.cn
印　　刷　北京建宏印刷有限公司
经　　销　全国新华书店

开　　本　880mm×1230mm $^1/_{16}$　**印张**　50　**字数**　1529 千字
版　　次　2020 年 3 月第 1 版　2020 年 3 月第 1 次印刷
社内编号　20193084　　**定价**　298.00 元

前　　言

党的十八大以来，我国进入到新时代中国特色社会主义建设时期，也是标准化事业的全面提升期。习近平总书记指出，“标准助推创新发展，标准引领时代进步”“中国将积极实施标准化战略，以标准助力创新发展、协调发展、绿色发展、开放发展、共享发展”。中央深改办将标准化工作改革纳入到重点工作，国务院相继出台了《深化标准化工作改革方案》和国家标准化体系建设的发展规划。第十二届全国人大常委会审议通过新修订的标准化法，确立了新型标准体系的法律地位，形成了政府主导制定标准与市场自主制定标准协同发展、协调配套的机制。

国家煤矿安全监察局为进一步贯彻落实习近平总书记、党中央、国务院以及国家标准化管理委员会关于标准化工作的相关要求，针对归口管理的煤炭行业标准进行了汇总梳理。

应急管理出版社以国家煤矿安全监察局“强制性标准整合精简”工作结论为依据，按标准号从小到大的顺序，形成《煤炭行业标准汇编》（第一至第十辑）系列丛书，共计收录煤炭行业标准 928 个，其中，MT 标准 52 个，MT/T 标准 876 个，供煤矿安全监管监察和煤矿企业从业人员查询使用，以求不断规范煤矿安全生产工作，增强保护人民群众生命财产安全的能力，以新时代标准体系推动煤炭行业高质量发展。本书在编录过程中可能有遗漏和欠妥之处，恳请读者批评指正。

编　者

2020 年 1 月

目 录

目　录

目　　录

目　录

ICS 73
P 70
备案号：

MT

中华人民共和国煤炭行业标准

MT/T 593.1—2011
代替 MT/T 593.1—1996

人工冻土物理力学性能试验 第1部分：人工冻土试验取样及试样制备方法

**Artificial frozen soil physics mechanics performance test——
Part 1: Artificial frozen soil experiment sample and specimen preparation method**

2011-04-12 发布　　2011-09-01 实施

国家安全生产监督管理总局　发布

前　言

本部分按照GB/T 1.1—2009给出的规则起草。

MT/T 593《人工冻土物理力学性能试验》分为8个部分：

——第1部分：人工冻土试验取样及试样制备方法；

——第2部分：土壤冻胀试验方法；

——第3部分：人工冻土静水压力下固结试验方法；

——第4部分：人工冻土单轴抗压强度试验方法；

——第5部分：人工冻土三轴剪切强度试验方法；

——第6部分：人工冻土单轴蠕变试验方法；

——第7部分：人工冻土三轴蠕变试验方法；

——第8部分：人工冻土抗折强度试验方法。

第1部分至第7部分是对MT/T 593《人工冻土物理力学性能试验》的修订，第8部分是MT/T 593《人工冻土物理力学性能试验》新增加部分。本部分为MT/T 593的第1部分，是对MT/T 593.1—1996《人工冻土物理力学性能试验　第1部分：人工冻土试验取样及试样制备方法》的修订，本部分代替MT/T 593.1—1996。

本部分与MT/T 593.1—1996相比主要变化如下：

——修改了原版中"含水量"统一改为"含水率"(见3.1、3.2、5.2.4,1996年版3.1、5.2.4)；

——修改了原版中"负温"改为"冻结"(见3.4、3.5,1996年版3.4、3.5)；

——增加了软岩的定义(见3.6)；

——修改了量具的精度、称量单位，取消了原版中的kg，统一修改成g(见4.4,1996年版的4.4)；

——修改了含水率划分的具体要求(见5.2.4,1996版的5.2.4)。

本部分由中国煤炭工业协会提出。

本部分由煤炭行业煤矿专用设备标准化技术委员会归口。

本部分起草单位：煤炭科学研究总院建井研究分院、北京中煤矿山工程有限公司、中国矿业大学、安徽理工大学、济南瑞普机电技术有限公司。

本部分主要起草人：李长忠、李嘉玲、宁方波、张艳。

本部分的历次版本发布情况为：

——MT/T 593.1—1996。

人工冻土物理力学性能试验
第1部分:人工冻土试验取样及试样制备方法

1 范围

MT/T 593的本部分规定了人工冻土物理力学性能试验所需土样的采集、包装、运输、贮存方法,试样制备方法及采用的试验用仪器、设备。

本部分适用于黏质土、砂土、软岩等重塑土及冻结原状土的取样、试样制备。

2 规范性引用文件

下列文件对于本文件的应用是必不可少的。凡是注日期的引用文件,仅注日期的版本适用于本文件。凡是不注日期的引用文件,其最新版本(包括所有的修改单)适用于本文件。

GB/T 50123—1999 土工试验方法标准

3 术语和定义

下列术语和定义适用于本文件。

3.1 原状土 undisturbed soil

土样取出后其颗粒、含水率、密度、胶结性和结构等物理性能保持不变的土样。

3.2 重塑土 remolded soil

土样取出经重新制备后其胶结性、含水率、密度和结构等物理性能有所改变的土样。

3.3 试样 specimen

按规定制备,用于人工冻土物理力学性能试验的土样。

3.4 冻结原状土试样 frozen undisturbed soil specimen below

从冻结土结构物中取得冻结**原状土**,进行加工而成的冻土**试样**。

3.5 冻结重塑土试样 frozen remolded soil specimen below

由**原状土**经烘干、破碎、配土、加工成型,再负温冻结而成的冻土**试样**。

3.6 软岩 soft rock

软岩为松散软弱的岩体总称。

4 试验用仪器、设备

4.1 取土工具:风镐、岩芯钻具等。

4.2 贮运设备:土样集装箱(容量0.03 m^{3}以上,保湿,防震)、冷藏运输车(温度−30 ℃~−1 ℃)等。

4.3 保存设施:低于−30 ℃的冷库或冷箱。

4.4 量具:台秤和天平(称量1000 g,最小分度值0.5 g;称量500 g,最小分度值0.1 g;称量200 g,最小分度值0.01 g)、量筒(容积100 mL,最小刻度值1 mL)、直角尺(200 mm×200 mm,分度1 mm)、游标卡尺(量程200 mm,最小刻度值0.02 mm)。

4.5 碎土设备:颚式碎土机或其他碎土设备。

4.6 成型模具:击实仪、环刀、切土盘、切土器等。

4.7 其他:烘箱、保湿器、干燥器、木锤、橡皮板、玻璃缸、修土刀、钢锯、凡士林、保鲜膜、塑料袋、土样标签及其他盛土器皿等。

5 基本要求

5.1 土样基本要求

5.1.1 土样在冻结壁或现场未冻地层中采集时，每块土样尺寸不小于250 mm×250 mm×250 mm；在检查钻孔采集时，土样尺寸不小于ϕ90 mm×200 mm。

5.1.2 土样数量应满足试验项目的要求。

5.1.3 土样采集时应作好原始记录并对每块土样进行编号，贴上标签。

5.2 试样基本要求

5.2.1 规格：人工冻土单轴抗压强度试验、人工冻土单轴蠕变试验、人工冻土三轴剪切强度试验、人工冻土三轴蠕变试验，人工冻土静水压力下固结试验试样规格：ϕ61.8 mm×150 mm 和 ϕ50 mm×100 mm，应保证试样最小尺寸大于土样中最大颗粒粒径的10倍；土壤冻胀试验试样规格：ϕ(50 mm～150 mm)×(25 mm～75 mm)，高径比为0.5；冻土抗折强度试验试样规格：200 mm×50 mm×50 mm。

5.2.2 精度：外形尺寸误差小于1.0%，试样两端面平行度误差不大于0.5 mm。

5.2.3 配土：重塑土含水和粗细颗粒混合都应均匀，试样击实密度均匀。

5.2.4 含水率：重塑土含水率与天然含水率，当含水率小于40%时误差不大于1%，当含水率大于40%时误差不大于2%，或根据用户需要确定，同一组试样的含水率差值在±1.0%。

5.2.5 密度：重塑土密度与原状土密度两次测定的差值不大于0.03 g/cm^3，取两次测量值的平均值。

6 操作步骤

6.1 土样采集及接收管理

6.1.1 冻土样的采集和接收

6.1.1.1 从冻结壁或冻土墙采集的冻土块，用修土刀修成所需尺寸，并作好土性、标高、层位及数量等土样记录。

6.1.1.2 将土样用双层塑料袋包装密封，标上标签，并用线绳捆扎好。

6.1.1.3 将捆好的冻土样，用保温材料(棉絮、玻璃棉或泡沫塑料)和双层塑料袋包严。再用绳捆扎好，标上标签并附土样记录装入土样集装箱。

6.1.1.4 用冷藏车(−30 ℃～ −1 ℃)恒温运至试验地点。

6.1.1.5 试验人员根据土样记录验收土样，验收合格后在验收单上签字登记。

6.1.1.6 将土样按层位分别存放在−10 ℃以下恒温冷库的指定位置。

6.1.1.7 试验后的土样，应保存至提交试验报告后半年，如委托单位事先提出特殊要求，可协商确定。

6.1.2 未冻土样的采集和接收

6.1.2.1 从地质检查孔中取得芯样，刮去泥浆皮，或从现场未冻土地层中取得土样，用修土刀修成所需尺寸，并作好土性、标高、层位及数量等土样记录。

6.1.2.2 包装按6.1.1.2规定进行。

6.1.2.3 将捆扎好的非冻土样浸入石蜡中，再次密封，标上标签并附土样记录装入土样集装箱，运至试验地点。

6.1.2.4 按6.1.1.5规定进行验收。

6.1.2.5 将土样按层位存放在常温试验室内。

6.1.2.6 试验后的土样按6.1.1.7规定进行。

6.2 试样制备步骤

6.2.1 常温试样的制备

常温试样的制备按GB/T 50123—1999中3.1的规定进行。

6.2.2 冻结原状土试样的制备

6.2.2.1 在负温试验室内,小心开启原状土包装,辨别土样上下层次,用钢锯平行锯平两端。无特殊要求时,使试样轴向与自然沉积方向一致。用修土刀、切土盘和切土器将土块修整成型,使其符合5.2.1和5.2.2的规定,即可用于试验。

6.2.2.2 制备过程中,描述土样的情况,并记录它的层位、颜色、有无杂质、土质是否均匀和有无裂缝等。

6.2.3 冻结重塑土试样的制备

6.2.3.1 在常温试验室内,小心开启土样密封层,去掉土样表皮,记录土样的颜色、土类、气味及夹杂物等,并选取有代表性土样进行天然含水率和密度的测定。

6.2.3.2 将土样切碎,在105 ℃～110 ℃温度下恒温烘干,放入干燥器中冷却至室温。

6.2.3.3 将烘干、冷却的土样进行破碎(切勿破碎颗粒)。

6.2.3.4 根据土样天然含水率,对干土进行配水(或加冰晶),并搅拌均匀,密封后放入保湿器内养护24 h以上。

6.2.3.5 彻底清洗模具,并在模具内表面涂上一层凡士林,分次均匀将土样放入模具击实,要保证试样密度与天然密度在允许误差范围内,误差范围按5.2.5执行。

6.2.3.6 将试样连同模具密封并在低于－30 ℃温度下速冻4 h～6 h。

6.2.3.7 将试样在所需试验温度下脱模,并用修土刀修整,使试样符合5.2.1、5.2.2的要求。

6.2.3.8 将制备好的低温重塑土试样贴上标签(标明来源、层位、重量、日期等),装入塑料袋内密封,置于所需试验温度下恒温养护,在24 h～48 h内可用于试验。

ICS 73
P 70
备案号：

MT

中华人民共和国煤炭行业标准

MT/T 593.2—2011
代替 MT/T 593.2—1996

人工冻土物理力学性能试验 第2部分：土壤冻胀试验方法

Artificial frozen soil physics mechanics performance test——
Part 2: Soil frost heave test method

2011-04-12 发布　　2011-09-01 实施

国家安全生产监督管理总局　　发 布

前　言

本部分按照 GB/T 1.1—2009 给出的规则起草。

MT/T 593《人工冻土物理力学性能试验》分为 8 个部分：

——第 1 部分：人工冻土试验取样及试样制备方法；

——第 2 部分：土壤冻胀试验方法；

——第 3 部分：人工冻土静水压力下固结试验方法；

——第 4 部分：人工冻土单轴抗压强度试验方法；

——第 5 部分：人工冻土三轴剪切强度试验方法；

——第 6 部分：人工冻土单轴蠕变试验方法；

——第 7 部分：人工冻土三轴蠕变试验方法；

——第 8 部分：人工冻土抗折强度试验方法。

第 1 部分至第 7 部分是对 MT/T 593《人工冻土物理力学性能试验》的修订，第 8 部分是 MT/T 593《人工冻土物理力学性能试验》新增加部分。本部分为 MT/T 593 的第 2 部分，是对 MT/T 593.2—1996《人工冻土物理力学性能试验 第 2 部分：土壤冻胀试验方法》的修订，本部分代替 MT/T 593.2—1996。

本部分与 MT/T 593.2—1996 相比主要变化如下：

——增加了冻胀率试验测试过程的具体要求(见 6.2.2，1996 年版的 6.2.2)；

——增加了冻胀力测试的操作步骤(见 6.3.2～6.3.4)；

——增加了规范性附录“人工冻土冻胀率试验表”(见附录 A)；

——增加了规范性附录“人工冻土冻胀力试验表”(见附录 B)。

本部分由中国煤炭工业协会提出。

本部分由煤炭行业煤矿专用设备标准化技术委员会归口。

本部分起草单位：煤炭科学研究总院建井研究分院、北京中煤矿山工程有限公司、中国矿业大学、安徽理工大学、济南瑞普机电技术有限公司。

本部分主要起草人：李长忠、李嘉玲、赵玉明、张艳。

本部分的历次版本发布情况为：

——MT/T 593.2—1996。

人工冻土物理力学性能试验
第2部分:土壤冻胀试验方法

1 范围

MT/T 593的本部分规定了人工冻土冻胀试验所需试验用仪器、设备,试验步骤和结果计算。

本部分适用于人工冻土冻胀率和冻胀力的测定。

2 规范性引用文件

下列文件对于本文件的应用是必不可少的。凡是注日期的引用文件,仅注日期的版本适用于本文件。凡是不注日期的引用文件,其最新版本(包括所有的修改单)适用于本文件。

MT/T 593.1 人工冻土物理力学性能试验 第1部分:人工冻土试验取样及试样制备方法

3 术语和定义

下列术语和定义适用于本文件。

3.1

冻胀率 frost heave ratio

试样在无侧向变形无纵向荷载条件下,经单向冻结,其纵向的高度增量与试样原高度比值。

3.2

冻胀力 frost heave pressure

试样在无侧向变形无纵向荷载,且上下端面限制(无变形)的条件下,经单向冻结后所产生的单位面积轴向推力。

3.3

开敞系统冻胀试验 frost heave test of open system

在试样的一端供给恒温水源,另一端保持在恒定负温下所进行的冻胀试验。

3.4

封闭系统冻胀试验 frost heave test of close system

试样的一端无外部水源供给,并保持恒定环境温度,而另一端保持在恒定负温下所进行的冻胀试验。

4 试验用仪器、设备

4.1 冻胀测定仪:冷端温度低于−10 ℃,精度0.2 ℃。

4.2 应力及变形测试元件:压力传感器(量程0 kN~100 kN,精度1%);位移传感器(轴向量程0 mm~50 mm,精度1%;径向量程0 mm~25 mm,精度1%)、数据自动采集系统。

4.3 温度传感器:量程 −40 ℃~+40 ℃,精度0.2 ℃。

4.4 量具:百分表、秒表、天平、定时钟等。

5 基本要求

5.1 试样

5.1.1 规格:采用常温圆柱体试样,ϕ(50 mm~150 mm)×(25 mm~75 mm),高径比为0.5。

5.1.2 精度:外形尺寸误差小于1.0%,两端面平行度误差不大于0.5 mm。

5.1.3 制备:按MT/T 593.1中规定进行。

5.1.4 数量:不少于3个。

5.2 试验条件

5.2.1 试验环境温度:(20±2)℃或同土样原始地温。

5.2.2 试验前各试验用仪器、设备应校正合格。

6 试验步骤

6.1 试验前准备

调节冻胀仪器的冷板温度到所需试验温度,其波动度为±0.2 ℃。若为开敞系统冻胀试验,恒温水源温度调到(20±2)℃或原始地温,波动度为±0.2 ℃。

6.2 冻胀率测试

6.2.1 待冷板温度达到试验温度时,将试样放入冻胀仪中规定位置上,安装调试好量表或位移传感器。若为开敞系统,需接通恒温水源。

6.2.2 按1 min,2 min,5 min,10 min,20 min,30 min,1 h,2 h,3 h,6 h,12 h测读试样高度变化值,(12 h后每隔2 h测读试样高度变化值),若为封闭系统冻胀试验,直至读数不变后1 h为止,若为开敞系统冻胀试验,直至2 h内试样高度变化值小于等于0.02 mm,或由数据采集系统自动记录。

6.3 冻胀力测试

6.3.1 待冷板温度达到试验温度时,将试样放入冻胀仪中规定位置上,安装调试好量表或压力传感器,若为开敞系统,需接通恒温水源。

6.3.2 当试样在某级荷载下间隔2 h不再冻胀时,则试样在该级荷载下达到稳定,允许冻胀量不应大于0.01 mm,记录施加的平衡荷载,或由数据采集系统自动记录。

7 结果计算

7.1 冻胀率计算

冻胀率可按式(1)计算:

$$\varepsilon_{fh}=\Delta h/h_0\times 100 \tag{1}$$

式中:

ε_{fh}——t 时刻试样的冻胀率,%;

Δh——0~t 时间内试样的轴向变形,单位为毫米(mm);

h_0——试验前试样高度,单位为毫米(mm)。

7.2 冻胀力计算

冻胀力可按式(2)计算:

$$\sigma_{fh}=F/A \tag{2}$$

式中:

σ_{fh}——t 时刻试样的冻胀力,单位为兆帕(MPa);

F——t 时刻试样的轴向荷载,单位为牛顿(N);

A——t 试样的截面积,单位为平方毫米(mm^2)。

7.3 绘图

按试验结果绘制试样冻胀率与时间,冻胀力与时间的关系曲线。

7.4 数据处理

冻胀率试验或冻胀力试验分别以三个试样测量值的平均值作为试验结果。将计算结果填入附录A表或附录B表内。当三个试样冻胀率或冻胀力中的最大值和最小值与中间值之差均超过中间值的15%时,该组试验应重做。

附　录　A

（规范性附录）

人工冻土冻胀率试验表

表 A.1　人工冻土冻胀率试验表

测定时间				经过时间			仪器读数
月	日	时	分	日	时	分	

工程名称：　　　　　　　　　　试 验 者：

土样编号：　　　　　　　　　　计 算 者：

试样编号：　　　　　　　　　　校 核 者：

土样说明：　　　　　　　　　　试验日期：

附　录　B

（规范性附录）

人工冻土冻胀力试验表

表 B.1　人工冻土冻胀力试验表

测定时间				冻胀力测定			
月	日	时	分	测定时间 （h　min　s）	平衡荷重 N	压力 kPa	仪器变形量 0.01 mm

工程名称：　　　　　　　　　　　　　　　　试 验 者：

土样编号：　　　　　　　　　　　　　　　　计 算 者：

试样编号：　　　　　　　　　　　　　　　　校 核 者：

土样说明：　　　　　　　　　　　　　　　　试验日期：

ICS 73
P 70
备案号：

MT

中华人民共和国煤炭行业标准

MT/T 593.3—2011
代替 MT/T 593.3—1996

人工冻土物理力学性能试验 第3部分：人工冻土静水压力下固结试验方法

Artificial frozen soil physics mechanics performance test——
Part 3: Consolidation under hydrostatic pressure for
artificial frozen soil test method

2011-04-12 发布　　　　2011-09-01 实施

国家安全生产监督管理总局　发 布

前　言

本部分按照 GB/T 1.1—2009 给出的规则起草。

MT/T 593《人工冻土物理力学性能试验》分为 8 个部分：

——第 1 部分：人工冻土试验取样及试样制备方法；

——第 2 部分：土壤冻胀试验方法；

——第 3 部分：人工冻土静水压力下固结试验方法；

——第 4 部分：人工冻土单轴抗压强度试验方法；

——第 5 部分：人工冻土三轴剪切强度试验方法；

——第 6 部分：人工冻土单轴蠕变试验方法；

——第 7 部分：人工冻土三轴蠕变试验方法；

——第 8 部分：人工冻土抗折强度试验方法。

第 1 部分至第 7 部分是对 MT/T 593《人工冻土物理力学性能试验》的修订，第 8 部分是 MT/T 593《人工冻土物理力学性能试验》新增加部分。本部分为 MT/T 593 的第 3 部分，是对 MT/T 593.3—1996《人工冻土物理力学性能试验　第 3 部分：人工冻土静水压力下固结试验方法》的修订，本部分代替 MT/T 593.3—1996。

本部分与 MT/T 593.3—1996 相比主要变化如下：

——修改了试验温度范围(见 6.3，1996 年版的 6.3)；

——引用标准更换成 GB/T 50123—1999(见第 2 章)；

——增加了规范性附录“人工冻土静水压力下固结试验记录表”(见附录 A)。

本部分由中国煤炭工业协会提出。

本部分由煤炭行业煤矿专用设备标准化技术委员会归口。

本部分起草单位：煤炭科学研究总院建井研究分院、北京中煤矿山工程有限公司、中国矿业大学、安徽理工大学、济南瑞普机电技术有限公司。

本部分主要起草人：李长忠、李嘉玲、周华群、赵玉明。

本部分的历次版本发布情况为：

——MT/T 593.3—1996。

人工冻土物理力学性能试验
第3部分:人工冻土静水压力下固结试验方法

1 范围

MT/T 593的本部分规定了人工冻土在静水压力下固结试验所需的试验用仪器、设备,试样,基本要求,试验步骤和结果计算。

本部分适用于测定在恒定静水压力和轴向排气下冻土的固结程度与时间的关系,计算冻土的三维固结度及主固结点。

2 规范性引用文件

下列文件对于本文件的应用是必不可少的。凡是注日期的引用文件,仅注日期的版本适用于本文件。凡是不注日期的引用文件,其最新版本(包括所有的修改单)适用于本文件。

GB/T 50123—1999 土工试验方法标准

MT/T 593.1 人工冻土物理力学性能试验 第1部分:人工冻土试验取样及试样制备方法

3 术语和定义

下列术语和定义适用于本文件。

3.1

冻土静水压力下固结 consolidation under hydrostatic pressure for frozen soil

指在某一恒定静水压力作用下冻土试样随时间延长而体积缩小的试验过程。

3.2

冻土三维固结度 degree of three dimensional consolidation for frozen soil

指在某一恒定静水压力作用下冻土试样在任意时间 t 的体积缩小量 S_{vt} 与最终体积缩小量 S_v 之比值。

4 试验用仪器、设备

4.1 负温三轴固结仪(图1):固结静水压力范围:0 MPa~6 MPa(土层深度不大于300 m)和0 MPa~12 MPa(土层深度不大于700 m),其波动度:±10 kPa。体积变换量测系统分值为1 mm^3。

4.2 水银温度计(二等标准),温度传感器量程:−40 ℃~+40 ℃,精度:0.2 ℃。

5 试样

5.1 采用负温原状土试样和负温重塑土试样。制备方法按MT/T 593.1中6.2.2和6.2.3的规定进行。

5.2 数量:每种围压为2个。

6 基本要求

6.1 固结静水压力按0.013H 确定,其中 H 为土样所处层位深度,单位为米(m)。

6.2 压力室排气管畅通,静水压力系统无漏液现象。

6.3 试验温度为−15 ℃~−1 ℃内的某一温度时,其波动度不大于±0.2 ℃,试验温度为−15 ℃以下的某一试验温度时,其波动度不大于±0.3 ℃。

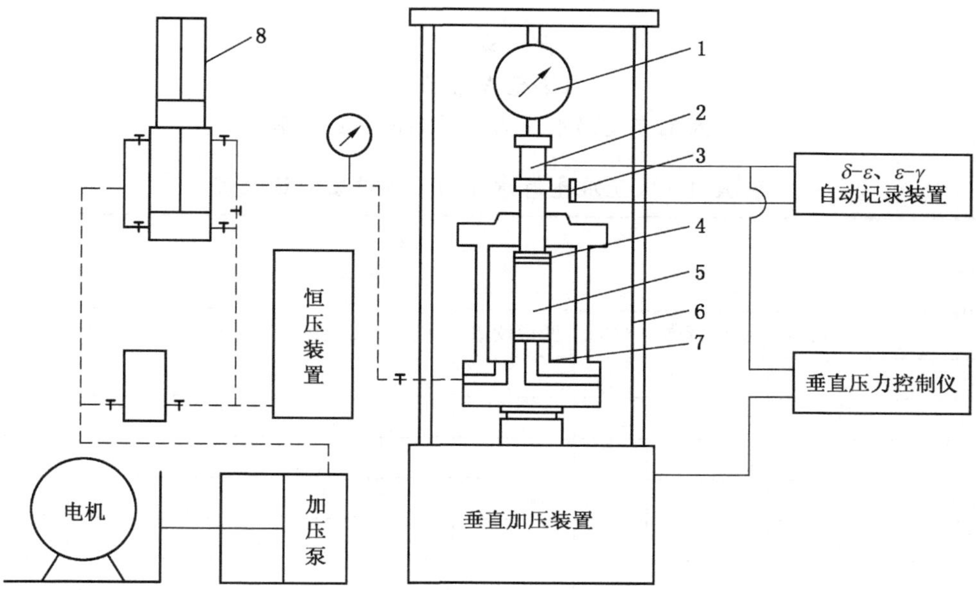

说明：

1——荷重测力环；

2——荷重传感器；

3——位移传感器；

4——乳胶膜；

5——试样；

6——压力室；

7——不冻液；

8——体变测量仪。

图 1　负温三轴固结仪示意图

7　试验步骤

7.1　在仪器的试样底座上顺序加放透水石、滤纸、冻土试样、滤纸、透水石及加压帽。

7.2　用乳胶膜套、橡皮圈将上述透水石、冻土试样密封固定在试样底座及加压帽之间，使上加压活塞杆顶住加压帽，并上下同轴对齐。

7.3　密封安装固结仪压力室，并充满不冻液。

7.4　接通体变测量仪，连接并开启记录系统。

7.5　启动加压泵通过体变仪向三轴压力室供液增压并保持所需压力。

7.6　连续记录时间 t 及对应的三轴压力室进液量 ΔV，直至进液增量趋于零时结束。

7.7　关掉加压泵并卸去三轴压力室压力，让不冻液回到集液罐中。

8　计算及图表

8.1　按 GB/T 50123—1999 中 14.1.16 的规定，将图中试样轴向变形 d 换算为本试验的 ΔV，绘制 $\Delta V-\sqrt{t}$ 及对应的半对数坐标下的体变曲线。

8.2　将计算结果填入附录 A 表内。

附 录 A
（规范性附录）
人工冻土静水压力下固结试验记录表

表 A.1 人工冻土静水压力下固结试验记录表

经过时间 min	压 力 MPa									
	时间	变形读数	时间	变形读数	时间	变形读数	时间	变形读数	时间	变形读数
0										
0.1										
0.25										
1										
2.25										
4										
6.25										
9										
12.25										
16										
20.25										
25										
30.25										
36										
42.25										
49										
64										
100										
200										
1 380										
1 440										
总变形量 mm										
仪器变形量 mm										
试样总变形量 mm										

工程名称： 试 验 者：
土样编号： 计 算 者：
试样编号： 校 核 者：
土样说明： 试验日期：

ICS 73
P 70
备案号：

MT

中华人民共和国煤炭行业标准

MT/T 593.4—2011
代替 MT/T 593.4—1996

人工冻土物理力学性能试验 第4部分：人工冻土单轴抗压强度试验方法

Artificial frozen soil physics mechanics performance test——Part 4: Artificial frozen soil uniaxial compression strength test method

2011-04-12 发布

2011-09-01 实施

国家安全生产监督管理总局　发布

前　言

本部分按照GB/T 1.1—2009给出的规则起草。

MT/T 593《人工冻土物理力学性能试验》分为8个部分：

——第1部分：人工冻土试验取样及试样制备方法；

——第2部分：土壤冻胀试验方法；

——第3部分：人工冻土静水压力下固结试验方法；

——第4部分：人工冻土单轴抗压强度试验方法；

——第5部分：人工冻土三轴剪切强度试验方法；

——第6部分：人工冻土单轴蠕变试验方法；

——第7部分：人工冻土三轴蠕变试验方法；

——第8部分：人工冻土抗折强度试验方法。

第1部分至第7部分是对MT/T 593《人工冻土物理力学性能试验》的修订，第8部分是MT/T 593《人工冻土物理力学性能试验》新增加部分。本部分为MT/T 593的第4部分，是对MT/T 593.4—1996《人工冻土物理力学性能试验　第4部分：人工冻土单轴抗压强度试验方法》的修订，本部分代替MT/T 593.4—1996。

本部分与MT/T 593.1—1996相比主要变化如下：

——修改了单轴抗压设备要求(见4.2,1996年版的4.2)；

——修改了原版中“含水量”统一改成“含水率”(见4.4,1996年版的4.4)；

——修改了试验的温度要求，统一为“温度波动度小于等于±0.2 ℃”(见6.2,1996年版的6.2)；

——增加了单轴抗压强度试验过程中试样的保护(见7.1.3)；

——增加了在试验过程中数据采集时，对轴向变形值的界定(见7.1.5)；

——修改了单轴抗压强度破坏变形的界限值，将砂土与黏土都统一到变形的20%(见7.1.6,1996年版的7.1.6)；

——修订原文中的“承载极限”为“达到破坏或轴向变形大于20%为止”(见7.2.2,1996年版的7.2.2)；

——将1996年版的提示性附录修改为规范性附录(见附录A,1996年版的附录A)。

本部分由中国煤炭工业协会提出。

本部分由煤炭行业煤矿专用设备标准化技术委员会归口。

本部分起草单位：煤炭科学研究总院建井研究分院、北京中煤矿山工程有限公司、中国矿业大学、安徽理工大学、济南瑞普机电技术有限公司。

本部分主要起草人：李长忠、刘晓敏、周金生、宁方波。

本部分的历次版本发布情况为：

——MT/T 593.4—1996。

人工冻土物理力学性能试验 第4部分:人工冻土单轴抗压强度试验方法

1 范围

MT/T 593的本部分规定了人工冻土单轴抗压强度试验所需的试验用仪器、设备,试样,基本要求,试验步骤和结果计算。

本部分适用于冻结原状土及重塑土等人工冻土无侧限抗压强度和对应的应力—应变关系的测试和计算。

2 规范性引用文件

下列文件对于本文件的应用是必不可少的。凡是注日期的引用文件,仅注日期的版本适用于本文件。凡是不注日期的引用文件,其最新版本(包括所有的修改单)适用于本文件。

MT/T 593.1 人工冻土物理力学性能试验 第1部分:人工冻土试验取样及试样制备方法

3 术语和定义

下列术语和定义适用于本文件。

3.1

抗压强度灵敏度 sensitivity of compression strength

冻结原状土抗压强度与冻结重塑土抗压强度之比值,用 S_t 表示。

4 试验用仪器、设备

4.1 冻土压力仪:采用单轴应变速率控制式必须具备使试样轴向应变速率为1.0%/min和0.1%/min的加载条件;采用负荷增加速率控制式必须具备在0 MPa/min~60 MPa/min范围内恒定任一加载速率值。

4.2 应力及变形测试元件:压力传感器(量程为0 kN~100 kN,精度为1%);位移传感器(轴向量程为0 mm~50 mm,精度为1%;径向量程为0 mm~25 mm,精度为1%);百分表;数据自动采集系统。

4.3 温度传感器:量程为−40 ℃~+40 ℃,精度为0.2 ℃。

4.4 试验用含水率、密度测试装置。

5 试样

5.1 采用冻结原状土试样和冻结重塑土试样,其制备方法按MT/T 593.1中6.2.2和6.2.3的规定进行。

5.2 试样规格:ϕ61.8 mm×150 mm或ϕ50 mm×100 mm。

5.3 试样数量:每层土每个试验温度4个。

6 基本要求

6.1 试验应在规定的试验温度中进行。

6.2 温度波动度小于等于±0.2 ℃。

6.3 只有一种试验温度时，应选择－10 ℃；若有多种试验温度时，其中应有－10 ℃；如果有特殊要求，可另选试验温度。

6.4 试验前各试验用仪器、设备应校正合格。

7 试验步骤

7.1 应变速率控制加载方式下冻土瞬时单轴抗压强度试验

7.1.1 选择试样应变速率为1.0%/min，有特殊要求时按要求确定。

7.1.2 核实试样的来源、编号、密度、含水率，并填入附录A表内，检查试验用仪器、设备及测试系统等。

7.1.3 试验前将试样表面涂抹一薄层凡士林，防止水分流失。

7.1.4 把已准备好的试样同轴放在压力仪上下加压板之间，安装压力传感器、位移传感器。

7.1.5 按设定加载速率开动压力仪，同时测读轴向变形和力值。当轴向应变在3%之内时，每增加0.3%～0.5%(或轴向变形0.5 mm)测读一次；超过3%时，每增加0.6%～1.0%(或轴向变形1 mm)测读一次。

7.1.6 当力值达到峰值或稳定时，再继续增加3%～5%的应变值，即可停止试验；如果力值一直增加，则试验进行到轴向应变达到或大于20%为止。如果在刚性试验机上做应力－应变全过程试验，则一直进行到应力接近零为止。

7.1.7 停机卸载后取下试样，描述试样破坏后的状况，填入附录A表内。

7.1.8 对于冻结原状土试样的试验，若需测定抗压强度灵敏度时，可将冻结原状土在常温下解冻，105 ℃～110 ℃温度下烘干，按原状土密度及含水率制成相同规格的冻结重塑土试样，再按7.1.1～7.1.6规定的步骤进行试验。

7.2 单轴负荷增加速率控制式下冻土瞬时单轴抗压强度试验

7.2.1 准备工作按7.1.2～7.1.4规定的步骤进行。

7.2.2 确定负荷增加速率，使试样在30 s±5 s内达到破坏或轴向变形大于20%为止。

7.2.3 开动压力仪按确定的负荷增加速率加载，同时测读轴向变形和力值。若用百分表测量变形，根据7.2.2确定的负荷增加速率选取测读间隔，至少应有5个以上有效读数。建议用数据自动采集系统测试。

7.2.4 按7.1.7～7.1.8规定的步骤进行。

8 结果计算

8.1 应变计算

$$\varepsilon_1 = \Delta h / h_0 \tag{1}$$

式中：

ε_1——轴向应变；

Δh——轴向变形，单位为毫米(mm)；

h_0——试验前试样高度，单位为毫米(mm)。

8.2 试样横截面积校正计算

$$A_a = A_0 / (1 - \varepsilon_1) \tag{2}$$

式中：

A_a——校正后试样截面积，单位为平方毫米(mm^2)；

A_0——试验前试样截面积，单位为平方毫米(mm^2)。

8.3 应力计算

$$\sigma = F / A_a \tag{3}$$

式中：

σ——轴向应力，单位为兆帕(MPa)；

F——轴向荷载，单位为牛顿(N)。

8.4 应力—应变曲线绘制

以轴向应力为纵坐标，轴向应变为横坐标，绘制应力—应变曲线。取最大轴向应力作为冻土单轴抗压强度。

8.5 抗压强度灵敏度计算

$$S_t = \sigma_b / \sigma_b^1 \tag{4}$$

式中：

σ_b——原状人工冻土瞬时单轴抗压强度，单位为兆帕(MPa)；

σ_b^1——重塑人工冻土瞬时单轴抗压强度，单位为兆帕(MPa)。

8.6 试验结果

单轴抗压强度以3个试样测量值的平均值作为试验结果，将计算结果填入附录A表内。当3个试样单轴抗压强度中的最大值和最小值与中间值之差均超过中间值的15%时，该组试验应重做。

附 录 A
（规范性附录）
人工冻土单轴抗压强度试验表

表 A.1 人工冻土单轴抗压强度试验表

<table>
<tr><td colspan="3">试验前试样高度 h_0 = mm
试验前试样直径 D_0 = mm
试验前试样截面积 A_0 = mm²
试样重量 G = g
试验前试样含水率 ω_0 = %
试验前试样密度 ρ_0 = g/mm³
试验温度 T = ℃</td><td colspan="2">试验后试样含水率 ω = %
试验后试样密度 ρ = g/mm³

试验破坏情况：</td></tr>
<tr><td>轴向变形 Δh
mm</td><td>轴向应变 ε
%</td><td>校正面积 A
mm</td><td>轴向荷载 F
N</td><td>轴向应力 σ
MPa</td></tr>
<tr><td></td><td></td><td></td><td></td><td></td></tr>
<tr><td></td><td></td><td></td><td></td><td></td></tr>
<tr><td></td><td></td><td></td><td></td><td></td></tr>
<tr><td></td><td></td><td></td><td></td><td></td></tr>
<tr><td></td><td></td><td></td><td></td><td></td></tr>
<tr><td></td><td></td><td></td><td></td><td></td></tr>
<tr><td></td><td></td><td></td><td></td><td></td></tr>
</table>

工程名称： 试 验 者：
土样编号： 计 算 者：
试样编号： 校 核 者：
土样说明： 试验日期：

ICS 73
P 70
备案号：

MT

中华人民共和国煤炭行业标准

MT/T 593.5—2011
代替 MT/T 593.5—1996

人工冻土物理力学性能试验 第5部分：人工冻土三轴剪切强度试验方法

Artificial frozen soil physics mechanics performance test——
Part 5: Artificial frozen soil tri-axial shear test method

2011-04-12 发布　　2011-09-01 实施

国家安全生产监督管理总局　发 布

前　　言

本部分按照GB/T 1.1—2009给出的规则起草。

MT/T 593《人工冻土物理力学性能试验》分为8个部分：

——第1部分：人工冻土试验取样及试样制备方法；

——第2部分：土壤冻胀试验方法；

——第3部分：人工冻土静水压力下固结试验方法；

——第4部分：人工冻土单轴抗压强度试验方法；

——第5部分：人工冻土三轴剪切强度试验方法；

——第6部分：人工冻土单轴蠕变试验方法；

——第7部分：人工冻土三轴蠕变试验方法；

——第8部分：人工冻土抗折强度试验方法。

第1部分至第7部分是对MT/T 593《人工冻土物理力学性能试验》的修订，第8部分是MT/T 593《人工冻土物理力学性能试验》新增加部分。本部分为MT/T 593的第5部分，是对MT/T 593.5—1996《人工冻土物理力学性能试验　第5部分：人工冻土三轴剪切强度试验方法》的修订，本部分代替MT/T 593.5—1996。

本部分与MT/T 593.5—1996相比主要变化如下：

——修改了原标准中"含水量"统一改成"含水率"(见4.5、7.1.1，1996年版的4.6、7.1.1)；

——修订了三轴试验设备要求(见4.1、4.2，1996年版的4.1、4.2)；

——增加了三轴剪切强度试验中弹性模量和泊松比的算法(见8.4)；

——将原版的提示性附录修改为规范性附录(见附录A，1996年版的附录A)。

本部分由中国煤炭工业协会提出。

本部分由煤炭行业煤矿专用设备标准化技术委员会归口。

本部分起草单位：煤炭科学研究总院建井研究分院、北京中煤矿山工程有限公司、中国矿业大学、安徽理工大学、济南瑞普机电技术有限公司。

本部分主要起草人：李长忠、崔灏、汪仁和、李栋伟。

本部分的历次版本发布情况为：

——MT/T 593.5—1996。

人工冻土物理力学性能试验 第5部分:人工冻土三轴剪切强度试验方法

1 范围

MT/T 593 的本部分规定了人工冻土多试样和单试样三轴压缩试验用仪器、设备,试样,基本要求,试验步骤和计算、制图。

本部分适用于对冻结原状土及冻结重塑土三轴压缩强度参数测试和计算。

2 规范性引用文件

下列文件对于本文件的应用是必不可少的。凡是注日期的引用文件,仅注日期的版本适用于本文件。凡是不注日期的引用文件,其最新版本(包括所有的修改单)适用于本文件。

MT/T 593.1　人工冻土物理力学性能试验　第1部分:人工冻土试验取样及试样制备方法

MT/T 593.3　人工冻土物理力学性能试验　第3部分:人工冻土静水压力下固结试验方法

MT/T 593.4　人工冻土物理力学性能试验　第4部分:人工冻土单轴抗压强度试验方法

3 术语和定义

下列术语和定义适用于本文件。

3.1

三轴剪切试验　tri-axial shear test

在不同的恒定围压(即小主应力 $\sigma_2=\sigma_3$)下施加轴向压应力(主应力差 $\sigma_1-\sigma_3$)进行剪切直至破坏过程。

4 试验用仪器、设备

4.1　三轴压缩试验仪(如图1所示):变速率可调,最大轴向荷载 200 kN,围压为 6 MPa(适用于土层埋深小于 300 m)、12 MPa(适用于土层埋深小于 700 m)或 20 MPa(适用于土层埋深小于 1 200 m),波动度不超过 10 kPa。

4.2　应力及变形测试元件:压力传感器(量程为 0 kN～200 kN,精度为 1%);位移传感器(轴向量程为 0 mm～50 mm,精度为 1%);数据自动采集系统等。

4.3　温度传感器:量程为−40 ℃～+40 ℃,精度为 0.2 ℃。

4.4　冷却及温控设备。

4.5　试验用含水率、密度测试装置。

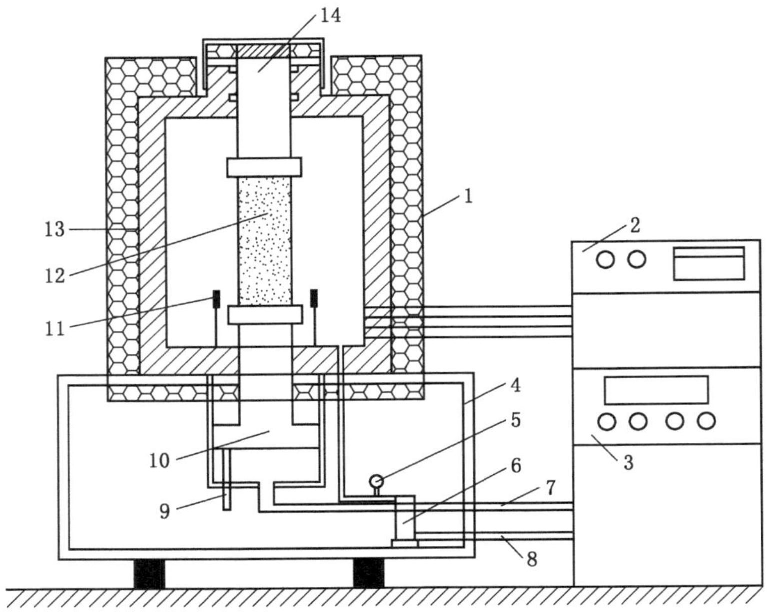

说明：
1 ——油缸；
2 ——制冷系统；
3 ——液压系统；
4 ——支座；
5 ——围压量测装置；
6 ——体变量测装置；
7 ——轴压加载油路；
8 ——围压加载油路；
9 ——轴向位移传感器；
10——轴向加载活塞；
11——温度传感器；
12——试样；
13——保温层；
14——轴向压力传感器。

图 1 低温三轴压缩试验仪

5 试样

5.1 采用冻结原状土试样和冻结重塑土试样，其制备方法按 MT/T 593.1 中 6.2.2 和 6.2.3 的规定进行。

5.2 试验规格应与 MT/T 593.4 所采用的试样规格一致。

5.3 试样数量：1 个（单试样分级加载）或 3～4 个（多试样加载）。

6 基本要求

6.1 试验应在规定的试验温度中进行。

6.2 温度波动度小于等于±0.2 ℃。

6.3 只有一种试验温度时，应选择－10 ℃；若有多种试验温度时，其中应有－10 ℃；如果有特殊要求，可另选试验温度。

6.4 试验前各试验用仪器、设备应校正合格。

7 试验步骤

7.1 多试样三轴压缩试验

7.1.1 核实试样的来源、编号、密度、含水率，并填入附录 A 表内。

7.1.2 根据试样所处层位的静水压力 0.013H，其中 H 为试验土层深度，单位为米(m)，确定出三级围压值：(0.013H－1)MPa、(0.013H)MPa 和(0.013H＋1)MPa，或(0.013H)MPa、(0.013H＋1)MPa 和(0.013H＋2)MPa(当深度小于 120 m 时)。

7.1.3 按 MT/T 593.3 中 7.1～7.7 步骤进行试样固结。

7.1.4 轴向应变速率取 1%/min。

7.1.5 启动三轴试验仪，测读体变测量仪的数值，试验过程中围压波动度不大于±10 kPa。

7.1.6 试验开始阶段，试样应变每增加 0.3%～0.4%测读轴向荷载及变形各一次，当应变达 3%以后，每增加 0.6%～0.7%各测读一次，体积变化由体变测量仪随时记录。如果试样特别硬脆或软弱，可增加或减少测读的次数。

7.1.7 当轴向应力不再增加时，继续加载到轴向应变增加 3%～5%，若压力传感器读数无明显变化，试验直至轴向应变达到 20%为止，记录荷载及变形终值。

7.1.8 试验结束后卸去轴向荷载和围压，描述试样破坏后形状，测定试验后试样的含水率和密度。

7.1.9 对其余几个试样，在不同围压下按 7.1.1～7.1.8 规定的步骤进行。

7.2 单试样分级加载三轴剪切试验

7.2.1 按 7.1.1～7.1.6 规定的步骤进行。

7.2.2 当荷载值接近稳定(主应力差小于 5 kPa)或轴向应变达到弹性极限后刚出现屈服时，停止加载。记录荷载及轴向变形。

7.2.3 卸去轴向荷载，施加第二级围压，固结稳定之后按 7.1.4～7.1.6 和 7.2.2 规定的步骤进行。

7.2.4 卸去轴向荷载，施加第三级围压，固结稳定之后按 7.1.4～7.1.6 和 7.2.2 规定的步骤进行，最后一级围压下的剪切直至试样破坏为止。

7.2.5 按 7.1.8 的规定进行。

8 计算、制图

8.1 试样固结后高度、面积及剪切时的轴向应变、面积计算

8.1.1 多试样三轴剪切试验

a)固结后的试样高度及面积分别按照式(1)和式(2)计算：

$$h_c = h_0 - \Delta h_0 \tag{1}$$

$$A_c = (V_0 - \Delta V_c)/h_c \tag{2}$$

式中：

h_c——固结后试样高度，单位为毫米(mm)；

h_0——固结前试样高度，单位为毫米(mm)；

Δh_0——固结后试样高度的变化量，单位为毫米(mm)；

A_c——固结后试样截面积，单位为平方毫米(mm^2)；

V_0——固结前试样体积，单位为立方毫米(mm^3)；

ΔV_c——固结后试样体积变化量，单位为立方毫米(mm^3)。

b)剪切时的试样应变及面积分别按照式(3)、式(4)和式(5)计算，其中应变包括轴向应变和试样平均径向应变：

$$\varepsilon_1 = \Delta h/h_c \tag{3}$$

$$\varepsilon_3 = \Delta D/D_0 \tag{4}$$

$$A_a = A_c/(1-\varepsilon_1) \tag{5}$$

式中：

ε_1——轴向应变；

Δh——剪切过程中试样轴向变形，单位为毫米(mm)；

ε_3——试样平均径向应变；

ΔD——试样径向平均变化量，单位为毫米(mm)；

D_0——试验前试样平均直径，单位为毫米(mm)；

A_a——剪切过程中试样截面积，单位为平方毫米(mm^2)。

8.1.2 单试样分级加载三轴剪切试验

8.1.2.1 施加第一级围压后试样高度和面积按式(1)、式(2)计算，试验中的试样轴向应变和面积按式(3)、式(5)计算。

8.1.2.2 施加第一级围压固结后，试样的高度和面积作为第二级围压下的起始高度和面积，按式(1)、式(2)计算。

8.1.2.3 施加第二级围压固结后，试样的高度和面积作为第三级围压下的起始高度和面积，按式(1)、式(2)计算。

8.2 试样体积变化量计算

$$\Delta V = \Delta L \cdot A_V - (\Delta h_C + \Delta h) \cdot A_p \qquad (6)$$

式中：

ΔV——试样体积变化量，单位为立方毫米(mm^3)；

ΔL——体变测量仪活塞杆位移量，单位为毫米(mm)；

A_V——体变测量仪缸体截面积，单位为平方毫米(mm^2)；

A_p——进入压力室轴向加压活塞杆的截面积，单位为平方毫米(mm^2)。

8.3 制图

8.3.1 绘制主应力差($\sigma_1-\sigma_3$)与应变关系曲线。

8.3.2 绘制莫尔破损应力圆，并作莫尔破损应力圆包络线。

在直角坐标上，以法向应力 σ 为横坐标，剪应力 τ 为纵坐标，在坐标轴上以$\frac{s_{1f}+s_{3f}}{2}$为圆心，$\frac{s_{1f}-s_{3f}}{2}$为半径(f 注脚表示破坏应力)，在 $\tau-\sigma$ 应力平面图绘制莫尔破损应力圆。各个不同围压 s_3 下破损应力圆的公切线，即为莫尔破损圆包络线。

8.4 弹性模量和泊松比计算

8.4.1 弹性模量计算

$$E_t = \frac{(\sigma_1-\sigma_3)_{0.5}}{\varepsilon_{0.5}} \qquad (7)$$

式中：

E_t——弹性模量，单位为兆帕(MPa)；

$(\sigma_1-\sigma_3)_{0.5}$——50%的破坏应力，单位为兆帕(MPa)；

$\varepsilon_{0.5}$——$(\sigma_1-\sigma_3)_{0.5}$所对应的应变值，$10^{-6}$。

8.4.2 泊松比计算

$$\mu = \frac{\varepsilon_3}{\varepsilon_1} \qquad (8)$$

式中：

ε_1——对应主应力差($\sigma_1-\sigma_3$)与应变关系曲线直线段的轴向应变；

ε_3——计算轴向应变所对应的试样总平均径向应变。

8.5 内摩擦角和黏聚力计算

莫尔破损应力圆包线与纵坐标的截距为黏聚力 c；此破损应力圆包线与水平线的夹角为内摩擦角 φ。

求出对应的三轴剪切强度，填入附录 A 表内。

附 录 A
（规范性附录）
人工冻土三轴剪切强度试验表

表 A.1 人工冻土三轴剪切强度试验表

<table>
<tr><td colspan="4">试验前试样高度 h_0=　　mm
试验前试样直径 D_0=　　mm
试验前试样截面积 A_0=　　mm^2
试验重量 G=　　g
试验前试样含水率 ω_0=　　%
试验前试样密度 ρ=　　g/mm^3
试验温度 T=　　℃
围压 σ=　　MPa
试验前试样体积 V_0=　　mm^3
轴向应变速率 v=　　%/min</td><td colspan="3">试验后试验含水率 ω=　　%
试验后试样密度 ρ=　　g/mm^3

试验破坏情况：</td></tr>
<tr><td>轴向变形 Δh
mm</td><td>轴向荷载 F
N</td><td>试验体积变化 ΔV
m^3</td><td>轴向应变 ε
%</td><td>试样实际面积 A_a
mm^2</td><td>主应力差 $\sigma_1-\sigma_3$
MPa</td><td>轴向主应力 σ_1
MPa</td></tr>
<tr><td></td><td></td><td></td><td></td><td></td><td></td><td></td></tr>
<tr><td></td><td></td><td></td><td></td><td></td><td></td><td></td></tr>
<tr><td></td><td></td><td></td><td></td><td></td><td></td><td></td></tr>
<tr><td></td><td></td><td></td><td></td><td></td><td></td><td></td></tr>
<tr><td></td><td></td><td></td><td></td><td></td><td></td><td></td></tr>
</table>

工程名称：　　　　　　　　试 验 者：
土样编号：　　　　　　　　计 算 者：
试样编号：　　　　　　　　校 核 者：
土样说明：　　　　　　　　试验日期：

ICS 73
P 70
备案号：

MT

中华人民共和国煤炭行业标准

MT/T 593.6—2011
代替 MT/T 593.6—1996

人工冻土物理力学性能试验 第6部分：人工冻土单轴蠕变试验方法

Artificial frozen soil physics mechanics performance test——
Part 6: Artificial frozen soil uniaxial creep test method

2011-04-12 发布　　2011-09-01 实施

国家安全生产监督管理总局　发布

前　言

本部分按照 GB/T 1.1—2009 给出的规则起草。

MT/T 593《人工冻土物理力学性能试验》分为 8 个部分：

——第 1 部分：人工冻土试验取样及试样制备方法；

——第 2 部分：土壤冻胀试验方法；

——第 3 部分：人工冻土静水压力下固结试验方法；

——第 4 部分：人工冻土单轴抗压强度试验方法；

——第 5 部分：人工冻土三轴剪切强度试验方法；

——第 6 部分：人工冻土单轴蠕变试验方法；

——第 7 部分：人工冻土三轴蠕变试验方法；

——第 8 部分：人工冻土抗折强度试验方法。

第 1 部分至第 7 部分是对 MT/T 593《人工冻土物理力学性能试验》的修订，第 8 部分是 MT/T 593《人工冻土物理力学性能试验》新增加部分。本部分为 MT/T 593 的第 6 部分，是对 MT/T 593.6—1996《人工冻土物理力学性能试验　第 6 部分：人工冻土单轴蠕变试验方法》的修订，本部分代替 MT/T 593.6—1996。

本部分与 MT/T 593.6—1996 相比主要变化如下：

——修订了单轴蠕变设备要求(见 4.1、4.2，1996 年版的 4.1、4.2)；

——原标准中“含水量”统一修改成“含水率”(见 4.5、7.1.1，1996 年版的 4.5、7.1.1)；

——增加了试验过程中对试块的保护措施(见 7.1.5)；

——增加了蠕变数学模型的定义(见 8.3)；

——修改了附录的性质将提示性附录更改为规范性附录(见附录 A，1996 年版的附录 A)；

——增加了蠕变曲线和蠕变模型的描述(见附录 A)。

本部分由中国煤炭工业协会提出。

本部分由煤炭行业煤矿专用设备标准化技术委员会归口。

本部分起草单位：煤炭科学研究总院建井研究分院、北京中煤矿山工程有限公司、中国矿业大学、安徽理工大学、济南瑞普机电技术有限公司。

本部分主要起草人：李长忠、刘晓敏、周金生、周华群。

本部分的历次版本发布情况为：

——MT/T 593.6—1996。

人工冻土物理力学性能试验 第6部分:人工冻土单轴蠕变试验方法

1 范围

MT/T 593的本部分规定了人工冻土多试样和单试样蠕变试验所需的试验用仪器、设备,试样,基本要求,试验步骤和结果计算。

本部分适用于单向压缩应力条件下冻结原状土及重塑土蠕变性能的测试和计算。

2 规范性引用文件

下列文件对于本文件的应用是必不可少的。凡是注日期的引用文件,仅注日期的版本适用于本文件。凡是不注日期的引用文件,其最新版本(包括所有的修改单)适用于本文件。

MT/T 593.1 人工冻土物理力学性能试验 第1部分:人工冻土试验取样及试样制备方法

MT/T 593.4 人工冻土物理力学性能试验 第4部分:人工冻土单轴抗压强度试验方法

3 术语和定义

下列术语和定义适用于本文件。

3.1

人工冻土单轴蠕变 artificial frozen soil uniaxial creep

人工冻土在无侧向应力时轴向压应力不变的条件下,其变形随时间的延长而改变的性质。

3.2

衰减型蠕变(Ⅰ类蠕变) attenuating creep

当冻土所受应力较小时,其变形速率逐渐减小并趋近于零。

3.3

非衰减型蠕变(Ⅱ类蠕变) non-attenuating creep

当冻土所受应力大于某一确定值时,其变形速率由减小到恒定到增大,最后破坏。此类蠕变的过程一般可分为3个阶段(瞬时变形除外):变形速率逐渐减小为非稳定蠕变阶段;变形速率是常数为稳定蠕变阶段;变形速率逐渐增大到试验破坏为加速蠕变阶段。

3.4

蠕变加载系数 creep loading coefficient

蠕变试验中试样所受应力与瞬时单轴抗压强度的比值,用 k_i 表示。

4 试验用仪器、设备

4.1 单轴蠕变试验仪:最大轴向压力为100 kN,精度为1%。

4.2 应力及变形测试元件:压力传感器(量程为0 kN～100 kN,精度为1%);位移传感器(轴向量程为0 mm～50 mm,精度为1%;径向量程为0 mm～25 mm,精度为1%);数据自动采集系统。

4.3 温度传感器:量程为−40 ℃～+40 ℃,精度为0.2 ℃。

4.4 冷却及温控设备。

4.5 试验用含水率、密度测试装置。

5 试样

5.1 采用冻结原状土试样或冻结重塑土试样，其制备方法按 MT/T 593.1 中 6.2.2 和 6.2.3 的规定进行。
5.2 规格应与 MT/T 593.4 所采用的试样规格一致。
5.3 试样数量：一种土层 5 个（多试样单轴蠕变试验）或 2 个（单试样分级加载单轴蠕变试验），其中一个试样用于进行瞬时单轴抗压强度试验。

6 基本要求

6.1 试验应在规定的试验温度中进行。
6.2 温度波动度小于等于±0.2 ℃。
6.3 只有一种试验温度时，应选择－10 ℃；若有多种试验温度时，其中应有－10 ℃；如果有特殊要求，可另选试验温度。
6.4 试验前各试验用仪器、设备应校正合格。

7 试验步骤

7.1 多试样单轴蠕变试验
7.1.1 核实试样的来源、编号、密度、含水率、温度等，并填入附录 A 表内，检查试验设备、仪表及测试系统等。
7.1.2 测量试样尺寸，对冻结后变形的试样按 MT/T 593.1 中 5.2.2 的规定进行修正，称重并记录。
7.1.3 按 MT/T 593.4 中 7.1 规定用一个试样试验得到瞬时单轴抗压强度。
7.1.4 确定合适的蠕变加载系数并根据瞬时单轴抗压强度计算出逐级加载所需荷载，填入附录 A 表内。
7.1.5 在试样外套一层塑料膜，以防含水率变化，将试样装在单轴蠕变试验仪的上下加压头之间，安装并连接好压力量测系统、位移量测系统。
7.1.6 启动加载系统，给试样迅速加载至所需荷载或应力值，将此刻的变形值（弹性变形）进行记录，并随时记录时间、变形值。试验过程中试样所受应力宜保持恒定（其波动度不超过±10 kPa）。
7.1.7 当试样变形已达稳定（$d\varepsilon/dt \leqslant 0.000\,5h^{-1}$，Ⅰ类蠕变）24 h 以上或趋于破坏（Ⅱ类蠕变）时，测试结束。记下时间、变形终值。
7.1.8 卸去荷载，取出试样，描述其破坏情况。
7.1.9 若需获得蠕变曲线簇，可根据需要确定几个不同的蠕变加载系数 k_i。重复 7.1.1、7.1.2 和 7.1.4～7.1.8 的步骤。蠕变加载系数 k_i 按 0.3，0.4，0.5 和 0.7（或根据试验需要选择）取值。对于需超过 100 h 的蠕变试验，k_i 按 0.1，0.2，0.3 和 0.5 取值。
7.2 单试样分级加载单轴蠕变试验
7.2.1 根据需要确定各级加载的蠕变加载系数 k_i，取值同 7.1.9 的规定。
7.2.2 取最小一级蠕变加载系数，按 7.1.1～7.1.6 规定的步骤进行。
7.2.3 测试进行到变形已达稳定（$d\varepsilon/dt \leqslant 0.000\,5h^{-1}$，Ⅰ类蠕变），或变形速率趋于常数（$|d^2\varepsilon/dt^2| \leqslant 0.000\,5h^{-2}$，Ⅱ类蠕变）超过 24 h（但不超过 48 h）时，一级蠕变结束。
7.2.4 依次取不同的蠕变加载系数，计算出所需荷载值，重复本标准 7.1.6 和 7.2.3 规定的步骤。
7.2.5 当某一级的测试进入第三阶段时，不能再进行下一步的加载，可将此级蠕变进行到试验破坏为止。
7.2.6 按 7.1.8 规定的步骤进行。

8 结果计算

8.1 应变计算

8.1.1 轴向应变计算

$$\varepsilon_h = \Delta h / h_0 \tag{1}$$

$$\varepsilon_c = \varepsilon_h - \varepsilon_e \tag{2}$$

式中：

ε_h ——轴向总应变；

Δh——试样轴向变形，单位为毫米（mm）；

h_0——试验前试样高度，单位为毫米（mm）；

ε_c——蠕变应变；

ε_e——弹性应变（加载过程瞬时应变）。

8.1.2 径向应变计算

$$\varepsilon_d = \Delta D / D_0 \tag{3}$$

式中：

ε_d——径向应变；

ΔD——试样直径平均变化量，单位为毫米（mm）；

D_0——试验前试样平均直径，单位为毫米（mm）。

8.2 应力、荷载计算

8.2.1 应力计算

$$\sigma_i = k_i \sigma_b \tag{4}$$

式中：

σ_i——第 i 级加载时试样所受应力，单位为兆帕（MPa）；

k_i——第 i 级蠕变加载系数；

σ_b——瞬时单轴抗压强度，单位为兆帕（MPa）。

8.2.2 荷载计算

$$P_i = \sigma_i A_i \tag{5}$$

$$A_i = A_{i-1} / (1 - \varepsilon_{i-1}) \tag{6}$$

式中：

P_i——第 i 级所加荷载值，单位为牛顿（N）；

A_i——试样在加第 i 级荷载时的横截面积，单位为平方毫米（mm^2）。

8.3 单轴蠕变数学模型及蠕变参数

根据试验数据建立相应的蠕变数学模型：

$$\varepsilon_c = f(T, \sigma_i, t) \tag{7}$$

宜采用下列函数描述蠕变数学模型：

$$\varepsilon_c = \frac{A_0}{(|T|+1)^D} \cdot \sigma^B \cdot t^C \tag{8}$$

式中：

T——试验温度，单位为摄氏度（℃）；

σ——轴向恒应力，单位为兆帕（MPa）；

t——蠕变时间，单位为小时（h）；

A_0、B、C、D——与试验温度、轴向恒应力、蠕变时间相关的参数。

计算出对应的蠕变参数，绘制蠕变曲线，并对拟合效果进行描述。

附　录　A

（规范性附录）

人工冻土单轴蠕变试验成果表

表 A.1　人工冻土单轴蠕变试验成果表

<table>
<tr>
<td colspan="3">试验前试样高度 h_0=　　mm
试验前试样直径 D_0=　　mm
试验前试样截面积 A_0=　　mm^2
试样重量 G=　　g
试验前试样含水率 ω_0=　　%
试验前试样密度 ρ_0=　　g/mm^3
试验温度 T=　　℃</td>
<td colspan="4">1. 蠕变曲线：
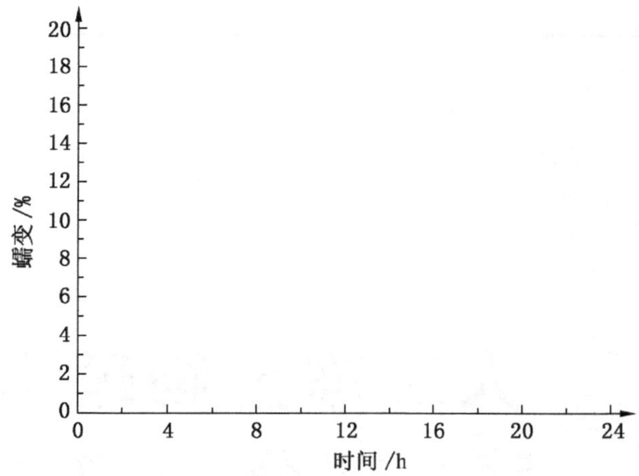

2. 蠕变数学模型及参数：

3. 试验破坏情况描述：</td>
</tr>
<tr>
<td>蠕变加载系数</td><td>轴向应力
MPa</td><td>弹性变形
mm</td><td>变形始值
mm</td><td>变形终值
mm</td><td>起始时间</td><td>终止时间</td>
</tr>
<tr><td></td><td></td><td></td><td></td><td></td><td></td><td></td></tr>
<tr><td></td><td></td><td></td><td></td><td></td><td></td><td></td></tr>
<tr><td></td><td></td><td></td><td></td><td></td><td></td><td></td></tr>
<tr><td></td><td></td><td></td><td></td><td></td><td></td><td></td></tr>
<tr><td></td><td></td><td></td><td></td><td></td><td></td><td></td></tr>
</table>

工程名称：　　　　　　　　　　试 验 者：

土样编号：　　　　　　　　　　计 算 者：

试样编号：　　　　　　　　　　校 核 者：

土样说明：　　　　　　　　　　试验日期：

ICS 73
P 70
备案号：

MT

中华人民共和国煤炭行业标准

MT/T 593.7—2011
代替 MT/T 593.7—1996

人工冻土物理力学性能试验 第7部分：人工冻土三轴蠕变试验方法

Artificial frozen soil physics mechanics performance test——
Part 7: Artificial frozen soil tri-axial creep test method

2011-04-12 发布　　2011-09-01 实施

国家安全生产监督管理总局　发布

前言

本部分按照 GB/T 1.1—2009 给出的规则起草。

MT/T 593《人工冻土物理力学性能试验》分为 8 个部分：

——第 1 部分：人工冻土试验取样及试样制备方法；

——第 2 部分：土壤冻胀试验方法；

——第 3 部分：人工冻土静水压力下固结试验方法；

——第 4 部分：人工冻土单轴抗压强度试验方法；

——第 5 部分：人工冻土三轴剪切强度试验方法；

——第 6 部分：人工冻土单轴蠕变试验方法；

——第 7 部分：人工冻土三轴蠕变试验方法；

——第 8 部分：人工冻土抗折强度试验方法。

第 1 部分至第 7 部分是对 MT/T 593《人工冻土物理力学性能试验》的修订，第 8 部分是 MT/T 593《人工冻土物理力学性能试验》新增加部分。本部分为 MT/T 593 的第 7 部分，是对 MT/T 593.7—1996《人工冻土物理力学性能试验　第 7 部分：人工冻土三轴蠕变试验方法》的修订，本部分代替 MT/T 593.7—1996。

本部分与 MT/T 593.7—1996 相比主要变化如下：

——修改了原标准中"含水量"统一改成"含水率"(见 4.5、7.1.1，1996 年版的 4.5、7.1.1)；

——增加了三向压缩应力波动界限值(见 7.1.7)；

——增加了三轴蠕变仪的设备图(如图 1 所示)；

——修订了三轴蠕变设备要求(见 4.1、4.2，1996 年版的 4.1、4.2)；

——增加了试验过程中对试样的保护措施(见 7.1.5)；

——修改明确了蠕变试验中应力系数(见 7.1.10，1996 年版的 7.1)；

——增加了蠕变数学模型的定义(见本版的 8.3)；

——增加了蠕变曲线和蠕变模型的描述(见附录 A)；

——修改了附录的性质将提示性附录修改为规范性附录(见附录 A，1996 年版的附录 A)。

本部分由中国煤炭工业协会提出。

本部分由煤炭行业煤矿专用设备标准化技术委员会归口。

本部分起草单位：煤炭科学研究总院建井研究分院、北京中煤矿山工程有限公司、中国矿业大学、安徽理工大学、济南瑞普机电技术有限公司。

本部分主要起草人：李长忠、崔灏、汪仁和、李栋伟。

本部分所代替标准的历次版本发布情况为：

——MT/T 593.7—1996。

人工冻土物理力学性能试验 第7部分:人工冻土三轴蠕变试验方法

1 范围

MT/T 593的本部分规定了人工冻土多试样和单试样三轴压缩蠕变试验用仪器、设备,试样,基本要求,试验步骤和计算与绘图。

本部分适用于轴对称三向剪切应力条件下冻结原状土及重塑土蠕变性能的测试和计算。

2 规范性引用文件

下列文件对于本文件的应用是必不可少的。凡是注日期的引用文件,仅注日期的版本适用于本文件。凡是不注日期的引用文件,其最新版本(包括所有的修改单)适用于本文件。

MT/T 593.1 人工冻土物理力学性能试验 第1部分:人工冻土试验取样及试样制备方法

MT/T 593.4 人工冻土物理力学性能试验 第4部分:人工冻土单轴抗压强度试验方法

MT/T 593.5 人工冻土物理力学性能试验 第5部分:人工冻土三轴压缩强度试验方法

3 术语和定义

下列术语和定义适用于本文件。

3.1

人工冻土三轴蠕变 artificial frozen soil tri-axial creep

人工冻土在三向压缩应力不变,且轴向应力大于围压应力条件下,其变形随时间延长而改变的性质。

4 试验用仪器、设备

4.1 低温三轴蠕变试验仪(如图1所示):最大轴向荷载为200 kN,围压为6 MPa(适用于土层埋深小于300 m)、12 MPa(适用于土层埋深小于700 m)及20 MPa(适用于土层埋深小于1 200 m),波动度不超过10 kPa。

4.2 应力及变形测试元件:压力传感器(量程为0 kN~200 kN,精度为1%);位移传感器(轴向量程为0 mm~50 mm,精度为1%;径向量程为0 mm~25 mm,精度为1%);数据自动采集系统等。

4.3 温度传感器:量程为−40 ℃~+40 ℃,精度为0.2 ℃。

4.4 冷却及温控设备等。

4.5 试验用含水率、密度测试装置。

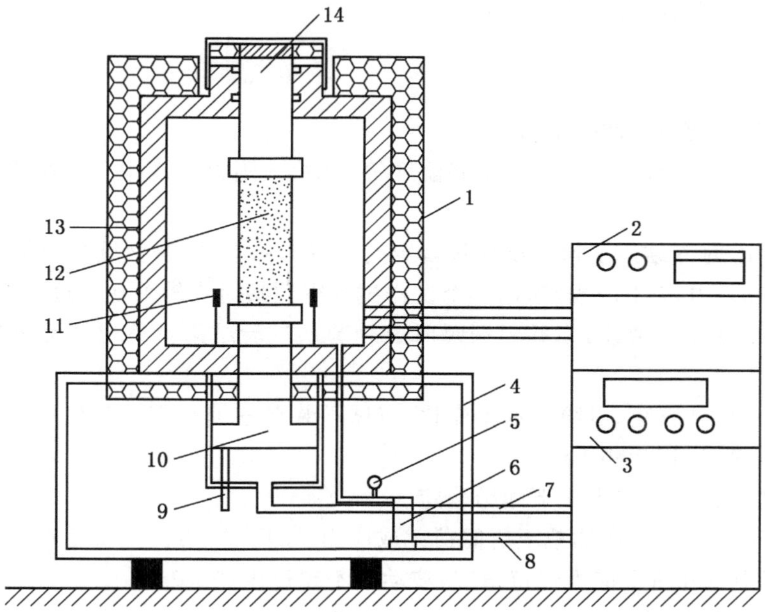

说明：

1 ——油缸；

2 ——制冷系统；

3 ——液压系统；

4 ——支座；

5 ——围压量测装置；

6 ——体变量测装置；

7 ——轴压加载油路；

8 ——围压加载油路；

9 ——轴向位移传感器；

10——轴向加载活塞；

11——温度传感器；

12——试样；

13——保温层；

14——轴向压力传感器。

图 1 低温三轴蠕变试验仪

5 试样

5.1 采用冻结原状土试样或冻结重塑土试样，其制备方法按 MT/T 593.1 中 6.2.2 和 6.2.3 的规定进行。

5.2 试样规格应与 MT/T 593.4 所采用的试样规格一致。

5.3 试样数量：5 个（多试样三轴蠕变）或 2 个（单试样分级加载三轴蠕变），其中一个试样用于进行三轴剪切强度试验。

6 基本要求

6.1 试验应在规定的试验温度中进行。

6.2 温度波动度小于等于±0.2 ℃。

6.3 只有一种试验温度时，应选择－10 ℃。若有多种试验温度时，其中应有－10 ℃。如果有特殊要求，可另选试验温度。

6.4 试验前各试验用仪器、设备应校正合格。

7 试验步骤

7.1 多试样分别加载三轴压缩蠕变试验

7.1.1 核实试样的来源、编号、密度、含水率和温度等，并填入附录A表内，检查试验用仪器、设备及测试系统等。

7.1.2 测量试样尺寸，对冻结后变形的试样按规定要求进行修正，同时称重并记录。

7.1.3 按MT/T 593.5中7.1的规定，用一个试样试验得到瞬时三轴剪切强度。

7.1.4 确定合适的蠕变加载系数k_i，并根据瞬时三轴剪切试验结果计算出所需轴向荷载和围压，填入附录A表内。

7.1.5 在试样外套一层乳胶膜，以防含水率变化，将试样装在三轴蠕变试验仪的上下加压头之间，安装并连接好压力量测系统、位移量测系统。

7.1.6 施加围压，使试样在规定围压下固结稳定。

7.1.7 在恒定围压下给试样迅速加载至所需荷载或应力值，同时记录时间、变形等，并将其数据填入附录A表内，试验过程中试样所受应力保持稳定，波动度不超过±10 kPa。

7.1.8 当试样变形已稳定($d\varepsilon/dt \leqslant 0.000\,5h^{-1}$，Ⅰ类蠕变)24 h以上或已破坏(Ⅱ类蠕变)时，测试结束。将结束时的时间和变形记入附录A表内。

7.1.9 卸去荷载，取出试样，描述其破坏情况，填入附录A表内。

7.1.10 若需获得蠕变曲线簇，可根据需要确定几个不同的蠕变加载系数k_i，一般k_i按0.3、0.4、0.5、0.7取值。重复7.1.1、7.1.2和7.1.4～7.1.9规定的步骤。

7.2 单试样分级加载三轴压缩蠕变试验

7.2.1 确定各级蠕变加载系数k_i，一般k_i按0.3、0.4、0.5、0.7取值。

7.2.2 取最小的一级蠕变加载系数，按7.1.1～7.1.7规定各步骤进行。

7.2.3 测定进行到变形已稳定($d\varepsilon/dt \leqslant 0.000\,5h^{-1}$，Ⅰ类蠕变)或变形速率趋于常数($|d^2\varepsilon/dt^2| \leqslant 0.000\,5h^{-2}$，Ⅱ类蠕变)24 h以上(不超过48 h)，一级蠕变结束。

7.2.4 依次取不同的蠕变加载系数k_i，计算出所需荷载值，重复7.1.7和7.2.3规定的步骤。

7.2.5 当某一级的测试进入第三阶段时，不能再进行下一级的加载，可将此级蠕变进行到试样破坏为止。

7.2.6 按7.1.9规定的步骤进行。

8 计算与绘图

8.1 应变计算

8.1.1 轴向应变计算

$$\varepsilon_1 = \Delta h / h_0 \tag{1}$$

$$\varepsilon_{1c} = \varepsilon_1 - \varepsilon_e \tag{2}$$

式中：

ε_1——试样轴向总应变，从对应于蠕变开始时计算；

Δh——试样轴向变形量，单位为毫米(mm)；

h_0——试验前试样轴向长度，单位为毫米(mm)；

ε_{1c}——试样轴向蠕变应变；

ε_e——弹性应变(加载过程中瞬时应变)。

8.1.2 径向应变计算

$$\varepsilon_3 = \Delta D / D_0 \tag{3}$$

$$\varepsilon_{3c}=\varepsilon_3-\varepsilon_{3e} \tag{4}$$

式中：

ε_3——试样总平均径向应变；

ΔD——试样径向总平均变化量，单位为毫米(mm)；

D_0——试验前试样平均直径，单位为毫米(mm)；

ε_{3c}——试样平均径向蠕变应变(从对应的轴向蠕变应变开始时刻计)；

ε_{3e}——试样加恒定蠕变应力后平均瞬时径向应变(与对应的瞬时轴向应变时间段一致)。

8.1.3　应变强度计算

$$\gamma_c=\frac{2}{3}(\varepsilon_{1c}-\varepsilon_{3c}) \tag{5}$$

式中：

γ_c——应变强度。

当忽略试样径向蠕变应变：

$$\gamma_c=\frac{2}{3}\varepsilon_{1c} \tag{6}$$

8.2　应力计算

8.2.1　应力强度计算

$$\tau=\sigma_1-\sigma_3 \tag{7}$$

式中：

τ——应力强度，单位为兆帕(MPa)；

σ_1——轴向主应力，单位为兆帕(MPa)；

σ_3——径向主应力，单位为兆帕(MPa)。

8.2.2　应力强度取值

$$\tau_i=k_i\tau_b \tag{8}$$

式中：

τ_i——第 i 级蠕变应力强度取值，单位为兆帕(MPa)；

k_i——加载系数；

τ_b——试样瞬时应力强度，单位为兆帕(MPa)。

8.3　蠕变数学模型及绘图

根据三轴压缩蠕变数据，建立相应的蠕变数学模型：

$$\gamma_c=f(T,\tau,t) \tag{9}$$

式中：

T——试验温度，单位为摄氏度(℃)；

t——蠕变时间，单位为小时(h)。

采用幂函数描述人工冻土蠕变数学模型如下

$$\gamma_c=\frac{A_0}{(|T|+1)^D}\tau^B t^C \tag{10}$$

式中：

A_0——试验确定的常数；

B——试验确定的应力影响无量纲常数；

C——试验确定的时间影响无量纲常数；

D——试验确定的温度影响无量纲常数。

求出对应的蠕变常数，绘出三轴压缩蠕变曲线，填入附录 A 表内。

附　录　A

（规范性附录）

人工冻土三轴蠕变试验成果表

表 A.1　人工冻土三轴蠕变试验成果表

试验前试样高度 $h_0=$　　mm
试验前试样直径 $D_0=$　　mm
试验前试样截面积 $A_0=$　　mm^2
试验重量 $W_0=$　　g
试验前试样含水率 $\omega=$　　%
试验前试样密度 $\rho=$　　g/mm^3
试验温度 $T=$　　℃
围压 $\sigma=$　　MPa
瞬时应力强度 $\tau=$　　MPa

1. 蠕变曲线：

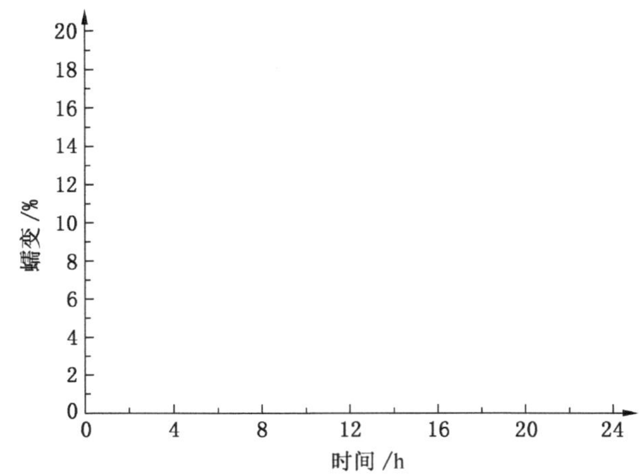

2. 蠕变数学模型及参数：

3. 试验破坏情况描述：

蠕变加载系数	轴向荷载 kN	弹性变形 mm	变形始值 mm	变形终值 mm	起始时间	终止时间

工程名称：　　　　　　　　　　试 验 者：
土样编号：　　　　　　　　　　计 算 者：
试样编号：　　　　　　　　　　校 核 者：
土样说明：　　　　　　　　　　试验日期：

ICS 73
P 70
备案号：

MT

中华人民共和国煤炭行业标准

MT/T 593.8—2011

人工冻土物理力学性能试验 第8部分：人工冻土抗折强度试验方法

Artificial frozen soil physics mechanics performance test——Part 8：Artificial frozen soil bending strength test method

2011-04-12 发布 2011-09-01 实施

国家安全生产监督管理总局 发布

前　言

本部分按照 GB/T 1.1—2009 给出的规则起草。

MT/T 593《人工冻土物理力学性能试验》分为8个部分：

——第1部分：人工冻土试验取样及试样制备方法；

——第2部分：土壤冻胀试验方法；

——第3部分：人工冻土静水压力下固结试验方法；

——第4部分：人工冻土单轴抗压强度试验方法；

——第5部分：人工冻土三轴剪切强度试验方法；

——第6部分：人工冻土单轴蠕变试验方法；

——第7部分：人工冻土三轴蠕变试验方法；

——第8部分：人工冻土抗折强度试验方法。

第1部分至第7部分是对 MT/T 593《人工冻土物理力学性能试验》的修订，第8部分是 MT/T 593《人工冻土物理力学性能试验》新增加部分。本部分为 MT/T 593 的第8部分。

本部分由中国煤炭工业协会提出。

本部分由煤炭行业煤矿专用设备标准化技术委员会归口。

本部分起草单位：煤炭科学研究总院建井研究分院、北京中煤矿山工程有限公司、中国矿业大学、安徽理工大学、济南瑞普机电技术有限公司。

本部分主要起草人：李长忠、崔灏、刘晓敏、李嘉玲。

第8部分:人工冻土抗折强度试验方法

1 范围

MT/T 593的本部分规定了人工冻土抗折强度试验用仪器、设备,试样,基本要求,试验步骤和结果计算。

本部分适用于冻结原状土及重塑土的抗折强度的测试和计算。

2 规范性引用文件

下列文件对于本文件的应用是必不可少的。凡是注日期的引用文件,仅注日期的版本适用于本文件。凡是不注日期的引用文件,其最新版本(包括所有的修改单)适用于本文件。

MT/T 593.1 人工冻土物理力学性能试验 第1部分:人工冻土试验取样及试样制备方法。

3 术语和定义

下列术语和定义适用于本标准。

3.1

人工冻土抗折强度 artificial frozen soil bending strength

人工冻土抵抗折断的能力。

4 试验用仪器、设备

4.1 低温冻土抗折试验机:最大轴向压力100 kN,精度为1%。

4.2 压力传感器:量程为0 kN～100 kN,精度为1%。

4.3 温度传感器:量程为−40 ℃～+40 ℃,精度为0.2 ℃。

4.4 冷却及温控设备。

4.5 试验用含水率、密度测试装置、数据自动采集系统等。

4.6 试验加载装置:双点加载的钢制加压头,其要求应使两个相等的荷载同时作用在小梁的两个三分点处;与试样接触的两个支座头和两个加压头应具有直径约15 mm的弧形端面(为防止接触面出现压融,弧形端面宜采用非金属材料制作),其中的一个支座头及两个加压头宜做成使之既能滚动又能前后倾斜。试样受力情况如图1所示。

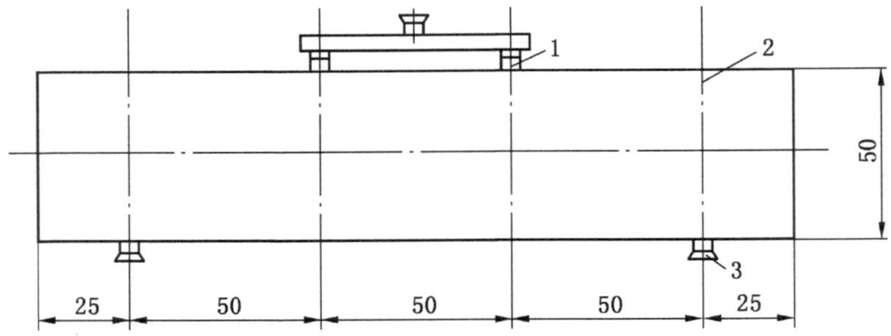

说明：

1——加压头；

2——试样；

3——支座头。

图 1 试样受力情况

5 试样

5.1 采用冻结原状土样，其取样和制备方法按 MT/T 593.1 中 6.2.2 的规定进行，采用冻结重塑土试样，其制备方法按 MT/T 593.1 中 6.2.3 的规定进行。

5.2 试样规格：200 mm×50 mm×50 mm。

5.3 试样数量：每层土每个试验温度 4 个。

6 基本要求

6.1 试验应在规定的试验温度中进行。

6.2 温度波动度小于等于±0.2 ℃。

6.3 只有一种试验温度时，应选择－10 ℃。若有多种试验温度时，其中应有－10 ℃。如果有特殊要求，可另选试验温度。

6.4 试验前各试验用仪器、设备应校正合格。

7 试验步骤

7.1 核实试样的来源、编号、密度、含水率，并填入附录 A 表内。

7.2 按人工冻土试验取样及试样制备方法有关规定制作试样。

7.3 试验前检查试样外观，测量试样断面尺寸。试样不得有明显缺陷。在试样侧面标出加载点位置。

7.4 将试样在试验机的支座上放稳对中，承压面应选择试样成型时的侧面。按图 1 要求，调整支座和加压头位置，其间距的尺寸偏差应不大于±1 mm。

7.5 开动试验机，当加载压头与试样快接近时，调整加压头及支座，使接触均衡。对试样进行两次预弯，预弯荷载均相当于破坏荷载的 5%～10%。

7.6 以 60 N/s 的速度连续而均匀地加载（不得冲击）。每加载 100 N 或 200 N 测读并记录应变值，当试样接近破坏时应停止调整试验机油门直至试样破坏；如果试样没有破坏，支座位置已经发生错动，则停止试验，破坏荷载按发生错动时荷载计算，记录破坏荷载。

7.7 停机卸载后取下试样，描述试样破坏后的状况，填入附录 A 表内。

8 结果计算

人工冻土抗折强度计算

$$f_f = \frac{Pl}{bh^2} \tag{1}$$

式中：

f_t ——抗折强度，单位为兆帕(MPa)；

P ——破坏荷载，单位为牛顿(N)；

l ——支座间距(即跨度)$l=3h$，单位为毫米(mm)；

b ——试样截面宽度，单位为毫米(mm)；

h ——试样截面高度，单位为毫米(mm)。

抗折强度以3个试样测值的平均值作为试验结果。将计算结果填入附录A表内。当3个试样抗折强度中的最大值和最小值，与中间值之差均超过中间值的15%时，该组试验应重做。

附 录 A
（规范性附录）
人工冻土抗折强度试验表

表 A.1 人工冻土抗折强度试验表

<table>
<tr><td colspan="2" rowspan="2">试验前试样高度 h_0＝ mm
试验前试样宽度 b_0＝ mm
试验前试样长度 l_0＝ mm
试验重量 G＝ g
试验前试样含水率 ω_0＝ ％
试验前试样密度 ρ＝ g/mm^3
试验温度 T＝ ℃
试验前试样体积 V_0＝ mm^3
加载速率 v＝ ％/min</td><td colspan="2">试验后试验含水率 ω＝ ％
试验后试样密度 ρ＝ g/mm^3
冻土抗折强度 f_t＝ MPa</td></tr>
<tr><td colspan="2">试验破坏情况：</td></tr>
<tr><td>试样截面宽度 b
mm</td><td>试样截面高度 h
mm</td><td>支座间距 l
mm</td><td>破坏荷载 p
mm</td></tr>
<tr><td></td><td></td><td></td><td></td></tr>
<tr><td></td><td></td><td></td><td></td></tr>
<tr><td></td><td></td><td></td><td></td></tr>
<tr><td></td><td></td><td></td><td></td></tr>
</table>

工程名称： 试 验 者：
土样编号： 计 算 者：
试样编号： 校 核 者：
土样说明： 试验日期：

MT

中华人民共和国煤炭行业标准

MT/T 594—1996

煤显微组分荧光光谱测定方法

1996-12-30 发布　　　　1997-11-01 实施

中华人民共和国煤炭工业部　　发布

前　　言

煤和油、气源岩组分的显微荧光光谱是组分本身的光化学反映，因此较组分的荧光强度和荧光变化有更大作用。该显微荧光光谱不仅用于识别和进一步划分组分，确定煤阶成熟度，以及成因研究，而且在炼焦配煤和其他加工利用以及研究油、气潜力和运移有重要价值。在其他领域也是可以引用的。

本标准参照国际煤和有机岩石学委员会通过的显微荧光光谱标准首次制订。

本标准由煤炭工业部科技教育司提出。

本标准由全国煤炭标准化技术委员会归口。

本标准起草单位：中国矿业大学北京研究生部、中国地质大学（北京）。

本标准主要起草人：金奎励、李海梅、周怡、潘治贵、陈基娘。

本标准委托中国矿业大学北京研究生部负责解释。

中华人民共和国煤炭行业标准

MT/T 594—1996

煤显微组分荧光光谱测定方法

1 范围

本标准规定了在反射显微镜光度计下，用干物镜测定粉煤光片或块煤光片中显微组分在可见光范围(400 nm～700 nm)的发射荧光相对强度分布方法。

本标准适用于测定煤显微组分或其他有机质的显微荧光光谱。

2 引用标准

下列标准所包含的条文，通过在本标准中引用而构成为本标准的条文。本标准出版时，所示版本均为有效。所有标准都会被修订，使用本标准的各方应探讨使用下列标准最新版本的可能性：

GB 6948—86 煤的镜质组反射率测定方法。

MT 116.1—86 粉煤光片的制备方法。

M T 116.2—86 块煤光片的制备方法。

3 仪器设备

采用 GB 6948 例举的显微镜光度计。其主要部件性能要求如下：

3.1 激发光源 需要高强度的激发光，为此引用 100 W 超高压汞灯。

3.2 双光束分光器 要求其临界值为 400 nm。

3.3 激发光源 紫外激发采用 365 nm(UV)，激发滤光片组合考虑用 UG1(4 mm)＋BG38(4～8 mm)组合；紫光激发采用 BG3＋BG38 组合；蓝光激发时滤光片组合可取 BG12＋BG38 组合。

3.4 阻断滤光片 用紫外激发时取 410 nm～430 nm，蓝光激发时取 510 nm。

3.5 光栅单色仪 所测范围为 400 nm～700 nm，测量步距为 10 nm(测量镜质体可略小)。

3.6 干物镜 50×/0.85 或 40×/0.25，避免浸油溶解源岩的可溶有机质。

3.7 光阑 具有适于对象的大小和形状的可变视域光阑，测量光阑可选直径为 10 μm 的。

3.8 参考灯源 校正光谱畸变的参考灯源要透射方式进入物镜。采用 12 V、100 W 的钨卤灯作为参考光源。

4 样品

测反射率或组分分析的粉煤光片和块光片可用以测谱。制片方法参看标准 MT 116.1～116.2。样品要避免强氧化剂和有机溶剂处理和过热。样品胶结物最好是无荧光的 506 粉。测量在新鲜抛光面上进行，避免尘土等污染和风化影响。样品储存在冷和暗的地方。

5 仪器调节

采用 GB 6948 所要求的调节外，还要进行以下调节：

5.1 仪器启动

在做好测试的准备之后，接通电源，打开仪器有关的电器部件，并调到规定的数值上，启动汞灯，预

中华人民共和国煤炭工业部 1996-12-30 批准　　　　1997-11-01 实施

热一定时间，使仪器达到稳定的工作状态。

5.2 **调节激发灯**

在允许的条件下调出最大光强，为了避免增加背景值，不打开孔径光阑。

5.3 **调节光度计**

5.3.1 调节测量光阑 使之符合直径 3.6 μm。

调节视域光阑使之符合所测物体形状和大小，两者大体按 2：1～3：1。

5.3.2 单色狭缝宽 15 nm～30 nm。

设定测量范围 400 nm～700 nm。

5.3.3 避免噪音合成放大最好用低放大倍数。

5.4 **调节参考灯**

去掉光路上不必要的透镜并聚焦在物镜后焦平面，选择适合色温条件的光谱辐射。

6 测定步骤

测定应在暗室中进行，室温(23±3)℃。

6.1 **参考谱测量**

光谱畸变的原因主要在于光电倍增管对不同波长的光具有不同的灵敏度，此外所测对象的背景也是有影响的，因此要做参考谱，并根据参考谱和背景谱值校正。选用 12 V 100 W 的钨卤灯作为校正光源，测量灯谱的条件要尽量与背景谱和样品谱的测量条件保持一致。其理论值可由普兰克公式求得：

$$P_{T\cdot\lambda}=\frac{C_1}{\lambda^5}\cdot\frac{1}{e^{C_2/\lambda T}-1} \tag{1}$$

式中：

$P_{T\cdot\lambda}$——色温为 T 的黑体的普朗克分布；

C_1——$(4.9919\pm0.0004)\times10^{-24}$ J·m；

C_2——$(4.43884\pm0.00008)\times10^{-2}$ m·度。

6.2 **背景谱的测量**

背景谱的测量要与样品谱测量条件相一致；背景谱测量位置的选择是重要的，测量背景谱的位置应选择在被测组分的附近。测试时应选择那些周围无荧光或弱荧光的组分为测试对象。一般背景值越弱越好，其强度不应大于样品谱强度的 1/10。

6.3 **样品谱的测量**

将欲测荧光光谱的显微组分置于测量光圈内测定，其值为样品的实测光谱值。

6.4 **荧光光谱测定的时间限制**

要求在开始激发 20 s 内完成。

6.5 **荧光光谱的校正**

为获取真实的荧光光谱分布曲线，必须进行光谱校正。

校正计算式为：

$$\frac{C_\lambda}{U_\lambda-B_\lambda}=\frac{P_{T\cdot\lambda}}{R_{T\cdot\lambda}} \tag{2}$$

式中：

C_λ——校正谱；

U_λ——未校正谱；

B_λ——背景谱；

$R_{T\cdot\lambda}$——一定色温的实测钨卤灯参考谱。

6.6 **测量点数**

为确保光谱值对样品的代表性，同一荧光组分的光谱测量数应为 5 条以上，其平均谱作为一个成果。

7 测定结果表述

每一校正谱都要进行标准化计算,即令谱中最大强度值为 100,计算出各波长强度的相对百分数。样品内同一荧光组分的光谱可进行加和平均,求出各波长的平均值,再进行标准化处理。

7.1 打印每一波长段的光潜值,绘制谱图。

7.2 计算光谱参数:

λ_{max}——光谱最大强度处的波长值;

Q——650 nm 相对强度/500 nm 相对强度(又叫红绿商)。

7.3 必要时可进行荧光颜色指数计算和绘制色度图:

x——色度坐标 CIE_x 值;

y——色度坐标 CIE_y 值;

λ_d——荧光色主波长值;

P_e——荧光颜色饱合度。

MT

中华人民共和国煤炭行业标准

MT/T 595—1996

煤显微组分荧光强度测定方法

1996-12-30 发布　　　　1997-11-01 实施

中华人民共和国煤炭工业部　　发布

前　言

本标准是参照国际煤岩学委员会(ICCP)分析分会1992年提出的《荧光显微术和荧光光度计》煤岩手册卡片的第一部分:强度测定,结合我国近十多年的工作实践,并增加了荧光强度变化测定后制定的。

本标准概述了荧光强度测定的方法原理,规定了荧光强度测定的主要仪器设备、调试要求和方法、样品制备和保存、测定步骤、成果校正计算和表达等方面的实质要点和细节,是我国首次制定的一种荧光强度测定标准,对应用荧光的各行各业的规范化都是有益的。

本标准由煤炭工业部科技教育司提出。

本标准由全国煤炭标准化技术委员会归口。

本标准起草单位:中国地质大学(北京)、中国矿业大学北京研究生部。

本标准主要起草人:潘治贵、周怡、陈基娘、金奎励、李海梅。

本标准委托中国地质大学(北京)、中国矿业大学北京研究生部负责解释。

中华人民共和国煤炭行业标准

MT/T 595—1996

煤显微组分荧光强度测定方法

1 范围

本标准规定了在反射荧光显微光度计下，用干物镜测定粉煤光片（或块煤光片）中显微组分荧光强度与荧光强度变化的测定方法。

本标准适用于烟煤、褐煤及泥炭中显微组分的荧光强度测定，也可参照用于沉积岩中分散有机质的荧光强度测定。

2 引用标准

下列标准包含的条文，通过在本标准中引用而构成为本标准的条文。本标准出版时，所示版本均为有效。所有标准都会被修订，使用本标准的各方应探讨使用下列标准最新版本的可能性。

GB 6948—86 煤的镜质组反射率测定方法

MT 116.1—86 粉煤光片的制备方法

MT 116.2—86 块煤光片的制备方法

3 仪器设备

本标准采用GB 6948《煤的镜质组反射率测定方法》例举的显微光度计及其他设备，增加了下列荧光强度测定专用部件：

3.1 荧光显微镜

3.1.1 备有分界值为400 nm～475 nm的双光束分光器。

3.1.2 有40×或50×的干式荧光物镜。

3.1.3 阻挡滤光片K510。

3.2 光源系统

3.2.1 与显微镜匹配，便于转换观察光和激发光的灯光转换室。

3.2.2 观察灯50 W或100 W的钨灯。

3.2.3 激发灯100 W或200 W的超高压汞灯。

3.2.4 激发滤光片是由短波带通片与短通阻红片组合。短波带通片：紫外光激发为BP340 nm～380 nm（主峰365 nm），如UG1；紫光激发为BP355 nm～425 nm（主峰405 nm），如BG3；蓝光激发为BP390 nm～490 nm（主峰436 nm），如BG12；短通阻红片SP650 nm，如BG38。

4 样品

4.1 荧光强度测定用样品、制片方法参看MT 116.1～116.2。样品要避免氧化剂和有机溶剂处理，避免过热影响。样品胶结物最好是无荧光的，如3号树脂、506粉等。块煤光片亦可直接用于荧光强度测定。

4.2 荧光强度测定用样品，要求光洁、新鲜、无油迹污染。

4.3 样品磨制好后在干燥器中放置约1 d，避免光照，测定工作应在10 d内完成。经长期保存的样品，

中华人民共和国煤炭工业部 1996-12-30 批准　　1997-11-01 实施

必须重新磨制和抛光。

5 标准片

用标有荧光强度值的铀酰玻璃标准片。

6 仪器调节

采用 GB 6948 所述仪器调节外，还要进行下列调节：

6.1 仪器起动 在做好测试的准备之后，接通电源。先启动汞灯，预热 15 min，使达到稳定的工作状态。打开仪器有关的电器部件开关，并调到观察灯电压适中；光电倍增管电压 800 V～1000 V 的数值上，最后再打开计算机电源，调用测量程序。

6.2 激发光调中 将汞灯弧像调节到显微镜光路中心线上，以取得最大亮度的激发光。

6.3 调节灯泡与聚光镜间的距离，使视场内激发光均匀。

6.4 光阑选择和调节 用固定光阑系列（圆形）、可调虹彩光阑（正多边形）和可调矩形光阑。调节有三方面的内容：一是根据测定物的形态、大小确定测量光阑的类型和大小，测定小孢子体的最佳光阑直径 $D=3.6\ \mu m$；二是依据测量光阑的大小，确定视场光阑的大小，后者为前者的 2～3 倍；三是两光阑在视场中成像的中心点要重合，形成平行对称的同心环带。

6.5 调节单色仪/滤光片 插入绿色滤光片（$\lambda=546$ nm）或单色仪调到 $\lambda=546$ nm。

6.6 电讯号输出读数的放大倍数和读数值设置 根据噪音和测值大小，选用适当的放大倍数，把标准样的测值读数调到给定值或其整倍数。

7 测定步骤

荧光测定应在暗室中进行，室温(23±3)℃。

7.1 方法提要

a)荧光强度测定以绿光（$\lambda=546$ nm）为准。测定值是在同一激发条件下与标准片相对比，换算而求得的。荧光强度值以相对荧光强度值和“绝对”荧光强度值两种型式表示。相对荧光强度是以标准片的荧光强度为 100（或 1）而换算得的组分荧光强度。“绝对”荧光强度值是与标准片的荧光强度精确值对比取得。

b)荧光强度随激发时间延长会发生变化称荧光变化。荧光变化是指从激发开始直到连续激发 15 min的范围内荧光强度的变化状况，以曲线表示。

7.2 测量方法 将压平的试样/标样置于荧光显微光度计的物台上，调好焦距，并将测量对象置于视场中心测量光阑内，转变为蓝光激发后即可进行测量。

7.3 背景值的测定 测定测量对象周围的背景区（无荧光或最弱荧光物体）的强度值为背景值，用 I_b 表示。

7.4 标样的实测值 将标样铀酰玻璃置于测量光阑内进行多次（3～5 次）测量，其平均值为标样实测值，用 I_u 表示。

7.5 组分的实测值 将欲测荧光强度的显微组分置于测量光阑内，按上述操作，测得值即为该组分的实测荧光强度值，用 I_m 表示。

7.6 荧光强度测定的时间限制 测量操作应在开始激发后 10～20 s 内完成。

7.7 测量点数 为确保测值对样品的代表性，同一样品中每一组分的测量点数不应少于 10。

7.8 荧光强度变化的测定 以初始强度为 1（100%），前 5 min 每间隔 1 min 测一次，之后间隔 2 min 测一次，总计 15 min。所测强度值分别用 A_t 表示（t 为激发时间，min）用 A_0 表示初始强度值，用 A_{15} 表示 15 min后的最终强度值。

8 测定结果表述

8.1 强度测值的校正 为获得组分的可靠和可对比的强度值，按式(1)进行校正计算：

$$I_{546}=\frac{(I_m-I_b)\times I_s}{I_u} \tag{1}$$

式中：

I_{546}——被测组分的荧光强度值；

I_m——被测组分的实测值；

I_b——背景值实测读数；

I_u——标样强度的实测读数；

I_s——标样的强度确定值，由生产厂给定；作相对强度测定时可定为 1 或 100。

当被测组分面积较大，充满整个视场光阑时，可视为无背景影响，$I_b=0$，上式为：

$$I_{546}=\frac{I_m\times I_s}{I_u} \tag{2}$$

8.2 荧光强度成果表述

样品内同一组分的多个荧光强度测值应进行数理统计计算，求其平均值和标准差，以平均值表示该组分的强度值。

当测定点数足够多时可进行分级统计和绘制直方图，以表现其分布特点。

8.3 荧光强度变化的表述

8.3.1 荧光强度变化是以开始激发的初始强度为基准(100%)相对比表示的。大于初始强度为正变化，小于初始强度为负变化。

8.3.2 以初始强度(100%)为原点，激发时间(0 到 15 min)为横坐标，强度变化百分率为纵坐标，绘制荧光强度变化曲线，如图 1 所示。依曲线轨迹形态，分为：

a)正变化；

b)负变化；

c)负正变化；

d)正负变化。

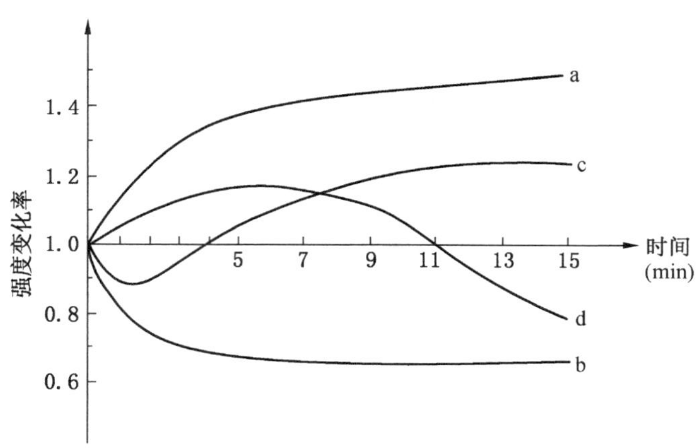

荧光强度变化曲线类型图

8.3.3 最终变化率，以激发 15 min 后的荧光强度与初始荧光强度相比 A_{15}/A_0 表示。

ICS 73.040
D 20
备案号:25331—2008

MT

中华人民共和国煤炭行业标准

MT/T 596—2008
代替 MT/T 596—1996

烟煤黏结指数分级

Classification for caking index of bituminous coal

2008-11-19 发布 2009-01-01 实施

中华人民共和国国家安全生产监督管理总局 发布

前　言

本标准与原标准相比主要作了以下修改：

——将原标准黏结指数分级的6个级别缩减为5个，并对不同级别的黏结指数($G_{R.I}$)范围进行了相应的调整；

——增加了分级代号命名原则，并对分级代号按照英文缩写进行了统一；

——按GB/T 1.1的要求作了修改。

本标准由中国煤炭工业协会科技发展部提出。

本标准由全国煤炭标准化技术委员会归口。

本标准起草单位：煤炭科学研究总院北京煤化工研究分院。

本标准主要起草人：丁华。

本标准所代替标准历次版本的发布情况为：

——MT/T 596—1996。

烟煤黏结指数分级

1 范围

本标准规定了烟煤黏结指数分级的级别名称、代号和划分范围。

本标准主要适用于煤炭勘查、生产和使用中对烟煤黏结能力级别的划分。

2 规范性引用文件

下列文件中的条款通过本标准的引用而成为本标准的条款。凡是注日期的引用文件，其随后所有的修改单(不包括勘误的内容)或修订版均不适用于本标准，然而，鼓励根据本标准达成协议的各方研究是否可使用这些文件的最新版本。凡是不注日期的引用文件，其最新版本适用于本标准。

GB/T 5447 烟煤黏结指数测定方法

3 技术要求

3.1 分级代号的命名原则

烟煤黏结指数分级代号用“无、微、弱、中、强”的英文字头与黏结指数的英文首字头组成。

NCI:无黏结煤;FCI:微黏结煤;WCI:弱黏结煤;MCI:中黏结煤;SCI:强黏结煤。

3.2 烟煤黏结指数分级

烟煤黏结指数按表1分级。

表1 烟煤黏结指数分级

级别名称	代号	黏结指数($G_{R.I}$)范围
无黏结煤	NCI	≤5
微黏结煤	FCI	>5～20
弱黏结煤	WCI	>20～50
中黏结煤	MCI	>50～80
强黏结煤	SCI	>80

4 试验方法

烟煤的黏结指数按 GB/T 5447《烟煤黏结指数测定方法》进行测定。

ICS 73.040
D 21
备案号:22150—2007

MT

中华人民共和国煤炭行业标准

MT/T 619—2007
代替 MT/T 619—1996

煤炭实验室评定导则

Guide for evaluation of coal laboratories

(ASTM D 4182-2004 Evaluation of Laboratories Using ASTM Procedures in the Sampling and Analysis of Coal and Coke,NEQ)

2007-10-22 发布

2008-01-01 实施

国家安全生产监督管理总局 发布

前　言

本标准参照美国试验与材料协会标准 ASTM D 4182—2004《应用 ASTM 方法进行煤和焦炭采样和分析的试验室评定》对原有的标准进行了较大幅度的修订。本标准与 ASTM D4182—2004 的一致性程度为非等效，其主要差异如下：

a)按中国标准格式书写了“引言”、“范围”和“规范性引用文件”。

b)增加了以下 ASTM D4182—2004 中没有的内容：

——黏结指数和二氧化碳反应性评定要素；

——采样和制样精密度核验和偏倚试验；

——发热量测定酸校正热计算法；

——灰熔融性测定弱还原性气氛封碳控制法。

c)删去了 ASTM D4182—2004 中的以下内容：

——温度测定和控制时，用温度控制仪以外的测温仪表进行温度检测；

——水分测定中的控制试样测定、能力验证试验和结果再现性。

d)按我国煤炭分析方法标准的规定对一些分析项目评定细则做了修改。如灰分测定中控制空气流通的方法，挥发分测定的温度标定方法，灰熔融性测定的 Ni、Au 丝炉温检定法等。

本标准与 MT/T 619—1996 相比主要变化如下：

——增加了目次；

——取消了第一篇实验室分级；

——根据 ASTM D4182—2004 版本详细规定了实验室能力评定的检查内容，在附录中列出了检查表。

本标准的附录 A 和附录 B 均为规范性附录。

本标准由中国煤炭工业协会科技发展部提出。

本标准由全国煤炭标准化技术委员会归口。

本标准起草单位：煤炭科学研究总院煤炭分析实验室。

本标准主要起草人：施玉英、李英华、段云龙。

本标准所代替标准的历次版本发布情况为：

——MT/T 619—1996。

煤炭实验室评定导则

1 范围

本标准规定了煤炭实验室评定的基本要求。

本标准适用于评价用国家标准和行业标准进行煤炭采样、制样和分析试验的煤炭试验室，评定实验室已建立并申报的各项试验的能力。

2 规范性引用文件

下列文件中的条款通过本标准的引用而成为本标准的条款。凡是注日期的引用文件，其随后所有的修改单(不包括勘误的内容)或修订版均不适用于本标准，然而，鼓励根据本标准达成协议的各方研究是否可使用这些文件的最新版本。凡是不注日期的引用文件，其最新版本适用于本标准。

GB/T 212 煤的工业分析方法

GB/T 213 煤的发热量测定方法

GB/T 214 煤中全硫的测定方法

GB/T 219 煤灰熔融性测定方法

GB/T 220 煤对二氧化碳反应性的测定方法

GB 474 煤样的制备方法

GB 475 商品煤样采取方法

GB/T 476 煤的元素分析方法

GB/T 481 生产煤样采取方法

GB/T 482 煤层煤样采取方法

GB/T 1574 煤灰成分分析方法

GB/T 2565 煤的可磨性指数测定方法(哈德格罗夫法)

GB/T 5447 烟煤粘结指数测定方法

GB/T 15460 煤中碳和氢的测定方法 电量-重量法

GB/T 19227 煤和焦炭中氮的测定方法 半微量蒸汽法

GB/T 19494.1 煤炭机械化采样 第1部分 采样方法

GB/T 19494.2 煤炭机械化采样 第2部分 煤样的制备

3 意义和使用

本标准提供了一独立或委托机构对一实验室申报能力进行评定时所应遵循的原则。被评定的实验室可以是任何一个能进行以下一种或多种煤炭分析的实验室：

a)采样；

b)制样；

c)化学分析；

d)物理试验。

4 煤炭实验室能力

4.1 实验室人员应证实具有足够的煤炭采样知识，实验室应有按照 GB 475，GB/T 481 和 GB/T 482(适用于煤矿实验室)或 GB/T 19494.1 进行采样的能力。

4.2 实验室人员应证实具有煤炭样品制备知识,实验室应有按照 GB 474 和 GB/T 19494.2 进行煤样制备的能力。

4.3 实验室人员应证实具有与所有申报试验项目有关的知识,实验室应有进行这些分析试验的能力,并证实具有煤炭分析专用仪器设备材料和试剂,并在日常分析试验中得以应用。

5 评审员选择原则

评审员应熟悉评定程序和标准实验室质量保证惯用做法,并有足够的知识来理解煤炭分析有关程序,主管评审员应有较好的口头和文字表达能力,并熟悉实验室评定准则。

6 与标准方法的偏离

若实验室采用的方法与标准有偏离,必须制定程序文件,并证实用修改的程序或方法得到的结果与使用标准方法的结果相一致。

7 检查表

7.1 为了评价的一致性,评审员应制定检查表对实验室进行审查。附录 B 为检查表模板,用于进行审查的检查表至少应包括该附录 1～7 章的内容。附录 B 没包括所有的煤炭分析试验项目,未被列入的项目可参照此模板编制。

7.2 评审员的意见应标明检查表中相对应的条款号,并予记录。

7.3 检查表的编号与附录 A(检查表条款注解)的编号相对应,该表表述了确认实验室能力的大多数程序,可作为实验室建立质量程序和具体措施的指导。

附　录　A
（规范性附录）
检查表条款注解

A.1　质量管理体系

实验室应有质量手册，使构成质量体系的所有要素都文件化。

A.1.1　当任何质量体系要素发生变化时，质量手册应及时更新，在质量手册中应明确规定修改程序，并规定修改权限。

A.1.2　实验室应有一主要文件控制单，表明所有使用参考文件、实施细则、程序和标准等现行版本状况，并能方便得到。

A.1.3　质量手册应包括质量方针和质量目标。

A.1.4　质量手册应有管理层对质量方针的书面承诺。

A.1.5　实验室设质量负责人，以保证质量体系有效运行，一般情况下质量负责人应向实验室主管报告执行情况。

A.1.6　实验室应有所有申请的采样、制样、试验方法标准的最新版本目录并保存有正式版本。

A.1.7　质量手册应包括实验室涉及的所有程序和试验的操作细则。如使用的程序与标准有偏离，应有资料证实修改程序得到的结果与标准方法的结果相一致。一般不宜简单地参照已发布的标准，应根据质量保证和质量控制活动的需要进行补充。

A.1.8　标定是在规定条件下，建立一测量仪器、测量系统指示值或一材料测量值与相应的已知测量值间相关关系的一组操作。

A.1.8.1　质量手册应包括标定仪器所用的程序或方法的操作细则，细则中规定可以接受的偏差限，以及超偏差限结果的处理方法。

A.1.8.2　应建立每台仪器设备的标定日程表。

A.1.8.3　应制定将标准物质，包括内控样品溯源到有证标准物质的程序。

A.1.9　处理标准物质或控制样品分析结果不一致性的程序，应包括如下内容：

A.1.9.1　操作细则应规定判定不一致性的基本统计法则，包括偏离限；当不一致程度超过此限时应采取纠正措施。

A.1.9.2　应有研究导致结果不一致性原因的程序。

A.1.9.3　应有修正操作细则或仪器设备的程序。

A.1.9.4　对结果不一致的现象描述及采取的措施，应形成文件并长期保存。

A.1.9.5　应有确认达到预定目标，并且过程受控的修改程序有效的规定。

A.1.9.6　应有防止不一致结果再度发生的特定程序。

A.1.9.7　对仪器或操作细则进行修改的人员应被授权，为防止修正了的仪器或程序被随意篡改，特别是发生不一致结果时，这条规定应强制执行。只能有一个人有指定代理人的权力。

A.1.10　例行质量保证活动，如审查、重新标定、设备维护等应事先有日程安排。

A.1.11　应有质量体系持续改进的方针。

A.1.12　作为持续改进活动的一部分，应有征求客户意见反馈和处理客户投诉的程序。

A.1.13　如果实验室已被公认的认可机构认可，应提供证明性文件。

A.1.14　应制定资料保密程序，包括防止未授权人员可能接触保存在计算机上的资料的规定。

A.1.15　应有如下明确的规定：当实验室发现问题使已报出的结果可疑时，应及时通知客户。

A.2 人员

A.2.1 实验室有关人员的信息至少包括以下内容：

A.2.1.1 组织机构图。

A.2.1.2 各级人员，特别是质量保证人员的岗位职责，代理人员的最高权限。

A.2.2 评定是否有足够的人员承担日常工作的程序。

A.2.3 有以下证明文件：

A.2.3.1 有正式的质量保证和质量控制方法的培训计划。

A.2.3.2 有正式的对技术人员进行实验室申请项目培训的计划和评定工作人员能力的计划。

A.2.4 有确定每个人员的技术能力的文件，包括每人已接受的正式培训和工作经历。

A.3 设施

A.3.1 设施应与实验室申请的能力相关活动相适应，包括以下几个方面：

A.3.1.1 光线充足能看清仪器设备和清楚地进行仪器读数。

A.3.1.2 温度和湿度应按试验方法要求得到控制。

A.3.1.3 应有足够的空间。

A.3.1.4 排烟的地方应有通风装置。

A.3.1.5 应有足够的水槽和排水道。

A.3.1.6 有合适的配电装置。

A.3.2 实验室应清洁有序，仪器设备整洁。

A.3.3 安全和健康方针应文件化，这些文件应方便得到，在适当的地方应张贴出来。评审员应确定实验室人员是否熟悉这些方针并予执行。

A.3.4 为保证有的设备出现问题时能及时完成检验，应有利用合同服务或其他设施进行分析的规定，或由有资格的维修人员及时修复的规定。

A.3.5 试验人员应容易得到试验方法标准和实验室各项活动的程序文件(操作细则)。

A.3.6 应对接触或使用设施进行限定和控制。

A.4 质量控制

A.4.1 应建立至少包括以下内容的质量控制程序。

A.4.2 试验样品。

A.4.2.1 分析试验样品应有一个有效的从接收到分析试验全过程的管理链来追溯到送样者。

A.4.2.2 应有包括来样的所有重要信息的记录。

A.4.2.3 每个样品都应有唯一的实验室标识，该样品的所有分样和文件都用此标识。

A.4.3 所有报给客户的数据都应追溯到最初接收的样品。评审员应随机选择2～3份最终报告，考察样品和数据的可追溯性是否满足要求。所有的工作单或类似的文件都应有样品标识和试验人员签字，以便怀疑有问题时查询。被评审的(同一样)的任何两个文件之间不应有样品标识和试验结果的偏离。

A.4.4 标准物质应按A.1.9规定进行试验。

A.4.4.1 对所有的标定试验、数据，包括操作者姓名等记录都应长期保存，而且应计入现行的统计表或控制图或两者兼用。

A.4.4.2 应有程序规定，在什么情况下需要对仪器设备或程序进行校正，以确保试验在标准化条件下进行。

A.4.5 标准物质应该是粒度和基体都合适的、稳定的物质。当标准物质作为实验室基准物质时，应可溯源到有证标准物质。使用新标准物质时，最好能与旧标准物质的结果作对比，并且记录和保存对比结果。

A.4.6　能力验证试验。

A.4.6.1　实验室应定期参加能力验证试验(或协同试验)或进行实验室间比对试验,并保存能力验证试验记录。

A.4.6.2　应有文件规定怎样参加和管理能力验证试验或比对试验。

A.4.6.3　实验室应保留参加能力验证试验的数据(由它可以看出实验室程序是否准确,即无偏倚),最好以统计或控制图表或两者兼用的形式表示。同时应分析数据,看其是否恒定地偏离能力试验平均值,如是则有偏倚。

A.4.6.4　应有程序规定判定不一致性的统计水平值(偏离限),超过此水平值就应根据能力试验情况对程序进行改进或重新标定。应记录这些活动并形成文件,同时查清责任。

A.4.7　控制试样。

A.4.7.1　内控样品只用于例常试验,它可以是标准物质,也可以是能溯源到标准物质的已知成分的试样,或已重复分析过的客户试样,或最新的能力验证试验试样。控制试样的粒度、基体等应符合要求,也可以用近期做过的试样。

A.4.7.2　使用控制试样的程序应在实施细则中规定。

A.4.7.3　控制试样的试验数据应长期保存,并以统计或控制图表的形式表示。控制试样的重复测定数据可用来制定精密度。

A.4.7.4　应规定判定不一致性的统计水平值(偏离限),超过此水平即要采取措施来研究方法的准确性。应明确规定评审控制试样和采取纠正措施的职责。这些活动应予记录并形成文件。

A.4.8　应有程序规定试验数据的保留时间,此程序包括:

A.4.8.1　标定和控制数据。

A.4.8.2　例常试验数据。一般例常试验数据保留两年,标定和控制数据则保留时间长些。

A.4.9　计算。

A.4.9.1　为便于查询和设备审查,应有一单独文件表明所有试验的计算程序,并有一定的措施来保证计算程序被严格遵守。如用计算机执行计算,则计算过程的适当部分和试验结果应打印出来,以验证计算正确无误。

A.4.9.2　除非仪器将试验数据直接读入计算机,否则每一试验应有专门的试验记录。

A.4.9.3　应有一定的程序保证试验数据被准确记录或输入计算机。

A.4.10　数据审查、确认和复验。

A.4.10.1　所有最终的数据在报告给客户之前都应被审查和确认。可以利用不同指标间是否一致的方法来审查。如同一煤源煤样的干燥无灰基发热量是否与以前测定的平均值一致,发热量测定值是否与元素分析计算值一致。

A.4.10.2　应授权专人负责对数据作审查,数据可疑时,有权安排复验或检查标定。

A.5　审查

A.5.1　质量手册应规定审查程序,应定期对质量和质量控制活动进行正式审查或评定。

A.5.2　内审。

A.5.2.1　内审应由与被审查活动不直接相关的人员进行。内审可按编制的检查表进行。

A.5.2.2　内审应按一定的时间间隔进行,如每季度一次。

A.5.3　外部审查的时间间隔可长些,如每年一次。

A.5.4　应有实验室管理层对质量体系进行年终评审的程序,并专门规定管理层应遵守的程序,以保证评审获得最大效果。

A.5.5　应有程序规定当审查发现问题后,由谁负责采取纠正措施,谁负责保证纠正措施有效实施,同时规定专门的停止活动的程序。

A.5.6 审查记录应长期保存。审查后采取的专门纠正措施应形成文件。

A.6 仪器设备和消耗品

A.6.1 应有专门的包括所有的重要消耗品和仪器设备的文件，包括识别信息(如清单号、序列号)、获得日期、来源、验收日期和状态、修理和维护记录等。

A.6.2 所有的仪器设备资料应保存在档案室中。

A.6.3 重要的零配件和消耗品应编制清单，而且应有最新的清单。

A.6.4 应有条文规定及时按清单采购重要零配件和消耗品，以确保实验室正常运行。

A.6.5 应制定程序，规定当仪器设备出现故障时，采取合同服务或其他仪器进行分析或试验，或由维修人员及时进行修理，以确保实验室能持续运转。

A.6.6 维护。

A.6.6.1 应制定维护计划，按计划对仪器设备进行定期维护。

A.6.6.2 仪器维护单应放置在每台仪器旁边，其他文件则保存在档案室中。

A.6.7 标定、检查或控制样品的数据复印件应放在所用的仪器旁边，所有的仪器设备应标明标定状态。

A.6.8 应有严格的、强制性的规定来防止非授权人员对仪器或程序进行调试或修改。修改仪器或程序只在用统计的方法检测到非一致结果时才进行，而且修改必须经指定人员批准。批准人员必须将出现的问题和他的批准形成文件。

A.6.9 应规定不合格仪器设备的撤出、维修、替换，以及维修后的重新确认的程序。

A.6.10 天平。

A.6.10.1 天平应有与试验相适应的、足够的灵敏度和准确度。

A.6.10.2 天平应定期进行检定，并将检定结果形成文件保存。

A.7 试样和试样制备

A.7.1 人员熟练程度。

A.7.1.1 如实验室进行采样，则应证明采样人员已经过充分的培训，能按 GB 475 或 GB/T 19494.1 的方法进行采样。

A.7.1.2 制样人员应被证明已经过充分的培训，能按 GB 474 或 GB/T 19494.2 进行试样制备。

A.7.2 应证明实验室采用的采样和制样程序已经过试验核验。

A.7.3 试样。

A.7.3.1 样品应迅速处理(制备)。

A.7.3.2 标签应清晰，不会在无意中被撕去、交换或贴错。

A.7.4 制样室要求：

A.7.4.1 清洁。

A.7.4.2 没有气流。

A.7.4.3 如气候正常，则应控制温度和湿度，以最大限度地减小水分的无意变化。不能在阳光直射或沉降物下进行制样。

A.7.5 设备。

A.7.5.1 破碎和缩分设备应能满足制样要求。二分器的格槽尺寸应正确。

A.7.5.2 制样时，样品应从制样设备如二分器、破碎机或粉碎机中全部回收，以防止试样出现偏倚。

A.7.5.3 每次制完样后应对破碎和缩分设备进行彻底清扫，最好用真空抽吸法(不推荐用鼓风吹扫)，特别是制备少量样品时，更要彻底清扫。

A.7.5.4 应证明实验室的采样和制样设备已通过偏倚试验和精密度核验。

A.7.6 试样在待制备或制备期间应保持其完整性，特别要防止试样温度过高或过低、水分变化和氧化。

A.7.7 空气干燥程序：

A.7.7.1 对处理试样比较稳定的实验室，可用将样品在空气中放置一定时间的方法进行空气干燥，而不必测定其质量损失率，但需有试验数据证明该干燥时间能保证样品水分达到稳定状态。

A.7.7.2 空气干燥温度应符合 GB 474 或 GB/T 19494.2 的要求。

A.7.7.3 干燥箱的温度应用温度控制器以外的方法监测。

A.7.7.4 干燥箱内应有足够的空气流经试样。

A.7.7.5 烘样盘应用耐腐蚀的材料制作，煤样在盘中的厚度不大于煤样标称最大粒度的 1.5 倍或质量面密度为 1 g/cm^2（哪个大用哪个）。

A.7.8 实验室最好进行例行制样水分损失试验。如进行了这种试验，则应将试验结果形成文件。

A.7.9 实验室应进行试验来测量例行制样方差。

A.7.10 每一缩分阶段的试样留量应符合 GB 474 或 GB/T 19494.2 的要求。

A.7.11 要定期检查破碎或粉碎后试样的粒度是否符合试验要求。

A.7.12 粉碎后试样。

A.7.12.1 粉碎后试样应用适当的混样方式进行混合。

A.7.12.2 混匀后试样应保存在密封性好的容器中，防止水分变化和氧化。最好能进行试验来证明容器的密封良好，如称量装有试样的容器，看其水分是否蒸发。

A.7.12.3 试样混匀后不应过度振荡或敲击，以减小试样后续的粒度离析。

A.7.13 应制定试样保存程序，并向评审员出示例行执行记录。

A.7.14 实验室应证实在规定的试样保存期内试样的完整性未变，最好保存在密封较好的固体容器或金属箔袋中。

A.8 分析试样水分

A.8.1 应按 GB/T 212 规定方法进行测定。

A.8.2 干燥箱应有最小的自由空间。

A.8.3 气氛。

A.8.3.1 当进行年轻煤测定、仲裁检验或客户有要求时，应用通氮两步法测定。

A.8.3.2 氮气流速应至少每小时换气 15 次。

A.8.3.3 氮气应通过干燥剂或加热方式干燥。

A.8.4 温度。

A.8.4.1 干燥箱温度应定期用温度检测或控制仪以外的测量装置进行标定，并保存标定记录。

A.8.4.2 应测定干燥箱的恒温区。

A.8.4.3 应用另一支温度计或热电偶检测干燥箱温度，不宜只用温度控制装置进行监测。

A.8.4.4 应测定干燥箱温度恢复速度。

A.8.5 称样操作应迅速，尽量减少在空气中的暴露时间。

A.8.6 干燥后的样品应迅速放入干燥器中冷却。

A.8.7 测定结果的重复性应落在 GB/T 212 规定范围内。

A.9 分析试样的灰分

A.9.1 应按 GB/T 212 规定方法进行测定。

A.9.2 测定时，马弗炉门应留有一定缝隙使空气流通，以确保样品燃烧完全。

A.9.3 马弗炉的升温程序应与 GB/T 212 的规定一致。

A.9.4 马弗炉内温度和恒温区应按有关检定规程定期进行标定,并保存标定记录。

A.9.5 试样。

A.9.5.1 对于难燃的试样,可在灼烧中取出搅拌一下,然后再放回进行灼烧。

A.9.5.2 所有燃烧后的试样都要注意检查是否还有未燃尽的碳粒。

A.9.5.3 应有条文规定对碳未燃尽的样品,是作废还是再进行灼烧。

A.9.6 灼烧后的试样的处理和冷却,应最大限度地减小试样从空气中吸收水分。

A.9.7 应定期带控制试样进行测定,以确保测定结果的准确性,控制试样的测定数据应形成文件,并以统计表或控制图方式或两者并用予以表示。

A.9.8 应对实验室间的能力验证结果进行统计分析。

A.9.9 测定结果的重复性和再现性应在 GB/T 212 规定范围内。应定期将室内重复测定和实验室间再现测定的最新结果以统计的形式表示出来。

A.10 分析试样的挥发分

A.10.1 应按 GB/T 212 规定方法进行测定。

A.10.2 挥发分坩埚和盖必须配合严密,以防止空气进入燃烧部分固定碳。

A.10.3 温度测量装置和恒温区应定期进行标定,并保存标定记录。

A.10.4 应定期带控制试样进行测定,以确保试验结果的准确性,控制试样的测定结果,应制成统计表或控制图或两者并用予以表示。

A.10.5 应对实验室间的能力验证结果进行统计分析。

A.10.6 测定结果的重复性和再现性应在 GB/T 212 规定范围内。应定期将室内重复测定和实验室间再现测定的最新结果以统计的形式表示出来。

A.11 分析试样的硫

A.11.1 应按 GB/T 214 规定方法进行测定。

A.11.2 应定期分析标准物质,以确保分析结果准确或对仪器进行标定,并保存记录。

A.11.3 仪器法测硫时,应对测定系统吸收剂的监控和更换做出规定。

A.11.4 如果进行空白测定,则应形成文件并保存记录。

A.11.5 应定期进行留样复测。

A.11.6 应定期带控制试样进行测定,以确保测定结果的准确性。

A.11.7 应对实验室间的能力验证结果进行统计分析。

A.11.8 测定结果的重复性和再现性应在 GB/T 214 规定范围内。应定期将室内重复测定和实验室间再现测定的最新结果以统计的形式表示出来。

A.12 分析试样的碳、氢和氮

A.12.1 应按 GB/T 476、GB/T 15460 或 GB/T 19227 规定方法进行测定。

A.12.2 燃烧炉的温度应定期进行标定,并保存记录。

A.12.3 应定期分析标准物质,以标定仪器或确保分析结果准确,并保存标准物质测定记录。

A.12.4 应有监控和更换系统中吸收剂的规定。

A.12.5 如果进行空白测定,应保存记录。

A.12.6 应定期带控制试样进行测定,确保试验结果的准确性,并保存记录。

A.12.7 应对实验室间的能力验证结果进行统计分析,并保存记录。

A.12.8 测定结果的重复性和再现性应在有关标准规定范围内。应定期将室内重复测定和实验室间再现测定的最新结果以统计的形式表示出来。

A.13 分析试样的高位发热量

A.13.1 应按 GB/T 213 规定方法进行测定。

A.13.2 发热量测定应由经过良好培训和有经验的人进行。

A.13.3 标定。

A.13.3.1 热量计的热容量应至少每月核验一次。

A.13.3.2 应按 GB/T 213 的有关规定或更严格的规定进行新热容量值标定。

A.13.4 标定用的标准物质应为有证量热标准物质。

A.13.5 应有确保备有足够的标准物质的规定。

A.13.6 试验结束后，打开氧弹检查燃烧是否完全，若发现有黑色沉积物或未燃尽的碳，试验应作废，并重新进行测定。

A.13.7 酸校正。

A.13.7.1 按 GB/T 213 规定的经验公式或校正系数进行校正，或用弹筒洗液滴定进行校正。

A.13.7.2 用弹筒洗液滴定进行校正时，滴定剂应用优级纯试剂配制。

A.13.8 点火丝。

A.13.8.1 点火丝可以自行选择。

A.13.8.2 除铂丝和钯丝外，其他的点火丝都应校正其燃烧热。

A.13.9 低位发热量。

A.13.9.1 低位发热量由实验室按 GB/T 213 规定计算得出。

A.13.9.2 若在计算低位发热量时所用的氢值是估算值，则应在报告中说明。

A.13.10 氧弹应定期由有资格的机构检验，并保存检验记录。

A.13.11 若定期进行了控制试样测定，应保存记录。

A.13.12 应对实验室间的能力验证结果进行统计分析，并保存记录。

A.13.13 测定结果的重复性和再现性应在标准规定范围内。应定期将室内重复测定和实验室间再现测定的最新结果以统计的形式表示出来。

A.14 灰成分

A.14.1 应按 GB/T 1574 规定方法进行测定。

A.14.2 如果煤灰消化方法与 GB/T 1574 不一致，应证明该方法能使全部灰分溶解。

A.14.3 应定期分析标准物质，以对仪器进行标定或确保分析结果准确。

A.14.4 标准物质的测定数据应进行统计分析，并保存记录。

A.14.5 若定期进行了控制试样分析，其测定数据应进行统计分析，并保存记录。

A.14.6 应对实验室间的能力验证结果进行统计分析，并保存记录。

A.14.7 测定结果的重复性和再现性应在标准规定范围内。应定期将室内重复测定和实验室间再现测定的最新结果以统计的形式表示出来。

A.15 灰熔融性

A.15.1 应按 GB/T 219 规定方法在弱还原性或氧化性气氛中进行测定。

A.15.2 用通气法控制弱还原性气氛时，通入混合气的体积比应为：$H_2+CO_2=(50\pm10)+(50\pm10)$或$CO+CO_2=(40\pm5)+(60\pm5)$；气体总流速应能避免空气渗入。

A.15.3 用封碳法控制弱还原性气氛时，应用抽气分析法或标准灰锥法检查炉内气氛的正确性，并保存记录。

A.15.4 炉子升温速率应为 900 ℃以下，15 ℃/min～20 ℃/min；900 ℃以上，(5±1) ℃/min。

A.15.5 炉温测量装置应定期检定，并保存检定记录。

A.15.6 若定期进行了控制试样测定，应保存记录。

A.15.7 应对实验室间的能力验证结果进行统计分析，并保存记录。

A.15.8 测定结果的重复性和再现性应在标准规定范围内。应定期将室内重复测定和实验室间再现测定的最新结果以统计的形式表示出来。

A.16 哈氏可磨性

A.16.1 应按 GB/T 2565 规定方法进行测定。

A.16.2 仪器设备。

A.16.2.1 仪器设备必须满足 GB/T 2565 要求。

A.16.2.2 可磨性测定中使用的筛子应为专用筛。

A.16.3 标定。

A.16.3.1 当使用新仪器、经过改进或维修的仪器，或发现结果可疑时应进行标定。用于标定的标准物质应在有效期内。

A.16.3.2 可定期用一个或多个标准物质检查标定曲线是否仍有效。

A.16.4 试样应严格按 GB 475.2 或 GB/T 19494.2 规定的程序进行空气干燥，干燥不够或过度干燥都会影响结果的正确性。

A.16.5 由于某些煤样的水分会影响 HGI 值，所以在报告中应注明水分值。

A.16.6 若定期进行了控制试样测定，应保存记录。

A.16.7 对实验室间的能力验证结果进行统计分析，并保存记录。

A.16.8 测定结果的重复性和再现性应在标准规定范围内。应定期将室内重复测定和实验室间再现测定的最新结果以统计的形式表示出来。

A.17 黏结指数

A.17.1 应按 GB/T 5447 规定方法进行测定。

A.17.2 仪器设备。

A.17.2.1 马弗炉温度应定期检定，并保存检定记录。

A.17.2.2 转鼓结构和尺寸应符合 GB/T 5447 要求。

A.17.3 专用无烟煤应符合 GB 14181 要求。

A.17.4 煤样。

A.17.4.1 煤样粒度组成应符合 GB/T 5447 要求，并在制样后一星期内完成试验。

A.17.4.2 试验前应按 GB/T 5447 规定比例和方法将煤样和专用无烟煤混合均匀。

A.17.5 应定期进行实验室间比对试验或参加能力验证试验（或实验室间协同试验），并对试验结果进行统计分析，保存记录。

A.17.6 测定结果的重复性和再现性应在标准规定范围内。应定期将室内重复测定和实验室间再现测定的最新结果以统计的形式表示出来。

A.18 二氧化碳化学反应性测定

A.18.1 应按 GB/T 220 规定方法进行测定。

A.18.2 仪器设备。

A.18.2.1 反应性测定应符合 GB/T 220 要求。

A.18.2.2 反应炉温度应定期检定，并保存记录。

A.18.2.3 应定期对气体分析器进行标定，并保存记录。

A.18.2.4 应定期对气体流量计进行检定,并保存记录。

A.18.3 煤样。

A.18.3.1 煤样粒度应为 3 mm～6 mm。

A.18.3.2 试验煤样应在(900±20) ℃下进行干馏处理。

A.18.4 钢瓶二氧化碳纯度应在 98%以上,并应定期(如每瓶一次)进行纯度检查,并保存记录。

A.18.5 试验中升温程序应符合 GB/T 220 规定。

A.18.6 二氧化碳通入速度应为 500 mL/min,必要时进行流量校正,并保存校正记录。

A.18.7 应定期进行实验室间比对试验或参加能力验证试验(或协同试验),并对试验结果进行统计分析,保存记录。

A.18.8 测定结果的重复性和再现性应在标准规定范围内。应定期将室内重复测定和实验室间再现测定的最新结果以统计的形式表示出来。

附　录　B
（规范性附录）
煤炭和焦炭实验室评定检查表

评审员＿＿＿＿＿＿＿＿日期＿＿＿＿＿＿＿＿
实验室名称＿＿＿＿＿＿＿＿
地址＿＿＿＿＿＿＿＿
联系人＿＿＿＿＿＿＿＿电话＿＿＿＿＿＿＿＿

B.1　质量管理

B.1.1　当前的质量手册＿＿＿＿　**B.1.2**　修改条款＿＿＿＿　**B.1.3**　主要文件受控单＿＿＿＿
B.1.4　书面的质量方针和质量目标＿＿＿＿　**B.1.5**　管理者声明＿＿＿＿
B.1.6　质量负责人＿＿＿＿
B.1.7　实验室申请项目表＿＿＿＿　**B.1.8**　操作细则＿＿＿＿
B.1.9　标定：**B.1.9.1**　标定操作细则＿＿＿＿　**B.1.9.2**　标定日程表＿＿＿＿
B.1.9.3　标准物质溯源性＿＿＿＿
B.1.10　标准物质测定或控制试样试验中不一致情况的处理＿＿＿＿
B.1.10.1　统计准则＿＿＿＿
B.1.10.2　确认的原因＿＿＿＿
B.1.10.3　纠正措施＿＿＿＿　**B.1.10.4**　形成的文件＿＿＿＿
B.1.10.5　纠正措施有效性＿＿＿＿　**B.1.10.6**　预防措施＿＿＿＿
B.1.10.7　仪器设备/操作细则的修改授权＿＿＿＿
B.1.11　例行质量控制活动日程表＿＿＿＿
B.1.12　持续改进方针＿＿＿＿　**B.1.13**　客户意见反馈程序＿＿＿＿
B.1.14　认证/注册机机构＿＿＿＿认证/注册
B.1.15　保密措施＿＿＿＿　**B.1.16**　结果有问题及时通知客户的方针＿＿＿＿

B.2　人员

B.2.1　人员信息：
B.2.1.1　组织图＿＿＿＿　**B.2.1.2**　职责规定＿＿＿＿
B.2.2　管理(监督)人员数＿＿＿＿　分析人员数＿＿＿＿　满足工作量需要＿＿＿＿
B.2.3　证明文件：
B.2.3.1　质量保证和控制培训计划＿＿＿＿　**B.2.3.2**　正式的技术培训/考核＿＿＿＿
B.2.4　人员资格/培训文件＿＿＿＿　工作年限＿＿＿＿

B.3　设施(环境)

B.3.1　适用性：**B.3.1.1**　光线＿＿＿＿　**B.3.1.2**　温度/湿度＿＿＿＿　**B.3.1.3**　空间＿＿＿＿
B.3.1.4　通风装置＿＿＿＿　**B.3.1.5**　排水设施＿＿＿＿　**B.3.1.6**　电源＿＿＿＿
B.3.2　实验室面貌＿＿＿＿
B.3.3　安全/健康措施和遵守情况＿＿＿＿
B.3.4　仪器设备出现故障的替代措施＿＿＿＿

B.3.5 试验标准和其他有关文件可否得到____________ **B**.3.6 设备使用限制________________

B.4 质量控制

B.4.1 质量控制程序文件____
B.4.2 试验样品:**B**.4.2.1 可追溯性____ **B**.4.2.2 信息记录____ **B**.4.2.3 唯一识别____
B.4.3 数据可追溯性____
B.4.4 标准物质试验:**B**.4.4.1 记录__________ 统计__________ 图__________
B.4.4.2 校正活动规定条件________________
B.4.5 标准物质适用性____
B.4.6 能力验证试验:**B**.4.6.1 组织者________________ **B**.4.6.2 实施细则________________
B.4.6.3 文件______ 统计______ 图______ **B**.4.6.4 不一致性统计限____________
B.4.7 控制试样:**B**.4.7.1 类型____________ **B**.4.7.2 实施细则____________________
B.4.7.3 记录______ 统计______ 图______ **B**.4.7.4 不一致性统计限________________
B.4.8 数据保留时间:**B**.4.8.1 标定和控制________ **B**.4.8.2 试验数据________________
B.4.9 计算:**B**.4.9.1 程序文件________________ **B**.4.9.2 专用记录____________________
B.4.9.3 数据输入准确性____
B.4.10 数据审查,确认,复验:
B.4.10.1 程序________________
B.4.10.2 授权人/责任人________________________________

B.5 审查

B.5.1 审查方针________________________
B.5.1.1 规定________________ **B**.5.1.2 操作细则________________________
B.5.2 内审:**B**.5.2.1 负责人________________ **B**.5.2.2 频次________________
B.5.3 外审:**B**.5.3.1 负责人________________ **B**.5.3.2 频次________________
B.5.4 年度管理评审____
B.5.5 纠正措施/授权人____________________ **B**.5.6 纠正措施文件____________________

B.6 仪器设备和消耗品

B.6.1 文件________________ **B**.6.2 资料保存________________________
B.6.3 配件和消耗品清单________________ **B**.6.4 采购记录________________________
B.6.5 设备出现问题时的替代措施____
B.6.6 维护:**B**.6.6.1 计划________________ **B**.6.6.2 记录________________
B.6.7 标定/检查资料是否放仪器旁____________________
B.6.8 修改/调试限制:____________________
B.6.9 失效仪器撤出和重新认可程序____
B.6.10 天平:**B**.6.10.1 适用性__________________ **B**.6.10.2 定期检定__________________

B.7 试样和试样制备

B.7.1 人员熟练程度:**B**.7.1.1 采样程序____________ **B**.7.1.2 制样程序________________
B.7.2 采样和制样程序核验______________________________
B.7.3 试样:**B**.7.3.1 迅速处理____________ **B**.7.3.2 标签完好________________
B.7.4 制样区:**B**.7.4.1 清洁____ **B**.7.4.2 无空气对流____ **B**.7.4.3 温度/湿度控制____

B.7.5　设备:**B**.7.5.1　适用性____　**B**.7.5.2　样品回收____　**B**.7.5.3　清扫__________

B.7.5.4　偏倚试验和精密度核验____

B.7.6　试样完整性____

B.7.7　空气干燥程序:**B**.7.7.1　达到空气干燥的时间(对计时干燥)__________________

B.7.7.2　干燥箱温度<40 ℃____________________　**B**.7.7.3　监控方法____________________

B.7.7.4　空气交换__________　**B**.7.7.5　盘内煤样厚度(<25 mm)__________

B.7.8　制样水分损失试验________________________________

B.7.9　制样方差____

B.7.10　相应质量:13 mm(15 kg)____ 6 mm(3.75 kg)________ 3 mm(0.7 kg)________

B.7.11　粒度检查:____　**B**.7.12　粉碎后试样:**B**.7.12.1　混匀______　**B**.7.12.2　密封好____

B.7.12.3　无振动__________

B.7.13　试样保存程序________________　**B**.7.14　存样密封性/保护措施____________________

B.8　**水分测定**

B.8.1　测定方法____

B.8.2　干燥箱类型/自由空间____

B.8.3　气氛:**B**.8.3.1　空气____氮气____　**B**.8.3.2　气流交换15次/h__________

B.8.3.3　气氛干燥:干燥剂______加热______

B.8.4　温度:**B**.8.4.1　标定方法/频次____________　**B**.8.4.2　恒温区________________________

B.8.4.3　监控方法/频次________________　**B**.8.4.4　温度恢复________________

B.8.5　快速处理__________　**B**.8.6　干燥器________________　**B**.8.7　重复性____________

B.9　**灰分测定**

B.9.1　试验方法________________　**B**.9.2　炉门留缝空气流通情况________________________

B.9.3　升温:30 min以上达500 ℃________________　1 h达815 ℃______________________

B.9.4　温度标定方法/频次______________

B.9.5　试样:**B**.9.5.1　灼烧中搅拌____________　**B**.9.5.2　碳迹检查________________________

B.9.5.3　重新灼烧/弃去____

B.9.6　处理迅速________________________　冷却方式________________________

B.9.7　控制样品测定频次/结果__________　**B**.9.8　能力验证试验结果________________

B.9.9　重复性____________________________　再现性____________________________________

B.10　**挥发分测定**

B.10.1　试验方法____________________　**B**.10.2　坩埚类型____________________________

B.10.3　温度标定方法/频次____

B.10.4　控制试样测定频次/结果____________　**B**.10.5　能力验证试验结果____________

B.10.6　重复性________________　再现性________________________

B.11　**硫测定**

B.11.1　方法____________________　**B**.11.2　标准物质使用/频次________________

B.11.3　吸收剂填充规定________________　**B**.11.4　空白试验____________________

B.11.5　留样复测____________________　**B**.11.6　控制样品测定频次/结果__________

B.11.7　能力验证试验结果____

B. 11.8　重复性________________________　再现性________________________

B.12　**碳/氢/氮测定**

B. 12.1　方法____
B. 12.2　温度标定方式____
B. 12.3　标准物质使用/频次________________　**B.** 12.4　吸收剂填充规定____________
B. 12.5　空白试验____________________　留样复测________________________
B. 12.6　控制样品测定频次/数据____
B. 12.7　能力验证试验结果____
B. 12.8　精密度：

	重复性	再现性	能力验证试验
碳	______	______	______
氢	______	______	______
氮	______	______	______

B.13　**高位发热量**

B. 13.1　方法______________________________
B. 13.2　操作者经验________________________
B. 13.3　热容量标定检查：**B.** 13.3.1　频次________________　**B.** 13.3.2　程序________________
B. 13.4　量热标准物质标准值________________　**B.** 13.5　量热标准物质保存量________________
B. 13.6　未燃尽碳检查____
B. 13.7　酸校正：**B.** 13.7.1　经验公式/系数__________　**B.** 13.7.2　滴定法__________
B. 13.8　点火丝：**B.** 13.8.1　材料____________　**B.** 13.8.2　燃烧热校正____________________
B. 13.9　低位发热量：**B.** 13.9.1　公式________________　**B.** 13.9.2　估计氢含量________________
B. 13.10　氧弹检验频次________________
B. 13.11　控制样品测定频次/结果　**B.** 13.12　能力验证试验结果________________________
B. 13.13　重复性________________________　再现性______________________________

B.14　**灰成分分析**

B. 14.1　方法________________________　**B.** 14.2　样品消化程序________________________
B. 14.3　标定方法/频次________________　**B.** 14.4　标准物质________________
B. 14.5　控制试样：**B.** 14.5.1　类型__________　**B.** 14.5.2　频次________________
B. 14.6　能力验证试验结果____
B. 14.7　重复性______________________________
　　　　　再现性______________________________

B.15　**灰熔融性**

B. 15.1　方法____________________　气氛____________________
B. 15.2　通入气体________________　比例____________________
B. 15.3　封碳法气氛检查____________________
B. 15.4　升温速度：900 ℃以下__________℃/min；900 ℃以上__________℃/min
B. 15.5　温度检查频次______________________________
B. 15.6　控制样品测定频次/结果____________　**B.** 15.7　能力验证试验结果____________

B.15.8 重复性__________ 再现性__________

B.16 可磨性

B.16.1 方法__________

B.16.2 设备:B.16.2.1 适用性__________ B.16.2.2 专用筛__________

B.16.3 标定:B.16.3.1 标准物质来源/日期__________ B.16.3.2 检查频次__________

B.16.4 空气干燥__________ B.16.5 煤样水分__________

B.16.6 控制样品测定频次/结果__________ B.16.7 能力验证试验结果__________

B.16.8 重复性__________ 再现性__________

B.17 粘结指数

B.17.1 方法__________

B.17.2 仪器设备:B.17.2.1 炉温检定频次__________ B.17.2.2 转鼓__________

B.17.3 专用无烟煤来源__________ 批号__________ 日期__________

B.17.4 煤样:B.17.4.1 粒度组成__________ 制样到试验时间间隔__________

B.17.4.2 无烟煤和煤样混合比__________ 混合方式__________

B.17.5 比对或能力验证试验结果__________

B.17.6 重复性__________ 再现性__________

B.18 二氧化碳化学反应性

B.18.1 方法__________

B.18.2 仪器设备:B.18.2.1 反应性测定仪__________

B.18.2.2 炉温检定频次__________ B.18.2.3 气体分析器标定频次__________

B.18.2.4 流量计检定频次__________

B.18.3 煤样:B.18.3.1 粒度__________ B.18.3.2 干馏温度__________

B.18.4 二氧化碳纯度__________ 检定频次__________

B.18.5 升温程序__________

B.18.6 二氧化碳流速__________ mL/min,是否校正__________

B.18.7 比对或能力验证试验结果__________

B.18.8 重复性__________ 再现性__________

ICS 73.040
D 21
备案号:26887—2010

MT

中华人民共和国煤炭行业标准

MT/T 620—2008
代替 MT/T 620—1996

煤炭分析用马弗炉控温仪技术条件

Technique specifications of muffle furnace temperature controller for coal analysis

2009-12-11 发布　　2010-07-01 实施

国家安全生产监督管理总局　发布

前　　言

本标准主要依据 GB/T 212《煤的工业分析方法》、GB/T 5447《烟煤粘结指数测定方法》、GB/T 5449《烟煤罗加指数测定方法》和 GB/T 13639《工业过程测量和控制系统用模拟输入数字式指示仪》而制定。

本标准代替 MT/T 620—1996《煤炭分析用马弗炉控温仪技术条件》。

本标准与 MT/T 620—1996 相比，主要变化如下：

——根据 GB/T 1.1《标准化工作导则第 1 单元：标准的起草和表述规则第 1 部分：标准编写的基本规定》修改了书写格式、术语、符号和计量单位；增加了前言部分，标准的主要技术内容不变；同时修改了 MT/T 620—1996 中不够准确和不够恰当的表述内容和方式；

——规范性引用采用最新版本，并不带年号引用；

——用 GB/T 15464—1995《仪器仪表包装通用技术条件》代替原引用标准中的 ZB Y 003—1984《仪器仪表包装通用技术条件》。

本标准的附录 A 为资料性附录。

本标准由中国煤炭工业协会提出。

本标准由全国煤炭标准化技术委员会归口。

本标准起草单位：煤炭科学研究总院煤炭分析实验室。

本标准主要起草人：皮中原、郑凤轩、杨力。

本标准所代替标准的历次版本和发布情况为：

——MT/T 620—1996。

煤炭分析用马弗炉控温仪技术条件

1 范围

本标准规定了煤炭分析用马弗炉控温仪的技术要求、试验方法、检验规则、标志、包装、运输和贮存。

本标准适用于煤炭分析中对马弗炉的加热过程进行控制的数字式控温仪。

2 规范性引用文件

下列文件中的条款通过本标准的引用而成为本标准的条款。凡是注日期的引用文件，其随后所有的修改单(不包括勘误的内容)或修订版均不适用于本标准，然而，鼓励根据本标准达成协议的各方研究是否可使用这些文件的最新版本。凡是不注日期的引用文件，其最新版本适用于本标准。

GB/T 212 煤的工业分析方法(GB/T 212—2008,ISO 11722:1999;ISO 1171:1997; ISO 562:1998,neq)

GB/T 2828.1 逐批检查计数抽样程序及抽样表(适用于连续的检查)

GB/T 5447 烟煤黏结指数测定方法

GB/T 5449 烟煤罗加指数测定方法

GB/T 6587.1 电子测量仪器 环境试验总纲

GB/T 6587.2 电子测量仪器 温度试验

GB/T 6587.3 电子测量仪器 湿度试验

GB/T 6587.4 电子测量仪器 振动试验

GB/T 6587.5 电子测量仪器 冲击试验

GB/T 6587.6 电子测量仪器 运输试验

GB/T 6587.7 电子测量仪器 基本安全试验

GB/T 6587.8 电子测量仪器 电源频率与电压试验

GB/T 13639 工业过程测量和控制系统用模拟输入数字式指示仪

GB/T 15464 仪器仪表包装通用技术条件

3 技术要求

3.1 总则

煤炭分析用马弗炉控温仪(以下简称控温仪)性能应符合 GB/T 13639、GB/T 212、GB/T 5447 和 GB/T 5449 的有关要求。

3.2 工作环境条件

3.2.1 温度:0 ℃～40 ℃。

3.2.2 相对湿度:20%～90%。

3.2.3 电源:(220±40)V,(50±1)Hz。

3.2.4 工作环境:通风良好，无强腐蚀性气体和强电磁场。

3.3 控温性能

仪器精度:0.5 级，分辨率 1 ℃;

温度显示:温度显示范围 0 ℃～1 000 ℃，温度显示稳定度(显示值波动)不超过 1 ℃;

温度控制:温度控制范围 200 ℃～1 000 ℃，基本误差不超过 5 ℃。

3.4 **计时性能**

范围:0 min～59 min,0 h～99 h;

准确度:≤1 min/24 h;

分辨率:1 min,1 s(挥发分程序)。

3.5 **自动报警**

控温仪若有故障或异常现象发生时(如断偶、超温、热电偶反接等)能自动报警,并能显示不同的报警标志符号。

3.6 **温度补偿**

有热电偶参考端温度补偿器件并对补偿方法有明确的说明(附录A)。补偿误差不超过2 ℃,补偿范围0 ℃～100 ℃。

3.7 **功率和测温元件**

控温仪适用于功率不大于6.0 kW的马弗炉。所使用的测温元件为镍铬-镍铝(或镍铬-镍硅)热电偶,其分度号为K。

3.8 **状态指示**

控温仪对马弗炉的通电、加热及断电状态有明显的指示。

3.9 **结构要求**

控温仪机箱内部各构件结构紧凑,便于安装和维修。各构件的固定螺钉需加弹簧垫圈以使连接可靠、牢固。电源开关应设置在安全、明显之处,外壳应有良好的散热和接地措施。

3.10 **外观要求**

3.10.1 控温仪各面板表面应光洁、平整,无明显划痕。面板与壳体配合应紧密,不得有松动现象。

3.10.2 温度、时间、电流、程序和故障等各种显示值或符号应直观、明亮、字迹完整和清晰。

3.10.3 面板上或壳体上应标明仪器名称、型号、制造单位、出厂编号和出厂日期等。

3.11 **外形尺寸和质量**

控温仪出厂时应标明外形尺寸:长 mm×宽 mm×高 mm;质量:kg。

3.12 **其他要求**

3.12.1 控温仪在3.2规定的工作环境条件下,应能满负荷连续工作24 h以上。

3.12.2 控温仪应能满足GB/T 6587.1～GB/T 6587.8中规定的各项例行试验的要求。

3.12.3 外购件、外协件需有生产厂家合格证。应对所有的零部件进行严格的检验后才能组装成整机。

4 试验方法

4.1 **试验准备**

4.1.1 控温仪的试验均在预热30 min以后进行。

4.1.2 人工调节调压器,使控温仪的电源电压在(220±40)V范围内变动,温度、时间的显示值应正常,程序不乱。

4.2 **控温性能试验**

4.2.1 参考端温度补偿性能试验

将控温仪的热电偶输入端("+"、"-")用导线短路,此时控温仪显示的温度为(T_k)。用标准水银温度计与热电偶的参考端靠近,测出室温(T_s),按式(1)计算参考端补偿的误差(E_c):

$$E_c = T_s - T_k \tag{1}$$

试验30 min,要求E_c不超过2 ℃。

4.2.2 温度显示基本误差试验

用上述方法测出室温T_s,在分度表(分度号:K)上查得与其相应的毫伏值(V_s),再查出待检温度(T_b)分别为200 ℃、300 ℃、400 ℃、500 ℃、600 ℃、700 ℃、800 ℃、900 ℃、1000 ℃的毫伏值(V_b),调节

毫伏发生器使其输出的毫伏值分别等于(V_b-V_s),并作为一高精度的毫伏表(分辨率≥0.001 mV)的输入信号和控温仪的输入信号,记录以上各温度点时控温仪的显示温度(T_k)。计算以上各温度点的温度显示值与设定标准值的误差(基本误差)$|T_k-T_b|$应能满足3.3的要求;并按式(2)计算控温仪温度显示最大允许误差(δ),δ应不大于0.5%:

$$\delta=\frac{|T_k-T_b|_{max}}{F\times S}\times 100\% \tag{2}$$

式中:

δ——控温仪温度显示最大允许误差,用质量分数表示,单位为百分号(%);

$F\times S$——控温仪显示温度的全量程;

$|T_k-T_b|_{max}$——最大绝对差值。

4.2.3 温度显示稳定度试验

温度显示稳定度试验可与基本误差试验同时进行。在每一检定温度点停留5 min,观察和记录控温仪显示温度(T_k)的变化,其变化的最大值应符合3.3的要求。

4.3 计时检验

控温仪运行24 h,用标准秒表(误差不大于10 s/24 h)与控温仪所显示的时间相核对,其差值不大于1 min。

4.4 程序检验

启动与马弗炉相连的控温仪,分别按下各功能键,观察仪器显示的温度、时间等程序是否符合GB/T 212、GB/T 5447、GB/T 5449和GB/T 13639的有关规定。

5 检验规则

控温仪需进行出厂检验和型式检验见表1。

表1 出厂检验和型式检验项目表

序　号	检验项目	技术要求条文号	出厂检验	型式检验
1	工作环境条件适应性	3.2,3.12.1	—	△
2	控温性能	3.3	△	△
3	计时性能	3.4	△	△
4	自动报警	3.5	△	△
5	温度补偿	3.6	△	△
6	功率和测温元件	3.7	△	△
7	状态指示	3.8	△	△
8	结构	3.9	△	△
9	外观	3.10	△	△
10	外形尺寸和质量	3.11	△	△
11	满足GB/T 6587.1～GB/T 6587.8中规定的各项例行试验的要求	3.12.2	—	△
12	外购件、外协件合格证	3.12.3	△	—

5.1 出厂检验

控温仪制造厂按表1规定的出厂检验项目逐项检验合格,并发给合格证。

5.2 型式检验

5.2.1 产品有下列情况之一时,应进行型式检验:

a)新产品生产或老产品转厂生产的定型鉴定;

b)正式生产后,当产品的结构、材料、工艺有较大改变,有可能影响产品性能时;

c)正常生产后每两年进行一次(或产量达500台时);

d)停产两年以上再恢复生产时;

e)国家鉴定机构提出进行型式检验要求时。

5.2.2 抽样:按GB/T 2828规定进行抽样,抽样数量如下:

a)批量不超过25台时,抽样2台;

b)批量为26台~90台时,抽样3台;

c)批量超过90台时,抽样5台。

5.3 判断规则

根据样本检查的结果,若全部合格,则该批产品判为合格产品。如果检验结果有不合格项,应随机抽取2倍台数,进行重复检查。如批量不超过25台时第一和第二样本中不合格产品数总和小于或等于1,批量为26台~90台时两次样本中不合格产品数总和小于或等于3,批量为超过90台时两次样本中不合格产品数总和小于或等于4,则判该批产品合格;否则为不合格。

6 标志、包装、运输、贮存

6.1 标志

应在产品明显位置固定产品铭牌,并注明下列内容:

a)制造单位名称;

b)产品名称、商标、型号;

c)制造日期、出厂编号;

d)产品主要参数。

6.2 包装

6.2.1 产品包装应符合GB/T 15464的有关规定。

6.2.2 包装箱内应附有以下物品:

a)产品合格证;

b)产品维修服务卡;

c)产品使用说明书;

d)附件;

e)装箱单。

6.2.3 包装箱外表面的标志应清晰、整齐,其内容包括:

a)产品名称和型号规格;

b)制造单位名称、发货站站名;

c)收货单位名称、收货到站站名;

d)包装箱外形尺寸,毛重,装箱日期;

e)外表应有"仪表"、"小心轻放"字样,并贴有防雨、防潮、易碎、勿倒置等标记。

6.3 运输

包装好的产品在能够避免雨雪直接影响的条件下,可用任何运输工具运送。

6.4 贮存

产品应贮存在通风、干燥,没有强烈冷、热气流和腐蚀性气体,没有强电磁场的库房内。

附 录 A
(资料性附录)
热电偶参考端温度补偿方法

A.1 0 ℃恒温法

将热电偶的参考端直接放在装有冰水混合物的冰瓶中,保持参考端温度为 0 ℃。

A.2 电势补偿法

用感温元件及其电路将热电偶参考端的温度值转换成相应的热电势,来补偿热电偶热电势的损失。热电偶的参考端与控温仪输入信号的连接线,均须使用相应型号补偿导线。

同一种控温仪,在不改变其输入设置的情况下,以上两种补偿方法不可以互换使用。

ICS 73.040
D 20
备案号：18122—2006

MT

中华人民共和国煤炭行业标准

MT/T 621—2006

矿井生产检查煤样采取方法

Sampling for checking samples of production in coalmine

2006-05-12 发布　　2006-11-01 实施

中华人民共和国国家发展和改革委员会　发布

前　　言

本标准代替 MT/T 621—1996《矿井生产检查煤样采取方法》，与原标准相比主要作了以下修订：

——详细列出了“采样工具”；

——强调了选点时应考虑到“操作安全方便、采样有代表性”等因素；

——增加了“采样单元”的内容和“最小子样质量”和“最少子样数目”的概念；

——对子样布点作了说明，并给出了计算“运煤矿车的间隔数”、“时间间隔”和“质量间隔”的计算公式。

本标准由中国煤炭工业协会科技发展部提出。

本标准由全国煤炭标准化技术委员会归口。

本标准起草单位：煤炭科学研究总院北京煤化工研究分院。

本标准主要起草人：姜英、陈亚飞。

矿井生产检查煤样采取方法

1 范围

本标准规定了矿井生产检查煤样的采取方法。

本标准适用于各矿井综采、机采和炮采回采工作面、掘进工作面生产检查煤样的采取。

2 规范性引用文件

下列文件中的条款通过本标准的引用而成为本标准的条款。凡是注日期的引用文件，其随后所有的修改单（不包括勘误的内容）或修订版均不适用于本标准，然而，鼓励根据本标准达成协议的各方研究是否可使用这些文件的最新版本。凡是不注日期的引用文件，其最新版本适用于本标准。

GB 474　煤样的制备方法

MT/T 1　含矸率测定方法

3 总则

采取矿井生产检查煤样的目的是为及时了解矿井采掘工作面毛煤的质量。矿井生产检查煤样的测试结果可作为井下采掘工作面毛煤质量管理的依据和矿井生产管理的基础。

矿井生产检查煤样须在采掘工作面正常生产的情况下采取。

4 采样工具

4.1　采样铲

用以从煤流中和运煤矿车中采样。铲的长和宽均应不小于 300 mm×250 mm。

4.2　接斗

用以在煤流落煤处截取子样。接斗的开口尺寸至少应为被采样煤最大粒度的 2.5 倍～3 倍。接斗的容量应能容纳输送机最大运量时煤流全断面的全部煤量。

4.3　垫布或铁皮。

4.4　50 mm 孔径的圆孔筛、25 mm 和 13 mm 孔径的圆孔筛或方孔筛。

4.5　弹簧秤，称重 25 kg 以上。

4.6　手锤。

4.7　煤样袋。

5 采样地点

根据各生产单位的实际情况，在支护及通风完好、无淋水、底板平整、操作安全方便、采样有代表性的条件下，可选择下列地点进行采样：

a）运煤矿车上；

b）与其他工作面毛煤未混掺之前的刮板运输机或带式运输机上；

c）相对固定的刮板运输机或带式运输机煤流下落点。

6 采样周期

工作面按作业规程正常推进时，回采工作面至少每 5 日采取 1 次，掘进工作面至少每 10 日采取 1 次。对产量较大的工作面，或遇煤层赋存条件变化较大时，可适当增加采样频次。

7 采样单元、子样量和子样数目

7.1 采样单元

以1个班的计划产量为1个采样单元,也可以1个生产循环或1个循环班的计划产量为1个采样单元。

7.2 子样质量

最小子样质量为5 kg。

7.3 子样数目

最少子样数目根据采样单元质量的大小和毛煤计划灰分来确定,见表1。

表1 每一采样单元的最少子样数目

采样单元的计划质量,t	毛煤计划灰分(A_d),%	最少子样数目,个
≤300	—	20
>300～500	>20	30
	≤20	20
>500	>20	40
	≤20	30

8 采样方法

8.1 运煤矿车上采样

8.1.1 在运煤矿车上采样时,按图1所示,沿斜线方向在1、2、3的位置上按3点循环采取1个子样。始末两点应位于距车角0.3 m处,另一点为两点的中心。

8.1.2 随机选取一个运煤矿车采第一个子样,以后的子样按公式(1)所计算的运煤矿车的间隔数进行采样。

$$M \leqslant \frac{N}{n} \tag{1}$$

式中:

M——运煤矿车的间隔数,个;

N——1个采样单元的总运煤矿车数,个;

n——子样数目,个。

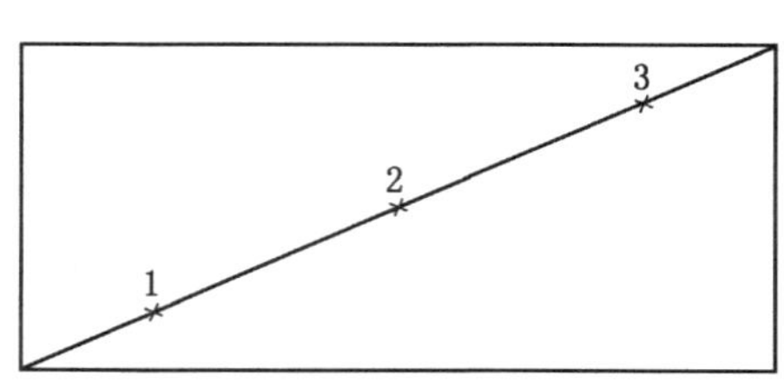

图1 矿车采样点布置图

8.2 煤流中采样

8.2.1 在煤流中采样时,可根据煤的流量和皮带宽度,以1次或分2到3次用接斗或铲横截煤流的全断面采取1个子样。分2到3次截取时,按左右或左中右的顺序进行,采样部位不能交错重复。用铲取样时,铲子只能在煤流中穿过1次,即只能在进入或撤出煤流时取样,不能进、出都取样。

8.2.2 在移动煤流上铲取煤样时,应保证安全。

8.2.3 移动煤流中采样按质量基采样或时间基采样进行。质量或时间间隔按公式(2)或公式(3)计算。

$$m \leqslant \frac{Q}{n} \tag{2}$$

式中：

m——子样质量间隔，t；

Q——采样单元，t；

n——子样数目，个。

$$T \leqslant \frac{60Q}{Gn} \tag{3}$$

式中：

T——子样时间间隔，min；

Q——采样单元，t；

G——煤流量，t/h；

n——子样数目，个。

9 煤样的制备

9.1 根据需要测定含矸率。

9.2 煤样的破碎、缩分

参照 GB 474，先把所有煤样都破碎至小于 25 mm，缩取不少于 60 kg 的煤样。再把缩取后的煤样破碎至小于 13 mm，并缩取不少于 15 kg 的煤样装入煤样袋，送往化验室。

9.3 采样工作全部结束后，应在现场填写标签，注明采样编号、日期、采区、工作面编号、区队、班次、煤样质量、煤样粒度、含矸率及采样人。

MT

中华人民共和国煤炭行业标准

MT/T 622—1996

五日生化需氧量简易测定方法

1996-12-30 发布　　　　1997-11-01 实施

中华人民共和国煤炭工业部　发布

前　言

本标准是在 GB 7488—87《水质　五日生化需氧量(BOD_5)的测定　稀释与接种法》的原则基础上加以简化而制定的等效行业标准,具有操作简便、省时、省料的特点,可满足煤炭行业大量例行测定的需要。

本标准由煤炭工业部科技教育司提出。

本标准由全国煤炭标准化技术委员会归口。

本标准由煤炭科学研究总院杭州环境保护研究所起草。

本标准主要起草人:陈维维、卜贻孙。

本标准委托煤炭科学研究总院杭州环境保护研究所负责解释。

中华人民共和国煤炭行业标准

MT/T 622—1996

五日生化需氧量简易测定方法

1 范围

本标准规定了五日生化需氧量(BOD_5)简易测定方法用的试剂材料、仪器设备、测定步骤、测定结果表述等。

本标准适用于煤矿矿井水、地下水、地表水、工业废水及生活污水等。

2 引用标准

下列标准包含的条文,通过在本标准中引用而构成为本标准的条文。本标准出版时,所示版本均为有效。所有标准都会被修订,使用本标准的各方应探讨使用下列标准最新版本的可能性。

GB 7489—97 水质 溶解氧的测定 碘量法

3 定义

生化需氧量(BOD_5)

在规定条件下,水中的有机物和无机物在生物氧化作用下 5 d 所消耗的溶解氧(以质量浓度表示)。

4 试剂和材料

4.1 分析时,只采用分析纯试剂和蒸馏水。

4.2 盐溶液:下列盐溶液贮于玻璃瓶内,置于暗处,一旦发现有生物滋生的混浊现象,应弃去重配。

4.2.1 磷酸盐缓冲溶液:将 8.5 g 磷酸二氢钾(KH_2PO_4)(GB/T 1274)、21.75 g 磷酸氢二钾(K_2HPO_4)(HG/T 3-1228)、33.4 g 磷酸氢二钠($Na_2HPO_4 \cdot 7H_2O$)(GB/T 1263)和 1.7 g 氯化铵(NH_4Cl)(GB/T 658)溶于水中,稀释至 1000 mL,此缓冲溶液的 pH 应为 7.2。

4.2.2 硫酸镁溶液:将 22.5 g 硫酸镁($MgSO_4 \cdot 7H_2O$)(GB/T 671)溶于水中,稀释至 1000 mL。

4.2.3 氯化钙溶液:将 27.5 g 无水氯化钙($CaCl_2$)溶于水中,稀释至 1000 mL。

4.2.4 氯化铁溶液:将 0.25 g 三氯化铁($FeCl_3 \cdot 6H_2O$)(HG/T 3-1085)溶于水中,稀释至 1000 mL。

4.3 盐酸溶液:c(HCl)=0.5 mol/L。将 40 mL(ρ=1.19 g/mL)盐酸(GB/T 622)溶于水,稀释至1000 mL。

4.4 氢氧化钠溶液:c(NaOH)=0.5 mol/L。将 20 g 氢氧化钠(GB/T 629)溶于水,稀释至 1000 mL。

4.5 亚硫酸钠溶液 $c(1/2Na_2SO_3)$=0.0 25mol/L。将 1.575 g 亚硫酸钠(HG/T 3-1078)溶于水,稀释至 1000 mL,用时现配。

4.6 葡萄糖-谷氨酸标准溶液:将葡萄糖($C_6H_{12}O_5$)(HG/T 3-1094)和谷氨酸(HOOC—CH_2—CH_2—$CHNH_2$—COON)在 101~105 ℃烘干 1 h 后,各称(150±1)mg 溶于水,混匀并稀释至 1000 mL,用时现配。

4.7 稀释水:在 5~20 L 玻璃瓶内装一定量的蒸馏水,控制水温在 20 ℃左右,用无油空气压缩机,将吸入的空气经活性炭吸附及水洗涤管后,导入蒸馏水内曝气 2 h~8 h,使其中溶解氧接近饱和,达 8 mg/L 左右,临用前每升蒸馏水中加入盐溶液(4.2)各 1 mL,此稀释水的 pH 值应为 7.2,BOD_5 值应小

中华人民共和国煤炭工业部 1996-12-30 批准 1997-11-01 实施

于0.2 mg/L。

4.8 接种液：对于不含或少含微生物的废水，要引入含微生物的接种液进行接种后培养测定。可选用下列任一接种液。

4.8.1 城市污水：一般采用生活污水，放置一昼夜，取其上清液备用。

4.8.2 表层土壤浸出液：取 100 g 植物生长的土壤，加入 1 L 水，混合静置 10 min，取其上清液备用。

4.8.3 含有城市污水的河水。

4.8.4 污水处理厂出水。

4.8.5 当分析含有难降解物质的废水时，在其排污口下游 3 km～8 km 处取水样作为废水的驯化接种液。

4.9 接种的稀释水：每升稀释水中的接种液加入量为生活污水(4.8.1)1 mL～10 mL；表层土壤浸出液(4.8.2)20 mL～30 mL；河水(4.8.3)10m L～100 mL。此接种的稀释水 pH 值应为 7.2，BOD_5 值以(0.3～1.0)mg/L 为宜。临用前配制。

5 仪器设备

5.1 恒温培养箱：控温在(20±1)℃。

5.2 培养瓶：250 mL～300 mL 带磨口玻璃塞瓶，具有供水封用的锥形口，标定容积，准确到±0.5 mL，并逐一编号。

5.3 量筒：1000 mL～2000 mL。

5.4 移液管：10 mL，25 mL，250 mL。

6 测定步骤

6.1 水样预处理

6.1.1 若水样的 pH 值不在 6～8 之间，可用盐酸溶液(4.3)或氢氧化钠溶液(4.4)调节 pH 值接近 7。

6.1.2 若水样中有游离氯和结合氯，可加入亚硫酸钠溶液(4.5)除去，注意不要加过量。

6.2 稀释水样的测定

6.2.1 稀释倍数的确定：

稀释倍数按式(1)确定。

$$c_n=\frac{V_1}{V_2}=\frac{COD_{Cr}}{c_1}\cdot\frac{n}{2} \qquad (1)$$

式中：

c_n——稀释倍数；

V_1——样品加稀释水的体积，mL；

V_2——样品的体积，mL；

COD_{Cr}——重铬酸钾方法测得的化学需氧量值，mg/L；

c_1——稀释水(或接种稀释水)培养 5 d 的剩余溶解氧浓度，mg/L；

n——1，2，3。

6.2.2 测定：

6.2.2.1 对 c_1 不大于 10 的水样。

在已知准确容积为 V_1 mL 的培养瓶内用虹吸法加入一部分稀释水(或接种稀释水)，再用移液管准确加入待测水样 V_2 mL($V_2=V_1/C_n$)，然后用稀释水(或接种稀释水)充满，加盖，勿留气泡，将其放置恒温培养箱内于(20±1)℃培养 5 d，测定剩余的溶解氧浓度 c_2。每个水样，同时做 3 个稀释倍数的样品进行培养和测定。

6.2.2.2 对 C_n 大于 10 的水样。

在已知准确容积为 V_1 mL 的培养瓶内用虹吸法充满接种稀释水，再用移液管插入瓶的中上部，准确加入待测水样 V_2 mL($V_2=V_1/C_n$)，使其溢流，加盖，勿留气泡，将其放置恒温培养箱内于(20±1)℃培养 5 d，测定剩余的溶解氧浓度 c_2。每个水样，同时做 3 个稀释倍数的样品进行培养和测定。

6.2.2.3 在同样的条件下，测定 2～3 个稀释水(或接种稀释水)在(20±1)℃培养 5d 的剩余溶解氧浓度，取其平均值 c_1。

7 测定结果的表述

7.1 样品培养液必须满足以下条件，即培养 5d 后：

剩余 DO≥1 mg/L；

消耗 DO≥2 mg/L。

否则，就舍弃该结果。

7.2 测定结果按式(2)计算：

$$BOD_5=\frac{(c_1-c_2)V_1}{V_2}-c_1+DO \tag{2}$$

式中：BOD_5——五日生化需氧量，mg/L；

V_1——培养瓶的准确容积，mL；

V_2——水样容积，mL；

c_1——稀释水(或接种稀释水)培养 5 d 的剩余溶解氧浓度平均值，mg/L；

c_2——样品培养液培养 5 d 的剩余溶解氧浓度满足(7.1)条件的值，mg/L；

DO——水样的溶解氧浓度，mg/L。

7.3 验证试验：

将 20 mL 葡萄糖-谷氨酸标准溶液(4.6)用接种稀释水(4.9)稀释至 1000 mL，按照 6.2.2 测定，得到 BOD_5 应在(180～230)mg/L，否则应检查接种水和操作技术所存在的问题。

MT

中华人民共和国煤炭行业标准

MT/T 623—1996

煤炭脱硫工艺效果评定方法

1996-12-30 发布　　　　1997-11-01 实施

中华人民共和国煤炭工业部　　发 布

前　　言

在脱硫过程中，经常需要判断不同工艺方法或不同条件时的脱硫工艺效果。为了制定切合我国实际、表征煤炭脱硫工艺效果的评定方法，在对国内外评价方法进行分析比较和进行不同条件、不同工艺方法下脱硫工艺效果比较的基础上，提出用脱硫完善度 η_{ws} 和脱硫率 η_{ds} 评定我国煤炭脱硫工艺效果。

本评定方法可以较确切地表征煤炭脱硫的实际工艺效果，且基础数据易于取得，计算和使用方便。

本标准由煤炭工业部科技教育司提出。

本标准由全国煤炭标准化技术委员会归口。

本标准由中国矿业大学起草。

本标准主要起草人：蔡璋、吴军。

本标准委托中国矿业大学负责解释。

中华人民共和国煤炭行业标准

MT/T 623—1996

煤炭脱硫工艺效果评定方法

1 范围

本标准规定了煤炭脱硫工艺效果的评定指标及计算方法。

本标准适用于烟煤、无烟煤、褐煤、石煤脱除全硫、黄铁矿硫、有机硫工艺效果的评定。

2 引用标准

下列标准包含的条文，通过在本标准中引用而构成本标准的条文。本标准出版时，所示版本均为有效。所有标准都会被修订，使用本标准的各方面应探讨使用下列标准最新版本的可能性。

GB 212—91 煤的工业分析方法

GB 214—83 煤中含硫的测定方法

GB 215—82 煤中各种形态硫的测定方法

3 煤炭脱硫工艺效果评定方法

3.1 本标准采用脱硫完善度 η_{ws} 作为煤炭脱硫工艺效果评定指标，用脱硫率 η_{ds} 作为辅助指标，对硫分符合要求的条件进行评定。

3.1.1 脱硫完善度 η_{ws} 按式(1)计算。

$$\eta_{ws}=\frac{\gamma_c(S_{d\cdot f}-S_{d\cdot c})}{S_{d\cdot f}(100-A_{d\cdot f}-S_{d\cdot c})}\times 100 \qquad (1)$$

式中：η_{ws}——脱硫完善度，%；

γ_c——精煤产率，%；

$S_{d\cdot f}$——原料煤干基硫分，%；

$S_{d\cdot c}$——精煤干基硫分，%；

$A_{d\cdot f}$——原料煤干基灰分，%。

3.1.2 脱硫率 η_{ds} 按式(2)计算。

$$\eta_{ds}=\frac{100S_{d\cdot f}-\gamma_c S_{d\cdot c}}{100-S_{d\cdot f}}\times 100 \qquad (2)$$

式中：η_{ds}——脱硫率，%。

其他符号意义同前。

计算结果取小数点后二位，修约至小数点后一位。

3.2 用于煤中赋存的全硫及各种形态硫脱除效果评定时，式中原料煤、精煤干基硫分应采用相同形态的硫分。

中华人民共和国煤炭工业部 1996-12-30 批准　　1997-11-01 实施

ICS 29.260.20
D 98
备案号:20430—2007

MT

中华人民共和国煤炭行业标准

MT/T 624—2007
代替 MT 624—1996

煤矿用隔爆型控制按钮

Flameproof control push button for coal mine

2007-03-30 发布 2007-07-01 实施

国家安全生产监督管理总局 发布

前　　言

本标准是对 MT 624—1996《煤矿用隔爆型控制按钮》的修订，本标准代替 MT 624—1996。

本次修订主要是针对标准中引用的 GB 3836.1～3 标准由 1983 年版更新到 2000 年版，GB 3836.1～3—2000 标准等同 IEC 60079，在内容上有较大改动，故本次标准的防爆内容也作了相应修订。另外GB 14048.1 和 GB 14048.5 标准也已修订，本标准的电气性能也相应进行了修订。主要修订内容如下：

——引用标准中采用现行最新版本，如 GB 3836 由 1983 年版改为 2000 年版，增加了 MT/T 661—1997《煤矿井下用电器设备通用技术条件》标准；

——增加了产品的防爆标志：Exd I；

——电气间隙、爬电距离参数值依据新标准作了相应改动；

——隔爆接合面符号及参数值依据新标准作了相应改动；

——水压试验要求及结论依据新标准作了相应改动；

——密封圈硬度要求依据新标准改为 IRHD45～55；

——试验方法中的引用条款依据新标准作了相应改动；

——删除了原标准表 8 水压试验压力值；

——根据实际情况对抽样基数和抽样数量进行了修订；

——标志中增加了永久煤矿安全标志“MA”；铭牌中增加了安全标志编号；警告牌内容改为“严禁带电开盖”。

本标准由中国煤炭工业协会科技发展部提出。

本标准由煤炭行业煤矿安全标准化技术委员会归口。

本标准起草单位：煤炭科学研究总院抚顺分院。

本标准起草人：刘晓波、邵明杰、康丽莹、林娜。

本标准 1996 年 12 月 30 日首次发布，2006 年 8 月第一次修订。

煤矿用隔爆型控制按钮

1 范围

本标准规定了煤矿用隔爆型控制按钮的产品分类、技术要求、试验方法、检验规则、标志、包装、运输和贮存。

本标准适用于远距离控制电磁起动器和其他电气线路等的煤矿用隔爆型控制按钮(以下简称“按钮”)。

2 规范性引用文件

下列文件中的条款通过本标准的引用而成为本标准的条款。凡是注日期的引用文件,其随后所有的修改单(不包括勘误的内容)或修订版均不适用于本标准,然而,鼓励根据本标准达成协议的各方研究是否可使用这些文件的最新版本。凡是不注日期的引用文件,其最新版本适用于本标准。

GB 191—2000 包装储运图示标志

GB/T 228—2002 金属材料 室温拉伸试验方法

GB/T 762—2002 标准电流等级

GB/T 2423.4—1993 电工电子产品基本环境试验规程 试验 Db:交变湿热试验方法

GB 3836.1—2000 爆炸性气体环境用电气设备 第1部分:通用要求

GB 3836.2—2000 爆炸性气体环境用电气设备 第2部分:隔爆型“d”

GB 3836.3—2000 爆炸性气体环境用电气设备 第3部分:增安型“e”

GB/T 4942.2—1993 低压电器外壳防护等级

GB/T 10111—1988 利用随机数骰子进行随机抽样的方法

GB/T 14048.1—2000 低压开关设备和控制设备 总则

GB/T 14048.5—2001 低压开关设备和控制设备 第5-1部分:控制电路电器和开关元件 机电式控制电路电器

MT/T 661—1997 煤矿井下用电器设备通用技术条件

3 产品分类

3.1 型式

3.1.1 防爆型式为矿用隔爆型;防爆标志为“Exd I”。

3.1.2 按钮数分为1钮、2钮和3钮。

3.2 型号及含义

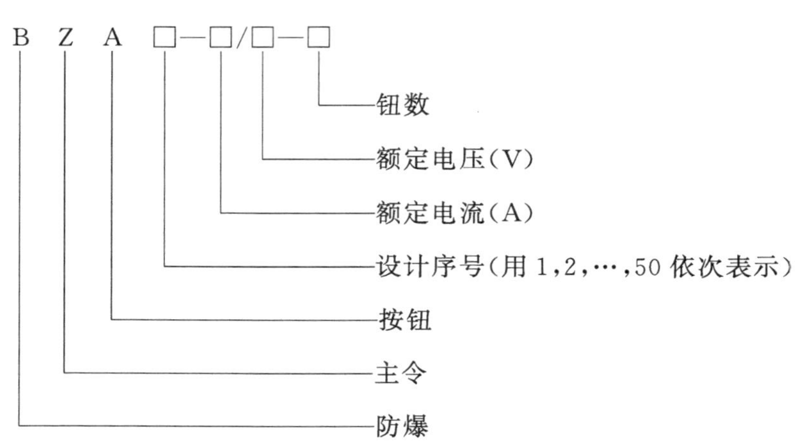

3.3 基本参数

3.3.1 额定电压:交流 36 V;直流 36 V。

3.3.2 额定电流:5 A。

3.3.3 交流电源额定频率:50(60)Hz。

4 技术要求

4.1 产品应符合本标准和 MT/T 661 的要求,并按照规定程序批准的图样和技术文件制造。

4.2 按钮在下列条件下应能正常工作:

a) 环境气压:86~110 kPa;

b) 环境温度:-20~+40℃;

c) 空气相对湿度:不大于 98%(+25℃时);

d) 具有甲烷爆炸性气体混合物的煤矿井下;

e) 无显著摇动和剧烈振动的环境;

f) 污染等级:3 级;

g) 安装类别:Ⅲ。

4.3 按钮内不同电位的带电零件之间、带电零件与壳体等接地体之间的电气间隙和爬电距离在考虑正确连接电缆后应不小于表 1 的规定。

表 1 电气间隙和爬电距离

位 置	额定电压 V	最小电气间隙 mm	最小爬电距离,mm		
			Ⅰ	Ⅱ	Ⅲa
接线腔	36	2.1	2.1	2.6	3.4
主腔		0.8	1.4	1.6	1.8
注:Ⅰ、Ⅱ、Ⅲa 系根据绝缘材料相比漏电起痕指数(CTI)划分的组别。					

4.4 按钮的绝缘部件在进行工频耐压试验时,试验电压值(交流有效值)为 1 000 V,时间为 1 min,应无击穿或闪络现象。

4.5 按钮的接线端子、触头和操纵杆的温升应不超过表 2 所规定的值。

表 2 极限温升

部 位		温升,K
接线端子	裸铜	60
	裸黄铜	65
	铜(或黄铜)镀锡	
	铜(或黄铜)镀银或镀镍	70
	其他金属	65
动静触头		50
操纵杆	金属	15
	非金属	25

4.6 按钮经严酷等级为高温+40℃、试验周期 12 d 的交变湿热试验后,绝缘电阻值应不小于 1 MΩ,并能承受本标准第 4.4 规定的工频耐压试验,且隔爆面不应有锈蚀现象。

4.7 按钮在正常条件下按使用类别的接通和分断能力应满足表 3 的规定;在非正常使用条件下按使用类别的接通和分断能力应满足表 4 的规定。每分钟操作次数均为 6 次,通电时间均不小于 0.05 s,正常条件下的操作循环次数为 6 050 次，非正常条件下的操作循环次数为 10 次。AC-12、AC-13、DC-12、DC-13 在产品技术条件中规定。

表 3　正常条件下的接通和分断能力

<table>
<tr><th rowspan="2">电流种类</th><th rowspan="2">使用类别</th><th colspan="4">接　通</th><th colspan="4">分　断</th></tr>
<tr><th>I/I_e</th><th>U/U_e</th><th>cosφ</th><th>$T_{0.95}$
ms</th><th>I/I_e</th><th>U/U_e</th><th>cosφ</th><th>$T_{0.95}$
ms</th></tr>
<tr><td rowspan="2">AC</td><td>AC-14</td><td>6</td><td rowspan="3">1</td><td rowspan="2">0.3</td><td rowspan="2">—</td><td rowspan="3">1</td><td rowspan="3">1</td><td rowspan="2">0.3</td><td rowspan="2">—</td></tr>
<tr><td>AC-15</td><td rowspan="2">10</td></tr>
<tr><td>DC</td><td>DC-14</td><td>—</td><td>15</td><td>—</td><td>15</td></tr>
</table>

表 4　非正常条件下的接通和分断能力

<table>
<tr><th rowspan="2">电流种类</th><th rowspan="2">使用类别</th><th colspan="4">接　通</th><th colspan="4">分　断</th></tr>
<tr><th>I/I_e</th><th>U/U_e</th><th>cosφ</th><th>$T_{0.95}$
ms</th><th>I/I_e</th><th>U/U_e</th><th>cosφ</th><th>$T_{0.95}$
ms</th></tr>
<tr><td rowspan="2">AC</td><td>AC-14</td><td>6</td><td rowspan="3">1.1</td><td>0.7</td><td rowspan="2">—</td><td>6</td><td rowspan="3">1.1</td><td>0.7</td><td rowspan="2">—</td></tr>
<tr><td>AC-15</td><td rowspan="2">10</td><td>0.3</td><td rowspan="2">10</td><td>0.3</td></tr>
<tr><td>DC</td><td>DC-14</td><td>—</td><td>15</td><td>—</td><td>15</td></tr>
</table>

4.8　按钮的机械寿命以触头元件无负载时的操作次数表示。试后按钮应仍能正常工作。按钮的机械寿命次数按表 5 选择。

表 5　机械寿命次数

每小时操作次数	12	12	30	120	300	1 200
机械寿命，万次	3	10	30	100	300	1 000

4.9　按钮按使用类别的电寿命试验参数按照表 6 规定。试验次数不得少于机械寿命次数的 20%（交流负载）或 10%（支流负载）。AC-12、AC-13、DC-12、DC-13 在产品技术条件中规定。

表 6　电寿命试验参数

<table>
<tr><th rowspan="2">电流种类</th><th rowspan="2">使用类别</th><th colspan="4">接　通</th><th colspan="4">分　断</th></tr>
<tr><th>I/I_e</th><th>U/U_e</th><th>cosφ</th><th>$T_{0.95}$
ms</th><th>I/I_e</th><th>U/U_e</th><th>cosφ</th><th>$T_{0.95}$
ms</th></tr>
<tr><td rowspan="2">AC</td><td>AC-14</td><td>6</td><td rowspan="3">1</td><td rowspan="2">0.7</td><td rowspan="2">—</td><td rowspan="3">1</td><td rowspan="3">1</td><td rowspan="2">0.4</td><td rowspan="2">—</td></tr>
<tr><td>AC-15</td><td rowspan="2">10</td></tr>
<tr><td>DC</td><td>DC-14</td><td>—</td><td>15</td><td>—</td><td>15</td></tr>
</table>

4.10　额定限制短路电流应在试验电压为 1.1 倍额定值。功率因数在 0.5～0.7 之间，通以 1 000 A 预期电流 3 次，其间隔时间不小于 3 min。每次短路后，按钮应处于良好的工作状态。

4.11　按钮内的接线端子宜选用标准件，绝缘套管扭转试验时，导电杆和绝缘套管都不允许转动和损坏。

4.12　按钮隔爆接合面的最小有效长度 L、螺栓通孔边缘至隔爆接合面内缘的最小有效长度 l 和隔爆接合面的最大间隙（或直径差）i_c 必须符合表 7 的规定。

表 7 隔爆接合面结构参数

接合面型式	L mm	l mm	i_e,mm	
			外壳净容积 V,cm³	
			$V \leqslant 100$	$V > 100$
平面、止口或圆筒结构	6.0 12.5 25.0	6.0 8.0 9.0	0.30 0.40 0.50	— 0.40 0.50
平面、止口或圆筒结构	6.0 12.5 25.0	6.0 8.0 9.0	0.30 0.40 0.50	— 0.40 0.50

4.13 穿通隔爆外壳壁的按钮杆与杆孔隔爆接合面参数,除必须符合表 7 规定外,当按钮杆直径不大于 25 mm 时,L 必须不小于按钮杆直径;当按钮杆直径大于 25 mm 时,则 L 必须不小于 25.0 mm。

4.14 按钮隔爆接合面的粗糙度 Ra 应不超过 6.3 μm,隔爆接合面应采取防锈措施,但不得涂油漆。

4.15 按钮隔爆外壳的紧固件应采用防松措施。采用防松垫圈时,螺栓和不透螺孔紧固后还应留有大于 2 倍防松垫圈厚度的螺纹余量。紧固螺孔不得穿通外壳壁,螺孔周围和底部的厚度应不小于螺栓直径的 1/3,但至少为 3.0 mm。

4.16 按钮隔爆外壳及零部件应进行静压试验(水压试验),历时 10^{+2}_{0} s,试后外壳不得损坏或产生影响隔爆性能的永久变形。

4.17 按钮隔爆外壳经冲击试验(壁厚大于 3 mm 的钢材外壳除外)后,不得产生影响防爆性能的变形或损坏。冲击能量为 20 J(非采掘工作面用按钮可为 7 J)。

4.18 按钮隔爆外壳的防护等级应不低于 IP54。

4.19 引入装置经夹紧试验后,试棒位移应不大于 6 mm,其结构不应损坏。

4.20 引入装置经密封试验、机械强度试验后,不得滴水和损坏(GB 3836.2 附录 D)。

4.21 引入装置中弹性密封圈材料的硬度应为 IRHD45～55 度,经弹性密封圈材料老化试验后,其硬度变化应不超过 20%。

4.22 用于采掘工作面的按钮隔爆外壳,当容积大于 2 000 cm³ 时,必须用钢板或铸钢制成;非采掘工作面用的按钮隔爆外壳,可用抗拉强度不低于 250 MPa 的铸铁制成。

4.23 按钮经外壳耐压试验后,不得产生影响隔爆性能的变形或损坏;进行内部点燃不传爆试验时,不应传爆。

4.24 按钮外壳应按 GB 3836.1 中第 15 章设内、外接地装置。

4.25 按钮外壳内、外表面应首先涂防锈底漆,然后内表面非隔爆面应均匀地涂耐弧漆;外表面涂磁漆。

4.26 按钮上所有黑色金属零部件应采取防腐蚀措施。

4.27 按钮杆的操作力由产品的技术条件规定。但最小操作力应足够大,以防止误动作。

4.28 按钮的转动部件应灵活、可靠。操作力解除后,按钮杆应回到原来位置,不应有卡滞现象。

5 试验方法

5.1 工频耐压试验按 GB/T 14048.5 中第 8.3.3.4 的规定进行。

5.2 温升试验按 GB/T 14048.5 中第 8.3.3.3 的规定进行。

5.3 交变湿热试验按 GB/T 2423.4 的规定进行。

5.4 通断能力试验按 GB/T 14048.5 中第 8.3.3.5 进行。

5.5 机械寿命试验按 GB/T 14048.5 中附录 C 的规定进行。

5.6 电寿命试验按 GB/T 14048.5 中附录 C 的规定进行。

5.7 额定限制短路电流试验按 GB/T 14048.5 中第 8.3.4 的规定进行。

5.8 绝缘套管扭转试验按 GB 3836.1 中第 23.4.5 的规定进行。

5.9 静压试验(水压试验)按 GB 3836.2 中第 15.1.2.1 的规定进行。

5.10 冲击试验按 GB 3836.1 中第 23.4.3.1 的规定进行。

5.11 防护试验按 GB/T 4942.2 的规定进行。

5.12 引入装置夹紧试验按 GB 3836.1 中附录 D3.1 的规定进行。

5.13 引入装置密封试验、机械强度试验按 GB 3836.2 中附录 D2 的规定进行。

5.14 弹性密封圈材料老化试验按 GB 3836.1 中附录 D3.3 的规定进行。

5.15 铸铁材质性能试验按 GB/T 228 的规定进行。

5.16 外壳耐压试验和内部点燃不传爆试验按 GB 3836.2 中第 15.1 和 15.2 的规定进行。

5.17 电气间隙和爬电距离、隔爆参数、隔爆面表面粗糙度和防锈、紧固、接地、涂漆、装配质量等的检查按 GB 3836.1～GB 3836.3 和 GB/T 14048.1 的规定进行。

6 检验规则

6.1 出厂检验

6.1.1 产品应经制造厂质量检验部门逐台检验,检验合格并签发合格证后方可出厂。

6.1.2 产品出厂检验项目按表 8 规定进行。

表 8 按钮检验项目

序号	检验项目	技术要求	试验方法	出厂检验	型式检验
1	电气间隙和爬电距离	4.3	5.17	√	√
2	工频耐压试验	4.4	5.1	√	√
3	温升试验	4.5	5.2	—	√
4	交变湿热试验	4.6	5.3	—	√
5	接通和分断能力试验	4.7	5.4	—	√
6	机械寿命试验	4.8	5.5	—	√
7	电寿命试验	4.9	5.6	—	√
8	额定限制短路电流试验	4.10	5.7	—	√
9	绝缘套管扭转试验	4.11	5.8	—	√
10 * *	隔爆结构及参数检查	4.12～4.15	5.17	√	√
11 * *	静压试验(水压试验)	4.16	5.9	√	√
12 * *	冲击试验	4.17	5.10	—	√
13	防护试验	4.18	5.11	—	√
14	引入装置夹紧试验	4.19	5.12	—	√
15	引入装置密封、机械强度试验	4.20	5.13	—	√
16	弹性密封圈材料老化试验	4.21	5.14	—	√
17	外壳材质	4.22	5.15	—	√
18 * *	外壳耐压试验和内部点燃不传爆试验	4.23	5.16	—	√
19 *	外观结构检查	4.24～4.28	5.17	√	√
注 1：表中序号有“ * ”项为一般项目,有“ * * ”项为关键项目,其余为重要项目； 注 2：表中对应格内“√”为应进行的检验项目,“—”为不检项目。					

6.2 型式检验

6.2.1 有下列情况之一时,应进行型式检验：

a) 新产品或老产品转厂生产的试制定型鉴定；

b) 正式生产后，如结构、材料、工艺有较大改变，可能影响产品性能时；

c) 正常生产时，每满 5 年进行一次；

d) 产品停产 2 年后，恢复生产时；

e) 出厂检验结果与上次型式检验有较大差异时；

f) 国家有关部门提出进行型式检验的要求时。

6.2.2 产品型式检验项目按表 8 规定进行。

6.2.3 抽样：按 GB/T 10111 的规定进行，抽样基数为 10 台，抽样数量至少为 2 台。

6.2.4 判定规则：对关键项目，如有 1 台项不合格，则判定该批产品为不合格。对重要项目，如有 2 台项不合格，则判定该批产品为不合格；如有 1 台项不合格，则对该项目加倍复查，复查中若仍有 1 台项不合格，则判定该批产品为不合格。对一般项目，不作判定。

7 标志、包装、运输和贮存

7.1 按钮外壳明显处应设置清晰的永久性凸纹标志“Exd I”和煤矿安全标志“MA”。

7.2 按钮外壳明显处应设置厚度不小于 1.0 mm 的铜质或不锈钢质铭牌，并可靠固定。铭牌上应清晰地标注下列内容：

a) 产品型号和名称；

b) 额定电压和额定电流；

c) 防爆标志(Exd I)；

d) 防爆合格证编号和安全标志编号；

e) 出厂日期编号；

f) 制造厂名称。

7.3 按钮外壳明显处应设置厚度不小于 1.0 mm 的“严禁带电开盖”的铜质或不锈钢质警告牌，并可靠固定。

7.4 按钮杆附近应设有清晰的闭合和断开指标。

7.5 按钮应装箱出厂。包装箱外壁应有明显的文字和标志，其内容包括：

a) 收货单位和地址；

b) 产品型号和名称；

c) 包装箱尺寸和总质量；

d) 符合 GB 191 规定的“小心轻放”、“怕湿”等标志；

e) 制造厂名称和地址；

f) 产品执行标准号。

7.6 产品装箱文件：

a) 装箱单；

b) 产品合格证书；

c) 产品使用说明书。

7.7 包装箱在运输过程中不得受到强烈颠簸、振动，并应防止雨雪侵袭。

7.8 按钮应贮存于没有雨雪侵入、空气流通的库房中。

ICS 29.260.20
G 89
备案号：20431—2007

MT

中华人民共和国煤炭行业标准

MT/T 625—2007
代替 MT 625—1996

煤矿用隔爆型信号开关

Flameproof signal switch for coal mine

2007-03-30 发布　　2007-07-01 实施

国家安全生产监督管理总局　发布

前　　言

本标准的防爆性能要求是根据 GB 3836.1—2000《爆炸性气体环境用电气设备　第1部分:通用要求》和 GB 3836.2—2000《爆炸性气体环境用电气设备　第2部分:隔爆型“d”》起草的。

本标准的电气性能要求是根据 GB/T 14048.1—2000《低压开关设备和控制设备　总则》和 GB/T 14048.5—2001《低压开关设备和控制设备　第5-1部分　控制电路电器和开关元件　机电式控制电路电器》起草的。

本标准对 MT 625－1996 作了如下修改和补充:

——标准名称增加了英文译名;

——规范性引用文件中增加了 MT/T 661－1997《煤矿井下用电器设备通用技术条件》;

——信号开关接线空腔的电气间隙变小;

——隔爆接合面隔爆参数代号发生变化;

——隔爆接合面长度 L 给出的是范围值,且纠正原标准中的错误;

——要求引入装置密封试验时,不得滴水和损坏;

——橡胶密封圈材料的硬度改为 IRHD45～55 度;

——信号开关的最小操作力应是足够大,“以防止误操作”改为“以防止误动作”;

——在检验项目表中,增加了试验方法,并在其“技术要求”中增加了技术要求名称;

——在型式试验的条件中,增加了“安全生产监督机构”;

——将“断电源后开盖”改为“严禁带电开盖”。

本标准由中国煤炭工业协会科技发展部提出。

本标准由煤炭行业煤矿安全标准化技术委员会归口。

本标准起草单位:煤炭科学研究总院抚顺分院。

本标准起草人:王慧、刘晓波、张万泽、常海英。

煤矿用隔爆型信号开关

1 范围

本标准规定了煤矿用隔爆型信号开关的产品分类、技术要求、试验方法、检验规则、标志、包装、运输和贮存。

本标准适用于控制防爆电铃和其他小型音响设备、照明信号等的煤矿用隔爆型信号开关(以下简称“信号开关”)

2 规范性引用文件

下列文件中的条款通过本标准的引用而成为本标准的条款。凡是注日期的引用文件,其随后所有的修改单(不包括勘误的内容)或修订版均不适用于本标准,然而,鼓励根据本标准达成协议的各方研究是否可使用这些文件的最新版本。凡是不注日期的引用文件,其最新版本适用于本标准。

GB 191—2000　包装储运图示标志

GB/T 2423.4—1993　电工电子产品基本环境试验规程　试验　Db:交变湿热试验方法

GB 3836.1—2000　爆炸性气体环境用电气设备　第1部分:通用要求

GB 3836.2—2000　爆炸性气体环境用电气设备　第2部分:隔爆型“d”

GB 3836.3—2000　爆炸性气体环境用电气设备　第3部分:增安型“e”

GB/T 228—2002　金属材料室　温拉伸试验方法

GB/T 4942.2—1993　低压电器外壳防护等级

GB/T 10111—1988　利用随机数骰子进行随机抽样的方法

GB/T 14048.1—2000　低压开关设备和控制设备　总则

GB/T 14048.5—2001　低压开关设备和控制设备　第5-1部分:控制电路电器和开关元件　机电式控制电路电器

MT/T661—1997　煤矿井下用电器设备通用技术条件

3 产品分类

3.1 型式

3.1.1 防爆型式为矿用隔爆型;防爆标志为“Exd Ⅰ”。

3.1.2 按操作方式分为拉式和按式。

3.2 型号及含义

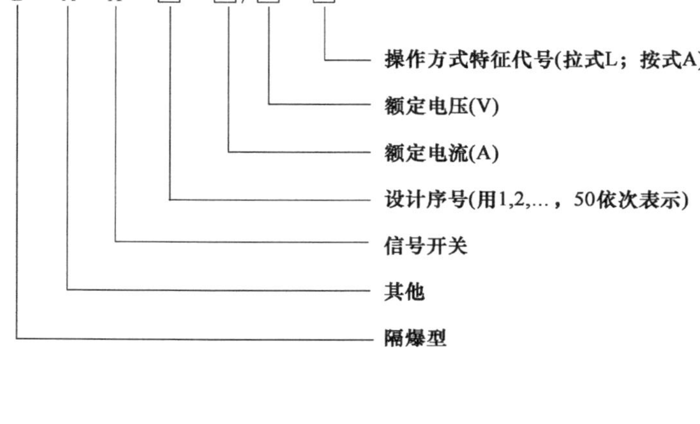

3.3 基本参数

3.3.1 额定电压:交流 127 V、36 V。

3.3.2 额定电流:5 A。

3.3.3 额定频率:50(60)Hz。

4 技术要求

4.1 产品应符合本标准和 MT/T 661—1997 标准的要求,并按照经规定程序批准的图样和技术文件制造。

4.2 信号开关在下列条件下应能正常工作:

a)环境气压:86～110 kPa;

b)环境温度:－20～＋40 ℃;

c)空气相对湿度:不大于 98%(＋25 ℃时);

d)具有甲烷爆炸性气体混合物的煤矿井下;

e)无显著摇动和剧烈冲击振动的环境;

f)污染等级:3 级;

g)安装类别:Ⅲ。

4.3 信号开关内不同电位的带电零件之间、带电零件与壳体等接地体之间的电气间隙和爬电距离在考虑正确连接电缆后应不小于表 1 的规定。

表 1 电气间隙和爬电距离

位置	额定电压	最小电气间隙 mm	最小爬电距离,mm		
			Ⅰ	Ⅱ	Ⅲa
接线腔	127	3.2	3.2	4	5
主腔		2.5	1.9	2.1	2.4
接线腔	36	2.1	2.1	2.6	3.4
主腔		0.8	1.4	1.6	1.8
注:Ⅰ、Ⅱ、Ⅲa 系根据绝缘材料相比漏电起痕指数(CTI)划分的组别。					

4.4 信号开关的绝缘部件在进行工频耐压试验时,试验电压值(交流有效值)127 V 时为 2000 V,36 V 时为 1000 V,时间为 1 min 无击穿或闪络现象。

4.5 信号开关的接线端子、触头和手柄的温升应不超过表 2 所规定的值。

表 2 极限温升

部位		温升,K
接线端子	裸紫铜	60
	裸黄铜	
	紫铜(或黄铜)镀锡	65
	紫铜(或黄铜)镀银或镀镍	70
	其他金属	65
动静触头		50
操作手柄	金属	15
	非金属	25

4.6 信号开关经严酷等级为高温＋40 ℃、试验周期 12 d 的交变湿热试验后，绝缘电阻值应不小于 1.5 MΩ，并能承受本标准第 4.4 规定的工频耐压试验，且隔爆面不应有锈蚀现象。

4.7 信号开关在非正常条件下按使用类别的接通和分断能力应满足表 3 的规定。操作循环次数为 10 次，每分钟操作次数 6 次，通电时间不小于 0.05 s。

表 3 接通和分断能力

电流种类	使用类别	接通			分断		
		I/I_e	U/U_e	cosφ	I/I_e	U/U_e	cosφ
AC	AC－14	6	1.1	0.7	6	1.1	0.7
	AC－15	10		0.3	10		0.3

4.8 信号开关的机械寿命以触头元件无负载时的操作次数表示。试后信号开关应仍能正常工作。信号开关的机械寿命次数按表 4 选择。

表 4 机械寿命次数

每小时操作次数	12	12	30	120	300	1200
机械寿命，万次	3	10	30	100	300	1000

4.9 信号开关按使用类别的电寿命试验参数按照表 5 规定。试验次数不得少于机械寿命次数的 20％。

表 5 电寿命试验参数

电流种类	使用类别	接通			分断		
		I/I_e	U/U_e	cosφ	I/I_e	U/U_e	cosφ
AC	AC－14	6	1	0.7	1		0.4
	AC－15	10					

4.10 信号开关内的接线端子应选用标准件，扭转试验时不应转动和损坏。

4.11 信号开关隔爆接合面的最小有效长度 L、螺栓通孔边缘至隔爆接合面内缘的最小有效长度 l 和隔爆接合面的最大间隙（或直径差）i_c 必须符合表 6 的规定。

表 6 隔爆接合面结构参数

接合面型式	L mm	l mm	i_c，mm	
			外壳净容积 V，cm^3	
			$V \leqslant 100$	$V > 100$
平面、止口或圆筒结构	$6.0 \leqslant L < 12.5$	6.0	0.30	—
	$12.5 \leqslant L \leqslant 25.0$	8.0	0.40	0.40
	$25.0 \leqslant L$	9.0	0.50	0.50

4.12 穿通隔爆外壳壁的操纵杆与杆孔隔爆接合面参数，除必须符合表 6 规定外，当操纵杆直径不大于 25 mm时，L 必须不小于操纵杆直径；当操纵杆直径大于 25 mm 时，则 L 必须不小于 25.0 mm。

4.13 信号开关隔爆接合面的粗糙度 Ra 应不超过 6.3 um，但操作杆隔爆面粗糙度 Ra 不超过 3.2 um，隔爆接合面应采取防锈措施，但不得涂油漆。

4.14 信号开关隔爆外壳的紧固件应采用防松措施。采用防松垫圈时，螺栓和不透螺孔紧固后还应留有大于 2 倍防松垫圈厚度的螺纹余量。紧固螺孔不得穿通外壳壁，螺孔周围和底部的厚度应不小于螺栓直径的 1/3，但至少为 3.0 mm。

4.15 信号开关隔爆外壳及零部件进行静压试验(水压试验),历时 10_0^{+2} s,试后外壳不得损坏或产生影响隔爆性能的永久变形。

4.16 信号开关隔爆外壳经冲击试验(壁厚大于 3 mm 的钢板外壳除外)后,不得产生影响防爆性能的变形或损坏。冲击能量为 20 J(非采掘工作面用信号开关可为 7J)。

4.17 信号开关隔爆外壳的防护等级应不低于 IP54。

4.18 引入装置经夹紧试验后,试棒位移应不大于 6 mm,其结构不应损坏。

4.19 引入装置经密封试验、机械强度试验后,不得滴水和损坏。

4.20 引入装置中的橡胶密封圈的 IRHD45～55 度,经老化试验后,其硬度变化应不超过 20%

4.21 用于采掘工作面的信号开关隔爆外壳,当容积大于 2000 cm^2 时,必须用钢板或铸钢制成;非采掘工作面用的信号开关隔爆外壳,可用抗拉强度不低于 250 MPa 的铸铁制成。

4.22 信号开关经强度试验后,不得产生影响隔爆性能的变形或损坏;进行隔爆性能试验时,不应传爆。

4.23 信号开关外壳应按 GB3836.1 中第 15 章设内、外接地装置。

4.24 信号开关外壳内、外表面应首先涂防锈底漆,然后内表面(除隔爆面)应均匀地涂耐弧漆,外表面涂磁漆。

4.25 信号开关上所有黑色金属零部件应采取防腐蚀措施

4.26 信号开关操作手柄的操作力由产品的技术条件规定。但最小操作力应足够大,以防止误动作。

4.27 信号开关的转动部件应灵活、可靠。操作力解除后,手柄应回到原来位置,不应有卡滞现象。

5 试验方法

5.1 工频耐压试验按 GB/T 14048.5 中 8.3.3.4 的规定进行。

5.2 温升试验按 GB/T 14048.5 中 8.3.3.3 的规定进行。

5.3 交变湿热试验按 GB/T 2423.4 的规定进行。

5.4 通断能力试验按 GB/T 14048.5 中 8.3.3.5 的规定进行。

5.5 机械寿命试验按 GB/T 14048.5 中附录 C 的规定进行。

5.6 电寿命试验按 GB/T 14048.5 中附录 C 的规定进行。

5.7 连接件扭转试验按 GB 3836.1 中 23.4.5 的规定进行。

5.8 静压试验(水压试验)按 GB 3836.2 中 15.1.2.1 的规定进行。

5.9 冲击试验按 GB 3836.1 中 23.4.3.1 的规定进行。

5.10 防护试验按 GB/T 4942.2 的规定进行。

5.11 引入装置夹紧试验按 GB 3836.1 中第 D3.1 的规定进行。

5.12 引入装置密封试验、机械强度试验按 GB 3836.2 中第 D2 的规定进行。

5.13 橡胶材料老化试验按 GB 3836.1 中 D3.3 的规定进行。

5.14 铸铁材质性能试验按 GB/T 228 的规定进行。

5.15 隔爆性能试验按 GB 3836.2 中 15.1 和 15.2 的规定进行。

5.16 电气间隙和爬电距离、隔爆参数、隔爆面表面粗糙度和防锈、紧固、接地、涂漆、装配质量等的检查按 GB 3836.1～GB 3836.3 和 GB/T 14048.1 的规定进行。

6 检验规则

6.1 出厂检验

6.1.1 产品应经制造厂质量检验部门逐台检验,检验合格并签发合格证后方可出厂。

6.1.2 产品出厂检验项目按表 7 规定进行。

表 7　信号开关检验项目

序号	检验项目	技术要求	试验方法	出厂检验	型式检验
1	电气间隙、爬电距离	4.3	5.16	√	√
2	工频耐压	4.4	5.1	√	√
3	温升试验.	4.5	5.2	—	√
4	湿热试验	4.6	5.3	—	√
5	通断试验	4.7	5.4	—	√
6	机械寿命	4.8	5.5	—	√
7	电寿命	4.9	5.6	—	√
8	扭转试验	4.10	5.7	—	√
9＊＊	隔爆结构及参数检查	4.11～14	5.16	√	√
10＊＊	水压试验	4.15	5.8	√	√
11＊＊	冲击试验	4.16	5.9	—	√
12	防护试验	4.17	5.10	—	√
13	引入装置夹紧试验	4.18	5.11	—	√
14	引入装置密封试验、机械强度	4.19	5.12	—	√
15	引入装置老化试验	4.20	5.13	—	√
16	外壳材质	4.21	5.14	—	√
17＊＊	隔爆性能	4.22	5.15	—	√
18＊	外观结构检查	4.24～27	5.16	√	√

注 1：表中序号有“＊”项为一般项目，有“＊＊”项为关键项目，其余为重要项目；
注 2：表中对应格内“√”为应进行的检验项目，“—”为不检项目。

6.2 型式检验

6.2.1 有下列情况之一时，应进行型式检验：

a) 新产品或老产品转厂生产的试制定型鉴定；

b) 正式生产后，如结构、材料、工艺有较大改变，可能影响产品性能时；

c) 正常生产时，每满 5 年进行一次；

d) 产品停产 2 年后，恢复生产时；

e) 出厂检验结果与上次型式检验有较大差异时；

f) 国家有关部门提出进行型式检验的要求时。

6.2.2 产品型式检验项目按表 7 规定进行。

6.2.3 抽样：按 GB/T10111 的规定进行，抽样基数为 10 台，抽样数量至少为 2 台。

6.2.4 判定规则：对关键项目，如有 1 台项不合格，则判定该批产品为不合格。对重要项目，如有 2 台项不合格，则判定该批产品为不合格；如有 1 台项不合格，则对该项目加倍复查，复查中若仍有 1 台项不合格，则判定该批产品为不合格。对一般项目，不作判定。

7 标志、包装、运输和贮存

7.1 信号开关外壳明显处应设置清晰的永久性凸纹标志“Exd Ⅰ”和煤矿安全标志“MA”。

7.2 信号开关外壳明显处应设置厚度不小于 1.0 mm 的铜质或不锈钢质铭牌，并可靠固定。铭牌上应清晰地标注下列内容：

a)产品型号和名称；

b)额定电压和额定电流；

c)防爆标志(Exd Ⅰ)；

d)防爆合格证编号；

e)安全标志证编号；

f)出厂日期编号；

g)制造厂名称。

7.3 信号开关壳明显处应设置厚度不小于1.0 mm的“严禁带电开盖”的铜质或不锈钢质警告牌，并可靠固定。

7.4 信号开关的操作手柄附近应设有清晰的闭合和断开指标。

7.5 信号开关应装箱出厂。包装箱外壁应有明显的文字和标志，其内容包括：

a)收货单位和地址；

b)产品型号和名称；

c)包装箱尺寸和总质量；

d)符合GB 191规定的“小心轻放”、“怕湿”等标志；

e)制造厂名称和地址；

f)产品执行标准号。

7.6 产品装箱文件：

a)装箱单；

b)产品合格证书；

c)产品使用说明书。

7.7 包装箱在运输过程中不得受到强烈颠簸、振动，并应防止雨雪侵袭。

7.8 信号开关应贮存于没有雨雪侵入、空气流通的库房中。

前 言

本标准的内容与表述符合《煤矿安全规程》、《矿井防灭火规范》(试行)和《煤炭科技术语》等的规定。

本标准由煤炭工业部科技教育司提出。

本标准由煤矿安全标准化技术委员会归口。

本标准起草单位:煤炭科学研究总院抚顺分院。

本标准主要起草人:戚颖敏。

本标准委托煤炭科学研究总院抚顺分院解释。

中华人民共和国煤炭行业标准

MT/T 626—1996

矿井均压防灭火技术规范

1 范围

本标准规定了应用均压方法防治矿井火灾的一般要求、调压方法和管理等。

本标准适用于有条件采用均压技术的矿井火灾防治。

2 引用标准

下列标准所包含的条文，通过在本标准中引用而构成本标准的条文。本标准出版时，所示版本均为有效。所有标准均会被修订，使用本标准的各方应探讨使用下列标准最新版本的可能性。

MT 440—1995 矿井通风阻力测定方法

MT 421—1996 矿井主要通风机性能测定方法

煤矿安全规程

矿井防灭火规范

3 定义

本标准采用下列定义。

3.1 均压防灭火 pressure balance for air control, airpressure balance for fire control

采用矿井通风调节设施，使井下均压区域进、回风两端的压力差降低，达到防治矿井火灾的技术。

3.2 漏风压差 differential pressure of air leakage

矿井漏风通道进、回风两端的风流压力差值。

3.3 调压风墙 air stopping for pressure balance

为达到均压目的而设置的隔墙。

3.4 调压风门 air door for pressure balance

为达到均压目的而设置的风门。

3.5 调压风筒 air dust for pressure balance

为达到均压目的而设置的风筒。

3.6 调压风机 fan for pressure balance

为达到均压目的而设置的各类矿用通风机。

3.7 调压风窗 air regulator for pressure balance

为达到均压目的而设置的风窗

3.8 调压气室 room for pressure balance

用于调节防火墙内、外气体压力差而与其在外侧设置的专用隔墙间所形成的空间。

3.9 调压风道 air way for pressure balance

为达到均压目的而设置的通风巷道。

3.10 漏风通道 way of air leakage

矿井漏风的路径。

中华人民共和国煤炭工业部 1996-12-30 批准　　　　1997-11-01 实施

4 一般要求

4.1 采用均压技术防灭火的矿井应具备：

——完整的矿图、通风图(含系统图、网络图及压能图)和与通风有关的技术资料；

——测量通风机性能，风流压力、风量、温度和湿度等通风参数的仪器仪表与工具。

4.2 在火区下采煤或大范围采用均压防灭火措施时，应编制专门方案，经专家论证，报批。

4.3 均压防灭火工程完成后，应由批准部门验收。

4.4 在火区附近实施均压防灭火措施时，应留有防火煤柱。

4.5 设有均压设施及观测点的巷道，应维护良好，有害气体浓度应符合《煤矿安全规程》的规定。

5 均压方案

5.1 均压方案类型：

在制定均压方案时，可在均压区回风侧调高风流压力；或在均压区进风侧调低风流压力；或综合采取上述措施。

5.2 均压方案主要内容应包括：

——火区或火灾隐患区的基本情况；

——通风设施的位置；

——均压区内防火墙的位置、状态、压差和气体分析结果；

——矿井或均压区通风阻力测定与分析；

——通风机的性能测量与分析；

——矿井通风网络解算与分析；

——漏风通道连通性检测与分析；

——调压方法；

——均压效果的预测；

——均压管理；

——设计说明书，有关图纸、设备清册和资金概算。

6 通风参数设定

6.1 通风阻力测定按 MT 440—1995 的有关规定进行。

6.2 主要通风机性能鉴定按 MT 421—1996 的相关规定进行。

6.3 漏风通道检测按如下规定进行：

选择适宜的进风点释放适量的示踪气体六氟化硫(SF_6)，并根据进、回风侧的距离在相应的时间间隔内，在选定的回风侧处收集气样，测定六氟化硫的浓度。

应使用装备电子捕获检测器的气相色谱仪分析，其灵敏度应为 1×10^{-10}。

按式(1)确定六氟化硫的一次释放量：

$$V_1 = 5 \times 10^{-8} \times V_2 \qquad \cdots\cdots(1)$$

式中：V_1——六氟化硫的一次释放量，mL；

V_2——检漏区的体积，m^2。

如漏风通道检测兼有探测火源的目的时，在测定六氟化硫浓度的同时，可测定一氧化碳、乙烯和乙炔等煤自然发火标志气体的浓度。

7 调压

7.1 根据均压的要求，可选择如下调压措施或其组合：

a)调压风墙或调压风门。调压风墙和调压风门可降低其回风侧的风压值，相对提高进风一侧的风压值；

b)调压风机。运转时增高其出风侧的风压值，降低吸风侧的风压值；

c)调压风道。开辟并联风路或扩大其巷道断面可降低均压区的压力差；

d)调压气室。提高回风侧调压气室的压力时，或降低进风侧调压气室的压力时，可降低均压区的压力差。可采用连通管或调压风机调节调压室的压力。

7.2　根据均压的需要可采用调节矿井主要通风机工况的办法，降低均压区的压力差。

7.3　在与均压区相并联的巷道中，不应设置调压风墙和调压风门。

7.4　在煤层冒顶处的下方和破碎带内，不宜设置调压设施。

7.5　开采地表严重漏风的煤层时，宜先堵漏，再采用适宜的调压措施进行均压。

7.6　自然发火严重的煤层，在采用多分层同时开采时，应一并采取相应的均压措施。

7.7　自然发火严重的矿井，主要通风机的工作风压不宜超过 3000Pa。

7.8　采用层间调压时，为防止火灾气体泄入相邻煤层的回采工作面，层间压差不宜超过 20Pa。可在层间上、下顺槽中向相邻煤层的火灾内打观测孔测定层间压力差，观测孔应防止漏风。

8　管理

8.1　均压施治的火区的管理、启封和注销，应按《煤矿安全规程》和《矿井防灭火规范》的有关规定进行。

8.2　均压防灭火应用的调压设施、设备和仪表等，应定期检查校正，及时检修。

中华人民共和国煤炭行业标准

MT/T 627—1996

煤矿带式输送机易熔合金式自动喷水灭火系统通用技术条件

1 范围

本标准规定了煤矿带式输送机易熔合金式自动喷水灭火系统(以下称系统)基本技术要求和试验方法和检验规则。

本标准适用于以易熔合金定温火灾探测器对煤矿井下带式输送机火灾进行监视,当发生火灾时自动进行喷水灭火的不用电力完全以水力为动力的自动灭火系统,也适用于煤矿带式输送机电气式自动喷水灭火系统中与喷水灭火有关的控制阀和喷头。

2 引用标准

GB 797—89 自动喷水灭火系统 湿式报警阀的性能要求和试验方法

GB/T 2423.5—81 电工电子产品环境试验 第2部分:试验方法 试验和导则 Ea:冲击

GB/T 2423.10—81 电工电子产品环境试验 第2部分:试验Fc和导则:振动(正弦)试验方法

GB 3836.1—83 爆炸性环境用防爆电气设备 通用要求

GB 3836.4—83 爆炸性环境用防爆电气设备 本质安全型电路和电气设备"i"

GB 5135—85 自动喷水灭火系统 洒水喷头的性能要求和试验方法

GB/T 10111—88 利用随机数骰子进行随机抽样的方法

GA 33—92 自动喷水灭火系统 水雾喷头的性能要求和试验方法

3 基本技术要求

3.1 工作环境条件

a)温度:0~40 ℃;

b)相对湿度:<95%(+20 ℃);

c)周围无腐蚀性气体;

d)无显著振动、冲击的场合;

e)工作水压:隔膜型结构 0.4~1.6 MPa;

杠杆型结构 0.7~2.5 MPa。

3.2 总体要求

3.2.1 系统应包括易熔合金定温火灾探测器和受它控制的控制阀、洒水喷雾喷头和相应管网,并可包括靠水力动作的水力警铃和提供本质安全型控制用电接点的压力开关。

3.2.2 系统应保证在带式输送机驱动滚筒附近提供40 m^2 面积的消防保护,设计流量应达到500 L/s。

3.2.3 系统应设有手动开启控制阀的装置。

3.2.4 系统动作时管路内的水流速不宜超过5 m/s,局部管路在特殊情况下也不应大于10 m/s。

3.2.5 系统的易熔合金定温火灾探测器应安装方便、可靠,并应尽量靠近被保护的设备或场所。

中华人民共和国煤炭工业部 1996-12-30 批准　　　　1997-11-01 实施

3.2.6 对因生锈引起密封不良的部件应采用不锈材料。

3.3 易熔合金定温火灾探测器

3.3.1 探测器动作温度

3.3.1.1 公称动作温度宜在45～70 ℃范围。

3.3.1.2 按静态动作温度试验方法测定探测器静态温度时其结果不得超出式(1)规定的温度范围：

$$X \pm (0.035X + 0.62)\ ℃ \tag{1}$$

式中：X——公称动作温度，℃。

3.3.2 探测器易熔元件强度

探测器易熔元件经强度试验后应无变形和损坏。

3.3.3 探测器抗振动性能

隔膜型结构中的探测器经振动试验后应无损坏，经密封试验不渗漏。

3.3.4 探测器抗冲击性能

隔膜型结构中的探测器经冲击试验后，应无损坏，经密封试验不渗漏。

3.4 喷头

3.4.1 喷头流量特性系数

a)洒水喷头流量特性系数应符合GB 5135中4.2要求；

b)水雾喷头流量特性系数应符合GA 33中4.1要求。

3.4.2 喷头布水性能

a)洒水喷头布水性能应符合GB 5135中4.3要求；

b)水雾喷头布水性能应符合GA 33中4.5要求。

3.4.3 喷头耐高温性能

喷头经高温试验后应无变形和损坏。

3.4.4 喷头抗振动性能

喷头经振动试验后应无变形和损坏。

3.4.5 喷头抗冲击性能

喷头经冲击试验后应无变形和损坏。

3.5 控制阀

3.5.1 控制阀耐渗漏变形性能

控制阀经控制阀渗漏变形试验后应无渗漏或永久变形。

3.5.2 控制阀水力摩阻损失

控制阀在水力摩阻损失测定试验时压力损失应不大于0.02 MPa。

3.6 水力警铃

3.6.1 水力警铃启动压力

经水力警铃启动压力测定试验，在水力警铃喷嘴进口处压力不大于0.035 MPa时水力警铃的铃锤应开始动作。

3.6.2 水力警铃响度值

按水力警铃响度值测定试验方法，当水力警铃喷嘴进口处压力为1 MPa时，响度值应不小于85 dB(A)；当压力为0.05 MPa时，响度值不应小于70 dB(A)。

3.7 压力开关

3.7.1 压力开关动作压力

按压力开关动作压力测定方法测试，压力开关动作时的水压应不大于0.06 MPa。

3.7.2 压力开关防爆性能

压力开关电气防爆性能应符合GB 3836.1和GB 3836.4有关本质安全的规定要求，且应符合同类型其他有关产品标准的规定。

4 试验方法

4.1 探测器静态动作温度的测定

按 GB 5135 中 5.5.1 和 5.5.2 的方法进行。

4.2 探测器易熔元件强度试验

a)对隔膜型结构,对探测器中易熔元件施加相当于 10 MPa 水压状态的压力条件下经 5 min 后,观察有无损坏和变形;

b)对杠杆型结构,对易熔合金棒施加 3 kN 拉力经 5 min 后,观察有无损坏和变形。

4.3 振动试验

按 GB/T 2423.10 进行。振动频率为 10～150 Hz,加速度幅值为 50 m/s^2,位移幅值为 0.35 mm,振动循环次数不低于 5 次。

4.4 冲击试验

按 GB/T 2423.5 进行。峰值加速度为 300 m/s^2,脉冲持续时间为 11 ms。

4.5 密封性试验

在系统最高额定工作压力条件下保持 5 min 后,观察有无渗漏情况。

4.6 喷头高温试验

按 GB 5135 中 5.18 条的规定进行试验。将喷头直立放入温度为 800±20 ℃的试验炉中,受热 15 min后,夹住喷头进水口的螺纹部位,取出洒水喷头,立即浸入温度为 15±1 ℃的水中,待喷头冷却后进行检查。

4.7 控制阀渗漏变形试验

按 GB 797 中 7.7.1 的方法进行。将控制阀安装在试验装置上,堵住阀门各开口,再将阀瓣关闭。充水、排出空气后,给阀瓣系统侧加 2 倍最高额定工作压力的静水压,保持 5 min,观察有无渗漏和变形。

4.8 水力摩阻损失测定

按 GB 797 中 7.8 和附录 A 的方法进行。

4.9 水力警铃启动压力测定

按 GB 797 中 7.11.1 的方法进行。

4.10 水力警铃响度值测定

调节水力警铃喷嘴进口处压力分别为 0.05 MPa 和 1 MPa,记录正前方距离水力警铃 3 m 处的响度值 3 次,取最小值。

4.11 压力开关动作压力测定

使压力开关进口处的水压从零逐步上升,观测压力开关动作压力,共测定 3 次,取最大值。

5 检验规则

5.1 鉴定检验

5.1.1 检验实施

由国家指定的质检部门进行。

5.1.2 设计定型审查

由国家指定的质检部门对系统全套设计文件进行审查,对 3.2.1～3.2.6 各项进行审查。

5.1.3 检验项目

检验项目包括 3.3～3.7。

5.1.4 检验规则

5.1.4.1 试样数量应符合以下要求。

a)3.3.1 项目,在不少于 30 个试样中按 GB/T 10111 规定随机抽取 2 个进行检验;

b)3.5.1、3.6.1、3.7.1 项目,每台均需检验;

c)3.3.2、3.3.3、3.3.4、3.4.1～3.4.5、3.5.2、3.6.2 项目,由出厂检验合格的产品中抽取一个试样进行检验,抽样基数不少于 3 台,按 GB 10111 规定进行随机抽样。

5.1.4.2 符合以下要求,即为鉴定检验合格:

a)对系统技术文件进行审查结果应符合 3.2 条各项要求;

b)对 3.3.1～3.7.1 各项检验结果应符合标准规定的要求,不允许出现不合格;

c)对 3.7.2 检验结果应符合 GB 3836 及其他有关规定。

5.1.4.3 鉴定检验中只要有 1 项不合格,必须查明原因,消除弊病,对产品进行修改,并重新进行鉴定检验。

5.2 出厂检验

5.2.1 检验实施

出厂检验由制造厂质检部门负责进行。

5.2.2 检验项目

出厂检验包括 3.3.1、3.5.1、3.6.1、3.7.1 各条。

5.2.3 检验规则

a)3.3.1 项目抽样数量及抽样方法应按 5.1.4.1 中 a 的规定,应全部合格;如有一个不合格,则加倍抽样复检,如仍有不合格,则判该批产品不合格;

b)3.5.1、3.6.1、3.7.1 项目应逐台进行检验,应全部合格。

5.3 型式检验

5.3.1 有下列情况之一时,应进行型式检验:

a)正式生产后,如结构、材料、工艺有较大改变,可能影响产品性能时;

b)正式生产时,应每 2 年进行 1 次检验;

c)产品停产 2 年后恢复生产时;

d)出厂检验结果与上次型式检验有较大差异时;

e)产品转厂时;

f)国家质量监督机构提出型式检验的要求时。

5.3.2 检验实施

由国家指定的质检部门及制造厂的质检部门进行。

5.3.3 检验项目

检验项目包括 3.3～3.7 各项。

5.3.4 检验规则

a)试样数量及抽样方法应符合 5.1.4.1 要求,当符合 5.1.4.2 中 b、c 要求时判为合格;

b)试验中如有某项不合格,则应取加倍数量对该项目进行复试,如仍有一台不合格,则型式检验不合格,必须消除缺陷并经检验合格后才能继续生产。

中华人民共和国煤炭行业标准

MT/T 628—1996

气体检测管用圆筒形负压式采样器技术条件

1 范围

本标准规定了气体检测管用圆筒形负压式采样器的结构、容积、技术要求、试验方法、检验规则、标志、包装和贮存等。

本标准适用于与比长式气体检测管配套使用的气体检测管用圆筒形负压式采样器(以下简称采样器)。也适用于圆筒形负压式与正压式两用型采样器中的负压式部分。

2 引用标准

下列标准所包含的条文,通过在本标准中引用而构成为本标准的条文。本标准出版时,所示牌本均为有效。所有标准都会被修订,使用本标准的各方应探讨使用下列标准最新版本的可能性。

GB 7230—87　气体检测管装置

GB/T 10111—88　利用随机数骰子进行随机抽样的方法

3 结构、容积

3.1 采样器的结构如图1所示

将采样器的内部造成负压,然后经气体检测管吸入被测气样的方式。

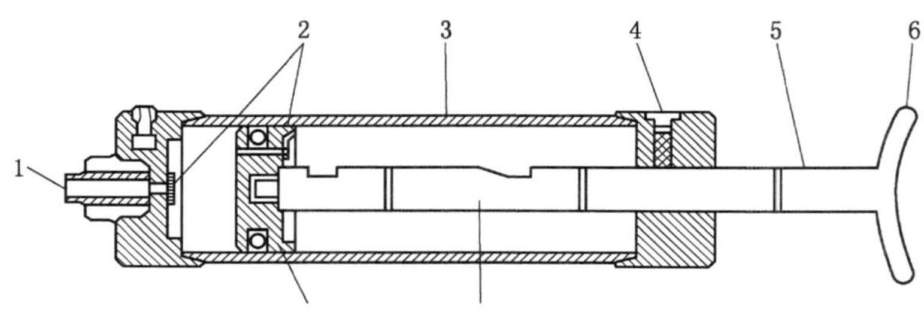

1—检测管插入口;2—逆止阀;3—圆筒;
4—制动栓;5—导杆;6—手把;7—旋轴;8—活塞

图1 圆筒形负压式采样器示意图

3.2 采样器的标称容积为50 mL(100 mL)。

4 技术要求

4.1 采样器应符合本标准的要求,并按经规定程序批准的图样及技术文件制造。

4.2 一般要求:

4.2.1 采样器表面不得有脱膜、变色和划痕等明显缺陷。

中华人民共和国煤炭工业部 1996-12-30 批准　　1997-11-01 实施

4.2.2 采样器各部件不得有松动现象。

4.2.3 采样器的手把在圆筒内应推、拉自如，无卡滞。

4.3 性能要求：

4.3.1 采样器容积的相对误差应不大于其标称容积的±5%。

4.3.2 采样器的每分钟漏气量应不大于其测定容积的3%。

4.3.3 采样器经耐久性试验后，性能仍应符合4.3.1和4.3.2的要求。

4.3.4 采样器的使用温度范围为5～40 ℃。经温度试验后其性能仍应符合4.3.1和4.3.2要求。

5 试验方法

5.1 试验环境温度为15～30 ℃；大气压力为86～106 kPa。

5.2 一般检查用感官和在操作中进行。

5.3 性能检查。

5.3.1 容积测定：

在采样器的检测管插入口，紧紧插入一段内径为0.4～0.5 mm，长度为100～120 mm的玻璃毛细管，玻璃毛细管的另一端与容量为55 mL(或110 mL)，最小刻度为0.2 mL的皂膜流量计上端出口相接(如图2所示)。试验开始时，使皂膜稳定在刻度"0"的位置，然后拉出采样器的手把，进行吸气操作，皂膜即随之上升，当吸气完毕皂膜停止时所指示的值即为采样器的实测容积。重复进行3次，取其算术平均值，即为采样器的测定容积。其与标称容积的相对误差($X_1\%$)按式(1)计算。

$$X_1\% = \frac{V_1 - V_0}{V_0} \times 100 \tag{1}$$

式中：

V_0——采样器的标准容积，mL；

V_1——采样器的测定容积，mL。

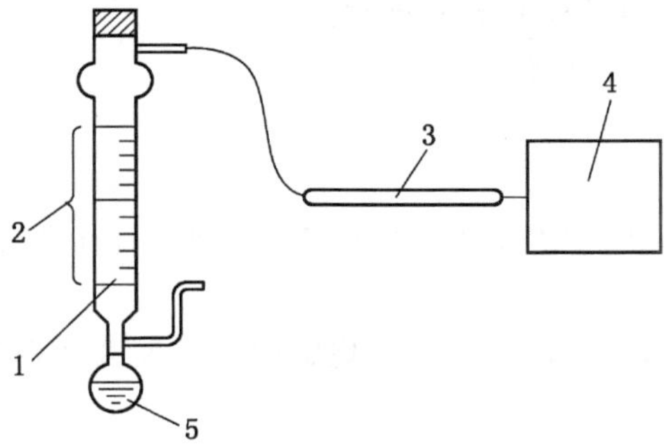

1—零位；2—刻度；3—玻璃毛细管；4—采样器；5—皂液

图2 采样器容积测定示意图

5.3.2 漏气量测定：

在采样器的检测管插入口，插入一支两端已开口的检测管，检测管的另一端与5.3.1所述的皂膜流量计的上端出口连接，按5.3.1所述的方法进行吸气操作，并计时。达到规定的时间后，记录皂膜停止移动时所指示的刻度值，即为进入采样器的气体体积，重复3次，取其算术平均值，即为通过气体检测管的气体体积。采样器每分钟漏气量占采样器测定容积的百分比($X_2\%$)按式(2)计算。

$$X_2\% = \frac{(V_1 - V_2) \times 60}{t \cdot V_1} \times 100 \tag{2}$$

式中：

V_2——通过气体检测管的气体体积，mL；

t——规定的测量时间，s。

5.3.3 耐久性试验：

在采样器的检测管插入口，插入一支两端已开口的检测管，反复进行 100 次吸气、排气操作后，再按 5.3.1 和 5.3.2 的方法测定容积和漏气量。

5.3.4 温度试验：

将采样器分别在 5 ℃和 40 ℃的环境中放置 8 h，取出后恢复到室温再按 5.3.1 和 5.3.2 的方法测定容积和漏气量。

5.4 测定数据处理：

5.4.1 在测定采样器的容积和漏气量时，有效数字保留到小数点后 1 位。

5.4.2 在计算采样器容积相对误差和每分钟漏气量时，运算至小数点后 2 位，修约至小数点后 1 位。

6 检验规则

分出厂检验和型式检验。

6.1 出厂检验

6.1.1 采样器应经厂质量检验部门检验，检验合格并发给合格证后，方可出厂。

6.1.2 出厂检验项目包括 4.2 和 4.3.1 和 4.3.2。

6.2 型式检验

6.2.1 有下列情况之一时，应进行型式检验：

——新产品或老产品转厂生产的试制定型鉴定时；

——正式生产后，如结构、材料、工艺有较大改变，可能影响采样器性能时；

——正常生产时，每两年应进行一次检验；

——停产一年后，恢复生产时；

——出厂检验结果与上次型式检验有较大差异时；

——国家质量监督机构提出型式检验的要求时。

6.2.2 型式检验项目包括 4.2 和 4.3 条。

6.3 抽样

6.3.1 出厂检验抽样

应从装配完成的产品中，按 GB/T 10111 规定的方法抽取 3 台(件)。

6.3.2 型式检验抽样

应从出厂检验合格的产品中，按 GB/T 10111 规定的方法抽取 3 台(件)。

6.4 判定规则

型式检验时如 4.2 和 4.3 的 7 项中，有 2 台项不合格时，即判定为不合格；如有 1 台项不合格时，应加倍抽样重新复检其不合格的项目，如仍有 1 台项不合格时，则判定为不合格。

7 标志、包装、贮存

7.1 标志

7.1.1 产品标志

每台(件)采样器上的标志应包括：

——产品名称、型号；

——标称容积；

——制造厂名称、出厂编号；

——出厂检验合格证号、检验日期、检验员代号。

7.1.2 产品包装套标志

每台(件)采样器包装套上的标志应包括：

——制造厂名称；

——产品名称、型号、标称容积、编号；

——计量器具标志及制造许可证编号。

7.1.3 包装箱标志

采样器出厂包装纸箱上的标志应包括：

——产品名称、型号、标称容积；

——数量；

——毛重，kg；

——体积(长×宽×高)，mm^3；

——制造厂名称及地址；

——出厂日期；

——“小心轻放”、“怕湿”等字样和标志。

7.2 包装

7.2.1 每台(件)采样器应装于皮革或人造革制造的套内。套内除装采样器外，并应有与检测管配套使用的使用说明书及必要的备件。

7.2.2 装入套内的采样器按一定数量装于硬纸箱内，用柔软物固定，不得晃动。

7.3 贮存

采样器应贮存在常温、干燥的室内。

中华人民共和国煤炭行业标准

MT/T 629—1996

气体检测管用圆筒形正压式采样器技术条件

1 范围

本标准规定了气体检测管用圆筒形正压式采样器的结构、容积、技术要求、试验方法、检验规则、标志、包装和贮存等。

本标准适用于与比长式气体检测管配套使用的气体检验管用圆筒形正压式采样器(以下简称采样器)。也适用于圆筒形负压式与正压式两用型采样器中的正压式部分。

2 引用标准

下列标准所包含的条文,通过在本标准中引用而构成为本标准的条文。本标准出版时,所示版本均为有效。所有标准都会被修订,使用本标准的各方应探讨使用下列标准最新版本的可能性。

GB 7230—87　气体检测管装置

GB/T 10111—88　利用随机数骰子进行随机抽样的方法

3 结构、容积

3.1 采样器的结构如图 1 所示。

在采样器内吸入被测气体后,改变三通阀通路向气体检测管压入被测气样的方式。

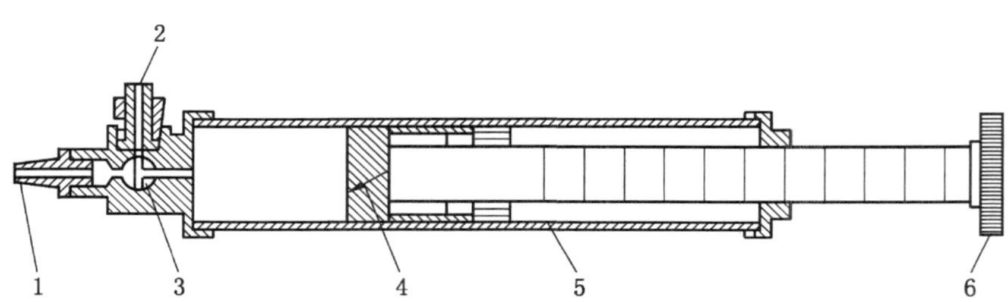

1—检测管插入口;2—气体采取口 ;3—三通阀;4—活塞;5—圆筒;6—手把

图 1　圆筒形正压式采样器示意图

3.2 采样器的标称容积为 50 mL(100 mL)。

4 技术要求

4.1 采样器应符合本标准的要求,并按经规定程序批准的图样及技术文件制造。

4.2 一般要求:

4.2.1 采样器表面不得有脱膜、变色和划痕等明显缺陷。

4.2.2 采样器各部件不得有松动现象。三通阀转动应灵活。

4.2.3 采样器的手把在圆筒中应推、拉自如。在向检测管压入气样时,应能均匀地控制速度。

中华人民共和国煤炭工业部 1996-12-30 批准　　　　1997-11-01 实施

4.3 性能要求：

4.3.1 采样器容积的相对误差应不大于其标称容积的±5%。

4.3.2 采样器的每分钟漏气量应不大于测定容积的30%。

4.3.3 采样器经耐久性试验后，其性能仍应符合4.3.1和4.3.2的要求。

4.3.4 采样器的使用温度范围为5～40 ℃。经温度试验后其性能仍应符合4.3.1和4.3.2要求。

5 试验方法

5.1 试验环境温度15～30 ℃；大气压力为86～106 kPa。

5.2 一般检查用感官和在操作中进行。

5.3 性能检查。

5.3.1 容积测定：

在采样器的检测管插入口，紧紧插入一段内径为0.4～0.5 mm，长度为100～120 mm的玻璃毛细管，玻璃毛细管的另一端与容量为55 mL(或110 mL)，最小刻度为0.2 mL的皂膜流量计下端进口相接(如图2所示)。试验开始时，先使采样器内充满空气并使皂膜稳定在刻度“0”的位置，然后使采样器内的空气排出，皂膜即随之上升，当采样器中的空气完全排出后，皂膜停止时移动时所指示的值即为采样器的实测容积。重复进行3次，取其算术平均值，即为采样器的测定容积。其与标称容积的相对误差($X_1\%$)按式(1)计算。

$$X_1\% = \frac{V_1 - V_0}{V_0} \times 100 \quad \cdots\cdots(1)$$

式中：

V_0——采样器的标称容积，mL；

V_1——采样器的测定容积，mL。

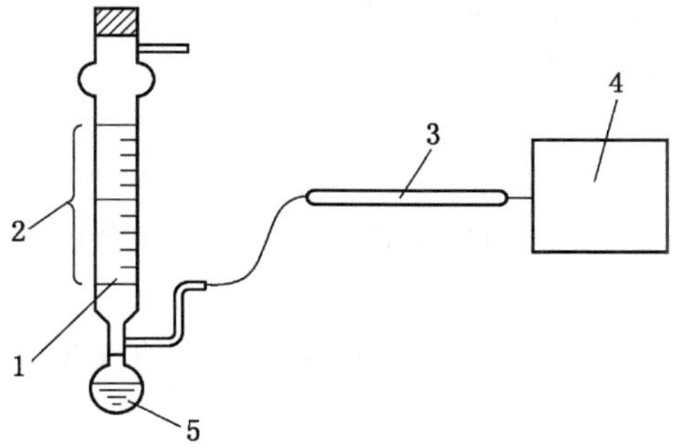

1—零位；2—刻度；3—玻璃毛细管；4—采样器；5—皂液

图2 采样器容积测定示意图

5.3.2 漏气量测定。

在采样器的检测管插入口，插入一支两端已开口的检测管，检测管的另一端与5.3.1所述的皂膜流量计的下端出口相接，按5.3.1所述的方法进行排气操作，并计时。达到规定的时间后，记录皂膜停止移动时所指示的刻度值，即为采样器排出的气体体积，重复3次，取其算术平均值，即为通过气体检测管的气体体积。采样器每分钟漏气量占采样器测定容积的百分比($X_2\%$)按式(2)计算。

$$X_2\% = \frac{(V_1 - V_2) \times 60}{t \cdot V_1} \times 100 \quad \cdots\cdots(2)$$

式中：

V_2——通过气体检测管的气体体积，mL；

t——规定的测定时间，s。

5.3.3 耐久性试验:

在采样器的检测管插入口,插入一支两端已开口的检测管,反复进行 100 次吸气、排气操作后,再按 5.3.1 和 5.3.2 的方法测定容积和漏气量。

5.3.4 温度试验:

将采样器分别在 5 ℃和 40 ℃的环境中放置 8 h,取出后恢复到室温再按 5.3.1 和 5.3.2 的方法测定容积和漏气量。

5.4 测定数据处理。

5.4.1 在测定采样器的容积和漏气量时,有效数字保留到小数点后 1 位。

5.4.2 在计算采样器容积相对误差和每分钟漏气量时,运算至小数点后 2 位,修约至小数点后 1 位。

6 检验规则

采样器检验分出厂检验和型式检验。

6.1 出厂检验

6.1.1 采样器应经厂质量检验部门检验,检验合格并发给合格证后,方可出厂。

6.1.2 出厂检验项目包括 4.2 和 4.3.1、4.3.2 条。

6.2 型式检验

6.2.1 有下列情况之一时,应进行型式检验:

——新产品或老产品转厂生产的试制定型鉴定时;

——正式生产后,如结构、材料、工艺有较大改变,可能影响采样器性能时;

——正常生产时,每两年应进行一次检验;

——停产一年后,恢复生产时;

——出厂检验结果与上次型式检验有较大差异时;

——国家质量监督机构提出型式检验的要求时。

6.2.2 型式检验项目包括 4.2 和 4.3 条。

6.3 抽样

6.3.1 出厂检验抽样

应从装配完成的产品中,按 GB/T 10111 规定的方法抽取 3 台(件)。

6.3.2 型式检验抽样

应从出厂检验合格的产品中,按 GB/T 10111 规定的方法抽取 3 台(件)。

6.4 判定规则

型式检验时 4.2 和 4.3 的 7 项中,有 2 台项不合格时,即判定为不合格;如有 1 台项不合格时,应加倍抽样重新复检其不合格的项目,如仍有 1 台项不合格时,则判定为不合格。

7 标志、包装、贮存

7.1 标志

7.1.1 产品标志:

每台(件)采样器上的标志应包括:

——产品名称、型号;

——标称容积;

——制造厂名称、出厂编号;

——出厂检验合格证号、检验日期、检验员代号。

7.1.2 产品包装套标志:

每台(件)采样器包装套上的标志应包括:

——产品名称、型号、标称容积、编号；

——制造厂名称；

——计量器具标志及制造许可证编号。

7.1.3　包装箱标志：

采样器出厂包装纸箱上的标志应包括：

——产品名称、型号、标称容积；

——数量；

——毛量，kg；

——体积（长×宽×高），mm^3；

——制造厂名称及地址；

——出厂日期；

——“小心轻放”、“怕湿”等字样和标志。

7.2　包装

7.2.1　每台（件）采样器应装于皮革或人造革制造的套内。套内除装采样器外，并应有与检测管配套使用的使用说明书及必要的备件。

7.2.2　装入套内的采样器按一定数量装于硬纸箱内，用柔软物固定，不得晃动。

7.3　贮存

采样器应贮存在常温、干燥的室内。

中华人民共和国煤炭行业标准

MT/T 630—1996

气体检测管用蛇腹形负压式采样器技术条件

1 范围

本标准规定了气体检测管用蛇腹形负压式采样器的结构、容积、技术要求、试验方法、检验规则、标志、包装和贮存等。

本标准适用于与比长式气体检测管配套使用的气体检测管用蛇腹形负压式采样器(以下简称采样器)。

2 引用标准

下列标准所包含的条文,通过在本标准中引用而构成为本标准的条文。本标准出版时,所示版本均为有效。所有标准都会被修订,使用本标准的各方应探讨使用下列标准最新版本的可能性。

GB 7230　气体检测管装置

GB/T 10111　利用随机数骰子进行随机抽样的方法

3 结构、容积

3.1　采样器的结构如图1所示。

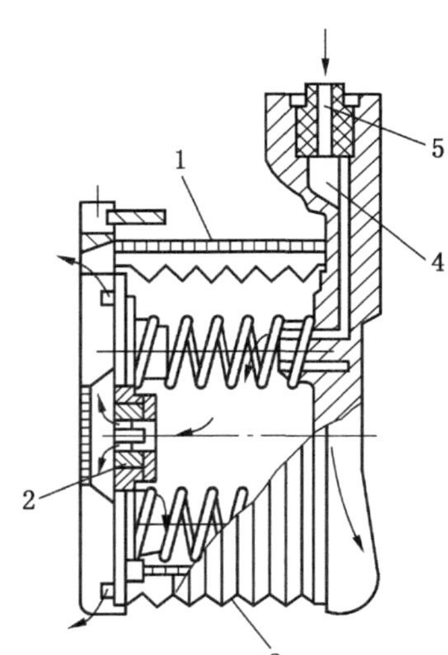

1—限制链;2—排气阀;3—蛇腹;4—过滤器;5—检测管插入口

图1　蛇腹形吸入式采样器示意图

先用手握压排出蛇腹腔内的气体,然后利用弹簧的弹力使蛇腹腔恢复原状时,而在其内部造成负压,然后经检测管吸入被测气样的方式。

中华人民共和国煤炭工业部 1996-12-30 批准　　　　1997-11-01 实施

3.2　采样器的标称容积为 50 mL(100 mL)。

4　技术要求

4.1　采样器应符合本标准的要求，并按经规定程序批准的图样及技术文件制造。

4.2　一般要求：

4.2.1　采样器橡胶及镀层件表面应光滑，不得有气泡、脱膜和划痕等明显缺陷。

4.2.2　采样器各部件不得有松动现象。

4.2.3　采样器的限制链在采样器吸满所规定的气体容量时，应拉紧，不得有松缓现象。

4.3　性能要求：

4.3.1　采样器容积的相对误差应不大于标称容积的±5%。

4.3.2　采样器每分钟漏气量应不大于其测定容积的 3%。

4.3.3　采样器经耐久性试验后，其性能仍应符合 4.3.1 和 4.3.2 的要求。

4.3.4　采样器的使用温度范围为 5～40℃。经温度试验后其性能仍应符合 4.3.1 和 4.3.2 要求。

5　试验方法

5.1　试验环境温度为 15～30 ℃；大气压力为 86～106 kPa。

5.2　一般检查用感官和在操作中进行。

5.3　性能试验。

5.3.1　容积测定：

在采样器的检测管插入口，紧紧插入一段内径为 0.4～0.5 mm，长度为 100～120 mm 的玻璃毛细管，玻璃毛细管的另一端与容量为 55 mL(或 110 mL)，最小刻度为 0.2 mL 的皂膜流量计上端出口相接(如图 2 所示)。试验开始时，使皂膜稳定在刻度“0”的位置，然后握压采样器，进行吸气操作，皂膜即随之上升，当吸气完毕皂膜停止移动时所指示的值即为采样器的实测容积，重复进行 3 次，取其算术平均值，即为采样器的测定容积。其与标称容积的相对误差($X_1\%$)按式(1)计算。

$$X_1\% = \frac{V_1 - V_0}{V_0} \times 100 \quad \cdots\cdots(1)$$

式中：

V_0——采样器的标称容积，mL；

V_1——采样器的测定容积，mL。

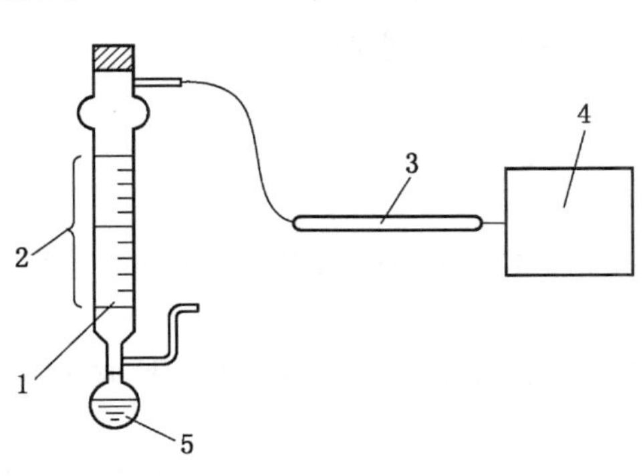

1—零位；2—刻度；3—玻璃毛细管；4—采样器；5—皂液

图 2　采样器容积测定示意图

5.3.2　漏气量测定：

在采样器的检测管插入口，插入一支两端已开口的检测管，检测管的另一端与 5.3.1 所述的皂膜流量计的上端出口相接，按 5.3.1 所述的方法进行吸气操作，并计时。达到规定的时间后，记录皂膜停止移动时所指示的刻度值，即为进入采样器内的气体体积，重复 3 次，取其算术平均值，即为通过检测管的气体体积。采样器每分钟漏气量占采样器测定容积的百分比($X_2\%$)按式(2)计算。

$$X_2\% = \frac{(V_1 - V_2) \times 60}{t \cdot V_1} \times 100 \qquad (2)$$

式中：

V_2——通过气体检测管的气体体积，mL；

t——规定的测定时间，s。

5.3.3 耐久性试验：

在采样器的检测管插入口，插入一支两端已开口的检测管，反复进行 100 次吸气、排气操作后，再按 5.3.1 和 5.3.2 的方法测定容积和漏气量。

5.3.4 温度试验：

将采样器分别在 5℃和 40℃的环境中放置 8 h，取出后恢复到室温再按 5.3.1 和 5.3.2 的方法测定容积和漏气量。

5.4 测定数据处理：

5.4.1 在测定采样器的容积和漏气量时，有效数字保留到小数点后 1 倍。

5.4.2 在计算采样器容积相对误差和每分钟漏气量时，运算至小数点后 2 位，修约至小数点后 1 位。

6 检验规则

采样器检验分出厂检验和型式检验。

6.1 出厂检验

6.1.1 采样器应经厂质量检验部门检验，检验合格并发给合格证后，方可出厂。

6.1.2 出厂检验项目包括 4.2 和 4.3.1、4.3.2。

6.2 型式检验

6.2.1 有下列情况之一时，应进行型式检验：

——新产品或老产品转厂生产的试制定型鉴定时；

——正式生产后，如结构、材料、工艺有较大改变，可能影响采样器性能时；

——正常生产时，每两年应进行一次检验；

——停产一年后，恢复生产时；

——出厂检验结果与上次型式检验有效大差异时；

——国家质量监督机构提出型式检验的要求时。

6.2.2 型式检验项目包括 4.2 和 4.3。

6.3 抽样

6.3.1 出厂检验抽样

应从装配完成的产品中，按 GB/T 10111 规定的方法抽取 3 台(件)。

6.3.2 型式检验抽样

应从出厂检验合格的产品中，按 GB/T 10111 规定的方法抽取 3 台(件)。

6.4 判定规则

型式检验时 4.2 和 4.3 的 7 项中，有 2 台项不合格时，即判定为不合格；如有 1 台项不合格时，应加倍抽样重新复检其不合格的项目，如仍有 1 台项不合格时，则判定为不合格。

7 标志、包装、贮存

7.1 标志

7.1.1 产品标志：

每台(件)采样器上的标志应包括：

——产品名称、型号；

——标称容积；

——制造厂名称、出厂编号；

——出厂检验合格证号、检验日期、检验员代号。

7.1.2 产品包装套标志：

每台(件)采样器包装套上的标志应包括：

——产品名称、型号、标称容积、编号：

——制造厂名称；

——计量器具标志及制造许可证编号。

7.1.3 包装箱标志：

采样器出厂包装纸箱上的标志应包括：

——产品名称、型号、标称容积；

——数量；

——毛量，kg；

——体积(长×宽×高)，mm^3；

——制造厂名称及地址；

——出厂日期；

——“小心轻放”、“怕湿”等字样和标志。

7.2 包装

7.2.1 每台(件)采样器应装在皮革或人造革制造的套内。套内除装采样器外，并应有与检测管配套使用的使用说明书及必要的备件。

7.2.2 装入套内的采样器按一定数量装于硬纸箱内，用柔软物固定，不得晃动。

7.3 贮存

采样器应贮存在常温、干燥的室内。

中华人民共和国煤炭行业标准

MT/T 631—1996

煤矿用风电甲烷闭锁装置通用技术条件

1 范围

本标准规定了煤矿用风电甲烷闭锁装置的技术要求、试验方法、检验规则和标志、包装。

本标准适用于煤矿用风电甲烷闭锁装置(以下简称闭锁装置)。

2 引用标准

下列标准所包含的条文,通过在本标准中引用而成为本标准的条文。本标准出版时,所示版本均为有效。所有标准都会被修订,使用本标准的各方应探讨使用下列标准最新版本的可能性。

GB 191—90 包装储运图示标志

GB/T 2423.1—81 电工电子产品基本环境试验规程 试验 A:低温试验方法

GB/T 2423.2—81 电工电子产品基本环境试验规程 试验 B:高温试验方法

GB/T 2423.4—93 电工电子产品基本环境试验规程 试验 Db:交变湿热试验方法

GB/T 2423.5—81 电工电子产品环境试验 第 2 部分:试验方法 试验 Ea 和导则:冲击

GB/T 2423.10—81 电工电子产品环境试验 第 2 部分:试验 Fc 和导则:振动(正弦)试验方法

GB 3836:1—83 爆炸性环境用防爆电气设备 通用要求

GB 3836.2—83 爆炸性环境用防爆电气设备 隔爆型电气设备“d”

GB 3836.3—83 爆炸性环境用防爆电气设备 增安型电气设备“e”

GB 3836.4—83 爆炸性环境用防爆电气设备 本质安全型电路和电气设备“i”

GB/T 10111—88 利用随机数骰子进行随机抽样的方法

MT 209—90 煤矿通信、检测、控制用电工电子产品通用技术条件

MT 443—1995 煤矿井下环境监测用传感器通用要求

MT 444—1995 煤矿用低浓度催化燃烧式甲烷传感器通用技术条件

MT 445—1995 煤矿用高浓度热导式甲烷传感器通用技术条件

煤矿安全规程 1992-10-22 中华人民共和国能源部

煤矿监控系统总体设计规范 1990-09 中国统配煤矿总公司

3 定义

本标准采用下列定义。

3.1 风电甲烷闭锁装置 fan—stoppage methan－monitor breaker

根据掘进工作面通风设施状态及关联巷道内的甲烷含量,实现对局部通风机及关联掘进巷道内相应的电气设备闭锁、复电控制,以及不准强行起动动力设备的掘进工作面安全监控装置。

3.2 闭锁 block(shut)

当被测量超过预先设置的传感器输入变量值时,闭锁装置切断被控设备电源,在该被测量未恢复到该予置值以下时,不能实现复电的控制功能。

3.3 (自动)解锁 (automatic)buster

中华人民共和国煤炭工业部 1996-12-30 批准 1997-11-01 实施

被测量恢复到预先设置的传感器输入变量值以下时，闭锁装置允许对被控设备电源复电的控制功能。

3.4 **复电 recovery switch on**

人工对被控设备重新送电的操作。

3.5 **人工解锁 hand buster**

被测量未恢复到预先设置的传感器输入变量值以下时，通过专用工具或指令控制闭锁装置，可实现对被控设备复电的控制功能。

3.6 **控制点 control point**

为使被控设备闭锁、解锁或发出警报等而可予先设置的输入变量值。

4 技术要求

4.1 闭锁装置应符合本标准的规定，并按经规定程序批准的图样及技术文件制造。

4.2 一般要求：

4.2.1 正常工作条件为：

——温度：0～40 ℃；

——相对湿度：≤98%；

——大气压力：86～110 kPa；

——风速：0～8 m/s；

——有甲烷及煤尘爆炸危险的环境。

4.2.2 贮存温度范围为－40～＋60 ℃。

4.2.3 闭锁装置的组成：

闭锁装置一般由

——主机(含向传感器供电的电源)；

——低浓度甲烷传感器；

——高低浓度甲烷传感器：

——风速(风量)开关传感器；

——警报器等组成。

4.2.4 闭锁装置主要参数；

4.2.4.1 主机主要参数为：

——模拟量输入通道数：≥3；

——开关量输入通道数：≥2；

——控制输出通道数：≥4；

——控制继电器的通断能力：AC 36V，5A；127V，3A；

——供电电源电压：AC 50Hz，660，380，(127)V；

——输出本质安全直流电压等级：12，15，18，21V。

4.2.4.2 甲烷传感器测量范围为：

——低浓度：0～4%；

——高浓度：0～≥40%。

4.2.4.3 风速开关控制点为≤6 m/s。

4.2.5 闭锁装置中各设备的防爆型式及防爆性能必须符合 GB 3836.1、GB 3836.2、GB 3836.3 和 GB 3836.4 的要求。

4.2.6 信号制：

4.2.6.1 开关量信号可按 MT 209 中 5.3.2 执行；

4.2.6.2 模拟量信号除可按 MT 209 中 5.3.3 执行外，还可选用数字编码信号，其传输速率可为 300，600，1200，2400，4800，9600 b/s，电平应不小于 3V。

4.2.7 当使用符合《煤矿监控系统总体设计规范》要求，截面为 1.5 mm^2 的电缆时，应保证传感器的传输距离不小于 1 km。

4.2.8 应提供齐备的附属装置和专用工具。

4.2.9 与闭锁装置控制量输出通道所联接的电磁起动器的控制保护性能按《煤矿安全规程》中 432 执行。

4.3 闭锁装置的功能要求：

4.3.1 控制功能。

4.3.1.1 掘进工作面或掘进工作面回风流中的甲烷浓度达到和超过 1.0%时，闭锁装置应能向在该区域发出警报信号；当上述地点风流中的甲烷浓度达到 1.5%时，闭锁装置应能切断掘进工作面及掘进工作面回风巷道内的动力电源并闭锁。

4.3.1.2 串联通风工作面入风流中甲烷浓度达到和超过 0.5%时，闭锁装置应能向该区域发出警报信号并能切断串联通风区域内的动力电源并闭锁。

4.3.1.3 当排除掘进工作面积聚的甲烷使工作面回风流与全风压风流混合处甲烷浓度达到 1.5%时，闭锁装置应能切断回风区域内的动力电源并闭锁；同时发出声、光报警信号，促使采取减少风量的措施。

4.3.1.4 局部通风机风筒中的风速低于予置的动作点或局部通风机停止运转时，闭锁装置应能切断供风区域的动力电源并闭锁。

4.3.1.5 局部通风机停止运转且未恢复正常通风之前，停风区域中甲烷浓度达到 3.0%时闭锁装置应能闭锁局部通风机的电源。

4.3.1.6 当甲烷传感器发生故障或失电时，闭锁装置应能切断传感器监视区域的动力电源并闭锁。

4.3.1.7 主机失电时闭锁装置应能切断整个监视区域的动力电源并闭锁。

4.3.1.8 闭锁装置在开始接通电源的一分钟内应继续闭锁相应监视区域的被控设备。

4.3.1.9 闭锁装置实现了本标准 4.3.1.1～4.3.1.8 以后，如果恢复到正常通风状态或故障设备恢复正常并达到稳定运行，闭锁装置应能自动解锁。

4.3.1.10 必须使用专用工具方可通过闭锁装置对局部通风机的开关进行人工解锁操作，不允许对已闭锁的动力电源强行人工解锁操作。

4.3.2 闭锁装置的显示功能：

主机应能显示

——模拟输入通道号；

——甲烷浓度值；

——风速(风量)开关状态；

——输出控制或被控设备动作情况；

——传感器线路故障等。

4.4 闭锁装置的性能要求：

4.4.1 闭锁装置实现报警、闭锁、解锁等功能时，与设定值的误差应符合表 1 规定。

表 1 %CH_4

报警点	断电点	解锁点
0.50±0.10	0.50±0.10	0.50±0.10
1.00±0.10	1.00±0.10	1.00±0.10
1.50±0.20	1.50±0.20	
	3.00±0.30	

4.4.2 交流电源电压在(75～110)%公称电压范围内变化时，闭锁装置应能满足 4.4.1 的要求。

4.4.3　为使闭锁装置在电网电源中断时仍能继续工作一段时间，闭锁装置应设置蓄电池备用电源，其容量至少应能供闭锁装置全部设备正常工作 2 h。

4.5　低浓度甲烷传感器的性能应符合 MT 443 和 MT 444 的要求，高、低浓度甲烷传感器的性能应分别符合 MT 444 和 MT 445 的要求，并能实现两种测量范围自动转换工作，转换须在 30s 内完成，转换点及误差应符合表 2 规定。

表 2

%CH_4

转换方式	设定的转换点	允许误差
低浓度转到高浓度元件	3.50	≤±0.30
高浓度转到低浓度元件	2.00	≤±1.00

4.6　闭锁装置的环境适应性能：

闭锁装置中的传感器应按 MT 443、MT 444 和 MT 445 要求，主机等按本标准要求。

4.6.1　经贮存环境温度试验后的功能及性能应符合本标准 4.3 和 4.4 的要求。

4.6.2　经湿热试验后的功能及性能应符合本标准 4.3 和 4.4 的要求。

4.6.3　经振动试验后进行直观检查，接插件及零部件应无松动和脱落现象，功能及性能应符合本标准 4.3 和 4.4 的要求。

4.6.4　经冲击试验后进行直观检查，样品无损坏痕迹，接插件、零部件无松动脱落现象，功能及性能应符合本标准 4.3 和 4.4 的要求。

4.7　风速(风量)开关传感器性能要求：

4.7.1　风速(风量)开关传感器的控制点应能在工作现场方便的调节，具有控制点值指示，动作点的误差应不超过设定值的 5%。

4.7.2　风速(风量)开关传感器应符合 MT 443 中的有关规定，经本标准中 5.11～5.14 环境试验后应符合 4.7.1 的要求。

4.8　警报器性能要求：

4.8.1　警报器的报警声级强度在其 1 m 远处应不小于 80 dB，光信号在 20 m 处应清晰可见。

4.8.2　警报器经本标准 5.11～5.14 环境试验后应符合 4.8.1 的要求。

4.9　闭锁装置设计为分站型式时，除应能实现本标准规定的 4.3.1 功能要求外，还应符合煤矿监控系统总体设计规范中有关接口等规定。

5　试验方法

5.1　执行本标准 4.1 时应通过定型鉴定或样机试验，并应取得电气防爆检验合格证书。

5.2　产品的性能和功能试验应按本标准和相应产品标准中规定的方法进行。

5.3　试验条件：

5.3.1　如无特殊规定，本章所规定的试验应满足如下条件：

环境温度：15～35 ℃；

相对湿度：45%～75%；

大气压力：97～106 kPa。

5.3.2　按产品规定的电源电压及频率试验，电压波动应小于±2%公称值，频率波动应小于±1%。

5.3.3　试验用空气中甲烷标准气样。标准气样必须由国家计量部门考核认证的单位提供，其不确定度应不大于 3%。

5.3.4　试验中使用的计量仪表的误差应不大于被测试设备要求的误差的 1/3。

5.3.5　进行任何试验之前，应按产品说明书中规定的方法调整闭锁装置，进入试验之后不得进一步调节。

5.4 一般性检查：

按本标准 4.2.3～4.2.9 检查。

5.5 功能试验：

5.5.1 按图 1 所示连接闭锁装置各设备、测试仪表和被控设备。电缆长度按所提供电缆的等效阻抗参数模拟。

5.5.2 按 4.3.1.1～4.3.1.3 向各甲烷传感器注入标准气样(如单独试验主机时则向主机各输入通道输入模拟信号,下同),检查对应被控设备闭锁情况。然后除去气样,使甲烷浓度下降,对被控设备复电,检查自动解锁功能。试验结果应满足本标准 4.3.1.1～4.3.1.3 和 4.3.1.9。

5.5.3 改变风筒中的风速达到风速(风量)开关传感器控制点予置值以下,检查对应被控设备闭锁情况。然后将风筒中的风速提高到风速(风量)开关传感器动作点予置值以上,对被控设备复电,检查自动解锁功能,试验结果应满足本标准 4.3.1.4 和 4.3.1.9。

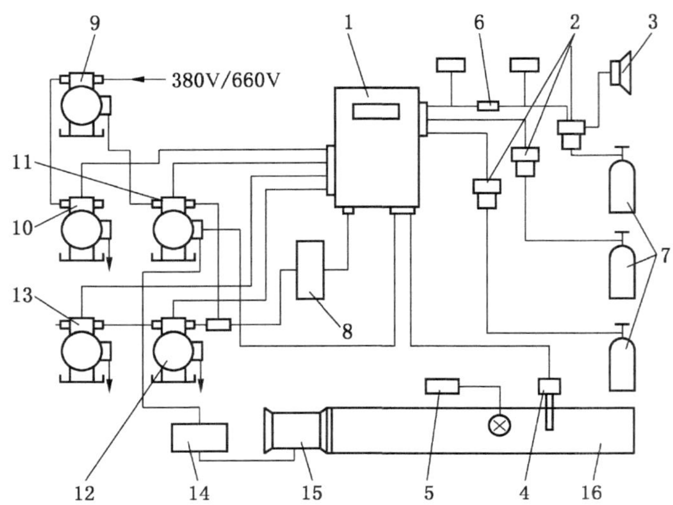

1—主机;2—甲烷传感器;3—报警器;4—风速开关;5—标准风速计;6—模拟阻抗;
7—甲烷标准气钢瓶;8—调压器;9—总开关;10—串联通风区域电源;11—局部电源开关;
12—工作面总开关;13—工作面电源开关;14—整流及调速装置;15—模拟局扇;16—风筒

图 1 试验系统示意图

5.5.4 在局部通风机停止运转时,向甲烷传感器注入 3% 甲烷气样,维持闭锁装置处于正常运行状态,对局部通风机进行复电操作,检查闭锁功能,试验结果应满足本标准 4.3.1.5。

5.5.5 依次将装置中各甲烷传感器与主机的连接电缆自传感器一侧除掉,并检查对应被控设备断电情况,试验结果应满足本标准 4.3.1.6。

依次将各甲烷传感器重新接上,在主机通电一分钟以内及一分钟以后分别检查被控设备闭锁情况,试验结果应满足本标准 4.3.1.8。

5.5.6 切断主机一切电源使主机失电,检查全部被控设备闭锁情况,恢复电源后再对被控设备进行复电操作,检查闭锁及自动解锁功能,试验结果应满足本标准 4.3.1.7。

5.5.7 使用专用工具试验闭锁装置对局部通风机开关的人工解锁,并试验向局部通风机复电,试验结果应满足本标准 4.3.1.10。

5.6 显示功能：

在整个试验过程中目测观察,应正常。

5.7 性能试验：

5.7.1 按 5.5.1 规定连接好闭锁装置,分别向各传感器输入甲烷气样,分别检查该通道的报警、断电、解锁点误差,应满足本标准 4.4.1。

5.7.2 电源波动适应能力试验

用调压器将电源电压分别调整到 110%和 75%公称值,至少保持 15 min,按 5.7.1 方法进行试验。

5.7.3 备用电源工作时间测试

按 5.5.1 条规定连接好闭锁装置,对备用电池充好电后,停止电网供电,使闭锁装置中的备用电池供电,记录能使闭锁装置全部负载正常工作的时间。

5.8 高低浓度转换点试验:

向高低浓度传感器由低浓度向高浓度注入甲烷气体,记录传感器工作状态转换时的指示值;然后停止供气,记录传感器工作状态转换时的指示值和转换时间,同时观察相应被控设备闭锁情况。

5.9 风速风量开关试验:

5.9.1 试验在试验风峒中进行,用风速计测量风速。

5.9.2 按 4.2.4.3 要求调整风速(风量)开关传感器动作点后,置入风峒,由高向低改变风速,记录传感器动作时的风速值,反复三次,取其算术平均值计算误差。

5.10 警报性能试验:

5.10.1 警报声响性能用声级计测试,环境噪声应不大于 30dB(A)。将声级计置于传感器的警报讯响器轴心正前方 1 m 处,测取 3 次,取其最小值。

5.10.2 警报光信号能见度试验在黑暗处进行。

5.11 贮存环境温度试验:

5.11.1 低温贮存试验

按 GB/T 2423.1 中试验 Ab 方法进行。在温度为-40 ℃条件下持续 16 h。样品非包装,不通电,不进行中间检测。试验后按 5.3.1 规定的条件恢复,再检查性能和功能。

5.11.2 高温贮存试验

按 GB/T 2423.2 中试验 Bb 方法进行。在温度为+60 ℃条件下持续 16 h。样品非包装,不通电,不进行中间检测。试验后按 5.3.1 规定的条件恢复,再检查性能和功能。

5.12 湿热试验:

按 GB/T 2423.4 中试验 Db 方法进行。温度为 40 ℃,相对湿度 93%,持续 12 d。样品非包装不通电。试验后按 5.3.1 规定的条件恢复 2 h,再检查性能和功能。

5.13 振动试验:

按 GB/T 2423.10 中试验 Fc 方法进行。严酷等级:扫频频率范围 10~150Hz,加速度幅值为 50 m/s^2,振动 10 次,样品非包装,不通电,不进行中间检测。试验后检查性能和功能。

5.14 冲击试验:

按 GB/T 2423.5 中试验 Ea 方法进行。严酷等级:峰值加速度为 500 m/s^2,脉冲持续时间为 11±1 ms,三个轴线每个方向连续冲击三次(共 18 次),样品非包装,不通电,不进行中间检测。试验后检查性能和功能。

6 检验规则

6.1 出厂检验

6.1.1 出厂检验由制造厂质量检验部门逐台进行,检验合格并发给合格证后方可出厂。

6.1.2 出厂检验项目应包括本标准中的 4.2~4.4。

6.2 型式检验

6.2.1 有下列情况之一时,应进行型式检验:

——新产品或老产品转厂生产试制定型鉴定时;

——正常生产的产品每 5 年 1 次;

——停产 2 年以上再次恢复生产时；

——正常生产后如结构、材料、工艺有较大改变，可能影响产品性能时；

——出厂检验结果与上次型式检验有较大差异时；

——国家质监机构提出要求时。

6.2.2 型式检验项目应包括本标准中第 4 章的全部规定。

6.2.3 型式检验应由国家授权的质监机构负责进行。

6.3 抽样方法

采用从出厂检验合格的产品中按 GB/T 10111 规定的随机抽样的方法抽样，抽样基数不少于 3 套，抽样数量不少于 2 套。

6.4 判定规则

6.4.1 传感器类样品的判定按 MT 443、MT 444 和 MT 445 中的有关规定。

6.4.2 主机 2 套样品中有一台一项不符合标准要求，则加倍抽样复检，复检仍有一台一项不合格，则判定该产品不合格。

6.4.3 闭锁装置联机试验时，在功能试验中如有除主机以外的设备引起一项功能不合格时，允许调整或更换一台次，如仍不合格时则判定为不合格；如同时有两台次及以上不合格时则判定为不合格。

7 标志、包装

7.1 标志

7.1.1 传感器的标志应符合 MT 443、MT 444 和 MT 445 中的有关要求。

7.1.2 主机的外壳明显处应设有“Ex”和“MA”标志。

7.1.3 主机的铭牌上应有下列内容：

——产品型号、名称；

——防爆标志，应符合 GB 3836.1 中第 30 条规定；

——防爆检验合格证编号；

——煤矿安全仪表检验合格证编号（可用“MYJ”代表）；

——煤矿安全标志编号；

——关联设备型号；

——主要测量参数和电气参数；

——厂名、出厂编号或日期。

7.1.4 包装箱上的标志应符合有关规定。

——发货标志应符合铁路运输规定；

——作业标志应符合 GB 191 的规定。

7.2 包装

7.2.1 包装应采用复合防护包装类型，具有防雨、防潮能力。

7.2.2 包装箱内应有下列文件：

——产品合格证；

——产品使用说明书（应包括电气原理图和印制电路板图）；

——装箱单。

中华人民共和国煤炭行业标准

MT/T 632—1996

井下探放水技术规范

1 范围

本标准规定了煤矿井下探放水的原则，探放水工程设计内容，探水钻孔布置及其施工的技术要求，探放水的安全技术措施等。

本标准适用于井工开采的矿井。

2 引用标准

下列标准包含的条文，通过在本标准中引用而构成为本标准的条文。本标准发布时，所示版本均为有效。所有标准都会被修订，使用本标准的各方应探讨使用下列标准最新版本的可能性。

煤矿安全规程　煤炭工业部　(1992)

矿井水文地质规程　煤炭工业部　(1984)

煤矿防治水工作条例　煤炭工业部　(1993)

3 探放水原则

“每一个矿井必须作好水害分析预报，坚持有疑必探、先探后掘的探水原则”(见《煤矿安全规程》第259条)。“采掘工作面遇到下列情况之一时，必须确定探水线，进行探水”(见《煤矿安全规程》第260条)。

3.1　3.1、3.5、3.6、3.7、3.8各条分别按《煤矿安全规程》第260条的一、五、六、七、九款的规定执行。

3.2　接近水文地质条件复杂的地段，并有出水征兆时。

3.3　接近含水层、导水或可能导水的断层带或裂隙密集带、溶洞和陷落柱时。

3.4　打开防水隔离煤柱前。

4 探放水工程设计内容

探放水工程设计应包括以下内容：

4.1　探放水的采掘工作面及周围的水文地质条件、水害类型、水量及水压预计。

4.2　探放水巷道的开拓方向、施工次序、规格和支护方式。

4.3　探放水钻孔组数、个数、方向、角度、深度、孔径、施工技术要求和采用的超前距、帮距及探水线确定。

4.4　探放钻孔孔口安全装置及耐压要求等。

4.5　探放水施工与掘进工作的安全规定。

4.6　受水威胁地区信号联系和避灾路线。

4.7　通风措施和瓦斯检查制度。

4.8　防排水设施，如水闸门、水闸墙、水仓、水泵、管路、水沟等排水系统及能力的安排。

4.9　水情及避灾联系汇报制度和灾害处理措施。

4.10　钻窝设计、探放水孔布置的平面图、剖面图等。

中华人民共和国煤炭工业部 1996-12-30 批准　　1997-11-01 实施

5 探水线确定

5.1 一般应沿老空积水线或老空边界平行外推 60～150 m，定为老空的探水线。

5.2 用式(1)求得 a 值确定的界线，定为探放含水层水、断层水的探水线。

$$a=0.5AL\sqrt{\frac{3P}{K_{p}}} \quad\cdots\cdots(1)$$

式中：

a——巷道迎头或侧帮至含水层、含水构造之间的安全隔水岩柱(或煤层)宽度，m；

A——安全系数(2～5)；

L——巷道的跨度(宽或高取其大者)，m；

P——煤、岩层承受的静水压力，MPa；

K_{p}——隔水岩层(或煤层)的抗拉强度，MPa。

5.3 井巷通过导水或可能导水断层前，必须超前探水。探水线(探水起点)至断层交面线的最小距离不得小于 20 m，水压大于 2 MPa 时应按每增加 0.1 MPa 增加 0.5～1 m。

5.4 一般应以可能出水的老钻孔开孔点为圆心，按式(1)求出 a 值作半径画圆；或在老钻孔偏斜方位的范围打探水孔时，应以老钻孔水平偏斜距与 a 值之和为半径画圆，上述两个圆的圆周线即探水线。

6 探放水钻孔布置

6.1 探放老空水钻孔，应按巷道的设计方向在其水平面和竖直面内呈扇形布置；钻孔应成组布设，其孔数视超前距和帮距而定。

6.1.1 竖直扇形面内钻孔间的终孔垂距不得超过 1.5 m。

6.1.2 水平扇形面内各组钻孔间的终孔水平距离不得大于 3 m。

6.1.3 探水钻孔的最小超前距或帮距一般不得小于 10～20 m。亦可用式(1)计算。

6.1.4 一般倾斜煤层平巷的探放水孔，应呈半扇面形布置在巷道正前和上帮。

6.1.5 倾斜煤层上山巷道探放水孔，呈扇面形布置在巷道的前方。

6.2 探放断层水及底板岩溶水的钻孔，必须沿掘进方向的前方及下方布置；底板方向的钻孔不得少于 2 个。

6.3 探放水钻孔除兼做堵水或疏水用外，终孔孔径一般不得大于 58 mm。

6.4 沿岩层探放强含水层水、断层水或陷落柱水，其超前距可按附录 A 表 A1 经验值选定。

6.5 巷道接近可能导水的老钻孔探水线时，应向老钻孔布设扇形探水钻孔。

6.6 对水压大于 1 MPa 的断层水、陷落柱水或强含水层水，不宜沿煤层布置探放水钻孔。必要时按《煤矿防治水工作条例》第 17 条五、六两款的规定执行。

7 探放水钻孔孔口安全装置

探放水钻孔应安设孔口安全装置。孔口安全装置由孔口管、泄水测压三通、孔口水门和钻杆逆止阀(必要时安装)等组成。

7.1 孔口管的安装与固定：

7.1.1 选择岩层坚硬完整地段开孔，孔径应大于孔口管直径 1～2 级，钻至预定深度后，将孔内冲洗干净。注浆使孔口管(管周围应焊扶正肋骨片)与孔壁间充满水泥浆。待孔口管周围水泥浆凝固后扫孔，扫孔深度应超过孔口管长度 0.5 m。

7.1.2 扫孔后对孔口管必须进行耐压试验。试验压力应大于预计水压并稳定 30 min 后，孔口管周围不漏水时，方可钻进。

7.1.3 孔口管插入孔内长度，一般可按附录 A 表 1 的经验值选定。

7.1.4 节理裂隙发育，岩石松软或破碎，无条件另选放水地点时，应注浆加固后，再安设孔口管。

7.2 探放强含水层水或需要收集放水时的水量、水压等资料时，应在孔口管上安装水压表、水门（闸门）和汇水短管等。

7.3 对水压高于1 MPa且水量较大的积水或强含水层进行探放水时，孔口应安设防喷逆止阀。

7.4 在高压水喷出条件下继续钻进时，斜孔应使用孔口防喷逆止阀，倾角50°～90°的钻孔可使用“孔口防喷帽”或“盘根密封防喷器”，钻具可使用“防喷接头”，上下钻可用“孔口反压装置”。

7.5 探得水压高于2 MPa、水量大于60 m^3/h，需长期保留时，孔口应使用双水门，下门备用。

8 安钻探水前的技术要求

8.1 安钻地点与积水区间距小于探水规定的超前距，或有突水征兆时，应在采取加固措施或用水闸墙封闭后，另找安全地点探放水。

8.2 钻窝应避免做在断层带或松软岩层内。

8.3 按《煤矿安全规程》第262条四款规定执行。

8.4 钻机安装必须平稳牢固。安好钻机接电时，要严格执行停送电制度。

8.5 按预计流量修建排水沟，清理巷道并挂好风筒、电缆、管道等。

8.6 按《煤矿安全规程》第262条一款规定执行。

8.7 按《煤矿安全规程》第265条第一句规定执行。

9 探水施工中的技术要求

9.1 钻进中应做好岩芯的采取和编录工作；必要时可保留岩芯。

9.2 钻进时应准确判别煤、岩层厚度并记录换层深度。一般每钻进10 m或更换钻具时，测量一次钻杆并核实孔深。终孔前再复核一次，如有可能应进行孔斜测量。

9.3 钻进时，发现煤岩松软、片帮、来压或孔中的水压、水量突然增大，以及有顶钻等现象时，必须立即停钻，记录其孔深并同时将钻杆固定。要立即向矿调度室汇报，及时采取措施，进行处理。

9.4 钻进中发现有害气体喷出时，应立即停止钻进、切断电源，将人员撤到有新鲜风流的地点。立即报告矿调度室，采取措施。

9.5 钻孔内水压过大或喷高压水时，应采用反压和防喷装置的方法钻进，应有防止孔口管和煤（岩）壁突然鼓出的措施：

9.5.1 背紧工作面，在拦板外面加设顶柱或木垛，必要时还应在顶、底板坚固地点砌筑防水墙，之后方可放水。

9.5.2 对于水压大于2 MPa，中间要穿过煤层的探断层水钻孔，在打穿断层或含水层前，还应下第二层孔口管并超过煤层1 m以上。

9.6 在探水孔施工中，见到含水层、断层、陷落柱和积水区之前，应停止钻进，安好水门后再继续钻进。

9.7 遇高压水顶钻杆时，可用立轴卡瓦和逆止阀交替控制钻杆，使其慢慢地顶出孔口，操作时禁止人员直对钻杆站立。

9.8 应做到交接班时不停钻。

9.9 探放断层水的探水孔终孔后，孔内有水应进行放水试验。孔内无水时应选择一个孔进行压水试验，检验断层隔水性能；压力一般应略大于断层所承受的静水压力。

9.10 探放水钻孔，完成探测任务后必须全孔注浆封闭，并做好封孔记录。

10 放水的技术要求

10.1 钻孔探到水后，要观测水压、水质、水量和估计积水量或补给量。根据矿井排水能力及水仓容量，控制放水孔的流量或调整排水能力，并清理水仓、水沟等。

10.2 按《煤矿安全规程》第268条规定执行。

10.3 加强放水地点的通风，增加有害气体的观测次数。

10.4 必须监视放水全过程，放水结束后，应立即核算放水量与预计积水量的误差，查明原因。

11 探放水的安全措施

11.1 探水的上山、下山及平巷，中间不得有低洼积水段。

11.2 探水巷必须在探水钻孔有效控制范围内掘进，探水孔的超前距、帮距及孔间距应符合设计要求。每次探水后、掘进前，应在起点处设置标志，并建立挂牌制度。

11.3 巷道支护应牢固，顶、帮背实，无高吊棚脚，倾斜巷有撑杆，使巷道有较强的抗水流冲击能力。

11.4 探放水地点必须安设电话和报警装置。

11.5 必须向受水威胁地区的施工人员贯彻、交待报警信号及避灾路线。

11.6 探水巷道应加强出水征兆的观察，一旦发现异常应立即停止工作，及时处理。情况紧急时必须立即发出警报，撤出所有受水威胁地区的人员。

11.7 “钻孔接近老空，预计可能有瓦斯或其他有害气体涌出时，必须有瓦斯检查员或矿山救护队员在现场值班，检查空气成分。如果瓦斯或其他有害气体超过本规程有关条文规定时，必须立即停止打钻，切断电源，撤出人员，并报告矿调度室，采取措施，进行处理。”见《煤矿安全规程》第265条。

11.8 上山探水时，一般应双巷掘进。其中一条超前探水、汇水，另一条随后用来安全撤人。双巷间每隔30～50 m掘一联络巷并设挡水半墙。

11.9 放水工作应尽量避免在雨季进行。

11.10 探放水人员必须按照批准的设计施工，未经审批单位允许，不得擅自改变设计。

附　录　A
（提示的附录）

表 A1　沿岩层探断层水、强含水层水时的超前距和孔口管长度

起探距离（即探水线的圈定）		水压 MPa	超前距 m		孔口管长度 m
条件	距离 m		水平方向	垂直方向	
资料可靠，据水压大小	20～50	<1.0	10	8	5
根据资料推定	60～80	1～2	15	12	10
		2～3	20	15	15
物探圈定范围	60～100	3～4	25	18	20
情况不清		>4	>30	>20	>20

注

1　依据《煤矿防治水工作条例》20 条规定并结合开滦、淄博等矿务局经验提出。

2　水压大于 2 MPa 时孔口管应下两层，第一层约 5 m，第二层按表所列，均需注浆加固。

3　沿煤层对断层水等进行水平方向探水掘进时，应尽量在煤层顶底板岩层内开孔和下孔口管，其超前距，孔口管长度及是否用移动式孔口装置，应专门提出设计上报批准

附　录　B
（提示的附录）

参　考　资　料

1.《煤矿安全手册》的“第五篇　矿井防治水”　煤炭工业出版社　1992 年

2.《峰峰矿务局防探水规程》　峰峰矿务局　1985 年

3.《矿床及矿井水文地质》（下册）　长春地质学院水文地质教研室　1975 年

中华人民共和国煤炭行业标准

MT/T 633—1996

地下水动态长期观测技术规范

1 范围

本标准适用于矿区地下水动态长期观测，是制定地下水动态长期观测规划、设计、工程质量检查、观测报告编写、审查的依据。

2 引用标准

下列标准包含的条文，通过在标准中引用而构成为本标准的条文。本标准发布时，所示版本均为有效。所有标准都会被修订，使用本标准的各方应探讨使用下列标准最新版本的可能性。

GB/T 12719—91 矿区水文地质工程地质勘探规范

供水水文地质勘察规范 冶金工业部(1979)

煤炭资源地质勘探地表水、地下水长期观测及水样采取规程煤炭工业部(1980)

矿区水文地质工程地质普查勘探规范 地质矿产部(1982)

矿井水文地质规程 煤炭工业部(1984)

煤矿防治水工作条例 煤炭工业部(1993年修订)

3 一般要求

3.1 在矿区进入详查阶段即应选择有代表性的井、泉、钻孔、生产矿井、地表水等进行观测，勘探阶段应进一步充实和完善观测工作，勘探结束后应移交给矿山部门继续进行。

3.2 在矿区存在地表水体的情况下，地下水与地表水应统一进行观测，提供完整的地下水动态长期观测资料。

3.3 水文地质条件复杂的矿区，应尽可能在一个完整的水文地质单元内，分别选择地下水补给、迳流与排泄区有代表性的观测点组成观测网。

3.4 对矿区供水和矿坑充水有意义的含水层、地表水体，以及矿坑突水点等，必须设立观测点，进行动态长期观测。

3.5 地下水动态长期观测应包括水位、流量、水温、水化学成分、气体成分、物理性质等项目。一般每10 d应观测一次水位、流量、水温，雨季、矿坑突水期应加密观测。水质成分和气体成分可取季节性和人为影响时期的代表水样分析化验，但每年不得少于2次。并且观测工作应在同一天进行。

3.6 在进行地下水动态长期观测的同时，应收集有关的气象资料，必要时可建立矿区简易气象站。

3.7 地下水观测准确度，水位应准确至厘米，流量应准确至公升，水温应准确至0.5 ℃。

3.8 地下水动态长期观测设施应采取有效保护措施，观测所使用的工具、仪表应经常检查、校对和维修。

4 地下水的观测

4.1 观测网的布置

4.1.1 矿区地下水动态可划分为气象型、气象-水文型、水文型。长期观测工作应按不同类型的特点，

中华人民共和国煤炭工业部 1996-12-30 批准　　1997-11-01 实施

布置观测网。

4.1.2 观测网由观测点、线组成，一般应能覆盖从补给区至排泄区的整个地下水系统。对与矿坑充水和矿区供水有关的含水层、构造带、地表水体等应能进行观测。在地下水系统范围过大的情况下，观测网允许以矿区为主缩小范围，但必须能控制矿坑排水后的降落漏斗。

4.1.3 长期观测孔一般应沿地下水的流向布置。若矿区内有自然或人工排泄点时，应以排泄点为中心布置至少两条互相垂直的观测线。

4.1.4 了解地下水与地表水联系的观测孔（点），应垂直于地表水流向布置观测线。在河流流入和流出矿区的地段，亦应布置垂直于河流的观测线。

4.1.5 观测大气降水入渗情况的观测孔（点），应结合小流域均衡观测，沿地下水流向布置观测线，必要时可布置两条互相垂直的观测线。

4.1.6 矿坑突水点和矿区水源地的地下水动态观测，应以矿坑和水源地为中心，布置观测线。

4.2 地下水观测

4.2.1 观测工作前或工作过程中，应掌握以下的资料：

1∶2.5 万矿区水文地质图，1∶5000～1∶1 万观测地段水文地质图；

含水层顶板埋深线及等厚线图；

含水层等水位线图；

煤层底板等高线图；

受水威胁煤层顶、底板等水压线图；

地下水水文化学图；

水文地质剖面图；

钻孔抽水试验资料；

以往动态观测资料；

历年气象、水文资料。

4.2.2 观测孔应根据观测目的和要求，做好洗孔和隔离止水工作，其质量应符合有关规程。若有堵塞，应及时清理。

4.2.3 水位观测可根据实际情况进行选择。一般可采用电测水位计、自计水位仪或测钟测量，有条件的矿区可采用集中控制遥测系统。

4.2.4 水温观测应采用缓变温度计或热敏温度计。观测时应将温度计置于观测的含水层的深度，时间不少于 10 min。

4.2.5 对泉、井、老窑与生产矿井，应选择揭露主要含水层流量大，并能反映不同水文地质特征的出水点进行观测。

4.2.6 对民井观测可按 3.5 条规定进行。应注意静止水位的变化，必要时可进行简易抽水试验，形成一定的水头降低，直到水位稳定 2 h 后为止。

4.2.7 对生产矿井突水点的观测一般可按 3.5 条规定进行。对井巷所揭露的大型突水点，在抢险救灾过程中，应加密观测，必要时每 1～2 h 观测一次，并相应加密全部观测点的动态观测工作。

4.3 原始记录和资料整理

4.3.1 观测的原始记录必须认真填写，内容齐全、清晰，不得涂改。各项观测成果，必须当日整理检查，如有疑点或异常时，应在翌日复测纠正。原始记录应及时整理装订成册。

4.3.2 根据观测内容，一般需编制下列资料：

地下水位、流量、降水量、水温等动态变化曲线图；

地下水等水位（压）线图；

地下水化学图；

水质化学分析成果表；

动态统计表；

水中微量元素、气体成分、细菌检验及其他专门分析的统计表。

5 地表水的观测

5.1 河流观测的主要内容有：水位（包括洪水位）、水深、流速、水质、结冰厚度等，必要时应测定含砂量。对与矿区内充水含水层可能有水力联系的河流，应进行河流漏失量或补给量的测定。

5.1.1 河流观测站位置选择：

5.1.1.1 河流观测站应选择在顺直匀整的河段。顺直河段的长度一般不少于洪水时主河槽河宽的3～5倍。

5.1.1.2 河流观测站的水流要平稳，避开固流、死水及有显著比降的地段。

5.1.1.3 应避开妨碍观测工作的地物、地貌、冰塞、冰坝及工业生产中排泄废水、污水的地点。

5.1.1.4 观测站的上、下游附近，不应有砂洲、浅滩、淤积故道（牛轭湖）。

5.1.1.5 山区河流观测站应选择在急滩或窄口的上游，水流比较稳定，河底比较平坦的河段。

5.1.2 河流观测要求：

5.1.2.1 主要测流断面的位置，应用全仪器法测定。测流断面两岸所设置的固定标桩及水尺的水准量，其精度不得低于等外水准点的要求。

5.1.2.2 流量测定方法，应根据观测精度要求，以及流量大小、水深、水位涨落等情况选择。流速仪法一般适用于水深不小于0.16 m的河流；浮标法仅在测量准确度要求较低，或用流速仪法测量有困难时方能允许采用。量水建筑物法在流量很小时适用，常用的有堰测法、容积法等。

5.1.2.3 采用流速仪测量时，测速垂线数可参照表1。垂线上流速测点的分布可参照表2。

表1 流速仪测速垂线数

水面宽，m	<5	20	50	100	300
测速垂线数	5	8	10	15	20

表2 流速测点分布表

m

水深或有效水深		垂线上测点数量和位置	
悬杆悬吊	悬索悬吊	畅流期	冰期
>1.0	>3.0	5点（水面、0.2、0.6、0.8水深、河底）	6点（水面、冰底或冰基底、0.2、0.4、0.6、0.8有效水深、河底）
0.6～1.0	2.0～3.0	3点（0.2、0.6、0.8水深）或2点（0.2、0.8水深）	3点（0.15、0.5、0.8有效水深）
0.4～0.6	1.5～2.0	2点（0.2、0.8水深）	2点（0.2、0.8有效水深）
0.2～0.4	0.8～1.5	1点（0.6水深）	1点（0.5有效水深）
0.16～0.2	0.6～0.8	1点（0.5水深）	1点（0.5有效水深）

5.1.2.4 各点测速历时一般不得少于100s。洪水时期可适当缩短，但不得少于50 s。河流暴落或受漂浮物、流水严重影响，可缩短至不少于20 s。测点上流速脉动现象严重时，应延长测速历时。

5.2 池塘、湖泊等其他地表水的观测：

5.2.1 池塘、湖泊、内涝积水与塌陷集水区的观测，应选择易观测的地方设立固定标桩和水尺，测量水深、积水范围、积水时间，并计算积水量。矿区附近有水库时，应收集水库的水位标高、库容量与渗漏量等资料。

5.2.2 对矿区内地面渗水地段，应着重在雨季观测。记录其范围，估计渗漏量。漏失严重的重要地段，应在汇水范围内分段观测其漏失量。

6 水样采取

6.1 水样按其分析目的和内容的不同，分为简易分析样、全分析样、细菌检验样和专门分析样。各种水样采取数量一般要求：

简易分析样 1～1.5 L

全分析样 2.5～3 L

细菌检验样 0.5 L

专门分析样 5 L

6.2 长期观测点(站)的水样采取一般按季进行，每年至少采取两次。地下水化学成分不稳定时，应增加采样次数。

6.3 采取水样前，必须将水样瓶洗涤干净，并在采样时用采取水样的水再次冲洗。细菌检验样的水样瓶，在取样前应进行高压灭菌消毒，并遵照化验单位的要求进行清洗消毒。

6.4 在探井、民井、泉、河流、湖泊、池塘中采取水样，应在出水口中心处或离岸边 0.5 m 以外的水面下采取。采样时，应保证水样不受外界污染，尽量避免混入岩石微粒及悬浮物。

6.5 抽水过程中采取水样，可将水样瓶伸入出水口中心处采取，并同时采备用样一个。长期观测孔如取样，应先进行抽水。抽出水的体积应大于孔(井)中水柱体积的 1.5～2 倍，使钻孔中水柱更新，然后按抽水过程中取样方法采取。也可将取样器或水样瓶下入含水层深度采取。

6.6 采取气体样，一般采用排水集气法，采满气体后，在水中塞好瓶盖，瓶口要严密封闭。气体瓶在送到化验室前，应始终保持倒置。

6.7 特殊水样采取应与化验单位联系，并按其要求采取。

6.8 采取水样时，应在现场初步鉴定水的颜色、气味、透明度等物理性质。

水样采取后，应立即包装好，填写标签，注明化验项目，送往化验单位。细菌检验样应按有关规定的时间要求，及时送样。

6.9 做侵蚀性二氧化碳分析的水样，采取数量为 0.5 L，采取后应加入 5 g 碳酸钙粉末。

6.10 做重金属分析的水样，为防止水样瓶壁对重金属的吸附损失，必须先用不含重金属的纯硫酸对水样瓶进行酸化处理。

6.11 对含有机物质的水样，为控制脱硫作用，取样时必须在每升水中加入 1 mL 三氯甲烷($CHCL_3$)或甲苯($C_6H_5CH_3$)。

6.12 做光谱分析用的水样，为防止水样在水样瓶中保存时有微粒组分富集，有条件时，应在现场用白金或陶瓷坩锅进行蒸馏，取得干涸残余物的样品，送化验室作分析化验。

附 录 A
（标准的附录）

A1 量水建筑物法使用工具的制作要求

A1.1 容积测流容器，一般可用木板、钢板、混凝土或浆砌块石做成，容积的大小可根据水量的大小而定，一般不应小于 1 m^3。

A1.2 堰测法：一般用矩形堰，梯形堰，三角堰。堰板一般用木板或铁板制成，应平整光滑。堰口边应做成坡度 45°的斜坡。堰下水流应形成自由落体。

A1.3 矩形堰适用于大于 50 L/s 的流量。矩形堰堰板顶应严格保持水平，顶宽一般为 2～5 倍最大堰上水头，最小不少于 0.25 m，最大不宜大于 2 m。

A1.4 梯形堰适用于 10～300 L/s 的流量。采用坡度 1∶0.25 的梯形缺口堰板。堰口应严格保持水平，缺口底宽应大于 3 倍堰上水头，一般应在 0.25～1.5 m 范围内。

A1.5 三角堰适用于 1～70 L/s 的流量。采用底角为 90°的等腰三角形缺口堰板，使其分角线恰好在垂线上。堰上水头不宜超过 0.3 m，最小不宜小于 0.05 m。

A2 各种水样化学分析内容

A2.1 简易分析：物理性质、总硬度、干涸残渣、pH 值、氯离子、硫酸根、重碳酸根、钙、镁、钾、铁离子等项目。

A2.2 全分析：除做简易分析项目外，还需做水的暂时硬度和永久硬度，游离和固定及侵蚀性二氧化碳，耗氧量及亚硝酸根、碳酸根、三价铁、铝、铵等离子，过锰酸钾、二氧化硅、硫化氢、固形物、碱度等项目。

A2.3 细菌检验：检定 1 mL 水中的细菌总数，测定大肠杆菌指数，分析传染病等。

A2.4 专门分析：分析项目取决于样品分析的目的。一般分析水中的铜、铅、锌、砷、汞、钴、铀、氟等稀有和有害离子的含量，或按专门目的规定的项目进行分析。

MT

中华人民共和国煤炭行业标准

MT/T 634—2019
代替 MT/T 634—1996

煤矿矿井风量计算方法

Calculation method of coal mine air quantity

2018-12-29 发布　　2019-07-01 实施

国家煤矿安全监察局　发布

前　言

本标准是按照 GB/T 1.1—2009《标准化工作导则　第一部分:标准的结构和编写》进行编写。

本标准对 MT/T 634—1996《煤矿矿井风量计算方法》进行了修订,并代替 MT/T 634—1996 标准。本标准与 MT/T 634—1996 标准相比主要变化如下:

——增加了术语和定义(见 3.2、3.3、3.4、3.5);

——增加了"煤矿用防爆型柴油动力装置机车需风量"(见 5.5);

——增加了矿井有效风量、矿井有效风量率、矿井外部漏风量、矿井外部漏风率的计算方法(见第 6 章);

——修订了采煤工作面的需风量按工作面进风流温度的计算方法(见 5.1.3,1996 年版的 4.4.1.2);

——修订了采煤工作面和掘进工作面的需风量按使用炸药量的计算方法(见 5.1.4、5.2.3,1996 年版的 4.4.1.3、4.4.2.2);

——修订了按局部通风机实际吸风量计算掘进工作面需风量的计算方法和掘进工作面需风量按风速验算的计算方法(见 5.2.5、5.2.6,1996 年版的 4.4.2.4);

——修订了采区需风量的计算方法(见 5.6,1996 年版的 4.4.5)

——修订了矿井总需风量的计算方法(见 5.7,1996 年版的 4.4.6.1);

——对"总则"(第 4 章)等标准结构进行了必要的调整。

请注意本标准的某些内容可能涉及专利,本标准的发布机构不承担识别这些专利的责任。

本标准由中国煤炭工业协会科技发展部提出。

本标准由煤炭行业煤矿安全标准化技术委员会通风技术及设备分会归口。

本标准主要起草单位:煤科集团沈阳研究院有限公司、国家能源投资集团有限责任公司、抚顺矿业集团有限责任公司。

本标准主要起草人:梁运涛、李东、张光德、贺明新、杨波、周勇、姚尔义、王刚、张卫亮、李国宏、杨发武。

本标准的历次版本为:MT/T 634—1996。

煤矿矿井风量计算方法

1 范围

本标准规定了煤矿矿井风量计算方法的总则、矿井需风量的计算、矿井有效风量的计算和计算结果表述。

本标准适用于煤矿的新井设计、生产矿井的改扩建和新采区的作业规程的风量计算，以及矿井通风管理中的风量分配与调节。

2 规范性引用文件

下列文件对于本文件的应用是必不可少的。凡是注日期的引用文件，仅所注日期的版本适用于本文件。凡是不注日期的引用文件，其最新版本（包括所有的修改单）适用于本文件。

煤矿安全规程（2016 年版）。

3 术语和定义

本标准采用下列术语和定义。

3.1

需风量 required air quantity

矿井生产过程中，为供人员呼吸、稀释和排出有害气体、浮尘，以创造良好气候条件所需要的风量。

3.2

矿井有效风量 effective air quantity

送到采掘工作面、硐室和其他用风地点的风量之总和。

3.3

矿井有效风量率 ventilation efficiency；volumetric efficiency；effective rate of air quantity

矿井有效风量占矿井总进风量的百分数。

3.4

矿井外部漏风量 surface leakage air quantity

主要通风机装置及其风井附近地表漏风的风量总和。

3.5

矿井外部漏风率 surface leakage rate

矿井外部漏风量占通风机风量的百分数。

4 总则

4.1 风量计算依据

4.1.1 供给煤矿井下任何用风地点的新鲜风量，应依照 4.1.2、4.1.3 进行计算，并取其最大值，作为该用风地点的供风量。

4.1.2 按该用风地点同时工作的最多人数计算，每人每分钟供给风量不得少于 4 m^3。

4.1.3 按该用风地点的风流中瓦斯、二氧化碳、氢气和其他有害气体的浓度、风速及温度等都符合《煤矿安全规程》的有关各项规定要求，分别计算，取其最大值。

4.2　风量计算原则

矿井或采区的供风量，均按矿井或采区各个实际用风地点，按照风量计算依据，分别计算出各个用风地点的实际最大需风量，从而求出矿井或采区的风量总和，再考虑一定的备用风量系数后，作为矿井或采区的供风量。即“由里往外”的计算原则，由采掘工作面、硐室和其他用风地点计算出各个采区需风量，最后计算出全矿井总风量。

4.3　矿井风量计算的基础资料

4.3.1　新井设计、生产矿井的改、扩建和新水平延深时的采、掘工作面、硐室和其他用风地点的配置数量、工程设计、平面布置图和地质说明书。

4.3.2　矿井和采、掘工作面瓦斯涌出量预测资料。瓦斯涌出量可按煤层瓦斯含量预测资料、瓦斯来源和开采条件等因素进行计算；或按矿井实际瓦斯涌出量和瓦斯梯度进行计算。当设计新井瓦斯资料不足时，也可参照邻近生产矿井的瓦斯资料进行计算。

4.3.3　采、掘工作面和通风巷道风流温度预测资料。按矿井当地的气温、地温、井下机械设备等热源、其他热源和岩石的热物理性能，计算井下各通风巷道和采、掘工作面的风流温度。

4.3.4　每个机电硐室的装机容量和运转的电动机总功率、爆炸物品库的空间总容积、充电硐室中蓄电池机车同时充电的台数和吨数，煤矿用防爆型柴油动力装置机车功率和台数。

5　矿井需风量的计算

5.1　采煤工作面需风量

5.1.1　采煤工作面的风量应按瓦斯涌出量和爆破后的有害气体产生量以及工作面气象条件、风速和人数等规定分别进行计算，取其最大值。

5.1.2　按照瓦斯涌出量计算：

根据《煤矿安全规程》规定，按采煤工作面回风流中瓦斯的浓度不超过1%的要求，按式(1)计算：

$$Q_{fi}=100q_{gfi}k_{gfi} \qquad \cdots\cdots(1)$$

式中：

Q_{fi}——第 i 个采煤工作面需要风量，单位为立方米每分钟(m^3/min)；

q_{gfi}——第 i 个采煤工作面瓦斯的平均绝对涌出量，单位为立方米每分钟(m^3/min)。可根据该采煤工作面的煤层埋藏条件、地质条件、开采方法、顶板管理、瓦斯含量、瓦斯来源等因素进行计算。抽采矿井的瓦斯涌出量，应扣除瓦斯抽采量进行计算；生产矿井可按条件相似的工作面推算或按实际涌出量计算；

k_{gfi}——第 i 个采煤工作面瓦斯涌出不均衡的备用风量系数，它是该采煤工作面瓦斯绝对涌出量的最大值与平均值之比。生产矿井应在工作面正常生产条件下，连续观测1个月，取日最大绝对瓦斯涌出量与月平均日瓦斯绝对涌出量的比值。新矿井设计可参考表1选取。

表1　各种采煤工作面瓦斯涌出不均匀的备用风量系数

采煤工作面采煤方法	采煤工作面瓦斯涌出不均匀的备用风量系数
综采工作面	1.2～1.6
炮采工作面	1.4～2.0
水采工作面	2.0～3.0

当采煤工作面有其他有害气体涌出时，也应按有害气体涌出量和不均匀系数，使其稀释到《煤

矿安全规程》规定的最高允许浓度进行计算。

5.1.3 按气象条件计算：

根据采煤工作面空气温度选取适宜风速按式(2)计算：

$$Q_{fi}=60\times0.7v_iS_{vi}k_{fhi}k_{fli} \qquad \cdots\cdots(2)$$

式中：

v_i ——第 i 个采煤工作面风速，按采煤工作面空气温度从表2中选取，单位为米每秒(m/s)；

S_{vi} ——第 i 个采煤工作面平均有效断面积，按最大和最小控顶有效断面的平均值计算，单位为平方米(m^2)；

k_{fhi} ——第 i 个采煤工作面采高风量调整系数，取值见表3；

k_{fli} ——第 i 个采煤工作面长度风量调整系数，取值见表4；

0.7——采煤工作面有效通风断面系数。

表2 采煤工作面空气温度与风速对应表

采煤工作面温度 ℃	采煤工作面风速 m/s
<20	1.0
20～23	1.0～1.5
23～26	1.5～1.8
26～28	1.8～2.5
28～30	2.5～3.0

表3 采煤工作面采高风量调整系数

采煤工作面采高 m	采煤工作面采高风量调整系数
<2.0	1.0
2.0～2.5	1.1
>2.5及放顶煤工作面	1.2

表4 采煤工作面长度风量调整系数

采煤工作面长度 m	采煤工作面长度风量调整系数
<150	1.0
150～200	1.0～1.3
200～250	1.3～1.5
>250	1.5～1.7

5.1.4　按使用炸药量计算：

a）每千克一级煤矿许用炸药爆破后稀释炮烟所需的新鲜风量最小为 25 m^3/min，按式（3）计算：

$$Q_{fi}=25A_i \qquad (3)$$

b）每千克二、三级煤矿许用炸药爆破后稀释炮烟所需的新鲜风量最小为 10 m^3/min，按式（4）计算：

$$Q_{fi}=10A_i \qquad (4)$$

式中：

A_i——第 i 个采煤工作面一次爆破所用的最大炸药量，单位为千克（kg）。

5.1.5　按工作人员数量计算：

每人每分钟应供给 4 m^3 新鲜风量，按式（5）计算：

$$Q_{fi}=4N_i \qquad (5)$$

式中：

N_i——第 i 个采煤工作面同时工作的最多人数。

5.1.6　按风速进行验算：

a）按最小风速用式（6）验算：

$$Q_{fi}\geqslant 60\times 0.7\times 0.25\times l_{cbi}\times h_{cfi} \qquad (6)$$

b）按最大风速（7）验算：

$$Q_{fi}\leqslant 60\times 0.7\times 4\times l_{csi}\times h_{cfi} \qquad (7)$$

c）综合机械化采煤工作面，在采取煤层注水和采煤机喷雾降尘等措施后，其最大风量用式（8）验算：

$$Q_{fi}\leqslant 60\times 0.7\times 5\times l_{csi}\times h_{cfi} \qquad (8)$$

式中：

l_{cbi}　——第 i 个采煤工作面最大控顶距，单位为米（m）；

h_{cfi}　——第 i 个采煤工作面实际采高，单位为米（m）；

l_{csi}　——第 i 个采煤工作面最小控顶距，单位为米（m）；

0.25——采煤工作面允许的最小风速，单位为米每秒（m/s）；

0.7　——有效通风断面系数；

4　　——采煤工作面允许的最小风速，单位为米每秒（m/s）；

5　　——采煤工作面允许的最小风速，单位为米每秒（m/s）。

5.1.7　备用工作面需风量一般不得低于其采煤时需风量的 50%，且满足稀释瓦斯、其他有害气体和风速等《煤矿安全规程》规定的要求。

5.2　掘进工作面需风量

5.2.1　煤巷、半煤岩巷和岩巷掘进工作面的需风量，应按 5.2.5 计算，按 5.2.6 验算。

5.2.2　按瓦斯涌出量按式（9）计算需风量：

$$Q_{di}=100q_{gdi}k_{gdi} \qquad (9)$$

式中：

Q_{di}——第 i 个掘进工作面的需风量，单位为立方米每分钟（m^3/min）；

q_{gdi}——第 i 个掘进工作面回风流中的瓦斯的平均绝对瓦斯涌出量，单位为立方米每分钟（m^3/min）。按该工作面煤层的地质条件、瓦斯含量和掘进方法等因素进行计算，抽采矿井的瓦斯涌出量，应扣除瓦斯抽采量。生产矿井可按条件相似的掘进工作面进行计算；

k_{gdi}——第 i 个掘进工作面瓦斯涌出不均匀的备用风量系数，其含义和观测计算方法与采煤工作面的瓦斯涌出不均匀的备用风量系数相似。通常，综掘工作面取 $k_{gdi}=1.5\sim 2.0$。

炮掘工作面取 $k_{gdi}=1.8\sim2.5$。

当有其他有害气体时，应根据《煤矿安全规程》规定的允许浓度按上式计算的原则计算所需风量。

5.2.3 按使用炸药量计算：

a） 每千克一级煤矿许用炸药爆破后稀释炮烟所需的新鲜风量最小为 25 m^3/min，按式(10)计算：

$$Q_{di}=25A_i \quad (10)$$

b） 每千克二、三级煤矿许用炸药爆破后稀释炮烟所需的新鲜风量最小为 10 m^3/min，按式(11)计算：

$$Q_{di}=10A_i \quad (11)$$

式中：

A_i——第 i 个掘进工作面一次爆破所用的最大炸药量，单位为千克(kg)。

5.2.4 按工作人员数量计算：

每人每分钟应供给 4 m^3 新鲜风量，按式(12)计算：

$$Q_{di}=4N_i \quad (12)$$

式中：

N_i——第 i 个掘进工作面同时工作的最多人数。

5.2.5 取 5.2.2～5.2.4 结果的最大值来确定局部通风机的型号选型及台数，考虑局部通风机安装点至掘进工作面回风口之间巷道的最低风速要求，按局部通风机的实际吸风量计算掘进工作面的需风量：

a） 无瓦斯涌出的岩巷按式(13)计算：

$$Q_{di}=Q_{si}I_i+60\times0.15S_f \quad (13)$$

b） 有瓦斯涌出的岩巷、半煤岩巷和煤巷按式(14)计算：

$$Q_{di}=Q_{si}I_i+60\times0.25S_f \quad (14)$$

式中：

Q_{si} ——第 i 个掘进工作面单台局部通风机实际吸风量，单位为立方米每分钟(m^3/min)；

I_i ——第 i 个掘进工作面同时通风的局部通风机台数；

0.15——无瓦斯涌出岩巷的允许最低风速，单位为米每秒(m/s)；

0.25——有瓦斯涌出的岩巷、半煤岩巷和煤巷允许的最低风速，单位为米每秒(m/s)；

S_f ——掘进工作面局部通风机安装点至掘进工作面回风口之间巷道的最大净断面面积，单位为平方米(m^2)。

5.2.6 掘进工作面风速验算：

a） 验算最小风量：

无瓦斯涌出的岩巷按式(15)计算：

$$Q_{si}I_i\geqslant60\times0.15S_i \quad (15)$$

有瓦斯涌出的岩巷、半煤岩巷和煤巷按式(16)计算：

$$Q_{si}I_i\geqslant60\times0.25S_i \quad (16)$$

b） 按式(17)验算最大风量：

$$Q_{si}I_i\leqslant60\times4S_i \quad (17)$$

式中：

S_i——第 i 个掘进工作面巷道的净断面积，单位为平方米(m^2)。

5.3 硐室需风量

5.3.1 各个独立通风硐室的需风量，应根据不同类型的硐室分别计算。

5.3.2 机电硐室:应根据硐室内设备的降温要求进行配风,应保证机电硐室温度不超过 30 ℃。小型机电硐室,按经验值确定需风量或取 60 m³/min～80 m³/min;发热量大的机电硐室,按硐室中运行的机电设备发热量按式(18)计算风量:

$$Q_{ri}=\frac{3600\sum W\theta}{\rho C_p\times 60\Delta_t} \quad\cdots\cdots(18)$$

式中:

Q_{ri} ——第 i 个机电硐室的需风量,单位为立方米每分钟(m³/min);

$\sum W$ ——机电硐室中运转的电动机(或变压器)总功率(按全年中最大值计算),单位为千瓦(kW);

θ ——机电硐室的发热系数,可根据实际考察由机电硐室内机械设备运转时的实际热量转换为相当于电气设备容量作无用功的系数确定,也可按表 5 选取;

ρ ——空气密度,单位为千克每立方米(kg/m³),一般取 $\rho=1.2$;

C_p ——空气的定压比热,单位为千焦每千克开尔文一般取 $C_p=1.0006$;

Δ_t ——机电硐室进、回风流的温度差,K。

表 5 机电硐室发热系数(θ)表

机电硐室名称	发热系数
空气压缩机房	0.20～0.23
水泵房	0.01～0.03
变电所、绞车房	0.02～0.04

5.3.3 爆炸物品库:按库内空气每小时更换 4 次用式(19)计算:

$$Q_{ri}=4V/60 \quad\cdots\cdots(19)$$

式中:

Q_{ri}——第 i 个爆炸物品库的需风量,单位为立方米每分钟(m³/min);

V ——库房容积,单位为立方米(m³)。

大型爆炸物品库需风量不应小于 100 m³/min,中小型爆炸物品库不应小于 60 m³/min。

5.3.4 充电硐室:以其回风流中氢气体积浓度不大于 0.5%按式(20)计算:

$$Q_{ri}=200q_{ri} \quad\cdots\cdots(20)$$

式中:

Q_{ri}——第 i 个充电硐室的需风量,单位为立方米每分钟(m³/min);

q_{ri} ——第 i 个充电硐室在充电时产生的氢气量,单位为立方米每分钟(m³/min)。

但供风量不得小于 100 m³/min。

5.3.5 其他硐室:其他独立通风硐室的需风量可取 60 m³/min～80 m³/min,或按经验值选取。

5.4 其他用风巷道的需风量

5.4.1 其他用风巷道指矿井采掘工作面、独立通风硐室之外,应配备一定风量才能满足安全生产需要的巷道,一般设置有调节风量设施。其他用风巷道的需风量,应根据瓦斯涌出量和风速分别进行计算,采用其最大值。

5.4.2 按瓦斯涌出量计算:

a) 采区内的其他用风巷道风量按式(21)计算:

$$Q_{ei}=100q_{gei}k_{gei} \quad\cdots\cdots(21)$$

b） 采区外的其他用风巷道风量按式(22)计算：

$$Q_{ei}=133\times q_{gei}\times k_{gei} \quad \cdots\cdots(22)$$

式中：

Q_{ei}——第 i 个其他用风巷道需风量，单位为立方米每分钟(m^3/min)；

q_{gei}——第 i 个其他用风巷道的平均瓦斯绝对涌出量，单位为立方米每分钟(m^3/min)；

k_{gei}——第 i 个其他用风巷道瓦斯涌出不均匀的风量备用系数，一般可取 1.2～1.3。

5.4.3 按风速验算：

a） 一般巷道风量按式(23)验算：

$$Q_{ei}\geqslant 60\times 0.15S_{ei} \quad \cdots\cdots(23)$$

b） 有瓦斯涌出的架线电机车行走的巷道风量按式(24)验算：

$$Q_{ei}\geqslant 60\times 1.0S_{ei} \quad \cdots\cdots(24)$$

c） 无瓦斯涌出的架线电机车行走的巷道风量按式(25)验算：

$$Q_{ei}\geqslant 60\times 0.5S_{ei} \quad \cdots\cdots(25)$$

d） 架线电机车行走的巷道最高风量按式(26)验算：

$$Q_{ei}\leqslant 60\times 8S_{ei} \quad \cdots\cdots(26)$$

式中：

S_{ei}——第 i 个其他用风巷道净断面积，单位为平方米(m^2)。

5.5 煤矿用防爆型柴油动力装置机车需风量

使用煤矿用防爆型柴油动力装置机车运输的矿井，行驶车辆巷道的供风量还应当按同时运行的最多车辆数增加巷道配风量，配风量不小于 4 $m^3/(min\cdot kW)$，按式(27)计算：

$$Q_{ji}=4\sum P_i \quad \cdots\cdots(27)$$

式中：

P_i——每台煤矿用防爆型柴油动力装置机车功率，单位为千瓦(kW)。

5.6 采区需风量

采区所需总风量是采区内各个用风地点需风量之和，并考虑漏风和配风不均匀等的备用风量系数，按式(28)进行计算：

$$Q_p=\left(\sum Q_{pfi}+\sum Q_{pdi}+\sum Q_{pri}+\sum Q_{pei}+\sum Q_{pji}\right)\times k_p \quad \cdots\cdots(28)$$

式中：

Q_p ——采区需风量，单位为立方米每分钟(m^3/min)；

$\sum Q_{pfi}$——该采区内各采煤工作面和备用工作面需风量之和，单位为立方米每分钟(m^3/min)；

$\sum Q_{pdi}$——该采区内各掘进工作面需风量之和，单位为立方米每分钟(m^3/min)；

$\sum Q_{pri}$——该采区内各硐室所需风量之和，单位为立方米每分钟(m^3/min)；

$\sum Q_{pei}$——该采区内其他用风巷道所需风量之和，单位为立方米每分钟(m^3/min)；

$\sum Q_{pji}$——该采区内煤矿用防爆型柴油动力装置机车需风量之和，单位为立方米每分钟(m^3/min)；

k_p ——包括采区的漏风和配风不均匀等因素的备用风量系数。应从实测中统计求得，一般可取 1.1～1.2。

5.7 矿井总需风量

矿井所需总风量是矿井井下各个用风地点需风量之和，并考虑漏风和配风不均匀等的备用风量系数，按式(29)进行计算：

$$Q_{m}=\left(\sum Q_{mfi}+\sum Q_{mdi}+\sum Q_{mri}+\sum Q_{mei}+\sum Q_{mji}\right)\times k_{m} \qquad (29)$$

式中：

Q_m ——矿井总需风量，单位为立方米每分钟(m^3/min)；

$\sum Q_{mfi}$ ——各采煤工作面和备用工作面需风量之和，单位为立方米每分钟(m^3/min)；

$\sum Q_{mdi}$ ——各掘进工作面需风量之和，单位为立方米每分钟(m^3/min)；

$\sum Q_{mri}$ ——各硐室需风量之和，单位为立方米每分钟(m^3/min)；

$\sum Q_{mei}$ ——其他用风巷道需风量之和，单位为立方米每分钟(m^3/min)；

$\sum Q_{mji}$ ——煤矿用防爆型柴油动力装置机车需风量之和，单位为立方米每分钟(m^3/min)；

k_m ——矿井内部漏风和调风不均匀等因素的备用风量系数。抽出式通风矿井一般取1.15～1.20，压入式通风矿井一般取1.25～1.30。

6 矿井有效风量的计算

6.1 矿井有效风量

按式(30)计算：

$$Q_{yx}=\sum Q_{afi}+\sum Q_{adi}+\sum Q_{ari}+\sum Q_{aei} \qquad (30)$$

式中：

Q_{yx} ——矿井有效风量，单位为立方米每分钟(m^3/min)；

Q_{afi} ——各采煤工作面和备用工作面实测风量之和，单位为立方米每分钟(m^3/min)；

$\sum Q_{adi}$ ——各掘进工作面实测风量之和，单位为立方米每分钟(m^3/min)；

$\sum Q_{ari}$ ——各硐室实测风量之和，单位为立方米每分钟(m^3/min)；

$\sum Q_{aei}$ ——其他用风巷道实测风量之和，单位为立方米每分钟(m^3/min)。

6.2 矿井有效风量率

按式(31)计算：

$$C=\frac{Q_{yx}}{\sum Q_{ti}}\times 100\% \qquad (31)$$

式中：

C ——矿井有效风量率，%；

Q_{ti} ——第 i 台主要通风机的实测风量，单位为立方米每分钟(m^3/min)。

6.3 矿井外部漏风量

按式(32)计算：

$$Q_{wl}=\sum Q_{ti}-\sum Q_{hi} \qquad (32)$$

式中：

Q_{wl} ——矿井外部漏风量，单位为立方米每分钟(m^3/min)；

Q_{hi} ——第 i 个回(或进)风井的实测风量，单位为立方米每分钟(m^3/min)。

6.4 矿井外部漏风率

按式(33)计算：

$$L = \frac{Q_{wl}}{\sum Q_{ti}} \times 100\% \tag{33}$$

式中：

L——矿井外部漏风率，%。

7 计算结果表述

矿井风量计算结果应编写计算报告。报告内容应包括提供的地质、瓦斯、地温、井型、开拓、开采等方面的资料；按本标准规定的采煤工作面、掘进工作面、硐室、其他用风地点、采区与全矿的需风量计算和选用的风量备用系数；以及其他有关说明。

中华人民共和国煤炭行业标准

矿井巷道通风摩擦阻力系数测定方法

MT/T 635—1996

1 范围

本标准规定了矿井巷道通风摩擦阻力系数测定用仪器、测定步骤、测定结果计算和表述等。

本标准适用于实际的矿井巷道通风摩擦阻力系数测定。

2 仪器

a)普通型空盒气压计：

测量范围为 80～107 kPa，最小分度值为 50 Pa；

b)压差计：

测量范围为 0～3000 Pa，最小分度值为 2 Pa；

c)通风干湿温度计：

测量范围为－25～＋50℃，最小分度值为 0.2 ℃；

d)皮托管：

校正系数为 0.998～1.004；

e)风速表：

分类		测量范围，m/s	启动风速，m/s
低速		0.2～5	≤0.2
中速		0.4～10	≤0.4
高速	叶轮	0.8～25	≤0.5
	杯式	1.0～30	≤0.8

f)秒表：

最小分度值为 1 s；

g)钢卷尺：

钢卷尺：测量范围＞0～2 m，最小分度值为 1.0 mm；

钢卷尺：测量范围＞0～30 m，最小分度值为1.0 mm；

h)胶管：

内径≥3 mm；

i)管接头：

内径≥3 mm，长度为 50～80 mm。

3 测定步骤

3.1 测定段选择

中华人民共和国煤炭工业部 1996-12-30 批准　　1997-11-01 实施

根据矿井巷道的类型，支护形式，断面大小，选取无分支的大于 100 m 的直线段巷道，两点压差不小于 10 Pa，在该区段内风流稳定、无杂物；类型、支护、断面等应无变化。

3.2 测定方法

3.2.1 风压测量

在选定好的巷道两端设 1、2 两个测点，巷道断面中央正对风流分别设置皮托管。在两测点间之外，距 1(或 2)点不小于 10 m 处、靠近巷道的一侧设置压差计一台，应安设平稳，调零或记下初读数。

胶管要防止折叠和被水、污物等堵塞，待胶管内的空气温度等于巷道内的空气温度后，将两个胶管接在压差计上，待压差计液面稳定后读数。若压差计液面稍有波动时，每隔 10 min 读数 1 次，共测三次，取其平均值。

3.2.2 风速测量

用风速表测量 1、2 两测点断面的风速，连续测量三次，取其平均值。

3.2.3 大气物理参数测量

用空盒气压计测量 1、2 两测点的大气压力；用通风干湿温度计测量 1、2 两测点的空气的干球温度和湿球温度，待稳定后，每 10 min 各测一次，取其平均值。

3.2.4 巷道断面和周长参数测量

按巷道断面形状、用钢卷尺测量 1、2 两测点的断面和周长参数。

3.2.5 测点间距测量

用钢卷尺测量两测点间距离。

4 测定结果计算

4.1 空气密度计算

空气密度按式(1)计算：

$$\rho = 3.484 \times 10^{-3} \frac{P_0 - 0.3779\varphi P_{sh}}{273.15 + t} \quad \cdots\cdots(1)$$

式中：

ρ——测点的空气密度，kg/m³；

P_0——测点的大气压力，Pa；

φ——空气相对湿度，%；

P_{sh}——测点温度为 t ℃时，空气的绝对饱和蒸汽压力，Pa；

t——测点的空气温度，℃。

4.2 巷道断面积和周长计算

按 3.2.4 测量参数及巷道断面形状，计算其断面积和周长，并求其平均值。

4.3 平均风量计算

4.3.1 风量计算：

风量按式(2)计算：

$$q_v = Sv \quad \cdots\cdots(2)$$

式中：

q_v——测点的风量，m³/s；

S——测风处巷道断面积，m²；

v——测风断面的平均风速，m/s。

4.3.2 平均风量计算

平均风量按式(3)计算：

$$q_{vcp} = \frac{q_{v1} + q_{v2}}{2} \quad \cdots\cdots(3)$$

4.4 动压计算

动压按式(4)计算；

$$h_d = \frac{\rho \cdot v^2}{2} \quad \cdots\cdots(4)$$

式中：

h_d——测点的动压，Pa。

4.5 通风阻力计算

两测点间的通风阻力按式(5)计算：

$$h_r = h + (h_{d1} - h_{d2}) \quad \cdots\cdots(5)$$

式中：

h_r——两测点间的通风阻力，Pa；

h——两测点间的静压差，Pa。

4.6 摩擦阻力系数计算

4.6.1 摩擦阻力系数按式(6)计算：

$$\alpha = \frac{h_r \cdot S_{cp}^3}{L \cdot U_{cp} \cdot q_{vcp}^2} \quad \cdots\cdots(6)$$

式中：

α——摩擦阻力系数，N · S²/m⁴；

L——两测点间距，m；

S_{cp}——两测点巷道的平均断面积，m²；

U_{cp}——两测点巷道的平均周长，m；

q_{vcp}^2——两测点的平均风量，m³/s。

4.6.2 标准状态下的通风摩擦阻力系数值按式(7)计算：

$$\alpha_b = \frac{1、2}{\rho_{cp}}\alpha \quad \cdots\cdots(7)$$

式中：

α_b——标准状态下，通风摩擦阻力系数，N · S²/m⁴；

ρ_{cp}——两测点的平均空气密度，kg/m³。

5 测定结果表述

编写矿井巷道通风摩擦阻力系数测定报告。

报告内容主要包括：测定时间、人员组织、使用仪器、选择巷道类型，巷道特征（围岩状况、施工质量），支护形式（碹内充填物及状况或支架规格，棚间距等）、断面尺寸，测定结果（α 值）等。报告格式见附录 B。

附　录　A
（标准的附录）
数据记录计算表

A1　压差计测压记录表

压差计测压记录表见表 A1。

表 A1　压差计测压记录表

测点序号	测定地点	压差计读数 Pa	仪器校正系数	测点间压差 Pa	仪器名称型号	备　注

测量日期：　　　　　　　　审核人：　　　　　　　　测量人：

A2　风速记录表

风速记录表见表 A2。

表 A2　风速记录表

测点序号	表速				实际风速 m/s	仪器号	备　注
	第一次	第二次	第三次	平均			

测量日期：　　　　　　　　审核人：　　　　　　　　测量人：

A3　大气条件记录表

大气条件记录表见表 A3。

表 A3　大气条件记录表

测点序号	干温度 ℃	湿温度 ℃	干湿温度差 ℃	相对湿度 %	大气压力 Pa	仪器名称编号	备　注

测量日期：　　　　　　　　审核人：　　　　　　　　测量人：

A4　巷道参数记录表

巷道参数记录表见表 A4。

表 A4　巷道参数记录表

测点序号	巷道名称	测点位置	断面形状	支架类形	巷道规格								测点间距 m	备　注
					上宽 m	下宽 m	高 m	拱基高 m			断面积 m	周长 m		

附　录　B
（标准的附录）
编写报告格式

B1　**封面格式**

矿井巷道通风摩擦阻力系数测定报告

测定单位：

测定负责人：

测定日期：19××年××月××日至19××年××月××日

提出报告日期：19××年××月××日

B2　**正文格式**

矿井巷道通风摩擦阻力系数测定报告

前言

简要说明测定的目的和选用几种类型巷道及支护形式及测量计算的结果等。

一、测定时间

19××年××月××日至19××年××月××日

二、人员组织

测定的人员组织、负责人及人员分工情况。

三、测定仪器

测定时使用的仪器，仪器的测量范围，最小分度值（或精度）仪器型号及编号、检定日期等。

四、测定地点选择

巷道类型、巷道特征、围岩情况、施工质量、支护形式、碹内充填物及状况或支架规格，棚间距断面尺寸、裸巷或锚喷的情况等。

五、测定结果计算

计算公式、及计算结果、测定结果汇总表。

六、需要说明的问题和分析

七、报告提出日期、起草人、工作人员、负责人。

B3　**测量结果汇总表**

《矿井巷道通风摩擦阻力系数》测定汇总表

表 B1　　　　测量日期：　　年　　月　　日

测点序号	巷道名称	测点位置	断面形状	支护形式	断面积	周长	测点间距	大气条件				风量		测点动压	两点间静压差	两点间通风阻力	摩擦阻力系数值	标准状况下摩擦阻力系数值	备注
								大气压力	干温度	相对湿度	空气密度	平均风速	平均风量						
符号					S	U	L	P	t	φ	ρ	V	q	h_d	h	h_r	α	α_b	
单位					m^2	m		Pa	℃	%	kg/m^3	m/s	m^3/s	Pa			$N \cdot S^2/m^4$		

测定负责人：　　　　　　　　制表人：　　　　　　　　审核人：

中华人民共和国煤炭行业标准

MT/T 636—1996

矿井主要通风机优选程序编制通用规则

1 范围

本标准规定了编制通用的矿井主要通风机程序应遵循的优选原则与编制规则。

本标准适用于用数字计算机编制优选矿井主要通风机的通用程序。

2 引用标准

下列标准包含的条文,通过在本标准中引用而构成为本标准的条文。本标准出版时,所示版本均为有效。所有标准都会被修订,使用本标准的各方应探讨使用下列标准最新版本的可能性。

GB/T 8566—1995 信息技术 软件生存期过程

GB/T 8567—88 计算机软件产品开发文件编制指南

MT 442—95 矿井通风网络解算程序编制通用规则

煤矿安全规程 1992年10月22日 中华人民共和国能源部

3 定义

本标准采用下列定义。

3.1 合理工作区域 rational working section

通风机特性曲线上运行状态稳定,效率不低于70%的区域。

3.2 并联风道增阻调节法 resistance increasing control for parallel airways

若干条并联巷道,通过在其中一条巷道上增加风阻来改变它们之间的风量分配达到调节风量目的的方法。

4 优选原则

4.1 一般原则

4.1.1 所选择的主要通风机运行时应能保证其承担区域所有用风地点的需风量要求,巷道风速应符合《煤矿安全规程》的规定。

4.1.2 主要通风机的排风量中,应包括风机所在风井的外部漏风量。外部漏风量按《煤矿安全规程》规定的外部漏风率水平计算。

4.1.3 要考虑自然风压对矿井通风和主要通风机运行的影响。

4.1.4 所选择的主要通风机与所在的矿井通风网络配合运行时,其工况点应在该风机的合理工作区域内。

4.1.5 选择矿井主要通风机要留有余地:不仅要满足矿井当前或投产初期的风量和风压要求,而且,要考虑矿井在今后一段相当长时间内(有的是矿井的整个服务年限)在风量和风压方面需求的增长。所留余量的大小,应视具体情况而定。新设计矿井与老矿通风系统改造、中小煤矿与大型煤矿应有所区分。

中华人民共和国煤炭工业部 1996-12-30 批准 1997-11-01 实施

一些生产时间长的大型煤矿，在经过周密的技术经济分析和论证之后，可以安排其主要通风机在经过一段时间的运行之后予以更新。程序模块应提供一个由用户决定预留量的人机对话窗口。

4.2 经济运行原则

在选择矿井主要通风机时，除必须遵循上述一般原则外，还需从经济运行出发，按所选择的通风机应是在可用通风机中初期投资、运行与维修综合费用最低的优化原则选择。

5 编制规则

在编制矿井主要通风机优选程序时，除必须遵循本标准第 4 章规定的优选原则外，所编程序功能方面还应遵守以下规则：

5.1 通用性

5.1.1 程序编制过程应遵循 GB/T 8566 所提出的软件开发规范。程序作为软件产品提供给用户时，应附有按 GB/T 8567 要求编写的用户手册和操作手册。

5.1.2 程序应能适用于各种类型的通风系统和通风方式。

5.1.3 在多风机联合运行的复杂通风网络，主要通风机的选择有两种方式：

——对新设计矿井来说，矿井的所有主要通风机需同时作出选择；

——对生产矿井的通风系统改造来说，是对其中部分主要通风机作出选择。

程序应对这两种选择方式作出不同的安排。

5.1.4 程序应包括一个与通风机性能数据库通讯的接口；一个独立于程序之外的通风机性能数据库，它汇集了我国现生产的和运行的可作矿井主要通风机用的各类通风机的个体特性曲线，通风机的选择就在该数据库范围内进行。

5.1.5 程序应包括一个计算矿井通风网络中出现的自然风压的模块，以便当风网中出现不可忽视的自然风压时能对它作出准确计算。

5.2 实用性

5.2.1 程序应包含一个对多风机联合运行的复杂风网质量作出基本评判的模块。在选择主要通风机之前先计算出各分系统的总风压，并在一个预定的差值范围内检验它们。如果超出预定范围，则输出信息，向用户提示。用户可视情况决定是退出运行，修正风网；还是继续运行，在原风网条件下选择主要通风机。

5.2.2 程序应对用户选择主要通风机的范围提供一个选择的机会。程序应以菜单方式提供不同的选择范围，供用户任选。

5.2.3 程序应包含一个对风网的某些风道风阻作出修正的模块。修整的目的是实现对风量的局部调节，使风网与风机匹配更合理。对风阻的修整可采用并联风道增阻调节法由计算机自动选择调节点、确定调节量，也可采用人机对话方式人工定点定量修整。

5.2.4 程序还应包含一个风网风量自然分配检验模块。即在完成优选主要通风机过程之后，应把选出的风机与经局部风阻修正的风网相匹配，进行一次风量自然分配解算，并检验解算结果：

——所有的用风点风量是否满足各自的需风要求？

——风机工况点是否在其正常工作区域内？

——风网中各风道的风量和风压是否满足相应的平衡定律？

——是否有风速超限的风道？

只有在满足上述四条之后，才能认定优选工作的真正完成。

中华人民共和国煤炭行业标准

MT/T 638—1996

煤矿井下煤层瓦斯压力的直接测定方法

1 范围

本标准规定了煤矿井下直接测定煤层瓦斯压力的原理、设备材料、仪表以及打钻、封孔、测压等工艺的要求。

本标准适用于煤矿井下直接测定煤层瓦斯压力(简称瓦斯压力测定)。

2 引用标准

下列标准包含的条文,通过在本标准中引用而构成为本标准的条文。本标准出版时,所示版本均为有效。所有标准都会被修订,使用本标准的各方应探讨使用下列标准最新版本的可能性。

JJG 52—71 工业用单圈管弹簧式压力表、真空表和真空压力表检定规程 国家技术监督局

防治煤与瓦斯突出细则 1995-05-01 煤炭工业部

气瓶安全监察规程 1989-12-22 劳动部

3 测定原理

通过钻孔揭露煤层,安设测定仪表并密封钻孔,利用煤层中瓦斯的自然渗透原理测定在钻孔揭露处达到平衡的瓦斯压力。

4 方法分类

4.1 按测压方式分

4.1.1 主动测压法

钻孔封完孔后,通过钻孔向被测煤层充入补偿气体达到瓦斯压力平衡而测定煤层瓦斯压力的测压方法。补偿气体可选用高压氮气(N_2),高压二氧化碳气体(CO_2)或其他惰性气体。补偿气体的充气压力应略高于预计煤层瓦斯压力。

4.1.2 被动测压法

钻孔封完孔后,通过被测煤层瓦斯的自然渗透,达到瓦斯压力平衡而测定其瓦斯压力的测压方法。

4.2 按封孔材料分

4.2.1 黄泥、水泥封孔测压法

封孔材料为黄泥,水泥或黄泥水泥混合物,封孔方式为手工操作,主要适用于石门揭煤的瓦斯压力测定。

4.2.2 胶囊-密封粘液封孔测压法

封孔材料为胶囊、密封粘液,封孔方式为手工操作。适用于松软岩层或煤巷瓦斯压力测定。

4.2.3 注浆封孔测压法

封孔材料为膨胀不收缩水泥浆加粘液,封孔方式为压气注浆器或泥浆泵注浆封孔。适用于井下各种条件下的瓦斯压力测定,特别适用于近距离煤层群分煤层的瓦斯压力测定。

中华人民共和国煤炭工业部 1996-12-30 批准 1997-11-01 实施

5 设备材料、仪表及工具

5.1 钻孔设备：

打钻孔用的钻机可根据实际情况选用，其能力必须应满足测压钻孔长度的要求，钻头直径选用 ϕ50～90 mm。

5.2 材料：

木楔，压力表联接头，密封垫，密封带以及真空密封膏。

5.3 仪表：

压力表 量程为预计煤层瓦斯压力的 1.5 倍，准确度优于 1.5 级，必须符合 JJG 52 的规定。

5.4 工具：

管钳，扳手，剪刀，皮尺，水桶，螺丝刀，手工封孔送料管。

5.5 用黄泥、水泥封孔测压法时，还需：

黄泥 将质地致密可塑性好的粘土制成两端头呈球状，通过阴干，烤或晒，使其外皮半干，里面湿软；

水泥 不低于 425#；

黄泥水泥混合物 由黄泥和水泥按适当比例混合；

速凝水泥 凝结时间≤20 min；

管材 ϕ6×1 mm 紫铜管，ϕ6 mm 尼龙管，ϕ13 mm 铁管，以及相应联接头；

其他 木塞，挡板，铁丝，肥皂。

5.6 用胶囊-密封粘液封孔测压法时，还需：

密封粘液；

密封粘液罐和压力水罐 用于预计的煤层瓦斯压力小于 5 MPa 时的封孔，液压和水压由液态 CO_2 提供；

封孔器组件 进液管、进水管、测压管、胶囊及测定仪表。

5.7 用注浆封孔测压法时，还需：

手摇注液泵；

压气注浆器 用于测压钻孔长度小于 20 m 时的封孔注浆，其容量应大于封 20 m 钻孔所需的水泥浆容量，动力为井下压缩空气；

泥浆泵 宜用柱塞泥浆泵，其流量为 20～50 L/min，压力为 3～4 MPa；

密封粘液 密封粘液由骨料、填料和粘液混合而成。密封粘液（封堵间隙为不大于 4 mm）的配方为：化学浆糊粉（淀粉＋防腐剂）与水的比例（质量比）1∶16 制成粘液，骨料与粘液的比例（体积比）为 1∶8，填料与粘液的比例（体积比）为 1∶16。其中骨料由粒度为 0.5～1.0，1.0～2.5，2.5～5.0 mm 的炉渣按体积比 1∶2∶3 混合而成；填料由 0.25～0.5，0.5～1，1.0～2.5 mm 的锯末按体积比 1∶1∶1 均匀混合而成；

膨胀不收缩水泥浆 由膨胀不收缩水泥与水（井下清洁水）按一定比例制成；

测压管、注浆管（ϕ13 mm 铁管）及附件。

5.8 用主动测压法时，还需：

高压储气罐 必须符合劳动部《气瓶安全监察规程》的要求；

充气联接装置 必须联接方便 、可靠；

补偿气体 高压 N_2，高压 CO_2 气体或其他惰性气体。

6 瓦斯压力测定工艺

6.1 测定地点的选择

6.1.1 同一地点应打两个测压钻孔，钻孔口距离应在其相互影响范围外，其见煤点的距离除石门测压外应不小于 20 m。石门揭煤瓦斯压力测定按《防治煤与瓦斯突出细则》(简称《细则》)的有关规定进行。

6.1.2 除在煤巷中测定本煤层瓦斯压力外,测定地点应选择在石门或岩巷中。

6.1.3 钻孔应避开地质构造裂隙带、巷道的卸压圈和采动影响范围。

6.1.4 测定煤层原始瓦斯压力的见煤点应避开地质构造裂隙带、巷道、采动及抽放等的影响范围。

6.1.5 选择瓦斯压力测定地点应保证有足够的封孔深度。

6.1.6 瓦斯压力测定地点宜选择在进风系统,行人少且便于安设保护栅栏的地方。

6.2 测定方法的选择

6.2.1 测压处岩石坚硬、少裂隙,可采用黄泥、水泥封孔测压法。

6.2.2 在松软岩层及煤巷中测定煤层的瓦斯压力时:

钻孔长度≤15 m 时应采用胶囊-密封粘液封孔测压法;

钻孔长度>15 m 时应采用注浆封孔测压法。

6.2.3 竖井揭煤可采用注浆封孔测压法。

石门揭煤的测压,按《细则》的有关规定进行。

6.2.4 测定邻近煤层的瓦斯压力或煤层群分层测压应采用注浆封孔测压法。

6.2.5 测压时间充足时,宜采用被动测压法。

测压时间较短时,应采用主动测压法。

6.3 钻孔施工

6.3.1 钻孔的开孔位置应选在岩石(煤壁)完整的位置。

6.3.2 钻孔施工应保证钻孔平直、孔形完整,穿层测压钻孔宜穿煤层全厚。

6.3.3 钻孔施工好后,应立即清洗钻孔,保证钻孔畅通。

6.3.4 在钻孔施工中应准确记录钻孔方位、倾角、长度、钻孔开始见煤长度及钻孔在煤层中长度,钻孔开钻时间、见煤时间及钻毕时间。

6.4 封孔

6.4.1 钻孔施工完后应在 24 h 内完成封孔工作。

6.4.2 准备工作:

6.4.2.1 按选用的封孔方法准备好封孔材料、仪表、工具等。

6.4.2.2 检查测压管是否通畅及其与压力表联接的气密性。

6.4.2.3 钻孔为下向孔时应将钻孔水排除。

6.4.3 封孔深度:

6.4.3.1 封孔深度应超过钻孔施工地点巷道的影响范围,并满足以下要求:

a)黄泥、水泥封孔测压法的封孔深度应不小于 5 m;

b)胶囊-密封粘液封孔测定本煤层瓦斯压力的封孔深度应不小于 10 m;

c)注浆封孔测压法的封孔深度不小于 12 m,煤层群分层测压时则应封堵至被测煤层在钻孔侧的顶板或底板;

d)应尽可能加长测压钻孔的封孔深度。

6.4.3.2 本煤层测压孔封孔应保证其测压气室长不小于 1.5 m,穿层测压孔的封孔不宜超过被测煤层在钻孔侧的顶板或底板。

6.4.4 黄泥、水泥封孔测压法封孔步骤:

a)如图 1 所示,将挡板固定在测压管的端头,然后送至预定的封孔深度;

b)用送料管将封孔材料送至挡板处,轻轻捣实将测压管固定住,然后将黄泥或水泥团逐步送入孔中,并用送料管将其捣实,一直到孔口。在封孔的过程中,每隔 1 m 左右打入一个木塞;

c)在距孔口 0.5 m 处用速凝水泥封孔,孔口用木楔固定;

d)封孔 24 h 后,安装压力表。

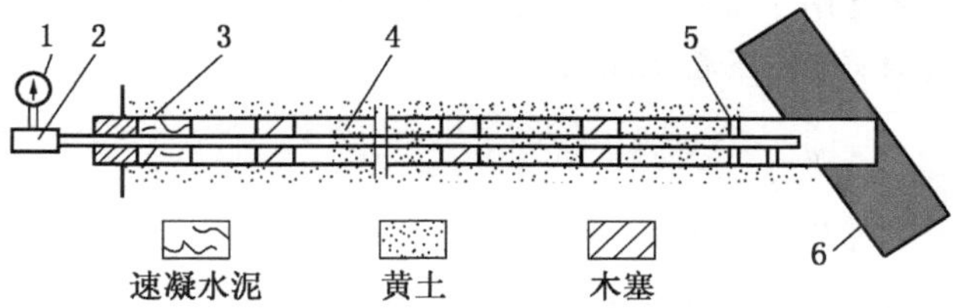

1—压力表；2—三通；3—木楔；4—测压管；5—挡板；6—煤层

图1　黄泥、水泥封孔测压法示意图

6.4.5　胶囊-密封粘液封孔测压法封孔步骤：

a)如图2所示，在测压地点先将封孔器组装好，将其放入预计的封孔深度，在钻孔孔口安装好阻退楔，联接好封孔器与密封粘液罐、压力水罐，装上各种控制阀，安装好压力表；

b)启动压力水罐开关向胶囊充压力水，待胶囊膨胀封住钻孔后开启密封粘液罐往钻孔的密封段注入密封粘液，密封粘液的压力应略高于煤层预计的瓦斯压力。

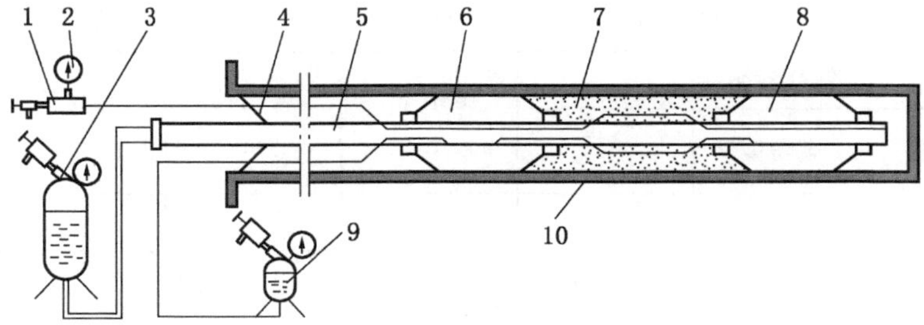

1—三通；2—压力表；3—密封粘液罐；4—阻退楔；5—输液管；
6—胶囊1；7—密封粘液；8—胶囊2；9—压力水罐；10—钻孔

图2　胶囊-密封粘液封孔测压示意图

6.4.6　注浆封孔测压法封孔步骤：

钻孔直径为 ϕ5～75 mm，钻孔长度为15～70m。封孔步骤为：

a)如图3所示，将测压管安装至预定的封孔深度，在孔口用木楔封住，并安装好注浆管；

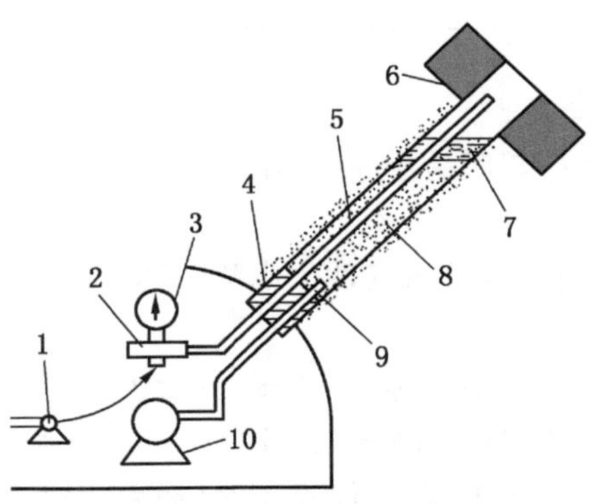

1—注液泵；2—三通；3—压力表；4—木楔；5—测压管；6—煤层；
7—粘液；8—水泥；9—注浆管；10—注浆泵

图3　注浆封孔测压封孔示意图

b)根据封孔深度确定膨胀不收缩水泥的使用量，按一定比例配好封孔水泥浆，用压气注浆器或泥浆泵一次连续将封孔水泥浆注入钻孔内；

c)注浆 48 h 后，通过测压管用手摇注液泵将粘液注入钻孔内；

d)撤下手摇注液泵，在孔口安装三通及压力表。

7 瓦斯压力观测与确定

7.1 测压管理

7.1.1 必须设专人负责瓦斯压力的测定工作。

7.1.2 在瓦斯压力测定过程中，应作好各种参数及施工情况的记录。

7.2 观测

主动测压法应每天观测一次，被动测压法应至少 3 天观测一次。

在观测中发现瓦斯压力值变化较大，则应增加观测次数。

记录表的格式如表 1。

表 1 瓦斯压力测定记录表

矿　　井　　　测压地点　　　煤层名称　　　煤层厚度

煤层倾角　　　见煤标高　　　见煤埋深　　　开钻时间

见煤时间　　　钻毕时间　　　封孔时间　　　封孔深度

<table>
<tr><td rowspan="2">孔号</td><td colspan="3">钻孔参数</td><td rowspan="2">岩孔长
m</td><td rowspan="2">煤孔长
m</td><td rowspan="2">封孔长
m</td><td rowspan="2">备　注</td></tr>
<tr><td>方位度</td><td>倾角度</td><td>长度
m</td></tr>
<tr><td></td><td></td><td></td><td></td><td></td><td></td><td></td><td rowspan="8"></td></tr>
<tr><td>时间</td><td colspan="3">压力
MPa</td><td>时间</td><td colspan="2">压力
MPa</td></tr>
<tr><td></td><td colspan="3"></td><td></td><td colspan="2"></td></tr>
<tr><td></td><td colspan="3"></td><td></td><td colspan="2"></td></tr>
<tr><td></td><td colspan="3"></td><td></td><td colspan="2"></td></tr>
<tr><td></td><td colspan="3"></td><td></td><td colspan="2"></td></tr>
<tr><td></td><td colspan="3"></td><td></td><td colspan="2"></td></tr>
<tr><td></td><td colspan="3"></td><td></td><td colspan="2"></td></tr>
</table>

测定人员　　　审核

7.3 瓦斯压力观测时间

采用主动测压法时，当煤层的瓦斯压力小于 4 MPa 时需 5～10 d；当煤层的瓦斯压力大于 4 MPa 时，则需 20～40 d。

被动测压法时，则视煤层的瓦斯压力及透气性大小的不同，需 30 d 以上。

7.4 瓦斯压力的确定

7.4.1 将观测结果绘制在以时间(d)为横坐标，瓦斯压力(MPa)为纵坐标的坐标图上，当测压时间达到 7.3 的规定，如压力变化小于 0.005 MPa/d，测压工作即可结束；否则，应延长测压时间。

7.4.2 对于上向测压钻孔，在结束测压工作、撤卸表头时(撤表头时应制定相应的安全措施)，应测量从钻孔中放出的水量，根据钻孔参数、封孔参数计算出钻孔水的静水压力，并从测定压力中扣除。

对水平及下向测压孔则以测定值作为瓦斯压力值。

7.4.3 同一地点以最高瓦斯压力作为测定结果。

中华人民共和国煤炭行业标准

MT/T 639—1996

钻孔瓦斯涌出初速度的测定方法

1 范围

本标准规定了钻孔瓦斯涌出初速度的测定原理、仪表及工具和测定过程。

本标准适用于煤矿井下工作面突出危险性预测和防突措施效果检验时测定钻孔瓦斯涌出初速度。

2 定义

本标准采用下列定义。

钻孔瓦斯涌出初速度 initial velocity of gas emission from borholes

在煤层中按规定的技术要求施工钻孔，在达到预定深度，2 min 时，在规定长度钻孔内涌出的瓦斯流量。用符号 q_m 或 q 表示，其单位为 L/min 或 L/m · min。

3 测定原理

用电煤钻或风煤钻带动螺旋钻杆，在煤层中钻进 Φ42mm 钻孔，每钻进 1 m 或钻进到预定深度，退出钻杆，送入封孔器，用打气筒充气封孔，然后用流量计测定打钻结束后 2 min 时规定长度钻孔的瓦斯流量。其测定方法示意图见图 1。

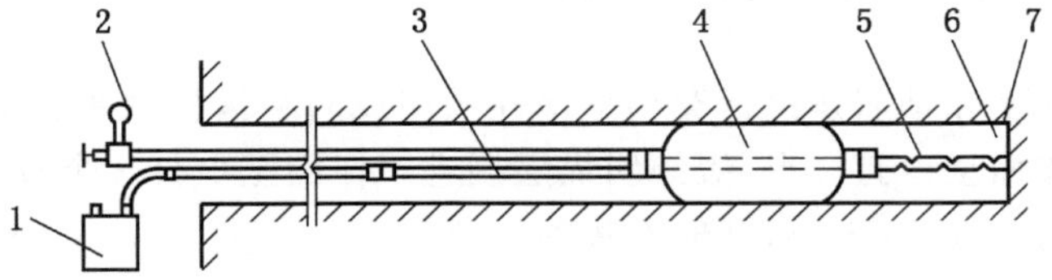

1—流量计；2—压力表；3—导气管；4—封孔器；5—测量室管；6—测量室；7—钻孔壁

图 1 钻孔瓦斯涌出初速度测定方法示意图

4 仪表及工具

4.1 测定装置：

a)测量室管 长度有 0.5 m 和 1.0 m 两种规格。

b)封孔器 压气密封系统的工作压力不小于 0.2 MPa，并且在停止充气后每分钟的压力降低值不得超过 0.02 MPa。应保证封孔段的长度不小于 150 mm。

c)导气管 当瓦斯流量为 5 L/min 时，导气管内孔的总阻力不大于 300 Pa。

d)压力表 量程为 0～0.6 MPa，准确度应优于 2.5 级。

4.2 流量计 量程应包括 1～30 L/min 的流量范围，准确度应优于 2.5 级。流量计应符合相应的国家计量检定规程的规定。

4.3 常用工具：

秒表 一只。

中华人民共和国煤炭工业部 1996-12-30 批准　　　　1997-11-01 实施

地质罗盘　一个。

皮卷尺(规格:5 m)　一个。

扳手(规格:200 mm)　二把。

管钳(规格:300 mm)　二把。

钢丝钳　一把。

5　测定过程

5.1　钻孔布置

5.1.1　煤巷掘进工作面:

用钻孔瓦斯涌出初速度法进行突出危险性预测或防突措施效果检验时,应在掘进工作面煤层的软分层中靠近巷道两帮,至少各打一个平行于巷道掘进方向、直径 42 mm、深度为 3.5 m 的钻孔(见图 2)。当煤层有两个或两个以上软分层时,钻孔应打在最厚的软分层中。

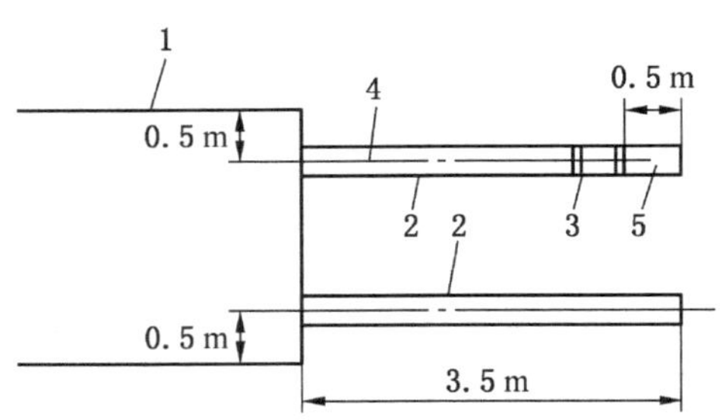

1—煤层巷道;2—钻孔;3—封孔器;4—导气管;5—测量室

图 2　用钻孔瓦斯涌出初速度法进行预测或检验的钻孔布置平面图

用钻孔瓦斯涌出初速度和钻屑量进行突出危险性预测或防突措施效果检验时,其钻孔布置为:在倾斜或急倾斜煤层掘进工作面至少打 2 个、缓倾斜煤层掘进工作面至少打 3 个直径为 42 mm 的钻孔,其中 R 值指标法的钻孔深度为 5.5～6.5 m,其他方法的钻孔深度不得大于 9 m。钻孔应布置在煤层软分层中,一个钻孔位于工作面中部,并平行于掘进方向,其他钻孔的终孔点应位于巷道轮廓线外 2～4 m 处(见图 3)。当煤层有两个或两个以上软分层时,钻孔应布置在最厚的软分层中。

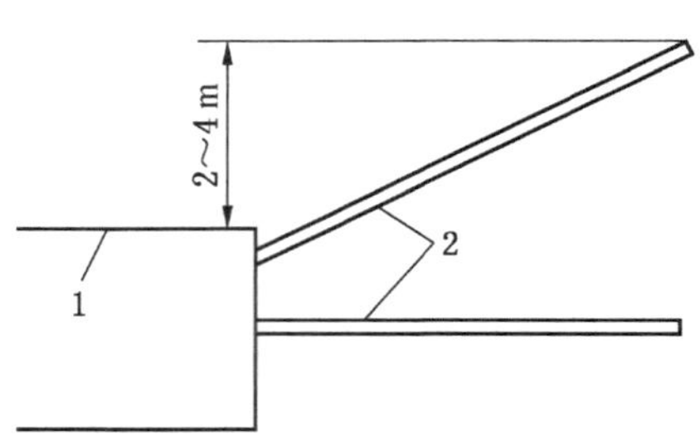

1—巷道;2—钻孔

图 3　用钻孔瓦斯涌出初速度和钻屑量进行预测或检验的钻孔布置平面图

5.1.2　回采工作面:

在回采工作面运输平巷以上 10 m、回风平巷以下 15 m,沿工作面每隔 10～15 m 布置一个垂直于工作面煤壁的钻孔,孔深根据工作面条件确定,但不得小于 3.5 m(见图 4)。

5.1.3　对各类工作面进行防突措施效果检验时,其钻孔布置除应满足上述要求外,还应将检验孔打在两个防突措施钻孔的中间。

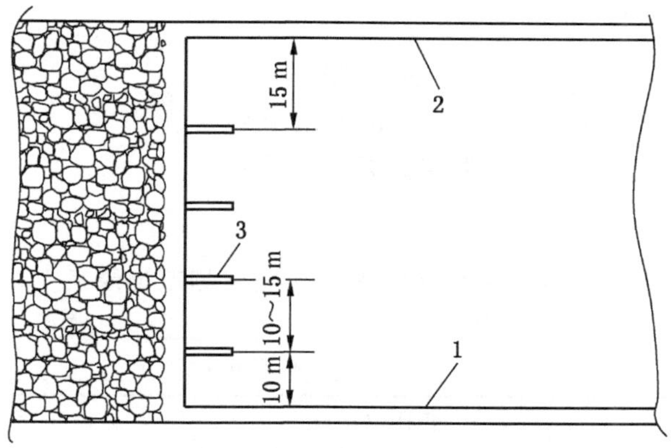

1—运输平巷；2—回风平巷；3—钻孔

图 4　回采工作面钻孔布置平面图

5.2　测定步骤

5.2.1　仪器的准备：

用钻孔瓦斯涌出初速度法进行突出危险性预测或防突措施效果检验时，应选用测量室管长度为 0.5 m的测定装置；用钻孔瓦斯涌出初速度和钻屑量进行突出危险性预测或防突措施效果检验时，应选用测量室管长度为 1.0 m 的测定装置。

按钻孔深度要求将测定装置的封孔器、导气管、测量室管等与各辅助部件连接好，检查是否气密。

5.2.2　打孔：

按 5.1 的有关要求布置钻孔，在每段钻孔钻进前应在钻杆上标识出预定的打钻深度。钻进时应避免钻杆摆动，钻进速度应控制在 0.5～1m/min。

5.2.3　封孔：

钻孔钻进至预定深度，立即用秒表计时，迅速拔出钻杆，把封孔器送入孔底，并用打气筒进行充气。全部操作应在规定的时间内完成。

5.2.4　测定流量：

在封孔操作的同时，将流量计与导气管口连接好。封孔完成后，对瞬时流量计在 2 min 时读数，即为钻孔瓦斯涌出初速度值；对累计流量计应在 1.5 min 和 2.5 min 时分别读数，后一读数减去前一读数即为钻孔瓦斯涌出初速度值。

5.2.5　退出封孔器：

测定完成后，将胶囊泄压，从钻孔中退出封孔器。

5.2.6　用钻孔瓦斯涌出初速度和钻屑量进行突出危险性预测或检验时，每钻进 1 m 应测定一次钻孔瓦斯涌出初速度。

5.3　测定记录

在测定开始前应测量并记录工作面位置、煤层厚度及有无地质变化等；在测定过程中应详细记录钻孔的位置、方位、倾角、深度、钻孔瓦斯涌出初速度以及钻进时有无喷孔、卡钻、响煤炮等动力现象。

测定数据的记录格式见附录 A。

附　录　A
（标准的附录）
测定数据的记录格式

表 A1　钻孔瓦斯涌出初速度测定记录表

工作面名称：＿＿＿＿＿＿＿＿　循环编号：＿＿＿＿＿＿＿＿　工作面位置：＿＿＿＿＿＿＿＿

煤层厚度：＿＿＿＿＿＿＿　倾角：＿＿＿＿＿＿＿　巷道方位：＿＿＿＿＿＿＿　No：＿＿＿＿＿＿＿

<table>
<tr><td rowspan="2">孔号</td><td colspan="3">钻孔参数</td><td colspan="2">开孔位置，m</td><td rowspan="2">孔深
m</td><td rowspan="2" colspan="2">动力现象
描述</td><td>巷道素描</td></tr>
<tr><td>方位</td><td colspan="2">倾角</td><td>距中线</td><td>距腰线</td><td rowspan="13"></td></tr>
<tr><td>1</td><td></td><td colspan="2"></td><td></td><td></td><td></td><td colspan="2"></td></tr>
<tr><td>2</td><td></td><td colspan="2"></td><td></td><td></td><td></td><td colspan="2"></td></tr>
<tr><td>3</td><td></td><td colspan="2"></td><td></td><td></td><td></td><td colspan="2"></td></tr>
<tr><td>4</td><td></td><td colspan="2"></td><td></td><td></td><td></td><td colspan="2"></td></tr>
<tr><td rowspan="3">孔号</td><td colspan="8">钻孔深度，m</td></tr>
<tr><td></td><td></td><td></td><td></td><td></td><td></td><td></td><td></td></tr>
<tr><td colspan="8">钻孔瓦斯涌出初速度，L/(min・m)或 L/min</td></tr>
<tr><td>1</td><td></td><td></td><td></td><td></td><td></td><td></td><td></td><td></td></tr>
<tr><td>2</td><td></td><td></td><td></td><td></td><td></td><td></td><td></td><td></td></tr>
<tr><td>3</td><td></td><td></td><td></td><td></td><td></td><td></td><td></td><td></td></tr>
<tr><td>4</td><td></td><td></td><td></td><td></td><td></td><td></td><td></td><td></td></tr>
</table>

测定人员：＿＿＿＿＿＿＿＿＿＿＿＿　　测定日期：＿＿＿＿年＿＿月＿＿日＿＿＿＿班

中华人民共和国煤炭行业标准

MT/T 641—1996

钻屑瓦斯解吸指标的测定方法

1 范围

本标准规定了钻屑瓦斯解吸指标的测定原理、测定仪器、测定步骤和结果表述。

本标准适用于实验室和现场测定钻屑瓦斯解吸指标 K_1 和 Δh_2。

2 引用标准

下列标准包含的条文，通过在本标准中引用而构成为本标准的条文。本标准出版时，所示版本均为有效。所有标准都会被修订，使用本标准的各方应探讨使用下列标准最新版本的可能性。

GB/T 212—91 煤的工业分析方法

MT 38—87 煤和岩石物理力学性质测定的采样一般规定

3 测定原理

将含瓦斯煤样瞬间暴露于大气中或类似于大气环境条件的仪器中，根据等容、等压、变容变压解吸原理测量单位质量煤样在不同时期段的瓦斯解吸量或不同时刻的瓦斯解吸速度，然后对测量数据与煤样爆露时间的关系进行相应的数学处理得出钻屑瓦斯解吸指标。

4 测定仪器

4.1 可采用等压、等容、变容变压解吸原理的电子结构仪器或机械结构仪器（简称瓦斯解吸仪）。

4.2 等容式瓦斯解吸仪 范围 0～15 kPa，误差±2%。

4.3 变容变压式瓦斯解吸仪 范围 0～3 kPa，误差±2%。

5 实验室测定

5.1 采样和制样

5.1.1 采用钻孔或煤壁采样等方式对不同层位分别采集新暴露煤样，采样方法按 MT 38 的有关规定进行。

5.1.2 制取试验煤样质量 20 g，粒径 1～3 mm。

5.2 仪器、设备

5.2.1 按图 1 所示试验系统测定钻屑瓦斯解吸指标。

5.2.2 小型真空泵流量为 1 L/s，极限真空不大于 0.1 Pa。

5.2.3 阀门 3 公称压力应不小于 16 MPa。

5.2.4 煤样罐容积 230 mL，煤样杯容积 5.5 mL（壁厚应不超过 2 mm），连接管路空间容积 31 mL，容积误差应不超过±5%。

5.2.5 煤样罐应能承受 6 MPa 的气体压力，承受 4 MPa 气体压力时，在煤样罐中不盛装实验样品的情况下 30 h 内压力下降应小于 1%。

中华人民共和国煤炭工业部 1996-12-30 批准 1997-11-01 实施

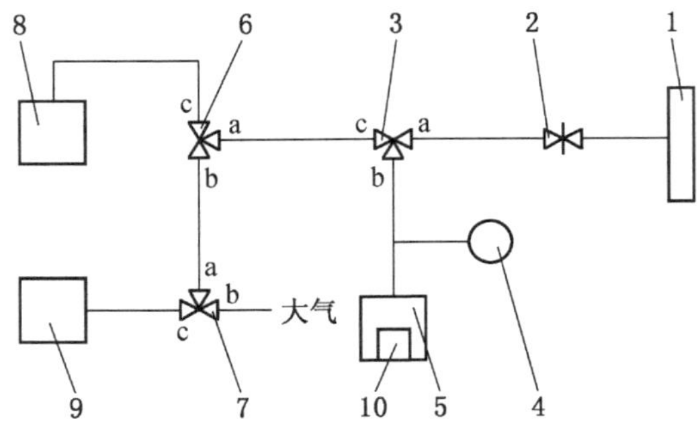

1—高压甲烷瓶；2—减压阀；3—高压三通阀；4—压力表；5—煤样罐；
6、7—玻璃三通阀；8—瓦斯解吸仪；9—真空泵；10—煤样杯；
a、b、c—三通阀的三个通路

图 1 测定钻屑瓦斯解吸指标实验系统示意图

5.2.6 压力表量程 6 MPa，准确度 0.4 级。

5.2.7 试验气体甲烷，浓度不小于 99.9%。

5.2.8 瓦斯解吸仪应符合附录 A 的规定。

5.3 测定步骤

5.3.1 将盛装 5～10 g 煤样的煤样杯置于煤样罐中，盖严煤样罐后关闭阀 3－a，使阀 6－a 与 6－b 连通，阀 7－a 通大气，启动真空泵，旋转阀 7－a 通真空泵，缓慢打开阀 3－b、3－c 对煤样脱气。脱气 2 h 后关闭阀 3－c、旋转阀 7－a 通大气，停真空泵。

5.3.2 缓慢打开阀 2，待连接管路中充入一定量气体后立即关闭阀 2，再缓慢打开阀 3－a 给煤样罐充气，直至压力表 4 读数约为预定吸附压力值的 110%时关闭阀 3－a。若一次充气达不到预定吸附压力值，则重复开启阀 2、3－a 充气，直至压力值达到预定值为止。注意阀 2 和阀 3－a 不允许同时打开。

5.3.3 待煤样吸附气体 24 h 后记录压力表 4 读数作为煤样的吸附平衡压力 p，确认阀 6－a 与 6－b 连通、阀 7－a 通大气后准备好瓦斯解吸仪，打开阀 3－c 的同时启动秒表记录时间。当秒表计时到预定时间 t_0，转动阀 6 使阀 6－a 与解吸仪连通，同时启动解吸仪，每间隔 t_1 时间读一次数，总读数时间为 t_2。测定 K_1 指标时，$t_0=1$ min，$t_1=0.5$ min，$t_2=5$ min；测定 Δh_2 指标时，$t_0=3$ min，$t_1=2$ min，$t_2=2$ min。

5.3.4 研究煤样可燃基的瓦斯解吸指标时，应对煤样进行水分、灰分含量测定，测定方法按 GB 212 的有关规定进行。

5.3.5 研究煤样天然水分含量对瓦斯吸附和解吸特性的影响时，在制样前应对煤样增加适量水分，并测定处理后煤样的水分含量，然后再进行钻屑瓦斯解吸试验。

5.3.6 模拟研究煤矿井下湿式打钻的钻屑瓦斯解吸指标变化情况时，应按 5.3.1、5.3.2 的规定对煤样进行脱气和吸附。待吸附 24 h 后记录压力表 4 读数作为吸附平衡压力 p，将阀 6－a 与 6－b 连通、阀7－a 通大气，在打开阀 3－c 的同时启动秒表记录时间，待煤样罐中高压气放完后迅速打开煤样罐取出煤样杯浸没于水中 1 min，然后又迅速将煤样杯放回煤样罐中盖严煤样罐，将阀 6－a 转到与解吸仪连通的同时启动解吸仪，每间隔 t_1 时间读一次数，总读数时间为 t_2。以打开阀 3－c 到启动解吸仪的时间间隔为 t_0。测定 K_1 指标时，$t_0 \leqslant 3$ min，$t_1=0.5$ min，$t_2=5$ min；测定 Δh_2 指标时，$t_0=3$ min，$t_1=2$ min，$t_2=2$ min。

5.3.7 记录实验室解吸测定时的环境温度。

5.4 结果表述

5.4.1 当采用等容解吸仪或变容变压解吸仪测量时，仪器读数为压力值，需要根据仪器提供的系数将压力值换算成解吸量，换算公式为：

$$Q_i=(a \times P_i+b)/G$$

$$i=1,2,3,\cdots\cdots 10 \qquad \cdots\cdots(1)$$

式中：

Q_i——对应第 i 个读数的单位质量煤样瓦斯解吸量，mL/g；

a,b——仪器提供的换算系数；

P_i——第 i 个压力值读数，Pa；

G——煤样质量，g。

5.4.2 煤样暴露时间 t_i，按式(2)计算：

$$t_i = t_0 + 0.5 \times i \qquad \cdots\cdots(2)$$

式中：

t_i——煤样自放气开始至测量第 i 个数据时的暴露时间，min；

t_0——煤样自放气开始至启动解吸仪时的暴露时间，min。

5.4.3 钻屑瓦斯解吸指标 K_1 的计算：

煤样的瓦斯解吸规律可认为服从关系式(3)：

$$Q = K_1\sqrt{t} \qquad \cdots\cdots(3)$$

式中：

Q——单位质量煤样从暴露时刻起到 t 时刻的瓦斯解吸量，mL/g；

t——煤样暴露时间，min。

因为 Q_i 是从煤样暴露 t_0 时刻起的瓦斯解吸累积量，而在 t_0 时刻前煤样已经解吸的瓦斯量为 W，显然有式(4)成立：

$$Q_i = K_1\sqrt{t_i} - W \qquad \cdots\cdots(4)$$

式中：

W——t_0 时刻前单位质量煤样的瓦斯解吸损失量，mL/g。

令：$X_i = \sqrt{t_i}$

于是 K_1 按式(5)、(6)、(7)计算

$$K_1 = \frac{\sum_{i=1}^{10}(Q_i - \overline{Q})(X_i - \overline{X})}{\sum_{i=1}^{10}(X_i - \overline{X})^2} \qquad \cdots\cdots(5)$$

$$\overline{Q} = \left(\sum_{i=1}^{10} Q_i\right)/10 \qquad \cdots\cdots(6)$$

$$\overline{X} = \left(\sum_{i=1}^{10} X_i\right)/10 \qquad \cdots\cdots(7)$$

5.4.4 环境温度对 K_1 指标的影响按式(8)进行修正

$$\frac{1}{K_{10}} = \frac{1}{K_1} + 0.0043 - 0.0105\,\frac{(t-20)}{P} \qquad \cdots\cdots(8)$$

式中：

K_{10}——换算成环境温度为 20 ℃的 K_1 指标；

t——测量 K_1 时的环境温度，℃；

P——测量 K_1 指标时的瓦斯吸附平衡压力，MPa。

5.4.5 采用固定结构的变容变压解吸仪测定，$t_0=3$ min、$t_1=2$ min 时刻的解吸仪示值即为 Δh_2 指示，单位为 Pa。

6 现场测定

6.1 **仪器、设备**

瓦斯解吸仪，符合附录A的规定；

等容解吸时，煤样罐，煤样杯；变容变压解吸时，煤样杯；

分样筛，孔径1 mm、3 mm；

秒表；

乳胶管外径10 mm，内径5 mm，长30～50 cm。

6.2 **测量过程**

6.2.1 钻孔布置

6.2.1.1 对煤层平巷、煤层上山、煤层下山、回采工作面进行煤与瓦斯突出预测或防突措施效果检验时，宜采用干式打眼方式，钻孔直径为42～89 mm，孔深为8～10 m，效果检验孔孔深应不大于措施孔孔深。钻孔布置应符合下列要求：

a)煤层上山、煤层下山以及煤层倾角小于25°的煤层平巷掘进，至少应布置三个钻孔。布置预测钻孔时，一个钻孔布置在巷道中部并沿巷道轴线方向；另两个钻孔分别布置在巷道两帮，终孔点应位于巷道轮廓线1.5 m以外的范围。

b)煤层倾角大于或等于25°的煤层平巷掘进，至少应布置两个钻孔。布置预测钻孔时，一个钻孔布置在巷道中部并沿巷道轴线方向；另一个钻孔布置在巷道上部，终孔点位于巷道轮廓线1.5 m以外的范围。

c)回采工作面的预测钻孔按孔间距10～15 m布置，钻孔平行工作面推进方向；在工作面两端离巷道煤壁3～10 m处开始布置钻孔，在地质构造带应根据实际情况适当加密钻孔。

d)效果检验钻孔应布置在与措施孔等距离的位置，并在预测为有突出危险的钻孔附近布孔，对巷道还应兼顾到控制巷道中部和两帮。

e)预测钻孔和效果检验孔宜布置在最厚的软分层中，并使钻孔始终在该软分层中钻进。

6.2.1.2 在石门(井巷)揭煤工作面进行煤与瓦斯突出预测和防突措施效果检验时，在岩石段宜采用湿式打钻，钻孔孔径50～75 mm，见煤后退出钻杆，先用压风将孔内泥浆吹净，再用干式打钻直至见到煤层顶板或底板。进行突出危险性预测时钻孔数量应根据断面大小确定，但不得少于三个。当石门(井巷)掘进到离煤层法线垂距5～6 m时布置第一轮预测钻孔，一个钻孔位于石门(井巷)中部，沿工作面前进方向略偏上布置；另两个钻孔分别位于左上角和右上角，终孔点应位于工作面轮廓线上帮5 m、两侧3 m以外。当第一轮预测为无突出危险时，在工作面到煤层法线垂距3～4 m时布置第二轮预测钻孔，布孔方法与第一轮钻孔相同，终孔点应位于工作面轮廓线上帮3 m，两侧2.5 m以外。当第二轮预测仍然为无突出危险时，在工作面到煤层法线垂距1.5～2 m时布置第三轮预测钻孔，布孔方法与第一轮相同，终孔点应位于工作面轮廓线2 m以外。在石门(井巷)工作面进行防突措施效果检验时，若第一轮预测为有突出危险，应按照突出预测时的程序分三步进行效果检验；在第二轮预测为有突出危险，应分两步进行效果检验；第三轮预测为有突出危险时，只在第三轮进行效果检验；效果检验孔数量不得少于四个，分别位于工作面中部、两侧和上部，钻孔控制范围应和采取的防突措施相适应，钻孔应尽量布置在与措施孔等距离的位置。

6.2.1.3 利用湿式打钻进行突出危险性预测和防突措施效果检验时，首先应对干湿煤样的瓦斯解吸指标进行实验室和现场试验，根据试验数据确定干湿煤样瓦斯解吸指标的差异，由此确定湿式煤样瓦斯解吸指标预测突出的临界值。对煤层巷道或回采工作面进行突出危险性预测和防突措施效果检验时，应采用干式打钻并测量钻屑量指标。只有经过实测考察，提出修正系数后，方可采用湿式打钻进行预测和效果检验。

6.2.2 测定步骤

6.2.2.1 对煤层平巷、煤层上山、煤层下山、回采工作面进行煤与瓦斯突出预测或防突措施效果检验时，各钻孔从孔深1～2 m段起，每隔2 m取一个煤样测量钻屑瓦斯解吸指标K_1或Δh_2；要求各钻孔预定取样孔深错开，也即：若第一个钻孔预定取样孔深为 2 m、4 m、6 m、8 m、10 m，第二个钻孔应为 1m、3 m、5 m、7 m、9 m，第三个钻孔预定取样孔深应为 1.5 m、3.5 m、5.5 m、7.5 m、9.5 m。

6.2.2.2　对石门（井巷）揭煤工作面当钻孔进入煤层时，各钻孔每隔一米取一个煤样测量钻屑瓦斯解吸指标 K_1 或 Δh_2；要求各钻孔预定取样孔深错开。

6.2.2.3　在煤层中利用湿式打钻的方式只适用于地应力不明显的工作面。

6.2.2.4　在煤层中利用湿式打钻时，测定钻屑瓦斯解吸指标 K_1 或 Δh_2 的煤样应采用 1 mm 和 3 mm 分样筛重叠起来在孔口接水煤样，依靠水力冲刷对煤样进行筛分，煤样粒径为 1～3 mm，煤样数量以体积计量。

6.2.2.5　当钻孔钻进到预定取样孔深时，用 1 mm 和 3 mm 分样筛重叠起来在孔口接钻孔中排出的钻屑，并经筛分成 1～3 mm 粒度装入煤样杯中；在孔口开始接煤样的同时启动秒表，直至开始启动解吸仪测量的时间间隔 t_0 应满足解吸仪给定的要求，测量 K_1 指标时要求 $t_0 \leqslant 2$ min，测量 Δh_2 指标时要求 $t_0 = 3$ min。

6.2.2.6　在钻孔钻进到离预定取样孔深小于 0.5 m 至接取煤样结束前不允许停止钻进，否则该煤样应作废。

6.2.2.7　钻屑瓦斯解吸指标 K_1 的测定：

a）把筛分好的粒径为 1～3 mm 煤样装入解吸仪的煤样杯并置于煤样罐中，盖好煤样罐，转动阀门使煤样与大气连通。

b）秒表计时到时间 t_0，转动阀门使煤样罐与测量系统接通、与大气隔绝，启动仪器，每间隔 0.5 min 读一次解吸仪示值，共读 10 次。

6.2.2.8　钻屑瓦斯解吸指标 Δh_2 的测定：

a）把 10 g 筛分好的粒径为 1～3 mm 煤样装入解吸仪的煤样瓶中。

b）秒表计时到 3 min 时转动三通阀，使煤样瓶与测量系统接通，与大气隔绝，秒表计时到 5 min 时刻解吸仪的示值即为 Δh_2，单位为 Pa。

6.3　结果表述

6.3.1　钻屑瓦斯解吸指标 K_1 的计算公式按 5.4.1、5.4.3、5.4.4 的规定进行，煤样暴露时间按式（9）计算

$$t_i = t_0 + 0.1 \times L + 0.5 \times i \tag{9}$$

式中：

L——取样时的钻孔深度，m。

附　录　A
（标准的附录）
关于瓦斯解吸仪的规定

A1　瓦斯解吸仪应符合下列规定

a)解吸仪须经法定检验部门检验合格后方可使用；

b)正常使用时，检验合格的有效期为两年；

c)对影响解吸仪准确度的元部件进行过维修、更换后，应重新进行检验；

d)正常使用时，解吸仪每半年应进行一次准确度自检；

e)解吸仪进行过维修后，应进行一次准确度自检；

f)使用中发现仪器准确度有问题时，应及时进行准确度自检。

A2　使用瓦斯解吸仪应符合下列规定：

a)每次使用仪器前应进行气密性检查；

b)电子仪器在使用过程中发现有欠压、数据显示不规则、功能不正常等现象时，应立即停止使用，并将仪器在故障状态下测量的数据全部作废；

c)使用U型水柱计式解吸仪时，管内水柱应使用蒸馏水，在实验室使用时应每半年更换一次蒸馏水，在现场使用时应每月更换一次蒸馏水。当水柱计两端接通大气时，两端水柱面均应与零刻度齐平，误差为±1 mm；

d)当煤样瓦斯成分中含有5%以上的CO_2、H_2S等易溶于水的气体时，不宜采用U型水柱计式解吸仪测量瓦斯解吸指标。

中华人民共和国煤炭行业标准

管道瓦斯抽放综合参数测定仪 技术条件

MT/T 642—1996

1 范围

本标准规定了管道瓦斯抽放综合参数测定仪的技术要求、试验方法、检验规则及标志、包装、运输和贮存。

本标准适用于测定管道瓦斯抽放中甲烷浓度、负压、温度和以压差原理测量流量的电子仪器。

2 引用标准

下列标准包含的条文，通过在本标准中引用而构成为本标准的条文。在标准出版时，所示版本均为有效。所有标准都会被修订，使用本标准的各方应探讨使用下列标准最新版本的可能性。

GB 191—90　包装储运图示标志

GB/T 998—82　低压电气　基本试验方法

GB/T 2423.1—89　电工电子产品基本环境试验规程　试验 A：低温试验方法

GB/T 2423.2—89　电工电子产品基本环境试验规程　试验 B：高温试验方法

GB/T 2423.4—93　电工电子产品基本环境试验规程　试验 Db：交变湿热试验方法

GB/T 2423.8—1995　电工电子产品环境试验　第 2 部分：试验方法　试验 Ed：自由跌落

GB/T 2423.10—1995　电工电子产品环境试验　第 2 部分：试验方法　试验 Fc 和导则：振动(正弦)法

GB/T 2624—93　流量测量节流装置　用孔板、喷嘴和文丘里管测量充满圆管的流体流量

GB 3836.1—83　爆炸性环境用防爆电气设备　通用要求

GB 3836.4—83　爆炸性环境用防爆电气设备　本质安全型电路和电气设备“i”

GB/T 10111—88　引用随机骰子进行随机抽样的方法

JB/T 5325—91　均速管流量传感器

JJG 518—88　皮托静压管检定规程

JJG 640—90　均速管流量传感器检定规程

3 技术要求

3.1 仪器应符合本标准的规定，并按经规定程序批准的图样及技术文件制造。

3.2 工作环境条件：

a)环境温度　0～40 ℃；

b)相对湿度　≤98%；

c)大气压力　86～106 kPa。

3.3 仪器应采用本质安全型电源供电。

3.4 仪器应采用本质安全型的防爆结构，其防爆性能必须满足 GB 3836.1，GB 3836.4 中的有关规定。

中华人民共和国煤炭工业部 1996-12-30 批准　　1997-11-01 实施

3.5 外观：

外壳表面涂层坚固均匀，无明显划痕和剥落，铭牌和标志齐全、牢固、明显。元部件应安装牢固，不得因运输或工作振动等造成元部件的损坏。

3.6 与仪器配套的管道流量测定装置应符合相应的标准。孔板应符合GB/T 2624的要求；均速管应符合JB/T 5325、JJG 640的要求；皮托管应符合JJG 518的要求。管道流量计算方法见附录A。

3.7 可采用绝对压力传感器或相对于测定点大气压的压差传感器测量管道负压。当采用后一种方式测量管道负压时，绝对压力的计算见附录B。

3.8 技术指标：

3.8.1 与仪器配套流量装置的压差(简称流量装置压差)

测量范围 0～5 kPa，误差 ±1.5%。

3.8.2 相对测定点大气压的压差(简称相对压差)

测量范围 0～100 kPa，误差 ±1.5%。

3.8.3 绝对压力

测量范围 10～100 kPa，误差 ± 1.5%。

3.8.4 甲烷浓度

测量范围10%～100%，误差 真值的±10%。

3.8.5 温度

测量范围0～50 ℃，误差 ±2%。

3.9 电池组供电时连续工作时间应不小于8 h，并符合3.8的要求。

3.10 仪器经工作温度、贮存温度、振动、交变湿热、跌落试验后，应满足3.18的要求。

4 试验方法

4.1 试验环境条件

a)环境温度 15～35 ℃；

b)相对湿度 ≤98%；

c)大气压力 86～106 kPa。

仪器在试验环境中放置2 h后方可进行试验，试验前应将仪器电源开启进行预热，预热时间由产品标准规定。

4.2 试验仪器及设备

见表1。

表1 试验仪器和设备

序号	名称	量程及准确度
1	标准液体压力计	0～10 kPa，±0.2%
2	标准压力计	0～100 kPa，±0.2%
3	真空表	±0.4%
4	空气中甲烷标准气体	10%～100% CH_4，±3%
5	二等标准水银温度计	0～50 ℃
6	水恒温槽	1～95 ℃
7	冰点槽	

4.3 外观检查

采用目测方法检查。

4.4 **防爆性能试验**

按 GB 3836.1、GB 3836.4 的有关规定进行。

4.5 **测量误差试验**

4.5.1 测量压差误差试验：

试验测量点不少于 6 个，均匀分布在测量范围内。每点测量 3 次、取其算术平均值。

4.5.2 相对测定点大气压的压差测量误差试验

试验测量点不少于 6 个，均匀分布在测量范围内。每点测量 3 次、取其算术平均值。

4.5.3 绝对压力的测量误差试验：

试验测量点不少于 6 个，均匀分布在测量范围内。每点测量 3 次、取其算术平均值。

4.5.4 甲烷浓度的测量误差试验：

试验测量点不少于 6 个，均匀分布在测量范围内。每点测量四次、取后三次的算术平均值。

4.5.5 温度的测量误差试验：

试验测量点不少于 6 个，均匀分布在测量范围内，每点测量 3 次、取其算术平均值。

4.6 **连续工作时间试验**

仪器在工作状态连续运行 8 h，在最后 1 h 内按 4.5 的规定进行测量误差试验。

4.7 **工作温度试验**

4.7.1 低温试验：

按 GB/T 2423.1 进行。

严酷等级：温度 0 ℃，持续时间 2 h。

试验在工作状态下进行。

4.7.2 高温试验：

按 GB/T 2423.2 进行。

严酷等级：温度 40 ℃，持续时间 2 h。

试验在工作状态下进行。

4.8 **贮存温度试验**

4.8.1 低温试验：

按 GB/T 2423.1 进行。

严酷等级：温度－15 ℃，持续时间 16 h。

试验在非工作状态下进行，试验后恢复 2 h。

4.8.2 高温试验：

按 GB/T 2423.2 进行。

严酷等级：温度 55 ℃，持续时间 16 h。

试验在非工作状态下进行，试验后恢复 2 h。

4.9 **振动试验**

按 GB/T 2423.10 中的扫频试验方法进行。

严酷等级：频率范围 10～55 Hz；加速度 20 m/s^2(2 g)；每轴线上的扫频循环次数：5 次。

试验在非工作状态下进行。

4.10 **交变湿热试验**

按 GB/T 2423.4 进行。

严酷等级：

高温温度 40 ℃，持续时间 6 d(性能试验时 2 d)。

试验在非工作状态下进行，试验后恢复 12 h。

4.11 **跌落试验**

按 GB/T 2423.8 的规定进行。

试验台面为光滑平整的混凝土台面，跌落4次，跌落高度为1 m(指针式仪器为0.5 m)。配备外套的仪器，应将仪器装入外套内进行试验。试验后应符合3.8的要求。

5 检验规则

5.1 仪器检验分为出厂检验和型式检验，检验项目见表2。

表2

序号	检验项目	技术要求	试验方法	出厂检验	型式检验
1	外观	3.5	4.3	○	○
2	防爆性能	3.4	4.4	—	○
3	测量误差	3.8	4.5	○	○
4	连续工作时间	3.9	4.6	○	○
5	工作温度	3.10	4.7	—	○
6	贮存温度	3.10	4.8	—	○
7	振动	3.10	4.9	—	○
8	交变湿热	3.10	4.10	—	○
9	跌落	3.10	4.11	—	○
注：○表示应进行的检验项目					

5.2 出厂检验：

5.2.1 每台仪器应经厂质量检验机构按照表2中列出的出厂检验应检项目逐项进行检验。

5.2.2 表2中第3或第4项检验不合格时，判定该仪器不合格。

5.2.3 每台仪器检验合格后，应附有合格证才能出厂。

5.3 型式检验：

5.3.1 仪器在下列情况下须进行型式检验：

a)仪器的设计、工艺和使用材料的改变可能影响产品性能时；

b)仪器连续生产时，每三年应进行一次；

c)国家指定的质检机构认为必要时；

d)产品转厂时；

e)出厂检验结果与上次型式检验有较大误差时。

5.3.2 从出厂合格的产品中按GB/T 10111规定随机抽取2台作为型式检验的样品，抽样基数不小于10台。

5.3.3 型式检验按照表中列出的型式检验必检项目逐项进行检验，若表中第2、3项检验不合格，或表中其他两项检验不合格，则判定该批产品型式检验不合格。

6 标志、包装、运输及贮存

6.1 标志

6.1.1 产品标志：

6.1.1.1 外壳明显处应有“Ex”防爆标志、铭牌和“MA”安全标志。

6.1.1.2 仪器铭牌应包括下列内容：

a)仪器名称及型号；

b)制造厂名称；

c)铭牌右上方有“Ex”标志；

d)防爆标志；

e)最高开路电压；

f)最大短路电流；

g)防爆合格证号；

h)安全标志编号；

i)电池型号；

j)关联设备型号；

k)产品编号；

i)出厂日期。

6.1.2 包装标志：

6.1.2.1 包装储运标志应符合 GB 191 的规定。

6.1.2.2 包装箱外壁的文字与标志应包括下列内容：

a)收货单位名称及地址；

b)产品名称和型号；

c)运输及装卸中应注意事项的文字和标志；

d)制造单位名称。

6.2 包装

6.2.1 每台仪器须配备便于携带的外套。

6.2.2 包装箱内应有防潮防振措施，包装箱外应有防散落的加固措施。

6.2.3 包装箱内应有下列文件：

a)装箱单(含随机附件)；

b)产品合格证；

c)产品使用说明书。

6.3 运输

运输中应避免强烈振动冲击，运输车船应遮蓬，转运途中应在室内贮存。

6.4 贮存

仪器应存放于温度－10～＋40 ℃，无腐蚀性气体及通风良好、干燥的室内仓库。

附 录 A
（标准的附录）
管道流量计算方法

A1 混合流量

A1.1 孔板

$$Q_H = K_K \sqrt{\Delta h_K} \delta_x \delta_T \delta_P \qquad (A1)$$

式中：

Q_H——管道混合气体流量，m^3/min；

K_K——孔板系数，$Pa^{-0.5} m^3/min$；

Δh_K——孔板前后端压差，Pa；

δ_x——瓦斯浓度校正系数；

δ_T——温度校正系数；

δ_P——压力校正系数；

$$\delta_P = \sqrt{P_J/101\ 325}$$

P_J——管道内气体绝对压力，Pa。

$$\delta_x = \sqrt{1/(1-0.00446x)}$$

x——混合气体中瓦斯浓度，%。

$$\delta_T = \sqrt{293/(273+t)}$$

t——气体温度，℃；

A1.2 均速管

$$Q_H = K_1 D^2 \sqrt{\Delta h_j} \delta_x \delta_T \delta_P \qquad (A2)$$

式中：

K_1——均速管流量系数，$Pa^{-0.5}$ m/min；

D——管道内径，m；

Δh_j——压差，Pa。

其他符号同式(A1)。

A1.3 皮托管

a)中心点法

$$Q_H = K_P D^2 \sqrt{\Delta h_{P0}} \delta_x \delta_T \delta_P Y \qquad (A3)$$

式中：

K_P——皮托管流量系数，$Pa^{-0.5}$m/min；

Δh_{P0}——管道中心气流的动压头；

Y——管道中心最大雷诺数 R_{e0} 的函数，其取值如表 A1 所示。

表 A1 Y 值与管道中心最大雷诺数 R_{e0} 的关系

R_{e0}	≤4500	10000	20000	40000	80000	200000	400000
Y	0.50	0.79	0.81	0.83	0.85	0.87	0.89

其他符号同式(A1)和式(A2)。

b)平均流速点法

平均流速点法是在管道截面中选择平均流速点，使这一点的气流速度等于该截面内的平均流速。设 I 为平均流速点距管道中心的距离，r 为管道半径。当管内气体流动为层流时，$I=0.707r$；为紊流时，$I=0.757r$。

$$Q_H = K_P D^2 \sqrt{\Delta h_{P1}}\,\delta_x \delta_T \delta_P \quad (A4)$$

式中：

Δh_{P1}——平均流速点气流的动压头，Pa。

其他符号同式(A1)，式(A2)和式(A3)。

c)高斯三点法

$$Q_H = K_P D^2 [8\sqrt{\Delta h_c} + 5(\sqrt{\Delta h_a} + \sqrt{\Delta h_b})]\delta_x \delta_T \delta_P \quad (A5)$$

式中：

Δh_c、Δh_a、Δh_b——分别为高斯三点法三个测点 c、a、b 的动压头，Pa。

其他符号同式(A1)，式(A2)和式(A3)。

三测点在管道中的观测位置如图 A1 所示。

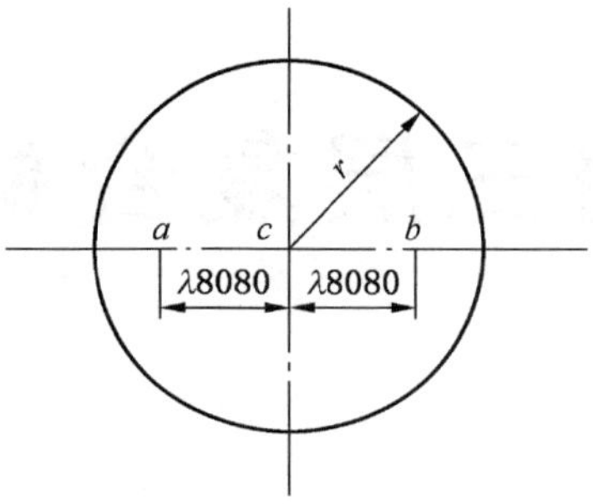

图 A1　高斯三点法观测位置图

A2　纯流量

$$Q_C = Q_H x / 100$$

式中：

Q_C——管道纯瓦斯流量，m^3/min。

其他符号同式(A1)。

附　录　B

（标准的附录）

利用管路中相对测点处大气压的压差换算成管路中绝对压力的计算

$$P_J = 101325 - P_x - 11.866H \quad (B1)$$

式中：

P_J——绝对压力，Pa；

P_x——相对测点处大气压的压差，Pa；

H——测点海拔高度，m。

MT

中华人民共和国煤炭行业标准

MT/T 643—1996

滚筒采煤机用三层复合材料滑动轴承

1996-12-30 发布　　　　1997-11-01 实施

中华人民共和国煤炭工业部　　发布

前　　言

为适应我国滚筒采煤机发展的需要,制定了"滚筒采煤机用三层复合材料滑动轴承"(以下简称轴承)的标准。由于采煤机有比较特殊的工况条件,因而选用本标准的轴承必须考虑防尘、防漏、防水等因素。本标准适用的轴承型式有两种,提供 80 mm 到 500 mm 共 24 种规格进行选用。特殊型式和规格的轴承由供需双方商定。

本标准由煤炭工业部科技教育司提出。

本标准由煤炭工业部煤矿专用设备标准化技术委员会归口。

本标准由煤炭科学研究总院上海分院起草。

本标准主要起草人:沈斌忠、张伟忠。

本标准由煤炭科学研究总院上海分院负责解释。

中华人民共和国煤炭行业标准

MT/T 643—1996

滚筒采煤机用三层复合材料滑动轴承

1 范围

本标准规定了滚筒采煤机用三层复合材料滑动轴承的型式、基本尺寸、技术要求、试验方法、检验规则。

本标准适用于内径 80 mm～500 mm 采煤机用改性聚甲醛-青铜-钢背三层复合材料的滑动轴承(以下简称轴承)。

2 引用标准

下列标准包含的条文,通过在本标准中引用而构成为本标准的条文。本标准出版时,所示版本均为有效。所有标准都会被修订,使用本标准的各方应探讨使用下列标准最新版本的可能性。

GB/T 1031—1995　表面粗糙度　参数及其数值

GB/T 1036—89　塑料线膨胀系数测定方法

GB/T 1041—92　塑料压缩性能试验方法

GB/T 1182—80　形状和位置公差　代号及其注法

GB/T 1801—79　公差与配合　尺寸至 500 mm 孔、轴公差带与配合

GB/T 2828—87　逐批检查计数抽样程序及抽样表(适用于连续批的检查)

GB/T 3960—83　塑料滑动摩擦磨损试验方法

3 产品分类

3.1 轴承的型式(见图 1)

轴承型式按结构分为 A 型、B 型两种。A 型为无挡边轴承,B 型为有挡边轴承。其中 A 型端面有复合层轴承加标说明符Ⅰ;端面无复合层轴承加标说明符Ⅱ。

标记示例

内径 100 mm,外径 125 mm,长度 80 mm 的 A 型Ⅰ轴承:

轴承 A　Ⅰ　100×125×80 MT/T 643—1996

3.2 轴承的基本尺寸

轴承的基本尺寸(见表 1,表 2)。

中华人民共和国煤炭工业部 1996-12-30 批准　　1997-11-01 实施

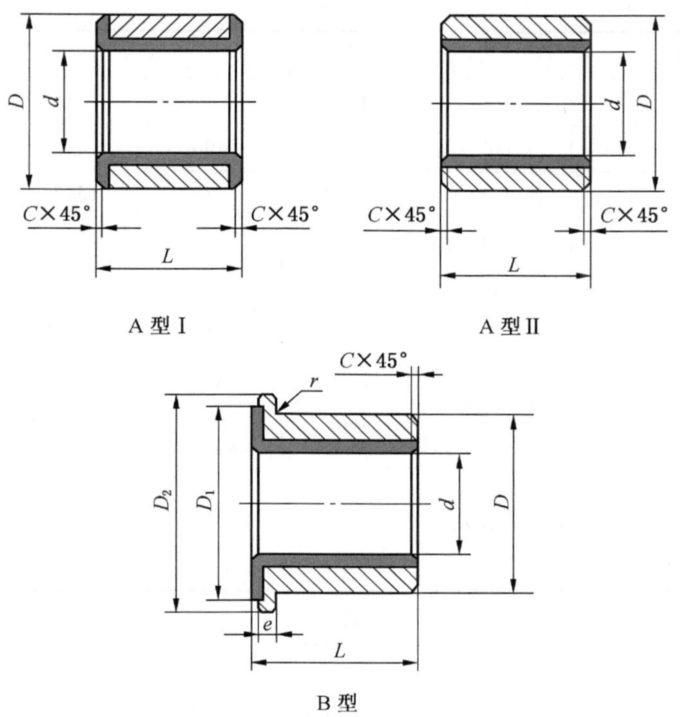

图 1

表 1

mm

d	A 型		B 型					
	D	C	D_2	D_1	D	e	r	c
80	105	1	—	—	—	—	—	—
90	115	1	—	—	—	—	—	—
100	125	1	—	—	—	—	—	—
110	135	1	—	—	—	—	—	—
120	145	1	—	—	—	—	—	—
130	155	1	—	—	—	—	—	—
140	165	1	—	—	—	—	—	—
160	—	—	220	210	190	10	1	2
180	—	—	240	230	210	10	1	2
200	—	—	260	250	230	10	1	2
220	—	—	280	270	250	10	1	2
240	—	—	300	290	270	10	1	2
260	—	—	340	330	300	15(20)	1	2
280	—	—	360	350	320(300)	15(20)	1	2
300	—	—	380	370	340	15(20)	1	2
320	—	—	400	390	360	15(20)	2	2
340	—	—	420(490)	410(480)	380(420)	15(20)	2	2

表 1(续)

mm

d	A 型		B 型					
	D	C	D_2	D_1	D	e	r	c
360	—	—	440	430	400	15(20)	2	2
380	—	—	460(480)	450(470)	420	15(20)	2	2
400	—	—	480	470	440	15(20)	2	2
440	—	—	530	520	480	20(15)	2	2
460	—	—	560	550	510	20(15)	2	2
480	—	—	580	570	530	20(15)	2	2
500	—	—	600	590	550	20(15)	2	2

注

1 特殊型式和规格的轴承由供需双方商定。

2 无括弧的尺寸优先选择

表 2

mm

d	L							
	70	80	90	100	110	120	130	140
80～110	○	○	○	—	—	—	—	—
120～140	—	○	○	○	—	—	—	—
160～220	—	—	○	○	○	—	—	—
240～300	—	—	—	—	○	○	○	—
320～400	—	—	—	—	—	○	○	○
440～500	—	—	—	—	○	○	○	○

3.3 轴承的尺寸公差

轴承的尺寸公差按照 GB/T 1801 的规定,形状和位置公差按照 GB/T 1182 的规定。其内径、外径、长度、挡边外径、挡边厚度尺寸公差以及外径对内径的同轴度和挡边内端面对内径的圆跳动公差应按表 3 规定。

表 3

mm

轴承内径(d)	内径(d)公差	外径(D)公差	长度(L)公差	挡边外径(D_2)公差	挡边厚度(e)公差	外径对内径的同轴度	挡边内端面对内径的圆跳动
80～140	H7	k6	h13	js13	js13	≤0.02	—
160～300	H8	h7	h14	js14	js14	≤0.03	≤0.05
320～500	H8	f7	h15	jsl5	js15	≤0.04	≤0.06

3.4 轴承的表面粗糙度

轴承表面粗糙度应按 GB/T 1031 的规定,其外径 D 表面粗糙度 Ra 为 1.6μm;内径 d 表面粗糙度 Ra 为 3.2 μm;端面和其他加工部位表面粗糙度 Ra 为 6.3 μm。

应采用的座孔尺寸公差和应采用的轴径尺寸公差见表 4。

表 4

mm

轴承内径(d)	轴承座孔公差	轴径公差
80～140	H7	h6
160～300	H7	h7
320～500	H8	h7

4 技术要求

4.1 轴承应符合本标准的要求,并按照经规定程序批准的产品图样和技术文件制造。

4.2 轴承应满足采煤机防尘,防水,防漏等使用要求。

4.3 轴承的板材品种为改性聚甲醛-青铜-钢背三层复合材料,特别适用于边界润滑及预润滑条件。

4.4 外观质量:塑料表面应无脱层、起泡、剥落、机械夹杂等缺陷。

4.5 板材的基本尺寸和极限偏差应符合表 5 的要求。

表 5

mm

厚度		宽度	长度
厚度	极限偏差		
1.0	±0.10	120	500
1.5	±0.10	120	500
2.0	±0.12	120	500
2.5	±0.12	120	500
注：特殊规格由供需双方商定			

4.6 板材压缩变形:在规定的压力条件下其永久变形量应符合表 6 的要求。

表 6

品种	试样厚度 mm	压力 MPa	永久变形量 mm
无油坑	2.5	140	≤0.04
有油坑	2.5	140	≤0.05

4.7 板材磨擦磨损:在规定的润滑条件下磨痕宽度(作 2 h 的磨损试验)和摩擦系数应符合表 7 的要求。

表 7

润滑条件	磨痕宽度 mm	摩擦系数
干摩擦	≤5.5	≤0.50
脂润滑	≤5.5	≤0.10

4.8 板材线膨胀系数:在规定的温度范围内线膨胀系数应符合表 8 的要求。

表 8

温度范围,℃	线膨胀系数,1/℃
0～80	≤70×10^{-6}

4.9　板材导热系数:导热系数规定为大于等于 1.7 W/(m·K)。

4.10　板材层间结合反复弯曲 5 次,层间结合面允许有裂纹,不允许有脱层。

5　试验方法

5.1　按 4.4 要求检查,在 500 mm×120 mm 的标准板材上不允许有 3 个以上大于 ϕ3 mm 的缺陷。

5.2　板材厚度尺寸测量方法。

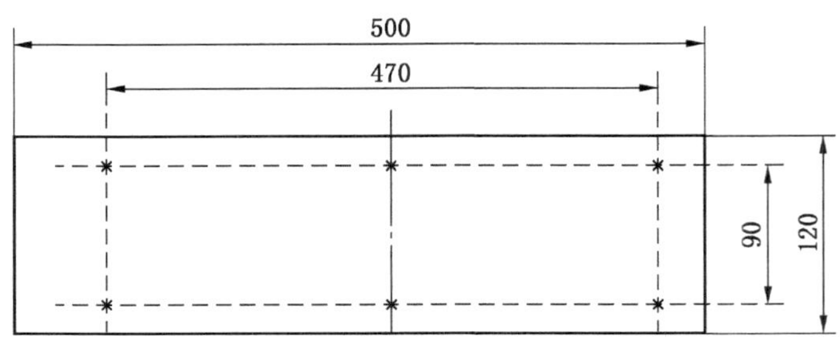

图 2

按图 2 所示,在长度为 500 mm,宽度为 120 mm 的板材上用 0～25 mm 的一级千分尺在图示的 6 个测量点上测量各点厚度,每点反复测量三次,取其算术平均值。

5.3　板材压缩变形试验方法:

压缩变形试验方法除应符合以下要求,其余按 GB/T 1041 测定。

5.3.1　试样尺寸:15 mm×15 mm×2.5 mm;

5.3.2　压力大小应符合表 6 的规定;

5.3.3　加载速度为 2 mm/min,加载停留时间为 10 s;

5.3.4　永久变形量的测定:采用一级千分尺,于试验前在试样正中部位测量厚度三次,取其算术平均值,试验后,于卸载 30 min 以后,在同样部位亦测量厚度三次,取其算术平均值,厚度之差为压缩永久变形量。

5.4　板材摩擦磨损试验方法:

摩擦磨损试验方法除应符合以下各条要求外,其余应符合 GB/T 3960 的规定。

5.4.1　试样厚度:对塑料原材料进行检测时,试验厚度 2.5 mm,对成品检验时,按成品实际厚度制备试样。

5.4.2　试样夹具:试验夹具槽深度按标准夹具减少 3.5 mm。

5.4.3　负荷选择:试验负荷为 196 N。

5.4.4　润滑条件:脂润滑:用不锈钢镊子挑出少量 2 号锂基润滑脂,在钢轮外圆及试样表面仔细涂覆一薄层。

5.4.5　摩擦力矩:摩擦力矩值以第二小时内所记录的平均值为准。如波动很大则应记录第二小时内的最大值和最小值。

通常采用 A+B 两个重锤和 5 N·m 标尺。

5.5　板材线膨胀系数:

线膨胀系数测试方法除应符合以下各条要求外,其余应符合 GB/T 1036 的规定。

5.5.1 试样尺寸：7 mm×7 mm×2.5 mm。
5.5.2 试验温度范围：按 4.8 规定测试。
5.5.3 加热介质：采用水和冰。
5.6 板材导热系数测试方法：
本方法采用 QTM-D2 型导热系数快速测定仪。
5.6.1 试样尺寸：100 mm×50 mm×2.5 mm。
5.6.2 试样要求平整，厚度均匀。
5.6.3 每个试样重复测定三次，取其算术平均值。每种样品测定三个试样。
5.7 板材层间结合强度试验方法：
本试验通过多次弯曲，检验材料层与层之间的结合强度。
5.7.1 试样尺寸 120 mm×20 mm×板材实际厚度 mm。
5.7.2 检验装置：用台虎钳垫两块有 R_5 圆角的专用夹具（见图 3）。

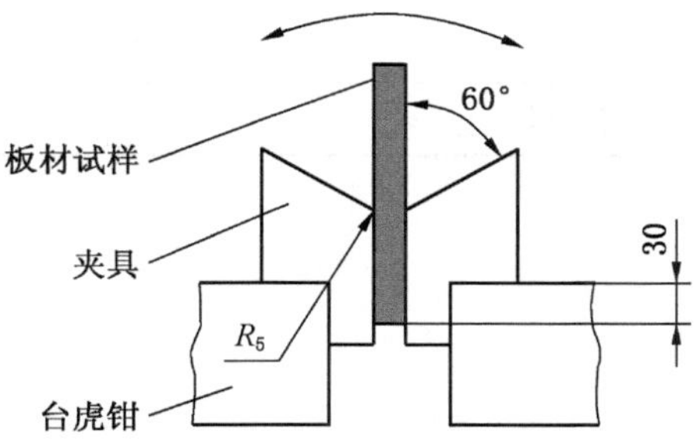

图 3

5.7.3 操作步骤：
a）按图 3 安装试样，并将试样夹紧；
b）将试样首先朝塑料面方向按 60°角弯曲，然后再朝钢方向弯曲。反复五次；
c）每反复弯曲一次，仔细观察试样是否有脱层，剥落，开裂等现象；
d）如在中途出现较严重的破坏，试验中止。

6 检验规则

6.1 轴承需经制造厂检验部门检验合格后，方能出厂，并附有产品合格证。
6.2 轴承分出厂检验和型式检验两种。
6.3 轴承出厂检验项目按图 1、表 1、表 2、表 3 和 3.4，4.4 要求进行。
6.4 型式试验项目除出厂检验项目外，尚需按 4.6，4.7，4.8，4.9，4.10 要求进行。其中 4.7，4.10 抽检不少于 3 件，其余项目抽检 1 件，且 4.7 必须每批进行。
6.5 轴承的型式检验在下列情况下进行：
6.5.1 试制的新产品；
6.5.2 当产品在设计、工艺或材料上有重大改变而影响性能时；
6.5.3 批量正常生产每三年进行一次。
6.6 批量交货验收按 GB/T 2828 中二次正常检查抽样方案，合格质量水平 AQL＝6.5，常用批量范围及合格判定数见表 9。

表 9

<table>
<tr><td rowspan="2">批量范围</td><td rowspan="2">样本大小
n_1
n_2</td><td rowspan="2">累计样本大小</td><td>AQL=6.5</td></tr>
<tr><td>$A1$ $R1$
$A2$ $R2$</td></tr>
<tr><td>16～25</td><td>3</td><td>3
6</td><td>0 2
1 2</td></tr>
<tr><td>26～50</td><td>5</td><td>5
10</td><td>0 2
1 2</td></tr>
<tr><td>51 ～90</td><td>8</td><td>8
16</td><td>0 3
3 4</td></tr>
<tr><td>91 ～150</td><td>13</td><td>13
26</td><td>1 3
4 5</td></tr>
<tr><td colspan="4">注：[$A1$、$A2$、$R1$、$R2$]二次抽样的判定数组</td></tr>
</table>

7 标志、包装、运输、储存

7.1 包装箱(盒)的标志：

7.1.1 制造厂名，厂标，地址。

7.1.2 产品名称，规格，数量。

7.1.3 出厂编号。

7.1.4 重量。

7.1.5 包装日期及防锈有效期限。

7.1.6 到站(港)及收货单位。

7.1.7 发站(港)及发货单位。

7.2 包装箱(盒)应保证在正常运输时不损伤，箱子总重量不得超过 80 kg，如经用户同意，也可用简易包装方法。

7.3 轴承应清洁不得有污垢及金属屑承表面应经防锈蚀处理，产品应放在通风、干燥的库内，在正常保管情况下应保证自出厂之日起一年内不致锈蚀。

前　　言

本标准的编写参考了气垛支架鉴定材料中的“PS型多腔式气垛支架技术条件”及化工部橡胶行业产品的有关标准并结合了气垛支架在煤矿井下的使用情况。

本标准由煤炭工业部科教司提出。

本标准由煤炭科学研究总院北京开采研究所负责起草。

本标准由煤炭工业部煤矿专用设备标准化技术委员会归口。

本标准主要起草人:李纪青。

本标准委托煤炭科学研究总院北京开采研究所负责解释。

中华人民共和国煤炭行业标准

气垛支架

MT/T 644—1997

Pneumatic support

1 范围

本标准规定了气垛支架的产品分类、技术要求、试验方法、检验规则及包装、贮存、运输。

本标准适用于煤矿井下采煤工作面支护及其他临时支护用气垛支架。

2 引用标准

下列标准所包含的条文,通过在本标准中引用而构成为本标准的条文。本标准出版时,所示版本均为有效。所有标准都会被修订,使用本标准的各方应探讨使用下列标准最新版本的可能性。

GB/T 519—93 充气轮胎物理机械性能试验方法

GB/T 528—92 硫化橡胶和热塑性橡胶拉伸性能的测定

GB/T 531—92 硫化橡胶邵尔 A 硬度试验方法

GB/T 532—89 硫化橡胶与织物粘合强度的测定

GB/T 1689—82 硫化橡胶耐磨性能的测定(用阿克隆磨耗机)

MT 113—1995 煤矿井下用聚合物制品阻燃抗静电性通用试验方法和判定规则

MT/T 154.1—92 煤矿机电产品型号的编制导则和管理办法

3 定义

本标准采用下列定义。

3.1 气垛支架 pneumatic support

一种以压缩空气为工作介质,用于采煤工作面的腔式橡胶囊状支护设备。

3.2 最大工作高度 maximum working height

气垛支架设计允许的最大支撑高度。

3.3 最小工作高度 minimum working height

气垛支架设计允许的最小支撑高度。

3.4 额定初始内压 rated original internal pressure

气垛支架支设时允许充入的最大空气压力值。

3.5 最小初撑力 minimum setting supporting force

气垛支架在最大工作高度下,其内部空气压力为额定初始内压时,对顶板的主动支撑力。

4 产品分类

4.1 类型

4.1.1 气垛支架按其结构可分为法兰盘式和无法兰盘式。

中华人民共和国煤炭工业部 1997-11-10 批准　　　　1998-04-01 实施

4.1.2　气垛支架按其长度可分为长气垛支架和短气垛支架。长度为 1 400 mm 以上的(含 1 400 mm)为长气垛支架,以下的为短气垛支架。

4.2　型号编制方法

气垛支架型号应按照 MT/T 154.1 的规定编制。

气垛支架型号组成和排列方式如下:

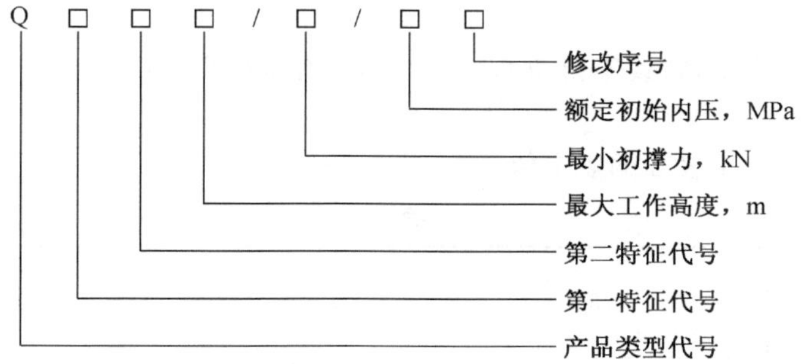

类型及特征代号用汉语拼音大写字母表示:Q 表示气垛支架;第一特征代号中 F 表示法兰盘式气垛支架;无字母表示无法兰盘式气垛支架。第二特征代号中 D 表示短气垛支架;无字母表示长气垛支架。主要参数用阿拉伯数字表示。修改序号用加括号的大写拼音字母(A)、(B)、(C)……表示。

型号示例:

Q1.0/220/0.5 型气垛支架:表示最大工作高度为 1.0 m;最小初撑力为 220 kN;额定初始内压为 0.5 MPa 的无法兰盘式长气垛支架。

QFD1.0/180/0.5 型气垛支架:表示最大工作高度为 1.0 m;最小初撑力为 180 kN;额定初始内压为 0.5 MPa 的法兰盘式短气垛支架。

4.3　气垛支架的主要参数

4.3.1　气垛支架的工作高度系列见表 1。

表 1

mm

最小工作高度	300	400	500
最大工作高度	800	1 000	1 200
注:可根据用户要求增设新的工作高度系列。			

4.3.2　气垛支架的最小初撑力见表 2。

表 2

最小工作高度 mm	300	400	500
最小初撑力 kN	100～440	170～450	130～450

4.3.3　气垛支架的额定初始内压应在 0.1～0.5 MPa 的范围之内。

5　技术要求

5.1　一般技术要求

5.1.1　气垛支架及其零部件应按照经规定程序批准的图样及技术文件制造。

5.1.2　气垛支架使用的各种材料应符合有关的国家标准和行业标准的规定。

5.1.3　同一型号气垛支架的相同零件应保证通用和互换。

5.1.4　截止阀表面应作防腐处理,手把转动灵活。

5.1.5 外协件、外购件必须有合格证书，零部件必须经验收合格后方可装配。

5.2 外观质量

5.2.1 橡胶囊表面应光滑、完整，无影响使用要求的明疤、缺胶和裂痕。

5.2.2 橡胶囊壁不得有蜂窝状。

5.2.3 橡胶囊壁的覆盖胶不得有大于 4 cm^2 的脱空，小于 4 cm^2 的脱空不得超过 3 处。帘子布层不得脱空。

5.2.4 拉手表面应光滑、完整，帘线不得扭曲、松散，不得有挤压帘线层的现象。

5.3 重量

气垛支架的重量不得大于表 3 的规定值。

表 3

最小工作高度 mm	300	400	500
长气垛支架 kg	80	110	120
短气垛支架 kg	70	100	105

5.4 橡胶囊壁的物理机械性能

气垛支架橡胶囊壁的物理机械性能应符合表 4 的规定。

表 4

性能名称		单　位	指　标
覆盖胶	扯断强度	MPa	>17
	扯断伸长率	%	>450
	扯断永久变形	%	<40
	硬度	度(邵尔 A)	55～65
	磨耗量	cm^3/1.61 km	<0.4
附着力	覆盖胶与帘布层间	N/2.5 cm	>100
	帘布层之间	N/2.5 cm	>150

5.5 检验强度

气垛支架橡胶囊在其高度超过最大工作高度 0.15～0.20 m、内部气压达到额定初始内压的 1.65～1.70 倍时，不得发生明显残余变形。

5.6 极限破坏强度

气垛支架橡胶囊的极限破坏压力应不低于其额定初始内压的 4 倍。

5.7 水密封性能

在最大工作高度和额定初始内压下，气垛支架在水中应无气泡浮出。

5.8 长期密封性能

气垛支架在最大工作高度下，分别在 0.2 MPa 和 0.6 MPa 的内压下保压 24 h，其内压下降值不应大于初始压力的 5%。

5.9 工作特性

气垛支架高度一支撑阻力的工作曲线与设计工作曲线相比，其最大偏移值应在±1000 以内。

5.10 稳定性能

在顶、底板之间的夹角为11°时，气垛支架应能稳定地支撑在顶、底板之间。

5.11 拉手断裂拉力

气垛支架拉手的平均断裂拉力应不低于10 kN。

5.12 寿命

气垛支架按6.13条进行2 500次寿命试验后应能满足5.5和5.7中的要求。

5.13 抗刺破性能

气垛支架按6.14条进行抗刺破试验后，不得漏气。

5.14 抗静电性能

气垛支架的抗静电性应符合MT 113中的有关要求。

5.15 抗侧向推力性能

法兰盘式气垛支架的长侧面和短侧面分别在承受50 kN和30 kN的匀衡侧向推力情况下，法兰盘的连接处应无撕裂，螺栓孔应无损坏。

5.16 充、放气时间

气垛支架的充、放气时间应小于表5的规定值。

表5

最大工作高度 mm	800	1 000	1 200
充气时间 s	30	45	60
放气时间 s	60	75	90

6 试验方法

6.1 试验条件

6.1.1 试验所用的工作介质含油量小于1 mg/m³，含水量不大于5 mg/m³。

6.1.2 各项试验应在室内进行(温差在10 ℃以内)，工作介质温度控制在50 ℃以下。

6.1.3 测量精度等级为C级，压力计量程应为试验压力的140%～200%。

6.2 试验程序

各项试验的程序如下：

外观检验→重量→检验强度→水密封性能→长期密封性能→工作特性→稳定性→抗刺破性能→抗侧向推力性能→充、放气时间→极限破坏强度→拉手断裂拉力→抗静电性能→橡胶囊壁的物理机械性能。寿命试验另用一个试样进行检验。

6.3 外观检验

气垛支架外观采用目测和一般量具方法进行检查。

6.4 重量

气垛支架重量用磅秤进行检测。

6.5 橡胶囊壁的物理机械性能

6.5.1 覆盖胶的扯断强度、扯断伸长率和扯断永久变形按GB/T 519中的规定取样，按GB/T 528中的规定进行试验。

6.5.2 覆盖胶的硬度按GB/T 531中的规定进行测定。

6.5.3 覆盖胶的磨耗量按GB/T 519中的规定进行取样，按GB/T 1689中的规定进行试验。

6.5.4 橡胶囊壁各部件间的附着力按 GB/T 519 中的规定取样，按 GB/T 532 中的规定进行试验。

6.6 **检验强度**

将气垛支架放入图 1 所示的试验架中，向气垛支架内充气，使其高度超过最大工作高度 0.15～0.20 m，内部气压达到额定初始内压的 1.65～1.72 倍，保压 15 min 后，观察气垛支架是否发生明显残余变形。

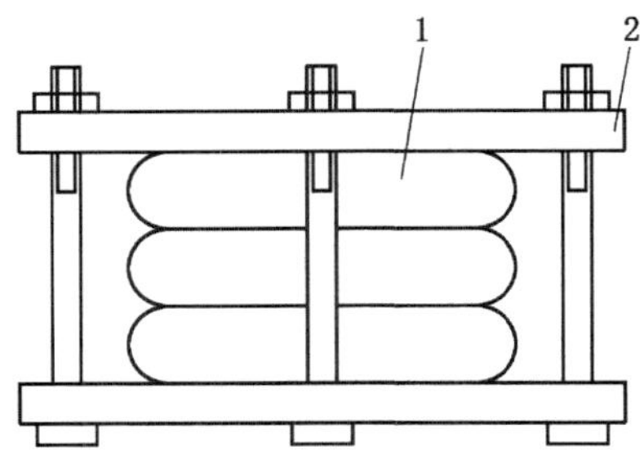

1—气垛支架；2—试验架

图 1 气垛支架试验架

6.7 **极限破坏强度**

将气垛支架放入图 2 所示的试验台中，向气垛支架内充入液体，使其达到最大工作高度。从内压达到 0.3 MPa 开始，每升高 0.1 MPa，记录一次内压和支撑阻力值。充液升压速率不得超过 0.1 MPa/min。在内压达到 1.5 MPa 后，每上升 0.05 MPa，记录一次内压和支撑阻力值，直至气垛支架破坏，记录下破坏瞬间的内压值。

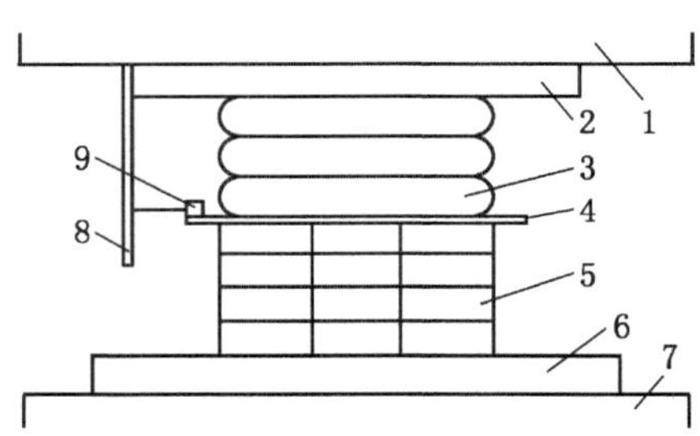

1—上平台；2—小负荷平台；3—气垛支架；4—钢板；5—垫块；
6—大负荷平台；7—下平台；8—防护屏；9—拉线位移传感器

图 2 气垛支架试验台

6.8 **水密封性能**

将气垛支架放入图 1 所示的试验架中，向气垛支架内充气，使其达到最大工作高度和额定初始内压后，将气垛支架连同试验架一齐放入水槽中，用水将气垛支架淹没。在水面平静后，观察有无气泡浮出，观察时间为 5 min。

6.9 **长期密封性能**

将气垛支架放入图 1 所示的试验架中，向气垛支架内充气，使其达到最大工作高度，当初始内压分别达到 0.2 MPa 和 0.6 MPa 时，关闭截止阀。记录 2 h 后的内压值及保压 24 h 后的内压值。在记录二次内压值时，室温温差应不大于 3 ℃。

6.10 **工作特性**

将气垛支架放入图 2 所示的试验台内，向气垛支架内充气，使其达到最大工作高度，当初始内压分别达到 0.3，0.4，0.5，0.6 和 0.7 MPa 时停止充气。试验台上平台缓慢下压，以 50 kN/min 的速率对气垛支架加载，直至气垛支架的高度为 0.35 m 为止。对每种初始内压重复进行 3 次上述试验。加压载荷和气垛支架的相应高度分别由负荷平台和拉线位移传感器通过二次仪表自动记录。最后根据测试数据绘制气垛支架的工作特性曲线。

6.11 稳定性能

将气垛支架放入图 2 所示的试验台内，调整下平台，使上、下平台之间形成 11°的夹角。向气垛支架内充气，使其中间高度为最大工作高度，内压为额定初始内压，观察气垛支架支撑情况。

6.12 拉手断裂拉力

将气垛支架垂直吊起，在一个拉手下吊挂重物，逐渐增加重物重量，直至将拉手扯断。每次检测 4 个拉手，计算其算术平均值。

6.13 寿命

将气垛支架放入图 1 所示的试验架中，向气垛支架内充气，使其达到最大工作高度和额定初始内压，保压 30 s 后，放气至零，为一个循环。重复上述循环 2 500 次。

6.14 抗刺破性能

将气垛支架放入图 1 所示的试验架中，在气垛支架底部沿纵向中心线放入两块尖角金属模块(见图 3)，金属模块的位置见图 4。向气垛支架内充气，使其达到最大工作高度和额定初始内压，保压 5 min 后放气，观察模块尖角刺入橡胶层的情况，是否有刺穿漏气现象。

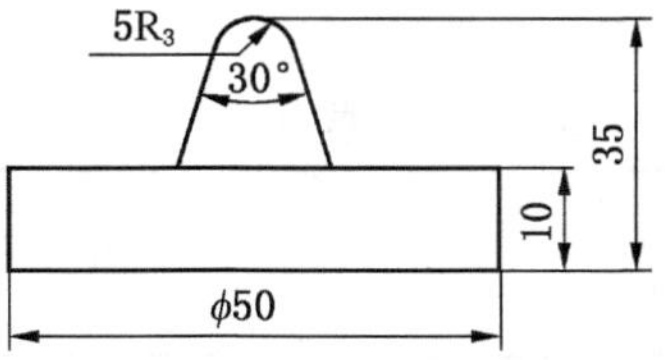

图 3 抗刺破试验模块

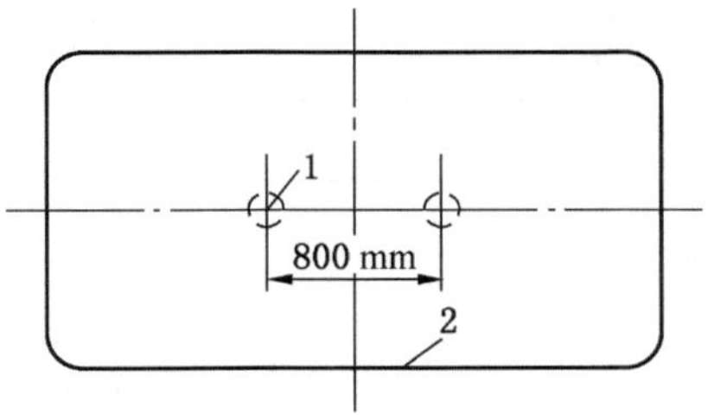

1—模块；2—气垛支架

图 4 抗刺破试验模块位置图

6.15 抗静电性能

按照 MT 113 中的有关规定检验。

6.16 抗侧向推力性能

将气垛支架放入图 2 所示的试验台中，将气垛支架的法兰盘与下平面用设计的螺栓固定住。在最大工作高度和额定初始内压条件下，对橡胶囊腔体的侧面施加垂直于侧面的匀衡推力。先向长侧面施加 50 kN 的推力；然后向短侧面施加 30 kN 的推力，作用时间均为 60 min。观察橡胶囊与法兰盘连接处有无撕裂以及法兰盘各固定螺栓孔有无损坏。

6.17 充、放气时间

将气垛支架置于图 1 所示的试验架中，使其上、下平面间的距离为气垛支架的最大工作高度，向气垛支架内充气，直至其内压达到额定初始内压。用秒表记录所用的充气时间。停留 5 min 后开始放气，用秒表记录从开始放气至气垛支架脱离上平面所用的放气时间。反复试验3次，计算其算术平均值。

测试用的空气压缩机压力不得低于0.7 MPa，流量不得小于3 m^3/min，储气罐容量不得小于1.0 m^3。空气压缩机与气垛支架间通气管路的内径不得小于19 mm。

7 检验规则

7.1 检验分类

7.1.1 气垛支架的检验分为型式检验和出厂检验。

7.1.2 凡属下列情况之一者，应进行型式检验

a） 新产品定型或老产品转厂试制；

b） 正式产品生产后，改变产品设计、结构、材料或工艺可能影响性能时；

c） 停产超过6个月再恢复生产时；

d） 国家产品质量监督机构提出型式检验要求时；

e） 用户对产品质量持有重大异议需要进行仲裁性检验时；

f） 同一产品每生产三年需进行一次型式检验。

7.1.3 产品出厂必须进行出厂检验，检验由质量检验部门进行；用户验收时按出厂检验项目进行。

7.2 检验项目

按表6规定进行。

表6

检验项目			技术要求	检验种类	
				型式检验	出厂检验
整体	1	外观质量	5.2	√	√
	2	重量	5.3	√	√
	3	橡胶囊壁的物理机械性能	5.4	√	√
性能	4	检验强度	5.5	√	√
	5	极限破坏强度	5.6	√	×
	6	水密封性能	5.7	√	√
	7	长期密封性能	5.8	√	√
	8	工作特性能	5.9	√	×
	9	稳定性能	5.10	√	×
	10	拉手断裂拉力	5.11	√	×
	11	寿命	5.12	√	×
	12	抗刺破性能	5.13	√	×
	13	抗静电性能	5.14	√	×
	14	抗侧向推力性能	5.15	√	×
	15	充、放气时间	5.16	√	×

注

1 表中“√”表示该项目为检验项目。

2 表中“×”表示该项目为不检验项目。

3 表中第1.4.6项为出厂必检项目，第2.3.7项为出厂抽检项目。

7.3 **出厂检验**

7.3.1 在外观质量检验时，如帘子布层有蜂窝状或脱空，则直接判为不合格产品。其他情况允许回模修复一次，修复后，如仍不符合 5.2 条的各项要求，则判为不合格产品。

7.3.2 在 7.2 表 6 第 4.6 项中如有一项不合格则直接判为不合格产品。

7.3.3 在 7.2 表 6 中第 2、7 项每 100 台抽检 3 台。如其中有一项不合格，对该批产品加倍抽样进行复试。复试后如其中一个仍不合格，则对该批产品逐个检验。

7.3.4 第 7.2 条表 6 中第 3 项由生产厂家出具检验报告。

7.4 **型式检验**

7.4.1 检验单位

型式检验由国家煤矿支护设备产品质量监督检验中心负责进行。

7.4.2 试样数量

型式检验试样数量为 5 件，其中寿命试验只对一个试样进行检验，2 件做极限破坏强度检验，2 件备用。

7.4.3 判定规则

同一试件有两项或两项以上不合格项目时，则直接判定型式检验不合格。在 7.2 条表 6 中第 3、4、5、6 各项中的有一项不合格，则直接判定型式检验不合格。在 7.2 条表 6 中 1、2、7、8、9、10、11、12、13、14、15 各项中如有一项不合格，允许对该项目加倍试验，如仍不合格，则型式检验判为不合格。

8 标志、包装、运输贮存

8.1 每台气垛支架必须在其两侧标有型号、规格、制造厂商标、厂名、生产编号。所有标志需用模刻印痕，或用水洗不掉的油漆印迹。

8.2 **包装**

a) 气垛支架出厂时，如果截止阀分开包装应在气垛支架携带的高压软管端部装上防尘堵。

b) 气垛支架装运时，应将高压软管固定在两个橡胶气囊之间。

c) 截止阀、三通、充气接头、U 型卡和测压表一起用塑料袋封存，然后用木箱或柳条箱包装。

8.3 **气垛支架出厂发运时应附有下列文件**

a) 气垛支架及附件的合格证；

b) 气垛支架使用维护说明书及备件明细表各两份。

8.4 气垛支架在运输和贮存中，应避免阳光照射和雨雪浸淋，保持清洁；防止与酸、碱、油脂类及其他有机溶剂等影响橡胶质量的物质接触，并距离热源 1.0 m 以上。

8.5 长期存放的温度应不大于 40 ℃。

前　　言

本标准是等效采用国际标准 ISO 5293:1981《输送机胶带——等长度三节托辊过渡段距离的计算公式》制定的。现命名为《煤矿用带式输送机滚筒与相邻槽形托辊组之间的距离计算公式》。使标准名称更为直观、明确。

并取消了国际标准中“0”引言。增加了计算输送带弹性模量的附录 B 和弹性模量测试参考值的附录 C。

本标准的附录 A、附录 B 都是标准的附录。

本标准的附录 C 为提示的附录。

本标准由煤炭工业部科技教育司提出。

本标准由煤炭工业部煤矿专用设备标准化技术委员会归口。

本标准起草单位:煤炭科学研究总院上海分院。

本标准起草人:华英芬。

本标准委托煤炭科学研究总院上海分院负责解释。

ISO 前言

ISO(国际标准化组织)是国家标准协会(ISO 协会成员)的一个世界性的联合组织,编制国际标准的工作通常是通过 ISO 的技术委员会进行。每一个协会成员如关注技术委员会提出的科目,则有权利成为这个委员会的代表,政府的和非政府的国际组织在与 ISO 取得联系后,也参加编制国际标准的工作。

技术委员会通过批准的国际标准草案,在国际标准组织理事会批准为国际标准之前,在各成员国中传阅通过。

国际标准 ISO 5293 是由 ISO/TC 41 滚筒和胶带技术委员会制定的,并于 1980 年 8 月在各成员国中传阅。它已被以下成员国通过。

澳大利亚	意大利	西班牙
奥地利	日本	瑞典
加拿大	朝鲜	英国
阿拉伯共和国(埃及)	荷兰	美国
芬兰	挪威	苏联
法国	罗马尼亚	
印度	南非共和国	

以下成员国成员在技术范围文献方面表示不同意

德意志联邦共和国

中华人民共和国煤炭行业标准

煤矿用带式输送机滚筒与相邻槽形托辊组之间的距离计算公式

MT/T 645—1997
eqv ISO 5293:1981

Conveyor belts—Formula for transition distance on three equal length idler rollers—For coal mining

1 范围

本标准规定了煤矿用带式输送机滚筒与相邻槽形托辊组之间的距离计算公式。

本标准适用于煤矿用带式输送机，也适用于选煤等作业场所用带式输送机滚筒与相邻槽形托辊组之间的距离计算。

2 定义

本标准采用下列定义。

2.1 过渡段距离 transition distance

带式输送机滚筒与相邻槽形托辊组之间的距离。在此距离内，输送带从槽形变为平坦形，或相反，从平坦形变成槽形。

2.2 槽形托辊组 troughed idler set

由 3 节等长度托辊组成的槽形托辊组。

3 计算过渡段距离的公式

计算过渡段距离公式如下：

$$L_1 = 0.707V(M/\Delta T)^{1/2} \tag{1}$$

式中：

L_1——过渡段距离，m；

V——在过渡段中输送带边缘上升或下降的垂直距离（见图 1），m；

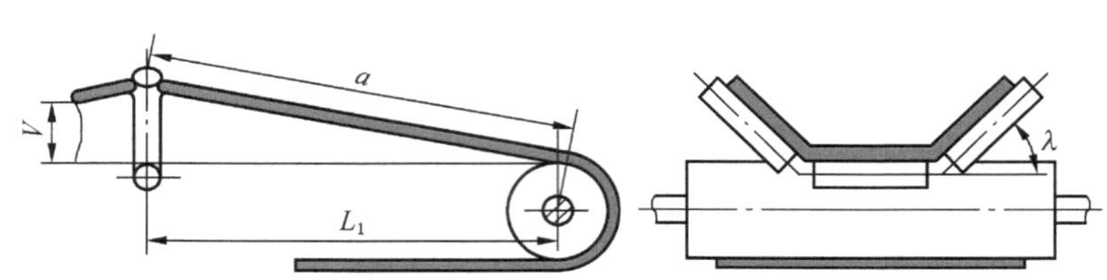

图 1

M——输送带最大张力时测定的弹性模量，N/mm；

ΔT——过渡段输送带边缘的应力引起的附加张力，N/mm；

公式的推导见附录 A（标准的附录）

计算过渡段距离时应保证：

——过渡段边缘的最大张力不超过输送带最大张力的 130%。

中华人民共和国煤炭工业部 1997-11-10 批准　　1998-04-01 实施

——防止输送带中心部翘曲。

4 过渡段距离计算公式的应用

计算过渡段距离时，M、V 和 ΔT 值确定如下：

4.1 输送带弹性模量 M

由输送带制造厂提供，亦可按附录 B(标准的附录)所列公式计算或附录 C(提示的附录)作为参考值。

4.2 输送带边缘上升或下降的垂直距离 V

根据托辊组槽形角 λ(见图 1)和滚筒上平面在托辊组槽形深度中所处位置计算而得。常规情况有如下两种：

4.2.1 滚筒与中间托辊上平面呈同一平面(见图 2)。

$$V = b\sin\lambda/3 \tag{2}$$

式中：

b——输送带宽度，m；

λ——托辊组槽形角，(°)。

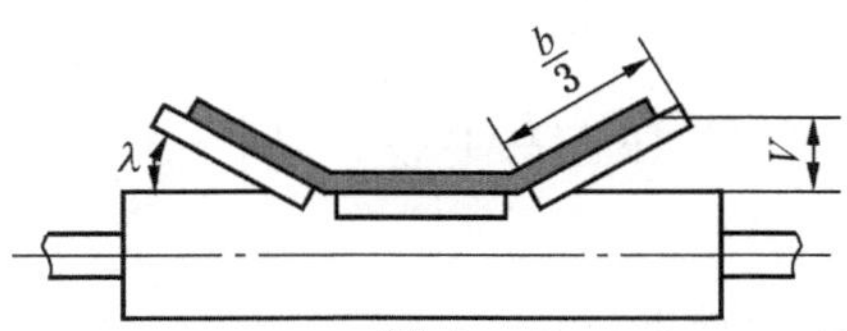

图 2

4.2.2 滚筒上平面在托辊组槽深的 1/3 处，V 相等于 2/3 槽形全深度(见图 3)。则

$$V = \frac{2}{3} \times \frac{b\sin\lambda}{3} = \frac{b\sin\lambda}{4.5} \tag{3}$$

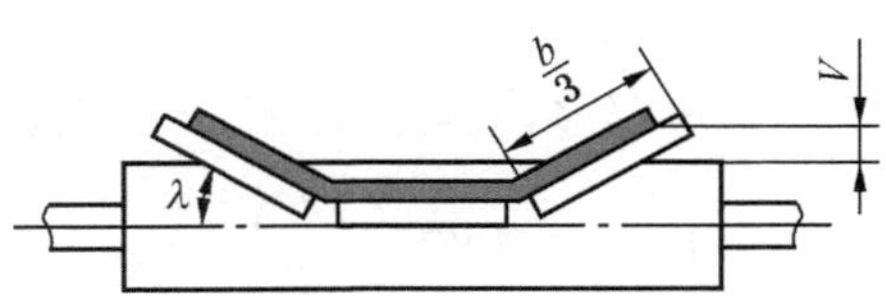

图 3

4.3 ΔT 值

以过渡段输送带的计算张力与其最大额定张力 T_R 的比率，按表 1 选择输送带边缘的附加张力 ΔT(如必要时，插入法计算)，N/mm。

表 1

过渡段输送带张力与 T_R 的比率值	ΔT	过渡段输送带张力与 T_R 的比率值	ΔT
1.0	$0.30T_R$	0.6～0.3	$0.60T_R$
0.9	$0.35T_R$	0.2	$0.40T_R$
0.8	$0.45T_R$	0.1	$0.20T_R$
0.7	$0.55T_R$	0.05	$0.10T_R$

在此选择的 ΔT 值应：

——不允许边缘张力超过 130％的输送带最大张力①；

——防止输送带中心部的翘曲②。

① 取高值时需经制造商同意。

② 为防止翘曲，输送带中心部的张力必须是足够的和保持正值。

附　录　A
（标准的附录）
过渡段距离计算公式的推导

A1　**假设条件**

假设 1. 在槽形斜托辊上的部分输送带宽度略小于正常情况的 $b/3$；

假设 2. 输送带边缘通过过渡段产生垂直落差，同时，有一个微量的横向位移。

以上两项假设，影响甚小，而且假设条件中假设 2 的横向位移正好可部分地补偿假设 1 造成的误差，因此，可简化过渡段距离的计算。

A1.1　由应力—应变—弹性模量关系式

$$\frac{a-L_1}{L_1}\cdot M=\Delta T \tag{A1}$$

得

$$a=L_1\left(\frac{\Delta T}{M}+1\right) \tag{A2}$$

式中：

a——过渡段距离中输送带边缘的长度，m。

A1.2　根据勾股弦定律

$$a=(L_1^2+V^2)^{\frac{1}{2}} \tag{A3}$$

A1.3　使式(A2)等于式(A3)，两边平方并简化成下式：

$$L_1=\frac{M}{\Delta T}\cdot V/\left(1+\frac{2M}{\Delta T}\right)^{\frac{1}{2}} \tag{A4}$$

A1.4　由于式(A4)分母中 1 比 $2M/\Delta T$ 小得多，故可忽略不计。因此，过渡段距离计算公式可简化如

$$L_1=0.707V\left(\frac{M}{\Delta T}\right)^{\frac{1}{2}} \tag{A5}$$

附　录　B
（标准的附录）
输送带弹性模量的计算公式

B1　**输送带弹性模量计算公式如下：**

$$M=\Delta F/\varepsilon \tag{B1}$$

式中：

M——输送带弹性模量，N/mm；

ΔF——试样扯断拉力的 2%至 10%之间负载变化量，N/mm；

ε——相对延伸率。

B1.1　相对延伸率公式如下：

$$\varepsilon=\Delta l/l_o \tag{B2}$$

式中：

Δl——弹性延伸量，mm；

l_o——试样的原始长度，mm。

附 录 C

（提示的附录）

国内输送带弹性模量测试参考值

C1 **国内输送带弹性模量测试参考值见表** C1。

表 C1

输送带规格	输送带弹性模量(*M*),N/mm
EP200 650×5(3+1.5)	3044.9
NN 200 650×5(4.5+1.5)	6099.1
NN 200 1000×3(3+1.5)	2892.6
NN 200 1200×7(6+3)	7070.1
ST 1250 Φ4.5 mm	39269.2
ST 2000 Φ6.0 mm	108333.3
ST 3150 Φ8.1 mm	145227.3

前　言

本标准是根据煤矿用设备开停传感器的性能特点和煤矿管理、使用的需要而制定的。

本标准在防爆安全方面严格遵守 GB 3836《爆炸性环境用防爆电气设备》系列标准和《煤矿安全规程》(1992 年版)的有关规定。在技术上与 MT 209—90、MT 210—90 等煤炭行业标准相一致。在编写格式和表述方法上贯彻了 GB/T 1.1—1993、GB/T 1.22—1993 和 GB 1.3—87 的规定。

本标准由煤炭工业部科技教育司提出。

本标准由煤炭工业部煤矿专用设备标准化技术委员会归口。

本标准起草单位:煤炭科学研究总院常州自动化研究所、宜兴市煤矿电子仪器厂。

本标准委托煤炭科学研究总院常州自动化研究所负责解释。

本标准主要起草人:沈世庄、彭霞、毕成模。

中华人民共和国煤炭行业标准

煤矿用设备开停传感器

MT/T 647—1997

Equipment ON/OFF transducer for coal mining

1 范围

本标准规定了煤矿用设备开停传感器的产品分类、技术要求、试验方法、检验规则、标志、包装、运输和贮存。

本标准适用于对煤矿井下设备开停状态进行检测的传感器(以下简称"开停传感器")。

2 引用标准

下列标准所包含的条文,通过在本标准中引用而构成为本标准的条文。本标准出版时,所示版本均为有效。所有标准都会被修订,使用标准的各方应探讨使用下列标准最新版本的可能性。

GB 191—90 包装贮运图示标志

GB/T 2829—87 周期检查计数抽样程序及抽样表(适用于生产过程稳定性的检查)

GB 3836.1—83 爆炸性环境用防爆电气设备 通用要求

GB 3836.4—83 爆炸性环境用防爆电气设备 本质安全型电路和电气设备"i"

GB/T 5080.1—86 设备可靠性试验 总要求

GB/T 5080.7—86 设备可靠性试验 恒定失效率假设下的失效率与平均无故障时间的验证试验方案

GB/T 13384—92 机电产品包装通用技术条件

MT 209—90 煤矿通信、检测、控制用电工电子产品通用技术要求

MT 210—90 煤矿通信、检测、控制用电工电子产品基本试验方法

MT 286—92 煤矿通信、自动化产品型号编制方法和管理方法

3 产品分类

3.1 型号

应符合 MT 286 的规定。

3.2 防爆型式

矿用本质安全型,标志 iI。

3.3 规格

3.3.1 按被测电缆种类、直径范围分:由产品标准自定。

3.3.2 按引线方式分:

——多线制;

——二线制。

3.3.3 按动作值分

——定值式;

中华人民共和国煤炭工业部 1997-11-10 批准　　1998-04-01 实施

——可调式。

3.3.4 按显示功能分：

——有显示；

——无显示。

4 技术要求

4.1 产品应符合本标准要求，并按照经规定程序批准的图样和文件制造。

4.2 环境条件

4.2.1 开停传感器在下列条件中应能正常工作：

——环境温度：一般为－5～＋40 ℃，若选用其他温度等级应符合 MT 209—90 中 4.2 的规定；

——平均相对湿度：不大于 95％(＋25 ℃)；

——大气压力：80～106 kPa；

——煤矿井下有爆炸性混合物，但无破坏绝缘的腐蚀性气体的场合。

4.2.2 开停传感器能承受的最恶劣的贮运条件为：

——高温：＋60 ℃；

——低温：－40 ℃；

——平均相对湿度：95％(＋25 ℃)；

——振动：加速度 50 m/s^2；

——冲击：峰值加速度 500 m/s^2。

4.3 主要性能

4.3.1 动作值

定值式开停传感器的动作值一般为 3，5，10，20，30，40 A。

可调式开停传感器的动作值调节范围由产品标准规定。

4.3.2 动作值允许误差范围

由产品标准规定。

4.3.3 响应时间

不大于 1 s。

4.3.4 输出信号

4.3.4.1 开关量

应符合 MT 209—90 中 5.3.2 的规定。

4.3.4.2 输出状态电流信号

4.3.4.2.1 恒流信号，电流值一般应在下列数组中选取：

——5 mA/1 mA；

——5 mA/ 0 mA；

——＋5 mA/－5 mA。

4.3.4.2.2 输出信号误差不大于 10％或 20％，具体由产品标准明确规定。

4.3.4.2.3 输出信号负载阻抗一般应不小于 1 kΩ。

4.3.5 工作电压范围

工作电压一般不高于 30 V，具体范围由产品标准明确规定。

4.3.6 最大工作电流

由产品标准规定。

4.3.7 被测设备供电电缆种类和直径

由产品标准规定。

4.3.8 显示功能

有显示功能的开停传感器应在产品标准中明确规定。采用光信号指示时，设备停态为红灯，设备开态为绿灯。对有电压显示功能的开停传感器，有电压状态为黄灯。

4.4 结构

4.4.1 金属零部件必须进行防锈、防蚀处理。

4.4.2 紧固件必须有防止自动松脱的措施。

4.4.3 电气间隙与爬电距离、主要零部件与元器件、接地及结构的一般要求应符合 MT 209—90 第 7 章、第 8 章、第 9 章和 11.3 的有关规定。

4.4.4 用塑料制作的开停传感器壳体或部件应采用不燃性或难燃性材料。

4.5 外观质量

4.5.1 表面平整，无损伤和疤痕，金属零部件无锈蚀。

4.5.2 标志和铭牌应完整、清晰、牢固。

4.5.3 活动部件应灵活可靠。

4.5.4 紧固件应无松动

4.6 外壳防护性能

开停传感器的外壳防护能力一般应不低于 IP54。

4.7 电气安全

4.7.1 绝缘电阻

带电回路与接地(或外壳)之间的绝缘电阻应不小于 10 MΩ，湿热试验后应不小于 1 MΩ，具体测量部位由各自产品标准规定。

4.7.2 工频耐压

带电回路与接地(或外壳)之间的 1 min 工频耐压值应不低于 500 V，且无火花、飞弧和击穿现象，具体试验部位由各自产品标准规定。

4.8 最高表面温度

开停传感器在正常工作和故障状态，其元器件、导线、壳体和部件的最高表面温度不得超过 150 ℃。

4.9 工作稳定性

开停传感器应进行工作稳定性试验，通电时间不少于 2 d，其主要性能应符合各自产品标准的规定。

4.10 可靠性

开停传感器的平均无故障工作时间(MTBF)应不小于 4000 h。

4.11 抗误动作性能

相邻电缆流过不小于 3～5 倍相应动作值电流时，开停传感器不应误动作。该指标应在产品标准中明确规定。

4.12 环境适应性

4.12.1 开停传感器在通电状态应能通过高温工作试验，其主要性能及外观质量应符合各自产品标准的规定。

4.12.2 开停传感器在通电状态应能通过低温工作试验，其主要性能及外观质量应符合各自产品标准的规定。

4.12.3 开停传感器在非工作状态应能通过高温贮存试验，其主要性能及外观质量应符合各自产品标准的规定。

4.12.4 开停传感器在非工作状态应能通过低温贮存试验，其技术性能及外观质量应符合各自产品标准的规定。

4.12.5 开停传感器应能通过湿热试验，其主要性能、电气安全及外观质量应符合各自产品标准的规定。

4.12.6　开停传感器应能通过振动试验，其主要性能及外观质量应符合各自产品标准的规定。

4.12.7　开停传感器应能通过冲击试验，其主要性能及外观质量应符合各自产品标准的规定。

4.12.8　开停传感器在非工作状态应能通过跌落试验，其主要性能及外观质量应符合各自产品标准的规定。

4.12.9　包装后的开停传感器应能承受模拟运输试验。试验后包装箱应无损坏和明显变形，箱内开停传感器的主要性能及外观质量应符合各自产品标准的规定。

4.13　防爆性能及审查

4.13.1　开停传感器须符合 GB 3836.1 和 GB 3836.4 的要求，通过规定的试验，并经过国家指定的防爆检验单位审查检验合格，取得“防爆合格证”。

4.13.2　开停传感器应通过本质安全火花试验。

4.13.3　用塑料制作的开停传感器，塑料表面的绝缘电阻须不大于 $1\times10^{9}\ \Omega$。

5　试验方法

5.1　环境条件

除环境试验或有关标准中另有规定外，试验应在下列环境条件下进行：

——温度：15～35 ℃；

——相对湿度：45%～75%；

——大气压力：86～106 kPa。

5.2　主要性能试验方法

5.2.1　测量仪器和设备

5.2.1.1　测量仪器和设备的一般要求

5.2.1.1.1　测量仪器和设备的选型应符合所测性能的特性。

5.2.1.1.2　计量器具的准确度和测量范围应保证所测指标的要求。

5.2.1.2　主要测量仪器和设备

5.2.1.2.1　三相调压器：

——容量：应满足测量要求；

——输出电流：应满足测量要求；

——频率：50 Hz。

5.2.1.2.2　大功率电阻器：

——阻值范围：应满足测量要求；

——功率：应满足测量要求。

5.2.1.2.3　钳形电流表：

——量程：应满足测量要求；

——精度：不低于 5.0 级。

5.2.1.2.4　电子秒表：

——平均误差：不大于 0.5 s/d；

——分辨率：0.01 s。

5.2.1.2.5　直流电压表和直流电流表：

——精度：不低于 2.5 级；

——量程：应满足测量要求；

——内阻：电压表内阻不小于被测电阻的 30 倍，电流表内阻不大于被测电阻的 1/30 倍。

5.2.1.2.6　直流稳压电源：

——输出电压：可调范围应大于开停传感器的工作电压范围；

——输出电流:应满足测量要求;

——精度:不低于2.5级。

5.2.1.2.7 小功率电阻器

——阻值可变,其变化范围应满足测量要求;

——功率应满足测量要求。

5.2.1.2.8 万用表:

——精度:不低于2.5级;

——测量电阻档量程应满足测量要求。

5.2.12.9 被测电缆

被测电缆的品种规格及直径应符合产品标准的要求。

5.2.2 试验基本要求

试验应在允许工作电压的2个极限值处分别进行。

5.2.3 动作值误差及响应时间试验

5.2.3.1 试验线路

见图1。

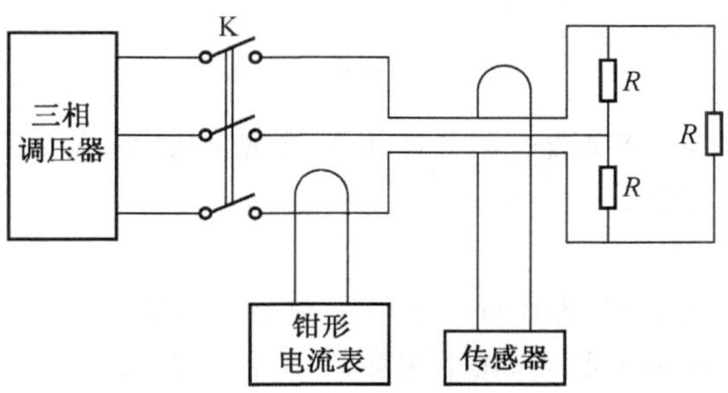

图 1

5.2.3.2 试验步骤

5.2.3.2.1 合上开关K,调节三相调压器使交流输入电压逐渐升高,钳形电流表示值随之增大,至开停传感器输出发生变化,此时钳形电流表的示值即为实测动作值。打开K,开停传感器输出恢复原状态。

5.2.3.2.2 用实测动作值与规定动作值的差值除以规定的动作值即为动作值相对误差。

5.2.3.2.3 将被测电流调至规定的动作值,接通K,同时按下秒表测试至开停传感器的输出发生变化的时间,即为响应时间。

5.2.3.2.4 对动作值可调式开停传感器应至少测试包括最低档和最高档动作电流值在内的均匀分布的5个测点。

5.2.4 输出信号测试

5.2.4.1 无源开关量输出信号测试

5.2.4.1.1 输出断开状态的测试:用万用表电阻档测量两输出端间的电阻,其示值即为输出断开状态时的漏电阻。

5.2.4.12 输出闭合状态的测试

——被测回路接线如图1。开停传感器输入输出端按图2连接;

——使开停传感器输出为闭合状态,调节电阻器 R 使电流表A显示为2 mA,此时电压表 V_2 的示值应不大于0.5 V。

5.2.4.2 有源开关量输出信号测试

5.2.4.2.1 输出高电平测试:

——被测回路接线如图1。开停传感器输入输出端按图3连线。

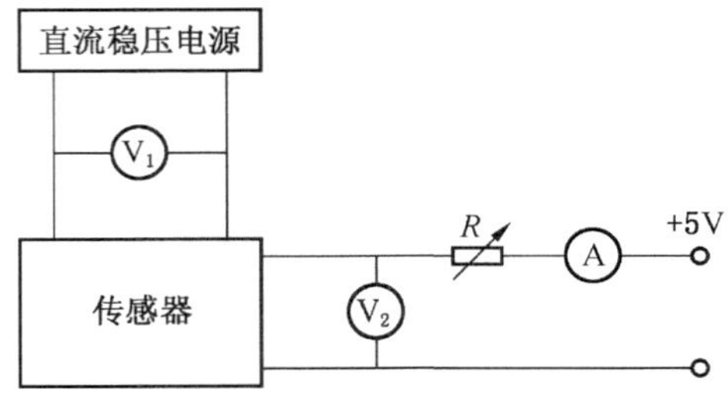

图 2

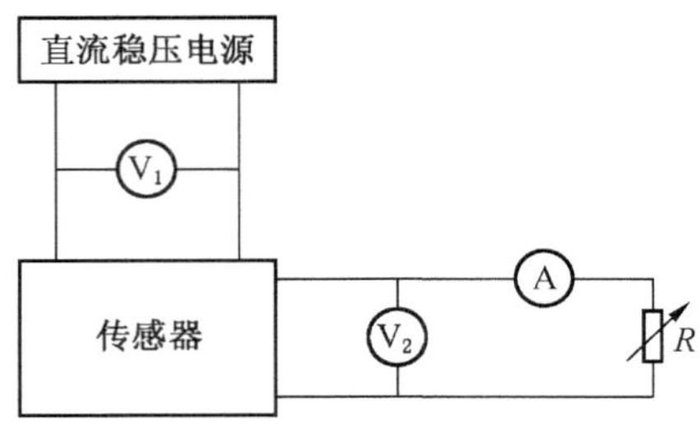

图 3

——使开停传感器输出为高电平状态，调节电阻器 R 使电流表 A 显示为 2 mA，此时电压表 V_2 的示值即为输出高电平状态的实测值。

5.2.4.2.2 输出低电平测试：

——被测回路接线如图 1，开停传感器输入输出端按图 2 连接；

——使开停传感器输出为低电平状态，调节电阻器 R 使电流表 A 显示为 2 mA，此时电压表 V_2 的示值为输出低电平状态的实测值。

5.2.4.3 输出状态电流信号测试

5.2.4.3.1 试验线路连接

被测回路接线如图 1。开停传感器输入输出端按图 4(二线制)或图 5(多线制)连接。

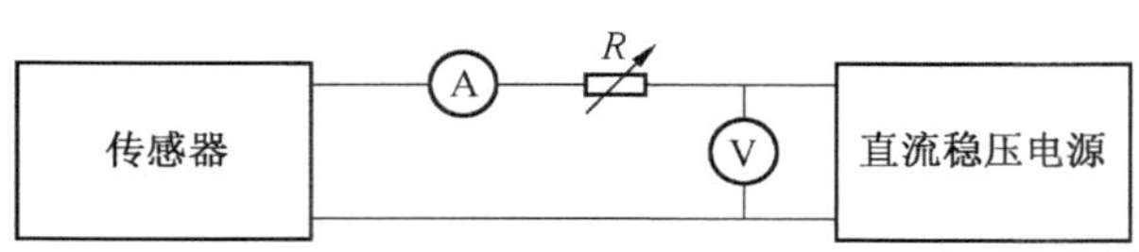

图 4

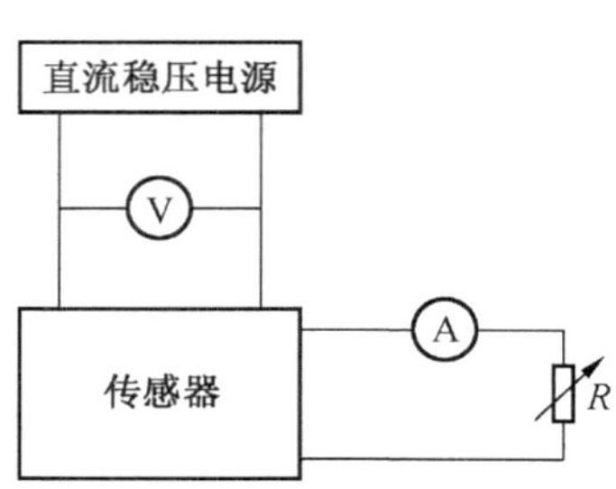

图 5

5.2.4.3.2 试验步骤：

——使开停传感器输出分别处于不同的二种电流输出状态，进行以下试验：调节电阻器 R 使其达允许负载变化的最小值读取电流表 A 的示值，然后再调节电阻器 R，使其在允许负载变化的最大值读取电流表 A 的示值；

——用电流表读数与规定值的最大差值除以规定值即为输出信号相对误差。

5.2.5 显示功能试验

可与 5.2.3 试验同时进行。应制造各自产品标准中规定的各种工作状态，全面检查显示功能。

5.3 结构检查

按 MT 210—90 第 5 章的有关规定进行。

5.4 外观检查

按 MT 210—90 第 5 章的有关规定进行。

5.5 外壳防护性能试验

按 MT 210—90 第 16 章的规定进行。

5.6 绝缘电阻测量

按 MT 210—90 第 7 章的规定进行。

5.7 工频耐压试验

按 MT 210—90 第 8 章的规定进行。

5.8 最高表面温度测量

按 MT 210—90 第 11 章的规定进行。

5.9 工作稳定性试验

开停传感器处于通电状态，通电时间应符合各自产品标准的规定，每隔 8 h 检查一次动作性能，试验结束时按各自产品标准规定测试主要性能。

5.10 高温工作试验

按 MT 210—90 第 23 章的有关规定进行。被试设备处于通电状态，严酷等级为：温度为最高环境温度，持续时间 2 h。

5.11 低温工作试验

按 MT 210—90 第 23 章的有关规定进行。被试设备处于通电状态，严酷等级为：温度为最低环境温度，持续时间 2 h。

5.12 高温贮存试验

按 MT 210—90 第 24 章的有关规定进行。被试设备处于非通电状态，严酷等级为：温度＋60 ℃，持续时间 16 h，恢复时间不少于 1 h。

5.13 低温贮存试验

按 MT 210—90 第 24 章的有关规定进行。被试设备处于非通电状态，严酷等级为：温度－40 ℃，持续时间 16 h，恢复时间不少于 1 h。

5.14 湿热试验

按 MT 210—90 第 28 章的有关规定进行。严酷等级为：温度＋40 ℃，周期 12 d。

5.15 振动试验

按 MT 210—90 第 25 章的规定进行。被试设备应处在非通电状态，严酷等级为频率 10～150 Hz，加速度幅值 50 m/s^2，每轴向扫频不低于 5 次。

5.16 冲击试验

按 MT 210—90 第 26 章的规定进行。被试设备应处在非通电状态，严酷等级为峰值加速度 500 m/s^2，脉冲持续时间 11 ms，互相垂直轴线的每个方向 3 次(共 18 次)。

5.17 跌落试验

按 MT 210—90 中 5.2.1 的规定进行。被试设备处于非通电状态，严酷等级应符合表 1 的规定。

表 1

开停传感器重量 kg	跌落高度 mm	跌落次数
≤2	1000	2
≤5	500	2
≤10	200	2

5.18 运输试验

按 MT 210—90 第 27 章的有关规定进行。被试设备应按各自产品标准的规定包装，试验严酷等级为：频率 4 Hz，加速度 30 m/s^2，试验时间 2 h。

5.19 可靠性试验

按 GB/T 5080.7 的有关规定进行。若无其他标准另行规定，采用定时截尾试验方案。失效判定应符合 GB/T 5080.1—86 中 9.2 的规定。

5.20 抗误动作性能试验

5.20.1 主要测量仪器和设备同 5.2.1 的规定。

5.20.2 试验线路按图 1 连接，另将一根非屏蔽或非铠装电缆与被试电缆平行，相距 50 mm。

5.20.3 试验应在允许工作电压范围的二个极限值处分别进行。试验步骤如下：

——将相邻电缆通以规定倍数的被试开停传感器动作值电流；

——按 5.2.3 方法进行试验，应动作无误。

5.21 防爆性能试验与审查

按 GB 3836.1 和 GB 3836.4 的有关规定进行。

5.22 表面绝缘电阻测量

按 MT 210—90 第 22 章的规定进行。

6 检验规则

6.1 检验分类

检验一般分出厂检验、型式检验二种。

6.2 出厂检验

6.2.1 每台开停传感器均由制造厂质量检验部门检验，检验合格并签发合格证后方可出厂。

6.2.2 试验项目应符合表 2 的规定。

表 2

试验项目	质量特征类别	试验项目要求	出厂检验	型式检验
主要性能	B	4.3	○	○
结构	C	4.4.1～4.4.4	○	○
外观质量	C	4.5.1～ 4.5.4	○	○
外壳防护性能	B	4.6	—	○
绝缘电阻	A	4.7.1	○	○
工频耐压	A	4.7.2	○	○
最高表面温度	A	4.8	—	○
工作稳定性	B	4.9	○	○

表 2(续)

试验项目	质量特征类别	试验项目要求	出厂检验	型式检验
高温工作	B	4.12.1	—	○
低温工作	B	4.12.2	—	○
高温贮存	B	4.12.3	—	○
低温贮存	B	4.12.4	—	○
湿热	B	4.12.5	—	○
振动	B	4.12.6	—	○
冲击	B	4.12.7	—	○
跌落	B	4.12.8	—	○
运输	B	4.12.9	—	○
可靠性	B	4.10	—	△
抗误动作性能	B	4.11	—	○
防爆性能和审查	A	4.13.1、4.13.2	—	○
表面绝缘电阻	B	4.13.3	—	○

注

1 ○表示需要进行检验的项目。

2 △表示新产品或老产品转厂定型时必须进行,其余根据具体情况选择确定的项目

6.2.3 出厂检验各项指标需符合各自产品标准要求。有一项不合格则该产品不合格。若出现C类不合格,允许返修成合格品。若出现A类、B类不合格则应返工,并重新试验。

6.3 型式检验

6.3.1 在下列情况之一时,应进行型式检验:

——新产品或老产品转厂定型时;

——正常生产后,当结构、材料、工艺有较大改变而可能影响性能时;

——正常生产时每2年进行1次(防爆性能除外);

——停产1年恢复生产时;

——出厂检验结果与上次型式检验结果有较大差异时;

——国家质量监督机构提出进行型式检验时。

6.3.2 试验项目应符合表2的规定。

6.3.3 批量不大于20台时,应从出厂检验合格的产品中抽取1~2台进行型式检验。对A类项目,有1项不合格则判该批为不合格。对B类项目,有1项不合格应加倍抽样重新检验,若仍有1项不合格则判该批为不合格。对C类项目,有3项不合格,则判该批产品不合格。

6.3.4 批量大于20台时,抽样方案应采用GB/T 2829,除非其他标准另有规定,一般选用一次抽样方案,判别水平Ⅲ,不合格质量水平RQL不大于40,当批量较小时或者对破坏性试验项目允许采用判别水平Ⅰ。判定数组由各自产品标准规定。

对照试验项目的要求检验,并累计不合格数及不合格品数,按抽样方案判定产品为合格或不合格。

6.3.5 若不合格应按GB/T 2829—87中4.12.3的规定处理。

7 标志、包装、运输及贮存

7.1 标志

7.1.1 产品标志

7.1.1.1 产品标志应符合 MT 209—90 中 14.2 的规定。

7.1.1.2 外壳明显处须设置清晰的永久性标志“Ex”。

7.1.1.3 应具备 MA 安全标志。

7.1.1.4 外壳明显处设置铭牌，铭牌应清晰，并包括以下内容：

——产品型号与名称；

——右上方有明显的“Ex”标志；

——防爆标志；

——防爆合格证编号；

——安全标志编号；

——必要的技术参数；

——关联设备的型号、规格；

——产品编号及制造日期；

——制造厂名称。

7.1.2 包装标志

7.1.2.1 包装贮运标志应符合 GB 191 的规定。

7.1.2.2 包装箱外壁文字及标记至少有：

——制造厂名；

——收货单位名称及地址；

——产品型号及名称；

——净重或毛重；

——必要的贮运标志。

7.2 包装

7.2.1 开停传感器的包装应符合 GB/T 13384 的要求，包装方式由各自产品标准规定。

7.2.2 随机文件应有：

——产品合格证；

——使用说明书；

——装箱单；

——其他必要的技术资料。

7.3 运输

包装后的开停传感器在避免雨雪直接淋袭的条件下，可适用于水运、陆运及空运等各种运输方式。

7.4 贮存

包装后的开停传感器应能在温度为－10～＋400 ℃，相对湿度不大于 90％的环境条件中贮存 12 个月以上。

前 言

本标准是根据煤矿用胶带跑偏传感器的性能特点和煤矿管理、使用的需要而制定的。

本标准在防爆安全方面严格遵守 GB 3836《爆炸性环境用防爆电气设备》系列标准和《煤矿安全规程》(1992 年版)的有关规定。在技术上与 MT 209—90、MT 210—90 等煤炭行业标准相一致。在编写格式和表述方法上贯彻了 GB/T 1.1—1993、GB/T 1.22—1993 和 GB 1.3—87 的规定。

本标准由煤炭工业部科技教育司提出。

本标准由煤炭工业部煤矿专用设备标准化技术委员会归口。

本标准起草单位:煤炭科学研究总院常州自动化研究所、煤炭科学研究总院上海分院。

本标准委托煤炭科学研究总院常州自动化研究所负责解释。

本标准主要起草人:沈世庄、彭霞、曹宏疆、潘黎明。

中华人民共和国煤炭行业标准

煤矿用胶带跑偏传感器

MT/T 648—1997

Belt disalignment transducer for coal mining

1 范围

本标准规定了煤矿用胶带跑偏传感器的产品分类、技术要求、试验方法、检验规则、标志、包装、运输和贮存。

本标准适用于检测煤矿井下带式输送机胶带跑偏状态的胶带跑偏传感器(以下简称“跑偏传感器”)。

2 引用标准

下列标准所包含的条文,通过在本标准中引用而构成为本标准的条文。本标准出版时,所示版本均为有效。所有标准都会被修订,使用标准的各方应探讨使用下列标准最新版本的可能性。

GB 156—93 标准电压

GB 191—90 包装贮运图示标志

GB/T 762—80 电气设备 额定电流

GB/T 2829—87 周期检查计数抽样程序及抽样表(适用于生产过程稳定性的检查)

GB 3836.1—83 爆炸性环境用防爆电气设备 通用要求

GB 3836.2—83 爆炸性环境用防爆电气设备 隔爆型电气设备“d”

GB 3836.4—83 爆炸性环境用防爆电气设备 本质安全型电路和电气设备“i”

GB/T 12173—90 矿用一般型电气设备

GB/T 13384—92 机电产品包装通用技术条件

JB 4013.1—85 控制电路电器和开关元件的一般要求

MT 209—90 煤矿通信、检测、控制用电工电子产品通用技术要求

MT 210—90 煤矿通信、检测、控制用电工电子产品基本试验方法

MT 286—92 煤矿通信、自动化产品型号编制方法和管理办法

3 产品分类

3.1 型号

应符合 MT 286 的规定。

3.2 型式

按矿用型式分:

——矿用本质安全型,标志“iI”;

——矿用隔爆型,标志“dI”;

——矿用一般型,标志“KY”。

3.3 规格

3.3.1 按额定电压分:

中华人民共和国煤炭工业部 1997-11-10 批准　　　　1998-04-01 实施

380 V,127 V,60 V,60 V 以下的电压等级应符合 GB 156 的规定。

3.3.2 按额定电流分：

0.5 A,1 A,2 A,3.15 A,其他电流等级应符合 GB/T 762 的规定。

3.3.3 按输出接点形式分：

——对常闭；

——对常开和一对常闭；

——组转换接点；

——多组接点。

3.3.4 按跑偏传感器动作级数分：

——单级跑偏传感器；

——二级跑偏传感器。

3.3.5 按动作方向分：

——单向动作；

——双向动作。

4 技术要求

4.1 产品应符合本标准要求,并按照经规定程序批准的图样和文件制造。

4.2 环境条件

4.2.1 跑偏传感器在下列条件中应能正常工作：

——环境温度：一般为－5～＋40 ℃,若选用其他温度等级应符合 MT 209—90 中 4.2 的规定；

——平均相对湿度：不大于 95%(＋25 ℃)；

——大气压力：80～106 kPa；

——振动：加速度 50 m/s^2；

——冲击：峰值加速度 500 m/s^2；

——煤矿井下无破坏绝缘的腐蚀性气体的场合。

4.2.2 跑偏传感器能承受的最恶劣的贮运气候条件为：

——高温：＋60 ℃；

——低温：－40 ℃；

——平均相对湿度：95%(＋25 ℃)。

4.3 主要性能

4.3.1 动作角度

4.3.1.1 第一级一般应在 10°,12°,15°,20°,30°,35°,40°中选取。

4.3.1.2 第二级一般应在 30°,35°,40°,45°,50°中选取。

4.3.2 动作角度的允许偏差

动作角度的允许偏差应在±2°,±3°中选取。

4.3.3 触杆的动作力

触杆的动作力应在 20～100 N 范围内,具体由产品标准规定。

4.3.4 复位角度

由产品标准规定。

4.3.5 探杆转动的极限角度

探杆转动的极限角度不小于 70°。

4.3.6 接触电阻

闭合接点的接触电阻不大于 0.1 Ω,振动、冲击和寿命试验后不大于 0.2 Ω。

4.3.7 绝缘电阻

非闭合接点间及各个接点与外壳之间的绝缘电阻应符合 MT 209—90 中 11.1 的规定。

4.3.8 工频耐压

非闭合接点间及各个接点与外壳之间 1 min 的工频耐压值应符合表 1 的规定,且无火花、飞弧和击穿现象。

表 1

V

额定电压	380	127	60 及以下	
			本质安全型	其他防爆型式
工频耐压值	2500	2000	500	1000

4.3.9 动作性能

跑偏传感器受动作力作用,探杆转动至动作角度时应立即动作,动作力撤除探杆自动返回原位经过复位角度时立即恢复。

4.3.10 其他性能

输出接点的通断能力和温升应符合 JB 4013.1 的有关规定。

4.4 选择性能

跑偏传感器可选择以下性能,并在产品标准中规定:

——探杆纵向缓冲功能;

——跑偏部位判断功能;

——其他性能。

4.5 结构、零部件和元器件要求

4.5.1 金属零部件应进行防锈、防蚀处理。

4.5.2 紧固件必须有防止自动松脱的措施。

4.5.3 接线端子的结构应符合以下要求:

——与规定的外部导体连接时,应保证接触可靠且有效;

——在压紧导线的条件下不会损伤导线和接线端子本身;

——用于夹紧导线的螺钉和螺母不应用于固定其他零件。

4.5.4 零部件、元器件及其他结构要求应符合 MT 209—90 第 7 章、第 8 章和 11.3 的规定。

4.5.5 探杆的转动应灵活可靠。

4.6 外观质量

应符合 MT 209—90 第 6 章的规定。

4.7 外壳防护性能

应符合 MT 209—90 中 9.1.1 的规定。

4.8 最高表面温度

应符合 MT 209—90 第 10 章的规定。

4.9 寿命

跑偏传感器在额定的电负荷条件下应能承受不低于 0.5～1.0 万次转换次数的寿命试验。

4.10 环境适应性

4.10.1 跑偏传感器应能通过低温试验,其绝缘电阻、动作性能及外观质量应符合各自产品标准的规定。

4.10.2 跑偏传感器应能通过高温试验,其绝缘电阻、动作性能及外观质量应符合各自产品标准的规定。

4.10.3 跑偏传感器应能通过交变湿热试验,其绝缘电阻、工频耐压、接触电阻、动作性能及外观质量应符合各自产品标准的规定。

4.10.4 跑偏传感器应能通过振动试验，试验中接触电阻的变化应符合4.3.6的要求，试验后动作性能及外观质量应符合各自产品标准的规定。

4.10.5 跑偏传感器应能通过冲击试验，试验中接触电阻的变化应符合4.3.6的要求，试验后动作性能及外观质量应符合各自产品标准的规定。

4.10.6 跑偏传感器应能通过跌落试验，试验后，不得产生影响防爆性能的变形或损坏，相对运动部件不得产生摩擦，动作性能及外观质量应符合各自产品标准的规定。

4.10.7 包装后的跑偏传感器应能通过模拟汽车运输试验，试验后包装箱应无损坏和明显变形，箱内跑偏传感器的动作性能及外观质量应符合各自产品标准的规定。

4.11 防爆性能

4.11.1 跑偏传感器必须符合GB 3836.1、GB 3836.2、GB 3836.4和GB/T 12173的有关规定，并经国家指定的检验单位检验合格，取得“防爆合格证”或“矿用合格证”。

4.11.2 本质安全型跑偏传感器应通过本质安全火花试验和GB 3836.4规定的有关试验。

4.11.3 隔爆型跑偏传感器应通过隔爆强度、隔爆性能和GB 3836.2规定的有关试验。

4.11.4 矿用一般型跑偏传感器应通过GB/T 12173规定的有关试验。

4.11.5 用塑料制作的跑偏传感器，塑料表面的绝缘电阻值须不大于1×10^{9} Ω。

5 试验方法

5.1 环境条件

5.1.1 除环境试验或有关标准另有规定外，试验应在下列环境条件下进行：

——温度：15～35 ℃；

——相对湿度：45％～75％；

——大气压力：86～106 kPa。

5.2 主要性能试验方法

5.2.1 测量仪器和设备

5.2.1.1 测量仪器和设备的一般要求

5.2.1.1.1 测量仪器和设备的选型应符合所测性能的特性。

5.2.1.1.2 计量器具的准确度和测量范围应保证所测指标的要求。

5.2.1.2 主要测量仪器和设备

5.2.1.2.1 弹簧秤或拉力计

误差应不大于±10％。

5.2.1.2.2 电压表和电流表

精度应保证测量总误差不大于±10％。

5.2.2 试验步骤

5.2.2.1 动作角度、动作力和复位角度试验

5.2.2.1.1 用产品标准规定的装夹具将跑偏传感器牢固地安装在金属板上。金属板应有足够的强度以便承受所加的力。

5.2.2.1.2 按以下步骤测量：

——按产品标准规定的点和方向将力加到跑偏传感器的探杆上，力应平稳地增加，直到跑偏传感器的输出状态改变。测量完成这一动作所需的最大力和探杆转动的角度，此为动作力和动作角度。若为二级跑偏传感器，还应继续转动探杆，按同样方法测量第二级的动作力和动作角度；

——逐步减小动作力，使探杆自动缓慢地返回，直到跑偏传感器的输出恢复原状态，测量此时探杆的转角，即为恢复角度；

——连续进行 5 次；
——动作角度和恢复角度的误差按五次测量的平均值计算；
——动作力均应在产品标准规定的范围内。

5.2.2.1.3 双向动作的跑偏传感器应在要求的两个方向上进行上述测量。

5.2.2.2 极限角度试验

5.2.2.2.1 同 5.2.2.1.1。

5.2.2.2.2 使跑偏传感器的探杆转至稳定的止端位置，测量探杆的转动角度，此为极限角度。

5.2.2.2.3 双向动作的跑偏传感器应在要求的两个方向上进行上述测量。

5.2.2.3 接触电阻测量

5.2.2.3.1 在跑偏传感器的引出端之间进行测量。

5.2.2.3.2 最大开路直流试验电压为(6±1)V，试验电流为 100 mA。

5.2.2.3.3 使接点闭合，加上试验电压，向一个方向通以试验电流，测量接点间的电压降。

5.2.2.3.4 向反方向通以试验电流，测量接点间的电压降。

5.2.2.3.5 切断电源，断开接触件，取两次测量的平均值推算出接触电阻。

5.2.2.4 绝缘电阻测量

按 MT 210—90 第 7 章的规定进行测量。

5.2.2.5 工频耐压试验

按 MT 210—90 第 8 章的规定进行测量。

5.2.2.6 动作性能试验

5.2.2.6.1 同 5.2.2.1.1。

5.2.2.6.2 按以下步骤试验：

——按产品标准规定的点和方向将力加到探杆上，当探杆转动至动作角度时跑偏传感器应立即动作，直至探杆转动到极限角度；

——逐步减小动作力，使探杆自动缓慢地返回，至复位角度时跑偏传感器应立即恢复原状态，直至探杆返回至原稳定起始状态。

5.2.2.7 输出接点的通断能力和温升试验

按 JB 4013.1 的有关规定进行。

5.3 选择性能试验

由各自产品标准规定。

5.4 结构检查

按 MT 210—90 第 5 章的有关规定进行。对与防爆性能有关的零部件、元器件及其结构按 GB 3836.1、GB 3836.2、GB 3836.4 和 GB/T 12173 的有关规定进行检查。

5.5 外观质量检查

按 MT 210—90 第 5 章的有关规定进行。

5.6 外壳防护性能试验

按 MT 210—90 第 16 章的规定进行。

5.7 最高表面温度测量

使接点闭合，并通以额定电流，按 MT 210—90 第 11 章的规定进行测量。

5.8 寿命试验

5.8.1 跑偏传感器应在转换速度每分钟不超过 30 次的寿命试验设备上进行，监控装置记录转换次数的数量，试验设备应附有监测电路通断转换的装置。

5.8.2 试验后，按 5.2.2.1 检查动作角度、动作力和复位角度，按 5.2.2.3 检查接触电阻，接触电阻取 5 次平均值。

5.9 低温试验

按 MT 210—90 第 24 章的有关规定进行。严酷等级为：−40 ℃，持续时间 16 h。试验后立即检查绝缘电阻和动作性能，在正常试验条件下放置 1～2 h 后检查外观质量。

5.10 高温试验

按 MT 210—90 第 24 章的有关规定进行。严酷等级为：+60 ℃，持续时间 16 h。试验后立即检查绝缘电阻和动作性能，在正常试验条件下放置 1～2 h 后检查外观质量。

5.11 湿热试验

按 MT 210—90 第 28 章交变湿热试验的有关规定进行。严酷等级为：温度+40 ℃，周期 12 d。在试验最后一个周期的低温高湿阶段的最后 2 h 检查绝缘电阻、工频耐压、动作角度、动作力、接触电阻和动作性能。在正常试验条件下放置 1～2 h 后检查外观质量。

5.12 振动试验

按 MT 210—90 第 25 章的规定进行。严酷等级为：频率 10～150 Hz，加速度幅值 50 m/s^2，每轴向扫频 20 次。在试验中监测传感器闭合接点接触电阻的变化，试验后检查动作性能及外观质量。

5.13 冲击试验

按 MT 210—90 第 26 章的规定进行。严酷等级为：峰值加速度 500 m/s^2，脉冲持续时间 11 ms，互相垂直轴线的每个方向各 3 次(共 18 次)。在试验中监测传感器闭合接点接触电阻的变化，试验后检查动作性能及外观质量。

5.14 跌落试验

按 MT 210—90 中 15.2.1 的规定进行。严酷等级应符合表 2 的规定。

表 2

跑偏传感器重量 kg	跌落高度 mm	跌落次数
≤2	1000	2
≤5	500	2
≤10	200	2

5.15 运输试验

按 MT 210—90 第 27 章的有关规定进行。被试设备应按各自产品标准的规定包装，试验严酷等级为：频率 4 Hz，加速度 30 m/s^2，时间 2 h。

5.16 表面绝缘电阻测量

按 MT 210—90 第 22 章的规定进行。

5.17 防爆性能及矿用性能审查

由国家指定防爆检验单位按 GB 3836.1，GB 3836.2，GB 3836.4 和 GB/T 12173 的有关规定进行。

6 检验规则

6.1 检验分类

检验一般分出厂检验、型式检验二种。

6.2 出厂检验

6.2.1 每台跑偏传感器均由制造厂质量检验部门检验，检验合格并签发合格证后方可出厂。

6.2.2 试验项目应符合表 3 的规定。

6.2.3 出厂检验各项指标需符合各自产品标准要求。有一项不合格则该产品不合格。若出现 C 类不合格，允许返修成合格品；若出现 A 类、B 类不合格则应返工，并重新试验。

表 3

试验项目	质量特征类别	试验项目要求	出厂检验	型式检验
动作性能、动作角度、动作力、复位角度	B	4.3.1～4.3.4 4.3.9	○	○
极限角度	B	4.3.5		○
接触电阻	B	4.3.6		○
绝缘电阻	A	4.3.7	○	○
工频耐压	A	4.3.8	○	○
开关的其他性能	B	4.3.10	—	○
选择性能	B	4.4	+	+
结构	C	4.5.1～4.5.5	○	○
外观	C	4.6	○	○
外壳防护性能	B	4.7	—	○
最高表面温度	B	4.8	—	○
寿命	B	4.9	—	○
低温环境适应性	B	4.10.1		○
高温环境适应性	B	4.10.2	—	○
湿热环境适应性	B	4.10.3	—	○
振动环境适应性	B	4.10.4	—	○
冲击环境适应性	B	4.10.5	—	○
跌落环境适应性	B	4.10.6	—	○
运输环境适应性	B	4.10.7		○
表面绝缘电阻	A	4.11.5	—	○
防爆性能及矿用性能	A	4.11.1～4.11.4	—	○

注

1 ○表示需要进行检验的项目。

2 +表示只需检验各自产品标准中所选择的性能

6.3 型式检验

6.3.1 在下列情况之一时，应进行型式检验：

——新产品及老产品转厂定型时；

——正式生产后，如结构、材料、工艺有较大改变，可能影响产品性能时；

——正常生产时每 2 年 1 次(防爆性能除外)；

——出厂检验结果与上次型式检验结果有较大差异时；

——国家质量监督机构提出进行型式检验时。

6.3.2 试验项目应符合表 3 的规定。

6.3.3 批量不大于 20 台时，应从出厂检验合格的产品中抽取 1～2 台进行型式检验。对 A 类项目，有 1 项不合格则判该批为不合格。对 B 类项目，有 1 项不合格应加倍抽样重新检验，若仍有 1 项不合格则判该批为不合格。对 C 类项目，有 3 项不合格则判该批产品不合格。

6.3.4 批量大于 20 台时，抽样方案应采用 GB/T 2829，除非其他标准另有规定，一般选用一次抽样方案，判别水平Ⅲ，不合格质量水平 RQL 不大于 40，当批量较小时或者对破坏性试验项目允许采用判别水平Ⅰ。判定数组由各自产品标准规定。

对照试验项目的要求检验,并累计不合格数及不合格品数,按抽样方案判定产品为合格或不合格,若不合格应按 GB/T 2829—87 中 4.12.3 规定处理。

7 标志、包装、运输和贮存

7.1 标志

7.1.1 产品标志

7.1.1.1 产品标志应符合 MT 210—90 中 14.2 的规定。

7.1.1.2 外壳明显处须设置清晰的永久性标志“Ex”或“KY”。

7.1.1.3 防爆型产品应具备“MA”安全标志。

7.1.1.4 外壳明显处应设置铭牌,并应包括以下内容:

——产品型号和名称;

——右上方有明显的“Ex”标志或“KY”标志;

——防爆型式、类别及级别(矿用一般型产品除外);

——防爆合格证编号和矿用合格证编号;

——安全标志编号(矿用一般型产品除外);

——外壳防护等级(防爆型产品除外);

——必要的技术参数;

——产品编号及出厂日期;

——制造厂名。

7.1.2 包装标志

7.1.2.1 包装贮运标志应符合 GB 191 的规定。

7.1.2.2 包装箱外壁文字和标记应有:

——制造厂名;

——收货单位名称和地址;

——产品型号和名称;

——净重和毛重,kg。

7.2 包装

7.2.1 跑偏传感器的包装应符合 GB/T 13384 的要求,包装方式由各自产品标准规定。

7.2.2 随机文件应有:

——合格证;

——使用说明书;

——装箱单 ;

——随机备件、附件清单;

——其他技术文件。

7.3 运输

包装后的跑偏传感器在避免雨雪直接淋袭的条件下,可适用于水运、陆运及空运等各种运输方式。

7.4 贮存

包装后的跑偏传感器应能在温度为－10～＋40 ℃,相对湿度不大于 90％的环境中贮存 1 年以上。

ICS 73.120;73.100.99
D 96
备案号：

MT

中华人民共和国煤炭行业标准

MT/T 649—2011
代替 MT/T 649—1997

煤用喷射式浮选机

Jes flotation machine for coal

2011-04-12 发布 2011-09-01 实施

国家安全生产监督管理总局 发布

前 言

本标准按照 GB/T 1.1—2009 给出的规则起草。

本标准是对 MT/T 649—1997《煤用喷射式浮选机技术条件》的修订，本标准代替 MT/T 649—1997。

本标准与 MT/T 649—1997 相比，主要变化如下：

——增加了型式与基本参数一章(见第 3 章)；喷嘴材料采用 GCr28(铸铁铬 28)(见 4.2.1)；

——增加了假底下端距槽底的距离 120 mm±2 mm(见 4.3.8)；

——增加了对四槽箱按从尾部到头部槽箱次序逐个递增为 10 mm，对六槽箱则为 15 mm(见 4.4.3)；

——增加了刮泡板应相互垂直，依此向前各相邻刮板相差 $90/n$ 度，n 为槽箱数(见 4.4.5)；

——增加了液面调节板应运转灵活，其与固定溢流堰的间隙应不大于 1 mm (见 4.4.6)；

——增加了执行标准编号(见 7.1.1(e))；

——修改了喷嘴出口体材料宜采用维氏显微硬度 HV 不小于 800 的刚玉(见 4.2.1，1997 年版的 3.2.1)；

——修改了喉管、伞形分散器材料宜采用 HT300 制造(见 4.2.2，1997 年版的 3.2.2)；

——修改了下伞轮下端面距离假底的高度应为 140 mm±2 mm(见 4.4.2，1997 年版的 3.4.2)；

——修改了刮泡板前端边距可调刮泡沫堰的间隙为 2 mm～5 mm (见 4.4.4，1997 年版的 3.4.3)；

——删除了对刮板刮泡边直线度偏差的要求(见 1997 年版的 3.2.4)；

——删除了正式生产后，每生产 10 台从出厂检验合格品中至少应抽出 1 台进行 1 次检验(见 1997 年版的 5.2.1 部分条款)；

——删除了易损件(叶轮、定子)图样(见 1997 年版的 6.2 部分条款)。

本标准由中国煤炭工业协会提出。

本标准由煤炭行业煤矿专用设备标准化技术委员会归口。

本标准由唐山国华科技有限公司负责起草，煤炭科学研究总院唐山研究院、唐山森普矿山装备有限公司参加起草。

本标准主要起草人员：赵树彦、梁金钢、顾少雄、江明东、李保文、赵先华。

本标准所代替标准的历次版本发布情况为：

——MT/T 649—1997。

煤用喷射式浮选机

1 范围

本标准规定了煤用喷射式浮选机的型式与基本参数、技术要求、试验方法、检验规则、标志、包装、运输和贮存。

本标准适用于煤用喷射式浮选机。

2 规范性引用文件

下列文件对于本文件的应用是必不可少的。凡是注日期的引用文件，仅注日期的版本适用于本文件。凡是不注日期的引用文件，其最新版本(包括所有的修改单)适用于本文件。

GB/T 9439—2010 灰铸铁件

GB/T 9969—2008 工业产品使用说明书 总则

GB/T 13306 标牌

GB/T 13384 机电产品包装通用技术条件

JB/T 5000.3—2007 重型机械通用技术条件 第3部分:焊接件

MT/T 154.7—1992 煤用分选设备型号编制方法

MT/T 652—1997 煤用浮选机清水性能试验方法和判定规则

3 型式与基本参数

3.1 产品型号表示方法

产品型号表示方法应符合 MT/T 154.7—1997 的规定。

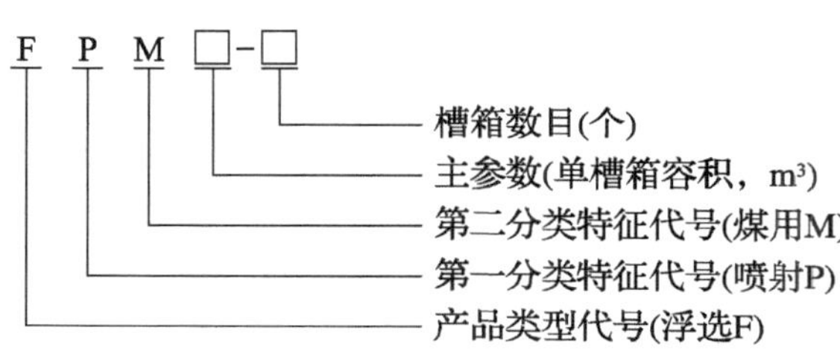

示例：

FPM20-4，表示槽箱容积为 20 m^3 由四个槽箱组成的煤用喷射式浮选机。

3.2 结构

煤用喷射式浮选机由充气搅拌装置、槽箱、刮泡机构、放矿装置、渣浆泵和液面调整机构组成，如图1所示。

3.3 基本参数

煤用喷射式浮选机的基本参数应符合表1的规定。

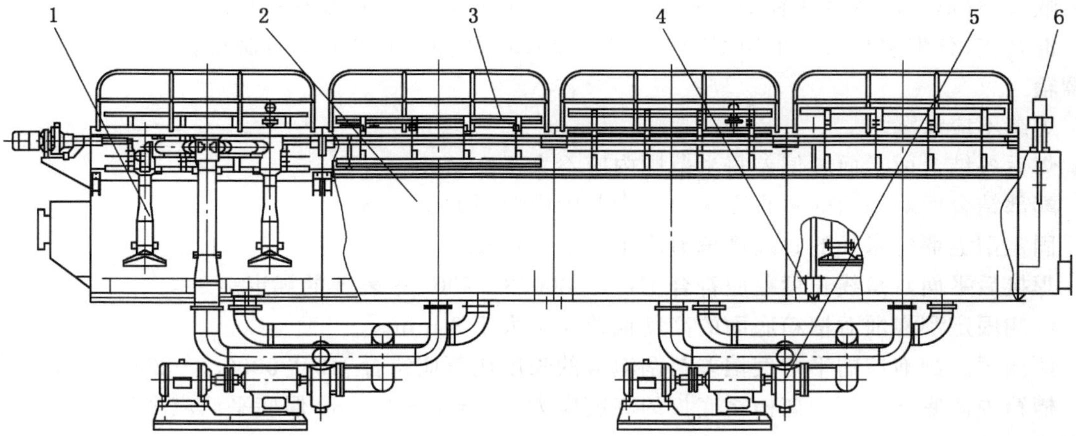

说明：

1——充气搅拌装置；

2——槽箱；

3——刮泡机构；

4——放矿装置；

5——渣浆泵；

6——液面调整机构。

图 1　FPM□-4 型煤用喷射式浮选机结构图

表 1　煤用喷射式浮选机基本参数

<table>
<tr><th rowspan="2">型号</th><th rowspan="2">槽箱容积
m³</th><th rowspan="2">工作压力
MPa</th><th rowspan="2">处理能力[a]
m³/h</th><th rowspan="2">刮泡机构转速
r/min</th><th rowspan="2">液面调整
机构行程
mm</th><th colspan="2">渣浆泵</th></tr>
<tr><th>流量
m³/h</th><th>扬程
m</th></tr>
<tr><td>FPM4</td><td>4</td><td rowspan="9">0.15～0.20</td><td>≤140</td><td rowspan="9">25～30</td><td rowspan="9">200</td><td>150/二槽箱</td><td rowspan="9">20.0～22.0</td></tr>
<tr><td>FPM6</td><td>6</td><td>140～190</td><td>220/二槽箱</td></tr>
<tr><td>FPM8</td><td>8</td><td>180～280</td><td>300/二槽箱</td></tr>
<tr><td>FPM12</td><td>12</td><td>280～380</td><td>450/二槽箱</td></tr>
<tr><td>FPM16</td><td>16</td><td>380～520</td><td>600/二槽箱</td></tr>
<tr><td>FPM20</td><td>20</td><td>480～640</td><td>360/单槽箱</td></tr>
<tr><td>FPM28</td><td>28</td><td>640～900</td><td>500/单槽箱</td></tr>
<tr><td>FPM36</td><td>36</td><td>850～1150</td><td>600/单槽箱</td></tr>
<tr><td>FPM44</td><td>44</td><td>1050～1400</td><td>700/单槽箱</td></tr>
<tr><td colspan="8">[a] 按四个槽箱计。</td></tr>
</table>

4　技术要求

4.1　基本要求

4.1.1　产品应符合本标准的要求，并按照经规定程序批准的图样和技术文件制造。

4.1.2　外购件和协作件应符合相关标准的规定，并有生产厂质量检验部门的合格证。

4.2　主要零部件

4.2.1　喷嘴材料宜采用 GCr28(铸铁铬 28)铸造；喷嘴出口体材料宜采用维氏显微硬度 HV 不小于 800 的刚玉。整体使用寿命应不小于 12000 h。

4.2.2 喉管、伞形分散器材料宜采用 GB/T 9439—2010 规定的 HT300 牌号制造。

4.2.3 混合室、分配室材料宜采用 GB/T 9439—2010 规定的 HT200 牌号制造。

4.3 槽箱

4.3.1 焊缝不应渗漏水。

4.3.2 焊后各结合面平面度偏差每米范围内应不大于 2 mm。

4.3.3 端部结合面对底面的垂直度偏差每米范围内应不大于 2 mm。

4.3.4 固定刮泡堰每米长的直线度偏差应不大于 3 mm。

4.3.5 焊接后平面对角线长度差应符合 JB/T 5000.3—2007 中表 8 的规定。

4.3.6 两侧固定刮泡堰对槽箱底面的高度偏差应不大于 3 mm。

4.3.7 两侧固定刮泡堰的平行度偏差与刮泡堰的长度比值应符合 JB/T 5000.3—2007 中表 8 的规定。

4.3.8 槽箱内假底下端面距离槽箱底板的高度应为 120 mm±2 mm,假底平面应平整。

4.4 浮选机组装

4.4.1 单槽箱容积 4、6、8、12 m^3 伞形分散器上下伞轮之间的间隙应为 20 mm±2 mm,单槽箱容积 16、20、28、36、44 m^3 伞形分散器上下伞轮之间的间隙应为 25 mm±3 mm。

4.4.2 下伞轮下端面距离假底的高度应为 140 mm±2 mm。

4.4.3 可调刮泡堰高度以尾部槽箱固定刮泡堰高度为基数,对四槽箱按从尾部到头部槽箱次序逐个递增为 10 mm,对六槽箱则为 15 mm。

4.4.4 刮泡板应组装在同一中心线上,转动灵活。刮泡板前端边距可调刮泡沫堰的间隙为 2 mm～5 mm。

4.4.5 刮泡板应相互垂直,依此向前各相邻刮板相差 90/n 度,n 为槽箱数。

4.4.6 液面控制机构中的直线行程电动执行器行程 0 mm～100 mm、出轴推力 16 kN,当行程标尺指示为0 mm时,尾矿箱中液面调节闸板应处于最低位置;标尺指示为 100 mm 时,调节闸板应处于最高位置,液面调节板应运转灵活,其与固定溢流堰的间隙应不大于 1 mm。

4.4.7 刮泡装置的联轴节和链轮连接处应有安全防护。

4.4.8 充气搅拌装置组装后对假底平面的不垂直偏差应不大于 4 mm。

4.5 外观质量要求

外露表面应喷涂防锈漆,喷涂应均匀,无裂纹、脱皮、气泡和流痕等缺陷。

4.6 整机清水性能试验

经 5.5 规定的整机清水试验后,煤用喷射式浮选机应达到下列指标要求:

a)单位充气量不小于 0.85 $m^3/(m^2 \cdot min)$;

b)液面下 120 mm 处充气均匀系数不小于 80%;

c)混合系数不小于 1.5 m^3(气)/m^3(水);

d)操作面噪声不大于 85 dB(A);

e)轴承温升不大于 40 ℃;

f)液面稳定,无明显翻花。

5 试验方法

5.1 主要零部件材质质量检查

主要零部件材质按 4.2.1、4.2.2 和 4.2.3 用产品质量检测报告方法检查。

5.2 槽箱加工尺寸检测

4.3.1 目测法检查、4.3.2 用平尺、塞尺检验;4.3.3、4.3.4、4.3.5、4.3.7 用钢丝拉线法检测;4.3.6 用水准仪检验;4.3.8 用分度值 1 mm 的钢板尺检验。

5.3 浮选机组装

4.4.1、4.4.3、4.4.4 和 4.4.6 用平尺、塞尺检验;4.4.2 用平尺检验;4.4.5 用自制的扇形样板检验;

4.4.6 和 4.4.7 用目测法检测;4.4.8 用吊线和平尺检验。

5.4 外观质量

4.5 用目测法检查。

5.5 整机清水性能试验

按照 MT/T 652—1997 中的 4.3、4.4、4.5、4.6、4.8 和 4.11 的要求进行试验,观察是否符合 4.6 的规定。

6 检验规则

6.1 出厂检验

6.1.1 产品应由制造厂质量检验部门逐台检验。检验合格并发合格证后方准出厂。

6.1.2 产品出厂检验项目见表 2。

6.1.3 被检产品全部符合本标准要求,判定为合格产品,除整机清水试验外,有一项不符合本标准要求,判定为不合格产品,不合格产品返修后进行复检,合格后可判定为合格产品。

6.2 型式检验

6.2.1 有下列情况之一,应进行型式检验:

a)新产品或老产品转厂生产的试制定型鉴定;

b)正式生产后,如结构、材料、工艺有较大改变,可能影响产品性能时;

c)产品停产 2 年后,恢复生产时;

d)出厂检验结果与上次型式检验有较大差异时;

e)国家或地方质量监督部门提出进行型式检验的要求时。

6.2.2 型式检验项目见表 2。

表 2 检验项目

序号	检验项目		技术要求	试验方法	检验种类	
					出厂检验	型式检验
1	材质		4.2.1、4.2.2、4.2.3	5.1	√	√
2	箱体	槽箱焊缝有无渗漏水	4.3.1	5.4	√	√
		结合面平面度偏差	4.3.2	5.2	√	√
		结合面对低面垂直度偏差	4.3.3	5.2	√	√
		固定刮泡堰每米长的高度偏差	4.3.4	5.2	√	√
		平面对角线长度差	4.3.5	5.2	√	√
		固定刮泡堰对槽箱底的高度偏差	4.3.6	5.2	√	√
		刮泡堰平行度偏差与刮泡堰长度比	4.3.7	5.2	√	√
		假底下端面距槽箱底板高度	4.3.8	5.2	√	√
3	浮选机组装	分散器上下轮间隙	4.4.1	5.3	√	√
		下伞下端面距假底	4.4.2	5.4	√	√
		可调刮泡堰高度	4.4.3	5.3	√	√
		刮板前端距刮泡堰	4.4.4	5.3	√	√

表 2(续)

<table>
<tr><td rowspan="2">序号</td><td colspan="2" rowspan="2">检　验　项　目</td><td rowspan="2">技术要求</td><td rowspan="2">试验方法</td><td colspan="2">检验种类</td></tr>
<tr><td>出厂检验</td><td>型式检验</td></tr>
<tr><td rowspan="4">3</td><td rowspan="4">浮选机组装</td><td>相邻刮板相差度</td><td>4.4.5</td><td>5.3</td><td>√</td><td>√</td></tr>
<tr><td>液面调节与固定堰间隙</td><td>4.4.6</td><td>5.3</td><td>√</td><td>√</td></tr>
<tr><td>联轴节和链轮连接安全防护</td><td>4.4.7</td><td>5.3</td><td>√</td><td>√</td></tr>
<tr><td>充气搅拌装置对假底不垂直偏差</td><td>4.4.8</td><td>5.3</td><td>√</td><td>√</td></tr>
<tr><td>4</td><td colspan="2">外观质量</td><td>4.5</td><td>5.4</td><td>√</td><td>√</td></tr>
<tr><td>5</td><td colspan="2">整机清水性能</td><td>4.6</td><td>5.5</td><td>—</td><td>√</td></tr>
<tr><td colspan="7">注："√"表示检验项目;"—"表示不检验项目。</td></tr>
</table>

7　标志、包装、运输和贮存

7.1　标志

7.1.1　产品应在明显的位置固定标牌,并应符合 GB/T 13306 的规定。标牌应包括下列内容:

a)产品型号、名称;

b)制造厂名称和地址;

c)出厂编号、制造日期;

d)主要技术参数;

e)执行标准编号。

7.1.2　包装箱外壁上和裸装的槽体上应有明显的文字标志,其内容包括:

a)收货单位和地址;

b)产品型号和名称;

c)制造厂名称、地址、出厂编号和制造日期;

d)净重、毛重、箱号、外型尺寸和起吊标记。

7.1.3　在槽箱侧面明显处标明槽箱从入料端到排尾矿端的排列序号(单槽箱容积 4 m^3 除外)。

7.2　包装

7.2.1　产品的包装应符合 GB/T 13384 中陆路和水路运输时的要求。

7.2.2　外露加工面和内部加工面均应涂防锈漆,并用油纸或塑料布包扎,外露管接头和电动机用塑料布包扎。

7.2.3　电气设备和小型零件应装入包装箱,包装箱应牢固并有防雨、防潮措施。

7.2.4　随机文件应用塑料袋封装并固定在包装箱内,文件包括:

a)产品合格证;

b)装箱单;

c)按 GB/T 9969—2008 的规定编写的安装使用说明书。

7.3　运输

产品在运输中应固定好各零部件,防止因颠簸摆动而冲击损坏,吊装及搬运时应注意轻放。

7.4　贮存

产品应在室内贮存,在安装现场可以在有遮篷的露天场所短期存放。

前　　言

本标准由煤炭工业部科技教育司提出。

本标准由煤炭工业部煤矿专用设备标准化技术委员会归口。

本标准由煤炭科学研究总院唐山分院负责起草。

本标准主要起草人:张立维、刘鸿功。

本标准委托煤炭科学研究总院唐山分院负责解释。

中华人民共和国煤炭行业标准

MT/T 650—1997

煤用斜叶轮浮选机技术条件

Technical conditions of coal flotation cells with oblique impeller

1 范围

本标准规定了斜叶轮浮选机的技术要求、试验方法、检验规则、标志、包装、运输和贮存。

本标准适用于斜叶轮浮选机(以下简称浮选机),该机主要用于煤泥(粉)的浮选。

2 引用标准

下列标准所包含的条文,通过在本标准中引用而构成为本标准的条文。本标准出版时,所示版本为有效。所有标准都会被修订,使用本标准的各方应探讨使用下列标准最新版本的可能性。

GB/T 1348—88 球墨铸铁件

GB/T 1804—92 一般公差 线性尺寸的未注公差

GB/T 9439—88 灰铸铁件

GB/T 13306—91 标牌

MT/T 652—1997 煤用浮选机清水性能试验方法和判定规则

3 技术要求

3.1 基本要求

3.1.1 浮选机应符合本标准的要求,并按照经规定程序批准的图样和技术文件制造。

3.1.2 外购件和协作件应有合格证明书,并经制造厂技术检验部门检验合格后,方能装配。

3.1.3 机加工件未注尺寸公差应符合 GB/T 1804 中 m 级的规定。

3.2 整机安装

3.2.1 浮选机所有槽体装配后,泡沫溢流堰应在同一水平面上,其偏差不得超过 6 mm。对直流式浮选机要求溢流堰高度可调,其调整范围为 0～100 mm。

3.2.2 刮板轴中心线应在一条直线上,其相邻两轴的同轴度偏差不得大于 0.2/1000。刮板转动灵活无卡阻现象。刮板刮泡边距溢流堰边缘为 3～6 mm。对直流式浮选机要求刮板回转直径可调,其调整范围为 400～600 mm。

3.3 搅拌机构的安装

3.3.1 定子与叶轮的轴向、径向间隙为 10±1 mm。

3.3.2 叶轮中心对槽体四周侧壁的距离偏差不应大于±10 mm。

3.3.3 搅拌轴中心线对地脚平面(或槽底平面)的垂直度偏差不得大于 1/1000。

3.3.4 搅拌轴装配后应保证转动灵活。

3.4 槽体

3.4.1 焊缝不应渗漏水。

3.4.2 焊后各接合面的平面度偏差每米范围内应不大于 2 mm。

中华人民共和国煤炭工业部 1997-11-10 批准　　1998-04-01 实施

3.4.3 端部接合面对底面的垂直度偏差每米范围内应不大于 2 mm。

3.4.4 溢流堰每米槽长的直线度偏差应不大于 3 mm。

3.4.5 焊接后两对角线长度差应不大于对角线长度的 3/1000。

3.4.6 两侧溢流堰对地脚平面的高度偏差均应不大于 3 mm。

3.4.7 两侧溢流堰的平行度偏差与溢流堰长度的比值应不大于 3/1000。

3.5 叶轮

3.5.1 材料为球墨铸铁 QT 500—7,其性能应符合 GB/T 1348 之规定。

3.5.2 使用寿命不少于 5000 h。

3.5.3 斜圆盘与水平面的夹角偏差应不大于±0.5°。

3.5.4 直径 129H6 锥孔的锥度为 1∶20,要求同空心轴直径 129h5 锥孔配合互换,研磨接触面长度不得小于 70%。

3.5.5 叶轮制成后需做静平衡试验,其静不平衡力矩应符合表 1 的要求。

表 1 叶轮的静不平衡力矩

叶轮直径,mm	660	760
静不平衡力矩,N·m	≤0.012	≤0.014

3.6 定子

3.6.1 材料为球墨铸铁 QT 500—7,其性能应符合 GB/T 1348 之规定。

3.6.2 使用寿命不少于 7500 h。

3.7 空心轴

3.7.1 材料为 45 号无缝钢管,代用材料的性能应不低于 45 号钢。

3.7.2 装配叶轮的配合处直径 129h5 的锥孔锥度为 1∶20,要求同叶轮的锥孔配合互换,研磨接触面长度不得小于 70%。

3.8 轴承座

材料为球墨铸铁 QT 500—7,其性能应符合 GB/T 1348 之规定。

3.9 大三角皮带轮

3.9.1 材料为 HT150,其性能应符合 GB/T 9439 之规定。

3.9.2 加工后需作静平衡试验,其静不平衡力矩应符合表 2 的要求。

表 2 皮带轮的静不平衡力矩

(单)槽体容积,m^3	4	8	12	16
静不平衡力矩,N·m	≤0.30	≤0.25	≤0.20	≤0.20

3.10 外观质量

涂漆表面无裂纹、脱皮、气泡和流痕等缺陷。

3.11 整机寿命

整机使用寿命不少于 45000 h。

3.12 整机清水试验性能

清水试验性能应符合 MT/T 652 表 1 中的 1～4 和 6～10 各项之要求。

4 试验方法

4.1 用水平仪测量总装后的浮选机槽体两溢流堰的同水平面偏差,用钢丝拉线法测量槽体两溢流堰的直线度。

4.2 用常规量具测量槽体几何尺寸,搅拌机构间隙。

4.3 用钢丝拉线作水平线,转动刮板轴,测量对应两槽刮板轴中心线的同轴度。挂垂线并转动搅拌轴测量搅拌轴中线的垂直度。

4.4 用常规试验方法检验材质。

4.5 整机清水性能试验方法按 MT/T 652 中的有关规定进行。

5 检验规则

5.1 出厂检验

5.1.1 产品应由制造厂质量检验部门逐台检验。检验合格并发合格证后方准出厂。

5.1.2 产品出厂检验项目见表 3。

表 3 检验项目

检验项目所在条款	出厂检验	型式检验	检验项目所在条款	出厂检验	型式检验
3.2（两项）	√	√	3.7.1	—	√
3.3（四项）	√	√	3.7.2	√	√
3.4(七项)	√	√	3.8	—	√
3.5.1	—	√	3.9.1	—	√
3.5.2	—	√	3.9.2	√	√
3.5.3	√	√	3.10	√	√
3.5.4	√	√	3.11	—	√
3.5.5	√	√	3.12(九项)	—	√
3.6(两项)	—	√			
注：“√”表示检验项目；“—”表示不检验项目。					

5.1.3 出厂检验以不合格项目数不多于 2 项为合格。亦可按制造厂与用户的合同规定判定。

5.2 型式检验

5.2.1 有下列情况之一时，应进行型式检验：

——新产品或老产品转厂生产的试制定型鉴定；

——正式生产后，如结构、材料、工艺有较大改变，可能影响产品性能时；

——正常生产时，每生产 10 台从出厂检验合格品中至少应抽出 1 台进行一次检验；

——产品停产 2 年后，恢复生产时；

——出厂检验结果与上次型式检验有较大差异时；

——国家质量监督机构提出进行型式检验的要求时。

5.2.2 型式检验项目见表 3。

5.2.3 型式检验要求以下项目(其中前五项见 MT/T 652)必须合格：

——清水最大通过量；

——单位充气量；

——充气均匀系数；

——噪声；

——电动机实耗功率；

——搅拌机构轴向与径向间隙。

同时，其他项目中的不合格项目数不应多于 2 项，否则为不合格。

6 标志、包装、运输、贮存

6.1 标牌应固定在醒目位置，并应符合 GB/T 13306 之规定。标牌应包括下列内容：

——产品型号、名称；

——制造厂名称；

——出厂编号、制造日期；

——主要技术参数。

6.2 随机文件应用塑料袋封装并固定在包装箱内，文件包括：

——产品合格证；

——装箱单；

——安装使用说明书；

——易损件(叶轮、定子)图样。

6.3 产品的包装和发货应符合陆路和水路运输时的要求。

6.4 外露加工面和内部加工面均应涂防锈油，并用油纸或塑料布包扎，外露管接头和电动机用塑料布包扎。

6.5 电气设备和小型零件应装入包装箱，包装箱要牢固并有防雨、防潮措施。

6.6 包装箱外壁上和裸装的槽体上有明显的文字标志，其内容包括：

——收货单位和地址；

——产品型号、名称；

——制造厂名称、地址，出厂编号和制造日期；

——净重 、毛重、箱号、外型尺寸和起吊标记。

前　言

本标准由煤炭工业部科技教育司提出。

本标准由煤炭工业部煤矿专用设备标准化技术委员会归口。

本标准由煤炭科学研究总院唐山分院负责起草。

本标准主要起草人:李学琨、谈宏烈、王瑛。

本标准委托煤炭科学研究总院唐山分院负责解释。

中华人民共和国煤炭行业标准

煤用跳汰机清水性能试验方法和判定规则

MT/T 651—1997

Test method and decision rule for coal jig with water-only

1 范围

本标准规定了煤用跳汰机清水性能试验的项目、步骤和判定规则。

本标准适用于各种以水为介质的空气脉动跳汰机。

2 引用标准

下列标准包含的条文,通过在本标准中引用而构成为本标准的条文。在本标准出版时,所示版本均为有效。所有标准都会被修订,使用本标准的各方应探讨使用下列标准最新版本的可能性。

GB/T 3768—83 噪声源声功率级的测定 简易法

JB 3265—83 煤用跳汰机技术条件

3 试验方法

3.1 机体内按跳汰机工作状态装满清水,启动风阀连续运行 2 h。

3.2 机体密封性测定

3.2.1 检查机体内的各焊缝和螺栓连接面。检查与清水接触的部分是否漏水。对于与驱动空气接触机体部分,各焊缝采用涂刷肥皂水的方法检查;各螺栓连接面用火柴吹熄法检查。

3.2.2 检查转动部分和注油部分是否漏油。

3.3 跳汰频率和跳汰周期特性的可调性测定

3.3.1 跳汰频率的调整范围通过测定风阀的最大工作频率和最小工作频率来确定。

3.3.2 电控式风阀跳汰周期特性的调整范围可采用下列两种方法之一测定:

a)测定电控系统工作时阀体的反应(可采用高速录相方法进行运动分析);

b)测定电控系统的调整范围。

在有条件的情况下应尽量采用第一种方法。

3.3.3 机械式风阀跳汰周期的调整范围通过分析风阀运动部件实物或图样确定。

3.3.4 用手动操作方法检查机械式风阀转动部件的调整灵活性。

3.4 洗水脉动的均匀性测定

3.4.1 洗水脉动的均匀性至少要分别在两种跳汰周期特性下检查。每个分选段沿煤流方向至少应测量三个截面,筛侧空气室跳汰机的每个截面上的测点应不少于四个;筛下空气室跳汰机的每个截面上的测点应不少于三个。各测点应均匀布置。

3.4.2 洗水脉动的均匀性可采用专用液位标尺测定,用录相和图像分析方法进行运动分析和数据处理,测定系统的示意图见图 1。

中华人民共和国煤炭工业部 1997-11-10 批准 1998-04-01 实施

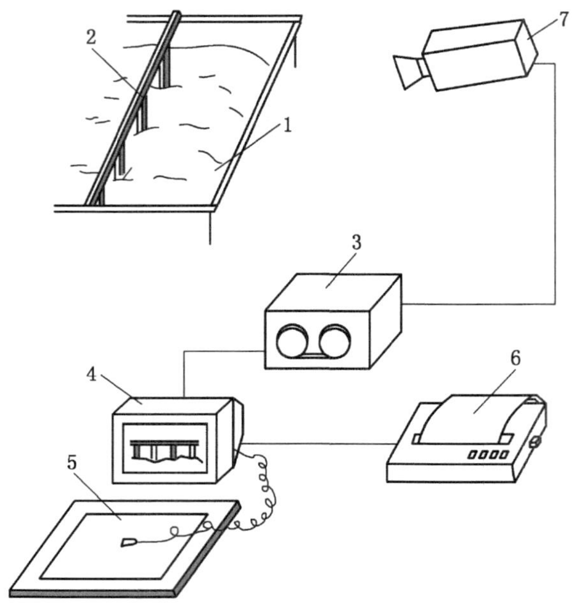

1—跳汰机；2—标尺；3—录放机；4—图像分析仪；
5—数字化板；6—打印机；7—摄像机

图 1　洗水脉动均匀性测量系统示意图

3.5　排料系统的可调性测定

用人为方法改变传感器的位置，测定排料闸门的位置或排料轮转速的变化。

3.6　运行噪声测定

3.6.1　运行噪声在洗水脉动条件下测定。

3.6.2　按 GB/T 3768 的规定测定跳汰机运行噪声，测定结果用平均声压级(A)表示。

3.7　筛下空气室液面指示器的可靠性测定

3.7.1　对所有的空气室均应进行检查。

3.7.2　当洗水脉动时，目测指示器是否做出正确反应。

3.8　功率测定

3.8.1　至少测定两种跳汰周期特性下的功率值。

3.8.2　采用三相功率表或多功能电量测量仪测量功率。仪表精度不低于 2.5 级。

3.8.3　对于电控风阀，应测定气动系统的功率消耗。

3.8.4　对于机械式风阀，应测定风阀驱动电动机的输出功率。

3.8.5　洗水脉动的驱动功率从鼓风机的驱动电动机测量。

3.9　轴承温升测定

在清水运行试验 2 h 以后用半导体点温计(分度值 1 ℃)测量风阀驱动轴轴承温升。

4　判定规则

4.1　机体气密性按焊缝和螺栓连接面分别检查，焊缝处涂刷肥皂水后不泛起泡为不漏气；螺栓连接面采用普通火柴，点燃垂直向上放在距测点 50 mm 处，若火柴不被吹熄，则判定该测点为无明显漏气。机体与清水接触的部分不得漏水。

4.2　转动部分和注油部分不得漏油。

4.3　跳汰频率和跳汰周期特性的可调性和洗水脉动的均匀性，均应符合图样或出厂技术文件所规定的要求。机械式风阀阀体运动部件的调整灵活性应符合 JB 3265 第 1.9 条的要求。

4.4 排料系统的可调性按 JB 3265 第 1.7 条和 1.8 条的规定判定。

4.5 平均声压级的计算结果应不大于 85 dB(A)。

4.6 当筛下空气室跳汰机空气室液面到达警戒位置时,其液面指示器应及时做出反应。

4.7 所测各驱动电动机的输出功率应不大于其额定功率的 90%。

4.8 机械式风阀的转动轴承温升应不大于 35 ℃。

前　　言

本标准的附录A是提示的附录。

本标准由煤炭工业部科技教育司提出。

本标准由煤炭工业部煤矿专用设备标准化技术委员会归口。

本标准由煤炭科学研究总院唐山分院负责起草。

本标准主要起草人:安文华、李瑞和。

本标准委托煤炭科学研究总院唐山分院负责解释。

中华人民共和国煤炭行业标准

煤用浮选机清水性能试验方法和判定规则

MT/T 652—1997

Test method and decision rule for coal flotation cells with water-only

1 范围

本标准规定了煤用浮选机清水性能试验的项目、步骤和判定规则。

本标准适用于各种型号的煤用浮选机。

2 引用标准

下列标准所包含的条文，通过在本标准中引用而构成为本标准的条文。本标准出版时，所示版本均为有效。所有标准都会被修订，使用本标准的各方应探讨使用下列标准最新版本的可能性。

GB/T 3768—83 噪声源声功率级的测定 简易法

3 试验准备

将浮选机安装在试验台架上，并与水源、电源相接，试验装置见图1。

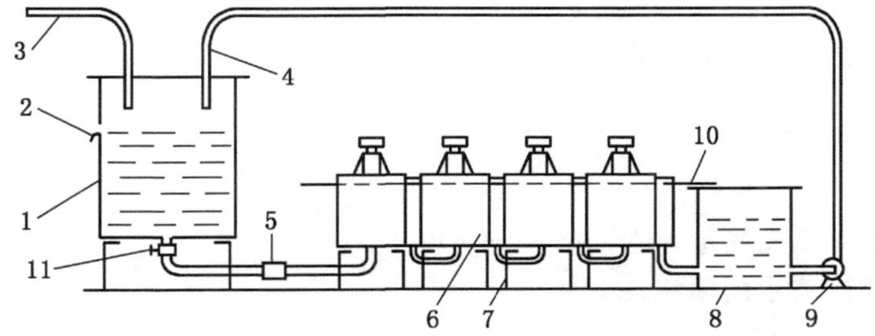

1—水箱；2—溢流口；3—补充水管；4—循环水管；5—流量计；6—浮选机；7—支架；8—水箱，9—水泵；10—浮选液面；11—阀门

图1 浮选机清水试验装置示意图

3.2 按产品标准要求，检查试验样机的安装质量。

3.3 将清水加入浮选槽(室)内，直到距离溢流堰100 mm处。

4 试验方法

4.1 开动试验装置，连续运行2 h。

4.2 槽体密封性试验

用目测方法检查槽体、中矿箱、尾矿箱及连接部位有无漏水现象。

中华人民共和国煤炭工业部 1997-11-10 批准　　1998-04-01 实施

4.3 **充气量测定**

4.3.1 仪器

4.3.1.1 充气量测定仪(量筒)。测量容积(即测量时排出清水的体积)不小于 250 cm^3,筒体为圆形,截面积不小于 18 cm^2,材料为有机玻璃或其他透明材料。

4.3.1.2 秒表。

4.3.2 测定步骤

4.3.2.1 在浮选机各槽室液面按对称原则(以中心轴为对称中心)均匀布置测点,每个槽室的测点数应不少于 12 个。

4.3.2.2 用充气量测定仪对每个测点重复测定 3 次,将清水排出时间记录于附录 A 的表 A1 中。测量时,充气量测定仪的筒体应垂直插入浮选槽液面下 120 mm 处,见图 2。

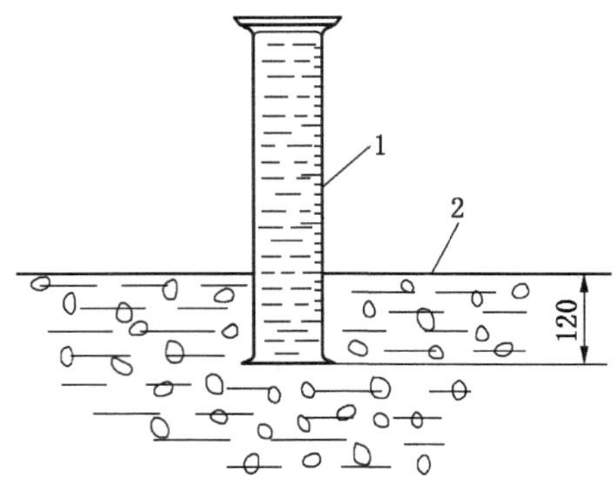

1—筒体;2—浮选液面

图 2 充气量测定示意图

4.3.3 结果计算

按式 (1)计算各测点的单位充气量:

$$Q_i = 0.6\frac{V}{A_1 t} \qquad (1)$$

式中:

Q_i——第 i 个测点单位充气量,$m^3/(m^2 \cdot min)$;

V——从筒体中排出清水的体积,cm^3;

A_1——筒体的截面积,cm^2;

t——从筒体中排出清水体积 V 所需的时间,s。

就每次测量,按式(2)计算各槽室的平均单位充气量:

$$Q = \frac{1}{n}\sum_{i=1}^{n} Q_i \qquad (2)$$

式中:

Q——某个槽室的平均单位充气量,$m^3/(m^2 \cdot min)$;

n——测点个数。

将各槽室在每次测量后计算得到的 Q 值填入表 A2。并按该表计算整机的平均单位充气量。

4.4 **充气均匀系数计算**

各槽室的充气均匀系数按式(3)计算:

$$K = 100\left(1 - \frac{1}{nQ}\sum_{i=1}^{n} |Q_i - Q|\right) \qquad (3)$$

式中：

K——充气均匀系数，%。

将各槽室在每次测量后计算得到的 K 值填入表 A2，并按该表计算整机的充气均匀系数。

4.5　液面稳定性观测

用目测方法观测浮选机各槽室液面的稳定性。

4.6　噪声测定

噪声按 GB/T 3768 的规定进行测定，测定结果用平均声压级(A)表示。

4.7　电动机输出功率测定

搅拌机构或循环泵的电动机的实际输出功率用准确度不低于 2.5 级的三相功率表或多功能电量测定仪测定，每 5 min 测定一次，共测三次，取其算术平均值。

4.8　轴承温升测定

4.8.1　浮选机运转 2 h 后，测量环境温度，并用半导体点温计测量搅拌机构或循环泵的轴承温升。测定时，1 min 内无明显升值即可读取数值。

4.8.2　温升按式(4)计算：

$$\Delta T = T_1 - T_0 \tag{4}$$

式中：

ΔT——轴承温升，℃，

T_1——轴承温度实测值，℃；

T_0——环境温度，℃。

4.9　叶轮线速度测定

用转速表测定叶轮转速后按式(5)计算叶轮线速度：

$$v = \frac{\pi DN}{60} \tag{5}$$

式中：

v——叶轮线速度，m/s；

D——叶轮直径，m；

N——叶轮转速，1/min。

4.10　清水最大通过量(或矿浆最大处理量)测量

4.10.1　开动试验系统，调整各槽室液面，使其稳定。

4.10.2　用流量计测量流量，每隔 10 min 测量 1 次，共 3 次，取其算术平均值。

4.11　充气混合系数

充气混合系数按式(6)计算：

$$\beta = \frac{60\,\overline{Q}A_2}{q_v} \tag{6}$$

式中：

β——混合系数；

$\overline{Q}$——整机的平均单位充气量(见表 A2)，$m^3/(m^2 \cdot min)$；

A_2——浮选槽面积，m^2；

q_v——流量计实测流量，m^3/h。

5　判定规则

试验结果应符合表 1 的规定。

表 1 试验结果的判定

序号	试验项目	单位	判定规则
1	清水最大通过量(或矿浆最大处理量)	m^3/h	大于或等于设计指标为合格
2	电动机实际输出功率	kW	等于或小于额定功率的90%为合格
3	单位充气量	$m^3/(m^2\cdot min)$	大于或等于0.80为合格
4	充气均匀系数	%	大于或等于70为合格
5	充气混合系数		大于或等于0.80为合格
6	噪声	dB(A)	等于或小于85为合格
7	叶轮线速度	m/s	与设计值的相对偏差不超过±3%为合格
8	轴承温升	℃	等于或小于40为合格
9	液面稳定性		无明显翻花为合格
10	槽体密封性		不漏水或滴水不成线为合格

附　录　A

（提示的附录）

表 A1　从筒体中排出清水所需时间的测定记录表（时间单位为 s）

浮选机型号　　　　　　　　　　槽室号　　　　　　　　　　测定日期

检　测　人　　　　　　　　　　记录人　　　　　　　　　　复　核　人

测点	测定序次		
	第一次	第二次	第三次
1			
2			
3			
4			
5			
6			
7			
8			
9			
10			
11			
12			

表 A2　单位充气量测定结果汇总表

汇总人　　　　　　　　　　　　　　　　复核人

测定次数	第一槽		第二槽		第三槽		第四槽		第五槽	
	Q	*K*	*Q*	*K*	*Q*	*K*	*Q*	*K*	*Q*	*K*
1										
2										
3										
平均值										

整机平均单位充气量　$\overline{Q}=\frac{1}{N}\sum_{j=1}^{N}Q_j$

整机平均充气均匀系数　$\overline{K}=\frac{1}{N}\sum_{j=1}^{N}K_j$

式中：

Q_j—— 第 j 个槽室的单位充气量平均值，$m^3/(m^2 \cdot min)$；

K_j—— 第 j 个槽室的充气均匀系数平均值，%；

N—— 浮选机槽室个数。

备注	

ICS 53.040.20;73.100.40
J 81
备案号：

MT

中华人民共和国煤炭行业标准

MT/T 653—2011
代替 MT/T 653—1997

煤矿用带式输送机托辊组布置的主要尺寸

Principle dimensions of idler sets for belt conveyors for coal mining

(ISO 1537—1975,Continuous mechanical handling equipment for loose bulk materials-Troughed belt conveyors (other than portable conveyors)-Idlers,MOD)

2011-04-12 发布　　2011-09-01 实施

国家安全生产监督管理总局　发布

前　言

本标准按照 GB/T 1.1—2009 给出的规则起草。

请注意本文件的某些内容可能涉及专利。本文件的发布机构不承担识别这些专利的责任。

本标准修改采用 ISO 1537—1975《松散物料连续搬运设备　槽形带式输送机(携带式输送机除外)托辊》。

本标准根据 ISO 1537—1975 重新起草。为了方便比较,在附录 A 中列出了本标准章条编号和 ISO 1537—1975 章条编号的对照一览表。

由于我国带式输送机技术已经取得发展,本标准在采用 ISO 1537—1975 时,进行了修改。这些技术性差异用垂直单线标识在它们所涉及的条款的页边空白处。在附录 B 中给出了这些技术性差异及其原因的一览表以供参考。

为便于使用,本标准还做了下列编辑性修改:

a)“本国际标准”一词改为“本标准”;

b)用小数点“.”代替作为小数点的逗号“,”;

c)将“术语和定义”列入第 2 章;

d)将“托辊组布置的主要尺寸”列入第 4 章。

本标准是对 MT/T 653—1997《煤矿用带式输送机托辊组布置的主要尺寸》的修订,本标准代替 MT/T 653—1997。

本标准与 MT/T 653—1997 相比主要变化如下:

——增加了一种三承载托辊的布置形式(见图 1b));

——增加了关于大直径托辊的规定(见表 2、表 3);

——增加了关于大带宽带式输送机中托辊的规定(见表 4);

——修改了 V 形托辊的适用范围(见 3.2,1997 年版的 2.2);

——调整了关于相邻托辊之间间隙的规定(见 4.1.4,1997 年版的 4.1.3)。

本标准由中国煤炭工业协会提出。

本标准由煤炭行业煤矿专用设备标准化技术委员会归口。

本标准起草单位:煤炭科学研究总院上海研究院、兖矿集团机电设备制造厂。

本标准主要起草人:蒋卫良、陈珏、车新宁、朱敏奇。

本标准的历次版本发布情况为:

——MT/T 653—1997。

煤矿用带式输送机托辊组布置的主要尺寸

1 范围

本标准规定了煤矿井下及露天矿、选煤等工作场所用的具有三个承载托辊和单个回程托辊或V形回程托辊的槽形带式输送机托辊组布置的主要尺寸。

本标准适用于槽形带式输送机的中间段托辊组，不适用于过渡段托辊组。

2 术语和定义

下列术语和定义适用于本文件。

2.1 侧托辊槽型角 angle of inclination λ of side idlers

λ 侧托辊的轴线与水平面的夹角。

注：侧托辊槽型角用度表示。

2.2 前倾角 angle of tilt γ of side idlers

γ

侧托辊轴线与中间托辊轴线在水平面上投影线间的夹角。

注：前倾角用度表示。

2.3 托辊空隙 idlers clearance

托辊外圆和托辊横梁或任何其他结构件顶部之间距离最小的间隙。

3 输送机托辊分类

3.1 承载托辊：在输送线路中用来支承承载输送带的托辊组。

3.2 回程托辊：用来支承回程输送带。它有两种型式，即：

a)单个回程托辊；

b)V形回程托辊：由两个等长的托辊组成，两托辊的轴线与水平面对称地斜成V形，倾斜角为10°。V型回程托辊适用于带宽不小于650 mm的带式输送机。

4 托辊组布置的主要尺寸

4.1 三承载托辊的布置

4.1.1 三承载托辊的布置图

三承载托辊的布置见图1。

4.1.2 侧托辊槽形角 λ

正常安装的槽形角 λ 值见表1。

表1 槽形角 λ 值

单位为度

适用于所有标准带宽	25	30	35	45

4.1.3 前倾角 γ

托辊不宜有前倾角，如确因防跑偏需要有前倾角 γ，应按槽形角 λ 和带速之间的变化选择尽可能小的值，在任何情况下(因调偏需要的倾角除外)不应超过2°。

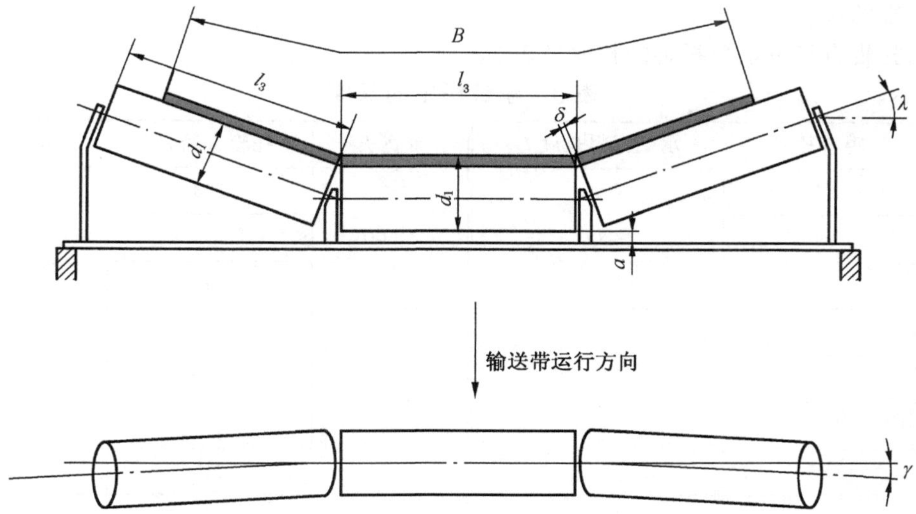

a) 一字型布置

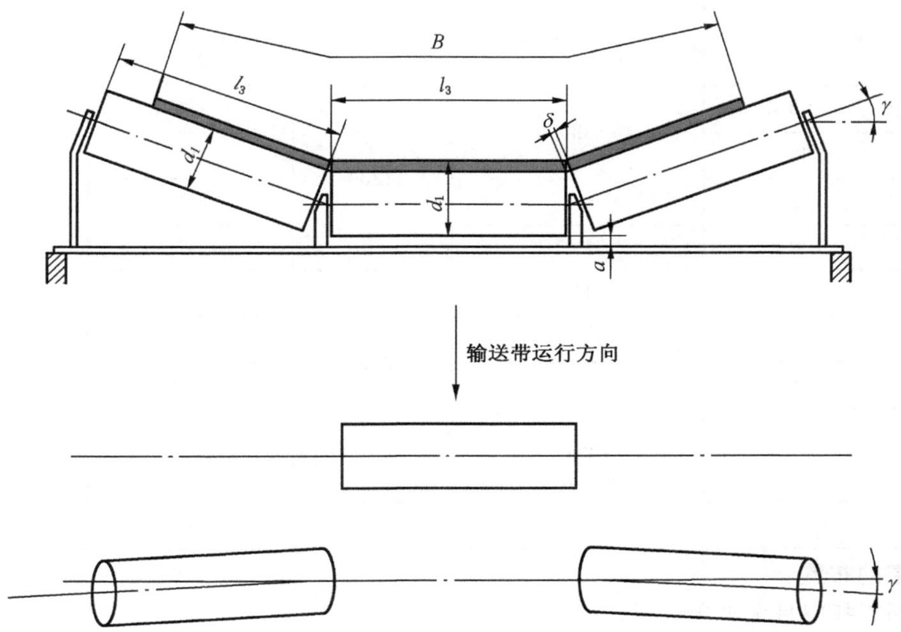

b) 品字型布置

图 1 三承载托辊组的布置

4.1.4 相邻托辊的间隙 δ

选择适宜的托辊布置方式,应使两个相邻托辊的间隙 δ 在垂直于输送机纵向轴线平面上的投影不大于 10 mm。

4.1.5 托辊空隙

托辊空隙的最小值见表 2。

表 2 托辊最小空隙 单位为毫米

托辊直径 d_1	76	89	108	133	159	194	219	245
最小空隙 a	30				38	50	60	

4.1.6 承载托辊的长度

各种带宽、托辊直径下承载托辊的长度见表 3。

表 3 承载托辊的长度

单位为毫米

带宽 B	托辊直径 d_1	承载托辊长度 l_1	带宽 B	托辊直径 d_1	承载托辊长度 l_1
500	76	200	1 600	133	600
	89			159	
	108			194	
650	76	250	1800	133	670
	89			159	
	108			194	
	133			219	
800	89	315	2000	159	750
	108			194	
	133			219	
1000	89	380		245	
	108		2200	159	800
	133			194	
	159			219	
1200	108	465		245	
	133		2400	159	900
	159			194	
1400	108	530		219	
	133			245	
	159		—	—	—
	194		—	—	—

4.2 回程托辊的布置

4.2.1 单个回程托辊呈水平布置，如图 2 所示。

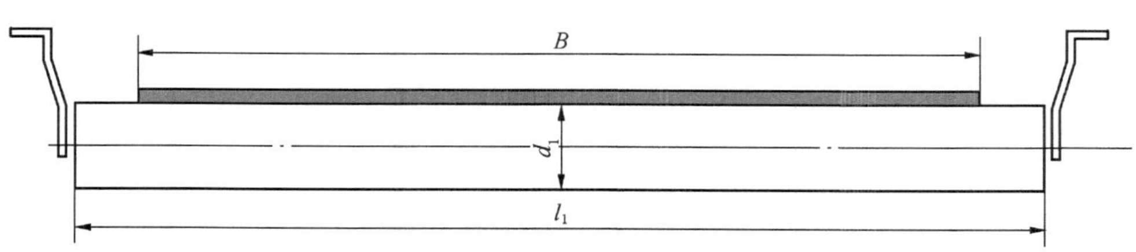

图 2 单个回程托辊

4.2.2 V 形回程托辊两托辊轴线与水平面成倾角 10°对称布置，并应使两托辊间隙 δ 在两托辊轴端不发生干涉的前提下尽可能小（见图 3）。

4.2.3 表 4 给出了两种布置的回程托辊的长度。

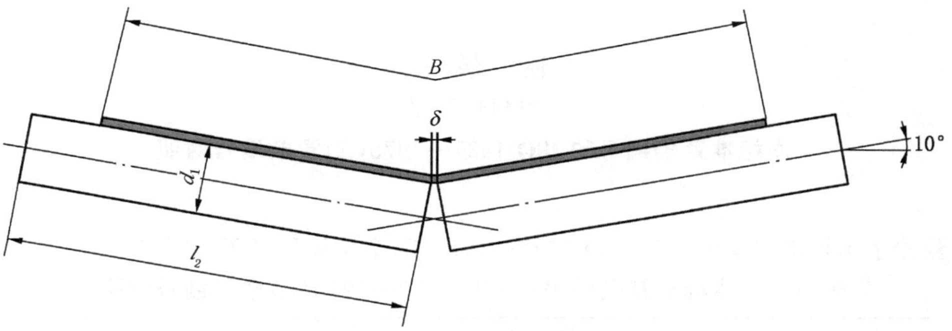

图 3 V 形回程托辊组

表 4 回程托辊的长度

单位为毫米

带宽 B	回程托辊		带宽 B	回程托辊	
	单个托辊 l_1	V 型托辊 l_2		单个托辊 l_1	V 型托辊 l_2
500	600	—	1600	1800	900
650	750	380	1800	2000	1000
800	950	465	2000	2200	1100
1000	1150	600	2200	2500	1250
1200	1400	700	2400	2800	1400
1400	1600	800	—	—	—

附 录 B
（资料性附录）
本标准和 ISO 1537—1975(E)技术性差异及其原因

表 B.1 给出了本标准和 ISO 1537—1975(E)的技术性差异及其原因的一览表。

表 B.1 本标准和 ISO 1537—1975(E)技术性差异及其原因

本标准的章条编号	技术性差异	原 因
2	将 ISO 1537—1975(E)中的 4.3.1.1、4.3.2.1、4.4.1 移至本标准的第 2 章。	以符合我国国家标准的编写规定。
2	将 ISO 1537—1975(E)中 4.3.2 的前倾角符号 ϕ 改为本标准中 3.2 的 γ。	以适合我国的习惯用法。
4.1	增加图 1b 的布置形式。	以符合带式输送机技术发展的现状。
4.1.2	将 ISO 1537—1975(E)中的 4.3.2.2 移至本标准的 4.1.2，并修改了数值。	对该条内容作适当修改以符合我国煤矿带式输送机使用的实际情况。

前　　言

在煤矿用带式输送机中，托辊轴承的使用数量相当大，根据煤矿恶劣的工况条件和特定的失效形式而研制的托辊专用轴承，已广泛应用于煤矿用带式输送机中。原《托辊轴承技术条件》作为 ZB D93 009—90《煤矿井下用带式输送机托辊技术条件》的附录 A（补充件）附于其标准后。由于煤矿用带式输送机托辊轴承应用数量大，生产厂家多，与普通深沟球轴承相比有其特殊性，国内尚无相应的轴承标准，所以本次依据 GB/T 1.1—1993《标准化工作导则　第 1 单元：标准的起草与表述规则　第 1 部分：标准编写的基本规定》重新制订本标准。

本标准生效之日起，同时代替 ZB D93 009—90 附录 A。

本标准由煤炭工业部科技教育司提出。

本标准由煤炭工业部煤矿专用设备标准化技术委员会归口。

本标准起草单位：煤炭科学研究总院上海分院。

本标准主要起草人：潘志杰、吴明龙。

本标准委托煤炭科学研究总院上海分院负责解释。

中华人民共和国煤炭行业标准

煤矿用带式输送机托辊轴承 技术条件

MT/T 655—1997

代替 ZB D93 009—90

Technical condition of belt conveyor idler bearing for coal mining

1 范围

本标准规定了煤矿井下及露天、选煤等工作场所带式输送机托辊用滚动轴承的技术要求、试验方法、检验规则以及标志、防锈、包装和贮运。

本标准适用于煤矿井下及露天、选煤等工作场所带式输送机托辊用滚动轴承(以下简称托辊轴承)。

2 引用标准

下列标准所包含的条文,通过在本标准中引用而构成为本标准的条文。本标准出版时,所示版本均为有效。所有标准都会被修订,使用本标准的各方应探讨使用下列标准最新版本的可能性。

GB/T 274—91 滚动轴承 装配倒角极限

GB/T 276—94 滚动轴承 深沟球轴承外形尺寸

GB/T 307.1—94 滚动轴承 向心轴承 公差

GB/T 307.2—1995 滚动轴承 测量和检验的原则及方法

GB/T 307.3—84 滚动轴承 一般技术条件

GB 308—89 滚动轴承 钢球

GB/T 1031—1995 表面粗糙度 参数及其数值

GB/T 2828—87 逐批检查计数抽样程序及抽样表(适用于连续批的检查)

GB/T 4604—93 滚动轴承 径向游隙

JB 1255—91 高碳铬轴承钢滚动轴承零件 热处理技术条件

JB/T 3016—91 滚动轴承 包装钉板箱 技术条件

JB/T 3017—91 滚动轴承 包装纸箱 技术条件

JB/ T 3034—93 滚动轴承 油封防锈包装

JB/ T 3573—93 滚动轴承 径向游隙的测量及评定方法

JB/ T 3574—92 滚动轴承 产品标志

JB/ T 7051—93 滚动轴承 零件表面粗糙度测量和评定方法

HG 2349—92 聚酰胺 1010 树脂

ZB D93 009—90 煤矿井下用带式输送机托辊技术条件

ZB J11 020—89 滚动轴承及其商品零件检验规则

3 定义

本标准采用下列定义。

中华人民共和国煤炭工业部 1997-11-10 批准　　　　1998-04-01 实施

3.1 **标准托辊** standard idler

由已清洗干净的一对托辊轴承、试验用套筒和轴组装而成的托辊。组装时轴承保持架开口向外。

3.2 **旋转阻力** rotary resistance

一对托辊轴承在一定的转速和载荷作用下的内部零件之间的摩擦力，其值换算到标准托辊外圆圆周上的切向力。

3.3 **防卡寿命** life of seize-resistant

在特定的试验工况条件下，托辊轴承内零件损坏或零件的空隙被煤尘堵塞，使其旋转阻力超过规定的数值时所运转的小时数。

4 结构尺寸及性能参数

托辊轴承的公称尺寸及性能参数见表1和图1。

表 1

轴承型号	内经 D mm	外径 d mm	宽度 B mm	内圆倒角 r_{smax} mm	外圆倒角 R_{imax} mm
204KA	20	47	14	0.4	1
205KA	25	52	15	0.4	1
305KA	25	62	17	0.4	1.1
306KA	30	72	19	0.4	1.1
307KA	35	80	21	0.4	1.5
308KA	40	90	23	0.4	1.5
轴承型号	**钢球直径 mm**	**钢球数**	**工作转速 r/min**	**角度允差 rad**	**极限负载 kN**
204KA	8.7312	7	<1200	0.004	10.71
205KA	8.7312	8	<1000	0.004	11.80
305KA	11.5094	7	<900	0.004	17.60
306KA	12.7000	7	<850	0.004	20.95
307KA	14.0000	7	<800	0.004	26.20
308KA	15.8750	7	<650	0.004	32.50

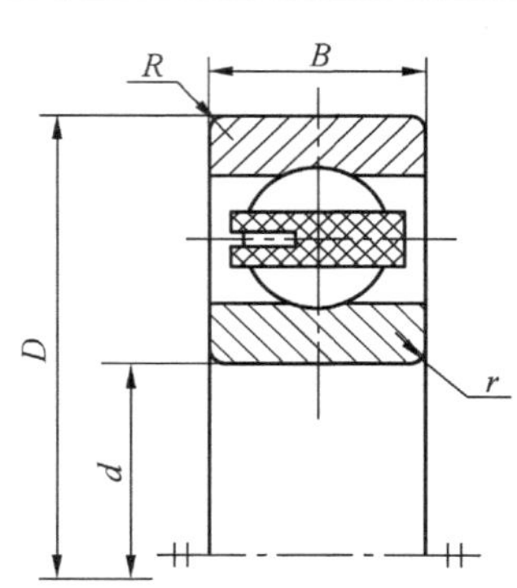

图 1

5 技术要求

5.1 托辊轴承应符合本标准的要求，并按照经规定程序批准的图样及技术文件制造。

5.2 托辊轴承的外形尺寸应符合 GB/T 276 的规定。

5.3 托辊轴承套圈及钢球用 GCr 15 钢制造。

5.4 托辊轴承保持架材料，其机械物理性能不得低于 HG 2349 中Ⅱ型聚酰胺 1010 树脂的要求。

5.5 托辊轴承钢球应符合 GB 308 的规定，钢球精度等级为 G40 级。

5.6 托辊轴承外形尺寸公差和旋转精度应符合 GB/T 307.1 中 0 级公差的规定。

5.7 托辊轴承外圈的装配倒角应符合 GB/T 274 的规定，内圈的装配倒角应符合表 2 规定。

表 2

mm

托辊轴承公称内径		γ_{smin}	γ_{smax}	
超过	到		径向	轴向
18	25	0.4	0.8	1.4
25	40	0.8	1.2	1.8

5.8 托辊轴承的径向游隙应符合 GB/T 4604—93 中表 1 第 3 组的规定。

5.9 托辊轴承零件硬度：

套圈硬度值为 61～ 65HRC，钢球硬度值为 62～66HRC，同一套圈硬度均匀性应符合 JB 1255 的规定。

5.10 托辊轴承端面对滚道的跳动按表 3 的规定。

表 3

mm

托辊轴承公称内径 mm		成套托辊轴承内圈端面对滚道的跳动 μm	托辊轴承公称外径 mm		成套托辊轴承外圈端面对滚道的跳动 μm
超过	到	最大	超过	到	最大
18	30	24	30	50	40
30	50		50	80	
			80	120	45

5.11 托辊轴承表面粗糙度：

表面粗糙度要求的一般规则按 GB/T 1031 的规定。配合表面和端面的粗糙度用参数 R_a 进行评定，R_a 应符合 GB/T 307.3 的规定。

托辊轴承套圈的滚道表面粗糙度参数 R_a 应符合下述规定：

内圈 0.20 μm 外圈 0.25 μm

5.12 托辊轴承的旋转阻力应符合表 4 的规定。

表 4

托辊轴承公称内径，mm		旋转阻力 N
超过	到	
12	24	≤0.20
24	40	≤0.32

5.13 托辊的轴承的防卡寿命在强化试验时不得低于 400 h。

5.14 托辊轴承的工作表面酸洗后不应有烧伤，配合表面上不应有不经酸洗即可看到的烧伤。

5.15 托辊轴承目视检查不允许有裂纹、锐角和毛刺。

5.16　托辊轴承的表面质量、旋转灵活性，残磁强度应符合 GB/T 307.3 的规定。

5.17　保持架与套圈挡边之间的间隙不小于 0.2 mm。

5.18　托辊轴承的所有外购件必须有合格证书，并以制造厂技术检验部门检验合格后，才能进行装配。

5.19　托辊轴承套圈滚道脱离公称直径极限偏差按表 5 的规定。

表 5

mm

托辊轴承中钢球的公称直径		滚道脱离公称直径的偏差
超过	到	
8	12	±0.10
12	20	±0.15

6　试验方法

6.1　旋转阻力和防卡寿命

6.1.1　试样的采取和制备

6.1.1.1　在一批同一型号的托辊轴承中，随机抽取样品，并在其外圈非基准面上逐套编号。

6.1.1.2　将样品用煤油洗干净，并使之干燥。

6.1.2　试验设备和条件

6.1.2.1　托辊轴承的旋转阻力和防卡寿命试验的设备和原理按 ZB D93 009—90 的 4.4.1 和 4.8.1 规定。

6.1.2.2　托辊轴承试验用的套筒和轴的尺寸见图 2 和表 6。

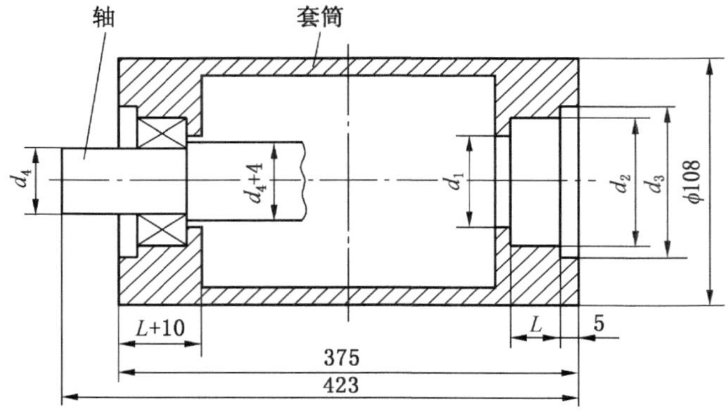

图 2

表 6

mm

轴承型号	d_1	d_2	d_3	d_4	L
204KA	25	47	50	20	14
205KA	30	52	55	25	15
305KA	30	62	65	25	17
306KA	35	72	75	30	19
307KA	40	80	83	35	21
308KA	45	90	93	40	23

6.1.2.3　将试验用的套筒和轴用煤油清洗干净，并擦干。

6.1.2.4 将托辊轴承、套筒和轴组装成标准托辊。组装时，轴承保持架开口向外。

6.1.2.5 旋转阻力试验场所的环境温度在20～25 ℃范围内。

6.1.3 试验程序

6.1.3.1 旋转阻力测定：

6.1.3.1.1 标准托辊应经1450 r/min转速连续跑合15 min后，放置2 h。

6.1.3.1.2 将标准托辊置于支承辊上，在托辊轴的一端安装力臂杆，力臂杆的另一端置于测力计上，并调整测力计的指针至零位。

6.1.3.1.3 用摩擦轮以250 N的力压住标准托辊。

6.1.3.1.4 驱动电机，待标准托辊外圆线速度稳定为2.0 m/s后，记录测力计读数P，按式(1)计算托辊轴承的旋转阻力：

$$F=P\cdot L/R \tag{1}$$

式中：

F——托辊轴承旋转阻力，N；

L——力臂杆长度，cm；

R——托辊半径，cm；

P——测力计读数，N。

6.1.3.2 防卡寿命试验：

6.1.3.2.1 将标准托辊安装在强化寿命试验台内，试验台密封容器内放有粒度不大于0.635 mm的干煤粉2.5 kg。

6.1.3.2.2 调整拉紧力，使标准托辊承受588 N的负载，并使标准托辊以表1所列的工作转速运转。

6.1.3.2.3 启动电机，每运转5 h，停止1 h。运转中，每隔1 h应在密闭容器中以0.5 MPa的压缩空气持续吹拂煤粉5 s，以形成煤尘飞扬的工况条件。

6.1.3.2.4 在标准托辊运转中，每小时测量一次托辊轴承温度和电机电流；当轴承温升超过70 ℃或电机负荷有明显增加时，应取出标准托辊，并按6.1.3.1的方法测定旋转阻力，如超过表7的规定，则认为托辊轴承已失效。

表 7

托辊轴承公称内径，mm		旋转阻力 N
超过	到	
12	24	≤3.70
24	40	≤4.00

6.2 托辊轴承尺寸公差和旋转精度的测量方法

按GB/T 307.2的规定。

6.3 托辊轴承径向游隙的测量方法

按JB/T 3573的规定。

6.4 托辊轴承套圈表面粗糙度的检查

按JB/T 7051的规定。

6.5 托辊轴承套圈的硬度和同一零件硬度的均匀性的检查方法

按JB 1255的规定。

7 检验规则

产品需经检验合格方能出厂。检验包括出厂检验和型式检验。

7.1 **出厂检验**

7.1.1 抽检数量及结果判定：

7.1.1.1 旋转阻力的抽检数量及结果判定见表 8。

表 8

批量范围	检查水平	样本字码	质量水平（AQL）	抽样方案	样本大小 n	判定数量	
						合格判定数 A_c	不合格判定数 R_e
3201～10000	一般水平Ⅱ	L	4.0	一次正常	200	14	15
10001～35000	一般水平Ⅱ	M	4.0	一次正常	315	21	22
35001～150000	一般水平Ⅱ	N	4.0	一次正常	315	21	22

7.1.1.2 除旋转阻力以外的其他项目的抽检数量及判定方法按照 ZB J11 020 的规定。结果判定按照本标准规定。

7.2 **型式检验**

7.2.1 有下列情况之一时，一般应进行型式试验：

a)新产品或老产品转厂生产的试制定型鉴定；

b)正式生产后，如结构、材料、工艺有较大改变，可能影响产品性能时；

c)正常生产时，旋转阻力每年进行一次检验，防卡寿命每 3 年进行一次检验；

d)停产 1 年以上，恢复生产时；

e)出厂检验结果与上次型式试验有较大差异时；

f)国家质量监督机构提出进行型式试验要求时。

7.2.2 抽检数量及结果判定：

7.2.2.1 抽检数量：

a)在一批数量不少于 500 套同一型号托辊轴承中，随机抽取样品 30 套，组装成 10 只试验用标准托辊，以作旋转阻力和防卡寿命试验用。

b)其他项目的抽检数量按 ZB J11 020 的规定。

7.2.2.2 结果判定：

a)旋转阻力和防卡寿命的结果判定按表 9 规定。

表 9

序号	检测项目	被试标准托辊数	判定数量	
			合格判定数	不合格判定数
1	旋转阻力	10	1	2
2	防卡寿命	10	1	2

b)除旋转阻力和防卡寿命以外的其他项目的抽检数量及判定方法按照 ZB J11 020 的规定。结果判定按照本标准的规定。

8 标志、防锈、包装和贮运

8.1 托辊轴承的标志应符合 JB/T 3574 的规定。

8.2 经检验合格的托辊轴承应按 JB/T 3034 进行防锈、内包装，包装物上应标志出托辊轴承型号。

8.3 完成内包装的产品按不同的储运条件选择木箱或纸箱作外包装箱，其包装应按 JB/T 3016 或 JB/T 3017的规定。

8.4 经防锈包装后的托辊轴承在正常的储运条件下，应保证产品一年内不生锈，防锈期从出厂之日计算。

8.5 托辊轴承应贮存在无有害气体，通风良好的仓库内，且不能与化学药品、酸碱物质一同存放。

前　言

在煤矿用带式输送机中，机架是输送机承托胶带、延伸全长的主体部件，在输送机中占有很大的比例，数量相当大，型式也比较多。国外已有井下煤矿用带式输送机机架的标准，如西德标准 DIN 22111—1978《井下煤矿用带式输送机轻型机架》，DIN 22114—1977《井下煤矿用带式输送机重型机架》，国内尚无相应的标准。本标准的制定对实现带式输送机机架的通用化具有重大的技术经济意义。

本标准由煤炭工业部科技教育司提出。

本标准由煤炭工业部煤矿专用设备标准化技术委员会归口。

本标准起草单位：煤炭科学研究总院上海分院。

本标准起草人：史志。

本标准委托煤炭科学研究总院上海分院负责解释。

中华人民共和国煤炭行业标准

煤矿用带式输送机机架型式与基本尺寸

MT/T 656—1997

Belt conveyor frame for coal mining—Form and basic size

1 范围

本标准规定了煤矿用带式输送机机架型式与基本尺寸。

本标准适用于煤矿用带式输送机，也适用于露天煤矿、选煤等作业场所用带式输送机。

2 引用标准

下列标准所包含的条文，通过在本标准中引用而构成为本标准的条文。本标准出版时，所示版本均为有效。所有标准都会被修订，使用本标准的各方应探讨使用下列标准最新版本的可能性。

GB/T 707—88 热轧槽钢尺寸，外形，重量及允许偏差

3 定义

本标准采用下列定义。

3.1 固接式机架 fixed frame

两根纵梁相互用螺栓与前后纵梁连接，并通过落地支架予以连接支撑，上托辊组和下托辊组有选择地用螺栓固定在纵梁上的机架。

3.2 插板式机架 insert frame

两根纵梁相互用螺栓与前后纵梁连接，并通过落地支架予以连接支撑，上托辊组为插入型式，直接插入纵梁上的托辊支座，下托辊组安装在支架的托辊支座上的机架。

4 结构型式和基本尺寸

煤矿用带式输送机机架由上托辊组、下托辊组、纵梁、支架等组成。纵梁标准长度有 2400 mm 和 3000 mm 两种，上托辊组间距有 1200 mm 和 1500 mm 两种，下托辊组间距有 2400 mm 和 3000 mm 两种。纵梁长度为 2400 mm 的机架上托辊间距为 1200 mm，下托辊间距为 2400 mm，纵梁长度为 3000 mm的机架上托辊间距为 1500 mm，下托辊间距为 3000 mm。上托辊组槽形角主要有 25°、30°、35°、45°等四种。其中槽形角为 250°的上托辊组一般为过渡托辊组，本标准不作规定，如设计中遇到槽角为特殊角度的上托辊组可根据本标准中有关尺寸进行修正。下托辊组有平型和 V 型两种。煤矿用带式输送机机架按上托辊组的结构型式主要可分为固接式机架和插板式机架两种。

机架及其零部件可不必与图示完全相符，只需遵照所给的尺寸。图中尺寸单位：mm。

4.1 固接式机架

4.1.1 型式和尺寸

4.1.1.1 纵梁长度 L 为 2400 mm。

中华人民共和国煤炭工业部 1997-11-10 批准　　　　1998-04-01 实施

a)下托辊组为平型，结构如图 1 所示；

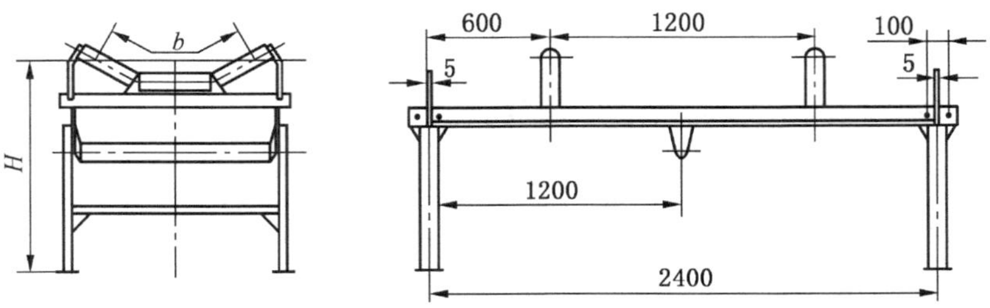

图 1

b)下托辊组为 V 型，结构如图 2 所示。

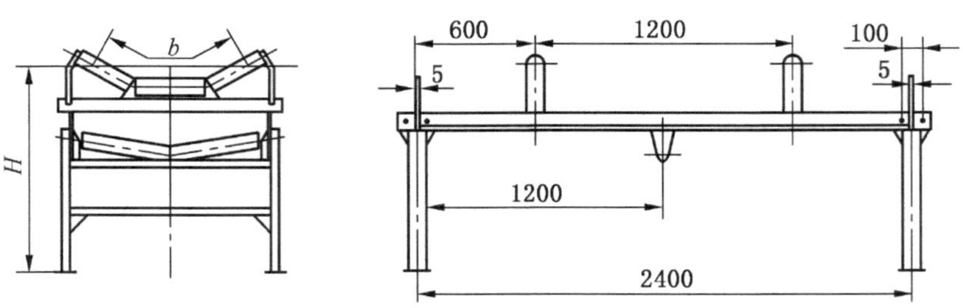

图 2

4.1.1.2　纵梁长度 L 为 3000 mm。

a)下托辊组为平型，结构如图 3 所示；

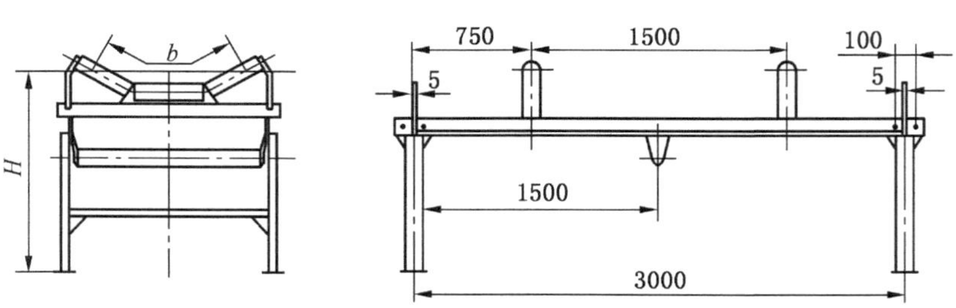

图 3

b)下托辊组为 V 型，结构如图 4 所示。

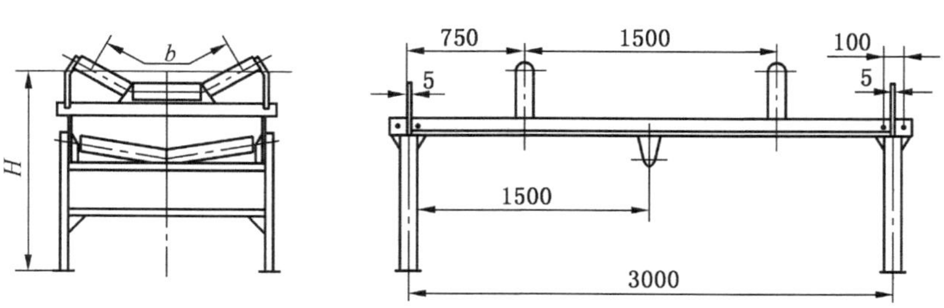

图 4

4.1.2　支架

结构如图 5 所示；基本尺寸表 1 中给出。

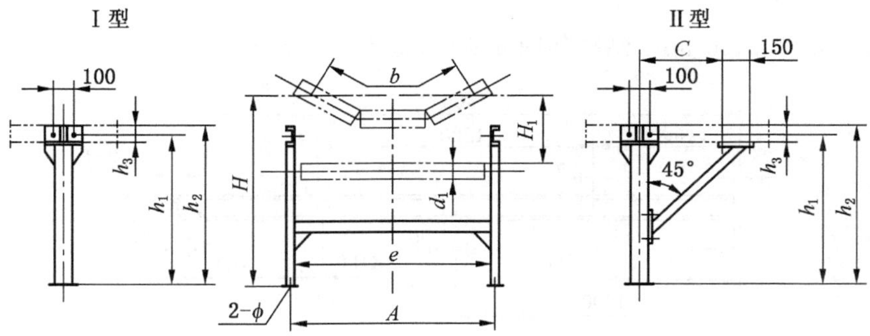

图 5

表 1 支架基本尺寸

mm

带宽,b	H	H_1	d_1	h_1	h_2	h_3	e	A	C	ϕ	纵梁材料规格
650	800	385	89	525	555	40	830	910	250	24	热轧槽钢 80×43×5.0 GB/T 707—88
				515		50					热轧槽钢 100×48×5.3 - GB/T 707—88
800	800	395	89	505	545		1030	1110			
			108	480	520						
	1000		89	705	745				400		
			108	680	720						
1000	1000	446	108	650	690	50	1230	1310			
			133	625	665						
	1200		108	850	890				500		
			133	825	865						
	1000		108	640	690	60			400		热轧槽钢 120×53×5.5 - GB/T 707—88
			133	615	665						
	1200		108	840	890				500		
			133	815	865						
1200	1000	476	108	605	655	600	1480	1560	320		
			133	580	630						
			159	550	600						
	1200		108	805	855				500		
			133	780	830						
			159	750	800						
1400	1000	496	108	580	640	70	1670	1770	320		热轧槽钢 140×58×6.0 - GB/T 707—88
			133	550	610						
			159	520	580						
	1200		108	780	840				500		
			133	750	810						
			159	720	780						

4.1.3 纵梁

4.1.3.1 纵梁长度 L 为 2400 mm；结构如图 6 所示；基本尺寸表 2 中给出。

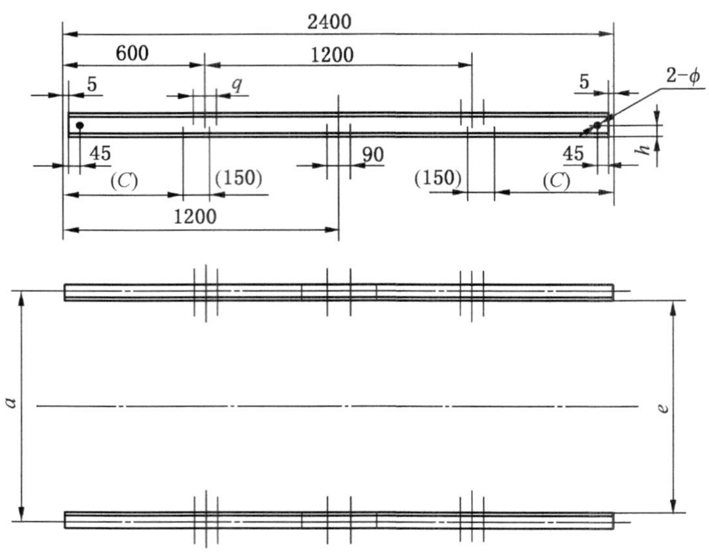

注：（ ）内尺寸为支架为Ⅱ型时纵梁尺寸；C 尺寸表 1 中给出。

图 6

表 2 纵梁基本尺寸

mm

带宽 b	a	e	h	q	ϕ	材料规格
650	890	830	50	130	19	热轧槽钢 80×43×5.0 - GB/T 707—88 或 热轧槽钢 100×48×5.3 - GB/T 707—88
800	1090	1030				热轧槽钢 100×48×5.3 - GB/T 707—88
1000	1290	1230	60	170		热轧槽钢 100×48×5.3 - GB/T 707—88 或 热轧槽钢 120×53×5.5 - GB/T 707—88
1200	1540	1480		200		热轧槽钢 120×53×5.5 - GB/T 707—88
1400	1740	1680	70	220		热轧槽钢 140×58×6.0 - GB/T 707—88

4.1.3.2 纵梁长度 L 为 3000 mm；结构如图 7 所示；基本尺寸表 2 中给出。

4.1.4 上托辊组

结构如图 8 所示；基本尺寸表 3 中给出。

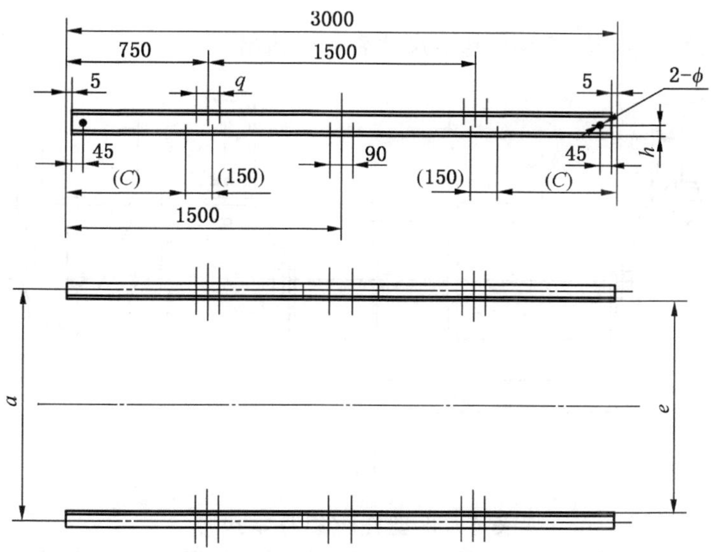

注：(　)内尺寸为支架为Ⅱ型时纵梁尺寸；C 尺寸表 1 中给出。

图 7

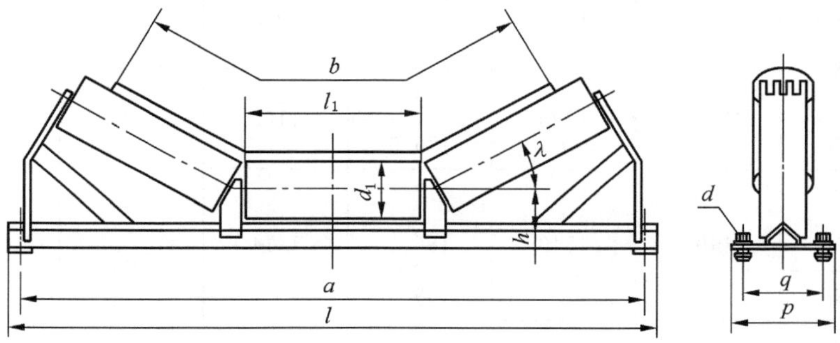

图 8

表 3　上托辊组基本尺寸

mm

带宽 b	d_1	l_1	a	l	h			p	q	d
					λ=30°	λ=35°	λ=45°			
650	89	250	890	950	—	135.5	135.5	170	130	M12
170	89	315	1090	1150	142.5	135.5	135.5			
800	108				155	146	146			
1000		380	1290	1350	167	159	159	220	170	M16
	133				181.5	173.5	173.5			
1200	108	465	1540	1600	183	176	176	260	200	
	133				197.5	190.5	190.5			
	159				214.5	207.5	207.5			
1400	108	530	1740	1800	191	184	184	280	220	
	133				205.5	198.5	198.5			
	159				222.5	215.5	215.5			

4.1.5 下托辊组

4.1.5.1 平型托辊组:结构如图 9 所示;基本尺寸表 4 中给出。

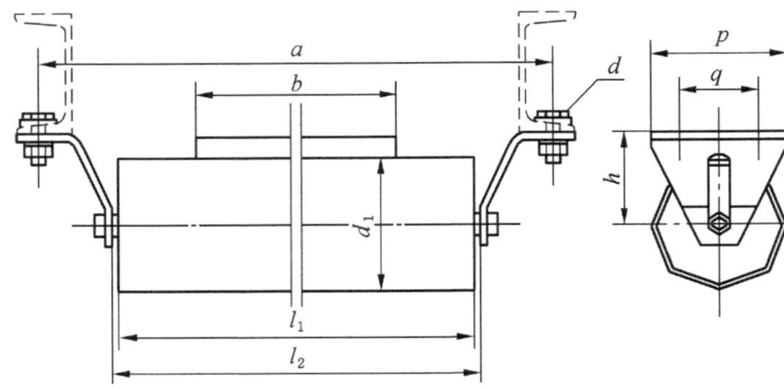

图 9

表 4 平型托辊组基本尺寸

mm

带宽 b	d_1	l_1	a	h	l_2	p	q	d
650	89	750	890	100	762	145	90	M12
800	89	950	1090	144.5	962			
	108			154				
1000		1150	1290	164	1162	150		M16
	133			176.5				
1200	108	1400	1540	174	1414			
	133			186.5				
	159			199.5				
1400	108	1600	1740	184	1614			
	133			196.5				
	159			209.5				

4.1.5.2 V 型托辊组:结构如图 10 所示;基本尺寸表 5 中给出。

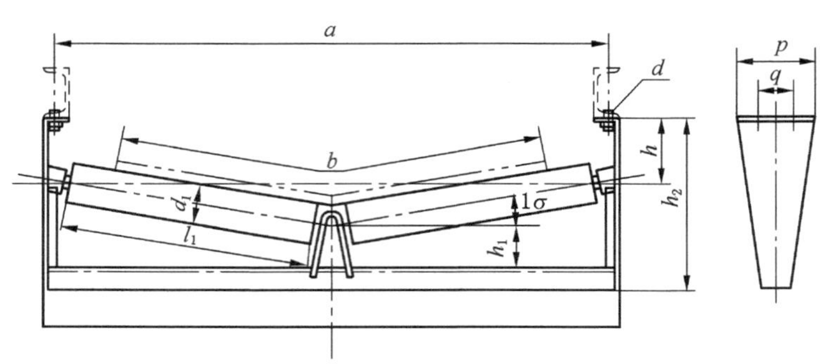

图 10

表 5　V 型托辊组基本尺寸

mm

<table>
<tr><th>带宽 b</th><th>d_1</th><th>l_1</th><th>l</th><th>a</th><th>h</th><th>h_1</th><th>h_2</th><th>p</th><th>q</th><th>d</th></tr>
<tr><td rowspan="2">800</td><td>89</td><td rowspan="2">465</td><td rowspan="2">1142</td><td rowspan="2">1090</td><td rowspan="2">100</td><td rowspan="6">100</td><td>328</td><td rowspan="2">145</td><td rowspan="10">90</td><td rowspan="2">M12</td></tr>
<tr><td rowspan="2">108</td><td>338</td></tr>
<tr><td rowspan="2">1000</td><td rowspan="2">600</td><td rowspan="2">1342</td><td rowspan="2">1290</td><td rowspan="2">110</td><td>371</td><td rowspan="8">150</td><td rowspan="8">M16</td></tr>
<tr><td>133</td><td>384</td></tr>
<tr><td rowspan="3">1200</td><td>108</td><td rowspan="3">700</td><td rowspan="3">1592</td><td rowspan="3">1540</td><td rowspan="3">120</td><td>401</td></tr>
<tr><td>133</td><td>414</td></tr>
<tr><td>159</td><td>120</td><td>447</td></tr>
<tr><td rowspan="3">1400</td><td>108</td><td rowspan="3">800</td><td rowspan="3">1800</td><td rowspan="3">1740</td><td rowspan="3">130</td><td rowspan="2">100</td><td>420</td></tr>
<tr><td>133</td><td>433</td></tr>
<tr><td>159</td><td>120</td><td>466</td></tr>
</table>

4.2　插板式机架

4.2.1　型式和尺寸

4.2.1.1　纵梁长度 L 为 2400 mm，结构如图 11 所示。

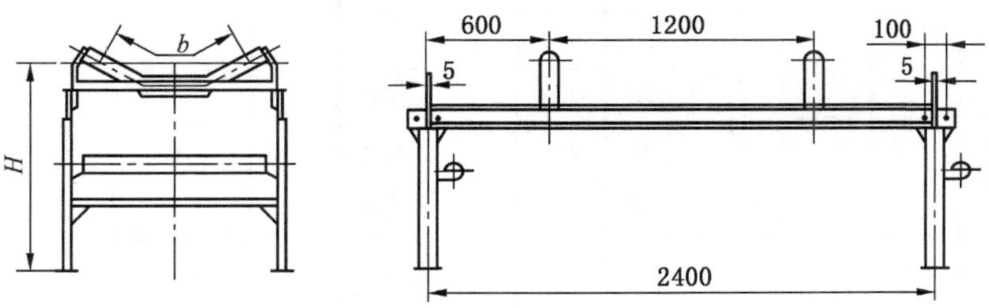

图 11

4.2.1.2　纵梁长度 L 为 3000 mm，结构如图 12 所示。

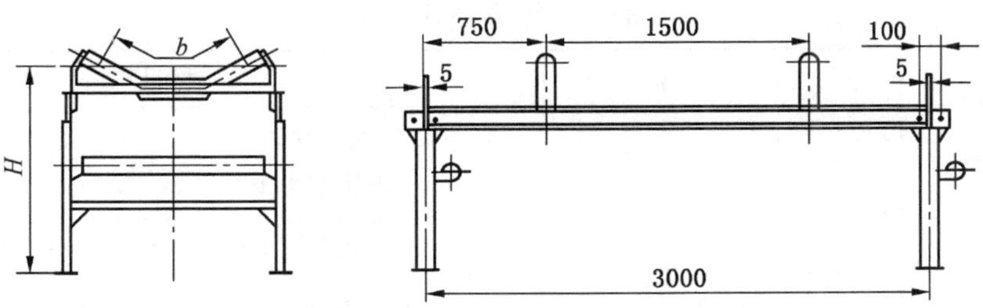

图 12

4.2.2　支架

结构如图 13 所示；基本尺寸表 6 中给出。

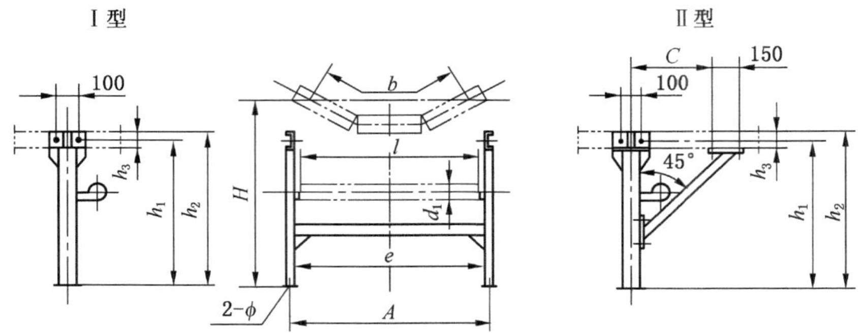

图 13

表 6 机架基本尺寸

mm

<table>
<tr><th>带宽 b</th><th>H</th><th>d_1</th><th>l</th><th>e</th><th>A</th><th>h_1</th><th>h_2</th><th>h_3</th><th>C</th><th>ϕ</th><th>纵梁材料规格</th></tr>
<tr><td rowspan="2">650</td><td rowspan="2">800</td><td rowspan="4">89</td><td rowspan="2">764</td><td rowspan="2">830</td><td rowspan="2">910</td><td>620</td><td rowspan="2">650</td><td>40</td><td rowspan="3">250</td><td rowspan="10">24</td><td>热轧槽钢 80×43×5.0-GB/T 707—88</td></tr>
<tr><td>610</td><td rowspan="5">50</td><td rowspan="5">热轧槽钢 100×48×5.3-GB/T 707—88</td></tr>
<tr><td rowspan="2">800</td><td>80</td><td rowspan="2">964</td><td rowspan="2">1030</td><td rowspan="2">1110</td><td>600</td><td>640</td></tr>
<tr><td>1000</td><td>800</td><td>840</td><td rowspan="2">400</td></tr>
<tr><td rowspan="4">1000</td><td>1000</td><td rowspan="6">108</td><td rowspan="4">1164</td><td rowspan="4">1230</td><td rowspan="4">1310</td><td>770</td><td>810</td></tr>
<tr><td>1200</td><td>970</td><td>1010</td><td>500</td></tr>
<tr><td>1000</td><td>760</td><td>810</td><td rowspan="4">60</td><td>400</td><td rowspan="4">热轧槽钢 120×53×5.5-GB/T 707—88</td></tr>
<tr><td>1200</td><td>960</td><td>1010</td><td>500</td></tr>
<tr><td rowspan="2">1200</td><td>1000</td><td rowspan="2">1414</td><td rowspan="2">1480</td><td rowspan="2">1560</td><td>750</td><td>800</td><td>400</td></tr>
<tr><td>1200</td><td>950</td><td>1000</td><td>500</td></tr>
</table>

4.2.3 纵梁

4.2.3.1 纵梁长度 L 为 2400mm;结构如图 14 所示;基本尺寸表 7 中给出。

表 7 纵梁基本尺寸

mm

<table>
<tr><th>带宽 b</th><th>h</th><th>ϕ</th><th>材料规格</th></tr>
<tr><td rowspan="2">650</td><td>40</td><td rowspan="5">19</td><td rowspan="2">热轧槽钢 80×43×5.0-GB/T 707—88 或
热轧槽钢 100×48×5.3-GB/T 707—88</td></tr>
<tr><td rowspan="2">50</td></tr>
<tr><td>800</td><td>热轧槽钢 100×48×5.3-GB/T 707—88</td></tr>
<tr><td>1000</td><td rowspan="2">60</td><td>热轧槽钢 100×48×5.3-GB/T 707—88 或
热轧槽钢 120×53×5.5-GB/T 707—88</td></tr>
<tr><td>1200</td><td>热轧槽钢 120×53×5.5-GB/T 707—88</td></tr>
</table>

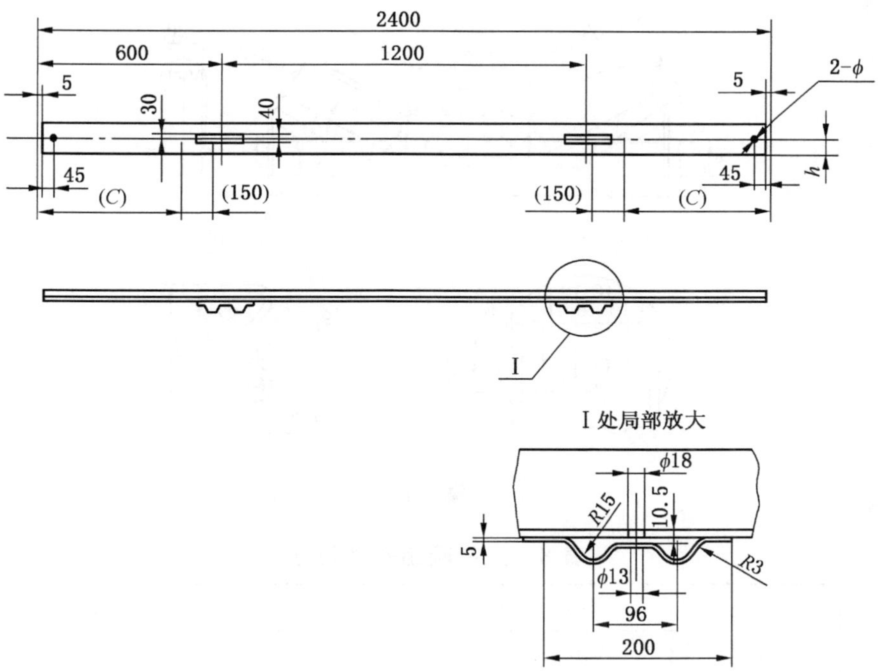

注:(　)内尺寸为支架为Ⅱ型时纵梁尺寸;C 尺寸表 6 中给出。

图 14

4.2.3.2　纵梁长度 L 为 3000mm:结构如图 15 所示;基本尺寸表 7 中给出。

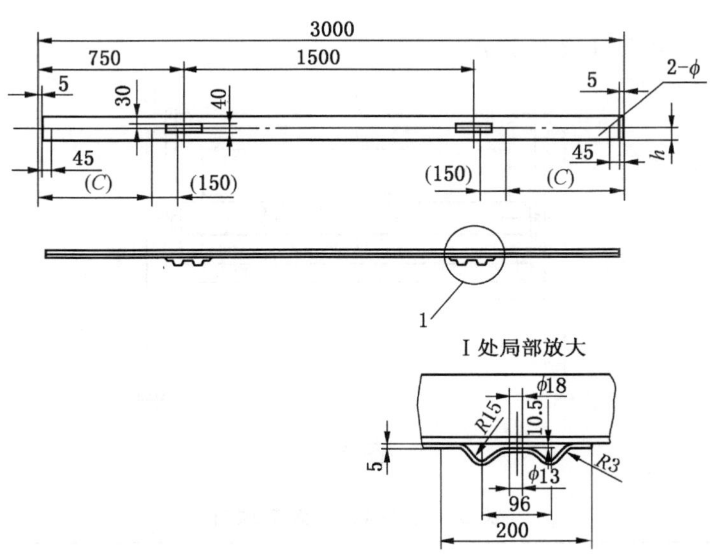

注:(　)内尺寸为支架为Ⅱ型时纵梁尺寸;C 尺寸表 6 中给出。

图 15

4.2.4　上托辊组

结构如图 16 所示;基本尺寸表 8 中给出。

附 录 A
（资料性附录）
本标准章条编号和 ISO 1537—1975(E)章条编号对照

表 A.1 给出了本标准章条编号和 ISO 1537—1975(E)章条编号对照一览表。

表 A.1 本标准章条编号和 ISO 1537—1975(E)章条编号对照

本标准章条编号	对应的国际标准章条编号
1	1
—	2
2.1	4.3.1.1
2.2	4.3.2.1
2.3	4.4.1
3	3
—	4.1
图 1a	图 2
图 1b	—
4.1.1	4.3.1.2
4.1.2	4.3.2.2
4.1.3	4.3.3
4.1.4	4.4.2
4.1.5	4.2.2.1
4.2	4.2.2.2
—	表 1
—	4.2.3

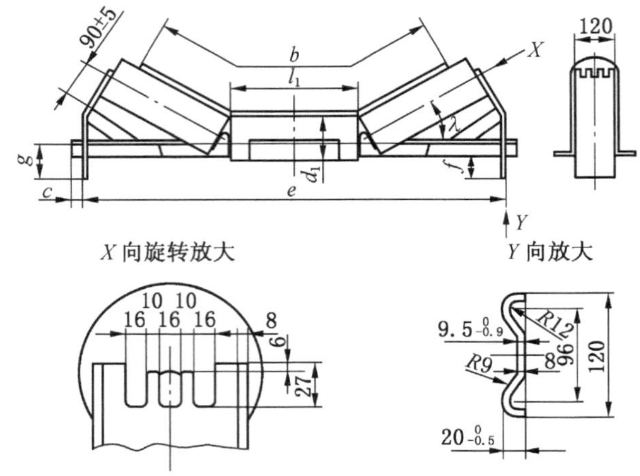

图 16

表 8　上托辊组基本尺寸

mm

带宽 b	d_1	l_1	c	$e\pm1.2$	$f\pm0.5$	$g\pm1$
650	89	250	0	890	70	105
800		315		1030		
1000	108	380		1230		
1200		465	20	1480	100	135

4.2.5　下托辊组

结构如图 17 所示;基本尺寸表 9 中给出。

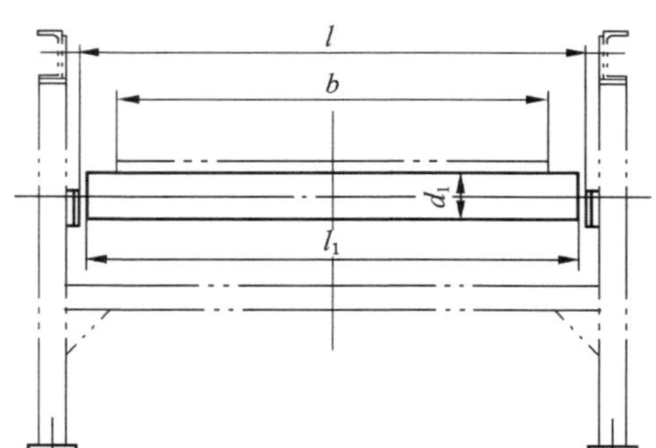

图 17

表 9　下托辊组基本尺寸

mm

带宽 b	d_1	l	l_1
650	89	764	750
800		964	950
1000	108	1164	1150
1200		1414	1400

前　　言

本标准属首次制定，起草中参考了 JB/ZQ 1039—87（LL3-9 型离心机）和 JB/ZQ 1017—84（LL3-9 型离心机筛篮）两项标准，以保证与相关标准的协调。

本标准由煤炭工业部科技教育司提出。

本标准由煤矿专用设备标准化技术委员会归口。

本标准由煤炭科学研究总院唐山分院负责起草。

本标准起草人：栗玉民、陈利冰。

本标准委托煤矿专用设备标准化技术委员会负责解释。

中华人民共和国煤炭行业标准

MT/T 657—1997

TLL 型立式刮刀卸料离心机

TLL vertical scraper discharge cenrifuge

1 范围

本标准规定了立式刮刀卸料离心机的型式、基本参数、技术要求、试验方法、检验规则、标志、包装和贮存。

本标准适用于立式刮刀卸料离心机(以下简称离心机)。该型离心机主要用于选煤厂 0～13 mm 末煤的脱水,也可用于其他类似物料的固液分离。

2 引用标准

下列标准所包含的条文,通过在本标准中引用而构成为本标准的条文。本标准出版时,所示版本均为有效。所有标准都会被修订,使用本标准的各方应探讨使用下列标准最新版本的可能性。

GB/T 9239—88 刚性转子平衡品质 允许不平衡的确定

GB/T 10894—89 分离机械噪声声功率级的测定 工程法

GB/T 10895—89 离心机、分离机机械振动测试方法

3 型式与基本参数

3.1 型式

本离心机为立式,过滤型,采用螺旋刮刀卸料,传动装置位于机体下部。

3.2 型号示例

T L L □

- □——筛篮大端直径(mm)
- L——立式(立)
- L——螺旋刮刀卸料(螺)
- T——离心脱水机(脱)

3.3 基本参数

机械参数应符合表 1 之规定,工艺参数应符合表 2 之规定。

表 1

项目	单位	TLL700	TLL900	TLL1000	TLL1150
筛篮大端直径	mm	720	930	1030	1150
筛篮转速	r/min	670	590	568	534
筛篮半锥角	(°)	20			
筛缝	mm	0.5			

中华人民共和国煤炭工业部 1997-11-10 批准　　1998-04-01 实施

表 1(续)

项目	单位	TLL700	TLL900	TLL1000	TLL1150
电动机功率	kW	18.5	45	55	75
电动机转速	r/min	970	740	980	1480
机器重量	kg	3125	6073	6883	7.890
注：根据用户需要，筛缝也可取 0.25、0.3 或 0.4mm。					

表 2

项目	单位	TLL700	TLL900	TLL1000	TLL1150
入料粒度	mm	0～13			
入料水分	%	<30			
处理能力	t/h	40～50	80～100	120～150	150～200
产品外在水分	%	5～8			
注：表中工艺指标是在下列条件下给定的： 1. 入料中－0.5mm 粒级含量不超过 15%； 2. 筛缝为 0.5mm。					

4 技术要求

4.1 一般要求

4.1.1 产品应符合本标准的要求，并按经规定程序批准的图样和技术文件制造。

4.1.2 外购件应符合有关标准的规定，并有生产厂质量检验部门的合格证。

4.2 整机要求

4.2.1 产品转动部分应运转灵活、平稳、无异常现象。

4.2.2 产品水平和垂直方向的单振幅均不得超过 0.3 mm。

4.2.3 产品噪声(声压级)不得超过 85 dB(A)。

4.2.4 齿轮副的接触斑点按齿高方向不得少于 40%，按齿长方向不得少于 70%。

4.2.5 筛篮与螺旋刮刀之间各测点的平均间隙为(2±1)mm，且任何点不得出现筛篮与螺旋刮刀接触或其间隙大于 4 mm 的情况。

4.2.6 可靠性指标

——整机使用寿命不少于 50000 h；

——第一次大修期不少于 10000 h。

4.2.7 处理能力和产品外在水分应符合表 2 之规定。

4.3 润滑系统要求

4.3.1 润滑系统采用 N100(夏秋季用)和 N68(冬春季用)工业齿轮油，主表油压为 0.06 MPa～0.12 MPa。

4.3.2 润滑油的温升不得高于 30 ℃。

4.3.3 齿轮箱和润滑管路不得有漏油、渗油现象，管路不得堵塞。

4.4 主要零、部件的要求

4.4.1 筛篮、螺旋刮刀、钟形罩等应做动平衡试验，分配盘应做静平衡试验，其允许不平衡量见表 3。

表 3

g·cm

零(部)件	TLL700	TLL900	TLL1000	TLL1150
筛篮	120	205	250	310
螺旋刮刀	370	610	750	935
钟形罩	275	455	560	700
分配盘	130	220	270	335

4.4.2 用于末精煤脱水时,筛篮寿命不得少于 1200h 或过煤量不得少于 5 万 t。

4.4.3 筛缝通常为 0.5 mm,根据用户需要也可取为 0.25,0.3 或 0.4 mm,允许偏差为($^{+0.05}_{-0.09}$)mm,合格率不得少于 90%,不合格筛缝的最大偏差不得超过±0.12 mm。

4.4.4 筛篮表面拼接处应圆滑过渡和平整,相邻两筛条工作表面高低差不得大于 0.2 mm。

4.4.5 产品金属结构件焊缝处不得有烧穿、裂纹、凹坑等缺陷。

4.5 外观要求

4.5.1 产品涂漆后表面要均匀、平整,不允许有脱皮、气泡和流痕等缺陷。

4.5.2 外露加工面应涂防锈油。

5 试验方法

5.1 转动部分运转是否灵活用盘车法检查。

5.2 振幅用测振仪测量,测振仪精度和测点位置应按 GB/T 10895 的规定选取。

5.3 噪声按 GB/T 10894 的规定测量。

5.4 齿轮副的接触斑点用着色法检查。

5.5 筛篮与螺旋刮刀之间的平均间隙用塞尺检查,上下各均布检测 10 点。

5.6 处理能力、产品外在水分和筛篮寿命在正常工业生产条件下检查。

5.7 润滑系统的油压直接从压力表读出,压力表精度不得低于 2.5 级。

5.8 润滑油的温升,待油温稳定后,用刻度不大于 1℃的点温计在油箱回油管处测量。

5.9 筛篮、螺旋刮刀转子、钟形罩的动平衡试验按 GB/T 9239 的规定进行。

5.10 分配盘的静平衡试验在静平衡试验台上进行。

5.11 筛缝用塞尺检查,每只筛篮检查对称两块筛面,每块筛面取上、下两段,每段连续检查 100 个筛缝。

5.12 筛篮相邻两筛条工作表面高低差用深度尺测量,上下各均布检测 10 点。

5.13 齿轮箱和润滑管路的密封情况、结构件的焊接质量和外观质量用目测或手感方法检查。

6 检验规则

6.1 出厂检验

6.1.1 每台产品均应经生产厂质量检验部门检验,检验合格后方能出厂,并出具产品合格证。

6.1.2 产品出厂检验时,要进行 4 h 空负荷试车,检验项目如表 4 所示。

6.1.3 出厂检验项目全部符合本标准规定的产品方可判定为合格产品。

表 4

序号	检验项目	技术要求	试验方法	检验种类	
				出厂检验	型式检验
1	转动部分运转是否灵活	4.2.1	5.1	√	√
2	振幅	4.2.2	5.2	√	√
3	噪声	4.2.3	5.3	√	√
4	齿轮副的接触斑点	4.2.4	5.4	—	√
5	筛篮与刮刀之间的间隙	4.2.5	5.5	√	√
6	处理能力	4.2.7	5.6	—	√
7	产品外在水分	4.2.7	5.6	—	√
8	油压	4.3.1	5.7	√	√
9	油温	4.3.2	5.8	√	√
10	齿轮箱等的密封情况	4.3.3	5.13	√	√
11	筛篮等的动(静)平衡	4.4.1	5.9,5.10	—	√
12	筛篮寿命	4.4.2	5.6	—	√
13	筛缝	4.4.3	5.11	—	√
14	筛篮表面的高低差	4.4.4	5.12	—	√
15	结构件的焊接质量	4.4.5	5.13	—	√
16	外观质量	4.5	5.13	√	√
注：表中“√”表示检验，“—”表示不检。					

6.2 **型式检验**

6.2.1 在下列情况之一时，应进行型式检验。

——新产品或老产品转厂生产的试制定型鉴定；

——正式生产后，如结构、材料、工艺有较大改变，可能影响产品性能时；

——正常生产时，每积累 20 台，应周期性进行一次检验；

——产品停产 1 年以上，恢复生产时；

——出厂检验结果与上次型式检验有较大差异时；

——国家质量监督机构提出进行型式检验的要求时。

6.2.2 型式检验的抽检数量为 1 台，样品应从出厂检验合格的产品中抽取。

6.2.3 型式检验项目如表 4 所示：

6.2.4 型式检验时，满足下列条件的产品方可判定为合格品：

——第 13、14 和 16 项指标不合格的数目不超过一项；

——其余各项指标全部合格。

7 标志、包装和贮存

7.1 标志

7.1.1 离心机应在明显位置固定产品标牌，其内容如下

——产品名称、型号；

——主要技术参数；

——制造厂名称；

——出厂日期和编号。

7.1.2 产品标牌应字迹清楚、固定牢固、规整。

7.1.3 应在明显位置标记电动机的旋转方向。

7.2 包装

7.2.1 产品采用支架包装，外露加工面涂防锈油，外露管接头和电动机用塑料布包扎，入料口覆盖。

7.2.2 减振器、随机文件等放入木箱。

7.2.3 随机文件应用塑料袋封装，其内容如下：

——装箱清单；

——产品合格证；

——产品安装使用说明书；

——安装图。

7.2.4 产品发货标牌和木箱外壁应注明以下内容：

——收货单位名称和地址；

——产品名称和编号；

——制造厂名称、出厂日期和编号；

——合同编号、包装编号；

——净重、毛重和外形尺寸。

7.3 贮存

应存放在有遮棚的仓库内，每六个月检查一次，并对外露加工面重新涂防锈油。

前　　言

本标准参考机械工业部部标准 JB 938—86《煤用单轴振动筛》编写的。鉴于产品自身的特点，本标准条文内容更具体，指标更具针对性，两个标准是协调一致；使用标准的各方应对其有所了解。

本标准由煤炭工业部科技教育司提出。

本标准由煤炭工业部煤矿专用设备标准化技术委员会归口。

本标准由煤炭科学研究总院唐山分院负责起草。

本标准主要起草人：高釜山、刘育、梁金刚。

本标准委托煤炭科学研究总院唐山分院负责解释。

中华人民共和国煤炭行业标准

MT/T 659—1997

GXS 细 粒 分 级 筛

1 范围

本标准规定了GXS细粒分级筛的产品分类、技术要求、试验方法、检验规则、标志、包装、运输及贮存。

本标准适用于GXS细粒分级筛。

2 引用标准

下列标准所包含的条文，通过在本标准中引用而构成为本标准的条文。本标准出版时，所示版本均为有效。所有标准都会被修订，使用本标准的各方应探讨使用下列标准最新版本的可能性。

GB 713—86 锅炉用碳素钢及低合金钢钢板

GB/T 1239.4—89 热卷圆柱螺旋弹簧技术条件

GB/T 3768—83 噪声源声功率级的测定 简易法

GB/T 4240—93 不锈钢丝

GB/T 4357—89 碳素弹簧钢丝

GB/T 8162—87 结构用无缝钢管

GB/T 12469—90 焊接质量保证 钢熔化焊接头的要求和缺陷分级

GB/T 13306—91 标牌

JB 4042—85 振动筛 试验方法

3 产品分类

3.1 型式

本产品分为座、吊两种型式(见图1)。

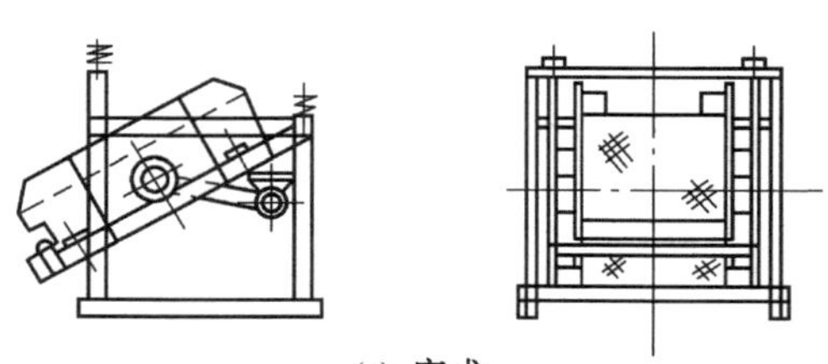

(a) 座式

图1 细粒分级筛的型式

中华人民共和国煤炭工业部 1997-11-10 批准　　1998-04-01 实施

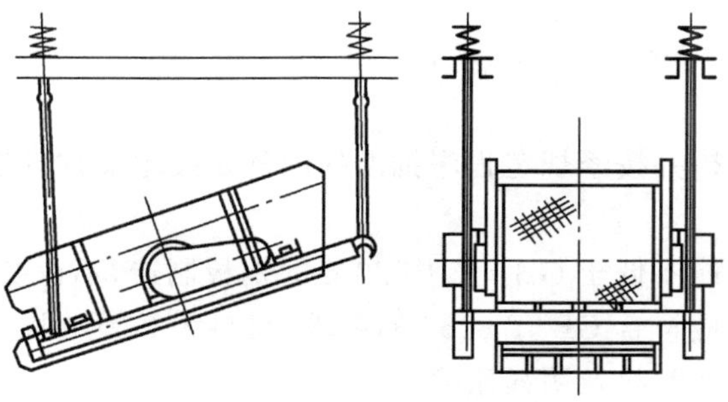

(b) 吊式

图 1(续)

3.2 产品型号表示方法

G X S — ×× ××

- ××（后）——筛面长度，dm
- ××（前）——筛面宽度，dm
- S——分级筛
- X——细粒
- G——高效

注：吊式在“G”前加“D”，座式不标注。

3.3 基本参数

基本参数及尺寸应符合表 1 之规定。

表 1

项目		GXS～1218	GXS～1426	GXS～1630
入料粒度，mm		0～50	0～50	0～50
筛箱尺寸，mm		1200×1800	1400×2600	1600×3000
筛面面积，m^2		2.2	3.6	4.8
分级粒度，mm	上层	50、25、13	50、25、13	50、25、13
	下层	4、6	4、6	4、6
工作频率，Hz		18.33	18.33	18.33
工作振幅，mm		4	3.5	3.5
筛面倾角调整范围，(°)		20～45	20～45	20～45
处理量，t/h		～100	～150	～200
重量，kg		1546	2170	3200

4 技术要求

4.1 基本要求

产品应符合本标准的要求,并按经规定程序批准的图样及技术文件制造。

4.2 筛箱

4.2.1 两侧板应采用机械性能不低于 GB 713 中 20 g 的钢板制造,不得拼接。

4.2.2 制造横梁的无缝钢管应符合 GB/T 8162 的要求,材料为 20 号钢。

4.2.3 各折弯件折弯后不得有裂纹及明显压痕。

4.2.4 筛框成型后的筛面托架平面度公差为 2 mm/m^2,两对角线长度之差不得大于对角线长度的千分之一,筛箱两侧板平行度公差为该侧板长边长度的千分之一。

4.2.5 焊接质量应符合 GB/T 12469 中 3.2 之规定,缺陷分级为Ⅱ级。

4.2.6 各焊接件结合面必须清理毛刺并进行除锈处理。

4.3 上筛板(筛网)

4.3.1 筛网应采用符合 GB/T 4240 的 1Cr18Ni9Ti 钢丝制造,也可以采用符合 GB/T 4357 的碳素弹簧钢丝制造。

4.3.2 用于煤炭分级,筛网的使用寿命不得低于 2000 h。

4.4 下琴弦筛网

4.4.1 筛网托架应焊接规整,两对角线长度之差不得大于对角线长度的千分之一。

4.4.2 组成下琴弦筛网的钢丝绳应采用抗拉强度不低于 180 MPa 的硅锰弹簧钢丝编成。

4.4.3 钢丝绳的张紧张力为 50 N±5 N。不得有扭曲,折弯现象。

4.5 螺旋弹簧

螺旋弹簧应符合 GB/T 1239.4 中之规定。

4.6 振动器

4.6.1 振动器轴承座轴承及其他零部件清洗后,清洗油的清洁度不大于 350 mg。

4.6.2 主轴轴向游动量必须保持在 0.5～2 mm 范围内,无渗油现象。

4.6.3 振动器零件不应有裂纹和其他可见缺陷,回转件不允许补焊。

4.6.4 振动器两偏心块重量差不得大于 0.2 kg。

4.7 整机性能要求

4.7.1 工作频率偏差不大于±2%。

4.7.2 工作振幅偏差不大于 0.5 mm,筛箱两侧板对称点的振幅差值不大于 0.5 mm,横向摆动量不大于 1 mm。

4.7.3 运转件应运转平稳、灵活。

4.7.4 轴承温升不得高于 45 ℃,且轴承最高温度不得高于 75 ℃。

4.7.5 噪声不大于 85 dB(A)声压级。

4.7.6 下琴弦筛网架要牢固地固定在筛框上,不得有二次振动。

4.7.7 上筛网要张紧可靠,不应有二次振动。

4.7.8 每台产品同一端两侧弹簧高度差不得大于 2.5 mm,负荷差不得大于 0.10 Pa。

4.7.9 在规定使用情况下,平均无故障工作时间不低于 6000 h。

4.8 外观质量要求

4.8.1 涂漆表面不允许有不均匀、裂纹、脱皮、气泡和流痕等缺陷。

4.8.2 外露加工表面涂防锈油。

4.8.3 产品标牌字迹应清晰、整齐、固定要牢固、不得歪斜。

5 试验方法

5.1 工作频率和振幅按 JB 4042 中 2.3 之规定测量。

5.2 噪声按 GB/T 3768 之规定测量。

5.3 轴承温度用点温计测量。

5.4 其他技术要求按常规方法测量。

6 检验规则

6.1 检验分类

——出厂检验；

——型式检验。

6.2 出厂检验

6.2.1 每台产品均应经制造厂质量检验部门进行出厂检验。检验合格，并附有产品质量合格证方可出厂。

6.2.2 产品空运转 4 h 以后，按 4.4、4.6、4.7 和 4.8 所述技术要求（与可靠性有关的技术要求除外）进行检验。

6.2.3 出厂检验项目全部符合本标准规定的产品方可判定为合格。

6.2.4 对不合格项允许修复后复检，复检再不合格即判定为不合格产品。

6.3 型式检验

6.3.1 有下列情况之一时，应进行型式检验：

——新产品或老产品转厂生产的试制定型鉴定；

——正式生产后，如结构材料，工艺有较大改变，可能影响产品性能时；

——在每年都有产品的情况下，每积累 10 台，或每隔 2 年检验一次；

——产品停产两年以上恢复生产时；

——出厂检验结果与上次型式检验有较大差异时；

——国家质量监督机构提出进行型式检验的要求时。

6.3.2 型式检验的抽样数量为 1 台。

6.3.3 型式检验项目应按 4.2～4.8 所述的 26 项目技术要求（与可靠性有关的技术条件除外）进行检验。

6.3.4 型式检验要求以下项目必须合格：

——工作频率；

——工作振幅和横向摆动量；

——噪声；

——轴承温升和轴承温度；

——偏心块重量偏差；

——主轴轴向游动量；

——钢丝绳的张力。

同时，其他 21 项技术要求的不合格数不多于二项，方可认定抽检样品为合格。

6.3.5 对不合格项允许修复后复检，复检再不合格即判定为不合格产品。

7 成套供应范围

——产品的整机部分；

——电动机；

——三角胶带；
——吊挂装置；
——产品支架(用户选择件)；
——按订货合同提供的备件。

8 标志、包装、运输及贮存

8.1 每台产品在明显位置固定产品标牌，其型式和尺寸应符合 GB/T 13306 之规定，并包括下列内容：
——产品名称与型号；
——制造厂名称；
——主要技术参数；
——出厂日期及出厂编号。

8.2 产品主机以整体形式发给用户。

8.3 电动机、三角胶带、弹簧及吊挂装置应装箱包装，包装箱要牢固，并有防淋防潮措施。

8.4 随机文件用塑料袋装好放入箱内，文件包括：
——装箱清单；
——产品合格证；
——产品使用说明书；
——安装图及易损件图。

8.5 产品包扎或装箱发货应有明显的标志，内容包括：
——收货单位地址及名称；
——产品名称及型号；
——制造厂名称、出厂日期、出厂编号；
——合同编号、包装编号；
——毛重、净重、外形尺寸及吊装中心等。

8.6 产品运输应符合公路、水路、铁路运输要求。

8.7 产品存放要垫平离开地面 150 mm 以上，不可堆放。露天存放应有防雨、防晒和防积水措施。

8.8 产品存放 1 年应进行一次保养。

前　　言

本标准是为了规范煤用振动筛的开发、制造和选型编制的煤用振动筛规格尺寸采用优先数系，经过生成和分析，进行统计而获取的。

本标准由煤炭工业部科技教育司提出。

本标准由煤矿专用设备标准化技术委员会归口。

本标准由煤炭科学研究总院唐山分院负责起草。

本标准主要起草人：李学琨。

本标准委托煤炭科学研究总院唐山分院负责解释。

煤用振动筛规格尺寸系列

MT/T 660—1997

Dimension series of vibrating screen for coal

1 范围

本标准规定了煤用振动筛的规格尺寸系列。

本标准适用于工业规模的煤用振动筛。

2 规格尺寸系列

2.1 煤用振动筛规格尺寸以筛面宽度乘筛面长度表示。

2.2 煤用振动筛筛面宽度系列和筛面长度系列见表1。

表1 煤用振动筛筛面宽度和筛面长度系列

筛面宽度系列,mm	筛面长度系列,mm
1000	1600
1200	1800
1400	2000
(1500)	2500
1600	3000
1800	3500
2000	(3600)
(2100)	4000
2400	4500
3000	5000
3600	5500
4200	(5600)
4500	6000
	(6500)
	7500
	(8500)
	9500
注: 1. 表中所列为公称尺寸。 2. 括号内为可选用的辅助尺寸。	

中华人民共和国煤炭工业部 1997-11-10 批准　　1998-04-01 实施

ICS 73.100.99
D 98
备案号：

MT

中华人民共和国煤炭行业标准

MT/T 661—2011
代替 MT/T 661—1997

煤矿井下用电器设备通用技术条件

General technical condition for electrical apparatus used underground mine

2011-04-12 发布　　2011-09-01 实施

国家安全生产监督管理总局　发布

前言

本标准按照 GB/T 1.1—2009 给出的规则起草。

本标准是对 MT/T 661—1997《煤矿井下用电器设备通用技术条件》的修订。

本标准自实施之日起，MT/T 661—1997《煤矿井下用电器设备通用技术条件》废止。

本标准与 MT/T 661—1997 相比主要变化如下：

——删除了前言中有关引用标准的描述(见 1997 年版的前言)；

——删除了运输试验要求(见 1997 年版的 5.1.9)；

——修改了电器设备的分类(见附录 A，1997 年版的第 3 章)；

——调整了绝缘电阻值要求的结构编排(见表 11 和表 12，1997 年版的表 A.1)；

——修改了井下电器气设备选用规定(见表 1，1997 年版的表 1)；

——修改了电气间隔和爬电距离(见表 3，1997 年版的表 5)；

——修改了绝缘材料的耐起痕迹性(见表 4，1997 年版的表 6)；

——修改了起动器过载保护特性(见表 17，1997 年版的表 7)；

——修改了额定雷电冲击耐压值(见表 8，1997 年版的表 9)；

——修改了高压电器设备的额定短时工频耐受电压(见表 10，1997 年版的表 11)；

——增加了主电路导线的颜色和主电路的相序排列(见 5.2.16 和 5.2.17)；

——增加了断相保护性能和漏电闭锁保护性能(见表 18 和表 19)。

本标准仅规定煤矿井下用电器设备的一般规则和基本要求，各类电器产品的特殊要求，应在各自产品标准中分别加以补充规定。本标准应与各类产品标准结合使用，若与其他行业推荐性标准发生矛盾时，应以本标准为主。

本标准由中国煤炭工业协会提出。

本标准由煤炭行业煤矿专用设备标准化技术委员会归口。

本标准负责起草单位：煤炭科学研究总院上海分院。

本标准参加起草单位：上海矿用电器厂、常州联力自动化科技有限公司、徐州煤矿机械厂、电光防爆电气有限公司、合肥开关厂有限公司。

本标准主要起草人：刘英社、高小桦、张建、郭俊、乔光荣、尉际香、王和平、石向才、汪平。

本标准于 1997 年 11 月首次发布，本次为第一次修订。

煤矿井下用电器设备通用技术条件

1 范围

本标准规定了煤矿井下用电器设备的分类、技术要求、试验方法、检验规则、标志、包装、运输和贮存。

本标准适用于煤矿井下用电器设备(简称电器设备)。

2 规范性引用文件

下列文件对于本文件的应用是必不可少的。凡是注日期的引用文件,仅注日期的版本适用于本文件。凡是不注日期的引用文件,其最新版本(包括所有的修改单)适用于本文件。

GB/T 156 标准电压

GB/T 191 包装储运图示标志

GB 311.1 高压输变电设备的绝缘配合

GB/T 762 标准电流等级

GB 1984 高压交流断路器

GB 1985 高压交流隔离开关和接地开关

GB/T 2423.1 电工电子产品基础环境试验 第2部分:试验方法 试验A:低温

GB/T 2423.2 电工电子产品基础环境试验 第2部分:试验方法 试验B:高温

GB/T 3309 高压开关设备常温下的机械试验

GB 3836.1—2000 爆炸性气体环境用电气设备 第1部分:通用要求

GB 3836.2—2000 爆炸性气体环境用电气设备 第2部分:隔爆型“d”

GB 3836.3 爆炸性气体环境用电气设备 第3部分:增安型“e”

GB 3836.4 爆炸性气体环境用电气设备 第4部分:本质安全型“i”

GB/T 4026 人机界面标志标识的基本方法和安全规则 设备端子和特定导体终端标识及字母数字系统的应用通则

GB 4208 外壳防护等级(IP代码)

GB/T 4728 电气简图用图形符号

GB/T 5094.1 工业系统 装置与设备以及工业产品结构原则与参照代号 第一部分:基本规则

GB/T 7159 电气技术中的文字符号制订通则

GB/T 11022—1999 高压开关设备和控制设备标准的共用技术要求

GB/T 12173 矿用一般型电气设备

GB/T 13384 机电产品包装通用技术条件

GB 14048.1—2006 低压开关设备和控制设备 第1部分:总则

GB 14048.2 低压开关设备和控制设备 低压断路器

GB 14048.3 低压开关设备和控制设备 第3部分:开关、隔离器、隔离开关及熔断器组合电器

GB 14048.4—2003 低压开关设备和控制设备 机电式接触器和电动机起动器

GB/T 14808 交流高压接触器和基于接触器的电动机起动器

AQ1043—2007 矿用产品安全标志标识

JB 8739 矿用隔爆型高压配电装置

MT/T 154.2 煤矿用电器设备产品型号编制方法和管理办法

MT 175　矿用隔爆型电磁起动器用电子保护器
MT 189　矿用隔爆型检漏继电器

3　分类

3.1　电器设备的分类见附录 A。

3.2　电器设备的产品型号应按 MT/T 154.2 的规定编制。

4　一般要求

4.1　电器设备应符合本标准及各自产品标准的规定，均应送国家授权的质量监督检验部门，按相应标准的规定进行检验，应取得“防爆合格证”或“矿用合格证”。对已取得“防爆合格证”或“矿用合格证”的产品，其他厂生产时，仍须重新履行检验程序。

4.2　属于矿用产品安全标志管理的电器设备，应按矿用产品安全标志管理程序，取得“矿用产品安全标志”。

4.3　电器设备应根据井下使用场所，符合表 1 规定的型式的要求，否则应制定安全措施，报省（区）煤矿安全监察局批准。

表 1　井下电气设备选用规定

<table>
<tr><th rowspan="4">类　别</th><th colspan="6">使　用　场　所</th></tr>
<tr><th rowspan="3">煤（岩）与瓦斯（二氧化碳）突出矿井和瓦斯喷出区域</th><th colspan="5">瓦　斯　矿　井</th></tr>
<tr><th colspan="2">井底车场总进风巷和主要进风巷</th><th rowspan="2">翻车机硐　室</th><th rowspan="2">采　区进风道</th><th rowspan="2">总回风巷、主要回风巷、采区回风巷、工作面和工作进回风巷</th></tr>
<tr><th>低瓦斯矿井</th><th>高瓦斯矿井[a]</th></tr>
<tr><td>1. 高低压电机和电气设备</td><td>矿用防爆型[b]（矿用增安型除外）</td><td>矿　用一般型</td><td>矿　用一般型</td><td>矿　用防爆型</td><td>矿　用防爆型</td><td>矿用防爆型（矿用增安型除外）</td></tr>
<tr><td>2. 照明灯具</td><td>矿用防爆型[c]（矿用增安型除外）</td><td>矿　用一般型</td><td>矿　用防爆型</td><td>矿　用防爆型</td><td>矿　用防爆型</td><td>矿用防爆型（矿用增安型除外）</td></tr>
<tr><td>3. 通信、自动化装置和仪表、仪器</td><td>矿用防爆型（矿用增安型除外）</td><td>矿　用一般型</td><td>矿　用防爆型</td><td>矿　用防爆型</td><td>矿　用防爆型</td><td>矿用防爆型（矿用增安型除外）</td></tr>
<tr><td colspan="7">[a] 使用架线电机车运输的巷道中及沿该巷道的机电硐室内可以采用矿用一般型电气设备（包括照明灯具、通信、自动化装备和仪表、仪器）。
[b] 适用于煤（岩）与瓦斯突出矿井的井底车场的主要泵房内，可使用矿用增安型电动机。
[c] 适用于允许使用经安全检测检验，并取得煤矿矿用产品安全标志的矿灯。</td></tr>
</table>

4.4　电器设备的标称电压应符合 GB/T 156 的规定，一般交流电压（额定电压）推荐为 36 V、127 V、380 V、660 V、1 140 V、3 300 V、6 000 V、10 000 V 等。

4.5　电器设备的额定电流应符合 GB/T 762 的规定。

4.6　电器设备的额定频率一般为 50 Hz。

4.7　电器设备一般为 8 h 工作制，其他由各自产品标准规定。

4.8　电器设备应配备必要的配件、附件、专用工具及随机文件。重要电子插件应配备两套，一般的应配备一套，便于用户使用、管理、维修。随机文件应包括产品合格证、使用说明书、装箱单。

5 技术要求

5.1 正常使用条件

电器设备在下列条件下应能可靠工作：

a)周围空气温度为－5 ℃～＋40 ℃[1)]，且在 24 h 内的平均温度值不超过 35 ℃；

b)安装地点的海拔高度：低压电器设备不超过 2000 m[2)]，高压电器设备不超过 1000 m[3)]；

c)周围空气相对湿度：最高温度为＋40 ℃时，空气的相对湿度不超过 50%，在较低的温度下可以允许有较高的相对湿度，例如 20 ℃时达 90%。对由于温度变化偶尔产生的凝露应采取特殊的措施；

d)使用在有瓦斯和煤尘爆炸危险的场所按 4.3 的规定；

e)在无腐蚀性、破坏绝缘的气体或蒸汽环境中；

f)在无显著振动与冲击的场所；

g)在有防止滴水和液体浸入的场所；

h)污染等级为 3 级。

5.2 结构与防爆要求

5.2.1 外壳材料

防爆电器外壳材质按不同的防爆型式和使用场所应分别符合 GB 3836.1—2000 中第 7 章和第 8 章的规定以及 GB 3836.2—2000 中附录 A 及附录 C 的规定。矿用一般型电器外壳材质应符合 GB/T 12173 有关材质的规定。

5.2.2 外壳冲击强度

外壳应能承受 GB 3836.1—2000 中 23.4.3.1 规定的冲击试验，冲击试验能量见表 2。

采用机械危险程度等级低的冲能进行试验的电气设备，应在防爆合格证号后面加上符号“×”。

表 2 冲击试验能量

机械危险程度	冲击能量 E.J	
	高	低
1 保护网、保护罩、风扇保护罩、电缆引入装置 2 塑料外壳 3 轻金属合金或铸造金属外壳 4 项 3 以外的其他金属外壳，其壁厚小于 3 mm 的设备	20	7
5 无保护网的透明件	7	4
6 带保护网的透明件(试验时不带保护网)	4	2

5.2.3 外壳防护等级

外壳防护等级根据不同的防爆型式和使用场所，增安型应符合 GB 3836.3 外壳防护等级的规定，本质安全型应符合 GB 3836.4 外壳防护等级的规定，矿用一般型应符合 GB/T 12173 防护等级的规定。

5.2.4 外壳的紧固及紧固件

5.2.4.1 防爆型电器设备的紧固件应符合 GB 3836.1—2000 中第 9 章的规定(本质安全型除外)，隔爆型电器设备的紧固件还应符合 GB 3836.2—2000 中第 10 章的规定。矿用一般型电器设备的紧固件应

1) 电器设备使用在周围空气温度高于＋40 ℃或低于－5 ℃时，参照 GB 14048.1—2006 中 6.1.1 的注的规定。

2) 低压电器设备安装在海拔高于 2000 m 处，参照 GB 14048.1—2006 中 6.1.2 的注的规定。

3) 高压电器设备安装在海拔高于 1000 m 处，按 GB/T 11022—1999 中 2.2.1 的规定进行换算相关的参数。

符合 GB/T 12173 的规定。

5.2.5 标志、联锁及警告牌

5.2.5.1 电器设备外壳的明显处应设置清晰和耐久的标志，防爆型电器设备的标志应符合 GB 3836.1—2000 中第 27 章的规定，矿用一般型电器设备的标志应符合 GB/T 12173 的有关规定。

5.2.5.2 电器设备的联锁装置应符合 GB 3836.1—2000 中第 10 章的规定。

5.2.5.3 正常运行时产生火花或电弧的电气设备，采用快动式门盖的外壳应设有联锁装置，当电源接通时外壳门盖不能打开；外壳门盖打开后电源不能接通。采用螺栓紧固的外壳门盖允许用警告牌代替，警告牌应标有“严禁带电开盖”的字样。

5.2.5.4 直流电压高于 60 V，交流电压高于 36 V 的电器设备凡开盖或取下设备零部件后可能触及带电部分时应设置防护等级不低于 IP20 的防护罩和“当心触电”或“有电”的警告牌。

5.2.5.5 用隔离开关联锁的结构，应在触头断开位置明显可见或通过手柄位置能正确判断触头的状态。

5.2.5.6 内装电容器、热元件且具有快动式门或盖结构的电器设备外壳，由断电至开盖的时间间隔应符合 GB 3836.1—2000 中开启外壳门、盖的允许时间的规定。应设有时间间隔的警告牌，其时间间隔由产品标准规定。

5.2.6 电缆和导管引入装置的结构

电缆和导管引入装置按不同的结构型式加以选用，矿用一般型应符合 GB/T 12173 电缆引入装置规定，防爆型（本质安全型除外）的电缆和导管引入装置应符合 GB 3836.1—2000 中第 16 章的规定，隔爆型电缆和导线的引入及连接还应符合 GB 3836.2—2000 中第 12 章的规定。

5.2.7 电气间隙和爬电距离

电器设备进出线端子不同电位裸露导电部位之间的最小电气间隙和最小爬电距离应符合表 3 的规定。对外部导线连接时其最小值为 3 mm。本质安全型电气设备的电气间隙和爬电距离应符合 GB 3836.4 的有关规定，本质安全电路接线端子与非本质安全电路接线端子之间的距离应不小于 50 mm。

表 3 电气间隙和爬电距离

工作电压 U V	最小爬电距离 mm			最小电气间隙 mm
	材料级别			
	Ⅰ	Ⅱ	Ⅲa	
$U\leqslant 15$	1.6	1.6	1.6	1.6
$15<U\leqslant 30$	1.8	1.8	1.8	1.8
$30<U\leqslant 60$	2.1	2.6	3.4	2.1
$60<U\leqslant 110$	2.5	3.2	4	2.5
$110<U\leqslant 175$	3.2	4	5	3.2
$175<U\leqslant 275$	5	6.3	8	5
$275<U\leqslant 420$	8	10	12.5	6
$420<U\leqslant 550$	10	12.5	16	8
$550<U\leqslant 750$	12	16	20	10
$750<U\leqslant 1100$	20	25	32	14
$1100<U\leqslant 2200$	32	36	40	30
$2200<U\leqslant 3300$	40	45	50	36

表 3(续)

工作电压 U V	最小爬电距离 mm			最小电气间隙 mm
	材料级别			
	Ⅰ	Ⅱ	Ⅲa	
3300<U≤4200	50	56	63	44
4200<U≤5500	63	71	80	50
5500<U≤6600	80	90	100	60
6600<U≤8300	100	110	125	80
8300<U≤11000	125	140	160	100
U=1140	24	28	35	18
注 1：电器设备的电压可高于表列数值的 10%； 注 2：电器设备额定电压 1 140 V 的最小电气间隙和最小爬电距离可用线性内插法计算。				

螺口式灯头的电气间隙和爬电距离应符合 GB 3836.1—2000 中附录 A 的规定。

绝缘材料按相比漏电起痕指数的分级见表 4。

表 4　绝缘材料的耐起痕性

材料级别	相比漏电起痕指数(CTI)
Ⅰ	600≤CTI
Ⅱ	400≤CTI<600
Ⅲa	175≤CTI<400

5.2.8　接地连接件

电器设备应设有专用接地连接件，应符合 GB 3836.1—2000 中第 15 章的规定，本质安全型电气设备应符合 GB 3836.4 有关接地导体、连接和端子、变压器结构、接地用连接件的规定。

5.2.9　表面温度

电器设备表面可能堆积煤尘时，其最高表面温度不应超过 150 ℃；当电器设备表面不会堆积或采取措施防止堆积煤尘时，表面温度不应超过 450 ℃。电器设备的实际最高表面温度应在铭牌上标示出来，或在防爆合格证号之后加符号“×”。

5.2.10　矿用一般型电器设备

在煤矿井下无瓦斯、煤尘爆炸危险场所的电器设备可用矿用一般型，其标志为“KY”。

矿用一般型电器设备的含义是专为煤矿井下条件生产的非防爆的电器设备。

矿用一般型电器设备应符合 GB/T 12173 的规定。

5.2.11　矿用隔爆型电器设备

在煤矿井下具有瓦斯或煤尘爆炸危险场所的电器设备可用隔爆型，其标志为“Exd Ⅰ”。

矿用隔爆型电器设备除应符合 GB 3836.2—2000 的规定外，还应符合 GB 3836.1—2000 的有关规定。

5.2.12　矿用增安型电器设备

在煤矿井下井底车场、总进风巷或主要进风巷等场所(见表 1)的电器设备可用增安型，其标志为“Exe Ⅰ”。

矿用增安型电器设备除符合 GB 3836.3 的规定外，还应符合 GB 3836.1—2000 的有关规定。

5.2.13 矿用本质安全型电器设备

在煤矿井下具有瓦斯或煤尘爆炸危险场所的电器设备可用本质安全型，其标志为“Exib Ⅰ”或“Exia Ⅰ”。

本质安全型电器及其关联设备除应符合 GB 3836.4 的规定外，还应符合 GB 3836.1—2000 的有关规定。

5.2.14 复合型电器设备

如果一个电器设备上使用一种以上防爆型式时，应首先标明主要防爆型式的标志，接着是其他防爆型式的标志，其标志方法见 GB 3836.1—2000 的相应规定。如矿用隔爆兼本质安全型电器设备的防爆标志为“Exd[ib]Ⅰ”。

复合型电器设备除应分别符合相应防爆型式的专用标准外，还应符合 GB 3836.1—2000 的规定。

5.2.15 电气原理图图形符号

电器设备外壳上一般应有电气原理图或接线图标牌，图中标示的图形符号和接线编号应符合 GB/T 4026、GB/T 4728、GB/T 5094.1、GB/T 7159 等有关标准的规定。

5.2.16 导线的颜色

5.2.16.1 电器设备主电路母线与绝缘导线如果用颜色作标记，可参照表 5 的规定，还应考虑其机械强度和载流能力。

5.2.16.2 本质安全电路导线的颜色应为蓝色。

表 5 主电路导线的颜色

电路类型	相 序	颜 色 标 记
交 流	A 相	黄 色
	B 相	绿 色
	C 相	红 色
	零线或中性线	淡蓝色
	安全用的接地线	黄和绿双色
直 流	正 极	棕 色
	负 极	白 色
	接地中线	淡蓝色

5.2.17 相序排列

电器设备主电路的相序排列，以设备正视方向为准，可参照表 6 的规定。

5.2.18 外壳的颜色

电器设备外壳颜色可按该设备的工作电压来区分。大于或等于 3.3 kV 为红色，1.14 kV 为黄色，0.66 kV 及以下为灰色，本质安全型设备为蓝色。

若该电器设备有两种电压的通用设备，则以高电压为准。

表 6 主电路的相序排列

相序	垂直排列	水平排列	前后排列
A 相	上 方	左 方	远 方
B 相	中 间	中 间	中 间
C 相	下 方	右 方	近 方
正 极	上 方	左 方	远 方
负 极	下 方	右 方	近 方
中性线(接地中性线)	最下方	最右方	最近方

5.3 电气性能要求

5.3.1 动作(操作)条件

应符合 GB 14048.1—2006 中 7.2.1 和 GB/T 11022—1999 中 5.5,5.6,5.7,5.8 的规定,还应符合以下规定:

低压起动器、接触器等控制电器,当用电磁操作时,在周围空气温度−5 ℃～+40 ℃范围内,在控制电源电压为额定值(U_s)的 75%～110%范围内,或者在 85%～110%范围内应可靠地吸合,此时,75%或者 85%之值表示吸合动作电压的下限值,而 110%之值应作为上限值,此动作范围适用于交流和直流。

注:控制电源电压的波动范围是采用 75%～110%,还是采用 85%～110%由产品标准规定或制造商确定。

电磁操作时的释放电压应不高于额定控制电源电压(U_s)的 60%,对交流频率下其释放电压也应不低于 20%U_s,对直流不应低于 10%U_s。

高压接触器、起动器等控制电器,当用电磁操作时,在周围空气温度−5 ℃～+40 ℃范围内,在控制电源电压为额定值(U_s)的 85%～110%范围内均应可靠地吸合,此时,85%之值表示吸合动作电压的下限值,而 110%之值应作为上限值,此动作范围适用于交流和直流。

锁扣式电器,其吸合动作极限值应由供需双方协商。

高低压配电电器的分励脱扣器、欠压脱扣器、过流脱扣器应符合 GB 14048.1—2006 中有关欠电压继电器和脱扣器动作范围的规定。分励脱扣器动作范围、电流动作继电器和脱扣器动作范围还应符合 GB 1984 中有关合闸操作、脱扣操作的规定。

高低压配电电器的操作条件应符合 GB 14048.2 中有关操作条件、GB 1984 中有关操作机构、GB 1985 中有关操作机构条款的规定。

5.3.2 温升

低压起动器、接触器、馈电开关等控制电器的接线端子、易近部件、主回路,控制电路、辅助电路等其他部件的温升应符合 GB 14048.1—2006,GB 14048.2,GB 14048.4—2003 有关温升的规定。

高压开关电器设备和控制设备的有关部件、绝缘材料的温升应符合 GB/T 11022—1999 有关温升的规定。

根据矿用电器设备特点,低压起动器、馈电开关等控制电器内的绝缘线圈和电磁铁的绕组的温升极限补充规定见表 7。

表 7 绝缘线圈的温升极限(空气中)

耐热等级	用电阻法测得温升极限 K
120	80
130	90
155	115
180	140

注 1:线圈的温升极限是按环境温度 40 ℃为基础规定的,对于环境温度低于 40 ℃的使用条件,表中温升极限可在所有绝缘材料的允许工作温度范围内相应调整。

注 2:表中规定的工作制是对不间断工作制和 8 h 工作制,对于断续周期工作制绕组的温升,按 GB 14048.4—2003 中断续周期工作制绕组的操作条件进行操作时,其温升仍按 GB 14048.4—2003 中表 5 的规定。

5.3.3 介电性能

5.3.3.1 额定冲击耐受电压

低压电器的额定冲击耐受电压应符合 GB 14048.1—2006 中有关介电性能的规定。

高压电器及其配套装置的额定冲击耐受电压(雷电冲击耐受电压)应符合表 8 的规定。

表 8 额定雷电冲击耐受电压值(峰值) 单位为千伏特

设备最高电压(有效值)	相对地、相间及开关断口间(峰值)	隔离断口间(峰值)
3.6	40	46
7.2	60	70
12.0	75	85
注：额定绝缘电压 3.3 kV 的额定雷电冲击耐受电压按 3.6 kV 等级进行试验。		

5.3.3.2 工频耐受电压

低压电器设备的工频耐受电压应符合 GB 14048.1—2006 中有关介电性能的规定，并补充规定见表 9，高压电器设备的额定短时工频耐受电压应符合 GB 311.1 中有关绝缘水平的规定，并补充规定见表 10。

表 9 工频耐受电压 单位为伏特

额定绝缘电压(U_i)	试验电压值(有效值)
$U_i \leqslant 60$	1000
$60 < U_i \leqslant 300$	2000
$300 < U_i < 660$	2500
$660 \leqslant U_i \leqslant 800$	3000
$800 < U_i \leqslant 1000$	4200
$1200 < U_i \leqslant 1500$(仅限直流)	4200

表 10 额定短时工频耐受电压 单位为千伏特

设备最高电压	试验电压值(有效值)		
	相对地、相间及断路器断口间	隔离开关断口间	二次回路对地
3.6	18	20	2
7.2	23	28	2
12.0	42	48	2
注：额定绝缘电压 3.3 kV 的额定短时工频耐受电压按 3.6 kV 等级进行试验。			

低压电器在电气性能试验(如通断试验、短路试验等)后的验证介电性能，其最低工频耐压值为 $2U_i$(但不小于 1000 V 交流有效值)，有关产品标准可以要求或规定较高的试验电压，推荐的优先值为 $2U_i+1000$ V(交流有效值)，但对湿热试验后的工频耐压均参照湿热带同类电器标准，不管高低压均用全压验证介电性能。

本质安全型、增安型的介电性能应分别符合 GB 3836.4，GB 3836.3 的规定。

5.3.3.3 绝缘电阻

电器设备不同额定电压的绝缘电阻值见表 11。绝缘电阻测量仪表的电压等级可参照表 12 的规定。

表 11 绝缘电阻值

条 件	绝缘电阻值 MΩ								
	≤60 V	127 V	220 V	380 V	660 V	1140 V	3300 V	6000 V	10000 V
常温：(20±5)℃ 相对湿度：50%～70%	≥2	>20	>20	>20	>50	>100	>500	—	—
湿热试验后	1	1.5	1.5	1.5	2.0	2.5	4	—	—

湿热试验后数据，应作为合格与否的判断依据，3 300 V 以上不作绝缘电阻考核，只用介电性能考核。

注 1：常温下的数据，可作为出厂检验数据，型式试验时不作为合格判别依据。

注 2：大于 3 300 V 的电器绝缘电阻可参照 1 kΩ/V 作为判断绝缘良好的依据。

表 12 绝缘电阻测量仪表

单位为伏特

设备额定电压 U	测量仪表的电压等级
$U<500$	500
$500\leqslant U<1000$	1000
$U\geqslant1000$	2500

5.3.4 在空载、正常负载和过载条件下，接通、承载和分断电流的能力

5.3.4.1 额定接通与分断能力

接触器、电动机起动器类控制电器，除应符合 GB 14048.4—2003 中接通与分断能力和 GB/T 14808 中关合和开断能力的规定以外，并补充规定如下：

低压接触器、电动机起动器类控制电器其不同使用类别的接通与分断能力应符合表 13 的规定。

表 13 不同使用类别的接通和通断条件

使用类别	额定工作电流 I_e A	接通条件			通断条件			通电时间 s	时隔时间 s	操作循环次数
		I/I_e	U/U_e	$\cos\varphi$	I/I_e	U/U_e	$\cos\varphi$			
AC-3	$I_e\leqslant100$	10	1.1	0.45	8	1.1	0.45	0.05	10	50
	$I_e>100$	8	1.1	0.35	6	1.1	0.35	0.05	[a]	50
AC-4	$I_e\leqslant100$	12	1.1	0.45	10	1.1	0.45	0.05	10	50
	$I_e>100$	10	1.1	0.35	8	1.1	0.35	0.05	[a]	50

接通应验证，若制造厂同意，接通与通断一起进行，操作循环也为 50 次。其中 25 次的控制电源电压为额定控制电源电压 U_S 的 75%或者 85%，另 25 次为 U_S 的 110%。

注 1：表中所列 0.05 s 为最小值，最大通电时间不超过 0.2 s，若触头在重新断开之前已经完全闭合，则允许时间小于 0.05 s，同样如用户制造厂同意，最大通电时间也可延长。

注 2：U/U_e 允许误差+5%。

[a] 间隔时间应符合 GB 14048.4—2003 中额定接通与分断能力时分断电流和间隔时间的关系，若制造厂同意，也可缩短间隔时间。

本标准未涉及的其他使用类别的矿用电器开关，可按 GB 14048.1—2006 及有关产品标准、行业标准的适用条款。

5.3.4.2 起动器用隔离开关或隔离换相开关的分断能力要求

起动器用隔离开关或隔离换相开关的分断能力除 GB 14048.3 中分断能力条款适用之外，并补充如表 14 规定。

表 14　隔离开关或隔离换相开关的分断能力

I/I_e	U/U_e	$\cos\varphi$	试验次数	间隔时间 s
1[a]	1.0	0.35±0.05	3[c]	180
6[b]	1.05			

[a] 适用于额定工作电压 1 140 V 及以下的空气型隔离开关或隔离换相开关。

[b] 适用于额定工作电压 1 140 V 及以下的真空型隔离开关或隔离换相开关。

[c] 对换相开关按各换相一次为一次。

5.3.4.3　可逆接触器，可逆起动器的接通与分断能力

可逆起动器、接触器的接通与分断能力应符合表 13 的规定，进行 50 次可逆操作的每一循环包括：闭合 A-断开 A-闭合 B-断开 B-间隔时间，正常状态下装有的机械联锁和（或）电气联锁装置均应使用。

5.3.4.4　双速起动器

双速起动器的接通与分断能力同一般起动器。产品应具有低速到高速自动或手动切换装置及功能，切换可采用时间原则和电流原则，切换的时间和电流由产品标准规定或用户与制造厂商定。

5.3.4.5　耐受过载电流能力

使用类别 AC-3、AC-4 的接触器，起动器的耐受过载电流能力应符合 GB 14048.4—2003 中有关耐受过载电流能力的规定。

5.3.4.6　约定操作性能

低压开关电器应符合 GB 14048.1—2006 中有关约定操作性能的规定；

高压开关电器应符合 GB 1984、GB 1985、GB/T 11022—1999 隔离电器中的有关机械操作性能的规定，并补充规定如下：

接触器、起动器类的约定操作性能的操作控制电源电压，按本标准操作条件规定，对于不同使用类别的操作的接通与分断条件应符合 GB 14048.4—2003 中约定操作性能的规定。

5.3.4.7　机械寿命（机械耐久性）

低压开关电器机械寿命应符合 GB 14048.1—2006、GB 14048.2、GB 14048.3、GB 14048.4—2003 中机械寿命条款的规定，机械寿命次数推荐为：

0.1、0.3、1、3、6、10、30、100（万次）。

具体由产品标准加以规定。

高压开关电器机械寿命应符合 GB 1984、GB 1985、GB/T 11022—1999、JB 8739 中机械寿命条款的规定。

5.3.4.8　电寿命（电气耐久性）

低压开关电器电寿命应符合 GB 14048.1—2006、GB 14048.2、GB 14048.4—2003 中电寿命条款的规定，具体由产品标准加以规定。

高压开关电器的电寿命，由相关产品标准加以规定。

5.3.5　接通、承载和分断短路电流的能力

5.3.5.1　与短路保护电器的协调配合

5.3.5.1.1　一般要求

接触器、起动器及其组合电器应符合 GB 14048.1—2006、GB 14048.4—2003 中与短路保护电器的协调配合适用条款的规定。

5.3.5.1.2　短路条件下的性能（额定限制短路电流）

相应于额定工作电流的预期电流“r”见表 15。

表 15　相应于额定工作电流的预期试验电流“r”

额定工作电流(AC-3)I_e A	预期电流“r”[a] kA
I_e≤16	0.6
16<I_e≤63	1.5
63<I_e≤125	2.5
125<I_e≤200	3.0
200<I_e≤400	4.5
400<I_e≤630	6.0
630<I_e	用户与制造厂协商

注：预期短路电流“r”是最小预期试验电流，若制造厂同意或用户要求也可提高预期电流或按 GB 14048.4—2003 中表 12 的规定进行。

[a] 试验点的预期短路电流应根据有关型式最大预期短路电流，且仅当试验电流 q 大于“r”电流时，才进行试验电流试验。

5.3.5.1.3　电器与短路保护电器(SCPD)之间的选择性

应符合 GB 14048.4—2003 中有关条款的规定。

5.3.5.1.4　矿用接触器、起动器的极限分断能力

对于矿用接触器、起动器及其组合电器具有极限(短路)分断能力，极限分断能力电流值应符合表 16 的规定，不具有极限分断能力的起动器及其组合电器应用熔断器作为其短路保护器件。

表 16　接触器、起动器的极限(短路)分断电流值

额定工作电流 I_e A	极限分断电流 kA	U_r/U_e	cosφ	通电时间 s	间隔时间 s	试验次数
I_e≤16	0.6	1.0	0.65±0.05	0.05～0.2	180	3
16<I_e≤63	1.5					
63<I_e≤80	2.0					
80<I_e≤125	2.5					
125<I_e≤200	3.0					
200<I_e≤400	4.5					
400<I_e≤630	6.0					
630<I_e	用户与制造厂协商					

5.3.5.1.5　低压配电电器(馈电开关)的短路性能

低压馈电开关等配电电器的短路性能应符合 GB 14048.2 中短路接通与分断能力条款的规定，具体技术参数由产品标准规定。

5.3.5.2　高压配电装置的短路性能

高压接触器、高压配电装置的短路性能应符合 GB 1984、GB 1985、GB/T 11022—1999、JB 8739 中有关条款的规定，具体参数由产品标准明确规定。

5.3.6　通断操作过电压

应符合 GB 14048.1—2006 通断操作过电压条款的规定，并补充规定如下：

高低压开关电器的操作过电压，尤其对真空开关电器，制造厂应向用户提供所用真空开关电器过电

压吸收装置的有关验证过的数据。

一般低压电器操作过电压不超过 2 倍，高压电器不超过 2.8 倍。用户与制造商通过协调后可委托质量检验机构测试过电压倍数。

5.3.7 保护

5.3.7.1 起动器及其组合电器应具有短路、过载、断相、欠压、漏电闭锁保护装置及远程控制装置。

5.3.7.2 考虑到煤矿井下用电动机的特点，对于起动器的过载保护动作范围及动作时间见表 17。起动器的断相保护动作范围及动作时间见表 18。起动器的主电路对地绝缘电阻降低到表 19 动作值时应实现主电路漏电闭锁，当对地绝缘电阻上升到漏电闭锁动作值 1.5 倍时应自动解除闭锁。其他保护和这些保护的指示记忆由产品标准规定。

表 17 过载保护特性

序号	实际电流/整定电流	动作时间 t_1		起始状态	复位方式	复位时间 t_2 min
		Ⅰ	Ⅱ			
1	1.05	>2 h	>2 h	冷态		
2	1.2	t_1<20 min	5 min<t_1<20 min	热态	自动	1<t_2<3
3	1.5	t_1<3 min	1 min<t_1<3 min	热态	自动	1<t_2<3
4	6.0	t_1≥5 s	8 s≤t_1≤16 s	冷态	自动	1<t_2<3

注：100 A 以下使用于恒定负载的电子过载保护特性可选用系列Ⅰ，100 A 及以上或使用于变动负载的电子过载保护特性优先选用系列Ⅱ。

表 18 断相保护性能

序号	实际电流/整定电流		动作时间	起始状态	复位方式
	任意两相	第三相			
1	1.0	0.9	长期不动作	冷态	自动或断电
2	1.15	0	<20 min	热态	自动或断电

表 19 漏电闭锁保护性能

序号	主电路额定工作电压 V	单相漏电闭锁整定值 kΩ	动作值允许误差 %
1	380	7	+20
2	660	22	+20
3	1 140	40	+20
4	3 300	100	+20

5.3.7.3 井下低压馈电开关的馈电线上，应装设短路、过载、漏电闭锁的检漏保护装置或有选择性的检漏保护装置，如果无此装置，应装设自动切断漏电馈电线的检漏装置。

5.3.7.4 检漏继电器的基本参数规定见表 20。

5.3.7.5 煤电钻综合保护装置应具有检漏、短路、过载、远距离控制装置，还应具有断相保护装置。

5.3.7.6 井下中央变电所的高压馈电线上，应装设有选择性的单相接地保护装置，供移动变电站的高压馈电线上，应装设有选择性的动作于跳闸的单相接地保护装置。

表 20　检漏继电器的基本参数

补偿型式	额定电压 V	单相漏电动作 电阻整定值 kΩ	单相漏电闭锁 电阻整定值 kΩ	1 kΩ 电阻时 动作时间 ms	电容 0.22 μf～1.0 μf 相补偿率 %
有	1 140	20+20%	40+20%	≤50	>60
	660	11+20%	22+20%	≤80	
	380	3.5+20%	7.0+20%		
无	1 140	20+20%	40+20%	≤30	—
	660	11+20%	22+20%		
	380	3.5+20%	7.0+20%		
	127	3.0+20%	6.0+20%	≤250	

对于 127 V 的煤电钻综合保护装置，其单相漏电动作、整定值制造厂在 1.5 kΩ～3 kΩ 可调，推荐采用 3 kΩ，出厂时应调至 3 kΩ，漏电闭锁值不低于本标准值，250 ms 指全分断动作时间。

注：对只具有漏电动作的产品。

5.3.7.7　高压配电装置的单相接地保护装置无论是采用功率方向型、电流型、还是电流方向型保护原理，单相接地保护装置的动作参数规定为：

——零序电流互感器原边最低起动电流 I_0=0.5 A，最高整定电流 I_0=6 A；

——电压互感器开口三角形开口电压的最低起动电压 U_0=3 V，最高整定电压 U_0=25 V。

漏电电阻在 1 kΩ 以下应能可靠动作，U_0 动作值推荐不超过 10 V。整定电流 I_0 推荐最高不超过 2 A为宜，以提高漏电保护装置的灵敏度。保护装置本身动作时间≤100 ms。

上述保护之外，由产品标准规定。

注：根据需要，用户与制造厂协商确定设置何种保护，上述保护的具体技术参数除 GB 14048.4—2003 及本标准规定外由产品标准根据有关标准加以规定。

5.3.8　电磁兼容性(EMC)要求

除非产品标准另有规定，电器设备的电磁兼容性应符合 GB 14048.1—2006 和 GB/T 11022—1999 中电磁兼容性(EMC)的要求。

5.4　环境要求

5.4.1　交变湿热试验

矿用一般型电器设备应符合 GB/T 12173 湿热试验的规定，其交变湿热试验的严酷等级：高温温度为 40 ℃。试验周期：仪器和仪表为 6 d，低压电器设备为 12 d，高压电器设备为 21 d，试验后应考核试验样品的电气绝缘性能。

防爆型电器设备应符合 GB 3836.1—2000 中附录 C 的规定，其交变湿热试验的严酷等级：高温温度为 40 ℃。试验周期：本质安全型便携式仪器和仪表可为 6 d，低压电器设备为 12 d，高压电器设备为 21 d，试验后应考核试验样品的电气绝缘性能。

5.4.2　耐低温(高温)性能

对于电子电器等对温度敏感的元器件、插件、组件等要求进行高低温试验，以证明其适应性能，其要求由产品标准规定。

5.5　振动与冲击

若电器设备在使用、安装、贮运期间有振动与冲击要求时，应能经受对应表 21 规定的振动与表 22 规定的冲击，且外观、性能完好。

注：特殊电器设备的振动与冲击试验要求可在产品标准规定。

表 21 振动试验值

安装区域	振动频率 Hz	加速度幅值[a] m/s²	位移幅值[b] mm	每轴线的扫频循环次数	样品状态
安装于煤矿井下	10～150	50	0.35	5	不通电
安装于机车、采掘机械上	10～150	50	0.35	5	通电

[a] 指交越频率以上的定加速度幅值；
[b] 指交越频率以下的定加位移幅值。

表 22 冲击试验值

安装区域	峰值加速度 m/s²	脉冲持续时间 ms	样品状态
安装于机车、采掘机械上	500	11	通电
安装于煤矿井下	500	11	不通电

6 试验方法

6.1 验证结构与防爆性能

电器设备的结构与防爆性能试验方法见表 23。

表 23 电器设备的结构与防爆性能试验方法一览表

序号	试验项目	对应标准及条款
1	材料试验	
	1)矿用一般型	GB/T 12173 材质试验
	2)防爆型	GB 3836.1—2000 中 23.4.7,附录 D,第 8 章
	3)隔爆型[a]	GB 3836.2—2000 中附录 A
2	外壳机械试验	
	1)矿用一般型	GB/T 12173 机械强度试验
	2)防爆型	GB 3836.1—2000 中 23.4.3
	3)隔爆型[a]	GB 3836.2—2000 中第 16 章
3	外壳防护等级试验	
	1)矿用一般型	GB/T 12173 防护等级试验
	2)防爆型	GB 3836.1—2000 中 23.4.4
	3)增安型[a]	GB 3836.3 外壳防护等级
	4)本质安全型[a]	GB 3836.4 外壳防护等级
4	电缆引入装置试验	
	1)矿用一般型	GB/T 12173 电缆引入装置
	2)防爆型	GB 3836.1—2000 中附录 D
	3)隔爆型[a]	GB 3836.2—2000 中附录 D

表 23(续)

序号	试验项目	对应标准及条款
5	电气间隙、爬电距离	GB 3836.3、GB 3836.4 电气间隙、爬电距离
6	湿热试验	
	1)矿用一般型	GB/T 12173 湿热试验
	2)防爆型	GB 3836.1—2000 中附录 C
7	温度	
	1)矿用一般型	GB/T 12173 表面温度
	2)防爆型	GB 3836.1—2000 中 23.4.6
	3)增安型[a]	GB 3836.3 极限温度
	4)本质安全型[a]	GB 3836.4 温度试验
8	连接件扭转试验	GB 3836.1—2000 中 23.4.5
9	防爆试验	GB 3836.1—2000 中 23.4.8
[a] 除了符合防爆型要求外的特殊要求。		

6.2 验证电气性能要求

电器设备电气性能的各项试验方法见表 24。

表 24 电气性能试验方法规定一览表

序号	试验项目	对应标准及条款
1	动作(操作)特性、电磁操作特性、脱扣特性	GB 14048.1—2006 动作试验,GB 14048.2 脱扣动作试验 GB 1984、GB 1985 操作机构试验 GB/T 11022—1999 操作试验
2	温升(发热)试验	GB 14048.1—2006、GB 14048.2、GB 14048.4—2003 温升试验 GB/T 11022—1999 发热试验
3	介电性能 冲击耐压试验 工频耐压试验	GB 14048.1—2006 介电性能试验 GB 311.1 绝缘要求 GB 3836.4、GB 3836.3 工频耐压试验要求
4	空载、正常负载和过载条件下接通、承载和分断电流的能力	
	额定接通与分断能力试验	GB 14048.4—2003 接通与分断、GB 14808 关合和断开试验
	耐受过载电流能力试验	GB 14048.4—2003 耐受过载电流试验
	可逆转换能力试验	GB 14048.4—2003 可逆转换试验
	电寿命试验	GB 14048.1—2006、GB 14048.2、GB 14048.4—2003 电寿命试验
	约定操作性能试验	GB 14048.1—2006、GB 14048.4 空载操作、负载操作试验 GB 1984、GB 1985、GB/T 11022—1999 隔离电器操作性能
	机械寿命试验	GB 14048.1—2006、GB 14048.4—2003 机械寿命试验
5	短路条件下的性能	
	短路接通与分断能力试验	GB 14048.1—2006、GB 14048.2、GB 14048.4—2003 短路接通与分断试验

表 24(续)

序号	试验项目	对应标准及条款
5	与 SCPD 协调配合试验	GB 14048.4—2003 中试验与短路保护电器(SCPD)协调配合试验
	短路关合和断开试验	GB 1984、GB 1985、GB/T 11022—1999、JB 8739 短路开断与关合试验
	极限分断能力	GB 1984、GB 1985、GB 14048.2 中的短路耐受电流动、热稳定试验
6	通断操作过电压	GB 14048.1—2006 操作过电压试验
7	保护试验	GB 14048.4、MT 175、MT 189、JB 8739 中保护性能试验
8	电磁兼容性(EMC)试验	GB 14048.1—2006 和 GB/T 11022—1999 中电磁兼容性(EMC)试验
9	耐低温和高温试验	GB/T 2423.1 和 GB/T 2423.2 中高低温试验
10	冲击与振动试验	由有关产品标准具体规定

7 检验

7.1 检验分类

7.1.1 分类

电器设备的检验分以下两种:

a)型式检验;

b)出厂检验。

7.1.2 型式检验

凡属下列情况之一时,应进行型式检验:

a)新产品或老产品转厂生产的试制定型产品;

b)正式生产后,如结构、材料、工艺有较大改变,可能影响产品性能时;

c)正常生产时,应周期进行检验;

d)产品停产后,恢复生产时;

e)国家有关质量监督机构提出要求时。

型式检验项目及各项试验引用的相应规定的标准条款分别见附录 B 表 B.1、附录 C 表 C.1 的规定。

电器设备应根据其特征和本标准及有关产品标准的规定在产品标准中确定试验项目或试验顺序,除非另有规定,每项试验的试品数量不少于 2 台。

7.1.3 出厂检验

出厂检验是检查产品的材料和加工制造上的缺陷,是出厂前制造厂应进行的检查和试验项目。

出厂检验试验项目及各项试验引用的相应规定的标准条款分别见本标准附录 B 表 B.1 及附录 C 表 C.1 的规定。

7.2 检验规则

7.2.1 型式检验的检验规则

用作型式检验的电器设备应是结构、制造、材料等符合设计要求的出厂检验合格的样品。型式检验的所有试验项目(或顺序)都能通过和所有承受试验的样品都合格,才能认为该电器设备的型式检验合格。否则应分析原因,采取措施,甚至改进设计、工艺、工装等重新进行,直至型式检验合格。

如果型式检验中被试样品出现不构成威胁安全或不降低主要性能的缺陷,且制造厂提供充分证据并非设计上固有的而是由个别样品所致,则允许复试,产品标准应规定允许复试的试验项目、数量及合格准则等。

7.2.2 出厂检验的检验规则

出厂检验项目应在每台出厂的产品上逐一进行，不合格的产品应逐台返工或返修，直到完全合格。若无法修复，应予报废。

8 标志、包装、运输和储存

8.1 标志

防爆型电器设备除应符合 GB 3836.1—2000 中第 27 章的规定外，还应符合本身防爆型专用标准中有关铭牌与标志条款的规定。并补充规定如下：

应有的标志：防爆型式、安全标志标识、产品名称型号、主要技术参数、防爆合格证号、矿用产品安全标志编号、产品出厂编号等。

属于矿用产品安全标志管理的电器设备应有“矿用产品安全标志标识”，标识的要求应符合 AQ 1043—2007 的规定。

8.2 包装

电器设备的包装应防止其运输中受到损坏，并应具有防雨要求，包装内应有装箱单、产品合格证、产品使用、维修说明书等。

电器设备包装的标志应清楚整齐，且不因运输和贮存后模糊不清，其内容包括如下：

a)制造厂名称或商标；

b)产品名称和型号；

c)包装箱的尺寸“长×宽×高”及毛重；

d)收货单位名称和地址；

e)储运标志应符合 GB 191 的规定，如“小心轻放”、“怕湿”、“向上”等。包装其他要求还应符合 GB/T 13384 的规定。

8.3 运输和储存

电器设备的运输和储存应符合 GB 14048.1—2006 中有关运输和储存条件的规定，应放置在无雨雪侵入、空气流通、相对湿度不大于 95%(25 ℃时)的仓库中。

附 录 A
（规范性附录）
煤矿井下用电器设备分类

A.1 按电器设备额定电压分类

a)额定电压低于或等于 1 200 V 的为矿用低压电器(简称低压电器)。
b)额定电压高于 1 200 V 的为矿用高压电器(简称高压电器)。

A.2 按电器设备型式分类

a)矿用一般型电器设备(简称矿用一般型“KY”)。
b)矿用防爆型电器设备(简称防爆型)：
1)隔爆型电器设备(简称隔爆型“Exd Ⅰ”)；
2)增安型电器设备(简称增安型“Exe Ⅰ”)；
3)本质安全型电路和电器设备(简称本安型“Exib Ⅰ，Exia Ⅰ”)；
4)正压型电器设备(简称正压外壳型“Exp Ⅰ”)；
5)油浸型电器设备(简称油浸型“Exo Ⅰ”)；
6)充砂型电器设备(简称充砂型“Exq Ⅰ”)；
7)浇封型电器设备(简称浇封型“Exm Ⅰ”)；
8)特殊型电器设备(简称浇封型“Exs Ⅰ”)；
9)复合型电器设备(如：隔爆兼本质安全型“Exd[ib] Ⅰ”)。

A.3 按电器设备用途分类

a)配电开关：
1)防爆型低压馈电开关；
2)防爆型低压真空馈电开关；
3)矿用一般型低压配电开关(矿用一般型低压开关柜)；
4)防爆型高压真空配电装置；
5)隔爆型高压进线开关；
6)矿用一般型高压配电开关(矿用一般型高压开关柜)。
b)控制开关：
1)防爆型低压电磁起动器；
2)防爆型低压真空电磁起动器；
3)防爆型高压真空电磁起动器；
4)防爆型组合开关；
5)防爆型低压软起动器；
6)防爆型高压软起动器；
7)防爆型变频调速装置；
8)隔爆型低压手动起动器；
9)矿用一般型高压真空电磁起动器；
10)防爆型电控箱。

c)控制电路开关：

1)隔爆型低压按钮；

2)隔爆型低压行程开关；

3)隔爆型低压跑偏开关；

4)隔爆型低压脚踏开关。

d)辅助及其他：

1)隔爆型低压电阻箱；

2)隔爆型低压电磁铁；

3)隔爆型低压电表箱；

4)隔爆型低压接线盒；

5)隔爆型低压插销；

6)隔爆型煤电钻变压器综合保护装置；

7)隔爆型照明变压器综合保护装置；

8)隔爆型低压检漏继电器；

9)隔爆型高压电缆连接器；

10)隔爆型高压接线盒；

11)增安型低压电缆接线盒；

12)增安型高压电缆接线盒；

13)本安型接线盒。

A.4　按电器设备操作方式分类

a)人力操作；

b)储能操作；

c)动力操作。

A.5　按电器设备灭弧介质分类

a)空气；

b)真空；

c)无触点。

附 录 B
（规范性附录）
煤矿井下用电器设备主要检验项目

煤矿井下用电器设备主要检验项目见表 B.1。

表 B.1 电器设备主要检验项目

序号	检 验 项 目 名 称	矿用一般型	隔爆型	增安型	本质安全型
技术性能					
1	外观检查(包括动作要求)	☆	☆	☆	☆
2	温升	√	√	√	√
3	介电性能	☆	☆	☆	☆
4	空载、正常负载和过载条件下接通承载和分断电流能力	√	√	—	—
5	接通、承载、分断短路电流	√	√	—	—
6	机械寿命	√	√	—	—
7	电寿命	√	√	—	—
8	耐湿热	√	√	√	√
9	保护性能	☆	☆	☆	√
10	电子电器振动	√	√	√	√
11	电子电器高低温(贮存试验)	√	√	√	√
12	电子电器高低温(工作环境)	√	√	√	√
13	电磁兼容性(EMC)	√	√	√	√
14	外壳防护等级	√	√	√	√
15	冲击与振动试验	√	√	√	√
安全性能					
16	冲击	√	√	√	√
17	跌落	√	√	√	√
18	外壳防护性能	√	—	√	√
19	连接件扭转	—	√	√	—
20	热稳定性[a]	—	√	√	—
21	热剧变[b]	—	√	√	—
22	塑料外壳绝缘电阻测定	—	√	√	√

表 B.1(续)

序号	检 验 项 目 名 称	矿用一般型	隔爆型	增安型	本质安全型
23	电缆和导线引入装置夹紧	—	√	√	—
24	电缆和导线引入装置密封	—	√	—	—
25	橡胶材料老化	—	√	√	—
26	外壳机械强度[c]	—	☆	—	—
27	内部点燃的不传爆试验[d]	—	√	—	—
28	火花点燃试验[e]	—	—	—	√

注 1:“√”表示型式检验要进行的项目;

注 2:“☆”表示型式检验、出厂检验要进行的项目;

注 3:“—”表示不需进行检验的项目;

注 4:对试验费用大、项目复杂时,例如序号 5、6、7 项,在正常生产进行周期检验时可与国家指定的检验单位商洽,是否可不进行检验。

a)限于塑料外壳或外壳部件(绝缘套管除外)塑料衬垫胶封件。

b)透明件。

c)其中动态强度试验须由国家指定的检验单位进行检验。

d)应由国家指定的检验单位进行检验。

e)应由国家指定的检验单位进行检验。

附　录　C

（规范性附录）

煤矿井下用电器设备各项检验项目引用的相应规定的标准条款

煤矿井下用电器设备各项检验项目引用的相应规定的标准条款见表C.1。

表C.1　电器设备各项检验项目引用的相应规定的条款

序号	检验项目	引用相应规定的标准条款
1	外观检查(包括动作要求)	各自产品标准相应规定
2	温升	低压电器设备按GB 14048.1—2006中8.3.3.3进行,高压电器设备符合GB/T 11022—1999
3	介电性能	低压电器设备按GB 14048.1—2006中8.3.3.4,高压电器设备符合GB 311.1
4	在空载、正常负载和过载条件下接通、承载和分断电流的能力	低压电器设备按GB 14048.1—2006中8.3.3.5
5	接通、承载、分断短路电流的能力	低压电器设备符合GB 14048.1—2006接通、承载和分断短路电流的能力,高压电器产品符合GB/T 11022—1999
6	机械寿命	低压电器设备符合GB 14048.1—2006机械寿命(机械耐久性)、高压电器产品按各自产品标准规定
7	电寿命	低压电器设备符合GB 14048.1—2006电寿命(电气耐久性)
8	耐湿热	GB 3836.1—2000湿热试验
9	冲击	GB 3836.1—2000冲击试验
10	外壳防护性能	GB 4208
11	连接件扭转	GB 3836.1—2000连接件扭转试验
12	热稳定性	GB 3836.1—2000热稳定性试验
13	热剧变	GB 3836.1—2000热剧变试验
14	塑料外壳绝缘电阻测定	GB 3836.1—2000塑料外壳、绝缘电阻测定
15	电缆和导线引入装置夹紧	GB 3836.1—2000电缆和导线引入装置夹紧试验
16	电缆和导线引入装置密封	GB 3836.1—2000引入装置试验
17	橡胶材料老化	GB 3836.1—2000橡胶材料老化试验
18	外壳机械强度	GB 3836.2—2000外壳耐压试验
19	隔爆性能	GB 3836.2—2000隔爆性能试验
20	火花点燃	GB 3836.4火花点燃试验
21	温度	GB 3836.4温度试验
22	保护性能	符合各自产品标准
23	振动和冲击	低压电器设备符合GB 14048.1—2006电器的耐振动和冲击要求
24	电磁兼容性(EMC)	低压电器设备符合GB 14048.1—2006电子、电器的抗电磁干扰要求,高压电器产品符合GB/T 11022无线电干扰
25	电子电器高、低温(工作环境)	低压电器产品符合GB 14048.1—2006耐低温(和高温)性能

ICS 73.100.01
D 90
备案号:22176—2007

MT

中华人民共和国煤炭行业标准

MT/T 662—2007
代替 MT/T 662—1997

滚筒采煤机喷雾降尘用喷嘴 基本尺寸

Spraying nozzle for shearer—Outlet diameters and connecting threads

2007-10-22 发布　　2008-01-01 实施

国家安全生产监督管理总局　发布

前言

本标准是对MT/T 662—1997《滚筒采煤机喷雾降尘用喷嘴　基本尺寸》的修订，本标准代替MT/T 662—1997。

本标准与MT/T 662—1997相比主要变化如下：

——引用标准改为引用最新版本的标准(1997年版的第2章；本版的第2章)。

本标准由中国煤炭工业协会科技发展部提出。

本标准由煤炭行业煤矿专用设备标准化技术委员会归口。

本标准起草单位：煤炭科学研究总院上海分院、中国煤矿机械准备有限责任公司。

本标准主要起草人：徐文锋、陶嵘、冯泾若。

本标准于1997年11月10日首次发布。

滚筒采煤机喷雾降尘用喷嘴　基本尺寸

1　范围

本标准规定了滚筒采煤机喷雾降尘用喷嘴喷口直径的尺寸、连接螺纹的型式及尺寸。

本标准适用于滚筒采煤机喷雾降尘用螺纹连接的喷嘴(以下简称喷嘴)。

2　规范性引用文件

下列文件中的条款通过本标准的引用而成为本标准的条款。凡是注日期的引用文件,其随后所有的修改单(不包括勘误的内容)或修订版均不适用于本标准,然而,鼓励根据本标准达成协议的各方研究是否可使用这些文件的最新版本。凡是不注日期的引用文件,其最新版本适用于本标准。

GB/T 192—2003　普通螺纹　基本牙型(ISO 68-1:1998,MOD)

GB/T 193—2003　普通螺纹　直径与螺距系列(ISO 261:1998,MOD)

GB/T 196—2003　普通螺纹　基本尺寸(ISO 724:1993,MOD)

GB/T 197—2003　普通螺纹　公差(ISO 965-1:1998,MOD)

GB/T 2516—2003　普通螺纹　极限偏差(ISO 965-3:1998,MOD)

GB/T 7307—2001　55°非密封管螺纹(eqv,ISO 228-1:1994)

3　喷嘴基本尺寸

3.1　喷嘴喷口直径

喷嘴喷口直径 d(见图 1)应符合表 1 的规定。其中,非圆形喷口为当量直径,当址直径即与喷口正投影面积相等的圆的直径。

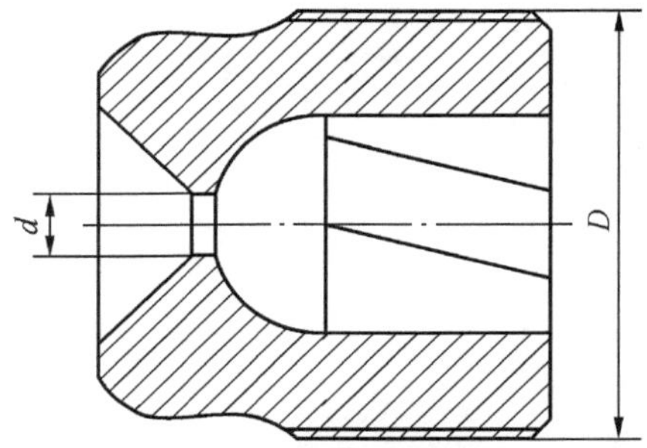

图 1　喷嘴示意图

表 1　喷口直径尺寸表

单位为毫米

喷口直径 d	0.6	0.8	1.0	1.2	1.6
	2.0	2.5	3.2	4.0	5.0

3.2　喷嘴连接螺纹

喷嘴连接采用螺纹型式,分为普通螺纹和非螺纹密封的管螺纹。普通螺纹应符合 GB/T 192—2003、GB/T 193—2003、GB/T 196—2003、GB/T 197—2003 和 GB/T 2516—2003 的规定,螺纹公差带选用 6 g;非螺纹密封的管螺纹应符合 GB/T 7307—2001 的规定,公差等级选用 A 级。其中,普通螺纹为优先选用系列。螺纹尺寸 D(见图 1)应符合表 2 的规定。

表 2　喷嘴连接螺纹及对应的喷口直径尺寸表

<table>
<tr><td rowspan="2">连接螺纹 D</td><td>普通螺纹</td><td>M14×1.5</td><td>M16×1.5</td><td>M20×1.5</td><td>M27×2</td></tr>
<tr><td>管螺纹</td><td>G1/4</td><td>G3/8</td><td>G1/2</td><td>G3/4</td></tr>
<tr><td colspan="2">喷口直径 d/mm</td><td colspan="2">≤2.5</td><td colspan="2">≥2.5</td></tr>
</table>

前　　言

本标准依据 MT 213—91《煤矿用反井钻机通用技术条件》以及煤矿广泛使用的反井钻机钻杆的材料及尺寸，并参考 SY 5290—91《石油钻杆接头》、JB 3671—84《矿用三牙轮钻头》以及石油牙轮钻头的有关资料等编制的。

本标准规定的钻杆材料的力学性能与国内制造反井钻机钻杆的实际情况相一致。

由于目前尚无适宜大型反井钻机钻杆螺纹的国家标准，故本标准未涉及导孔外径大于 250 mm 的钻杆。

本标准由煤炭工业部科技教育司提出。

本标准由煤炭工业部煤矿专用设备标准化技术委员会归口。

本标准起草单位：煤炭科学研究总院北京建井研究所、通化钻采机械厂。

本标准主要起草人：刘加、郝日琴。

本标准委托煤炭科学研究总院北京建井研究所负责解释。

中华人民共和国煤炭行业标准

煤矿用反井钻机钻杆

MT/T 664—1997

Drill rod of raise boring machine for coal mine

1 范围

本标准规定了煤矿用反井钻机钻杆（以下简称“钻杆”）的定义和符号、产品分类、基本参数、试验方法、检验规则、标志、包装、运输及储存。

本标准适用于煤矿用反井钻机的各种钻杆。

2 引用标准

下列标准所包含的条文，通过在本标准中引用而构成为本标准的条文。本标准出版时，所示版本均为有效。所有标准都会被修订，使用本标准的各方应探讨使用下列标准最新版本的可能性。

GB/T 228—87 金属拉伸试验法

GB/T 231—84 金属布氏硬度试验方法

GB 2106—80 金属夏比（V 型缺口）冲击试验方法

GB/T 3077—88 合金结构钢 技术条件

GB/T 4162—91 锻轧钢棒超声波探伤方法

GB/T 4749—93 石油钻杆接头螺纹量规

GB/T 9253.1—88 石油钻杆接头螺纹

GB/T 10111—88 利用随机数骰子进行随机抽样的方法

JB 471—80 钢制焊接压力容器技术条件(1)磁粉探伤

SY 5290—91 石油钻杆接头

3 定义和符号

本标准采用下列定义。

3.1 钻杆 drill rod

用来传递轴向力和转矩并输送冲洗液的空心轴，两端分别设有用于钻杆首尾相接的内、外锥形螺纹。

3.2 普通钻杆 ordinary drill rod

没有特殊要求的一般钻杆。

3.3 稳定钻杆 stabilizing drill rod

具有稳定钻进、导向和传递转矩等多种功能的钻杆。

3.4 开孔钻杆 pilot drill rod

用于保证导孔开孔质量的特殊钻杆。

3.5 接头钻杆 joint drill rod

用于联接三牙轮钻头和钻杆或扩孔钻头和钻杆的短钻杆。

中华人民共和国煤炭工业部 1997-11-10 批准　　1998-04-01 实施

3.6 **普通接头钻杆** ordinary joint drill rod

两端螺纹牙型及尺寸相同的接头钻杆。

3.7 **异型接头钻杆** special joint drill rod

两端螺纹牙型或尺寸不相同的接头钻杆。

3.8 **外径** outer diameter **或** O. D

钻杆的最大直径 D。

3.9 **内径** inner diameter **或** I. D

钻杆内孔的最小直径 d。

3.10 **有效长度** effective length

钻杆外螺纹台肩至内螺纹大端端面的长度 L。

3.11 **卡方** wrench flat

钻杆上用于装卡装卸钻杆工具的四方部位，分上卡方、下卡方。卡方高度为 E。

3.12 **卡方宽度** wrench flat width

相对平行两方平面的距离 G。

4 产品分类

4.1 品种

钻杆分为普通钻杆、开孔钻杆、稳定钻杆及接头钻杆。稳定钻杆根据其稳定结构型式分为直筋稳定钻杆和螺旋筋稳定钻杆。接头钻杆分普通接头钻杆和异型接头钻杆。根据其导向稳定结构型式又可分为无筋接头钻杆、直筋接头钻杆和螺旋筋接头钻杆。

4.2 代号

4.2.1 钻杆型号

G □ □ □/□—□

- □（最后）——联接螺纹代号：REG- 正规型、NC- 数字型、FH- 贯眼型
- □ ——有效长度，mm
- □ ——外径，mm
- □ ——稳定钻杆的稳定结构型式，Z— 直筋；L— 螺旋筋
- □ ——类型，P— 普通钻杆，K— 开孔钻杆；W— 稳定钻杆
- G ——钻杆

型号标注示例：

GWZ182/1000-6 $\frac{5}{8}$REG

表示外径为 182 mm，有效长度为 1000 mm，联接螺纹为 6 $\frac{5}{8}$正规型螺纹的直筋稳定钻杆。

4.2.2 接头钻杆型号

G J □ □ □/□—□

- □（最后）——外螺纹代号
- □ ——内螺纹代号
- □ ——所联接的三牙轮钻头的外径，mm
- □ ——Z— 直筋；L— 螺旋筋
- □ ——表示筋的个数，没有筋的不标
- J ——接头钻杆
- G ——钻杆

型号标注示例：

GJ4Z216/4 $\frac{1}{2}$REG-6 $\frac{5}{8}$REG

表示与接头钻杆联接的三牙轮钻头外径为 216 mm，内螺纹为 4 $\frac{1}{2}$正规型螺纹，外螺纹为 6 $\frac{5}{8}$正规型螺纹四条直筋接头钻杆。

4.3 基本参数及尺寸

钻杆的基本参数为外径、内径、有效长度、螺纹规格及卡方的宽度和高度。

4.3.1 外形尺寸

a)普通钻杆的外形尺寸应符合图 1 及表 1 的规定。

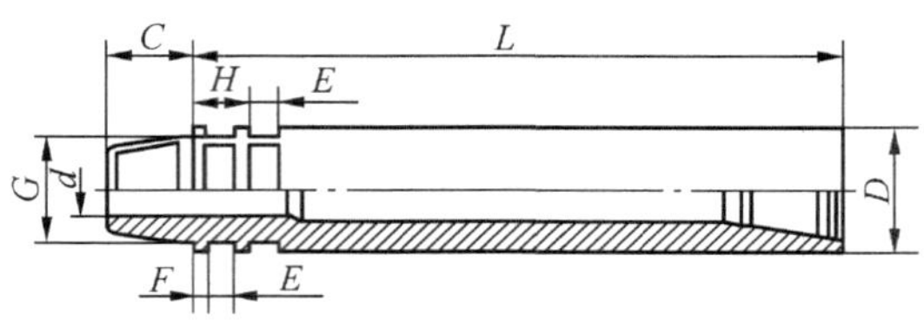

图 1

表 1 普通钻杆型号与尺寸

<table>
<tr><th rowspan="2">普通钻杆型号</th><th>D</th><th>L</th><th>C</th><th>d</th><th>E</th><th>F</th><th>H</th><th>G</th><th rowspan="2">螺纹代号</th></tr>
<tr><th colspan="8">mm</th></tr>
<tr><td>GP120/800-3 $\frac{1}{2}$REG</td><td>120</td><td rowspan="3">800～1000</td><td rowspan="2">95.3</td><td rowspan="2">50</td><td rowspan="3">35</td><td rowspan="3">20</td><td rowspan="3">75</td><td rowspan="2">100</td><td rowspan="2">3 $\frac{1}{2}$REG</td></tr>
<tr><td>GP127/800-3 $\frac{1}{2}$REG</td><td>127</td></tr>
<tr><td>GP140/800-4 $\frac{1}{2}$REG</td><td>140</td><td>107.9</td><td>60</td><td>116</td><td>4 $\frac{1}{2}$REG</td></tr>
<tr><td>GP150/991-NC46</td><td>150</td><td>991</td><td>114</td><td>65</td><td>30</td><td>15</td><td>65</td><td>120</td><td>NC46</td></tr>
<tr><td>GP160/800-NC50</td><td>160</td><td>800</td><td>114.3</td><td rowspan="4">70</td><td>35</td><td rowspan="5">20</td><td>75</td><td>142</td><td>NC50</td></tr>
<tr><td>GP172/1000-5 $\frac{1}{2}$REG</td><td>172</td><td rowspan="3">1000～1500</td><td>120.6</td><td rowspan="3">45</td><td rowspan="3">85</td><td></td><td>5 $\frac{1}{2}$REG</td></tr>
<tr><td>GP176/1000-6 $\frac{5}{8}$REG</td><td>176</td><td rowspan="3">127.0</td><td>154</td><td rowspan="2">6 $\frac{5}{8}$REG</td></tr>
<tr><td>GP182/1000-6 $\frac{5}{8}$REG</td><td>182</td><td>156</td></tr>
<tr><td>GP200/1000-6 $\frac{5}{8}$FH</td><td>200</td><td>1000～1500</td><td>100</td><td>50</td><td>105</td><td>170</td><td>6 $\frac{5}{8}$FH</td></tr>
<tr><td colspan="10">注：开孔钻杆与普通钻杆尺寸相同。</td></tr>
</table>

b)稳定钻杆的外形尺寸应符合图 2、图 3 及表 2 的规定。

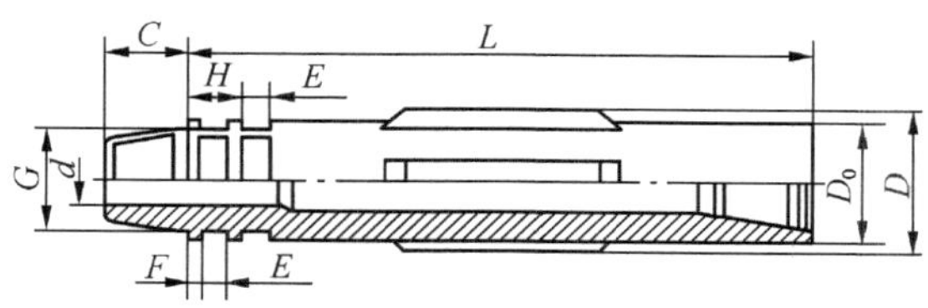

图 2

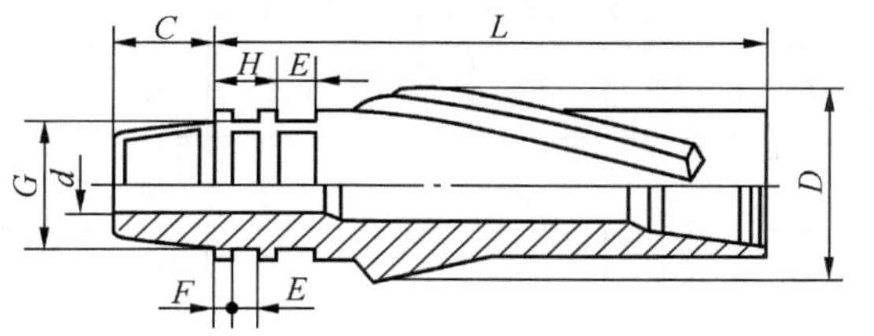

图 3

表 2　稳定钻杆型号与尺寸

<table>
<tr><th rowspan="2">稳定钻杆型号</th><th>D</th><th>D_0</th><th>L</th><th>C</th><th>d</th><th>E</th><th>F</th><th>H</th><th>G</th><th rowspan="2">螺纹代号</th></tr>
<tr><th colspan="9">mm</th></tr>
<tr><td>GWZ152/800-3 $\frac{1}{2}$REG
GWL152/800-3 $\frac{1}{2}$REG</td><td>152</td><td>120
127</td><td rowspan="3">800～
1000</td><td>95.3</td><td>50</td><td rowspan="3">35</td><td rowspan="3">20</td><td rowspan="3">75</td><td>100</td><td>3 $\frac{1}{2}$REG</td></tr>
<tr><td>GWZ165/800-4 $\frac{1}{2}$REG
GWL165/800-4 $\frac{1}{2}$REG</td><td>165</td><td>140</td><td>107.9</td><td>60</td><td>116</td><td>4 $\frac{1}{2}$REG</td></tr>
<tr><td>GWZ190/800-NC50
GWL190/800-NC50</td><td>190</td><td>160</td><td>114.3</td><td>70</td><td>142</td><td>NC50</td></tr>
<tr><td>GWZ200/991-NC46
GWL200/991-NC46</td><td>200</td><td>150</td><td>991</td><td>114</td><td>65</td><td>30</td><td>15</td><td>65</td><td>120</td><td>NC46</td></tr>
<tr><td>GWZ200/1000-5 $\frac{1}{2}$REG
GWL200/1000-5 $\frac{1}{2}$REG</td><td>200</td><td>172</td><td rowspan="4">1000～
1500</td><td>120.6</td><td rowspan="3">70</td><td rowspan="3">45</td><td rowspan="3">20</td><td rowspan="3">85</td><td>142</td><td>5 $\frac{1}{2}$REG</td></tr>
<tr><td>GWZ216/1000-6 $\frac{5}{8}$REG
GWL216/1000-6 $\frac{5}{8}$REG</td><td>216</td><td rowspan="2">176
182</td><td rowspan="3">127.0</td><td rowspan="2">154
156</td><td rowspan="2">6 $\frac{5}{8}$REG</td></tr>
<tr><td>GWZ244/1000-6 $\frac{5}{8}$REG
GWL244/1000-6 $\frac{5}{8}$REG</td><td>244</td></tr>
<tr><td>GWZ250/1000-6 $\frac{5}{8}$FH
GWL250/1000-6 $\frac{5}{8}$FH</td><td>250</td><td>200</td><td>100</td><td>50</td><td>20</td><td>105</td><td>170</td><td>6 $\frac{5}{8}$FH</td></tr>
</table>

c)接头钻杆的外形尺寸应符合图 2、图 3 及表 3 的规定。

表 3 接头钻杆型号与尺寸

<table>
<tr><th rowspan="2">接头型号</th><th>D</th><th>L</th><th>C</th><th>d</th><th>E</th><th>F</th><th>H</th><th>G</th><th rowspan="2">螺纹代号
内螺纹一外螺纹</th></tr>
<tr><th colspan="8">mm</th></tr>
<tr><td>GJ4Z152/3 $\frac{1}{2}$REG-3 $\frac{1}{2}$REG
GJ3L152/3 $\frac{1}{2}$REG-3 $\frac{1}{2}$REG</td><td>152</td><td rowspan="3">400</td><td>95.3</td><td rowspan="3">70</td><td rowspan="3">35</td><td rowspan="3">20</td><td rowspan="3">75</td><td>100</td><td>3 $\frac{1}{2}$REG-3 $\frac{1}{2}$REG</td></tr>
<tr><td>GJ4Z165/3 $\frac{1}{2}$REG-4 $\frac{1}{2}$REG
GJ3L165/3 $\frac{1}{2}$REG-4 $\frac{1}{2}$REG</td><td>165</td><td>108.0</td><td>116</td><td>3 $\frac{1}{2}$REG-4 $\frac{1}{2}$REG</td></tr>
<tr><td>GJ4Z190/4 $\frac{1}{2}$REG-NC50
GJ3L190/4 $\frac{1}{2}$REG-NC50</td><td>160</td><td>114.0</td><td>142</td><td>4 $\frac{1}{2}$REG-NC50</td></tr>
<tr><td>GJ4Z200/NC46-4 $\frac{1}{2}$REG
GJ3L200/NC46-4 $\frac{1}{2}$REG</td><td>150</td><td>636</td><td>114</td><td>65</td><td>30</td><td>15</td><td>65</td><td>120</td><td>NC46-4 $\frac{1}{2}$REG</td></tr>
<tr><td>GJ4Z200/4 $\frac{1}{2}$REG-5 $\frac{1}{2}$REG
GJ3L200/4 $\frac{1}{2}$REG-5 $\frac{1}{2}$REG</td><td>200</td><td>400</td><td>120.7</td><td rowspan="3">70</td><td rowspan="3">45</td><td rowspan="3">20</td><td rowspan="3">85</td><td>142</td><td>4 $\frac{1}{2}$REG-5 $\frac{1}{2}$REG</td></tr>
<tr><td>GJ4Z216/4 $\frac{1}{2}$REG-6 $\frac{5}{8}$REG
GJ3L216/4 $\frac{1}{2}$REG-6 $\frac{5}{8}$REG</td><td>216</td><td rowspan="2">600</td><td rowspan="3">127.0</td><td rowspan="2">154
156</td><td>4 $\frac{1}{2}$REG-6 $\frac{5}{8}$REG</td></tr>
<tr><td>GJ4Z244/6 $\frac{5}{8}$REG-6 $\frac{5}{8}$REG
GJ3L244/6 $\frac{5}{8}$REG-6 $\frac{5}{8}$REG</td><td>244</td><td>6 $\frac{5}{8}$REG-6 $\frac{5}{8}$REG</td></tr>
<tr><td>GJ4Z250/6 $\frac{5}{8}$REG-6 $\frac{5}{8}$FH
GJ3L250/6 $\frac{5}{8}$REG-6 $\frac{5}{8}$FH</td><td>250</td><td>703</td><td>100</td><td>50</td><td>20</td><td>105</td><td>170</td><td>6 $\frac{5}{8}$REG-6 $\frac{5}{8}$FH</td></tr>
</table>

4.3.2 螺纹的基本尺寸

a)钻杆螺纹牙型和基本尺寸应符合 GB/T 9253.1—88 中第 4 章的规定。

b)钻杆螺纹的公差应符合 GB/T 9253.1—88 中第 5 章的规定。

c)钻杆螺纹的互换性应符合 GB/T 9253.1—88 中第 6 章的规定。

5 技术要求

5.1 钻杆应符合本标准的要求,并应按照规定程序批准的图样及技术文件制造。

5.2 钻杆内、外表面不应有任何裂缝、发裂、结疤、气孔、夹碴、剥层等缺陷，不允许对缺陷部位进行修整、铲除或补焊。钻杆光坯粗加工后，应进行超声波探伤，质量等级按 A 级调质后应进行磁粉探伤。

5.3 钻杆外螺纹台肩面和内螺纹不允许有毛刺、龟裂、凹痕及其他影响连接密封性能的缺陷。

5.4 稳定钻杆和接头钻杆的稳定筋外圆可堆焊或镶嵌耐磨材料。但外径不得大于与其配用的三牙轮钻头的外径。

5.5 钻杆材料的化学成分应符合 GB/T 3077 的规定。钻杆应进行调质处理，调质后的力学性能应符合表 4 的规定。

表 4 钻杆的力学性能

外径尺寸 mm	抗拉强度 σ_b MPa	屈服强度 $\sigma_{0.2}$ MPa	伸长率 δ_5 %	硬度 HB	夏比冲击吸收功 Aky J
120～200	≥930	≥690	≥13	280～320	≥30

5.6 钻杆螺纹表面应进行磷化处理，其厚度为 0.005～0.015 mm。

5.7 钻杆内、外螺纹紧密距应符合 SY 5290—91 中 4.4 的规定。

5.8 钻杆的外径、内螺纹与外螺纹的同轴度公差应不大于 ϕ0.12 mm。

5.9 钻杆外螺纹台肩面和内螺纹端面对螺纹轴线的垂直度公差应不大于 0.05 mm。

5.10 开孔钻杆杆体外圆的表面粗糙度参数 Ra 的上限值为 0.8 μm。

6 试验方法

6.1 钻杆外观质量用目测法检查。

6.2 钻杆磁粉探伤检验按 JB 471 方法进行；超声波探伤检验按 GB/T 4162 规定方法进行。

6.3 钻杆外形尺寸用常规量具检验，螺纹尺寸用螺纹量规检验。

6.4 钻杆所用材料的化学成分按质量保证书验收，如需验证分析时，应按国家有关标准规定进行取样和分析。

6.5 力学性能试验按下列规定进行。

——钻杆硬度的测定按 GB/T 231 的规定进行，用布氏硬度计测定。

——冲击和拉伸试样取样方法按 SY 5290—91 中 5.2.1 方法进行。

——拉伸试验方法按 GB/T 228 规定进行。

——冲击试验方法按 GB 2106 规定进行。

6.6 钻杆的螺纹表面磷化厚度用涂层厚度测量仪测定。

6.7 钻杆的螺纹紧密距检验前应清除螺纹表面的毛刺、污垢，检验方法按 SY 5290 的规定进行。

6.8 校对规、工作规和接头螺纹间的关系及它们之间的紧密距值传递按 GB/T 4749 的规定进行。

6.9 钻杆的形位公差及表面粗糙度按常规方法进行检测。

7 检验规则

7.1 钻杆检验分出厂检验和型式检验，出厂检验由制造厂质检部门进行检验；型式检验由产品质量监督检验机构或主管部门指定的单位进行。检验项目按表 5 的规定进行。

表 5

序号	检验项目	要　求	试验方法	检验类别	
				出厂	型式
1	外观及表面质量	5.2　5.3	6.1　6.2	√	√
2	基本参数尺寸	4.3　5.4	6.3	√	√

表 5(续)

序号	检验项目	要　求	试验方法	检验类别	
				出厂	型式
3	材质	5.5	6.4	—	√
4	力学性能	5.5	6.5	—	√
5	表面磷化质量	5.6	6.6	√	√
6	螺纹紧密距	5.7	6.7　6.8	√	√
7	形位公差及表面粗糙度	5.8　5.9　5.10	6.9	√	√

7.2　钻杆必须逐件逐项进行出厂检验。检验合格附产品合格证。

7.3　有下列情况之一时应进行型式检验：

a)新产品或老产品转厂生产试制定型鉴定时；

b)正式生产后如原材料、工艺、结构有较大改变可能影响产品性能时；

c)正常生产时，每两年进行一次；

d)停产 1 年以上，再恢复生产时；

e)出厂检验结果与上次型式检验有较大差异时；

f)国家质量监督机构提出进行型式检验的要求时。

7.4　型式检验的样品，必须从经出厂检验合格的不少于 50 件产品中按 GB/T 10111 的规定抽取一件，每件做两组试样，在检验项目中检验结果有一项不合格，再从该批产品中加倍抽样进行复验。如在复检中仍有一项不合格，则判该批产品为不合格。

8　标志、包装、运输和贮存

8.1　标志

8.1.1　产品标志

应在钻杆下卡方平面的中间部位打印如下标记：

a)钻杆的型号；

b)制造厂代号；

c)制造日期。

8.1.2　包装标志

a)产品名称及型号；

b)制造单位及厂址；

c)出厂日期。

8.2　包装

8.2.1　每根钻杆的内、外螺纹部分在包装前应涂螺纹脂并戴金属或橡胶保护帽。

8.2.2　开孔钻杆的磨加工表面应涂防锈油并用油纸包好，装入专用的铁箱中紧固，并应符合水路、陆路运输及装卸要求。

8.2.3　钻杆的包装要有防雨措施，防雨材料可用塑料膜。在塑料膜外用草袋和草绳整体包装。

8.3　运输

钻杆在运输过程中要固定牢固，不得摔碰。

8.4　贮存

钻杆应在通风干燥、无腐蚀物质的防雨库房内储存。

ICS 83.140.99;53.040.20;13,220.40
G 42
备案号:25319—2008

MT

中华人民共和国煤炭行业标准

MT/T 668—2008
代替 MT 668—1997

煤矿用钢丝绳芯阻燃输送带

Steel cord fire resistant conveyor belting for coalmine

2008-11-19 发布　　2009-01-01 实施

国家安全生产监督管理总局　发布

前　言

本标准的技术内容中4.10条为推荐性，其余技术内容全部为强制性。

本标准是对MT 668—1997《煤矿用阻燃钢丝绳芯输送带技术条件》的修订，本标准自实施之日起代替MT 668—1997。

本标准与MT 668—1997相比较，主要变化如下：

——增加了钢丝绳芯阻燃输送带的ST/S2800、ST/S3500、ST/S4500、ST/S5000、ST/S5400、ST/S6300、ST/S7000和ST/S7500共八种型号规格(见3.1)；

——增加了动态钢丝绳黏合抗疲劳性能要求(见4.7)；

——增加了橡胶渗透性能要求(见4.8)；

——增加了钢丝绳芯阻燃输送带静态接头拉断强度要求(见4.9)；

——增加了钢丝绳芯阻燃输送带动态接头拉断强度要求(见4.10)；

——取消了覆盖胶硬度指标的考核(1997年版的4.5.5)；

——丙烷燃烧试验根据BS 3289—2005标准进行了调整(1997年版的4.7.3，本版的4.14)。

本标准的附录A、附录B、附录C、附录D和附录E为规范性附录。

本标准由中国煤炭工业协会科技发展部提出。

本标准由煤炭行业煤矿安全标准化技术委员会归口。

本标准起草单位：煤炭科学研究总院上海分院、安徽天地人集团、青岛橡六集团有限公司、浙江双箭橡胶股份有限公司。

本标准主要起草人：王利平、顾亚民、王平、孙成才、沈会民。

本标准所代替标准的历代版本发布情况为：

——MT 668—1997。

煤矿用钢丝绳芯阻燃输送带

1 范围

本标准规定了煤矿用钢丝绳芯阻燃输送带（以下简称“阻燃带”）的产品型号、规格、技术要求、试验方法、检验规则、标志、包装、运输和贮存。

本标准适用于煤矿用钢丝绳芯阻燃输送带。

2 规范性引用文件

下列文件中的条款通过本标准的引用而成为本标准的条款。凡是注日期的引用文件，其随后所有的修改单（不包括勘误的内容）或修订版均不适用于本标准，然而，鼓励根据本标准达成协议的各方研究是否可使用这些文件的最新版本。凡是不注日期的引用文件，其最新版本适用于本标准。

GB/T 228—2002 金属材料 室温拉伸试验方法（iqv ISO 6892:1998）

GB/T 528—1998 硫化橡胶或热塑性橡胶拉伸应力应变性能的测定（eqv ISO 37:1994）

GB/T 3512—2001 硫化橡胶或热塑性橡胶 热空气加速老化和耐热试验（eqv ISO 188—1998，MOD）

GB/T 4490—1994 输送带尺寸（eqv ISO 251—1987）

GB/T 5753—1994 钢丝绳芯输送带覆盖层厚度的测定（eqv ISO 7590—1990）

GB/T 5754.2—2005 钢丝绳芯输送带 纵向拉伸试验 第2部分：拉伸强度的测定（ISO 7622-2:1984，IDT）

GB/T 5755—2000 钢丝绳芯输送带钢丝绳黏合强度的测定（eqv ISO 7623:1996）

GB/T 9770—2001 钢丝绳芯输送带（neq DIN 22131:1988）

GB/T 9867—1988 硫化橡胶耐磨性能的测定（旋转辊筒式磨耗机法）（neq ISO 4649:1985）

GB/T 12753—2002 输送带用钢丝绳

HG/T 3056—1997 输送带贮存和搬运通则

MT 450—1995 煤矿用钢丝绳芯输送带阻燃抗静电性试验方法和判定规则

MT 914—2007 煤矿用织物整芯阻燃输送带

3 产品分类

3.1 产品型号

产品型号按纵向拉伸强度划分为ST/S630、ST/S800、ST/S1000、ST/S1250、ST/S1600、ST/S2000、ST/S2500、ST/S2800、ST/S3150、ST/S3500、ST/S4000、ST/S4500、ST/S5000、ST/S5400、ST/S6300、ST/S7000和ST/S7500。

示例：

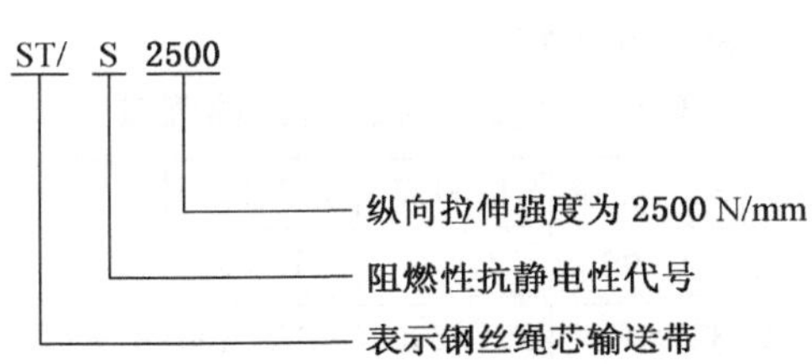

3.2 规格

3.2.1 宽度

阻燃带的宽度见表 1。

表 1 阻燃带的宽度 单位为毫米

序号	1	2	3	4	5	6	7	8	9	19	11	12	13
宽度	800	1 000	1 200	1 400	1 600	1 800	2 000	2 200	2 400	2 600	2 800	3 000	3 200

3.2.2 长度

阻燃带的出厂长度由供需双方协商确定。

4 技术要求

4.1 外观质量

4.1.1 阻燃带不得有边部波浪。

4.1.2 阻燃带明疤深度大于 1 mm 时，应修理完善(深度不大于 1 mm 的不修理)。

4.1.3 每 100 m^2 阻燃带覆盖层上气泡、脱层总面积不得超过 1 600 cm^2，并应修理完善。

4.1.4 阻燃带两侧的边胶海绵或扯掉边胶的累计长度不得超过带长的 8%，并应修理完善。

4.1.5 每 100 m 长阻燃带上，深度大于 1 mm 的压上熟边胶不得超过五处，并应修理完善(深度不大于 1 mm 的不修理)。

4.1.6 阻燃带上不得有钢丝绳外露。

4.2 尺寸

4.2.1 宽度

阻燃带的宽度应符合表 2 的规定。

表 2 阻燃带的宽度 单位为毫米

序号	1	2	3	4	5	6	7	8	9	19	11	12	13
公称宽度	800	1 000	1 200	1 400	1 600	1 800	2 000	2 200	2 400	2 600	2 800	3 000	3 200
极限偏差	±1%												

4.2.2 覆盖层厚度

阻燃带的覆盖层厚度应符合表 3 的规定。

表 3 阻燃带的覆盖层厚度 单位为毫米

型号	ST/S630	ST/S800	ST/S1000	ST/S1250	ST/S1600	ST/S2000	ST/S2500	ST/S2800	ST/S3150
上覆盖层厚度≥	5.0	5.0	6.0	6.0	6.0	8.0	8.0	8.0	8.0
下覆盖层厚度≥	5.0	5.0	6.0	6.0	6.0	8.0	8.0	8.0	8.0
型号	ST/S3500	ST/S4000	ST/S4500	ST/S5000	ST/S5400	ST/S6300	ST/S7000	ST/S7500	
上覆盖层厚度≥	8.0	8.0	8.0	8.5	9.0	10.0	10.0	10.0	
下覆盖层厚度≥	8.0	8.0	8.0	8.5	9.0	10.0	10.0	10.0	

4.3 纵向拉伸强度

阻燃带的纵向拉伸强度应符合表 4 的规定。

表 4 阻燃带的纵向拉伸强度 单位为千牛每米

型号	ST/S630	ST/S800	ST/S1000	ST/S1250	ST/S1600	ST/S2000	ST/S2500	ST/S2800	ST/S3150
纵向拉伸强度≥	630	800	1 000	1 250	1 600	2 000	2 500	2 800	3 150
型号	ST/S3500	ST/S4000	ST/S4500	ST/S5000	ST/S5400	ST/S6300	ST/S7000	ST/S7500	
纵向拉伸强度≥	3 500	4 000	4 500	5 000	5 400	6 300	7 000	7 500	

4.4 **黏合强度**

4.4.1 钢丝绳黏合强度不得小于表5的规定。

4.4.2 覆盖层的黏合强度：

覆盖层与黏合层之间的平均黏合强度不得小于10 kN/m。

表5 钢丝绳黏合强度

单位为千牛每米

型号	ST/S630	ST/S800	ST/S1000	ST/S1250	ST/S1600	ST/S2000	ST/S2500	ST/S2800	ST/S3150
老化前钢丝绳黏合强度≥	67	75	82	90	97	112	130	134	143
老化后钢丝绳黏合强度≥	50	69	77	84	90	105	122	124	135
型号	ST/S3500	ST/S4000	ST/S4500	ST/S5000	ST/S5400	ST/S6300	ST/S7000	ST/S7500	
老化前钢丝绳黏合强度≥	151	155	168	186	192	208	223	245	
老化后钢丝绳黏合强度≥	140	144	157	175	180	194	207	228	

4.4.3 内黏合强度：

对含织物层的阻燃带，覆盖层与织物层之间的平均内黏合强度不得小于8 kN/m。

4.5 **覆盖层性能**

覆盖层性能应符合下列规定：

a） 拉伸强度大于等于15.0 MPa。

b） 拉断伸长率大于等于350%。

c） 老化试验(70 ℃×168 h)后：

1） 拉伸强度变化率为－25%～＋25%；

2） 拉断伸长率变化率为－25%～＋25%。

d） 磨耗量不得大于200 mm^3。

4.6 **阻燃带中钢丝绳性能**

4.6.1 **钢丝绳直径**

钢丝绳最大直径应符合表6的规定。

表6 钢丝绳最大直径

单位为毫米

型号	ST/S630	ST/S800	ST/S1000	ST/S1250	ST/S1600	ST/S2000	ST/S2500	ST/S2800	ST/S3150
钢丝绳最大公称直径	3.0	3.5	4.0	4.5	5.0	6.0	7.2	7.5	8.1
型号	ST/S3500	ST/S4000	ST/S4500	ST/S5000	ST/S5400	ST/S6300	ST/S7000	ST/S7500	
钢丝绳最大公称直径	8.6	8.9	9.7	10.9	11.3	12.8	13.5	15.0	

4.6.2 **钢丝绳间距**

平均绳距的极限偏差为±1.5 mm。偏心值大于1.0 mm但不大于1.5 mm的钢丝绳根数不超过钢丝绳总根数的5%。

4.6.3 **钢丝绳根数**

钢丝绳最少根数应符合表7的规定。

4.6.4 **钢丝绳接头**

每条阻燃带中钢丝绳的接头应符合下列规定：

a） 阻燃带100 m长度内两边部的各一根钢丝绳不得有接头；

b） 距带端10 m以内，钢丝绳不得有接头；

c） 任何一根钢丝绳的接头数不得大于1；

d） 每 10 m 阻燃带中，接头数不得大于 1，任意两根钢丝绳接头，在长度方向上的距离不得小于 10 m；

e） 有接头钢丝绳数目不得大于钢丝绳总数的 5%。

4.6.5 钢丝绳偏心值

钢丝绳在厚度方向的偏心值不得大于 1.5 mm。偏心值大于 1.0 mm 但不大于 1.5 mm 的钢丝绳根数不得超过钢丝绳总根数的 5%。

4.7 动态钢丝绳黏合抗疲劳性

采用公称静态黏合强度(见表 5)的 3.6%～36%为循环载荷，在运转 10 000 周期之后，应无钢丝绳抽出。

表 7 钢丝绳最少根数

型号规格	宽度规格/mm												
	800	1 000	1 200	1 400	1 600	1 800	2 000	2 200	2 400	2 600	2 800	3 000	3 200
ST/S630	75	95	113	133	151	171	196	216	236	256	276	296	316
ST/S800	75	95	113	133	151	171	196	216	236	256	276	296	316
ST/S1000	63	79	94	111	126	143	159	176	193	209	230	247	264
ST/S1250	63	79	94	111	126	143	159	176	193	209	230	247	264
ST/S1600	63	79	94	111	126	143	159	176	193	209	230	247	264
ST/S2000	63	79	94	111	126	143	159	176	193	209	230	247	264
ST/S2500	50	64	76	89	101	114	128	141	155	168	184	198	211
ST/S2800	50	64	76	89	101	114	128	141	155	168	184	198	211
ST/S3150	50	64	76	89	101	114	128	141	155	168	184	198	211
ST/S3500	50	64	77	90	104	117	130	144	157	170	194	198	211
ST/S4000		64	77	90	104	117	130	144	157	170	194	198	211
ST/S4500		59	71	84	96	109	121	134	146	159	171	185	198
ST/S5000		55	66	78	90	102	113	125	137	149	161	174	186
ST/S5400		55	66	78	90	102	113	125	137	149	161	174	186
ST/S6300		48	58	68	78	88	98	108	118	128	138	148	158
ST/S7000		49	59	69	80	90	101	111	121	131	142	152	162
ST/S7500		45	54	63	72	82	91	100	109	119	129	138	147

4.8 橡胶渗透性

在试件两端施加 100 kPa 压差，60 s 内的压差变化不得超过 5 kPa。

4.9 静态接头拉断强度

对于一阶接头，阻燃带静态接头拉断强度应不小于带体纵向额定拉伸强度的 90%；对于二阶接头，阻燃带静态接头拉断强度应不小于带体纵向额定拉伸强度的 90%；对于三阶接头，阻燃带静态接头拉断强度应不小于带体纵向额定拉伸强度的 85%；对于四阶接头，阻燃带静态接头拉断强度应不小于带体纵向额定拉伸强度的 80%。

4.10 动态接头耐久性

阻燃带接头循环 10 000 次后，无破坏。

4.11 表面电阻值

试件上、下两个表面的表面电阻算术平均值均不得大于 3.0×10^{8} Ω。

4.12 滚筒摩擦试验

每块试件经滚筒摩擦试验时，其任何部位不得发生有焰燃烧和无焰燃烧现象，滚筒表面温度不得大于 325 ℃。

4.13 酒精喷灯燃烧试验

试件经酒精喷灯燃烧试验，应符合下列规定：

a） 对六块具有完整覆盖层试件，在移去喷灯后，所有试件的有焰燃烧时间的算术平均值和无焰燃烧时间的算术平均值均不得大于 3.0 s。其中每块试件的有焰燃烧时间和无焰燃烧时间单值均不得大于 10.0 s。

b） 对六块剥去覆盖层试件，在移去喷灯后，所有试件的有焰燃烧时间的算术平均值和无焰燃烧时间的算术平均值均不得大于 5.0 s。其中每块试件的有焰燃烧时间和无焰燃烧时间单值均不得大于 15.0 s。

4.14 巷道丙烷燃烧试验

对于每件试样，如它们能通过以下两项要求中的任一项便视为该阻燃带合格。其要求如下：

a） 每件试样的未损坏长度不得小于 600 mm。

b） 未损坏长度不得小于 50 mm；最大平均温升不得大于 140 ℃且损失带长度不大于 1 250 mm。

当试验在燃烧过程中由于危及人和设备而提前终止时，该阻燃带的巷道丙烷燃烧试验即被视为不合格。

5 试验方法

5.1 样品采取

在产品制成 24 h 后，采取样品。

5.2 外观质量

采用目测及量具进行检测。

5.3 尺寸测量

5.3.1 宽度测量

宽度按 GB/T 4490—1994 的规定进行测量。

5.3.2 覆盖层厚度测量

覆盖层厚度按 GB/T 5753—1994 的规定进行测量。

5.4 拉伸强度测定

拉伸强度按 GB/T 5754.2—2005 的规定进行测定。

5.5 黏合强度测定

5.5.1 钢丝绳黏合强度按 GB/T 5755—2000 的规定进行测定。

5.5.2 覆盖层黏合强度的测定按附录 A 的规定执行。

5.5.3 内黏合强度的测定按附录 A 的规定执行。

5.6 阻燃带中钢丝绳性能测定

5.6.1 钢丝绳直径按 GB/T 12753—2002 中的 6.3 进行测定。

5.6.2 钢丝绳间距测定按 GB/T 9770—2001 中附录 A 的规定执行。

5.6.3 钢丝绳根数采用目测。

5.6.4 钢丝绳偏心值测定按 GB/T 9770—2001 中附录 C 的规定执行。

5.7 覆盖层性能测定

5.7.1 覆盖层的拉伸性能按 GB/T 528—1998 的规定进行检验，试样尺寸采用 2 型（狭小平行部分宽

(4.0±0.1)mm)哑铃状裁刀裁切试样。

5.7.2 覆盖层耐老化性能按 GB/T 3512—2001 的规定进行测定。

5.7.3 覆盖层耐磨耗性能按 GB/T 9867—1988 的规定进行测定。

5.8 动态钢丝绳黏合抗疲劳性试验

按附录 B 的规定执行。

5.9 橡胶渗透性试验

按附录 C 的规定执行。

5.10 阻燃带静态接头拉断强度试验

按 GB/T 228—2002 的规定进行测定，试样长度为阻燃带接头部位长度两端各加 1 000 mm，夹持器的拉伸速度为(100±10)mm/min。阻燃带的接头尺寸与技术要求按附录 E 的规定执行。

5.11 阻燃带动态接头耐久性试验

按照附录 D 的规定执行。阻燃带的接头尺寸与技术要求按附录 E 的规定执行。

5.12 表面电阻测定方法

按 MT 450—1995 的规定进行测定。

5.13 滚筒摩擦试验方法

按 MT 450—1995 的规定进行测定。

5.14 酒精喷灯燃烧试验方法

按 MT 450—1995 的规定进行测定。

5.15 巷道丙烷燃烧试验方法

按 MT 914—2007 的规定进行测定。

6 检验规则

6.1 检验报告

检验报告应包括下列内容：

a） 阻燃带制造厂名称；

b） 阻燃带的型号、规格和生产日期；

c） 检验日期；

d） 试验室温度；

e） 试验室相对湿度；

f） 检验结果；

g） 检验结论；

h） 检验者。

6.2 出厂检验

6.2.1 产品应由制造厂的质量检验部门负责检验，以 1 000 m 为一批(不足 1 000 m 也视为一批，其中覆盖层老化后试验每季度进行一次)至少进行一次检验，检验合格并签发合格证后方可出厂。

6.2.2 出厂检验项目见表 8。

表 8 检验项目

序号	检验项目	要求	出厂检验		型式检验	备注
			全检	抽检		
1	外观质量	4.1	√	—	—	一般项目
2	宽度	4.2.1	√	—	—	一般项目

表 8(续)

序　号	检验项目	要　求	出厂检验		型式检验	备　注
			全检	抽检		
3	覆盖层厚度	4.2.2	—	√	√	重要项目
4	纵向拉伸强度	4.3	—	√	√	重要项目
5	黏合强度	4.4	—	√	√	重要项目
6	橡胶覆盖层物理机械性能	4.5	—	√	√	重要项目
7	钢丝绳偏心值	4.6.5	—	√	√	重要项目
8	动态钢丝绳黏合抗疲劳性	4.7	—	—	√	重要项目
9	橡胶渗透性	4.8	—	√	√	重要项目
10	静态接头拉断强度	4.9	—	—	√	重要项目
11	接头动态耐久性	4.10	—	—	√	重要项目
12	表面电阻	4.11	—	√	√	重要项目
13	滚筒摩擦试验	4.12	—	√	√	重要项目
14	酒精喷灯燃烧试验	4.13	—	√	√	重要项目
15	巷道丙烷燃烧试验	4.14	—	—	√	重要项目
注：“√”表示需要进行检验的项目；“—”表示不需要进行检验的项目。						

6.3 型式检验

6.3.1 有下列情况之一时，应进行型式检验：

a) 新产品试制、定型鉴定或老产品转厂生产时；

b) 正式生产后，如结构、材料、工艺有较大改变，可能影响产品性能时；

c) 正常生产时，应每两年进行一次检验；

d) 产品停产两年，恢复生产时；

e) 出厂检验结果与上次型式检验结果不符合时；

f) 国家安全生产监察机构、国家质量监督机构等提出型式检验要求时。

6.3.2 型式检验的样品应从出厂检验合格的产品中抽取，抽样基数为 400 m，样品总长度为 10 m。

6.3.3 型式检验项目见表 8。

6.4 判定规则

重要项目，有一项不合格时，应另取双倍试样对不合格项目进行复检，如仍不合格，则判定该批产品不合格；一般项目，如有两项不合格，应另取双倍试样对不合格项目进行复检，如仍不合格，则判定该产品不合格。

7 标志、包装、运输和贮存

7.1 每条阻燃带沿纵向每隔 10 m 内应有一个字体高度不小于 20 mm 的永久标志。

标记示例如下：

MA ST /S 2500 1000 ϕ5.0-6.0-6.0 2006

- 2006 —— 制造年份
- 6.0 —— 下覆盖层厚度
- 6.0 —— 上覆盖层厚度
- ϕ5.0 —— 钢丝绳直径
- 1000 —— 带宽度
- 2500 —— 纵向拉伸强度
- /S —— 阻燃性抗静电性代号
- ST —— 表示钢丝绳芯输送带
- MA —— “安全标志”代号

7.2 阻燃带用木芯或铁芯卷取、捆扎要牢固整齐，每件应有包装覆盖物，包装上应拴用技术检验部门签发的合格证。

7.3 阻燃带的运输和贮存按 HG/T 3056—1997 执行。

附 录 A
（规范性附录）
黏合强度测定方法

A.1 覆盖层与黏合层间黏合强度的测定

A.1.1 试件制备

A.1.1.1 试件为矩形条状，厚度为带的全厚度，宽至少 25 mm，应包含两根钢丝绳（钢丝绳对称排列），长至少 500 mm（沿钢丝绳方向）。

A.1.1.2 试件数量为三块，按下列方法从样品带上切割和制备试件：

沿与带的轴线平行的方向，在离带边至少 50 mm 的部位切割试样。在试件的一端将覆盖层的一面按全宽度紧贴着钢丝绳边缘剥开 50 mm 的长度（应能确保试件牢固夹在试验机夹持器中），以同样的方法在试件另一端剥开另一面覆盖层。

A.1.2 仪器、设备

A.1.2.1 拉力试验机：准确度为 1%，具有自动记录剥离力的装置。

A.1.2.2 夹持器：应能保证试件固定良好，试验时不打滑，移动速度能控制在（100±10）m/min。

A.1.3 测定步骤

A.1.3.1 切割好的试件应放在温度（23±2）℃和相对湿度 45%～75%的环境中至少 2 h，同时试验也应在此环境中进行。

A.1.3.2 将试件固定在拉力试验机的夹持器中，指定一个夹头夹住被剥开的覆盖层，另一个夹头夹住钢丝绳及周围的覆盖层，自动图形仪记录当夹持器以（100±10）m/min 的恒速分开，将覆盖层再剥开 100 mm 所需的剥离力，试件未剥离部分不予固定。

平均剥离力和黏合强度分别按 A.1.4.1 和 A.1.4.2 确定。

如果发生试件断裂，记录由自动图形仪确定的这两块试件的最大受力值。

A.1.4 平均剥离力和黏合强度的确定

A.1.4.1 平均剥离力的确定：自动记录的初始力可不计，取覆盖层有效剥离长度不小于 75 mm 的自动记录曲线，确定剥离力。

A.1.4.2 黏合强度为剥离力 F_1 与试件宽度的比值，单位为 N/mm。

A.1.5 结果表述

应分别记录和计算下列试验结果：

每块试件的上、下覆盖层与黏结层之间的平均黏合强度。

A.2 含有织物层的覆盖层内黏合强度

A.2.1 试件制备

A.2.1.1 试件为矩形条状，厚度为带的全厚度，宽至少 25 mm，应包含两根钢丝绳（钢丝绳对称排列），长至少 500 mm（沿钢丝绳方向）。

A.2.1.2 试件数量为三块，按下列方法从样品带上切割和制备试件：

沿与带的轴线平行的方向，在离带边至少 50 mm 的部位切割试样。在试件一端的将覆盖层之一面按全宽度紧贴着织物层切开 50 mm 的长度（应能确保试件牢固夹在试验机夹持器中），以同样的方法在试件另一端剥开另一面覆盖层。

A.2.2 测定步骤

按 A.1.3 进行。

A.2.3 平均剥离力和内黏合强度的确定

按A.1.4进行。

A.2.4 结果表述

应分别记录和计算下列试验结果：

每块试件的上、下覆盖层与织物层之间平均内黏合强度。

附　录　B
（规范性附录）
动态钢丝绳芯黏合抗疲劳性测定方法

B.1　范围

本附录规定了钢丝绳芯输送带中钢丝绳芯的动态黏合抗疲劳性测定方法。

B.2　原理

对试件施加一定数目的循环载荷，测量输送带橡胶—钢丝绳芯的动态强度。

B.3　设备

采用的设备能够对试件施加稳定循环拉伸载荷。循环载荷范围为一定钢丝绳芯直径所对应的公称静态黏合强度的3.6%～36%（见图B.1）。

B.4　试件

从至少含有五个钢丝绳芯的输送带上切割下一块试件。试件切割方式如图B.2所示，测试长度（L_1）为（100±2）mm。将试件从端头剥去100 mm的覆盖层，以便测试设备能够夹紧试件。

B.5　步骤

测试步骤如下：

a） 将试件安放在拉伸测试装置的钳夹中央；

b） 稳定地施加循环载荷，在高水平和低水平的时候保持暂停（见图B.1）（一个完整的周期应为5 s～10 s的时间）；

c） 继续进行测试直至无法进行或10 000个周期为止，取两者中先实现的那个。

B.6　报告

报告中应包含以下内容：

a） 样本是否失败，即在10 000个周期完成之前钢丝绳芯是否已经被抽出；

b） 所测试钢丝绳芯的公称静态黏合强度（见图B.2）；

c） 最大和最小载荷水平值。

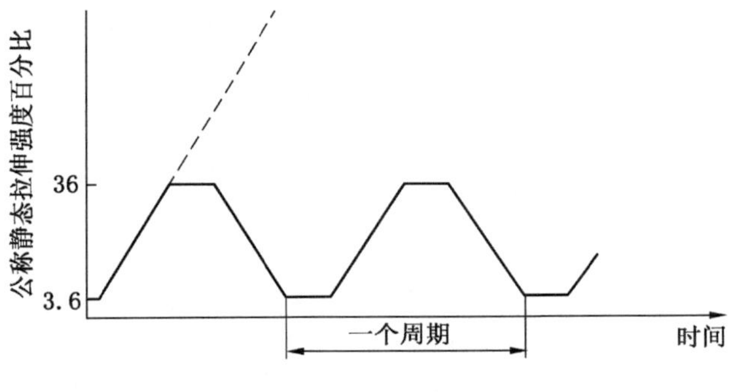

图B.1　标准循环载荷模式

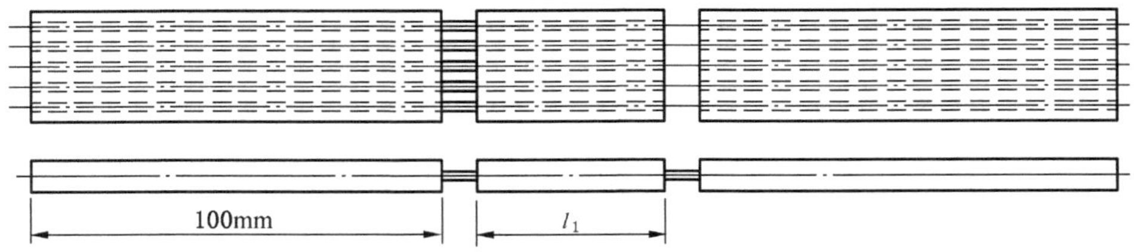

图 B.2 钢丝绳黏合强度试件

附 录 C
（规范性附录）
橡胶渗透性试验测定方法

C.1 范围

本附录规定了钢丝绳芯输送带中橡胶成分和钢丝绳芯结合情况的测定方法。

C.2 原理

钢丝绳芯的透气性可通过压降来进行测量，它可用来表示橡胶成分在钢丝绳芯中的渗透和填充情况。

C.3 设备

测试设备中有一个夹持装置，可将试件置于其中。将单根钢丝绳芯的两端封入测试回路中。夹持装置如图 C.1 所示。

测试回路包括一个空气压力源，柔性一级侧管和二级侧管（可夹在样本的两端上），一个压力传感器，一个数字压力表和一个图形记录仪（见图 C.2）。

位于试件入口侧的空气压力源维持 100 kPa 的常压。位于试件入口侧的供应空气的管子体积为位于出口侧的管子体积的大约 10 倍。

C.4 试件

试件长度为 400 mm，厚度为阻燃带的全厚度，在试件长度内至少包含一根钢丝绳。

说明：确保所测试钢丝绳芯完全被橡胶成分所包围。

C.5 步骤

测试步骤如下：

a） 将试件夹起来，确保两端是相同的钢丝绳芯被封在电路中；

b） 在试件上施加 100 kPa 的压差，监控压差 60 s。

说明：给定时间内压降可用于说明橡胶和钢丝绳芯中钢丝相结合的程度。

C.6 报告

报告中应包含以下内容：

a） 所测试输送带详情；

b） 压差的改变，单位为千帕(kPa)。

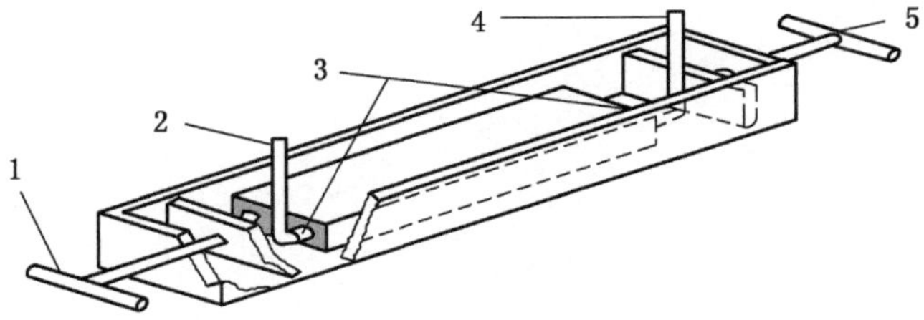

1、5—夹持器；2——一级侧管；3—密封；4—二级侧管

图 C.1 夹持装置

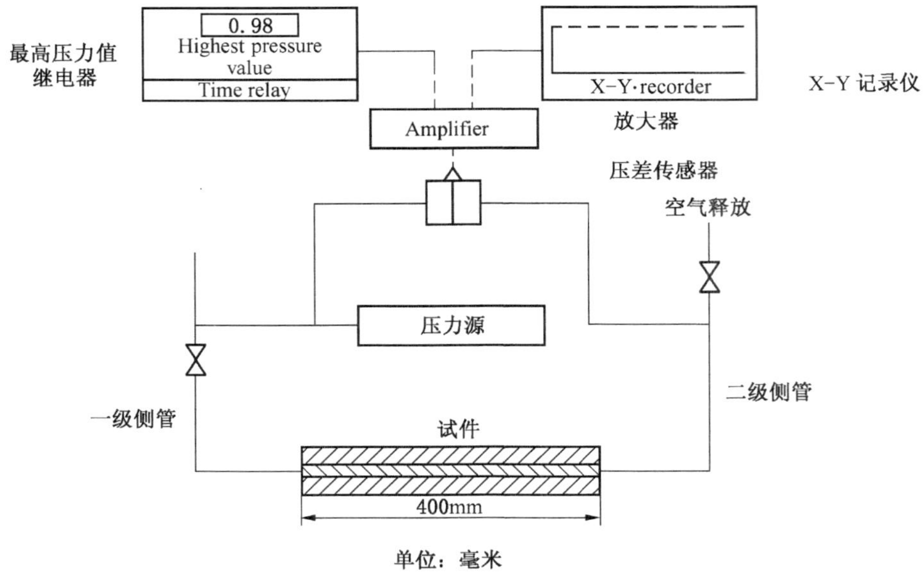

图 C.2　橡胶渗透性试验检测示意图

附　录　D
（规范性附录）
动态钢丝绳接头耐久性测定方法

D.1　范围

本附录规定了钢丝绳芯阻燃带动态接头耐久性的测定方法。

D.2　原理

采用驱动滚筒和张紧滚筒的持续运行系统，在一定的循环张力下运转一定周期。

D.3　设备

测试设备采用驱动滚筒和张紧滚筒的持续运行系统（见图 D.1），两滚筒中心距 a 为 5 500 mm，张紧距 h 为 1 000 mm，滚筒表面线速度为 6 m/s。

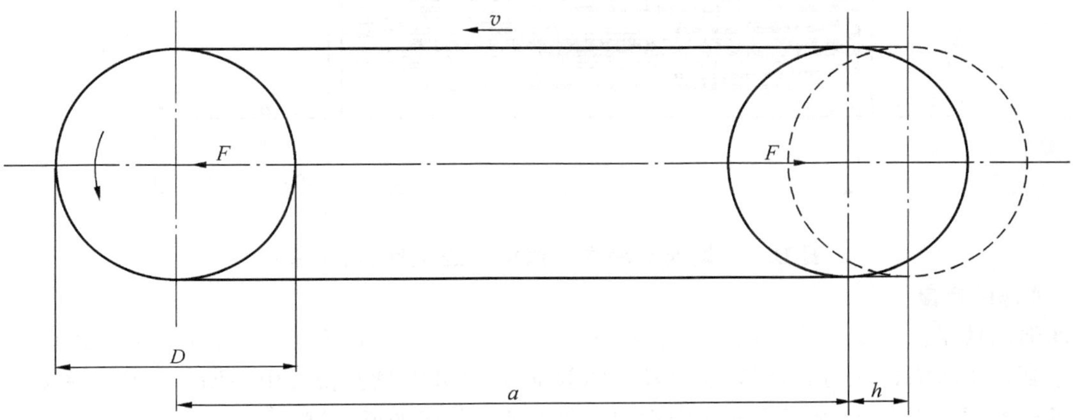

图 D.1　试验机的示意图

D.3.1　滚筒直径范围见表 D.1。

表 D.1　滚筒直径

胶带额定拉伸强度 σ/(N·mm^{-1})	滚筒直径范围 D^{+30}_{-5}/mm
630≤σ≤1 250	800～1 500
1 250<σ≤2 000	1 000～2 100
2 000<σ≤3 500	1 250～2 100
3 500<σ≤4 500	1 500～2 100
σ>4 500	1 500～2 100

D.3.2　滚筒最小宽度 500 mm。

D.3.3　试验台可有效控制试样张力在整个试验过程中按图 D.3（张力循环周期示意图）循环变化，张力循环变化一次的周期为 $T_F=(50\pm5)$ s（齿形比为 5∶1），其中 $\frac{5}{6}T_F$ 为张力递增区，$\frac{1}{6}T_F$ 为张力递减区。张力的变化范围为试样的额定拉伸力的 6.6%～50%。

D.3.4　试验台可以根据试验的需要任意设置试验的最大 & 最小循环张力，并能显示和记录试样在试验中张力循环的波形、波幅、周期和累计循环次数等试验数据。

D.3.5 阻燃带在试验台上运行一周的时间 T_P 与张力循环时间 T_F 的比率为 $T_F/T_P=18\pm1$。为保证此比值，试验台应能调整滚筒转速、显示和记录试样的周转时间、累计周转次数和运行带速等数据。当试样出现张力严重降落或接头断开等异常情况时，试验台应能自动报警，并停车。

D.4 试件

D.4.1 试验试样的长度

试验试样的长度取决于试验机的中心距和使用的滚筒直径。钢丝绳输送带试样、胶带连接件的试样连接的结构应尽可能与边缘钢丝绳排列的原始宽度相似。推荐从较宽的胶带材料中切割出试样，在两个胶带边缘除连接件以外的每一个不承受压力的钢丝绳按一定的间距(1.5 m)加以割断(见图 D.2)。

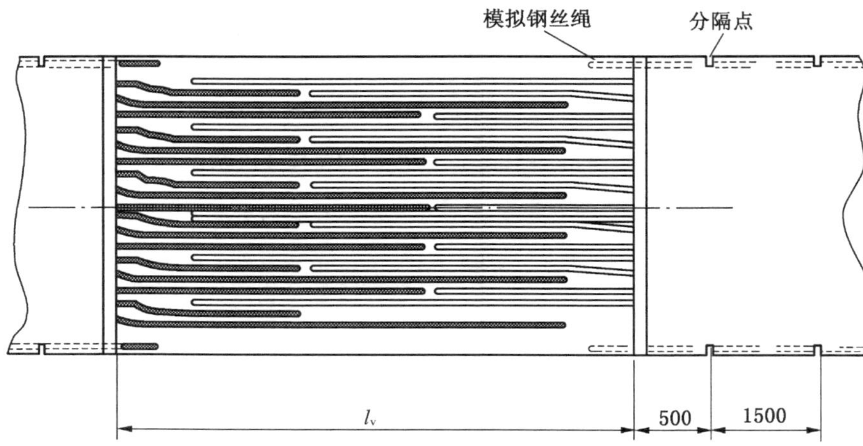

图 D.2 钢丝绳输送带试样的连接件(结构举例)

D.4.2 试样的宽度

钢丝绳的数量应考虑边部钢丝绳的排列和试验台的宽度，其试样宽度为 250 mm～300 mm。当试验台达不到试验所需试验力时，可减少钢丝绳的数量，但必须在试验报告中注明。采购方和输送带供应商应当承认和同意先前 24 个月内所做的类似同强度等级带子的所有试验。

D.4.3 试样数量

每次试验的试样数量为 2 个。

D.5 试样的额定拉伸力

试样的额定拉伸力 F_B 根据承受拉力的钢丝绳数量 n_s、钢丝绳节距 t 和阻燃带的纵向额定拉伸强度 σ 按式(D.1)计算得出：

$$F_B=n_s t\sigma \qquad \text{(D.1)}$$

式中：

F_B——试样的额定拉伸力，单位为千牛(kN)；

n_s——试样连接头的钢丝绳根数；

t——钢丝绳节距，单位为毫米(mm)；

σ——钢丝绳输送带额定拉伸强度，单位为千牛每米(kN/m)。

D.6 步骤

D.6.1 将阻燃带连接成一环形整体带并按图 D.1 安装在试验台的滚筒上。

D.6.2 按试样的额定拉伸力 F_B 确定试验的最大循环张力为 $50\%F_B$ 和最小循环张力为 $6.6\%F_B$，并将最大 & 最小循环张力设置到控制系数数据库中。

D.6.3 校核环形带的周转周期 T_P，确认试验台上的张力循环周期 T_F，使 $T_F/T_P=18\pm1$。

D.6.4 起动试验台，起动加速度不得大于 0.2 m/s²，所有显示、监控、记录等装置同步开始工作。

D.6.5 在保持设定张力的循环条件下，使试样周转周期和张力循环周期按规定比例连续不间断的运行，直至试样接头断开或张力循环次数达到规定值。

D.6.6 结果表示

D.6.6.1 接头的动态试验平均寿命为测得的两个接头的断开时的张力循环次数的算术平均值。

D.6.6.2 若试验中试样的接头均经受张力循环 10^4 次而未断开，则判定该阻燃带的动态接头耐久性试验达到标准规定，并将试验情况记录备案。

D.7 试验报告

在试验报告中谈到本标准时应说明：

a） 胶带制造商；

b） 胶带型号、钢丝绳直径、节距、接头钢丝绳数目、覆盖层厚度；

c） 试验条件：最大张力上负载 F_o 用 kN、最小张力 F_u 用 kN，张力循环时间 T_F 用 s、滚筒直径 D 用 mm、试验用滚筒垫片、胶带速度 v 用 m/s（见图 D.3）；

d） 试验结果：检验试样的张力循环数、胶带循环数。

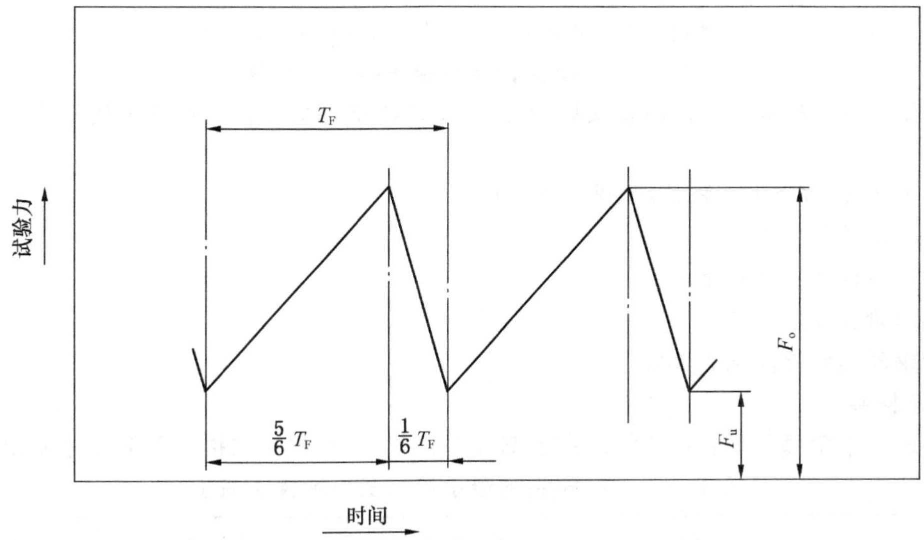

图 D.3 张力循环周期示意图

附 录 E
（规范性附录）
阻燃带接头尺寸与技术要求

E.1 基本要求

E.1.1 结构

接头长度和几何结构的设计取决于钢丝绳直径 d、钢丝绳间距 t、钢丝绳的拉伸强度 F_{bs}、钢丝绳黏合强度 F_a（见图 E.1）。

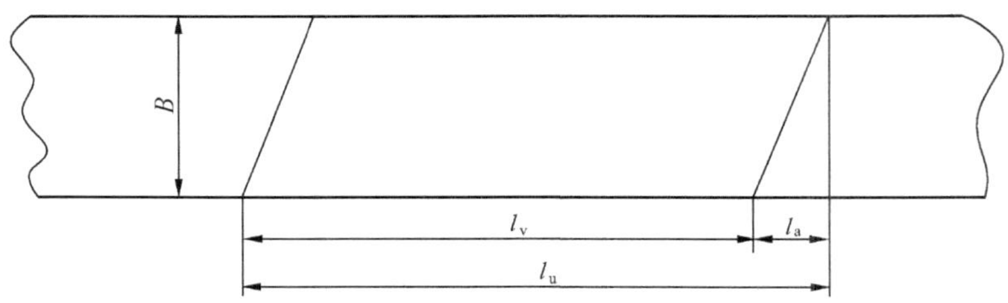

B—带的宽度；l_v—接头长度；l_u—制作接头的长度；l_a—0.3B。

图 E.1 接头长度和制作接头的长度

为了减轻阻燃带在辊筒上弯曲时接头处的应力，钢丝绳端部应错位。通常采用斜接头，但也允许直接头。

接头长度 l_v 中包含以下几种长度（见图 E.2）：

——钢丝绳偏移长度 l_q；

——不同组阶梯的错位长度 l_p；

——最小的阶梯长度 l_{st}。

带接头中钢丝绳对接间隙 $l_s \geqslant 3d$。

E.1.1.1 一阶接头

一阶接头的最小阶梯长度和接头长度在表 E.1 中给出，一阶接头结构在图 E.3 中示出。

表 E.1 一阶接头的最小阶梯长度和接头长度 单位为毫米

带强度规格	ST/S630	ST/S800	ST/S1000	ST/S1250
最小阶梯长度 l_{st}	250	300	300	350
接头长度 l_v	350	400	600	650

E.1.1.2 二阶接头

二阶接头的最小阶梯长度和接头长度在表 E.2 中给出，二阶接头结构在图 E.4 中示出。

表 E.2 二阶接头的最小阶梯长度和接头长度 单位为毫米

带强度规格	ST/S1600	ST/S2000	ST/S2500	ST/S3150
最小阶梯长度 l_{st}	350	400	500	650
接头长度 l_v	1 050	1 150	1 350	1 650

E.1.1.3 三阶接头

三阶接头的最小阶梯长度和接头长度在表 E.3 中给出，三阶接头结构在图 E.5 中示出。

表 E.3 三阶接头的最小阶梯长度和接头长度

单位为毫米

带强度规格	ST/S3500	ST/S4000	ST/S4500
最小阶梯长度 l_{st}	650	750	800
接头长度 l_v	2 350	2 650	2 800

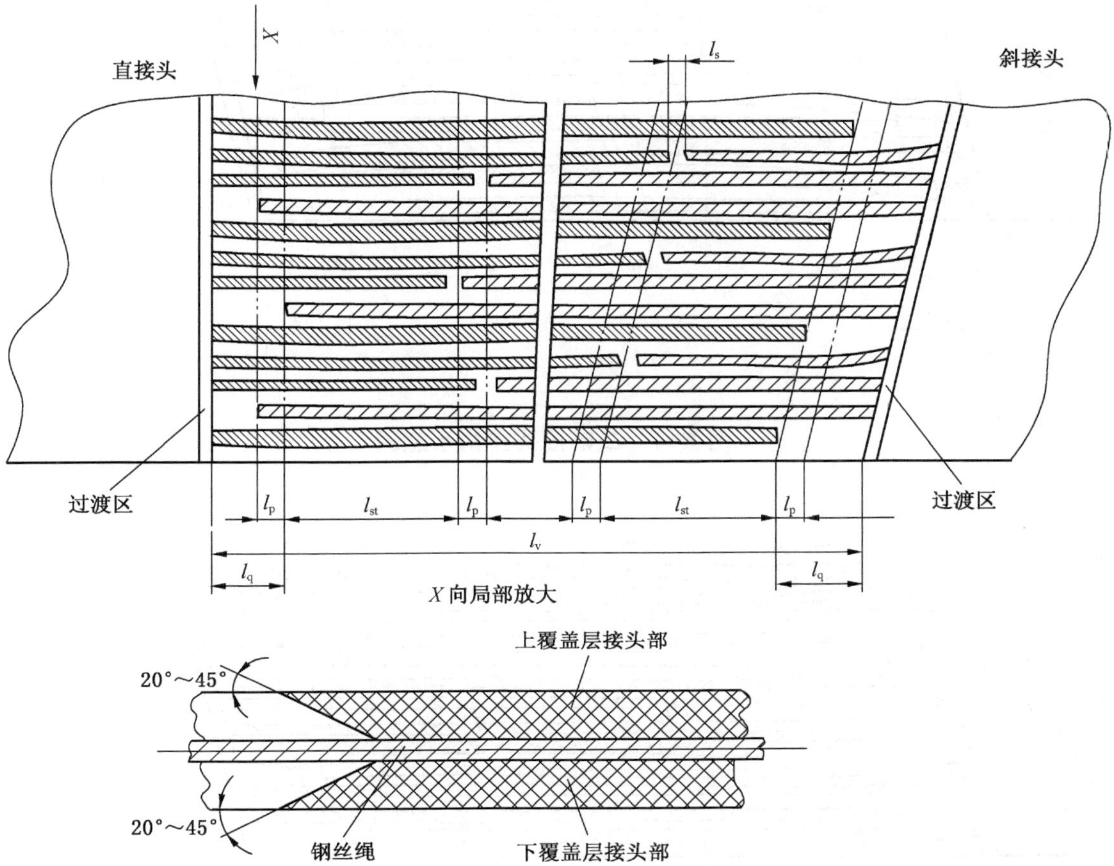

图 E.2 接头示意图(以三阶段接头为例)

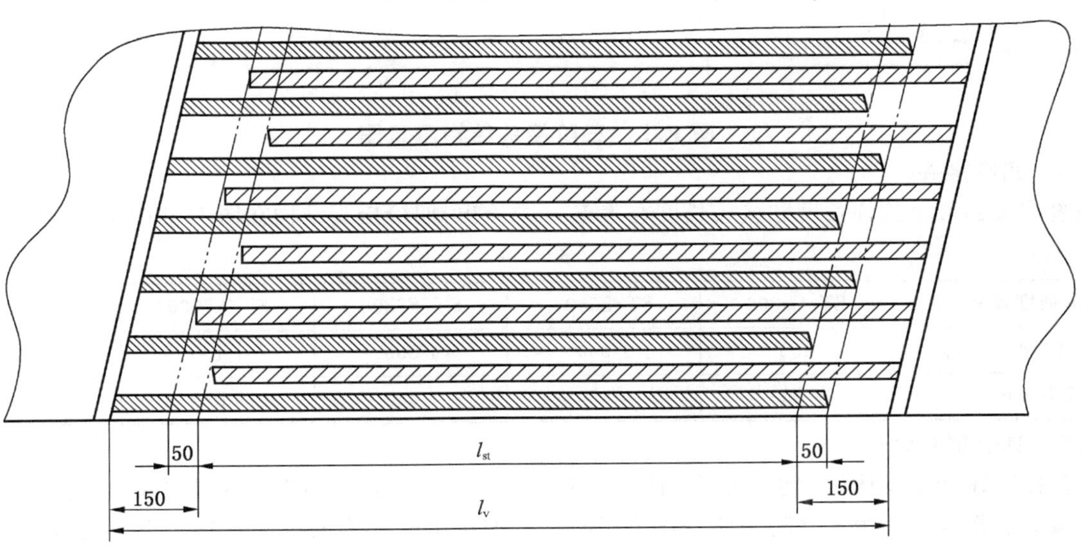

图 E.3 一阶接头结构示意图

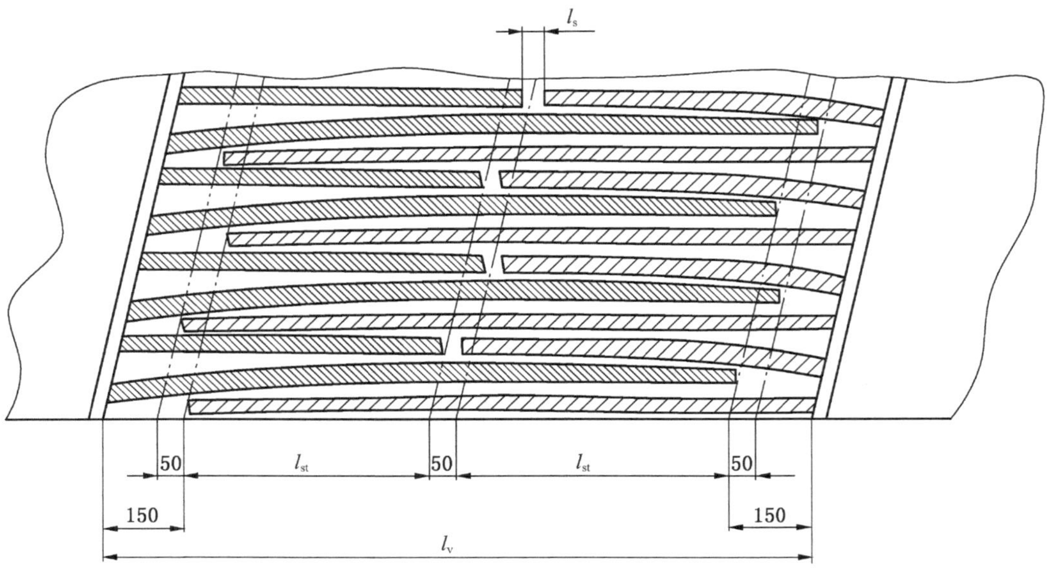

图 E.4 二阶接头结构示意图

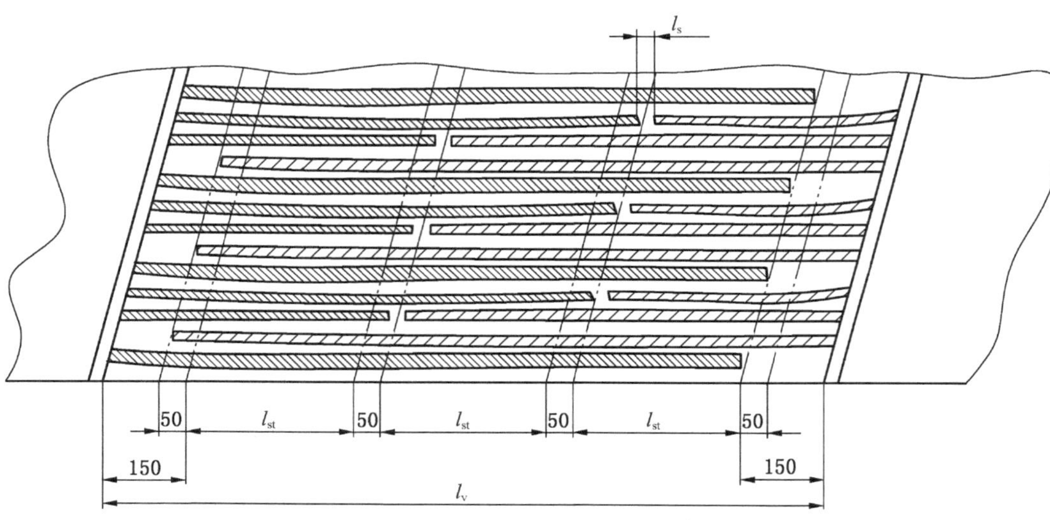

图 E.5 三阶接头结构示意图

E.1.1.4 四阶接头

四阶接头的最小阶梯长度和接头长度在表 E.4 中给出，四阶接头结构在图 E.6 中示出。

表 E.4

带强度规格	ST/S5000	ST/S5400	ST/S6300	ST/S7000	ST/S7500
最小阶梯长度 l_{st}	900	1 000	1 000	1 150	1 300
接头长度 l_v	4 050	4 450	4 450	5 050	5 650

E.1.1.5 其他接头设计

只要按下述带接头计算方法，就可设计与标准给出的结构图和阶梯不同的带接头，设计不同的带接头需要接头制作者与使用者之间协商。在采用与本标准给出的结构图不同的接头设计时，应通过对钢丝绳黏合长度的计算或通过动态试验对接头设计可用性加以验证。计算方法见下面公式。

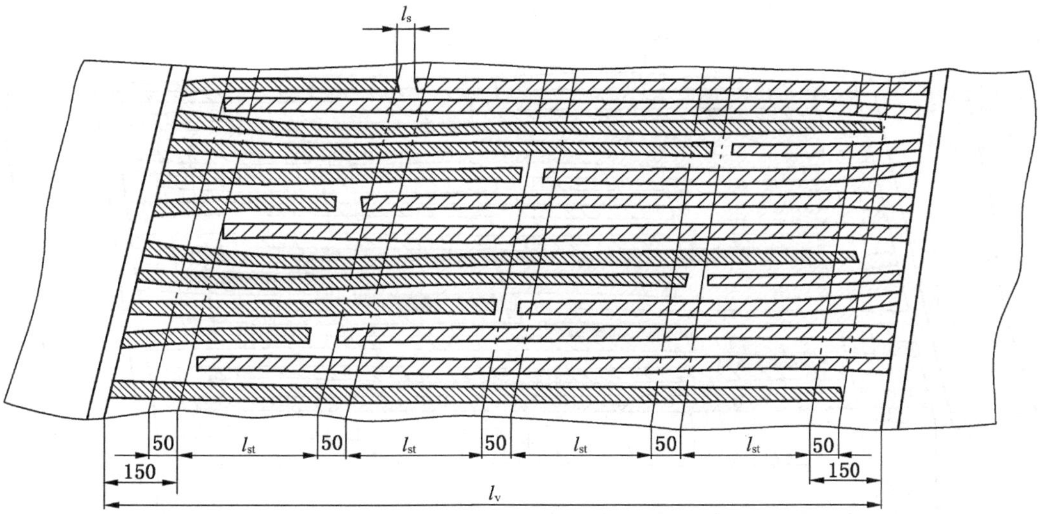

图 E.6　四阶接头结构示意图

计算钢丝绳黏合长度 l_{Anb} 时应注意：在一根钢丝绳两侧与相邻钢丝绳黏合的试样上，测出钢丝绳的黏合强度 F_a。在带接头中也有一根钢丝绳一侧与另一根钢丝绳相黏合的情形。假定一侧黏合的钢丝绳所能传递的力仅为两侧黏合的钢丝绳的一半；再假定一根钢丝绳的两侧与相邻钢丝绳的黏合长度不一致，而其黏合长度取决于每个阶梯组中黏合长度的总和，根据总和与测出的钢丝绳有效黏合强度的乘积不小于每个阶梯组中钢丝绳拉伸强度的总和。

阶梯长度 l_{st} 和接头长度 l_v 分别按式(E.1)和式(E.2)计算：

$$l_{st}=\frac{\sum l_{Anb}}{n_b}S_v \quad \text{(E.1)}$$

$$l_v=n_{st}l_{st}+(n_{st}-1)l_p+2l_p \quad \text{(E.2)}$$

$$\sum l_{Anb}=\frac{2F_{bs}n_{st}\times 10^3}{F_a\varphi}S_v \quad \text{(E.3)}$$

式中：

l_{Anb}——黏合长度，单位为毫米(mm)；

n_b——分级黏合的数目(图 E.7)；

S_v——接头梯级数的安全因子；

n_{st}——梯级数；

F_{bs}——钢丝绳的拉伸强度，单位为千牛(kN)；

F_a——钢丝绳的黏合强度，单位为牛每毫米(N/mm)。

式(E.3)中的 φ 是考虑钢丝绳拉伸强度 F_a 与填充胶条宽度 S_G 之间关系的因子，S_G 按式(E.4)计算，其最大值为 5 mm。

$$S_G=\frac{t}{\frac{n_{st}+1}{n_{st}}}-d \quad \text{(E.4)}$$

S_G 值不得小于 1.5 mm。有效黏合强度等于黏合强度 F_a 乘以因子，而 φ 可按照式(E.5)计算：

$$\varphi=0.4+0.5S_G-0.018S_G^2 \quad \text{(E.5)}$$

接头安全因子 S_v 的取值随一个阶梯组中所含阶梯数的不同而不同，即一阶和二阶接头 $S_v=1.1$；三阶接头 $S_v=1.2$；四阶接头 $S_v=1.3$。

阶梯长度 l_{st} 应圆整为与之最接近的 50 mm 的下一个整倍数。

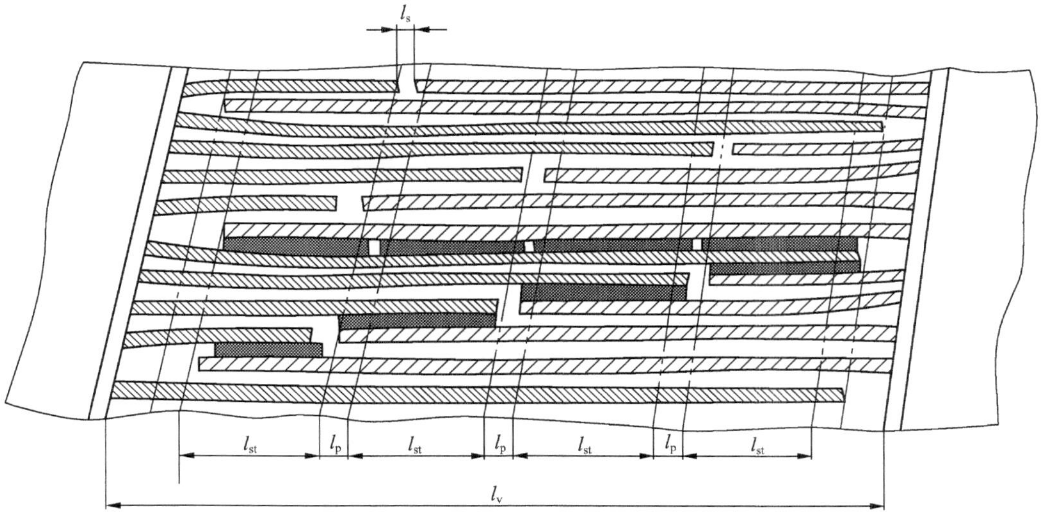

图 E.7 以四阶接头为例，一个阶梯组中八处黏合

E.2 接头材料的要求

接头材料应根据输送带生产厂的有关说明书确定，应使用与其性能相一致的胶料制作。

E.3 带接头的制作方法

关于带接头的制作方法和硫化条件，应向带的生产厂咨询。

制作接头时使用的平板硫化机的热板，在长度方向上应每侧比接头超出至少 150 mm，在宽度方向上应每侧比输送带超出至少 50 mm。热板压力应尽可能均匀且至少达到 1 MPa。

ICS 73.100.99
D 93
备案号:905—1997

MT

中华人民共和国煤炭行业标准

MT 669—1997

煤矿用阻燃钢丝绳牵引输送带技术条件

Technical condition of fire—resistant steel—cable conveyor—belt in coal mining

1997-11-10 发布

1998-04-01 实施

中华人民共和国煤炭工业部　发 布

前　　言

本标准在 MT 449—1995 标准的基础上，参照相关的阻燃钢丝绳牵引输送带的标准及具有国际先进水平的 DIN 22129—1988 进行制订。

本标准包括以下七个章节

1　范围；

2　引用标准；

3　产品的规格型号；

4　技术要求；

5　试验方法；

6　检验报告；

7　检验规则；

8　标志、包装、运输、储存规则。

本标准由煤炭工业部科技教育司提出。

本标准由煤炭工业部煤矿安全标准化技术委员会归口。

本标准负责起草单位：煤炭科学研究总院上海分院。

本标准主要起草人：曹兴华、郑琪、李国伟、陶洁、王利平、顾亚民、鞠庆华。

本标准委托煤炭科学研究总院上海分院负责解释。

中华人民共和国煤炭行业标准

煤矿用阻燃钢丝绳牵引输送带技术条件

MT/T 669—1997

Technical condition of fire—resistant steel—cable conveyor—belt in coal mining

1 范围

本标准规定了煤矿用阻燃钢丝绳牵引输送带(简称阻燃钢丝绳牵引带)的技术要求、试验方法、检验规则及标志、包装、运输、贮存。

本标准适用于煤矿用阻燃钢丝绳牵引输送带。

2 引用标准

下列标准所包含的条文,通过在本标准中引用而构成为本标准的条文。本标准出版时,所示版本均为有效。所有标准都会被修订,使用本标准的各方应探讨使用下列标准最新版本的可能性。

GB/T 528—92 硫化橡胶和热塑性橡胶拉伸性能的测定

GB/T 531—92 硫化橡胶邵尔 A 硬度试验方法

GB/T 532—89 硫化橡胶与织物粘着强度的测定

GB/T 3512—83 橡胶热空气老化试验方法

GB/T 6757—86 输送带储存和搬运通则

GB/T 9867—88 硫化橡胶耐磨性能的测定 旋转滚筒式磨耗机法

MT 449—1995 煤矿用钢丝绳牵引输送带阻燃抗静电性试验方法和判定规则

3 产品的规格型号

3.1 结构

阻燃钢丝绳牵引带采用阻燃胶料作为上、下覆盖层和耳胶,通常以横向排列的高弹方钢条及在其上、下各加一层带胶的帆布做为带芯,并在由此构成的带体两边设置耳胶槽以便于钢丝绳牵引,耳胶槽上、下两面位置即可相互错开,亦可对等距离,如图 1 所示:

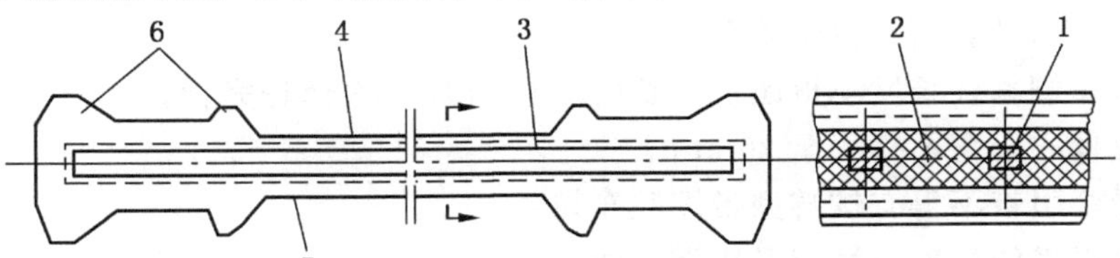

1—高弹方钢条;2—填充胶料;3—胶布层;4—上覆盖层;5—下覆盖层;6—耳胶

图 1 阻燃钢丝绳牵引带结构图

3.2 型号

阻燃钢丝绳牵引带的型号构成和排列顺序如下:

a) 钢丝绳牵引带的标记 SL;

中华人民共和国煤炭工业部 1997-11-10 批准 1998-04-01 实施

b） 阻燃和抗静电的代号 S；

c） 公称宽度，mm；

d） 钢条尺寸，mm；

e） 用于牵引的钢丝绳直径，mm；

f） 上、下覆盖层厚度，mm。

型号示例如下：

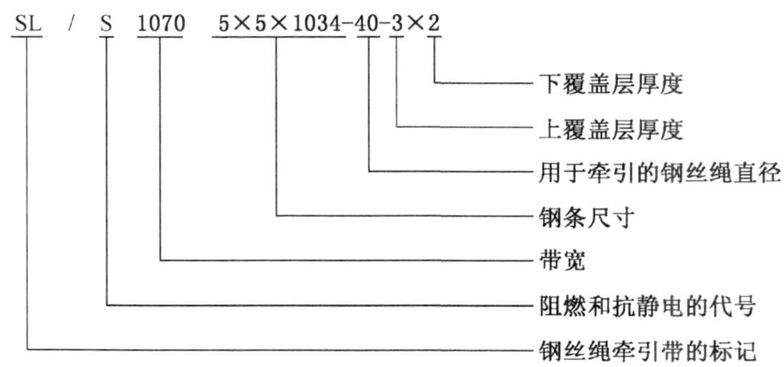

3.3 尺寸

3.3.1 长度

阻燃钢丝绳牵引带的长度及其极限偏差由供需双方协商确定。

3.3.2 宽度

阻燃钢丝绳牵引带的宽度及其极限偏差由供需双方协商确定。

3.3.3 覆盖层厚度

阻燃钢丝绳牵引带的覆盖层厚度及其下极限偏差由供需双方协商确定。

3.3.4 耳胶厚度

阻燃钢丝绳牵引带的耳胶厚度及其极限偏差由供需双方协商确定。

4 技术要求

4.1 阻燃钢丝绳牵引带的外观质量

4.1.1 阻燃钢丝绳牵引带表面上的明疤深度大于 1 mm 时，应一次修理完善（深度不大于 1mm 时不修理）。

4.1.2 每 100 m^2 覆盖层上气泡、脱层总面积不得超过 900 cm^2 并应一次修理完善。

4.1.3 耳胶缺胶、裂开、海绵及起泡等累计长度不得超过带长 1％，并应一次修理完善。

4.1.4 布层起泡面积不得超过总面积的 1％，单值不得超过 400 cm^2 并应一次修理完善。

4.1.5 阻燃钢丝绳牵引带表面不得露胶布。

4.1.6 边部露胶布每侧累计长度不得超过带长的 3％，并应一次修理完善。

4.1.7 钢条上各点偏心距离不得大于 20 mm。

4.1.8 阻燃钢丝绳牵引带不得有铰链型带端胶布拉破。

4.2 阻燃钢丝绳牵引带的抗静电性能及阻燃性能

4.2.1 阻燃钢丝绳牵引带的抗静电性能

按 MT 449(1995)的 6.1 的规定。

4.2.2 阻燃钢丝绳牵引带的酒精喷灯燃烧性能

按 MT 449(1995)的 6.2.1 的规定。

4.2.3 阻燃钢丝绳牵引带的巷道丙烷燃烧性能

按 MT 449(1995)的 6.2.2 的规定。

4.3　**阻燃钢丝绳牵引带的物理机械性能**

4.3.1　覆盖胶和耳胶物理机械性能见表1。

表 1

项目	指标	
	覆盖胶	耳胶
拉伸强度 MPa	⩾15	⩾15
拉断伸长率 %	⩾350	⩾350
磨耗量 mm^3	⩽200	⩽200
硬　　度 邵氏 A 型	70±5	70±5
老化试验(70 ℃×168 h) 拉伸强度变化率 %	±25	±25
老化试验(70 ℃×168 h) 拉断伸长率变化率 %	±25	±25
备注		

4.3.2　覆盖胶与胶布间的附着强度不小于3.14 kN/m。

5　试验方法

5.1　阻燃钢丝绳牵引带的抗静电性能的试验

按 MT 449(1995)的第4章规定执行。

5.2　覆盖胶、耳胶、胶布的阻燃性能试验

按 MT 449(1995)第5章的规定执行。

5.3　覆盖胶和耳胶拉伸性能试验

按 GB/T 528 规定执行，试样尺寸采用2型(狭小平行部分宽4.0±0.1 mm)哑铃状裁刀裁切试样。

5.4　覆盖胶和耳胶耐老化试验

按 GB/T 3512 规定执行。

5.5　覆盖胶和耳胶磨耗量试验

按 GB/T 9867 规定执行。

5.6　覆盖胶和耳胶硬度性能试验

按 GB/T 531 规定执行。

5.7　覆盖胶与胶布间的附着强度试验

按 GB/T 532 规定执行。

6　检验报告

应包括下列内容：

a)　阻燃钢丝绳牵引带制造厂名称；

b） 阻燃钢丝绳牵引带的型号、规格和生产日期；

c） 检验日期；

d） 检验室温度和相对湿度；

e） 检验结果；

f） 检验结论；

g） 检验者。

7 检验规则

7.1 出厂检验

7.1.1 阻燃钢丝绳牵引带由生产厂家的质量检验部门应逐条检查长度、宽度和外观质量，并以 1 000～2 000 m 为一批进行出厂检验。

7.1.2 出厂检验项目见表 2。

表 2 检验项目

序号	技术要求条款	出厂检验		型式检验	备注
		全检	抽检		
1	4.1	√	—	√	一般项目
2	4.2.1	—	√	√	重要项目
3	4.2.2	—	√	√	重要项目
4	4.2.3	—	—	√	重要项目
5	4.3	—	√	√	重要项目

7.2 型式检验

阻燃钢丝绳牵引带按国家规定需进行型式检验时，应检验本标准有规定的全部项目。

7.3 判定规则

阻燃钢丝绳牵引带的重要项目如有一项不合格，应在同批产品中另取双倍试样，对该不合格项目进行复试。如复试仍有一个试样的该项目不合格，则该批产品为不合格品。一般项目，如有小于二项不合格，应在同批产品中另取双倍试样，对该不合格项目进行复试。如复试仍有一个试样的该项目不合格，则该批产品为不合格品。

7.4 送、抽检要求

7.4.1 凡需用于煤矿的阻燃钢丝绳牵引带必须由煤炭工业部指定的质检中心按本标准的规定进行检验。

7.4.2 有下列情况之一，应进行型式检验：

a） 新产品或老产品转产生产时的试制定型鉴定；

b） 正式生产后，如结构、材料、工艺有较大改变，可能影响产品性能时；

c） 正常生产时，定期或积累一定产量后，应每两年进行一次检验；

d） 产品停产 2 年后，恢复生产时；

e） 出厂检验结果与上次型式检验结果不符合时；

f） 国家质量监督机构提出进行型式检验要求时。

7.4.3 定型产品检验合格后，发给“产品检验合格证”；新产品经检验合格后，发给“井下工业性试验许可证”。通过工业性试验鉴定后，由质检中心抽检，检验合格后发给“产品检验合格证”，“产品检验合格证”有效期为 2 年。抽样基数为 1 000 m，样品数量为 20 m。

7.4.4 “产品检验合格证”有效期满后，由“中心”进行抽检，检验合格后换发新证。

7.4.5 针对产品质量存在的问题，受上级主管部门授权，“中心”有权对已发“产品检验合格证”的产品进行抽样复检,发现产品质量存在问题时,应提出整改建议,吊销原发的“产品检验合格证”。

8 标志、包装、运输和贮存规则

8.1 每条阻燃钢丝绳牵引带沿纵向每隔 10 m 内应有一个字体高度不小于 20mm 的永久标志。标记示例:

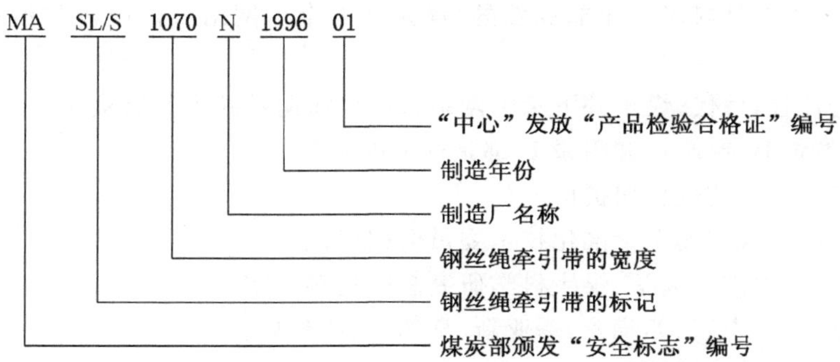

8.2 钢丝绳牵引带用木芯或铁芯卷取,捆取要牢固整齐,每件应有包装覆盖物,包装上应拴用质量检验部门签发的合格证。

8.3 钢丝绳牵引带的运输和贮存按 GB 6757 进行。

前　言

本标准是在1984年3月煤炭工业部颁发的《煤矿井下牵引网络杂散电流防治技术暂行规定》的基础上修订而成的。

本标准从实施之日起，替代《煤矿井下牵引网络杂散电流防治技术暂行规定》。

本标准附录A，附录B，附录C和附录D都是标准的附录。

本标准由煤炭工业部科技教育司提出。

本标准由煤炭工业部煤矿安全标准化技术委员会归口。

本标准起草单位：中国矿业大学、煤炭科学研究总院抚顺分院。

本标准主要起草人：王志宏、苏晓龙、缪亚新、李伟民、谢晓夏。

本标准由中国矿业大学负责解释。

中华人民共和国煤炭行业标准

煤矿井下牵引网络杂散电流防治技术规范

MT/T 670—1997

Specification for prevention against the stray corrent of underground traction network of coal mines

1 范围

本标准规定了煤矿井下牵引网络和有关生产地点杂散电流的安全值和限制杂散电流值的措施。

本标准适用于煤矿井下有架线电机车运输系统杂散电流的防治。

2 引用标准

下列标准所包含的条文,通过在本标准中引用而构成为本标准的条文。本标准出版时,所示版本均为有效。所有标准都会被修订,使用本标准的各方应探讨使用下列标准最新版本的可能性。

煤矿安全规程 1992—10—22 中华人民共和国能源部

3 定义

本标准采用下列定义。

3.1 杂散电流 stray current

任何不按指定通路而流动的电流。在本标准中指井下架线电机车运输系统中不按规定通路流动的电流。

3.2 馈电线 feed－line

牵引变流所内整流器直流电源与架线的连接线。

3.3 回电线 back－line

牵引变流所整流器直流电源与轨道的连接线。

3.4 馈电点 feed－end

馈电线与架线连接的那一点。

3.5 回电点 back－end

回电线与轨道连接的那一点。

3.6 牵引网络 traction network

架线、钢轨、馈电线、回电线的总合。

4 杂散电流的安全值

4.1 下列地点的杂散电流值应不大于 60 mA；

——采区内各巷道中的轨道对总接地网间；

中华人民共和国煤炭工业部 1997-11-10 批准　　1998-04-01 实施

——采煤工作面内的金属网假顶对总接地网间；

——采区内上、下山的轨道与运输大巷连接处的第二道绝缘夹板相连接的轨道对总接地网间；

——掘进工作面与掘进巷道内任何地点的轨道对总接地网间；

——掘进巷道的轨道与运输大巷连接处的第二道绝缘夹板处的轨道对总接地网间；

——采区煤仓对轨道间；

——井下爆炸材料库铁门对轨道间。

4.2 测定方法见附录 A(标准的附录)。

5 对架线的要求

5.1 除应符合其他标准与法规性文件对架线的要求外，还应符合本章的要求。

5.2 当有两个以上牵引变流所向架线供电时，牵引变流所供电区域之间应设绝缘和分段联络开关。当电机车为双弓时，架线上要装设两处绝缘，其间距离应大于电机车双弓之间的距离。

5.3 架线约隔 500 m 左右应设分段绝缘和分段开关。

5.4 馈电线与架线应用不少于 2 个铜质馈电夹子连接，每个夹子与导线的接触面积应不小于导线截面的 1.5 倍。连接应紧固、可靠。

5.5 多水平生产的矿井，每个生产水平要有单独的直流供电系统，严禁一个牵引变流所向多水平供电。

5.6 牵引变流所电源的正极经馈电线接架线，负极经回电线接轨道。为了减少回电点附近电缆外皮的腐蚀，宜将电源的负极经馈电线接架线，正极经回电线接轨道。如果有几个牵引变流所向架线供电时，必须采用相同极性的接线方法。

5.7 牵引网络的电压降，应按同时运行的最多机车台数均匀分布计算，架线末端的最大平均允许电压降应不大于表 1 中的规定。

表 1 牵引网络的电压降 V

电机车额定电压	250	550
牵引变流所母线额定供电电压	275	600
电机车运行时牵引网络的允许电压降	≤50	≤105
电机车起动时牵引网络的允许电压降	≤100	≤215

5.8 牵引变流所应设在架线区间的中央，最佳供电半径不宜大于 1.5 km。

5.9 架线的瓷瓶必须定期清扫。架线的漏泄电流每 100 m 应不大于 5 mA。架线漏泄电流的测量方法见附录 B(标准的附录)。

5.10 禁止在吊挂架线的固定装置上挂其他管、线。

6 对轨道的要求

6.1 除应符合其他标准与法规性文件对电机车运输时轨道的要求外，还应符合本章的要求。

6.2 回电轨道的接缝应进行电气连接，连接方法如下：

——采用长度不小于 600 mm、截面积不小于 50 mm^2 的铜线或截面积不小于 255 mm^2 的铁线进行焊接，焊接点的面积应不小于 255 mm^2。或采用具有等同效果的其他方法。

——有条件时可焊接成长轨。对于与其他相连的轨道，其焊接长度应适当控制。

6.3 不同规格轨道接缝电阻值，应不大于表 2 的规定。轨道接缝电阻的测量方法见附录 C(标准的附录)。

表 2 轨道接缝电阻值

钢轨规格，kg/m	15	18	22	24	30	33	38	43
轨道接缝电阻值，$10^{-3}\Omega$	0.27	0.24	0.21	0.20	0.19	0.18	0.17	0.16

6.4 回电的平行钢轨间，每隔 50 m 应用截面积不小于 300 mm^2 的钢板进行电气连接。

6.5 回电的轨道在道岔处导轨和主轨道之间应进行电气连接，连接电阻值与轨道按缝电阻值的要求相同，连接方法见附录 D(标准的附录)。

6.6 不回电的轨道和回电的轨道相连时，必须加以绝缘。第一道绝缘设在两根轨道的连接处，架线末端不应超过第一道绝缘。第二道绝缘与第一道绝缘的距离应大于一列车的长度，并保证在任何情况下，第二道绝缘不回电侧的轨道与回电侧轨道之间不被列车等形成电气连接。

6.7 平巷与斜巷间的轨道分别设置两道绝缘，两道绝缘间的距离应大于一列串车的长度，并保证在任何情况下，第二道绝缘处不回电侧轨道与回电侧轨道之间不得被串车等形成电气连接。

6.8 牵引网络的回电线，应采用带绝缘护套的导线，禁止与总接地网相接。回电线与钢轨回电点的连接，必须焊接，其焊接面积应不小于 255 mm^2，回电线的断面应不小于 100 mm^2。

7 测定周期

7.1 4.1 条中规定的井下各生产地点的杂散电流值，通过杂散电流测定仪与矿井环境监测系统联网监测，将监测结果报给调度室。当不具备联网监测条件时，用携带式杂散电流测试仪等每周测试一次。

7.2 架线的漏泄电流值可每季度测试一次。如发现漏泄电流变化较大时，应加强观测，根据具体情况，调整测定周期。

7.3 有架线运输巷道的轨道接缝电阻值，根据情况，定期测试。

附 录 A
（标准的附录）
杂散电流的测定方法

A1 测量仪器

杂散电流是随机事件而且是连续变化的量，因此要使用一种专用的杂散电流测定仪进行测量。这种杂散电流测定仪应具有测量、记忆、计算、显示和报警的功能。其量程可为 0～1 000 mA。

A2 井下各生产地点间的杂散电流

——采区内各条巷道中的轨道对总接地网间，仪器的 X_1 端子接钢轨，X_2 端子接总接地网，记录其最大值。

——采煤工作面内的金属网假顶对总接地网间，仪器的 X_1 端子接金属网，X_2 端子接溜槽，记录其最大值。

——采区内轨道上下山的轨道与运输大巷连接处的第二道绝缘夹板相连接的轨道对总接地网间；仪器的 X_1 端接第二道绝缘夹板上面的轨道，X_2 端子接总接地网，记录其最大值。

——掘进工作面与掘进巷道内任何地点的轨道对总接地网间，仪器的 X_1 端子接轨道，X_2 端子接总接地网，记录其最大值。

——掘进巷道的轨道与运输大巷连接处的第二道绝缘夹板处的轨道对总接地网间，仪器的 X_1 端子接轨道，X_2 端子接总接地网，记录其最大值。

——采区煤仓对轨道间，仪器的 X_1 端子接轨道，X_2 端子接采区煤仓。

——井下爆炸材料库铁门对轨道间，仪器的 X_1 端子接轨道，X_2 端子接火药库的铁门，记录其最大值。

附 录 B
（标准的附录）
架线漏泄电流的测量方法

B1 测量仪器

电压读数可用配电盘上的电压表，毫安表的技术参数如表B1。

表B1 毫安表的技术参数表

测量内容	仪器名称	准确度	刻度	测量范围
电流	电流表	2.5级	双向刻度	0～100 mA～500 mA～2.5 A 10 A

B2 接线方法

测量牵引电网的漏泄电流时，按图B1接线，为了减少测量工作中的误差，电压表必须像图B1那样接在电流表的里侧。

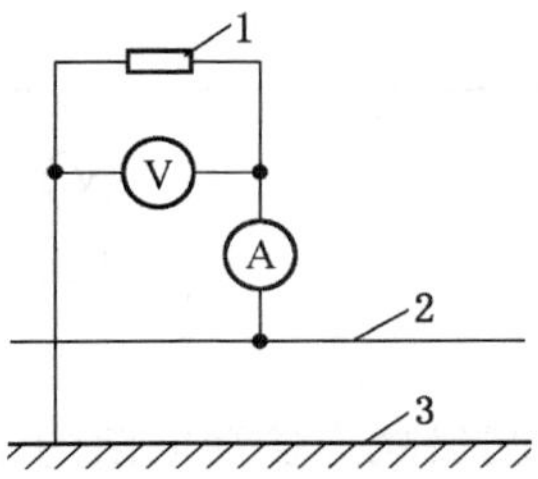

1—变流所；2—架线；3—轨道

图B1 测量漏泄电流的接线方法

B3 测量中的注意事项

在测量牵引电网的漏泄电流时，被测牵引电网内所有电机车都应停止运行，把电机车弓子落下来并断开其他接入直流电源的负载，以免测量有误差和烧坏毫安表。

B4 测量结果的表述

根据测量的结果，按式(B1)进行计算，得出100m架线的漏泄电流值。

$$i = 100\frac{I}{L} \qquad \cdots\cdots(B1)$$

式中：

I——架线全长上的漏泄电流值，mA；

L——架线长度，m。

附 录 C
（标准的附录）
轨道接缝电阻的测量方法

C1 测量仪器

毫伏表的技术参数如表(C1)。

表 C1 毫伏表的技术参数表

测量内容	仪器名称	准确度	刻度	测量范围
电压	毫伏表	1.0 级	单向刻度	0～100 mV～500 mV

C2 按图 C1 所示连接好

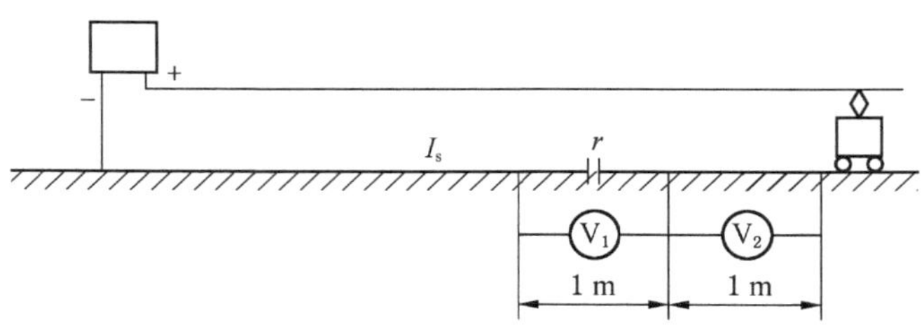

图 C1 测量轨道接缝电阻的接线方法

C3 测量步骤

电机车应处于抱闸，并使其处于起动状态（时间不超过 1 min）。用毫伏表测出 1 m 钢轨上的电压降。然后用同一块电压表再测出另外 1 m 钢轨（包括轨缝在内）的电压降。

C4 测量结果的表述

轨道接缝电阻值按式(C1)计算：

$$r=\left(\frac{V_1}{V_2}-1\right)R \qquad \cdots\cdots(C1)$$

式中 V_1——1 m 钢轨电阻和接缝电阻上的总电压降，mV；

V_2——1 m 钢轨电阻上的电压降，mV；

R——每米钢轨的电阻值，其数值按表 C2 选取。

表 C2 每米钢轨电阻值

钢轨规格，kg/m	15	18	22	24	30	33	43
每米钢轨的电阻值(R)，$10^{-6}\Omega$	122	99.42	81.34	73.41	58.72	53.96	40.2

附　录　D
（标准的附录）
道岔导轨和主轨道的连接

道岔导轨和主轨道之间的连接处如图 D1、图 D2、图 D3 中的方框所示，用截面积不小于 300 mm^2 的钢板，把导轨和主轨道焊接起。

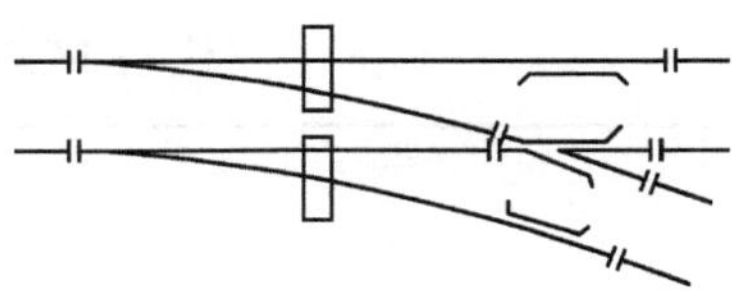

图 D1　单开道岔连接图

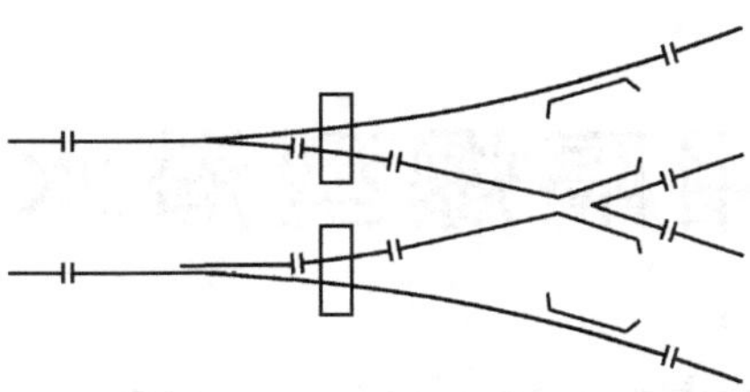

图 D2　对称道岔连接图

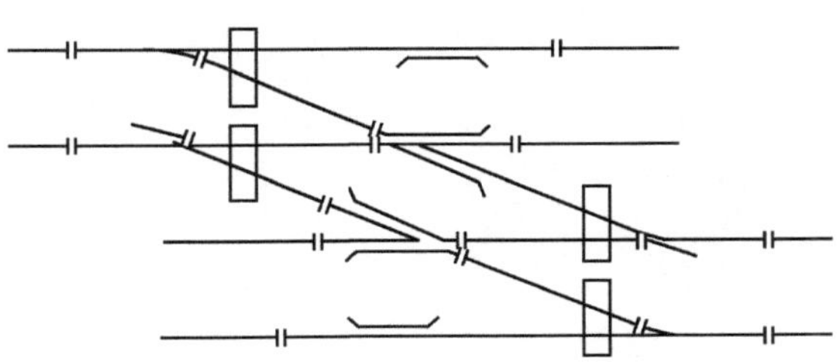

图 D3　渡线道岔连接图

ICS 73.100.99
D 98
备案号:17353—2006

MT

中华人民共和国煤炭行业标准

MT/T 671—2005
代替 MT/T 671—1997,MT/T 396—1995

煤矿用隔爆型潜水电泵

Flameproof submerge electric pump for coal mine

2006-01-17 发布

2006-07-01 实施

中华人民共和国国家发展和改革委员会　发布

前　　言

本标准是对 MT/T 671—1997《煤矿采掘工作面用隔爆型潜污水电泵　技术条件》和 MT/T 396—1995《煤矿采掘工作面用隔爆型潜污水电泵型式与基本参数》的修订，本标准代替 MT/T 671—1997 和 MT/T 396—1995。

本次修订保留了 MT/T 671—1997 和 MT/T 396—1995 中仍然适用的内容，并作了如下修改：

——适用功率范围，功率由 MT/T 671—1997 规定的 7.5 kW 增加到 200 kW(1997 年版的 3.8；本版的 4.8.1).

——排送介质由污水改为排送清水、污水和含固体颗粒的泥沙(1997 年版的 3.2；本版的 4.3)。

——对产品的基本参数进行了较大的调整，加大了性能范围，原规定流量为(7～45 m^3/h)、扬程为(10～50 m)，修订后的标准在 200 kW 功率范围内，允许根据标准规定发展符合实际使用要求的产品(1995 年版的 1；本版的 4.5.2 和 4.5.5)。

——规定了煤矿用隔爆型潜水电泵的性能不按转速修正(本版的 4.5.9)。

——煤矿用隔爆型潜水电泵是泵与电动机共轴组成的整体，因此本标准中规定了机组效率的考核(代替原标准中泵效率的考核)(1997 年版的 3.3.3；本版的 4.5.3、4.5.4 和 4.5.6)。

——规定了煤矿用隔爆型潜水电泵输入功率限值代替原标准中轴功率的考核(1997 年版的 3.3.3；本版的 4.5.7)。

——增加了对煤矿用隔爆型潜水电泵或配电系统过热、过电流和漏电保护的内容(本版的 4.6.10 和 4.10)。

——增加对标牌、转向标志材质的要求(本版的 4.18)。

——本标准将煤矿用隔爆型潜水电泵效率的规定列入附录 A(规范性附录)。

——本标准增加了煤矿用隔爆型潜水电泵(清水式、旋流式)效率的规定(本版的附录 A)。

本标准附录 A 为规范性附录，附录 B 为资料性附录。

本标准由中国煤炭工业协会科技发展部提出。

本标准由煤炭工业煤矿专用设备标准化技术委员会归口。

本标准由煤炭科学研究总院唐山分院负责起草，煤炭科学研究总院抚顺分院、抚顺煤矿电机厂、山东电泵股份有限公司、江苏泰丰潜泵业有限公司、鹤岗市斯达排沙潜水泵业有限公司、山西天河泵业有限公司、山西天波泵业有限公司、上海连成(集团)有限公司、辽源煤矿水泵厂、淮北兴海工贸有限责任公司玛钢厂参加起草。

本标准主要起草人：王忠文、马云龙、卢志明、范光、何惠明。

本标准所代替标准的历次版本发布情况为：

——MT/T 671—1997；

——MT/T 396—1995。

煤矿用隔爆型潜水电泵

1 范围

本标准规定了煤矿用隔爆型潜水电泵(以下简称电泵)的型式与基本参数、技术要求、试验方法、检验规则以及标志、包装、运输和贮存。

本标准适用于煤矿用隔爆型潜水电泵。

2 规范性引用文件

下列文件中的条款通过本标准的引用而成为本标准的条款。凡是注日期的引用文件,其随后所有的修改单(不包括勘误的内容)或修订版均不适用于本标准,然而,鼓励根据本标准达成协议的各方研究是否可使用这些文件的最新版本。凡是不注日期的引用文件,其最新版本适用于本标准。

GB/T 191 包装储运图示标志(GB/T 191—2000,eqv ISO 780:1997)

GB 755 旋转电机 定额和性能(GB 755—2000,idt IEC 60034-1:1996)

GB/T 1032 三相异步电动机试验方法

GB/T 1176 铸造铜合金技术条件(GB/T 1176—1987,neq ISO 1338:1977)

GB/T 1220 不锈钢棒

GB 1971 电机线端标志与旋转方向

GB/T 2423.4—1993 电工电子产品基本环境试验规程 试验Db:交变湿热试验方法(eqv IEC 68-2-30:1980)

GB/T 2818—2002 井用潜水异步电动机

GB 3836.1—2000 爆炸性气体环境用电气设备 第1部分:通用要求(eqv IEC 60079-0:1998)

GB 3836.2—2000 爆炸性气体环境用电气设备 第2部分:隔爆型“d”(eqv IEC 60079-1:1990)

GB 3836.3—2000 爆炸性气体环境用电气设备 第3部分:增安型“e”(eqv IEC 60079-7:1990)

GB/T 4942.1—2001 旋转电机外壳防护分级(IP代码)(idt IEC 60034-5:1991)

GB/T 12785—2002 潜水电泵 试验方法

GB/T 13306 标牌

GB/T 13384 机电产品包装通用技术条件

JB/T 6880.1 泵用灰铸铁件

JB/T 6880.2 泵用铸钢件

JB/T 6880.3 泵用抗磨白口铸铁件

JB/T 8687—1998 泵类产品抽样检查

JB/T 9615.1—2000 交流低压电机散嵌绕组匝间绝缘试验方法

JB/T 9615.2—2000 交流低压电机散嵌绕组匝间绝缘试验限值

JB/T 50080 潜水电泵 可靠性考核评定方法

3 型式、型号和基本参数

3.1 型式

3.1.1 电泵是隔爆型三相异步电动机与泵同轴联结机电合一的产品。

3.1.2 电泵的泵分为立式或卧式单级、多级泵。

3.1.3 立式结构的电泵按泵与电机的相对位置分为上泵式和下泵式。

3.1.4 电泵的结构按液流的排出方式分为外装式、内装式和半内装式

3.1.5 电泵按叶轮的结构分为：

a)旋流式；

b)开式；

c)半开式；

d)闭式；

e)流道式；

f)螺旋式；

g)混流式。

3.1.6 电泵的电气设备类别为 GB 3836.1—2000 规定的“I”类。

3.1.7 电泵的防爆型式为 GB 3836.2—2000 规定的隔爆型，代号为“d”。

3.1.8 电泵的防爆标志为“ExdⅠ”。

3.1.9 电泵的防护型式为 GB/T 4942.1—2001 规定的“IP×8”。

3.1.10 电泵用隔爆型三相异步电动机的定额是以连续工作制(S1)为基准的连续定额。

3.1.11 电泵用隔爆型三相异步电动机为干式或充水式。

3.2 型号

3.2.1 型号编制方法

3.2.1.1 型号由类型代号和主要参数组成，其中产品类型代号用大写汉语拼音字母表示，主要参数用阿拉伯数字表示。

3.2.1.2 型号的组成和排列方法如下：

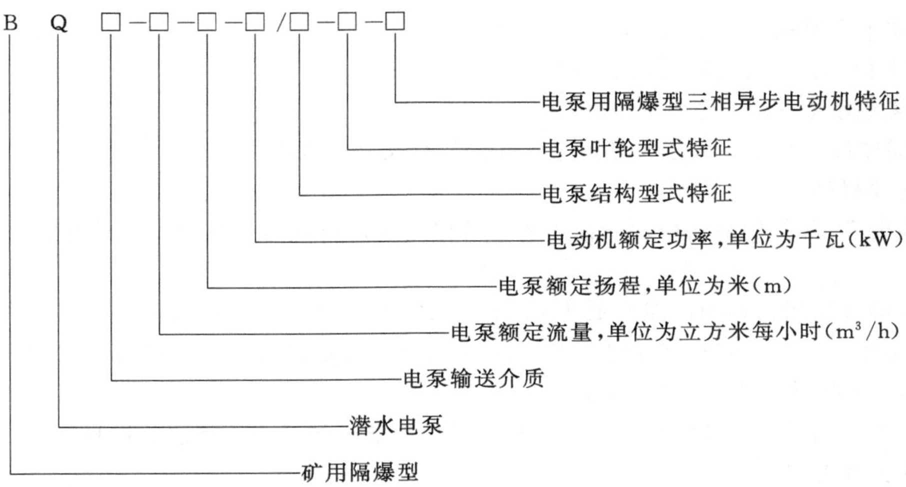

注：多级电泵额定扬程为单级扬程乘级数。

3.2.2 型号中各组成代号的说明

3.2.2.1 电泵输送介质

W——污水污物(清水不注)；

S——泥沙。

3.2.2.2 电泵结构型式特征

N——内装式电泵(外装式电泵不注)；

B——半内装式电泵。

3.2.2.3 电泵叶轮型式特征

K——半开式、开式叶轮(闭式叶轮不注)；

X——旋流式(其他式不注)。

3.2.2.4 电泵用隔爆型三相异步电动机特征

S——充水式电动机(干式电动机不注)。

3.2.3 标记示例

额定流量为 15 m^3/h,额定扬程为 30 m,额定功率为 4 kW,内装式结构,输送介质为污水的隔爆型潜水电泵,其标记为:BQW15-30-4/N。

3.3 基本参数

3.3.1 电泵用隔爆型三相异步电动机,两极时同步转速为 3000 r/min;四极时同步转速为 1500 r/min;六极时同步转速为 1000 r/min;八极时同步转速为 750 r/min。

3.3.2 在电源额定频率为 50 Hz,额定电压为 380 V、660 V、1140 V 时和规定的使用条件下,电泵的基本参数符合本标准中 4.4 的规定。

4 技术要求

4.1 电泵制造要求

电泵应符合本标准的要求,并按照经规定程序批准的图样及技术文件制造。

4.2 电泵的转向标志

在电泵明显位置上应有叶轮转向标志。

4.3 电泵正常运行条件

电泵在下列条件下使用应能正常运行:

a)浅水中(水位不低于吸水网罩)和潜入水中(潜入深度不超过 5m);

b)输送介质温度应不超过 40 ℃;

c)输送介质 pH 值在 4～10 范围内;

d)含固体颗粒的介质,其体积浓度一般不超过 2%;

e)工作环境温度 0～40 ℃;

f)介质中固体最大粒径不大于泵流道过流断面最小尺寸的 50%。

4.4 电泵的主要材料

4.4.1 电泵主要零、部件的材料应与所输送的介质相适应,材料的化学成分、力学性能应符合有关材料标准。

4.4.2 外露紧固件采用材料的性能不低于 2Cr13 不锈钢,有特殊要求或合同规定的可按其执行;铸件应符合 JB/T 6880.1、JB/T 6880.2 和 JB/T 6880.3 的有关规定;不锈钢件应符合 GB/T 1220 的有关规定;青铜件应符合 GB/T 1176 的有关规定。

4.4.3 采掘工作面用排污排沙电泵主要零部件应采用性能不低于表 1 规定的材料制造。

4.5 电泵的水力性能

4.5.1 电泵制造厂产品说明书应给出产品性能参数和标准特性曲线(清水),即扬程、电泵输入功率、电泵效率与流量的关系曲线。

表 1 采掘工作面用排污排沙电泵主要零部件的材料

零件名称	材　　料
叶轮侧机械密封　动环—静环	不低于碳化硅和碳化钨
叶轮、蜗壳、前护板	不低于 QT 600-3
密封环、轴套	不低于 3Cr13 或高铬耐磨合金铸铁

4.5.2 电泵流量、扬程由制造厂根据需要确定

4.5.3 电泵的效率可依据附录 A 的规定确定,其实际值不得低于确定值。附录 A 中的电泵的泵效率仅限于确定电泵效率用。

4.5.4 对多级电泵规定点参数应符合单级电泵流量和型式下的电泵效率，其扬程应符合设计规定，且通过颗粒最大直径应不小于单级电泵通过颗粒最大直径的 0.75 倍。

4.5.5 电泵的流量、扬程偏差应符合 GB/T 12785—2002 中 2 级规定。

4.5.6 电泵效率的下偏差为规定电泵效率的－0.045 倍。

4.5.7 电泵的输入功率：电泵在正常工作条件下运行时，在 0.7～1.2 倍规定流量范围内，电泵用隔爆型三相异步电动机（以下简称电动机）输入功率应不超过其输入功率的限值；当用常温清水进行试验时，电动机输入功率应不超过其输入功率限值。

电动机的输入功率限值：

a）当电动机额定功率小于或等于 45 kW 时，按公式（1）计算：

$$P_{1max}=P/[\eta_{max}-0.15(1-\eta_{mot})/(2-\sqrt{2})] \qquad (1)$$

式中：

P_{1max}——电动机输入功率限值，单位为千瓦（kW）；

P——电动机额定功率，单位为千瓦（（kW）；

η_{mot}——在功率、电压、频率为额定值时，电动机效率的保证值，%。电动机效率和功率因数保证值见表 2 及表 3。

b）当电动机额定功率大于 45 kW 时，按公式（2）计算：

$$P_{1max}=P/[\eta_{max}-0.10(1-\eta_{mot})/(2\sqrt{2})] \qquad (2)$$

c）当输送介质的密度大于 1.02×10^{3} kg/m³ 时，应为清水试验结果乘输送介质的密度，再除以清水密度。

4.5.8 在 0.7～1.2 倍规定流量范围内，电动机输入功率不超过其输入功率的限值时，允许降低电动机的功率档次。

4.5.9 电泵性能参数为清水条件下的指标，且转速不修正，试验室试验时电压应在额定电压的±3%范围内。

4.6 电动机隔爆结构和防爆性能

4.6.1 电动机隔爆结构及参数应符合 GB 3836.1—2000、GB 3836.2—2000 和 GB 3836.3—2000 的有关规定，隔爆接合面应有防锈措施，如电镀、磷化、涂 204-1 置换型防锈油漆等，但不准涂油漆。

4.6.2 电动机隔爆外壳材质应符合 GB 3836.2—2000 中附录 C 的规定。

4.6.3 电动机防爆性能试验按 GB 3836.2—2000 中第 14 章和第 15 章的规定进行。

4.6.4 电动机外壳应能承受 GB 3836.1—2000 中 23.4.3.1 的冲击试验。

4.6.5 引入装置夹紧及密封性能应符合 GB 3836.1—2000 中 D3.1 和 GB 3836.2—2000 中第 D2 章的规定。

4.6.6 连接件绝缘套管扭转试验应符合 GB 3836.1—2000 中 23.4.5 的规定。

4.6.7 电缆应采用密封圈式引入装置，引入装置的橡胶密封圈老化试验应符合 GB 3836.1—2000 中 D3.3 的规定。

表 2 效率及功率因数保证值

<table>
<tr><th rowspan="3">功率
kW</th><th colspan="8">同步转速，r/min</th></tr>
<tr><th>3000</th><th>1500</th><th>1000</th><th>750</th><th>3000</th><th>1500</th><th>1000</th><th>750</th></tr>
<tr><th colspan="4">效率 η_{mot}，%</th><th colspan="4">功率因数 $\cos\phi$</th></tr>
<tr><td>0.75</td><td>68.0</td><td>66.4</td><td>—</td><td>—</td><td>0.84</td><td>0.76</td><td>0.76</td><td rowspan="3">—</td></tr>
<tr><td>1.1</td><td>71.0</td><td>71.0</td><td>70.5</td><td>—</td><td>0.85</td><td>0.77</td><td rowspan="2">0.71</td></tr>
<tr><td>1.5</td><td>74.0</td><td>74.0</td><td>73.5</td><td>—</td><td>0.84</td><td>0.78</td></tr>
</table>

表 2(续)

<table>
<tr><th rowspan="3">功率
kW</th><th colspan="8">同步转速,r/min</th></tr>
<tr><th>3000</th><th>1500</th><th>1000</th><th>750</th><th>3000</th><th>1500</th><th>1000</th><th>750</th></tr>
<tr><th colspan="4">效率 η_{mot},%</th><th colspan="4">功率因数 $\cos\phi$</th></tr>
<tr><td>2.2</td><td>76.0</td><td>77.0</td><td>75.5</td><td>75.0</td><td>0.85</td><td>0.81</td><td rowspan="2">0.73</td><td>0.69</td></tr>
<tr><td>3</td><td>78.5</td><td>79.0</td><td>78.0</td><td>77.0</td><td rowspan="2">0.86</td><td>0.80</td><td>0.70</td></tr>
<tr><td>4</td><td>79.5</td><td>81.0</td><td>79.0</td><td>78.0</td><td>0.81</td><td rowspan="2">0.76</td><td>0.71</td></tr>
<tr><td>5.5</td><td>81.5</td><td>82.0</td><td>81.0</td><td>80.5</td><td rowspan="5">0.87</td><td>0.83</td><td>0.72</td></tr>
<tr><td>7.5</td><td>82.5</td><td>83.5</td><td>82.5</td><td>82.0</td><td>0.84</td><td rowspan="2">0.77</td><td>0.73</td></tr>
<tr><td>11</td><td>83.0</td><td>84.0</td><td>84.0</td><td>83.5</td><td>0.83</td><td>0.75</td></tr>
<tr><td>15</td><td>84.0</td><td>85.0</td><td>85.5</td><td>84.5</td><td>0.84</td><td rowspan="2">0.79</td><td rowspan="2">0.74</td></tr>
<tr><td>18.5</td><td>85.0</td><td>86.0</td><td>86.5</td><td>85.5</td><td rowspan="13">0.88</td><td rowspan="2">0.85</td></tr>
<tr><td>22</td><td>86.0</td><td>87.0</td><td>86.5</td><td>85.6</td><td>0.81</td><td>0.76</td></tr>
<tr><td>30</td><td>87.0</td><td>87.5</td><td>87.7</td><td>86.0</td><td rowspan="2">0.86</td><td rowspan="2">0.82</td><td>0.78</td></tr>
<tr><td>37</td><td>87.5</td><td>87.5</td><td>88.3</td><td>86.5</td><td rowspan="2">0.79</td></tr>
<tr><td>45</td><td>88.5</td><td>88.0</td><td>88.5</td><td>87.0</td><td rowspan="3">0.87</td><td rowspan="2">0.83</td></tr>
<tr><td>55</td><td>88.5</td><td>88.5</td><td>88.5</td><td>87.0</td><td>0.80</td></tr>
<tr><td>75</td><td>89.0</td><td>89.0</td><td>89.1</td><td>87.5</td><td rowspan="4">0.86</td><td>0.81</td></tr>
<tr><td>90</td><td>89.5</td><td>90.0</td><td>89.7</td><td>89.0</td><td rowspan="4">0.88</td><td rowspan="4">0.82</td></tr>
<tr><td>110</td><td>89.5</td><td>90.5</td><td>90.5</td><td>89.5</td></tr>
<tr><td>132</td><td>90.0</td><td>91.0</td><td>90.8</td><td>89.5</td></tr>
<tr><td>160</td><td>90.5</td><td>91.0</td><td>91.1</td><td>90.0</td><td rowspan="3">0.88</td></tr>
<tr><td>185</td><td>90.5</td><td>91.0</td><td>91.1</td><td>90.0</td><td rowspan="2">0.89</td><td rowspan="2">0.83</td></tr>
<tr><td>200</td><td>90.5</td><td>91.3</td><td>91.1</td><td>90.5</td></tr>
<tr><td colspan="9">注:用间接法计算效率时,电动机的损耗包括机械密封损耗和 5 m 电缆的铜耗(折算值)。</td></tr>
</table>

4.6.8 电动机隔爆外壳应能承受 GB 3836.2—2000 中 15.1.2.1 的静压试验。

4.6.9 接线盒内的电气间隙和爬电距离应符合 GB 3836.3—2000 中 4.3 和 4.4 的规定。

4.6.10 电泵应有可靠的接地装置,接地装置及标志应符合 GB 3836.1—2000 中第 15 章的规定,引出电缆的接地线上应有明显的接地标志,并应在电泵使用寿命期间不被磨灭。

4.7 电动机的电气性能

4.7.1 电动机的主体外壳和接线盒的防护等级

电动机的主体外壳和接线盒的防护等级应符合 GB/T 4942.1—2001 中 IP×8 的规定。

表 3　充水式电机效率及功率因数保证值

<table>
<tr><th>额定功率
kW</th><th>效率
%</th><th>功率因数
cosφ</th><th>额定功率
kW</th><th>效率
%</th><th>功率因数
cosφ</th><th>额定功率
kW</th><th>效率
%</th><th>功率因数
cosφ</th></tr>
<tr><td>0.75</td><td>55.0</td><td>0.70</td><td>11</td><td>79.0</td><td>0.81</td><td>75</td><td rowspan="4">87.0</td><td rowspan="2">0.86</td></tr>
<tr><td>1.1</td><td>59.0</td><td>0.72</td><td>15</td><td>80.0</td><td rowspan="2">0.82</td><td>90</td></tr>
<tr><td>1.5</td><td>62.0</td><td>0.74</td><td>18.5</td><td>80.5</td><td>110</td><td rowspan="2">0.85</td></tr>
<tr><td>2.2</td><td>64.0</td><td>0.76</td><td>22</td><td>82.5</td><td rowspan="3">0.84</td><td>132</td></tr>
<tr><td>3</td><td>70.0</td><td>0.77</td><td>30</td><td>83.0</td><td>160</td><td rowspan="2">88.0</td><td>0.85</td></tr>
<tr><td>4</td><td>75.0</td><td>0.79</td><td>37</td><td>84.0</td><td>185</td><td rowspan="2">0.86</td></tr>
<tr><td>5.5</td><td>76.0</td><td rowspan="2">0.80</td><td>45</td><td>85.5</td><td rowspan="2">0.85</td><td>200</td><td>88.5</td></tr>
<tr><td>7.5</td><td>77.0</td><td>55</td><td>86.0</td><td>—</td><td>—</td><td>—</td></tr>
</table>

4.7.2　电动机线端标志与旋转方向

电泵电动机线端标志与旋转方向应符合 GB 1971 的规定，各标志应在电泵使用期间不被磨灭。

定子绕组名称	出线端标志
第一相	U
第二相	V
第三相	W

4.7.3　电泵电缆

电泵电缆应采用矿用橡套软电缆，其长度不小于 5 m。

4.8　电动机性能

4.8.1　在功率、电压及频率为额定值时，效率和功率因数的保证值应符合表 2 及表 3 的规定。

4.8.2　电动机运行期间，电源电压和频率与额定值的偏差应符合 GB 755 的规定。

4.8.3　电动机在空载时测得的 A 计权声功率级的噪声数值应不超过表 4 的规定。

表 4　电动机在空载时的 A 计权声功率级的噪声规定值

额定功率，kW	0.2～0.75	1.1～3	4～11	15～37	45～90	110～220
噪声允许值，dB(A)	75	84	88	93	97	102

4.8.4　电动机在空载时测得的振动速度有效值：对额定功率为 7.5 kW 及以下者不应超过 1.8 mm/s；对额定功率在 7.5 kW 以上者应不超过 2.8 mm/s。

4.8.5　在额定电压下，电动机的堵转转矩与额定转矩之比、最大转矩与额定转矩之比、堵转电流与额定电流之比，它们的保证值应符合表 5 的规定。

表 5　电动机电气性能保证值

项　　目	保　证　值
堵转转矩/额定转矩	1.8
最大转矩/额定转矩	2.2
堵转电流/额定电流	6.5
注：充水式电机按 GB/T 2818—2002 的规定执行。	

4.8.6　电动机电气性能保证值容差应符合表 6 的规定。

4.8.7　电泵完全潜入介质中时应能在规定扬程范围内连续运行，在额定功率时，电动机定子绕组的温升限值(电阻法)应符合表 7 的规定。

4.8.8　电动机定子绕组对机壳的绝缘电阻应不低于表 8 的规定。充水式电动机的绝缘电阻测量应在定子绕组浸没在常温水中历时 12 h 后进行。

表 6　电动机电气性能保证值容差

项　　目		容　　差
效率 η	额定功率在 45 kW 及以下	$-0.15(1-\eta)$
	额定功率在 45 kW 以上	$-0.10(1-\eta)$
功率因数 $\cos\phi$		$-(1-\cos\phi)/6$,最少 -0.02,最多 -0.07
堵转转矩倍数		保证值的 −15%
最大转矩倍数		保证值的 −10%
堵转电流倍数		保证值的 +20%

表 7　电机定子绕组的温升限值

电泵型式	绝缘材料或绝缘等级	温升限值,K
充水式	聚乙烯	45
	交联聚氯乙烯	60
	聚氯乙烯	40
干式	B 级、F 级	80

表 8　电动机定子绕组对机壳的绝缘电阻　　单位为兆欧(MΩ)

电泵型式	绝缘材料或绝缘等级	实际冷态时	接近工作温度时
充水式	聚乙烯	150	0.5
	交联聚氯乙烯	150	0.5
	聚氯乙烯	60	0.5
干式	B 级,F 级	100	1

4.8.9　电动机由三相平衡电源供电时,任何一相空载电流与三相平均值之差,不大于三相半均值的 10%。

4.8.10　电动机的定子绕组应能承受匝间耐冲击电压试验而不发生击穿,进行匝间冲击耐电压试验时,对电压为 660 V 及以下电动机,其试验冲击电压峰值功率为 3 kW 及以下者为 2300 V、功率为 3 kW 以上者为 2600 V;对电压为 660 V 以上,其线圈试验冲击电压峰值和试验方法应符合 JB/T 9615.1—2000 和 JB/T 9615.2—2000 的规定(充水式电机除外)。

4.8.11　电动机的定子绕组应能承受历时 1 min 耐电压试验而不发生击穿,试验电压的频率为 50 Hz,并尽可能为正弦波形,电压的有效值为两倍额定电压加 1000 V。大批量连续生产的电泵进行检查试验时,允许用 120% 的试验电压历时 1 s 的试验代替,试验电压用试棒施加。充水式电泵应在常温清水中浸 12 h后进行。

同一台电机不应重复进行本项试验。如用户提出要求,允许在安装之后,开泵之前在工地上再进行一次额外试验,其试验电压应不超过上述规定的 80%,如有需要,在试验前应将电机烘干。

4.8.12　电动机应能承受严酷等级为高温 40 ℃,试验周期为 12 天的交变湿热试验,试验后进行工频耐压试验,电压的有效值为两倍额定电压加 1000 V 再乘以 85%,历时 1 min,应无击穿、闪络和显著发热现象;隔爆面不应锈蚀。

4.9　电泵的起动

对电压为 660V 及以下,且额定功率为 11kW 及以下的电泵应采用直接起动,额定功率为 11 kW 以上的电泵应采用间接起动;对电压为 660V 以上的电泵起动时,电源电压不低于 0.95 倍的电泵额定电压。

4.10 电泵的保护

电泵应有过热或过电流保护装置，必要时应有漏电保护，或在配电系统中要求配置相应的保护装置。

4.11 电泵承压件的水压试验

电泵的承压件应进行水压试验，试验压力为1.5倍工作压力，但不应低于0.2 MPa，保压3 min不得有渗漏和永久变形或焊缝开裂现象。

4.12 叶轮静平衡试验

叶轮应做静平衡试验，静平衡允许不平衡力矩(U)按公式(3)计算：

$$U \leqslant e \cdot m \tag{3}$$

式中：

U——允许不平衡力矩，单位为克毫米(g·mm)；

e——允许偏心距，单位为毫米(mm)；采用G6.3级平衡精度等级，具体数值见B.1的规定；

m——单个叶轮质量，单位为克(g)。

若计算出的叶轮外缘允许不平衡质量，小于3 g时，按3 g执行。

当切除不平衡质量时，切除厚度不应超过盖板厚度的1/3。不平衡质量计算方法及示例见B.2。

4.13 电泵的气密性试验

电泵组装后，电动机内腔及密封室应能承受压力为0.2 MPa历时5 min的气压试验而无泄漏现象。

4.14 电泵的滤网罩网孔

电泵滤网罩的网孔总有效面积应大于泵吸入口面积的3倍，网孔最大尺寸应小于泵流道过流断面最小尺寸的75%。

4.15 电泵的无故障运行时间

在规定使用条件下，电泵的平均无故障运行时间为2000 h。

4.16 电泵的可靠性

电泵可靠性应符合JB/T 50080的规定。

4.17 电泵的装配和外观

电泵的装配应完整正确，标牌、标志齐全。表面油漆应干燥完整，无污损、碰伤和裂痕等现象。

4.18 电泵的标牌

电泵的标牌、标志均应采用黄铜、青铜或不锈钢制成，其厚度不小于1 mm，转向标志可直接铸出；标牌上数据刻画方法应使其字迹清晰端正，在电泵整个使用期内不被磨灭。

4.19 电泵的转动要求

电泵应转动自如，平稳，无卡阻、停滞等现象。

4.20 电泵外壳的凸纹标志

电泵外壳明显处应设置清晰的永久凸纹标志“Ex”。

5 试验方法

5.1 电泵效率

电泵的效率应采用实测法进行，其值按公式(4)确定：

$$\eta = P_u / P_1 \times 100\% \tag{1}$$

式中：

η——电泵效率；

P_u——电泵输出功率(水功率)，单位为瓦(W)；

P_1——电泵电机的输入功率，单位为瓦(W)。

5.2 电泵的水力性能试验

电泵的水力性能试验按GB/T 12785—2002的规定进行。

5.3 隔爆结构及参数检查

隔爆结构及参数检查按 GB 3836.1～GB 3836.3—2000 的有关规定进行。

5.4 防爆性能试验

防爆性能试验按 GB 3836.2—2000 中第 14 章和第 15 章的规定进行。

5.5 电动机隔爆外壳材质

电动机隔爆外壳材质应符合 GB 3836.2—2000 中附录 C 的有关规定。

5.6 电动机隔爆外壳的冲击试验

电动机隔爆外壳的冲击试验应按 GB 3836.1—2000 中 23.4.3.1 的规定进行。

5.7 电缆引入装置夹紧及密封性能试验

引入装置夹紧及密封性能试验按 GB 3836.1—2000 中附录 D 和 GB3836.2—2000 中附录 D 的规定进行。

5.8 电动机隔爆外壳的静压试验

电动机隔爆外壳的静压试验应按 GB 3836.2—2000 中 15.1.2.1 的规定进行。

5.9 连接件绝缘套管扭转试验

连接件绝缘套管扭转试验按 GB 3836.1—2000 中 23.4.5 的规定进行。

5.10 电缆引入装置的橡胶密封圈老化试验

电缆引入装置的橡胶密封圈老化试验按 GB 3836.1—2000 中 D3.3 的规定进行。

5.11 承压件水压试验

电泵承受压力的零部件，接通水源，升压至试验压力，保压 3 min，不应有渗漏现象。

5.12 叶轮静平衡试验

电泵叶轮静平衡试验在平衡仪上进行。

5.13 接线盒内的电气间隙和爬电距离检查

接线盒内的电气间隙和爬电距离检查应按 GB 3836.3—2000 中 4.3 和 4.4 的规定进行。

5.14 接地标志的检查

接地标志的检查采用目测法进行。

5.15 防护试验

电动机的防护试验按 GB/T 4942.1—2001 的规定进行。

5.16 电动机线端标志与旋转方向的检查

电动机线端标志与旋转方向的检查采用目测法进行。

5.17 电泵电缆长度的检验

采用盒尺对电泵电缆长度进行检验。

5.18 电动机负载试验

电动机负载试验按 GB/T 1032 的规定进行。

5.19 电动机噪声测量

电动机噪声测量按 GB/T 12785—2002 的规定进行。

5.20 电动机振动测量

电动机振动测量按 GB/T 12785—2002 的规定进行。

5.21 电动机的堵转电流和堵转损耗测定

电动机的堵转电流和堵转损耗测定按 GB/T 1032 的规定进行。

5.22 电动机最大转矩测定

电动机最大转矩测定按 GB/T1032 的规定进行。

5.23 电动机定子绕组的温升限值测定

电动机定子绕组的温升限值测定按 GB/T 1032 的规定进行。

5.24 绝缘电阻检查

绝缘电阻检查按 GB/T 1032 的规定进行。

5.25 电动机空载试验

电动机空载试验按 GB/T 1032 的规定进行。

5.26 匝间绝缘试验

电动机匝间绝缘试验按 JB/T 9615.1—2000 和 JB/T 9615.2—2000 的规定进行。

5.27 介电强度试验

电动机介电强度试验按 GB/T 1032 的规定进行。

5.28 电泵气密性试验

将电泵置于水中，向电动机内腔及密封室内接通气源，升压至试验压力，保压 5min 不应有气泡产生。

5.29 电泵的滤网罩网孔检验

电泵的滤网罩网孔的检验采用常规量具进行测量

5.30 可靠性试验

电泵可靠性试验按 JB/T 50080 的规定进行。

5.31 耐湿热试验

电动机的耐湿热试验按 GB/T 2423.4—1993 的规定进行。

5.32 电泵保护装置的检查

电泵保护装置的检查采用目测法进行，如电泵不配置保护装置，则查看产品说明书是否注明配电系统应配置相应装置。

5.33 电泵的标牌、标志及外观

电泵的标牌、标志及外观的检查采用目测法进行。

6 检验规则

6.1 电泵应取得有关部门颁发的“防爆合格证”和“煤矿矿用产品安全标志证书”。

6.2 每台电泵均需经制造厂质量检验部门检验合格后，并附有产品合格证和使用说明书方可出厂。

6.3 电泵零部件应进行质量检查，其技术要求和试验方法应符合表 9 的规定。抽样方法和检查数量应符合 JB/T 8687—1998 的规定。

表 9 电泵零部件检查的技术要求和检验方法

序号	检验项目	技术要求	试验方法	检验类别
1	电动机隔爆外壳材质	4.6.2	5.5	√
2	电动机隔爆外壳静压试验	4.6.8	5.8	√
3	承压件水压试验	4.11	5.11	√
4	叶轮静平衡试验	4.12	5.12	√
注：“√”为必检项目。				

6.4 电泵的检验分出厂检验和型式检验两种，其技术要求和采用的试验方法应符合表 10 的规定。

6.5 批量生产的电泵应做出厂检验，抽样方法、判定规则和检验台数应符合 JB/T 8687—1998 的规定。

6.6 电泵型式检验的抽样方法、判定规则和检验台数(不少于2台)应符合JB/T 8687—1998的规定。

表10 电泵出厂检验和型式检验的技术要求和试验方法

序号	检验项目	技术要求	试验方法	检验类别	
				出厂	型式
1	电泵水力性能试验	4.5	5.1;5.2	√	√
2	隔爆结构及参数检查	4.6.1	5.3	√	√
3	防爆性能试验	4.6.3	5.4	—	√
4	电动机隔爆外壳冲击试验	4.6.4	5.6	—	√
5	电缆引入装置夹紧及密封性能试验	4.6.5	5.7	—	√
6	连接件绝缘套管扭转试验	4.6.6	5.9	—	√
7	橡胶密封圈老化试验	4.6.7	5.10	—	√
8	接线盒内电气间隙和爬电距离的检查	4.6.9	5.13	+	+
9	接地标志的检查	4.6.10	5.14	√	√
10	防护试验	4.7.1	5.15	—	√
11	电动机线端标志与旋转方向的检查	4.7.2	5.16	+	+
12	电泵电缆长度的检验	4.7.3	5.17	+	+
13	电动机负载试验	4.8.1～4.8.2	5.18	—	√
14	电动机噪声测定	4.8.3	5.19	—	√
15	电动机振动测定	4.8.4	5.20	—	√
16	电机堵转电流和堵转损耗测定	4.8.5～4.8.6	5.21	+	√
17	电动机最大转矩测定	4.8.5～4.8.6	5.22	—	√
18	电机定子绕组的温升限值测定	4.8.7	5.23	—	√
19	绝缘电阻检查	4.8.8	5.24	√	√
20	电动机空载试验	4.8.9	5.25	+	√
21	匝间绝缘试验	4.8.10	5.26	—	√
22	介电强度试验	4.8.11	5.27	√	√
23	耐湿热试验	4.8.12	5.31	—	√
24	电泵保护装置的检查	4.10	5.32	√	√
25	电泵气密性试验	4.13	5.28	√	√
26	电泵的滤网罩网孔检验	4.14	5.29	+	+
27	可靠性试验	4.16	5.30	—	+
28	装配、外观、铭牌、标志检查	4.17～4.20	5.33	√	√
注:"√"为必检项目;"+"为抽检项目;"—"为免检项目。					

6.7 电泵遇下列情况之一时应进行相关的(电泵性能、电机性能、防爆性能)型式检验:

a)新产品试制定型时;

b)当产品设计、工艺或材质有较大改变而可能影响产品性能时;

c)产品停产超过一年,恢复生产时;

d)出厂检验结果与型式检验有较大差异时;

e)产品转厂生产时。

6.8 当新产品试制时应按4.15的规定进行平均无故障运行时间测定。

7 标志、包装、运输和贮存

7.1 标志

7.1.1 在电泵明显位置钉上产品标牌。标牌的型式、尺寸和技术要求应符合GB/T 13306的规定。

7.1.2 电泵应有明显的转向标志,转向标志的材质符合7.1.1的规定。

7.1.3 标牌应表明下列内容:

a)产品名称及型号;

b)额定流量,单位为立方米每小时(m^3/h);

c)额定扬程,单位为米(m);

d)额定功率,单位为千瓦(kW);

e)额定频率,单位为赫兹(Hz);

f)额定电流,单位为安培(A);

g)额定电压,单位为伏特(V);

h)同步转速,单位为转每分钟(r/min);

i)防爆合格证编号;

j)安全标志编号;

k)质量;

l)产品编号和出厂年月;

m)防爆电气设备标志“Ex”及防爆型式标志“dⅠ”;

n)制造厂名。

7.2 包装

7.2.1 产品的包装应符合GB/T 13384的规定,保证被包装的产品和文件在运输和保管的过程中不致造成遗失和损坏。

7.2.2 每台电泵应附有下列随机文件和附件:

a)装箱单;

b)产品合格证;

c)使用说明书;

d)其他的随机文件和附件。

7.2.3 包装箱外壁的文字和标志应清楚、整齐。拟有如下内容:

a)发货站及制造厂名称、地址;

b)收货站及收货单位名称、地址;

c)电泵型号及出厂编号;

d)电泵净质量及连同包装箱毛质量;

e)包装箱尺寸;

f)在包装箱的适当部位应按GB/T 191的有关规定标有相关标志。

7.3 运输、贮存

产品在运输过程中,应采取措施防止因振动和碰撞损坏电泵,不得受水浸蚀。贮存时应放置在空气流通、干燥的地方,防止受潮、腐蚀及其他损坏。

附 录 A
（规范性附录）
电泵效率的确定

A.1 电泵的泵效率

在常温清水中，泵的流量为规定值时，泵效率应不低于图 A.1 曲线的数值。其中曲线 A 为清水泵的泵效率，以下曲线为污水（或泥沙）泵效率曲线：曲线 B 为闭式叶轮，曲线 C 为半开或开式叶轮，曲线 D 为单流道叶轮，曲线 E 为旋流式泵效率。当泵的比转数 $n_s<100$ 或 $n_s>210$ 时，泵效率按图 A.2 修正。

泵带辅助机构（如泵进口切刀、搅拌轮）时，泵效率比图 A.1 曲线的数值（或修正后的数值）最多允许低 4%。

内装式泵和半内装式泵，泵效率比图 A.1 曲线的数值（或修正后的数值）分别允许低 1%和 0.5%。

多级泵，泵效率比图 A.1 曲线的数值（或修正后的数值）最多允许低 1%。

A2 电泵效率

在常温清水中，泵的流量为规定值时，机组效率应不低于按公式（A.1）求得的数值：

$$\eta_{gr}=\eta(\eta_D-2\%) \tag{A.1}$$

式中：

η_{gr}——电泵效率，%；

η_D——电泵额定功率下的电机效率，按表 1 或表 2 查得，%；

η——电泵规定流量及型式下的泵效率，按 A.1 确定，%。

A.3 计算示例

规定点流量 $Q=400\ m^3/h$、扬程 $H=50\ m$、同步转速 1500 r/min 的闭式叶轮离心式潜污泵，按图 A.1 曲线 B 查得的数值为 66.5；泵的比转数 n_s 为 93，小于 100，按图 A.2 查得的数值为 1%。

$$66.5\%-1\%=65.5\%$$

则该泵的泵效率 η 应不低于 65.5%。

电动机额定功率为 110 kW，按表 1 查得电动机效率 $\eta_D=90.5\%$，根据式（A.1）：

$$\eta_{gr}=65.5(90.5\%-2\%)=58.9\%$$

则该泵的机组效率应不低于 58.9%。

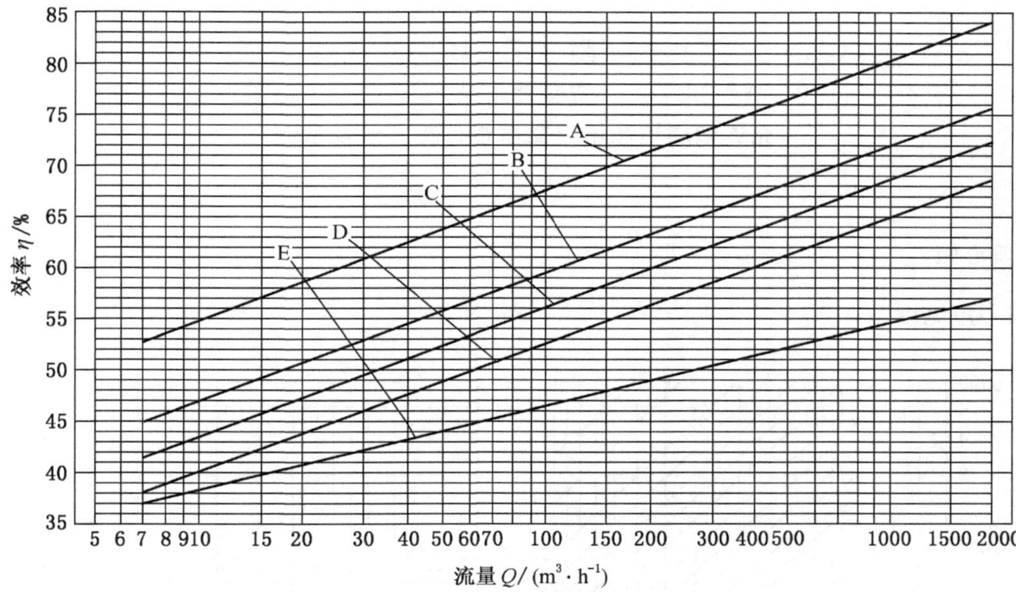

图 A.1 煤矿用隔爆型潜水电泵的泵效率

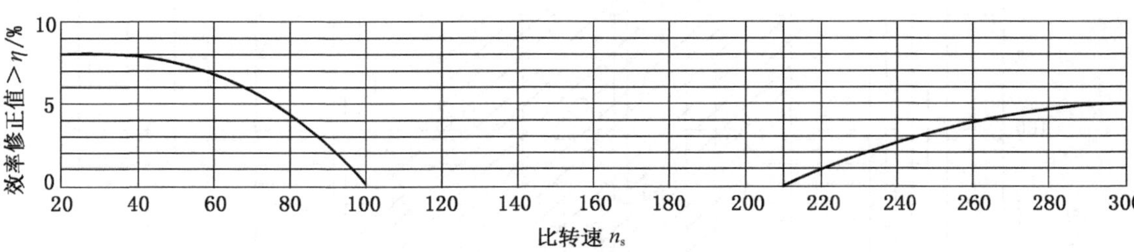

图 A.2 煤矿用隔爆型潜水电泵的泵效率修正值

附　录　B
（资料性附录）
允许偏心矩和不平衡质量计算方法及示例

B.1　允许偏心矩

允许偏心矩见图 B.1。

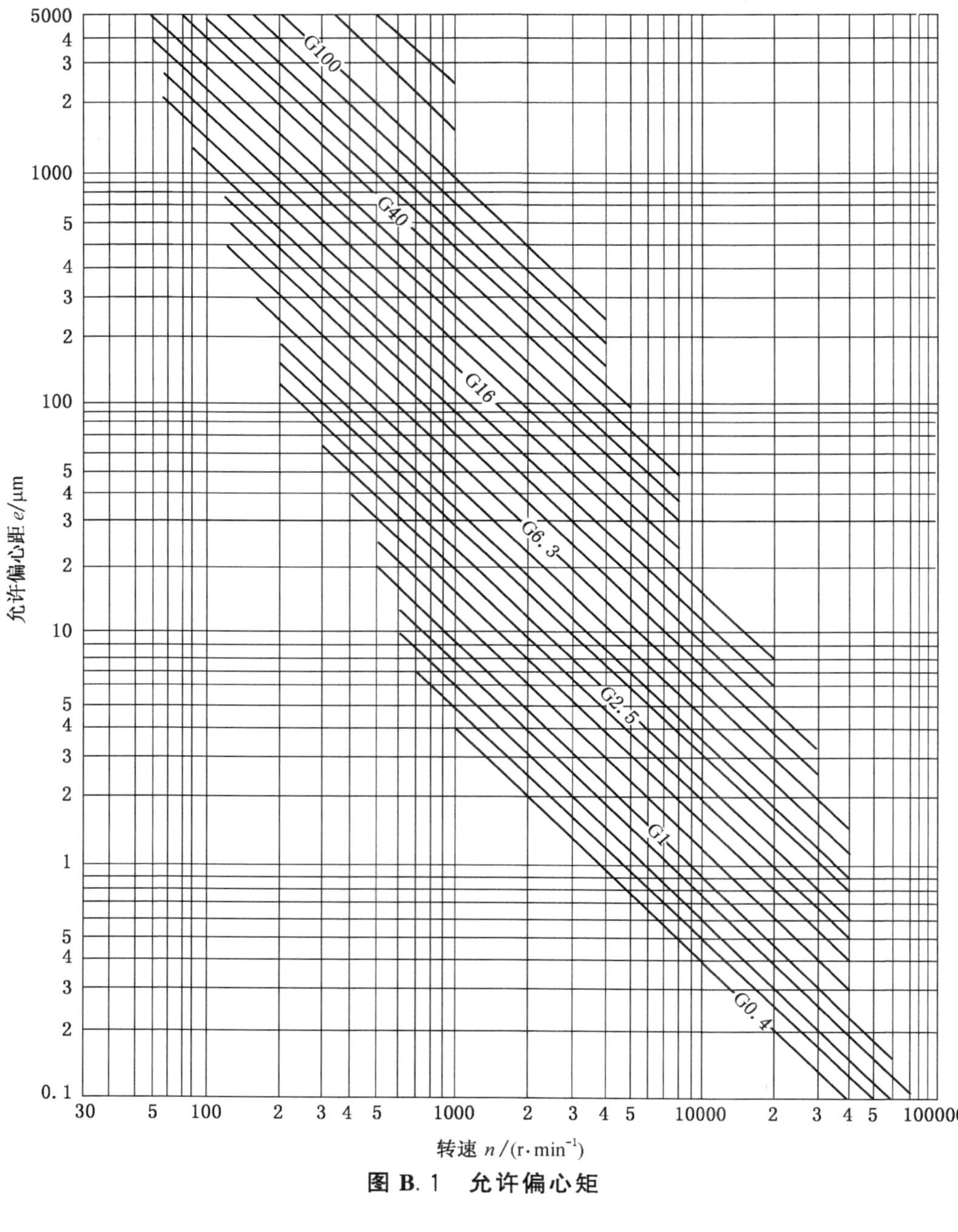

图 B.1　允许偏心矩

B.2 **叶轮外缘处允许不平衡质量**

叶轮外缘处允许不平衡质量 Δm 按公式(B.1)计算：

$$\Delta m=\frac{U}{R} \tag{B.1}$$

式中：

Δm——叶轮外缘处允许不平衡质量，单位为克(g)；

U——允许不平衡力矩，单位为克毫米(g·mm)；

R——叶轮半径，单位为毫米(mm)。

若计算出不平衡质量 Δm，小于 3 g 时，按 3 g 执行。

B.3 **计算示例**

电泵的电动机同步转速 3000 r/min，单个叶轮质量 $m=1700$ g，叶轮半径 $R=83$ mm，该电泵叶轮外缘处允许不平衡质量 Δm 的计算如下：

a)计算允许不平衡量 U：

按本标准规定，叶轮静平衡允许不平衡量 $U=m\cdot e$。其中，叶轮质量 $m=1700$ g，允许偏心矩 e 根据电动机同步转速 3000 r/min，从图 B.1 中按 G6.3 级查得 0.02 mm，则 $U=m\cdot e=1700\times0.02=34$ g·mm。

b)计算充许不平衡质量 Δm：

$$\Delta m=\frac{U}{R}=\frac{34}{83}=0.41\ \text{g}$$

Δm 小于 3 g，按 3 g 执行。即该电泵叶轮外缘允许不平衡质量为 3 g。

中华人民共和国煤炭行业标准

煤矿水害防治水化学分析方法

MT/T 672—1997

Technical reguirement for hydrochemistry approach in coal mine water control

1 范围

本标准适用于煤矿水化学成分的检测。是制定矿区水化学成分检测规划、编制设计、检测报告的依据。

2 引用标准

下列标准所包含的条文,通过在本标准中引用而构成为本标准的条文。本标准出版时,所示版本均为有效。所有标准都会被修订,使用本标准的各方应探讨使用下列标准最新版本的可能性。

GB/T 8538—1995 饮用天然矿泉水检验方法
MT/T 201—1995 煤矿水中氯离子的测定方法
MT/T 202—1995 煤矿水中钙离子的测定方法
MT/T 203—1995 煤矿水中钙离子和镁离子的测定方法
MT/T 204—1995 煤矿水碱度的测定方法
MT/T 205—1995 煤矿水中硫酸根离子的测定方法
MT/T 206—1995 煤矿水硬度的测定方法

3 水化学检测项目及资料整理要求

3.1 确定检测项目的根据

按 GB/T 8538—1995 标准,从水害防治角度出发,水化学分析检测内容可选择常量离子分析;微量元素分析;放射性元素分析;同位素分析。

3.2 水化学检测项目

3.2.1 主要离子分析项目:

阴离子:Cl^-、$SO_4{}^{2-}$、$HCO_3{}^-$、$CO_3{}^{2-}$,$NO_3{}^-$、$NO_2{}^-$;

阳离子:Ca^{2+}、Mg^{2+}、Na^+、K^+、Fe^{2+}、Al^{3+}、$NH_4{}^+$。

3.2.2 其他化学组分:pH、酸度、碱度、各类硬度、SiO_2、耗氧量(COD)、溶解氧、H_2S、干涸残余物、CO_2等;

3.2.3 部分微量元素:F、Br、I、B、P 等;

3.2.4 同位素:D(氘)、^{18}O、^3H、^{34}S、^{14}C、U、Ra、Th、Rn 等。

3.3 资料整理要求

3.3.1 应将水样编号、分析编号、采集地点、时间、含水层、标高、出水形式、涌水量、水温、分析要求、采样人及备注等,记录在附录 A 表 A1 中。

3.3.2 主要阴阳离子分析结果用 mg/L、meq/L 和 meq/L%表示。ΣK(阳离子 meq 总量)和 ΣA(阴离子 meq 总量)分析结果应接近平衡。

中华人民共和国煤炭工业部 1997-12-30 批准　　1998-06-01 实施

$$e(\%)=\frac{\Sigma K-\Sigma A}{\Sigma K+\Sigma A}\times 100$$

3.3.3 主要离子 meq%大于 25 参加评定水质类型;介于 20～25 的成分作为参考成分,并用括号区别,如:

$HCO_3-Ca\cdot Mg$,$HCO_3\cdot SO_4-Ca\cdot(Mg)$等。

3.3.4 对同一矿区各种水样的 $K^{+}+Na^{+}$、Ca^{2+}、Mg^{2+}、HCO_3^{-}、SO_4^{2-}、Cl^{-} 的 mep%汇集于附录 A 表 A2 中的水化学类型三线图中,在图上圈出不同水化学类型区间,可直观地了解水化学演变趋势。

3.3.5 对重点取样点,应绘制出水化学动态变化曲线图,以了解地下水的动态变化。

3.3.6 稳定同位素 ^{18}O、D 检测值按 $\delta^{18}O$‰、δD‰(相对标准平均海水的千分值)表示。并将矿区各水样所测同位素标入(δD‰$-\delta^{18}O$‰)坐标系中,同时标出全球大气降水线 $\delta D=8\delta^{18}O+10$ 以作参照。

3.3.7 根据试验矿区所测得水化学同位素资料的相关性,进行系统化整理,从中找出规律性的分布和变化。反映水化学规律的水化学图件是水化学研究的重要手段。这些图件包括:矿区水化学类型分区图、各种离子等值线图、相关离子比例等值线图、特定离子对同位素值关系图、放水试验中离子等值线图、相关离子比例等值线图、特定离子对同位素值关系图、离子和同位素对时间关系图等。

4 水样采集处理和项目检测

4.1 水样采集

4.1.1 矿区地面的水样采集应选择有代表性地点,如泉水、抽放水钻孔、抽水机井和供水孔等。对于临时为采样而抽水的钻孔,应抽放出相当于钻孔内贮水的 2～3 倍水量之后再采集水样。不抽水的钻孔不宜取样。

4.1.2 矿坑井下含水层水样应采集钻孔涌水、放水孔出水、突水点水、井筒或巷道淋水点的淋水。

4.1.3 采集时应在现场测量水温,观察和描述水的外观物理性质(色、嗅、味、肉眼可见物质等),并尽可能在现场测量 pH 值。

4.1.4 取样后及时将填好的标签贴在水样瓶上,并填好送样单注明特殊要求。

4.1.5 盛水样容器应清洗干净,并用水样水涮洗 3 次以上。

4.1.6 水样采集后应认真仔细密封。

4.2 水样处理和保存

水样采集后应按要求尽快分析,部分易变的元素和组分必须预处理后方可送样。

4.2.1 原水样:水样不加任何保护试剂处理,可供测定的项目有 pH 值、游离 CO_2、HCO_3^{2-}、CO_3^{2-}、NO_3^{-}、NO_2^{-}、Cl^{-}、SO_4^{2-}、HPO_4^{2-}、F^{-}、Br^{-}、I^{-}、K^{+}、Na^{+}、Ca^{2+}、Mg^{2+}、硬度、NH_4^{+}、HBO_2、耗氧量、SiO_2 等。水样量不少于 2000 mL。

4.2.2 酸化水样:如果水样因其他要求需进行多种金属离子分析,则需进行现场酸化处理。其方法是用容量 1000 mL 的干净容器,用欲取水冲洗后,加入 5 mL 1∶1 硝酸溶液,转动容器使酸浸润内壁再装满水样摇匀,使水样 pH≤2,密封,此水样可供测定 Cu、Pb、Zn、Cd、Mn、Fe、Ni、Co、总 Cr、Hg、Li、Be、Sr、Ba、Ag、V 等。如要精确测定水中 Fe^{2+}、Fe^{3+} 时需要另取水样 250mL 于容器中,加入 2.5 mL 1∶1 硫酸摇匀、密封,供化学方法比色分析。

4.2.3 测定硫化物的水样需单独处理:在容量 500mL 硬质玻璃瓶中加入 10 mL 20%醋酸锌溶液和 1 mL 1 mol 氢氧化钠溶液,然后注满水样(近满)塞紧橡皮塞摇匀密封,在标签上注明外加试剂准确量。

4.2.4 水样的 pH、CO_2、Rn 需取样后尽快检测,如果水样中 HCO_3^{-} 含量大于 1000 mg/L 也需在取样后立即测定。

4.2.5 环境同位素 D、^{18}O、T 水样不作任何处理,要密封运送,避免蒸发分馏。

4.3 检测方法

常量离子 Ca^{2+}、Mg^{2+}、SO_4^{2-}、Cl^{-}、HCO_3^{-}、CO_3^{2-}、总硬度按 MT 201、MT 202、MT 203、MT 204、

MT 205、MT 206 标准检测。

其他项目按 GB/T 8538 进行。

5 判别水源基本方法

对矿井造成威胁的水源主要来自厚层灰岩岩溶水、其他强富水含水层或地表水。不同水源存在环境和水交替强弱的信息在水化学特征上的表现不同，因此水化学特征的分析研究，是判别矿井突水来源的有效方法。

对于可能发生井下突水的矿井，应建立矿区各含水层水化学档案，以便有准备的应付突水事故，做到快速准确地判别水源。水源判别的技术要求如下：

5.1 "按 3.2"检验项目和要求采集各含水层水样，并按 GB/T 8538 进行检测。

5.2 "按 3.3"系统地整理各项检测资料，列出各主要含水层的典型水化学特征，并着重根据以下检测资料判别水源。

5.2.1 关于以主要离子的毫克当量比值确定突水水源见附录 B(B1)。

5.2.2 关于以水样中 NH_4^+、NO_2^-、NO_3^-、COD 和部分微量元素 Mn^{2+}、Fe^{3+}、Br^-、H_2S 等含量值确定地下水的地化环境和氧化还原条件见附录 B(B2)。

5.2.3 关于以放射性元素的特征判别地下水水源见附录 B(B3)。

5.2.4 关于以同位素特征判别地下水水源见附录 B(B4)。

5.3 结论的相互验证：

环境同位素研究结果与水化学各种组分分析结果以及氡的分布规律等结论必须相互一致，彼此验证，并画出相应的对比曲线进行结果比较，使其结论更符合客观实际。

6 煤矿水害防治水化学检测研究报告

报告主要内容应包含：

反映通过上述工作过程和采用的技术方法；

建立矿区不同含水层资料档案，指出不同水源的差别和联系，提出判别主要指标；

对井下突水中的混合水从水质上进行混合比例计算；

应用水文地球化学理论研究和描述试验矿区地下水贮运规律，掌握不同含水层水源现状，并预测水源变化趋势。

通过上述研究试验，不仅可以快速判别矿井各突水点水体来源，而且对矿井突水发生和变化趋势作出预测预报，为矿井防治水提供依据。

附 录 A

（标准的附录）

同一矿区各种水样分析

水样标签

孔(泉)号		样品编号	
取样地点			
取样深度(标高)		水源种类	
涌水量		出水形式	
含水岩性		透明度	
水温		气温	
取样日期		取样人	
化学处理方法			
分析要求			
备注			

水分析送样单

送样单位

取样日期

送样日期

分析编号	取样编号	取样地点	采取层位标高	水源种类	水样物理性质色味透明度	分析项目	备注

收样日期　　送样人　　收样人

煤矿地下水化学分析报告单

送样编号________

实验室编号________

取样地点________矿________孔，层位________标高________m

出水年代　　　钻孔抽水：　　　井下突水：　　　井下放水：　　　风井供水，　　　（打√）

涌水量________m^3/min，水温________℃，颜色________其他________

取样时间____年____月____日，分析时间____年____月____日

送样单位注明和要求：

离子	mg/L	meq/L	meq/L%
Na^+			
K^+			
Ca^{2+}			
Mg^{2+}			
Fe^{2+}			
Fe^{3+}			
NH_4^+			
合计			
Cl^-			
SO_4^{2-}			
HCO_3^-			
CO_3^{2-}			
NO_3^-			
NO_2^-			
合计			

微量元素	mg/L	微量元素	mg/L
F		Al	
Br		Cn	
I		Pb	
B		Hg	
HPO_4^{2-}		Cd	
		As	
Li		Cr	
Sr			
Zn			
Mn			

同位素组分		
	$\delta^{18}O$‰	
	δD‰	
	^3H	Tn
	^{222}Rn	Bq

项目	$CaCO_3$,mg/L	项目	$CaCO_3$,mg/L
总硬度		离子总量	
总酸度		固形物	
总硬度		矿化度	
暂时硬度		COD	
永久硬度		SiO_2	
负硬度		H_2S	
pH		耗氧量	
		溶解氧	
		游离 CO_2	

（水化学类型三线图）

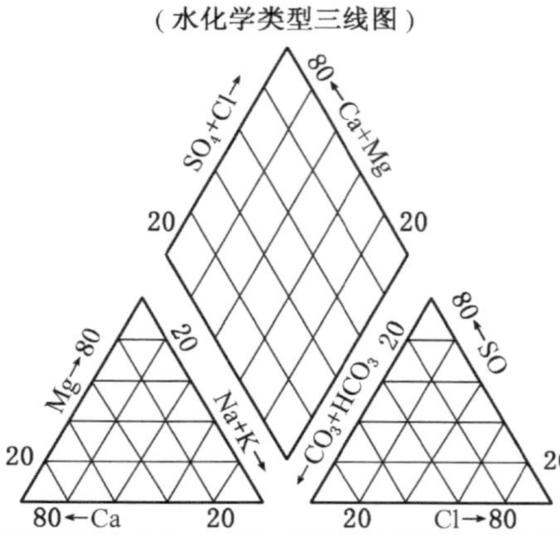

水质类型	

化验员

备注

化验单位　　　　　　　　　　　　审核

附 录 B

（提示的附录）

用主要离子的毫克当量比值确定突水水源

B1 以主要离子的毫克当量比值确定突水水源：

对于矿化度较低的溶滤水，当 $rNa/rCl>1$，则多属于砂岩裂隙水或第四系冲积层水，$rNa/rCl\approx1$ 多属于灰岩水，当第四系水与奥灰水质类型一致而难以分辨时，应用该比值判别以上二种水源是一种有效的指标；$(rNa-rCl)/rSO_4>1$，$rNa/rCl>1$ 为砂岩水的特征，$rNa/(rCl+rMg)<1$ 则可能有灰岩水混入。

水样 SO_4^{2-} 含量较高，$rSO_4/rCl>5$ 为煤矿薄层灰岩水特征。但如矿化度较高，pH 值较低，则有可能为老窑水。

B2 以水样中 NH_4^-、NO_2^-、NO_3^-、COD 和部分微量元素 Mn^{2+}、Fe^{3+}、Br^-、H_2S 等含量值确定地下水的地化环境和氧化还原环境：

地下水中含有 NO_2^-、Mn^{2+}、Fe^{2+}、H_2S 等组分，并且溶解氧很低甚至趋近于痕量，则认为水源处于还原环境，其水交替迟缓，属于封闭性水源，这类水多属于煤系水、老窑水，一般补给量有限。对于迳流条件较好，补给量丰富的奥灰水一般不出现这类还原态的离子或组分。但在水源受污染时，则有可能出现 NO_2^-。

地下水中 NH_4^-、NO_2^-、NO_3^- 含量较高，表示水源与地表污染水有联系，如只出现 NO_2^-、NO_3^-，则属于无机成因或水体虽受过污染，但已自净。含有 Br、B，反映水源处于特定的地化环境。

B3 以放射性元素的特征判别地下水水源：

对于非放射性矿床并排除火成岩入侵影响的煤矿地下水，Rn 含量背景值小于 37 B/L(10emem)，其含量主要决定于岩石的射气系数即松散程度，因此冲积层水中 Rn 含量比同一水质类型的奥灰水高，使其成为判别两种水源的特征指标之一。如果井下突水中富含 Rn，并 Na^+ 含量明显增加，则有可能为冲积层水的补给。

B4 以同位素元素的特征判别地下水水源：

应用环境同位素资料，在 $\delta D‰\sim\delta^{18}O‰$ 坐标图中，标出所测水样在图中位置，并按全球降雨线方程 $\delta D=8\delta^{18}O+10$ 比较同位素值分布规律。根据煤矿区具体条件，应用 $\delta^{18}O$ 值计算地下水补给高程，找出不同含水层水源的同位素差值规律，计算不同水源的混合比例等。

地下水中氚(T)是雨水进入地层后运贮时间的标记，可以作为不同水源相对年龄的比较，由于不同年代雨水输入中氚含量存在差别，在资料的运用中要考虑具体的水文地质条件。

中华人民共和国煤炭行业标准

矿井生产时期排水技术规范

MT/T 674—1997

Technical specification for drain of mine water during the period of production

1 范围

本标准规定了生产矿井排水系统的技术要求。

本标准适用于井工矿井生产时期抽排直接涌入矿井的地表水和地下水使用的主要排水设备和设施。

2 引用标准

下列标准所包含的条文,通过在本标准中引用而构成为本标准的条文。本标准出版时,所示版本均为有效。所有标准都会被修订,使用本标准的各方应探讨使用下列标准最新版本的可能性

煤矿安全规程

GB 50215—94 煤炭工业矿井设计规范

GB J17—88 钢结构设计规范

GB 8978—88 污水综合排放标准

MT 5010—1995 煤矿安装工程质量检验评定标准

煤矿机电设备检修质量标准

煤矿矿井机电设备完好标准

生产矿井质量标准化标准

矿井水文地质规程(试行)

煤矿防治水工作条例

煤矿井下排水设计技术规定(试行)

3 排水泵房

3.1 吸入式卧泵房

3.1.1 主要泵房至少有两个出口,一个出口用斜巷通到井筒,并应高出泵房地面 7 m 以上;另一个出口通到井底车场,在此出口的通道内,应设置易于关闭的既能防水又能防火的密闭门。泵房和水仓的连接通道,应设置可靠的控制闸门。

3.1.2 主要泵房的地面应高于与之相连通的井底车场底板 0.5 m。同一水平的各个泵房的地面标高宜相同。泵房应无淋水;地面、电缆沟、通路应无积水。

3.1.3 主要泵房应设置在围岩稳定的地段,必须离开采动影响范围与破碎带;硐室与井筒或巷道的距离应满足安全岩柱要求。

3.1.4 主要泵房应设置在由矿井防水闸门群构筑的保护范围内。当防水闸门关闭时,泵房必须留有形成独立通风的巷道。

中华人民共和国煤炭工业部 1997-12-30 批准　　1998-06-01 实施

3.1.5　泵房位置应在管线最短、便于撤人、运物、通风良好的地方。一般宜设置在井底车场与副井井筒连接处附近空车线一侧。泵房与井下中央变电所宜组成联合硐室。

3.1.6　每台泵应有单独的吸水井，单台水泵流量小于 100 m^3/h 时，可以两台共用一个吸水井，但两吸水罩边缘间距应大于 2 倍的吸水管公称直径。吸水井应有盖板。

3.1.7　水泵、吸水管、配水井(或吸水井)、水仓之间主要相关尺寸，应满足下列条件(见图 1，图 2)：

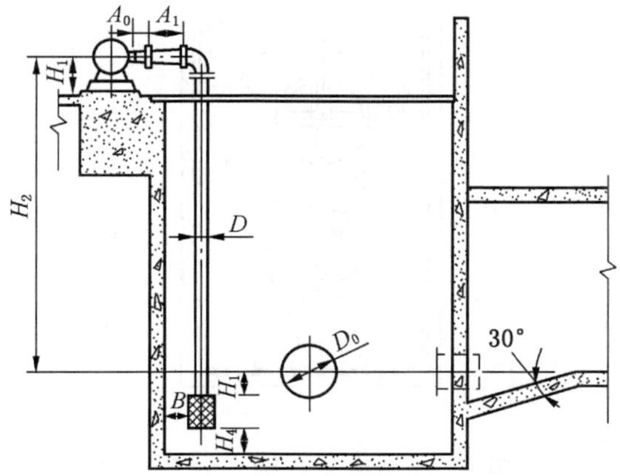

A_0—大于或等于 0；A_1—不小于大小管径差的 5 倍；

A_0+A_1—水泵入口前直管段总长度，不小于 3 的水泵吸水口直径；

B—吸水管滤网边缘距最近井壁的间距，不小于 1.5D；

D—吸水管公称直径，mm；D_0—配水阀门公称直径，mm；

H_1—水泵轴中心线到泵房地面的高度，m；H_2—水泵轴中心线到水仓底板的高度，m；

H_3—(配、吸)水井最低水位到吸水管口的距离，不小于 1.5D，且不小于 500 mm；

H_4—吸水管滤网下缘距井底距离，不小于 1.5D，且不小于 500 mm

图 1

水泵轴中心线到水仓底板的高度按式(1)计算。

$$H_2 \leqslant H_{am} - \Delta H - \frac{V^2}{2g} \tag{1}$$

式中：

H_{am}——与水泵工况点对应的允许吸上真空高度，m；

ΔH——吸水管阻力损失，m；

V——水泵吸入口流速，m/s。

3.1.8　连接吸水井的配水闸阀公称直径应符合式(2)的要求：

$$D_1 = 26.3\sqrt{Q_1} \tag{2}$$

连接水仓的控制闸门公称直径应符合式(3)的要求：

$$D \geqslant 19\sqrt{Q} \tag{3}$$

式中：

D_1——配水闸阀公称直径，mm；

D——水仓控制闸门公称直径，mm；

Q_1——一台水泵的工作流量，m^3/h；

Q——泵房全部工作水泵的总流量，m^3/h。

3.1.9　主要泵房应配备有水力射流泵或气升泵、排污潜水泵等作为清理吸水井淤泥的工具。

3.1.10　泵房高度应满足检修时起吊的要求，应在吸水井壁龛和排水设备的顶部，设起重梁。

3.1.11　泵房应铺设运送排水设备的轨道，并与井底车场相通，在相通点应设有转车间隙。排水设备之

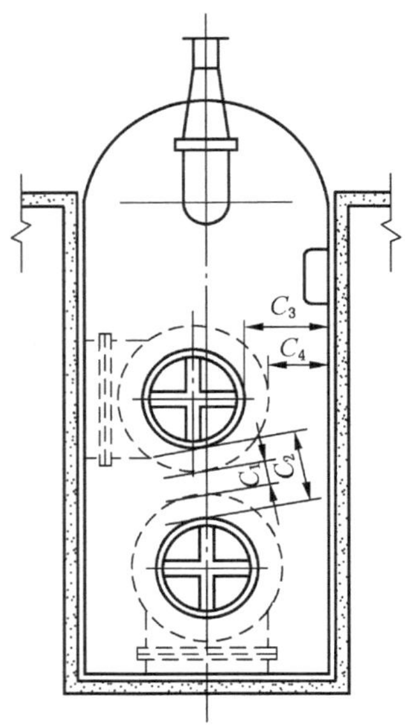

C_1—配水阀之间最小净距，不小于 150 mm；

C_2—配水阀操作手轮之间净距，不小于 500 mm；

C_3—不小于 700 mm，(当双配水井集中布置共用一个壁龛时，可不受限制)；

C_4—不小于 200 mm

图 2

间应设有充分的检修空间，泵房轮廓尺寸要满足设备最大外形尺寸、通道宽度和安装检修的要求。水泵机组的基础应高于泵房地面 50 mm 以上，基础边缘到吸水井一侧硐室壁的距离应不少于 700 mm。泵房地面向吸水井方向应呈负坡度。

3.1.12　当所有排水设备同时使用时，泵房温度应不高于 34 ℃，否则应采取降温措施。

3.1.13　泵房必须采用不燃材料支护。

3.1.14　按设计要求预留有备用泵及相应设施的位置。

3.2　泵房

3.2.1　泵房与井底车场连接的斜通道上口地面，应高于连接处车场底板 0.5 m，或采取其他阻水措施，防止井底车场积水流入泵房。

3.2.2　泵房与车场或大巷相通的所有通道必须设防水密闭门。

3.2.3　泵房应和操作配水闸阀的巷道有通路连通，以备密闭门关闭后控制配水闸阀。

3.2.4　泵房支护和吸水巷道的密闭墙应能防止水仓和围岩水渗漏。围岩应能承受水仓与泵房高差形成的压力。

3.2.5　必须设有安全水仓和水窝，其容积应不小于一趟最长排水管路的容积。安全水仓应至少配备两台排水泵(其中一台备用)，将积水排至水仓，排水泵应能按水仓水位自动开停，并有手动控制系统备用。

3.2.6　管子道上部平台标高必须高于井底车场地面 7 m 以上，作为安全通道。

3.2.7　泵房位置、内部尺寸、温度、出口通道数量、断面形状、预留位置等方面的要求同吸入式卧泵房。

3.3　潜水泵井

3.3.1　井深应满足泵长、淹没泵顶深度、泵底容渣距离和布置清淤设备空间的要求。群泵布置时，还应满足各泵吸水口在垂直方向吸入水影响范围的间距不小于 0.5 m 或设备说明书规定距离的要求。

3.3.2　井径应满足吸水罩最大外廓尺寸、过水面积、安装间隙的要求。群泵布置时，泵间外缘距离应满足安装间隙和水平方向吸入水影响范围的间距不小于 0.5 m 或设备说明书规定距离的要求，脱罩布置时，来水流向、流速应满足电机散热、不积垢的要求。

3.3.3 采用暗井布置方式时，井窝以上反井部分高度应满足承重梁、检修操作盘、提吊机具所需高度。

3.3.4 采用大直径钻孔直通地面排水布置方式时，承重梁、操作盘、提吊机具应设置在地面。井架允许荷重应满足提吊一组泵组（泵、管）的重量。井架高度应满足潜水泵和水管装拆以及吊具所需高度。

3.3.5 承重梁的强度、刚度和总体及局部稳定性必须按“钢结构设计规范”要求计算，能承受停电时所有水泵同时发生水锤作用引起的动、静载荷。

3.3.6 承重梁应用地脚螺栓固定在混凝土基础上。在地面建筑时，基础底面积应满足上述载荷条件下承力土层的允许地耐力的要求。

3.3.7 泵井应设置在基岩中，离煤层的隔离岩柱厚度应能承受煤与瓦斯突出压力和地应力的要求。必须揭露煤层时，应采取防突和隔离措施。通过含水岩层时，应采取予处理措施防止突水（疏干井除外）。

3.3.8 潜水泵井应设置在无直接落煤的井筒内。有突水危险的大水矿井的提升井筒底应按潜水泵井要求设置，以备突水时使用。

3.3.9 斜式潜水泵井，应设有轨道、滑架提吊装置。滑架高度应满足吸入水影响范围要求，并有防脱轨装置。

3.3.10 卧式潜水泵井应设有支承泵体的底架，底架高度应满足吸入水影响范围和容淤容积的要求，卧式潜水泵井顶部应设置提运设施。

3.3.11 无论潜水泵作立式、卧式、斜式布置，其泵井底部均应留有足够的容淤容积和配备清淤机具，如潜水搅拌机或射流（水枪）器械，保证任何时候淤积物顶部距泵底不少于 0.5 m。

3.3.12 矿井水应经沉淀池、水仓进入潜水泵井，与潜水泵井相接的流水通道的标高，应低于水仓水面以下，防止悬浮物进入。

4 水仓、水沟、沉淀池

4.1 矿井正常涌水量在 1000 m^3/h 及其以下，主要水仓的有效容量应能容纳 8 h 矿井正常涌水量；大于 1000 m^3/h，按《煤矿安全规程》有关公式计算，但不得小于 4 h，矿井最大涌水量同正常涌水量相差特大的矿井，应编制专门设计。

4.2 水仓的底板标高必须满足水泵允许吸上真空高度的要求。

4.3 水仓流水断面和坡度应满足在正常涌水量条件下的沉淀需要，否则，应另设沉淀系统。为便于淤泥沉淀和清理，水仓向配水仓方向设反坡，坡度为 1‰～2‰。并应在水仓最低点设积水窝。

4.4 主要水仓必须有两个以上独立的水仓，当一个水仓清理时，其他水仓能正常使用，水仓之间应互不渗漏。

4.5 水仓位置应设置在稳定基岩中，应位于矿井防水闸门群所形成的保护范围内。水仓入口一般应位于井底车场内标高最低处。

4.6 水仓应设有水位监测设施。其空仓容量应经常保持不小于总容量的 50%。水仓内的最高水位必须低于泵房底板 1～2 m，水仓顶必须低于附近巷道最低点的水沟底。对潜水泵水仓的最低水位应有监控功能。

4.7 大巷水沟、分区沉淀池和水仓等应能共同承担采煤工作面出水点所带出的煤泥沉积要求。沉淀池的流动速度应限制在 100 mm/s 以内。

4.8 大巷水沟的坡度、断面（或称过水量）应满足最大涌水量需要。

4.9 水仓、水沟、沉淀池应配有清仓系统或清仓机具。

4.10 水仓进口处应设置篦子，篦子的孔眼尺寸应能防止岩块、木块、木渣、纤维状物料进入水仓。

5 排水管路

5.1 主排水管路必需设工作和备用的水管，工作水管的能力，应在 20 h 内排出矿井 24 h 的正常涌水量；全部管路的总能力应在 20 h 内排除矿井 24 h 的最大涌水量。

5.2 排水管路必须能承受内水静压、水锤动压、钢管自重和温度应力叠加产生的载荷。还应能承受1.25倍设计工作压力的压力试验。

5.3 立井管路应设在井筒管子间内，并用导向卡定位，最大允许卡距应满足轴心受压构件不失稳条件。

5.4 斜井管路应设在悬臂架上或底板混凝土墩上，其间距在4～8 m，每隔50 m固定，并应留有足够的安装和检修位置。管道设在人行道上方时，吊挂高度应不小于1.8 m。

5.5 管路下端应设金属弯管支座。排水高度大时，可以分段选择管壁厚度。分段设直管支座，第一道直管支座宜布置在距井口100 m左右处。管座应固定在专设钢梁上，底部和中间支座梁的强度、刚度、总体和局部稳定性及梁基础强度均应按"钢结构设计规范"计算，能承受所有管道同时发生水锤时的动、静载荷。

5.6 水泵出水管上应装逆止阀和操作闸阀，逆止阀应装在操作闸阀之上。泵排出管与泵房环形管路之间应装控制阀。环形管路上应装设放水管和放水闸阀，放水管和放水闸阀能分别将每条管路内的水放入水仓。

5.7 大比转数泵(如大型潜水泵)须开启闸门起动者，逆止阀座上要留有泄流孔，水泵不得并联布置。

5.8 水泵吸水管内不应有残存气体的地方，吸水管内的任何部分都不应高于水泵入口，吸水管径应大于水泵吸水口径，吸水罩滤网过流面积应为吸水管口面积的2～4倍。

5.9 管路、管件及连接螺栓应进行防锈处理。

5.10 排水管路通道和钻孔管路应设置在稳定地层，不受采动影响。钻孔管路的落地位置不得在泵房、硐室、巷道顶部布置，孔间距宜大于10 m，落地端必须设弯管支座支承，管座上部空帮高度应不大于5 m。

5.11 钻孔管路的钻孔直径宜比管径大50～60 mm。钻孔施工时应防止塌孔，管壁间应用水泥浆固井。应无漏水、淋水。

5.12 钻孔管路接头的强度不得低于管路材料强度。

6 排水设备

6.1 主排水泵的工作水泵能力，必须在20 h内排出矿井24 h的正常涌水量；备用水泵能力应不小于工作水泵能力的70%；工作和备用水泵的总能力，应能在20 h内排出矿井24 h的最大涌水量；有突水危险矿井可另增设排水能力或予留水泵位置。

6.2 排水设备的运行状态应达到《煤矿矿井机电设备完好标准》和《生产矿井质量标准化标准》的规定。

6.3 排水设备的检修应达到《煤矿机电设备检修质量标准》的规定。

6.4 排水设备的安装应达到《煤矿安装工程质量检验评定标准》的规定。

6.5 排水设备的经济指标：

a)额定效率一般应不低于0.76；

b)运行工况点的效率不得低于额定效率的0.9倍；

c)主排水工序能耗等级指标：立井按表1规定定级，斜井按表1值乘以表2修正系数定级。均不应低于三等。

表1 主排水工序能耗等级划分

等级	一等	二等	三等
主排水工序能耗值 wh/t·hm	≤0.401	0.402～0.441	0.442～0.50

6.6 水仓的空仓容量不足水仓总量的50%时，不得高水位排水。选用水泵的允许吸程应与泵房吸水井深配套。当不能满足实际吸水高度要求时，可在吸水管中串接辅助泵。

6.7 有突水危险的矿井，正常涌水量时排水管路满足经济流速要求；最大涌水量或突水量时，实际运行工况点的排水量满足 20 h 内排出矿井 24 h 的最大排水量的要求。

6.8 设备选型应符合矿井水质要求，当矿井水 pH<5 时应按防酸要求选型；当选用污水泵效率不能满足要求时，可将矿井水清、污分流、分排或净化；排水中含有固体颗粒时，为防止颗粒沉降，排水管路流速不得低于最小临界速度。

表 2 斜井排水工序能耗修正系数

倾角＼垂高	100 m	200 m	300 m	400 m	500 m	600 m
10°	1.18	1.25	1.29	1.32	1.34	1.35
15°	1.11	1.15	1.18	1.19	1.21	1.21
20°	1.07	1.10	1.12	1.13	1.14	1.14
25°	1.05	1.07	1.08	1.09	1.10	1.10
30°	1.04	1.05	1.06	1.07	1.07	1.07
35°	1.03	1.04	1.05	1.05	1.07	1.07
40°	1.02	1.03	1.03	1.04	1.05	1.05
45°	1.02	1.02	1.03	1.03	1.03	1.03
50°	1.01	1.02	1.02	1.02	1.02	1.02
55°	1.01	1.01	1.01	1.01	1.02	1.02
60°	1.00	1.01	1.01	1.01	1.01	1.01

6.9 引水装置必须可靠，应能在 5min 内起动水泵；采用高压水射流引水时，每个泵房至少有一台水泵的吸水管要设底阀，大水矿井则至少两台，并且在地面排水管口有灌水装置或以压缩空气、洒水管压力水作备用。

6.10 水泵选型应满足排水系统稳定性要求，符合公式(4)：

$$0.9H_0 > H_g \tag{4}$$

式中：

H_0——水泵关闭闸阀的扬程，m；

H_g——排水测量高度(排水高度和吸水高度之和)，m。

7 排水供电

7.1 主排水设备应有两个电源供电。当发生任何故障时，两个电源的任何部分应不致同时受到损坏；当发生任何故障在保护装置动作正常时，应有一个电源不中断供电；又当发生任何故障且主保护装置失灵，致使两个电源中断供电后，应能在有人值班处进行操作迅速恢复一个电源的供电。

7.2 对井下各水平中央变电所和主要水泵房的供电线路不得少于两回。应引自地面变电所的不同母线段，并宜按不同路径敷设，电缆通路应不受采动影响。当任一回路停止供电时，其余回路应能担负全部负荷的供电。下井电缆可沿井巷和钻孔敷设。电缆的选用、连接、悬挂应符合《煤矿安全规程》的有关规定。

7.3 排水电气设备的选用，应符合《煤矿安全规程》规定。配电设备应同工作、备用以及检修水泵相适应，并能同时开动工作和备用水泵。

7.4 井下中央变电所宜选用不充油电气设备。选用充油电气设备时，井下中央变电所与主排水泵房之间以及变电所内变压器室之间，均应设水闸门。

7.5 水泵高压电机，应有短路、过负荷和欠电压释放保护；潜水泵电机还应设水位、电机绕组温度保护；真空开关起动的电机还应设过压保护。

7.6 井下中央变电所的电源开关与联络开关的过流保护按最大负荷运行方式整定。

7.7 主排水设备应设集中监测装置;监测水泵流量、压力、真空度、闸阀开度、电流、电压、电机温度、水仓水位。采用增安型和水冷电机的排水设备,应设集中监控装置(监控冷却水系统,电机绕组、轴承的测温系统运行情况)。水冷电机的外壳应设隔热层。增安型电动机的过流保护特性曲线的动作时间(含保护装置动作的机械惯性所耗费的时间)必须小于电动机堵住温升时间 t_e 及 t_e 终了时的堵住电流 I_{te}。

7.8 露天设置的潜水泵电控设备,应采用密封结构,并设有自动加热器,保持柜内温度高于环境温度 5 ℃。柜顶应设有供远距离观察电控状态的显示装置。

7.9 排水电器设备应满足井下潮湿环境的耐潮要求。水泵电机应设置防凝露设施,加热器须采用密封型电热器,隔爆型空间的加热器,尚可采用非密闭型电热器。

7.10 泵与电器控制设备相距超过 50 m 时,要设有可靠信号装置或远距离控制装置。泵房需要设置与矿井电话网相联的电话设备。

7.11 在主要泵房、井下中央变电所、井底车场布置的电气设备的标高,应不低于水泵电机绕组下部(可用于水下的电缆除外)。必须低于水泵电机绕组下部的电器设备,应另设馈电开关供电。

7.12 电缆钻孔应无淋水;电缆应采用镀锌钢丝绳悬吊在钢架上;井上、下孔口的电缆均应留有事故处理所需余量;出孔上杆电缆应设钢管保护;孔口应高出当地最高洪水位并加有盖板。

8 矿井水的地面排放

8.1 矿井水应排至矿井水力影响半径以外,不应回渗倒灌井下。

8.2 矿井水的排水沟应结合矿井疏水、防水和排水系统统一布置;尽量整治利用原有沟道;应避开露头、塌陷、裂隙、透水层、钻孔和建筑群;以较短的途径排至矿外的河沟。

8.3 矿井水应尽可能综合利用、灌溉农田。当水质不适合时,应避免污染农田和水源。在山前平原的矿井,应根据水流方向,结合农田水利布置干渠、支渠,搞河网化排水。

8.4 矿井排放水要满足国家环境保护局规定的污水排放标准。矿井水与生活污水可采用分流、合流或部分合流的排水系统,应根据污水的性质、数量,排放和处理要求等因素,经技术、经济比较后确定;当污水必须处理时,宜采用生活污水与井下排水分流的排水系统。

8.5 排水沟应设置流量测量装置。

8.6 排水沟应按矿井最大涌水量和允许的不冲、不淤流速设计,其断面、水位、纵坡、边坡系数、渠床糙率及桥涵、建造材料等尚应符合国家现行有关标准的要求。

中华人民共和国煤炭行业标准

MT/T 675—1997

露天煤矿边坡模拟试验方法

1 范围

本标准规定了露天煤矿边坡变形与破坏模式的底摩擦模型法和相似材料模型法二维模拟试验原理、材料、仪器和设备、试验步骤和分析评价。

本标准适用于露天煤矿边坡模型模拟试验。

2 引用标准

下列标准所包含的条文，通过在本标准中引用而构成为本标准的条文。本标准出版时，所示版本均为有效。所有标准都会被修订，使用本标准的各方应探讨使用下列标准最新版本的可能性。

GB J123—88 土工试验方法标准

3 定义

本标准采用下列定义。

3.1 模拟试验 simulation test

依据工程岩体原型制作模型，通过模型研究工程岩体之工程性质的试验。

3.2 底摩擦模型 base friction model

用模型底面摩擦力来模拟自重应力，并按相似理论制作的模型。

3.3 相似材料模型 similar material model。

用与工程岩体原型物理力学性质相似的材料按相似理论制作的模型。

3.4 定性模型 qualitative model

不要求严格遵循各种相似关系，而只需满足主要的相似常数的模型。

3.5 定量模型 quantitative model

主要物理量都应满足相似关系的模型。

4 底摩擦模型法

4.1 原理

将按工程地质剖面制作的模型平躺在底摩擦模型试验机的胶带上，胶带运动时拖动模型，模型受档板限制，作用在档板上的力 F_b 等于胶带拖动时作用于模型底面的摩擦力，用此摩擦力来模拟岩体重力。如图 1 所示。

在自重作用下，单元 dz 所受摩擦力 dF_b 为：

$$dF_b = \mu_b \rho t \, dx \, dz$$

式中：μ_b——模型底面与胶带间的滑动摩擦系数；

ρ——模型材料的重力密度；

t——模型厚度；

$dx\,dz$——模型中单元 dz 的面积。

中华人民共和国煤炭工业部 1997-12-30 批准　　1998-06-01 实施

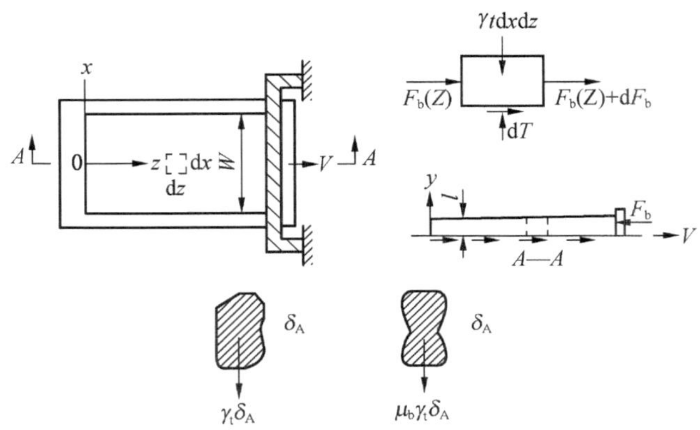

图 1　底摩擦模型模拟试验原理图

假设胶带匀速运行，则 Z 方向有：

$$F_b=\int_x^z dF_b$$

模型宽为 W，长为 Z 时，底面摩擦力为：

$$F_b(Z)=\mu_b\rho tWZ$$

则模型顶部的应力分布为：

$$\sigma_z=\mu_b\rho Z;\sigma_y=0;\sigma_x=\mu\sigma_t$$

式中：μ 为泊松比。

本标准中底摩擦模型为定性模型，要求模型与原型之间满足重力相似、几何相似和结构相似，优势结构面宜保持力学相似。

4.2　材料、仪器和设备

4.2.1　模型材料；

4.2.2　底摩擦模型试验机：框架内尺寸顺皮带长为 86 cm，宽为 89.5 cm，胶带宽为 91 cm，模型与原型比例一般可选择 1∶500～1∶2000；

4.2.3　模型制作用具；

4.2.4　测量仪表和影像记录设备，包括摄录像系统、放像系统和照像机等；

4.2.5　天平：量程 300 g，准确度 0.001 g；

4.2.6　量筒：量程 10 mL，准确度 0.1 mL；

4.2.7　秒表。

4.3　试验步骤

4.3.1　确定模型尺寸

根据模型框架尺寸和所研究工程岩体对象，按比例建立工程岩体地质剖面模型，并绘制模型图。

4.3.2　选用模型材料

常用的模型材料有如下四类，可依据具体试验条件加以选择：

a)可塑性材料

如明胶、橡皮泥、泡沫塑料，油泥和粘土及其与砂子的混合材料等。材料具有塑性，并可任意切割。

b)块体成型材料

如玛赛克、铅块、水泥块、铁块、木块、塑料块、石膏块等。材料可制作或浇铸成不同规格的块体，以便任意配置成不同岩体结构系统和边界条件。

c)膜状材料

如云母片、塑料薄膜片等。可模拟煤系地层中一些强度较低的结构面，如断层面、弱层面等。

d)涂层材料

如石膏粉、滑石粉、重晶石粉、各色颜料和调制用水等。用作模型表面涂刷层。

4.3.3 制模

把工程地质模型剖面图绘制在胶带上，然后按图所示的不同工程性质岩层和所选定的模型材料制作模型，使其处于初始状态。

按岩体赋存形态由底部至顶部逐层摆放制作。顺层方向要依次摆放，以保持岩层的连续性；切层方向按岩层结构排列；弱层、断层破碎带和采空区用相应材料摆放。

根据模型材料块体大小、摆放方法可定性地模拟具有不同力学性质、结构系统的工程岩体。

4.3.4 涂层

在模型表面涂厚约 0.2～0.8 mm 的涂层。

通过调整涂层材料的配比，使涂料粘结强度有所区别，以适应各岩组强度的差异。并对每一岩层涂以不同颜色，以利识别。

4.3.5 绘制标志点和标志线

涂层干透后，在涂层上绘制标志点和标志线，进行编号，其布置原则是：

a)标志点应覆盖整个边坡剖面，并应形成数条完整的标志线(水平和垂直)；

b)点、线数量与疏密程度可依据实际需要而定；

c)弱层和断层带附近要加密布置；

d)边坡面附近也应布置标志点。

4.3.6 安装测量仪表及影像记录设备

测量系统固定在模型表面和框架上；摄录像机、照像机安装在模型框架上方的摄影架上。

4.3.7 试验和测试

试验前，要记录模型初始状态。

然后从初始位置起按设定的边坡轮廓逐步开挖边坡，分阶段运行试验。

运行时要求平稳均匀加速，其胶带运行速度为 20～80 mm/s。

各阶段边坡轮廓的运行试验开始即进行变形测量和影像记录工作，并要求作变形过程与破坏现象的动态描述。待变形稳定后方可进行下阶段边坡轮廓的开挖运行试验工作，直至破坏为止。

4.3.8 试验资料整理

根据各阶段边坡试验获得的数据整理和影像记录资料回放，给出：

a)标志点位移轨迹图；

b)不同时段标志线位置变化图；

c)各阶段边坡剖面位移轨迹图。

5 相似材料模型法

5.1 原理

本标准采用在相似材料模型试验架上竖向摆设的二维平面应力模型，用材料的自重来模拟岩体重力，模型与原型之间应满足下列相似关系。

5.1.1 几何相似

在竖向平面上几何相似：即：

$$\alpha_L = L_p / L_m$$
$$\alpha_A = L_p^2 / L_m^2 = \alpha_L^2$$

式中：

α_L、α_A——分别为长度、面积相似常数；

L_p、L_m——分别为原型、模型的线性尺寸。

5.1.2 物理力学相似

主要考虑岩体重力密度和强度相似常数；即：

$$\alpha_\rho = \rho_p / \rho_m$$
$$\alpha_\sigma = \sigma_p / \sigma_m$$

式中：

α_ρ、α_σ——分别为重力密度和强度相似常数；

ρ_p、ρ_m——分别为原型和模型材料重力密度；

σ_p、σ_m——分别为原型和模型材料的强度。

强度相似主要指模型材料剪切强度指标(凝聚力 C 和内摩擦角 φ)与原型相似，满足

$$\alpha_c = \alpha_p \cdot \alpha_L$$
$$\varphi_p = \varphi_m$$

式中：

α_c——凝聚力 C 的相似常数；

φ_p、φ_m——分别为原型和模型材料的内摩擦角。

同时兼顾抗压强度 σ_c 和变形参数(弹性模量 E 和泊松比 μ)的相似性。

5.2 材料、仪器和设备

5.2.1 相似材料；

5.2.2 相似材料模型试验架：

试验架内框尺寸：长×宽×高为(2～5)m×(0.2～0.5)m×2 m，几何相似常数 α_L 不大于 500；

5.2.3 位移测试仪器与影像记录设备。包括位移传感器，信号处理设备，摄像系统，放像系统和照像机；

5.2.4 应力测试仪器。包括应力传感器及信号处理设备；

5.2.5 模型制作用具；

5.2.6 称重设备及量杯：

5.2.6.1 磅称：量程 100 kg，准确度 0.5 kg；

5.2.6.2 盘称：量程 10 kg，准确度 0.1 kg；

5.2.6.3 天平：量程 300 g，准确度 0.001 g；

5.2.6.4 量杯：量程 1000 mL，准确度 10 mL；

5.2.6.5 量杯：量程 250 mL，准确度 2.5 mL；

5.2.6.6 量筒：量程 10 mL，准确度 0.1 mL；

5.2.7 重力密度、含水量、凝聚力、内摩擦角、抗压强度、变形参数等测定仪器和设备。

5.3 试验步骤

5.3.1 确定模型尺寸

按 4.3.1。

5.3.2 选用相似材料

5.3.2.1 相似材料选用原则

a)主要物理力学性质与模似的岩层或结构相似；

b)试验过程中材料的力学性质稳定，不易受外界条件的干扰；

c)改变材料的配比，可调整材料的某些性质以适应相似条件的需要；

d)材料来源丰富，加工方便。

5.3.2.2 相似材料种类

相似材料通常用下列四类中几种材料配制而成：

a)骨料：主要有可赛银、粘土、砂、重晶石粉、云母粉、硅藻土、木屑、铁粉等。

b)胶结材料：主要有水泥、石膏、水玻璃、树脂、粘土等。

c)膜状材料：主要有云母片、塑料薄膜等。

d)缓凝剂。

5.3.2.3 相似材料的选择

根据原型岩体各岩组的重力密度、剪切强度指标(凝聚力和内摩擦角)、抗压强度和变形参数等，及相似常数逐层计算确定模型中所对应岩组的物理力学指标。

然后利用正交试验法，按 GB J123 和 DL J204(SL J2)进行各岩组物理力学性质测定的配比试验，确定相似材料的配方和配比，以及材料性质稳定规定含水量，并计算各分层材料用量。

5.3.3 制作模型

5.3.3.1 安装好模型后面的模板，并在模板上绘制工程地质模型剖面图。前面的模板边制作边安装。

5.3.3.2 准备各分层所需相似材料、缓凝剂和调制用水等。

5.3.3.3 先将干料搅拌均匀，再放入含缓凝剂的水，迅速搅拌均匀。

5.3.3.4 将搅拌均匀的材料倒入模子内，捣实。捣实后的分层高度符合计算时分层高度，以达到所要求的重力密度。

分层间撒一层模似层面用的云母粉等。

5.3.3.5 模型制作完模型材料终凝后开始拆模板，在拆模板过程中不得损坏模型或造成模型塌滑。

5.3.4 布置测点

在模型表面上绘制或粘贴测标，或者在制模过程中埋设测点，并进行编号。其布置原则为：

a)～d)同 4.3.5 之 a)～d)；

e)应力测点与位移测点相互对应。

5.3.5 安装测试仪器与设备

a)应力测试仪器，安装于模型前面；

b)位移测试仪器，安设在模型背面；

c)坐标网，在模型前面设置固定在模型架上的坐标网，并在模型上标出特征点，以观察和记录模型整体位移起势；

d)影像记录设备，安装于模型前面。

5.3.6 试验前准备

从模型中取约 50 g 材料按 GB J123 测定含水量，当其含水量达到规定指标后方可进行边坡开挖工作。

记录边坡的初始状态。

5.3.7 试验和测试

从初始位置起按设定的边坡轮廓逐步开挖边坡，分阶段进行试验。

各阶段边坡轮廓开挖伊始即进行测试和记录，并要求作变形过程和破坏现象的动态描述；待应力或变形稳定后方可进行下一阶段边坡轮廓的开挖测试工作，直至破坏为止。

5.3.8 试验资料整理

根据各阶段边坡试验，获得的数据整理及影像记录资料回放，给出：

a)标志点的位移轨迹图；

b)各阶段边坡剖面位移轨迹图；

c)各阶段边坡剖面应力分布图；

d)典型点应力一位移关系图。

6 分析评价

提出试验结果的文字材料应包括以下几个方面：

a)边坡位移分析；

b)边坡应力分析(采用相似材料模型法时)；

c)边坡变形破坏机理分析,包括变形分区、预计的滑坡模式、变形破坏深度和层位。

前　　言

本标准由煤炭工业部科技教育司提出。

本标准由煤炭工业部煤矿专用设备标准化技术委员会归口。

本标准由煤炭科学研究总院太原分院负责起草。

本标准主要起草人:田国祥。

本标准由煤矿专用设备标准化技术委员会掘进机械分会负责解释。

中华人民共和国煤炭行业标准

悬臂式掘进机用支重轮结构与参数

MT/T 676—1997

Structure and parameters of the idler rollers for boom roadheaders

1 范围

本标准规定了悬臂式掘进机用支重轮的基本结构、参数及技术要求。

本标准适用于悬臂式掘进机(以下简称掘进机)履带机构用支重轮。

2 引用标准

下列标准所包含的条文,通过在本标准中引用而构成为本标准的条文。本标准出版时,所示版本均为有效。所有标准都会被修订,使用本标准的各方应探讨使用下列标准最新版本的可能性。

MT 238—91 悬臂式掘进机通用技术条件

3 基本结构

3.1 图1为掘进机用支重轮的基本结构图。它应包括:可转动的壳体1、滑动轴承2、加油口3、密封4及支承轴5等。

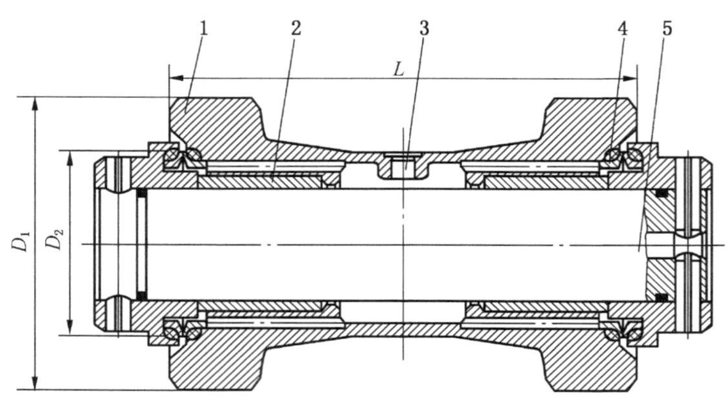

图1 支重轮基本结构

3.2 支重轮需有可靠的密封,掘进机用支重轮密封形式,宜选用机械浮动密封。

3.3 支重轮应有可靠的润滑,其加油口可设计在转动壳体上,也可设计在支承轴端部。

3.4 支重轮在支承长度方向上的中部一段长度内,直径一般较小,以适应履带链凸出部分在运转时顺利通过。

中华人民共和国煤炭工业部 1997-12-30 批准　　　　1998-06-01 实施

4 基本参数

掘进机用支重轮的宽度 L、外径 D_1 以及机械浮动密封的直径 D_2，应与履带板宽度系列 B 相适应。基本参数见表 1。

表 1 支重轮基本参数

mm

履带板宽度 B	250	300	370	400	450	500	520	550	600	650
支重轮宽度 L	200		250		300		300		400	
支重轮外径 D_1	150		180		200		200		230	
机械浮动密封外径 D_2	78		100		120		120		172	

5 技术要求

5.1 掘进机用支重轮及其零部件，应有足够的强度，每个支重轮应能承受不小于掘进机 50% 的重量。

5.2 支重轮外壳的材料，宜采用高强度合金钢，推荐采用 ZG 55SiMn，$40Mn_2$，它与履带板接触表面应进行硬化处理，其硬度一般为 HRC 45～55。

5.3 支重轮密封应安装、调整正确。若为机械浮动密封，应保证密封环摩擦面正常接触，密封环胶圈不得有扭动现象。

5.4 支重轮外壳滑动轴承、密封支承轴等安装调试后，外壳应能转动灵活，无卡阻及漏油现象。

5.5 支重轮内应按规定加入润滑油脂，若为机械浮动密封宜选用机油润滑。

前　言

矿用全方位钻孔测斜仪是为无缆测井技术而开发的一种新型测井仪器，专供煤矿井下水平钻孔、定向钻孔进行无缆测斜，也可用于其他无磁性钻孔进行无缆测斜。

本标准由煤炭工业部科技教育司提出。

本标准由煤炭工业部煤矿专用设备标准化技术委员会归口。

本标准由煤炭科学研究总院西安分院负责起草。

本标准主要起草人：贾生茂、雷贵忠、郭爱煌。

本标准委托煤炭科学研究总院西安分院负责解释。

中华人民共和国煤炭行业标准

矿用全方位钻孔测斜仪通用技术条件

MT/T 677—1997

General technical condition of all-direction borehole inclinometer for mining

1 范围

本标准规定了矿用全方位钻孔测斜仪的技术要求、试验方法、检验规则以及标志、包装、运输和贮存。

本标准适用于矿用全方位钻孔测斜仪。

2 引用标准

下列标准所包含的条文,通过在本标准中引用而构成为本标准的条文。本标准出版时,所示版本均为有效。所有标准都会被修订,使用本标准的各方应探讨使用下列标准的最新版本的可能性。

GB 191—90 包装储运图示标志

GB/T 1410—89 固体绝缘材料体积电阻率和表面电阻率试验方法

GB/T 2423.4—93 电工电子产品基本环境试验规程 试验 Db:交变湿热试验方法

GB 3836.1—83 爆炸性环境用防爆电气设备 通用要求

GB 3836.4—83 爆炸性环境用防爆电气设备 本质安全型电路和电气设备“i”

GB/T 4942.2—93 低压电器外壳防护等级

GB/T 13384—92 机电产品包装通用技术条件

MT 209—90 煤矿通信、检测、控制用电工电子产品 通用技术要求

MT 210—90 煤矿通信、检测、控制用电工电子产品 基本试验方法

3 技术要求

3.1 一般要求

矿用全方位钻孔测斜仪(以下简称仪器)应符合本标准的规定,并按照规定程序批准的图纸和技术文件制造。

3.2 环境条件

仪器应能在下列条件下正常工作:

——环境温度:0－＋40 ℃,若采用其他温度范围时,应符合 MT 209 中 4.2 的规定;

——平均相对湿度:≤95%(＋25 ℃);

——大气压力:80～106 kPa;

——有瓦斯、煤尘的矿井中。

3.3 仪器组成与防爆型式

3.3.1 仪器组成

仪器由探管和同步机两部分组成。

3.3.2 防爆型式

中华人民共和国煤炭工业部 1997-12-30 批准 1998-06-01 实施

仪器为矿用本质安全型设备,防爆标志为 ibⅠ(150℃)

3.4 **电气性能**

3.4.1 电源

仪器的电源构成和技术参数应符合 GB 3836.4 的要求。具体参数由产品规定。使用电池的容量应满足仪器能工作 8 h。采用可充电电池时应有防过充和过放电保护措施。

3.4.2 测量道数:≥4 道

3.4.3 计数时间:≥1 s

3.4.4 测点间隔:≥40 s

3.4.5 记录字长:≥16 位

3.4.6 存贮容量:≥8 kB

3.4.7 倾角最小测量范围、方位角测量范围和倾角、方位角允许误差:见表 1

表 1

项 目	测量范围	允许误差
倾角	$-60°\sim+60°$	$\pm0.2°$
方位角	$0\sim360°$	$\pm3°$

3.5 **防爆要求**

仪器必须符合 GB 3836.1 及 GB 3836.4 的规定,并经国家防爆检验机构审查检验合格、取得防爆合格证及煤炭工业部安全标志准用证 MA。

3.6 **外观要求**

3.6.1 仪器外观不得划伤,凹陷及变形。

3.6.2 零部件防腐、防锈层牢固,无剥落现象。

3.6.3 铭牌与标志完整、牢固、明显、清晰、美观。

3.6.4 经 4.4～4.10 试验后,仪器应能正常工作,外观不应有影响电气及防爆性能的明显损伤。

3.7 **结构要求**

3.7.1 零部件安装可靠所有紧固件不得松动,并能防止自动脱落。

3.7.2 所有零部件应有防锈蚀处理。

3.7.3 电源部分各裸露导体之间的电气间隙和爬电距离应不小于 3 mm,引出线间的爬电距离不小于3 mm。

3.7.4 胶封件应符合 GB 3836.4 的规定。

3.7.5 探管外壳材料应选用无磁性无缝不锈钢管、探管应能承受 12 MPa 的耐水压力。

3.8 **工艺要求**

3.8.1 装配调试好的电路板必须清洁干净,正反面涂三遍三防漆,覆盖层牢固可靠。

3.8.2 仪器采用绝缘材料外壳时,外壳及内壁应采取防静电措施。

3.9 **外壳防护等级要求**

同步机外壳采用绝缘材料时防护等级应为 IP54。

3.10 **环境适应性要求**

3.10.1 仪器应能承受表 2 规定的低温与高温工作试验,试验后性能应符合 3.4、3.6 中的要求。

3.10.2 仪器应能承受表 2 规定的低温与高温贮存试验,温度恢复后应符合 3.4、3.6 的要求。

3.10.3 仪器应能承受 40 ℃,湿度为(93±2)%,持续 6 d 的交变湿热试验,试验后仪器能正常工作,用 500 V 兆欧表测量,绝缘电阻不应小于 0.5 MΩ。

3.10.4 仪器应能承受 MT 210 第 15 章规定的跌落试验,试验后应能符合 3.4 的要求。

表 2

试验项目	温度,℃	试验时间,h	恢复时间,h
低温工作	最低工作温度	2	—
低温贮存	－20	16	2
高温工作	最高工作温度	2	—
高温贮存	＋60	16	2

3.10.5 仪器应能承受 MT 209 中 4.5 便携产品中规定进行的振动试验,试验后仪器应能进行正常工作。

3.10.6 仪器包装后应按 MT 209 中 4.5 规定进行模拟运输试验,试验后包装箱应无较大变形或损坏,仪器应能正常工作。

4 试验方法

4.1 试验条件

除环境试验或有关标准中另有规定外,试验均在如下条件下进行：

——温度:15～35 ℃;

——相对湿度:45%～75%;

——大气压力:86～106 kPa。

4.2 精度试验

4.2.1 在测斜仪检验台上进行精度检验。

4.2.2 检验台的倾角测量范围应大于仪器的倾角测量范围,倾角及方位角的测量精度至少应高于仪器允许误差的 2 倍。

4.2.3 仪器倾角精度检验：

在测量范围的全范围内检验倾角的精度,且检验角度间隔不大于 10°。

4.2.4 仪器方位角精度检验：

每个倾角检验角度,方位角在 0～360°范围至少应检验 8 个点,且间隔应均匀分布。

4.3 探管耐水压试验

将探管置于密封容器内用水压机加压至 12 MPa,并保压 20 min,试验后探管内应无渗水、漏水现象。

4.4 外壳防护试验

按 GB/T 4942.2 的规定进行。

4.5 高低温工作试验

按 NIT 210 第 23 章温度渐变的方法进行。

4.6 高低温贮存试验

按 MT 210 第 24 章的有关规定进行。

4.7 湿热试验

按 GB 2423.3 的有关规定进行。

4.8 跌落试验

按 MT 210 第 15 章的有关规定进行。

4.9 振动试验

按 MT 210 第 27 章的规定进行。

4.10 运输试验

按 MT 210 第 27 章的规定进行。

4.11 **外观试验**

按 MT 210 第 5 章的规定进行。

4.12 **结构试验**

按 MT 210 第 5 章的规定进行。

4.13 **防爆试验**

按 GB 3836.1 及 GB 3836.4—83 第 8 章的有关规定进行。

5 检验规则

5.1 检验分类

仪器检验分出厂检验和型式检验。

5.2 出厂检验

5.2.1 每台产品均需进行出厂检验,检验合格的产品应给予产品合格证。

5.2.2 出厂检验项目见表 3。

表 3

检验项目	要求	类别	方法	出厂检验	型式试验
外观	3.6	C	4.11	0	0
结构	3.7	C	4.12	0	0
电气性能	3.4	A	4.2	0	0
耐水压	3.7.5	A	4.3	0	0
外壳防护	3.9	A	4.4	—	0
高温工作	3.10.1	B	4.5	—	0
低温工作	3.10.1	B	4.5	—	0
高温贮存	3.10.2	C	4.6	—	0
低温贮存	3.10.2	C	4.6	—	0
交变湿热	3.10.3	B	4.7	—	0
跌落试验	3.10.4	B	4.8	—	0
振动试验	3.10.5	B	4.9	—	0
运输试验	3.10.6	B	4.10	—	0
防爆试验	3.5	A	4.13	—	0
注:“0”表示要检验的项目,“—”表示不检项目。					

5.2.3 出厂检验各项指标应符合技术条件要求,否则不准出厂,对不合格产品经返修合格后,方准出厂。

5.3 型式检验

5.3.1 产品在下列情况下必须进行型式检验:

——仪器定型时;

——正式生产后如结构、材料、工艺有较大改变,能影响仪器性能时;

——停产 1 年,恢复生产时;

——大批量生产时每 3 年检验一次;

——质量不稳定时;

——国家检验机构提出进行型式检验时。

5.3.2　型式检验项目见表3。

5.3.3　每批在出厂合格品中抽取一台进行型式检验，型式检验项目见表3。

5.3.4　型式检验项目指标必须符合要求，表3中A类指标有一项不合格、B类指标两个不合格项、C类指标有三个不合格项，则应加倍抽取样品数量继续试验，若仍不合格，则判定为不合格。

5.3.5　型式检验后的样品不能作为合格品出厂。

5.3.6　型式检验中的防爆性能试验由国家指定的检验机构进行。

6　标志、包装、运输及贮存

6.1　标志

6.1.1　机壳明显处必须设有“Ex”标志。

6.1.2　机壳明显处必须设有“MA”标志。

6.1.3　仪器应有铭牌，其内容包括：

——生产厂家；

——产品名称、型号；

——在右上角上应有防爆标志“Ex”；

——防爆合格证号；

——安全标志准用证号；

——工作电压/额定电流；

——最高开路电压、最大短路电流；

——出厂编号及日期。

6.1.4　包装箱上应有储运标志，包装箱上的储运标志应符合GB 191的规定。

6.2　包装

6.2.1　包装应符合GB/T 13384的规定，包装方式应由产品规定。

6.2.2　包装箱外壳应有如下标志：

——产品名称及型号；

——制造厂名称；

——收货单位名称及地址；

——净重或毛重，kg。

6.2.3　随机文件：

——装箱单；

——产品合格证书；

——产品使用说明书；

——防爆合格证复印件；

——备件表。

6.3　运输

6.3.1　装卸时防止剧烈振动，谨防跌落。

6.3.2　包装后的产品在避免雨雪直接淋袭和曝晒的条件下，可适用于水、陆、空运等各种运输方式。

6.4　贮存

包装后的产品应能在温度−10～+40 ℃，相对湿度不大于90%的无腐蚀气体的场所贮存。

仪器长期不用时，每隔3个月充电一次。

前　　言

矿用密度测井仪是为无缆测井技术而开发的一种新型测井仪器，与防爆低能 $\gamma-\gamma$ 组合测井仪、矿用全方位钻孔测斜仪共同组成无缆测井系统。

本标准是矿用密度测井仪产品设计、生产、使用、验收及制定相关具体型号产品标准的技术依据。

本标准由煤炭工业部科技教育司提出。

本标准由煤炭工业部煤矿专用设备标准化技术委员会归口。

本标准由煤炭科学研究总院西安分院负责起草。

本标准主要起草人：雷贵忠、贾生茂、郭爱煌。

本标准委托煤炭科学研究总院西安分院负责解释。

中华人民共和国煤炭行业标准

矿用密度测井仪通用技术条件

MT/T 678—1997

General technical condition of borehole density logging instrument for mining

1 范围

本标准规定了矿用密度测井仪的技术要求、试验方法、检验规则以及标志、包装、运输和贮存。

本标准适用于矿用密度测井仪。

2 引用标准

下列标准所包含的条文，通过在本标准中引用而构成为本标准的条文。本标准出版时，所示版本均为有效。所有标准都会被修订，使用本标准的各方应探讨使用下列标准最新版本的可能性。

GB 191—90 包装储运图示标志

GB/T 1410—89 固体绝缘材料体积电阻率和表面电阻率试验方法

GB/T 2423.4—93 电工电子产品基本环境试验规程 试验 Db:交变湿热试验方法

GB 3836.1—83 爆炸性环境用防爆电气设备 通用要求

GB 3836.2—83 爆炸性环境用防爆电气设备 隔爆型电气设备“d”

GB 3836.4—83 爆炸性环境用防爆电气设备 本质安全型电路和电气设备“i”

GB/T 4942.2—93 低压电器外壳防护等级

MT 209—90 煤矿通信、检测、控制用电工电子产品 通用技术要求

MT 210—90 煤矿通信、检测、控制用电工电子产品 基本试验方法

3 技术要求

3.1 一般要求

矿用密度测井仪(以下简称“仪器”)应符合本标准的规定，并按经过法定程序批准的图样和技术文件制造。

3.2 环境条件

仪器允许用在有瓦斯、煤尘的作业场所，但不得有腐蚀性气体。

环境温度:0～40 ℃

相对湿度:≤95%(+25 ℃)

大气压力:80～106 kPa

3.3 仪器组成与防爆型式

仪器由隔爆兼本安型的探管和本安型的同步机组成。

仪器应经国家指定的防爆检验部门进行防爆检验，并取得防爆合格证明。探管的防爆标志为 diⅠ；同步机的防爆标志为 iⅠ。

中华人民共和国煤炭工业部 1997-12-30 批准 1998-06-01 实施

3.4 **电气性能**

3.4.1 电源

探管与同步机分别用两组可充电电池供电，电源应符合 GB 3836.2 和 GB 3836.4 的要求，其输出电压、电流、短路电流、限流电阻和封装型式应符合防爆电路设计要求。电池容量应能满足仪器工作 8 h，仪器断电后应具有数据保持功能。

充电时应具有过充电和放电时应具有过放电保护装置。

3.4.2 测量道数：≥2 道

3.4.3 计数时间：1 s

3.4.4 测点间隔：≤10 cm

3.4.5 记录字长：16 位

3.4.6 存贮容量：≥64 KB

3.4.7 测量范围：

自然伽玛计数率：≤65535 cps

密度计数率：≤65535 cps

3.4.8 测量灵敏度：

自然伽玛灵敏度：≥600 cps/kBq

密度灵敏度：≥400 cps/kBq

3.4.9 测量误差：

自然伽玛灵敏度偏差：≤30 cps

密度灵敏度偏差：≤10 cps

3.4.10 高压激励电压

高压激励电压由产品标准规定。

3.5 **电气安全**

3.5.1 绝缘电阻应符合 MT 209 中 11.1 的规定。

3.5.2 工频耐压应符合 MT 209 中 11.2 的规定。

3.6 **探管防爆要求**

3.6.1 探管采用隔爆兼本安型的型式，其要求应符合 GB 3836.2 和 GB 3836.4 的规定。

3.6.2 仪器外壳明显处有防爆标志 Ex 和煤矿安全标志 MA。

3.6.3 本安电路及关联电路在正常工作和故障状态下，元件及导线的最高表面温度不高于 150 ℃。隔爆外壳表面最高温度不高于 150 ℃。

3.6.4 正常条件下外壳与电路之间的绝缘电阻应大于 50 MΩ，耐压应大于 1000 V。经湿热试验后的绝缘电阻应大于 1.0 MΩ。

3.6.5 探管外壳（兼隔爆壳）使用壁厚不小于 3 mm 的无缝钢管制作，应能承受 12 MPa 的水压试验，试验后探管内应无渗水或漏水现象。

3.6.6 探管为密封管，其外壳防护性能应符合 GB/T 4942.2 中的 IP 54 的要求。

3.7 **同步机防爆要求**

3.7.1 同步机采用本安型的形式，其要求应符合 GB 3836.4 的规定。

3.7.2 同步机面板绝缘材料应能防静电。表面绝缘材料电阻小于 1×10^{9} Ω。

3.8 **环境条件要求（探管和同步机）**

3.8.1 仪器应能承受表 1 规定的低温与高温工作试验，并符合 3.4 的要求。

表 1

试验项目	温度,℃	试验时间,h	恢复时间,h	备注
低温工作	0	2	—	加电
低温贮存	－20	16	2	不加电
高温工作	＋40	2	—	加电
高温贮存	＋55	16	2	不加电
交变湿热	＋40(湿度 93％)	6(d)	4	不加电

3.8.2 仪器应能承受表 1 所规定的高、低温贮存试验,温度恢复后能符合 3.4 的要求。

3.8.3 交变湿热试验(见表 1),恢复后应能符合 3.4 的要求。

3.8.4 仪器应能承受 MT 210 第 15 章规定的跌落试验,试验后仪器应能正常工作并符合 GB 3836.1 的要求。

3.8.5 产品包装后能承受 MT 210 规定之运输试验,试验后,包装箱应无破损,仪器表面无伤痕。插接件不松动,仪器应能正常工作。

3.9 外观要求

3.9.1 同步机外观不得划伤,探管不得凹陷及变形。

3.9.2 零部件防腐、防锈层牢固,无剥落现象,零部件安装可靠,紧固件不得松动。

3.9.3 铭牌与标志完整、牢固、明显、清晰、美观。

3.10 结构

3.10.1 所有紧固件不得松动,并能防止自动脱落。

3.10.2 所有金属零部件应有防锈蚀处理。

3.11 工艺要求

3.11.1 装备调试好的电路板必须清洁干净,正反面涂三遍三防漆,覆盖层应牢固可靠。

3.11.2 仪器采用绝缘材料外壳时,外壳及内壁应采取防静电措施。

3.11.3 电源及隔爆电路测试合格后,均用产品标准规定的绝缘材料灌封,胶封层要求无气泡并有≥2 mm的厚度。

4 试验方法

4.1 试验环境条件:

——温度:15～35 ℃;

——相对湿度:45％～75％;

——大气压力:86～106 kPa。

4.2 探管耐水压试验在密封管内用水压机加压至 12 MPa,并保压 20 min。

4.3 电气性能指标试验:

4.3.1 伽玛计数率用放射源安装在探管源室,从同步机显示器上可直接读出,或在探管计数率输出端接 $5^1/_2$ 位频率计读数,进行检测。

4.3.2 仪器的灵敏度及误差的测试,用标准放射源贴近仪器探管放射源放置部位进行检测。应能符合 3.4.8 和 3.4.9 的要求。

4.4 仪器表面温度试验按 GB 3836.1 的方法第 24 章的方法测试。

4.5 高温工作按 MT 210 第 23 章温度渐变的方法进行。

4.6 高温贮存按 MT 210 第 24 章的有关规定进行。

4.7 低温工作按 MT 210 第 23 章温度渐变的方法进行。

4.8 低温贮存按 MT 210 第 24 章有关规定进行。
4.9 交变湿热试验按 GB/T 2423.4 的有关规定进行。
4.10 跌落试验按 MT 210 第 15 章的有关规定进行。
4.11 运输试验按 MT 210 第 27 章的有关规定进行。
4.12 外壳表面绝缘电阻按 GB/T 1410 规定的测试方法进行。
4.13 探管与同步机的防爆试验按 GB 3836.2 和 GB 3836.4 的规定进行。

5 检验规则

5.1 仪器检验分出厂检验和型式检验两种。
5.2 每台仪器须经出厂检验合格后方可出厂，并附产品质量合格证。
5.2.1 仪器出厂检验在制造单位进行。
5.2.2 出厂检验项目按表 2 进行。

表 2

检验项目	技术要求	类别	试验方法	出厂检验	型式检验
外观	3.9	C	目测	0	0
结构	3.10	C	目测	0	0
电气性能	3.4	A	4.3	0	0
水压试验	3.6.5	A	4.2	0	0
高温工作	3.8.1	B	4.5		0
高温贮存	3.8.2	C	4.6		0
低温工作	3.8.1	B	4.7		0
低温贮存	3.8.2	C	4.8		0
湿热试验	3.8.3	B	4.9		0
防爆试验	3.6;3.7	A	4.12;4.13		0
跌落试验	3.8.4	B	4.10		0
运输试验	3.8.5	B	4.11		0

注：“0”表示要进行检验的项目。

5.3 仪器在下列情况下应进行型式检验：
——产品定型时；
——材料、工艺、结构更改可能影响到产品性能时；
——停产 1 年以上，恢复生产时；
——大批量生产时，每 3 年进行一次；
——产品质量不稳定时；
——国家检验机构认为必要时。
5.4 每批在出厂检验合格产品中抽取壹台进行型式检验，型式检验的项目见表 2。
5.5 判定规则：

A 类指标有一项不合格项、B 类指标若有两项不合格项、C 类指标若有三项不合格项，则加倍抽样数量的样品继续检验，仍不合格，则判为不合格。

5.6 仪器的防爆性能检验，由国家指定的检验机关进行检验。

6 标志、包装、运输及贮存

6.1 标志

6.1.1 机壳明显处应设置清晰、永久性的标志“Ex”和“MA”。

6.1.2 仪器在明显位置固定产品铭牌，铭牌上应包括下列内容：

——生产厂家；

——产品名称；

——在右上角上应有防爆标志“Ex”；

——防爆标志组别；

——工作电压/额定电流；

——最高开路电压、最大短路电流；

——防爆合格证号；

——安全标志准用证号；

——出厂编号及日期。

6.2 包装

包装箱上应有储运标志，符合 GB 191 之规定。

随机文件须有以下内容：

——装箱单；

——产品合格证书；

——产品使用说明书；

——备品表；

——防爆合格证复印件。

6.3 运输

6.3.1 装卸时避免剧烈振动，防止跌落。

6.3.2 包装后的产品在避免雨雪直接淋袭的条件下，适于水运、陆运、空运等各种运输。

6.4 贮存

仪器每次用完后要充足电，清扫干净后贮存在温度为 $-5\sim+40$ ℃、相对湿度不大于 85%、无腐蚀性气体的环境中。仪器长期不用时，每隔 3 个月充电一次。

前　言

本标准根据煤矿用瑞利波探测仪的特点和使用需要制定的。

本标准由煤炭工业部科技教育司提出。

本标准由煤炭工业部煤矿专用设备标准化技术委员会归口。

本标准起草单位:煤炭科学研究总院西安分院。

本标准主要起草人:贾生茂、潘秋明。

本标准委托煤炭科学研究总院西安分院负责解释。

中华人民共和国煤炭行业标准

矿用瑞利波探测仪通用技术条件

MT/T 679—1997

General technical condition of Rayleigh wave seismograph for mining

1 范围

本标准规定了矿用瑞利波探测仪的防爆型式与组成、技术要求、试验方法、检验规则、标志、包装、运输和贮存。

本标准适用于在煤矿井下和地面使用的瑞利波探测仪(以下简称"仪器")。也适用于其他部门工程地质、水文地质的地面与巷道使用的瑞利波探测仪。

2 引用标准

下列标准所包含的条文,通过在本标准引用而构成为本标准的条文。本标准出版时,所示版本均为有效。所有标准都会被修订,使用本标准的各方应探讨使用下列标准最新版本的可能性。

GB 191—90 包装储运图文标志

GB/T 998—82 低压电器 基本试验方法

GB 2423.1—89 电工电子产品基本环境试验规程 试验A:低温试验方法

GB 2423.2—89 电工电子产品基本环境试验规程 试验B:高温试验方法

GB/T 2423.4—93 电工电子产品基本环境试验规程 试验Db:交变湿热试验方法

GB 3836.1—83 爆炸性环境用防爆电气设备 通用要求

GB 3836.4—83 爆炸性环境用防爆电气设备 本质安全型电路和电气设备"i"

GB/T 3873—83 通信设备产品包装通用技术条件

GB/T 4942.2—93 低压电器外壳防护等级

GB/T 13384—92 机电产品包装通用技术条件

MT 209—90 煤矿通信、检测、控制用电工电子产品 通用技术条件

MT 210—90 煤矿通信、检测、控制用电工电子产品 基本试验方法

MT/T 470—1996 矿井地震勘探仪

3 防爆形式与组成

3.1 防爆形式

仪器为矿用本质安全型设备,防爆标志为iI。

3.2 组成

仪器由本安型采集系统、电源和震动传感器组成,方框图见图1。

中华人民共和国煤炭工业部 1997-12-30 批准　　　　1998-06-01 实施

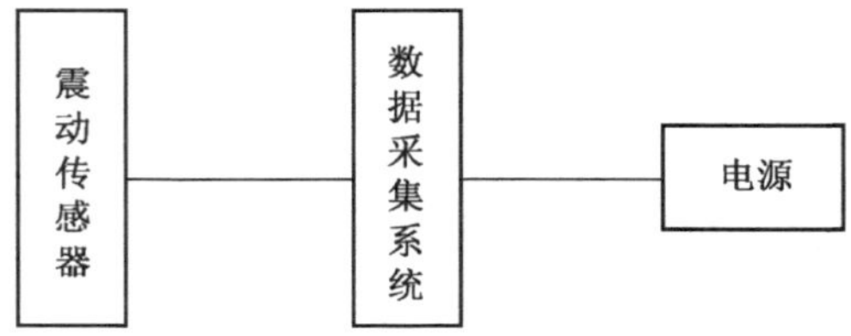

图 1

4 技术要求

4.1 一般要求

仪器应符合本标准要求，并按照经规定程序批准的图纸及文件制造。

4.2 环境条件

仪器应能在下列条件下正常工作：

——环境温度：−5～+40 ℃，若采用其他温度等级时，符合 MT 209 中 4.2 之规定；

——平均相对湿度：≤95%（+25 ℃）；

——大气压力：80～106 kPa；

——允许在有瓦斯、煤尘的矿井中使用。

4.3 电气性能

4.3.1 电源

电源的构成和技术参数应符合 GB 3836.4 有关本安型电路的要求。具体参数由产品标准规定。采用可充电电池时应有防过充和过放电保护措施。

4.3.2 采集系统主要技术参数

通道数：由产品标准规定，但不得少于 2 道。

滤波器：型式及技术指标由产品标准规定。

动态范围：≥60 dB

道一致性：通频带内，相应两道间幅度差应在−1%～+1%内，相位差应在−1°～+1°范围内。

串音：≥80 dB

4.4 外观要求

4.4.1 仪器外观不得划伤，凹陷及变形。

4.4.2 零部件防腐、防锈层牢固，无剥落现象，零部件安装可靠，紧固件不得松动。

4.4.3 铭牌与标志完整、牢固、明显、清晰、美观。

4.5 结构

4.5.1 所有紧固件不得松动，并能防止自动脱落。

4.5.2 所有金属零部件应有防锈蚀处理。

4.5.3 电源部分各裸露导体之间的电气间隙和爬电距离应不小于 3 mm，引出线间的爬电距离应不小于 3 mm。

4.5.4 胶封件应符合 GB 3836.4 的规定。

4.6 工艺要求

装备调试好的电路板必须清洁干净，正反面涂三遍三防漆，覆盖层应牢固可靠。

仪器采用绝缘材料外壳时，外壳及内壁应采取防静电措施。

4.7 外壳防护等级要求

采集系统与防爆电源的外壳防护等级为 IP54。

4.8 环境适应性要求

4.8.1 仪器应能承受表 3 规定条件下进行的高温、低温工作实验，试验后性能应符合 4.3，4.4 之规定。

表 3

试验目的	湿度 ℃	试验时间 h	恢复时间 h
低温工作	最低工作温度	2	—
低温贮存	－20	16	2
高温工作	最高工作温度	2	—
高温贮存	＋60	16	2

4.8.2 仪器应能承受表 3 规定条件下进行的高温及低温贮存试验，在正常环境条件恢复后，应符合 4.3，4.4 之规定。

4.8.3 仪器应能承受高温＋40 ℃、6 个周期的交变湿热试验，试验后，绝缘电阻应大于 0.5 MΩ。性能和外观应符合 4.3，4.4 之规定。

4.8.4 仪器应按 MT 209 4.5 便携式产品要求进行振动试验，试验后仪器应能正常工作，外观无明显损伤。

4.8.5 仪器包装后应按 MT 209 中 4.5.2 要求进行模拟运输试验，试验后包装箱应无较大变形或损伤，仪器应能正常工作。

4.8.6 仪器包装后应按 MT 209 的要求进行跌落试验，试验后不得产生影响防爆性能的变形和损坏，仪器应能正常工作。

4.9 防爆要求

仪器必须符合 GB 3836.1 及 GB 3836.4 的规定，并经过国家防爆检验部门审查检验合格、取得防爆合格证及煤炭工业部安全标志准用证 MA。

5 试验方法

5.1 试验条件

除环境试验或有关标准中另有规定外，试验在如下条件下进行：

——温度：15～35 ℃；

——相对湿度：45％～75％；

——大气压力：86～106 kPa。

5.2 电气性能试验

按 MT/T 470 矿井地震勘探仪器有关条目进行。

5.3 外壳防护性能试验

按 GB/T 4942.2 第 5 章、第 6 章及第 7 章的规定进行。

5.4 低温工作试验

在通电状态下，按 GB 2423.1 中试验 Ab：非散热试验样品的温度渐变的低温试验方法进行，环境温度调整到最低工作温度，加电 2 h，按 GB 2423.1 的规定测试。

5.5 低温贮存试验

仪器在非工作状态下，按 GB 2423.1 中试验 Ab：非散热试验样品的温度渐变的低温试验方法进行。贮存温度－40 ℃，贮存时间 16 h，恢复时间 2h。

5.6 高温工作试验

仪器在通电状态下，按 GB 2423.2 中试验 Bb：非散热试验样品的温度渐变的高温试验方法进行，环境温度调整到最高工作温度，加电 1 h，按 GB 2423.2 的规定测试。

5.7 高温贮存试验

仪器在非工作状态下，按 GB 2423.2 中试验 Bb：非散热试验样品的温度渐变的高温试验方法进行，存贮温度+60 ℃,存贮 16 h,恢复 2 h。

5.8 湿热试验

按 MT 210 中 28.2.1 的规定进行,试验过程中样机按正常工作位置放置,在试验最后一个周期的低温高湿阶段的最后 2 h 进行绝缘电阻的测量。用 500 V 兆欧表检测。

5.9 振动试验

按 MT 210 中 25.2 条件进行。

5.10 运输试验

按 MT 210 中 27.1a 条件进行。

5.11 跌落试验

按 MT 210 中 15.2.2 之规定进行。

5.12 防爆性能试验

按 GB 3836.4 第 8 章的有关规定由防爆检验机构进行。

6 检验规则

6.1 一般要求

产品在生产和定型过程中,必须通过本技术条件规定的检验并取得相应单位颁发的合格证。

6.2 出厂检验

6.2.1 每台产品均应进行出厂检验,合格产品应发给产品合格证。

6.2.2 检验项目按表 4 中出厂检验的要求进行。

表 4

检查项目	要求	类别	方法	出厂检验	型式检验
结构	4.5	C	测量及目测	0	0
外观	4.6	C	目测	0	0
电气性能	4.3	A	5.2	0	0
防护性能	4.7	A	5.3	—	0
高温工作	4.8.1	B	5.6	—	0
高温贮存	4.8.2	C	5.7	—	0
低温工作	4.8.1	B	5.4	—	0
低温贮存	4.8.2	C	5.5	—	0
湿热	4.8.3	B	5.8	—	0
振动	4.8.5	B	5.9	—	0
运输	4.8.6	B	5.10	—	0
跌落	4.8.7	B	5.11	—	—
防爆性能	4.9	A	5.11	—	0
注:表中带“0”的栏目表示必作项目,“—”表示不作项目。					

6.2.3 出厂检验各项指标应符合本标准要求,否则不准出厂,对不合格产品经返修合格后方准出厂。

6.3 型式检验

6.3.1 产品在下列情况下必须进行型式检验:

——仪器定型时;

——正式生产后,如结构、材料、工艺有较大改变,能影响仪器性能时;

——停产 1 年,恢复生产时;

——批量生产时，每百台以内应从出厂检验合格的产品中抽取一台进行型式检验；

——产品质量不稳定时；

——国家检验机构认为必要时。

6.3.2 型式检验项目按表 4 中型式检验要求进行。

6.3.3 型式检验项目指标必须符合要求，表 4 中，A 类指标有一项不合格、B 类指标有两个不合格项、C 类指标三个不合格项，则应加倍抽取样品数量继续试验，若仍不合格，则判定为不合格。

6.3.4 型式检验后的样品不能作为合格品出厂。

6.3.5 型式检验中的防爆性能试验由国家指定的检验单位进行。

7 标志、包装、运输及贮存

7.1 标志

7.1.1 机壳或面板上明显处应有“Ex”标志。

7.1.2 机壳或面板上明显处应有“MA”煤矿安全标志。

7.1.3 仪器应有铭牌，内容包括：

——生产厂家；

——产品名称；

——在右上角上应有防爆标志“Ex”；

——防爆标志组别；

——工作电压/额定电流；

——最高开路电压、最大短路电流；

——防爆合格证号；

——安全标志准用证号；

——出厂编号及日期。

7.1.4 包装箱上应有储运标志，符合 GB 191 之规定。

7.2 包装

7.2.1 包装应符合 GB/T 13384 的要求，包装方式由产品规定。

7.2.2 随机文件须有以下内容：

——装箱单；

——产品合格证书；

——产品使用说明书；

——防爆合格证复印件。

7.3 运输

7.3.1 装卸时应避免剧烈振动，防止跌落。

7.3.2 包装后的产品在避免雨雪直接淋袭及曝晒的条件下，可适用于水、陆、空运等各种运输方式。

7.4 贮存

仪器每次使用后要充足电，清扫干净后贮存在室温 −5 ℃～+40 ℃，相对湿度不大于 85%，无腐蚀性气体的环境中。仪器长期不用时，每隔 3～6 个月充电一次。

前　　言

本标准在防爆安全方面严格遵守GB 3836《爆炸性环境用防爆电气设备》系列标准和煤炭工业部颁布的《煤矿安全规程》(1992年版)，在技术上与GB 9813—88《微型数字电子计算机通用技术条件》、MT 209—90《煤矿通信、检测、控制用电工电子产品通用技术要求》、MT 210—90《煤矿通信、检测、控制用电工电子产品基本试验方法》等协调一致。

本标准由煤炭工业部科教司提出。

本标准由煤炭工业部煤矿专用设备标准化技术委员会归口。

本标准起草单位：煤炭科学研究总院西安分院。

本标准主要起草人：贾生茂、张仲礼、冯宏。

本标准委托煤炭科学研究总院西安分院负责解释。

中华人民共和国煤炭行业标准

矿用本质安全型便携式微型计算机通用技术条件

MT/T 680—1997

General technical condition of intrinsically safe portable microcomputer for mining

1 范围

本标准规定了煤矿非控制用本质安全型便携式微型计算机的技术要求、试验方法、检验规则、标志、包装、运输和贮存。

本标准适用于煤矿井下使用的本质安全型便携式微型计算机(以下简称微机)。

2 引用标准

下列标准所包含的条文,通过在本标准中引用而构成为本标准的条文。本标准出版时,所示版本均为有效。所有标准都会被修订,使用本标准的各方应探讨使用下列标准最新版本的可能性。

GB 191—90 包装储运图示标志

GB 3836.1—83 爆炸性环境用防爆电气设备 通用要求

GB 383 6.4—83 爆炸性环境用防爆电气设备 本质安全型电路和电气设备"i"

GB/T 4942.2—93 低压电器外壳防护等级

GB/T 5080.7—86 设备可靠性试验 恒定失效率假设下的失效与平均无故障时间的验证试验方案

GB/T 9813—88 微型数字电子计算机通用技术条件

GB/T 13384—92 机电产品包装通用技术条件

MT 209—90 煤矿通信、检测、控制用电工电子产品通用技术要求

MT 210—90 煤矿通信、检测、控制用电工电子产品基本试验方法

3 技术要求

3.1 一般要求

微机应按本标准要求,并依据经规定程序审批的图样及文件制造。

3.2 环境条件

3.2.1 微机在下列条件下应能正常工作:

——环境温度:一般为 0～+4 ℃,若选用其他温度等级应符合 MT 209 中 4.2 的规定;

——平均相对湿度:不大于 95%(+25 ℃);

——大气压力:80～106 kPa;

——煤矿井下有爆炸性混合物,但无破坏绝缘的腐蚀性气体的场合;

——无强烈振动和冲击的环境。

3.2.2 微机能承受最恶劣的储运条件为:

中华人民共和国煤炭工业部 1997-12-30 批准　　1998-06-01 实施

——高温：+60 ℃；
——低温：由产品标准规定，但不得高于-10 ℃；
——平均相对湿度：95%（+25 ℃）；
——振动：加速度 20 m/s^2；
——冲击：峰值加速度 500 m/s^2。

3.3 防爆型式

微机应为矿用本质安全型，标志"iⅠ"。

3.4 组成

微机一般由本质安全型电源、微处理器、存储器、输入输出接口、系统总线、键盘、显示器等部分组成。

3.5 电气性能

3.5.1 微机的技术指标应在产品标准中作出规定，一般应包括以下各项：
——CPU 型号、主频；
——存储器容量；
——总线类型；
——显示器类型、色彩、分辨率、尺寸；
——接口类型；
——工作电压、工作电流等。

3.5.2 防爆电源的技术参数应在产品标准中规定，一般应包括：
——电池型号、容量和节数；
——额定输出电压；
——额定输出电流；
——最高开路电压；
——最大输出电流等。

3.5.3 当采用充电电池组供电时，应具有防过充电、防过放电功能。

3.5.4 微机应具有自检测功能。

3.5.5 整机的最短工作时间应在产品标准中作出规定，一般应不小于 2 h。

3.6 外观及结构

3.6.1 微机外壳不得有划伤、凹陷、变形及裂痕。

3.6.2 零部件安装可靠，配合合理。

3.6.3 所有螺钉螺母必须紧固，并能防止自动脱落。

3.6.4 所有金属零部件应进行防锈处理。

3.6.5 电气间隙和爬电距离以及元器件、零部件应符合 GB 3836.4 的有关规定。

3.6.6 外壳所用铝件的含镁量不大于 0.5%。

3.6.7 铭牌与标志应完整、牢固、明显、清晰、美观。

3.7 工艺要求

调试好的电路板须清洗干净，正反面涂不少于两遍三防漆，覆盖层应牢固可靠。

采用多路电源时，各电源回路要分开布置。

电池组、限流电阻、电源板等应胶封。胶封件应符合 GB 3836.4 的规定。

3.8 外壳防护性能

外壳防护等级应不低于 IP54。

3.9 电气安全

3.9.1 带电回路与外壳或接地之间的绝缘电阻应符合 MT 209 中 11.1 的规定。

3.9.2 带电回路与外壳或接地之间应承受两倍本安电路电压，但不低于500 V的工频耐压试验，且无闪络和击穿现象。

3.10 表面温度

在正常或规定的故障状态下，元器件、导线及外壳的表面温度不得大于150 ℃。

3.11 表面绝缘电阻

外壳采用绝缘材料制造时，其表面绝缘电阻不得大于1×10^9 Ω。

3.12 工作稳定性

通电工作不得少于2 d，其电气性能应符合产品标准的规定。

3.13 环境适应性要求

3.13.1 微机应能通过表1规定条件下进行的高温工作、低温工作试验，其电气性能与外观应符合产品标准的规定。

表1

试验项目	试验温度，℃	试验时间，h	恢复时间，h
高温工作试验	最高工作环境温度	2	—
高温贮存试验	＋60	16	2
低温工作试验	最低工作环境温度	2	—
低温贮存试验	最低贮存环境温度	16	2

3.13.2 微机应能通过表1规定条件下进行的高温贮存、低温贮存试验，恢复后其电气性能与外观应符合产品标准的规定。

3.13.3 微机应能通过＋4 ℃、6 d的交变湿热试验，其电气安全、电气性能与外观应符合产品标准的规定。

3.13.4 微机在非工作状态应能通过按MT 209中4.5要求进行的振动、冲击试验，其电气性能和外观应符合产品标准的规定。

3.13.5 微机应通过从1 m高度自由跌落4次的跌落试验，试验后不得有影响防爆性能的变形和损伤，且电气性能应符合产品标准的规定。

3.13.6 包装后的微机应能通过按MT 209中4.5.2要求进行的模拟运输试验，试验后包装箱应无明显的变形与破损，箱内微机的电气性能与外观应符合产品标准的规定。

3.14 防爆要求

3.14.1 微机应能符合GB 3836.1和GB 3836.4的有关规定，通过规定的试验，并经国家防爆检验部门审查、检验合格，取得防爆合格证及煤炭工业部安全标志准用证。

3.14.2 微机在井下与其他设备联接必须通过防爆检验。

3.15 可靠性

微机的平均无故障工作时间(MTBF)不得小于2000h。

4 试验方法

4.1 试验条件

除环境试验或有关标准中另有规定外，试验应在下列环境条件中进行：

——温度：15～35 ℃；

——相对湿度：45％～75％；

——大气压力：86～106 kPa。

4.2 外观、结构和工艺检查

按MT 210第5章的有关规定进行。

4.3 **电气性能试验**

4.3.1 微机的电气性能试验按 GB/T 9813 中 5.3 要求进行。

4.3.2 电源的电气性能用电压表、电流表、可变电阻器等仪表进行测试。所用仪表都应标定,其精度不低于 5‰。具体试验方法由产品标准规定。

4.4 **外壳防护性能试验**

按 GB/T 4942.2 第 7、8 章的规定进行。

4.5 **绝缘电阻测量**

按 MT 210 第 7 章规定进行。

4.6 **工频耐压试验**

按 MT 210 第 8 章规定进行。

4.7 **表面温度测量**

按 MT 210 第 11 章规定进行。

4.8 **表面绝缘电阻测量**

按 MT 210 第 22 章规定进行。

4.9 **工作稳定性试验**

微机处于工作状态,运行时间应符合产品标准的规定。试验中,按规定的连续工作时间更换电池或充电,在每次连续运行工作时间的开始和结束分别检查电气性能。

4.10 **低温工作试验**

按 MT 210 第 23 章规定进行。

4.11 **高温工作试验**

按 MT 210 第 23 章规定进行。

4.12 **低温贮存试验**

按 MT 210 第 24 章规定进行。

4.13 **高温贮存试验**

按 MT 210 第 24 章规定进行。

4.14 **交变湿热试验**

按 MT 210 中 28.2.1 规定进行。

4.15 **振动试验**

按 MT 210 第 25 章的规定进行。

4.16 **冲击试验**

按 MT 210 第 26 章的规定进行。

4.17 **跌落试验**

按 MT 210 中 15.2.2 的规定进行。

4.18 **运输试验**

按 MT 210 第 27 章的规定进行。

4.19 **可靠性试验**

按 GB/T 5080.7 的规定进行,若无其他标准另行规定时,建议采用定时截尾试验方案,故障判据和计入方法按 GB/T 9813 中附录 B 的规定进行,只统计关联故障数。

4.20 **防爆检验**

由国家防爆检验机构按 GB3836.1 和 GB3836.4 的有关规定进行。

5 检验规则

5.1 **一般规定**

产品在定型和生产过程中必须通过本标准和产品标准中规定的检验,并取得指定单位发给的合格证书。

5.2 出厂检验

5.2.1 每台产品均须进行出厂检验，合格产品应发给产品合格证。

5.2.2 试验项目按表2所列出厂检验内容进行。

表 2

试验项目	技术要求	质量特征类别	试验方法	出厂检验	型式检验
外观、结构、工艺	3.6、3.7	C	4.2	○	○
电气性能	3.5	A	4.3	○	○
外壳防护	3.8	B	4.4	—	○
高温工作	3.13.1	B	4.11	—	○
高温贮存	3.13.2	B	4.13	—	○
低温工作	3.13.1	B	4.10	—	○
低温贮存	3.13.2	B	4.12	—	○
湿热	3.13.3	B	4.14	—	○
振动	3.13.4	B	4.15	—	○
冲击	3.13.4	B	4.16	—	○
运输	3.13.6	B	4.18	—	○
跌落	3.13.5	B	4.17	—	○
工频耐压	3.9.2	A	4.6	○	○
绝缘电阻	3.9.1	A	4.5	○	○
表面温度	3.10	A	4.7	—	○
表面绝缘电阻	3.11	A	4.8	—	○
工作稳定性	3.12	B	4.9	○	○
防爆性能	3.14	A	4.20	—	○
可靠性	3.15	B	4.19	—	○
注：“○”表示需要进行的试验项目。					

5.2.3 出厂检验各项指标必须符合产品标准的规定，有不合格项目者不得出厂。

5.3 型式检验

5.3.1 有下述情况之一时应进行型式检验：

——新产品试制定型或老产品转厂生产时；

——正式生产后，如结构、材料、工艺有较大改变可能影响产品性能时；

——停产一年后恢复生产时；

——正常生产时每3年进行一次(防爆性能除外)；

——产品质量不稳定时；

——国家产品质量检验机构提出进行型式检验的要求时。

5.3.2 试验项目按表2所列的型式检验内容进行。

5.1.3 型式检验应从出厂检验合格的产品中抽取1～2台样品进行。

5.3.4 型式检验判定规则：

——对A类项目，有1项不合格则判该批为不合格；

——对B类项目，有1项不合格应加倍抽样检验，若仍有1项不合格则判该批为不合格；

——对 C 类项目,有 3 项不合格则判该批为不合格。

6 标志、包装、运输、贮存

6.1 标志

6.1.1 机壳明显处应设置清晰的永久性的标志“Ex”及安全标志“MA”。

6.1.2 微机应设置铭牌,其内容应包括：

——产品名称、型号；

——制造厂家名称；

——右上方应有“Ex”标志；

——防爆标志；

——防爆合格证号及安全标志准用证号；

——电源技术参数:电池型号、工作电压、额定电流、最高开路电压、最大输出电流等；

——出厂日期及产品编号。

6.1.3 包装储运图示标志应符合 GB 191 规定。

6.2 包装

6.2.1 微机的包装应符合 GB/T 13384 的要求,具体包装方式由产品标准规定。

6.2.2 装箱时应随机附带文件。随机文件包括：

——合格证；

——使用说明书；

——装箱单；

——随机备件、附件清单；

——产品标准规定的其他技术文件。

6.3 运输

6.3.1 包装后的微机在避免雨雪直接淋袭的条件下,可适用于水运、陆运及空运等各种运输方式。但在运输中其环境温度不得超过产品标准规定的最高和最低贮存温度。

6.3.2 运输过程中应避免剧烈振动,防止跌落。

6.4 贮存

微机的产品标准应规定贮存的环境条件,长期贮存有可能损坏部件时,要规定检查周期。

前　　言

本标准主要引用了 ZB J19 009—88《圆柱齿轮减速器通用技术条件》和 MT 101—90《刮板输送机用减速器检验规范》。

本标准由煤炭工业部科技教育司提出。

本标准由煤炭工业部煤矿专用设备标准化技术委员会归口。

本标准起草单位:煤炭科学研究总院上海分院。

本标准主要起草人:刘晨阳、陈钰、李锋、王云根、章伯超。

本标准委托煤炭科学研究总院上海分院负责解释。

中华人民共和国煤炭行业标准

MT/T 681—1997

煤矿用带式输送机减速器　技术条件

Reducer for belt conveyor for coal mining—Technical condition

1　范围

本标准规定了煤矿用带式输送机减速器的技术要求及检验内容、要求和方法。

本标准适用于煤矿用带式输送机减速器。

2　引用标准

下列标准所包含的条文，通过在本标准中引用而构成为本标准的条文。本标准出版时，所示版本均为有效。所有标准都会被修订，使用本标准的各方应探讨使用下列标准最新版本的可能性。

GB/T 3077—88　合金结构钢　技术条件

GB/T 3323—87　钢熔化焊对接接头射线照相和质量分级

GB/T 3768—83　噪声源声功率级的测定　简易法

GB/T 9439—88　灰铸铁件

GB/T 10095—88　渐开线圆柱齿轮精度

GB/T 11365—89　锥齿轮和准双曲面齿轮　精度

GB/* 11368—89　齿轮传动装置清洁度

MT/T 101—93　刮板输送机用减速器检验规范

ZB J19 004—88　圆柱齿轮减速器

ZB J19 005—88　圆柱齿轮减速器　加载试验方法

ZB J19 009—88　圆柱齿轮减速器通用技术条件

ZB J19 026—90　运输机械用减速器

煤矿安全规程(92 年版)

3　技术要求

3.1　使用条件

3.1.1　减速器应符合本标准的要求，并按照经规定程序批准的图样及文件制造。

3.1.2　减速器的工作环境温度为－10～＋40 ℃；当环境温度低于 0 ℃时，润滑油要相应预热。

3.1.3　减速器的工作条件应符合《煤矿安全规程》的规定。

3.2　使用寿命

减速器的使用寿命不得低于 20000 h，轴承寿命不得低于 5000 h。

3.3　密封性能

减速器不得有漏油或渗油现象，不得使污物和水渗入机体内部。

3.4　机械效率

在额定负载下，减速器的油温达到热平衡温度、或采用内部水冷却的减速器的油温在 75 ℃±5 ℃

中华人民共和国煤炭工业部 1997-12-30 批准　　1998-06-01 实施

时，减速器为硬齿面传动，每级传动效率不小于 0.98；软齿面传动：每级传动效率不小于 0.965。

3.5 **机体和机盖**

3.5.1 箱体可用铸件，也可用焊接件。铸件时，其机械性能不得低于 GB/T 9439 中的 HT200。

3.5.2 铸造机体和机盖不得有夹渣、缩孔、疏松、裂纹等铸造缺陷。

3.5.3 焊接件焊缝应达到 GB/T 3323 中的 I 级焊缝的规定。

3.5.4 铸造机体和机盖需进行时效处理，焊接机体和机盖需进行退火处理。

3.5.5 箱体装配前应作煤油渗漏试验，箱体不得有漏油或渗油现象。

3.5.6 机体和机盖的结合面在自由结合状态下，应检查结合面的接触密合性，用 0.05 mm 塞尺不得塞入。

3.5.7 机体和机盖合箱后，边缘应平齐，每边相互错位量不大于 2mm。

3.6 **齿轮、齿轮轴**

3.6.1 主要传动件均应采用锻件，所用材料应符合 GB/T 3077 的规定，均应有制造厂的合格证或上道工序的检验合格单。

3.6.2 减速器功率小于 90 kW 时，齿轮的三个公差组精度都不得低于 GB/T 10095 规定的 8 级；减速器功率大于或等于 90 kW 时，齿轮的第Ⅲ公差组精度不得低于 7 级，第Ⅰ、Ⅱ公差组精度不得低于 8 级。

3.6.3 圆柱齿轮检验项目应符合表 1 的规定，允许采用等效的其他检验项目组合。

表 1

第Ⅰ公差组	第Ⅱ公差组	第Ⅲ公差组
F_r 与 F_w	f_f 与 f_{pt}	F_β

注

1 当其中有一项超差时，应按 F_p 检验和验收齿轮精度。

2 各项检验精度值按 GB/T 10095 规定选用。

3.6.4 圆柱齿轮齿面接触斑点应符合表 2 的规定。

表 2

接触斑点，%	精度等级							
	1	2	3	4	5	6	7	8
按高度不小于	65	65	65	65	55(45)	50(40)	45(35)	40(30)
按长度不小于	95	95	95	90	80	70	60	50

注

1 括号内的数值，用于轴向重合度 $\varepsilon>0.8$ 的斜齿轮。

2 各项检验精度按 GB/T 10095 的规定选用。

3.6.5 圆柱齿轮最小法向极限侧隙应符合表 3 的规定。

表 3

中心距/mm	最小法向极限侧隙/μm	中心距/mm	最小法向极限侧隙/μm
≤80	120	>315～400	230
>80～125	140	>400～500	250
>125～180	160	>500～630	280
>180～250	185	>630～800	320
>250～315	210	>800～1000	360

3.6.6 圆锥齿轮检验项目应符合表 4 的规定，允许采用等效的其他检验项目组合。

表 4

第Ⅰ公差组		第Ⅱ公差组		第Ⅲ公差组	
齿轮	齿轮副	齿轮	齿轮副	齿轮	齿轮副
F_p 与 F_{pk}	F_{ic}	f_{pt} 与 f_{ck}	f_{skc}	接触斑点	

3.6.7 圆锥齿轮最小法向极限侧隙选用 GB/T 11365 规定的 b 类，最大法向极限侧隙和最小法向极限侧隙的值应符合 GB/T 11365 的规定。

3.6.8 锥齿轮和准双曲面齿轮的接触斑点应符合表 5 的规定。

表 5

接触斑点，%	精度等级		
	4～5	6～7	8～9
沿齿长方向不小于	60	50	35
沿齿高方向不小于	65	55	50

3.6.9 齿面粗糙度 $R_a \leqslant 6.3\ \mu$。

3.6.10 减速器在额定负载下的 1000 h 耐久性考核后，轮齿应符合表 6 的规定。

表 6

序号	项目名称	判别标准	备注
1	磨损	齿轮允许出现轻微磨损或中等磨损现象，其磨损量不得超过以下规定： 1. 硬齿面轮齿任一齿面磨损量不得大于 0.13 mm。 2. 软齿面轮齿任一齿面磨损量不得大于齿厚的 1/20。 3. 磨损不均匀的轮齿齿面，齿面两端相差不得大于 0.08 mm。	
2	胶合	齿面允许发生轻微胶合，胶合区域不得大于齿高的 1/4；齿宽的 1/3	
3	点蚀	轮齿齿面允许出现早期点蚀，但麻点的大小及点蚀坑面积不得超过以下规定： 1. 模数 6 以下的齿轮，麻点的平均直径不得大于 1 mm；模数 6 以上的齿轮，麻点的平均直径不得大于 2 mm。 2. 点蚀坑面积达到下述情况时为失效： a. 点蚀区宽度占齿高的 80%时； b. 点蚀区宽度占齿高的 70%，点蚀区长度占齿长的 10%时； c. 点蚀区宽度占齿高的 30%，点蚀区长度占齿长的 40%时	平均直径＝(最大直径＋最小直径)÷2
4	剥落	轮齿齿面不得出现剥落	
5	塑性变形	1. 硬齿面轮齿不得出现塑性变形。 2. 软齿面轮齿的塑性变形量不得大于齿厚的 1/20	
6	折断	轮齿不得出现折断现象	
7	裂纹	齿轮的任何部位不得出现裂纹	
8	干涉损伤	轮齿齿面不得出现干涉损伤	

3.7 轴承失效判定

减速器在额定负载下的 1000 h 耐久性考核后，轴承应符合表 7 的规定。

表 7

序号	项目名称	判 别 标 准	备 注
1	磨损	1. 轴承允许出现较轻程度的磨损，其磨损系数 $f \leqslant 7.5$。 2. 滚道形状不得有明显的变化。 3. 滚道面不允许出现暗淡的外观	$f = v/e_0$ v：游隙增量 e_0：与轴承内径有关的值
2	点蚀	轴承的内外圈、滚动体及保持架，允许出现早期点蚀，但麻点的大小及点蚀坑面积不得超过以下规定： 1. 麻点的平均直径不得大于 1 mm，深度不得大于 0.1 mm。 2. 点蚀坑面积不得大于该零件本身表面积的 20%	平均直径＝(最大直径＋最小直径)÷2
3	剥落	轴承的各零件均不得出现剥落	
4	裂纹	轴承的各零件均不得出现裂纹。绝不允许轴承的内外圈、保持架发生断裂	
5	胶合	轴承不得出现胶合	
6	塑性变形	轴承各零件不得出现塑性变形	

3.8 减速器的润滑和冷却

3.8.1 减速器的润滑方法和润滑油的种类见 ZB J19 009 附录 A。

3.8.2 减速器的油池油温不得超过 100 ℃，油温温升不得超过 80 ℃。

3.9 装配技术要求

3.9.1 各零件、部件应按其技术文件的要求进行检查，合格后方可装配使用。

3.9.2 按标准或图样要求检查齿轮副的最小侧隙，接触斑点及各轴组件的轴向间隙。

3.9.3 减速器应运转平稳，无冲击。

3.9.4 减速器组装后的箱体内不允许有任何残留物，并且清洁度应符合 GB/T 11368 规定的 J 级要求。

3.9.5 160 kW 以下的减速器的运转噪声值不得大于 90 dB(A)(综合噪声)，160 kW 以上(含 160 kW)的减速器的运转噪声值不得大于 92 dB(A)(综合噪声)。

3.9.6 机体、机盖内壁以及位于减速器机体内部的零件的非加工表面均应涂耐油耐酸油漆。机体、机盖以及其他外露的非加工零件表面，可按有关标准的规定涂漆，也可按用户要求涂漆。

4 试验方法

4.1 试验样机

试验样机为待出厂的合格产品或样机。

4.2 试验台

试验的驱动与加载方法及其他装置不受限制。优先采用能耗较低的封闭功率流式。

对检验台的主要要求：

——加载转矩和转速稳定，波动不应超过±5%；

——运转中能进行加载和卸载；

——被测试减速器在检验装置上的安装应符合其工作状况及紧固方式。

4.3 所有测试仪表应满足的条件

4.3.1 测量用的仪器、仪表及计量工具的精度要求如下：

——功率：直读测量精度为±0.5%，通过传感器记录测量时的精度为±1.0%；

——转矩：测量精度不低于±1%；

——转速：测量精度不低于±0.5%；

——温度：测量精度不低于±1%±1 个末位数字；

——噪声:测量精度为±1 dB(A);

——计量工具:按被试产品图纸要求的公差范围选用精度。

4.3.2 测量用的仪器、仪表及计量工具均必须按国家有关标准和规定进行校准、标定,并具有有效期内的检验合格证。

4.3.3 试验时仪器仪表应放置于恒温室里,以保证试验仪表的稳定性。

4.4 试验项目、程序和要求

见表8。

表8

序号	试验项目	试验内容与方法	要求
1	空载试验	a)减速器在额定转速下,空载连续运转直到油温平衡为止; b)记录室温; c)电机启动至额定转速后,每隔 15 min 记录一次油温,在 1 h 内油温温升不超过 1 ℃,即认为已达到热平衡; d)空载热平衡后 10 min 开始测定并记录输入转矩、转速;输出转矩、转速;空载功率、轴承处的机壳温度、减速器油温	1)减速器旋转方向必须与工作方向相同; 2)运转平稳,无冲击和杂声; 3)各密封处、接合处无漏油、渗油现象
2	效率试验	a)在空载试验合格后,进行效率试验; b)以额定负荷值的 10%递增,直到 100%,逐档加载测试,每档运转 30 min; c)记录各档的转速、转矩,记录下来的数据每次不少于三组,取算术平均值; d)输出转矩为额定值的 100%时,连续运转直到热平衡后,从热平衡后 10 min 开始记录转速、转矩; e)试验结束后,更换新油到设计油位	1)额定负荷下,机械效率应符合 3.4 的规定; 2)绘制负荷—效率曲线
3	温升试验	a)在额定负荷、额定转速下,减速器连续运转直到油池温度达到热平衡; b)每隔 15 min 记录一次油池温度,同时监测并记录轴承部位温度; c)记录环境温度; d)记录达到热平衡时所需的时间	1)减速器油池的最高油温和油池温升应符合 3.8.2 的规定; 2)在额定负荷下连续运转,油温达到 100 ℃所需时间不得少于 3 h; 3)当减速器使用强制冷却系统时,其冷却参数要符合设计要求
4	噪声试验	a)在额定负荷—效率试验的同时进行噪声试验; b)测量并记录与被试减速器的正面、上面、侧面 1 m 处的噪声; c)被测的侧面指远离电机的那一侧	1)噪声值取最大值; 2)减速器最大噪声值应符合 3.9.5 的规定
5	超载试验	a)在额定转速下,平稳地逐渐加载至额定负载的 120%,运转 10 min b)记录输入、输出转速、转矩和功率	1)运转正常,不得有异常噪声和异常系统振动; 2)开盖检查,不允许有断齿、齿面拉毛、压痕、胶合、点蚀等超出允许范围的现象

表 8(续)

序号	试验项目	试验内容与方法	要求
6	耐久试验	a)在额定负荷、额定转速下连续运转 1000 h; b)油温应控制在 80 ℃以下; c)每隔 1 h 记录一次油温; d)每隔 24 h 测量并记录一次减速器上平面、高速轴和低速轴轴承处垂直、轴向和水平三点的振动情况(作为运行情况参考); e)在试验过程中,允许换两次油; f)在 500 h 进行停机检查,做好详细记录。若齿面良好或齿面有局部点蚀,而且点蚀为非扩展性点蚀,可继续试验	1)运转正常; 2)运转中如有异常振动或异常声响等现象,应立即进行拆检; 3)当 500 h 进行停机检查时,观察齿轮表面:接触斑点应符合表 2 和表 5 的规定;齿面的点蚀和胶合等指标应符合 3.6.10 的规定; 4)试验结束后,全面拆检,对齿轮和轴承等主要零件作全面质量检查。齿轮的各项检查指标应符合 3.6.10 的规定。轴承的各项指标应符合 3.7 的规定; 5)试验过程中不得更换任何零件

5 检验规则

5.1 检验分类

带式输送机用减速器的检验分型式检验和出厂检验两种。其检验项目见表 9。

表 9

序号	检验项目	检 验 种 类	
		型 式 检 验	出 厂 检 验
1	空载试验	√	√
2	效率试验	√	—
3	温升试验	√	√
4	噪声试验	√	√
5	超载试验	√	—
6	耐久试验	√	—
注:"√"表示进行检验,"—"表示不进行检验。			

5.2 型式检验

5.2.1 下列情况之一应进行型式检验:

——国家质量监督机构提出进行型式检验要求时;

——试制的新产品或老产品转厂生产的试制定型鉴定时;

——正式投产后,如结构、工艺、材料有较大改变,可能影响产品性能时;

——产品长期停产后,再次恢复生产时;

——成批生产的减速器,每 3 年抽检一次;

——用户对产品质量有异议,提出要求时。

5.2.2 抽检数量:

5.2.2.1 在试制定型鉴定时,可用一台正式试制的减速机样品进行型式试验。

5.2.2.2 在进行正常的型式试验时,必须从出厂检验合格的减速器(不少于两台)中任意抽取一台。

5.2.3 检验结果判定和复验规则:

型式试验的检验结果符合 4.4 项中的规定,则该批减速器为合格。任何一项检验项目的检测结果未达到上述规定时,应加倍抽检,进行复检。抽检的减速器先进行额定负荷下的 3 h 跑合,然后进行复检。复检结果达到上述规定，则该批产品为合格；否则，为不合格。

5.2.4 型式检验报告由检验单位提出，检验报告经技术归口的检测中心审签后方为有效。

5.3 出厂检验

5.3.1 减速器的出厂检验和验收：

每台减速器应经制造厂检验部门检验合格后方能出厂，出厂时应符合下列要求：

——按5.1项规定的检验项目进行出厂检验。如有一项不合格，则该台减速器为不合格，不得出厂；

——应具有该型号在有效期内合格的型式检验报告；

——齿轮精度合格；

——清洁度合格；

——齿轮齿面接触斑点合格；

——齿侧间隙、轴承间隙符合要求；

——齿轮齿面硬度符合设计要求；

——功率大于90 kW时，传动件应进行无损探伤；

——外观平整、美观；

——随机文件齐全。

5.3.2 出厂检验用的测量仪器精度允许比4.3.1项中要求降低一级。

6 标志、包装、运输、贮存

6.1 减速器应在明显位置固定产品标牌，标牌内容应包括：

a)产品名称和型号；

b)输入功率；

c)输出转速；

d)公称传动比；

e)制造厂名，出厂日期；

f)出厂编号。

6.2 减速器轴伸与键应涂防锈油脂，并用塑料布包严、捆扎结实。备用的齿轮、轴、轴承应涂润滑油脂。

6.3 减速器应垫稳，固定于有防水石油沥青油毡的包装箱内或装于底脚板上。

6.4 在运输吊装过程中，应平稳起升、缓放，保证产品不受损伤。

6.5 运输和贮存时应注意防水、防潮。

前　　言

本标准在技术指标上参照 IEC 947-1(1988)并根据 GB/T 14048.1—93《低压开关设备和控制设备总则》;编写规则上按照 GB/T 1.1—1993,隔爆与本安性能符合我国 GB 3836—83;安全性能符合我国《煤矿安全规程》。

本标准规定的各项技术参数是悬臂式掘进机得以安全、可靠工作的基本保证。从标准生效之日起,各型悬臂式掘进机电控设备均应符合本标准的规定。对非国产化的电控设备,除应符合其采用标准外,在隔爆与本安性能方面应符合本标准的规定。

本标准的附录 A 是标准的附录。

本标准由煤炭工业部科技教育司提出。

本标准由煤炭工业部煤矿专用设备标准化技术委员会归口。

本标准起草单位:徐州煤矿机械厂。

本标准主要起草人:陶学仪。

本标准由煤矿专用设备标委会掘进机械分会负责解释。

中华人民共和国煤炭行业标准

悬臂式掘进机电控设备系列与参数

MT/T 682—1997

Series and parameters of electric control equipments for boom roadheaders

1 范围

本标准规定了悬臂式掘进机电控设备的分类和技术参数。

本标准适用于悬臂式掘进机电控设备(以下简称电控设备)。

2 引用标准

下列标准所包含的条文,通过在本标准中引用而构成为本标准的条文。本标准出版时,所示版本均为有效。所有标准都会被修订,使用本标准的各方应探讨使用下列标准最新版本的可能性。

GB 3836.1—83 爆炸性环境用防爆电气设备 通用要求

GB 3836.2—83 爆炸性环境用防爆电气设备 隔爆型电气设备“d”

GB 3836.3—83 爆炸性环境用防爆电气设备 增安型电气设备“e”

GB 3836.4—83 爆炸性环境用防爆电气设备 本质安全型电路和电气设备“i”

GB/T 14048.1—93 低压开关设备和控制设备总则

MT 154.2—1996 煤矿采掘工作面用电气控制设备型号编制方法

MT 209—90 煤矿通信、检测、控制用电工电子产品通用技术要求

MT 210—90 煤矿通信、检测、控制用电工电子产品基本试验方法

MT 238—91 悬臂式掘进机通用技术条件

3 符号、代号

3.1 符号

本标准中出现的主要符号如下:

a)U_e:额定工作电压;

b)U_i:额定绝缘电压;

c)I_e:额定工作电流;

d)$\cos\phi$:功率因数。

3.2 代号

本标准中出现的使用类别代号如下:

a)AC-3 交流鼠笼型感应电动机的起动、运转中分断;

b)AC-4 交流鼠笼型感应电动机的起动、反接制动或反向运转、点动。

4 分类与命名

4.1 分类

4.1.1 按功率

中华人民共和国煤炭工业部 1997-12-30 批准 1998-06-01 实施

电控设备按所控切割电动机的功率可分为：

a)特轻型；

b)轻型；

c)中型；

d)重型。

电控设备的型式及基本参数见表1。

表1 型式及基本参数

基本参数	型式			
	特轻	轻	中	重
可控切割电动机功率，kW	≤30	55～75	90～110	132～200
额定工作电压，V	380，660	660	660，1140	660，1140
额定频率，Hz	50	50	50	50
灭弧介质	空气	空气，真空	空气，真空	真空
适应工作最大坡度(绝对值)，(°)	±16	±16	±16	±16
保护	主电路漏电闭锁，控制电路漏电保护，电动机过热保护，过载保护，短路保护，断相保护			
操作方式	a)人力操作主令操作箱(隔爆型)集中控制电控箱(隔爆型)； b)人力操作主令操作箱(本安型)集中控制电控箱(隔爆兼本安型)			
额定工作制	电控箱为8 h工作制 AC-3负载操作频率为300级			

4.1.2 按控制电路防爆类别

电控设备按控制电路防爆类别可分为：

a)本安型；

b)隔爆型。

4.1.3 按灭弧介质

电控设备按灭弧介质可分为：

a)空气；

b)真空；

c)空气，真空。

4.2 命名

电控设备的电控箱，主令操作箱等产品型号由企业标准规定，但应符合MT 154.2的规定。

5 技术参数

5.1 基本参数

5.1.1 电控设备的基本参数应符合表1的规定。

5.1.2 电控设备的外形尺寸和重量应符合各企业标准。

5.2 工作条件

电控设备应在以下规定的条件中正常运行：

a)周围空气温度－5 ℃～＋40 ℃；

b)安装地点的海拔不超过2000 m；

c)周围空气相对湿度不超过90％(＋25 ℃)；

d)无破坏绝缘的气体或蒸汽的环境中；

e)能防止滴水的地方；

f)有显著振动与冲击的地方；

g)与水平面的安装倾斜度不超过 16°；

h)在含有瓦斯等爆炸性混合物的矿井中；

i)污染等级 3 级，安装类别Ⅲ类。

5.3 **基本结构**

电控设备由以下几部分组成：

a)电控箱；

b)主令操作箱；

c)照明灯；

d)蜂鸣器；

e)急停按钮。

5.4 **结构性能**

5.4.1 隔爆、本安性能

电控设备的隔爆外壳材质、隔爆结合面的结构参数、本安型外壳的防护等级以及电缆引入装置、观察窗、橡胶件、密封件、连接件等的防爆性能，应分别符合 GB 3836.1～3836.4 的有关规定，且应通过国家指定的防爆检验机关的检查，并取得防爆合格证。

5.4.2 电气间隙和爬电距离

电控设备主腔内的电气间隙和爬电距离应符合 GB/T 14048.1 中 7.1.3.1 和 7.1.3.2 的规定；接线腔内的电气间隙和爬电距离应符合 GB 3836.3 第 5 章、第 6 章的规定。本安电路的电气间隙和爬电距离应符合 GB 3836.4 中 4.6 的有关规定。

5.4.3 机械闭锁

电控箱内的隔离开关与隔爆外壳间应设有可靠的机械闭锁，保证隔离开关处于合闸位置时，壳盖不能打开。用螺栓紧固的外壳允许用警告牌代替，警告牌须标有“断电源后开盖”的字样。

5.4.4 指示

电控箱应设有显示隔离开关触头处于闭合和断开位置的位置指示器。

5.4.5 接地

电控设备的保护接地应符合 GB 3836.1 中第 15 章的规定。

5.4.6 湿热性能

电控设备的耐湿热性能应符合 GB 3836.1 中 28 章的规定，试验周期为 12 天。

5.5 **介电性能**

5.5.1 主电路与控制电路

电控设备主电路与控制电路应分别承受表 2 所规定的交流 50 Hz 工频试验电压，历时 1 min，无击穿闪络现象。

表 2 工频耐压 V

额定绝缘电压 U_i	工频耐压试验电压值 交流有效值
$U_i \leqslant 60$	1000
$60 < U_i \leqslant 300$	2000
$300 < U_i \leqslant 660$	2500
$660 < U_i \leqslant 800$	3000
$800 < U_i \leqslant 1000$	3500
$1000 < U_i \leqslant 1200$	4200
注：电子电路除外。	

5.5.2 本安电路

本安电路导线与设备机架之间的绝缘或接地部分之间的绝缘，应能承受两倍本安电路电压，但不低于 500 V 的介电强度试验。本安电路与非本安电路之间的绝缘，应能承受 $2U$＋1000 V(U 为二电路电压之和)，但不低于 1500 V 的介电强度试验。

5.6 漏电闭锁

电控设备的主电路对地绝缘电阻值降低到表 3 给出的动作值以下时，应实现主电路漏电闭锁。当绝缘电阻值上升到动作值的 1.5 倍时，应解除主电路闭锁。

表 3 漏电闭锁动作值

主电路额定工作电压 V	单相动作值 kΩ	动作值允许误差 %
380	7	＋20
660	22	＋20
1140	40	＋20

5.7 漏电保护

当照明电路及其他接至电控箱外的控制电路在运行中对地绝缘电阻值降低到表 4 的动作值时，检漏继电器应动作，断开所监视的控制电路电源。

表 4 漏电保护动作值

控制电路工作电压 V	漏电动作值 kΩ	动作值允许误差 %
36	2	＋20
127	3	＋20
220	5	＋20

5.8 短路保护

5.8.1 主电路、控制电路

电控设备的短路保护由各电路中的熔断器来实现。主电路熔断器的分断能力不低于各企业标准的规定。

5.8.2 本安电路

本安电路熔断器的过载能力和熔断时间应符合 GB 3836.4 中 7.2 的规定。

5.9 过载保护

电控箱的过载保护性能应符合表 5 的规定。

表 5 过载保护特性

过电流/整定电流	动作时间	起始状态
1.05	2 h 不动作	冷态
1.2	＜20 min	热态
1.5	＜3 min	热态
6	可返回时间≥5 s	冷态

5.10 断相保护

电控箱断相保护性能应符合表 6 的规定。

表 6 断相保护

过电流整定倍数		动作时间	起始状态
任意两相	第三相		
1.0	0.9	不动作	冷态
1.15	0	<20 min	热态

5.11 **过热保护**

当掘进机任一电机任一相绕组的温度高于该电机绝缘等级的温度允许值时，电控箱中的电动机过热保护继电器应立即动作，可靠地切断控制该电动机的控制电路。电动机过热保护的返回值由产品标准规定。

5.12 **动作特性**

当电控设备倾斜度达 16°，周围空气温度－5～＋40 ℃范围内，控制电源电压为额定值的 75%～110%时，控制箱内各接触器，中间继电器应能可靠地工作；当控制电源电压降低到额定电压 60%时，处于吸合状态的各接触器，中间继电器不应释放。

对于交流在额定频率下其释放电压不低于 20%的额定控制电源电压，而对于直流应不低于 10%的额定控制电源电压。

5.13 **显示**

电控设备应设有工作显示(如三相电源显示，电压、电流显示，计时器、电动机工作显示等)和故障显示(如漏电闭锁、漏电、过热、过载等)，各显示应正确、直观。

5.14 **寿命**

5.14.1 机械寿命

5.14.1.1 电控箱中各接触器，中间继电器的机械寿命为 300 万次。

5.14.1.2 电控箱中隔离开关或隔离换向开关的机械寿命不低于 1 万次。

5.14.2 电寿命

电控箱中各主电路接触器电寿命应符合表 7 的规定。

表 7 电寿命

使用类别	接 通			分 断			次数
	I/I_e	U/U_e	$\cos\phi\pm0.05$	I/I_e	U/U_e	$\cos\phi\pm0.05$	万次
AC-3	6	1	0.35	1	0.17	0.35	50
AC-4	6	1	0.35	6	1	0.35	5

注：空气式接触器 AC-3 类别，次数为 15 万次。

5.15 **分断能力**

隔离开关或隔离换向开关的正、反向额定分断能力应符合表 8 的规定。

表 8 分断能力

I/I_e	U/U_e	$\cos\phi\pm0.5$	试验次数	试验间隔时间
6	1.1	0.35	3	180 s

5.16 **冲击与振动**

5.16.1 冲击

除非产品标准另有规定电控设备内的电器元件，电子插件应能承受峰值加速度为 500 m/s^2，脉冲持续时间为 11 ms，在通电状态下的抗冲击试验。

5.16.2 振动

除非产品标准另有规定电控设备内的电器元件，电子插件应能承受频率为 10 Hz～150 Hz，加速度幅值为 50 m/s^2，位移幅值 0.35 mm，振动次数为 20 次的通电振动试验。

5.17 联锁

电控设备设有下列联锁：

a)油位、液位继电器断开后经延时，油泵、水泵电动机方能停机。

b)油泵电动机起动后，才能起动其他电动机。

c)起动切割电动机前应先报警 5～10 s，否则不予起动。

d)掘进机照明、报警等控制电路漏电时，应能切断其供电电路。

e)控制可逆运行的可逆接触器之间应有可靠的电气或机械闭锁。

5.18 急停按钮

在掘进机非操作侧，必须装有能紧急停止运转的急停按钮。急停按钮安装位置明显动作可靠。

5.19 其他

5.19.1 电控设备的各种元件(如真空接触器、隔离开关、变压器、继电器、熔断器)的技术性能除应满足本标准的要求外，尚需符合各自的标准要求。

5.19.2 电控设备各项技术参数的试验方法见附录 A(标准的附录)。

附 录 A

（标准的附录）

试 验 方 法

A1 第5.4.1隔爆、本安性能按GB 3836.1第四篇GB 3836.2第三篇及GB 3836.4有关规定进行。

A2 第5.4.2电气间隙和爬电距离按GB/T 14048中8.2.3.4.2.c及GB 3836.3，GB 3836.4的有关规定进行。

A3 第5.4.6湿热试验按GB/T 14048.1中8.1.2.6有关规定进行。

A4 第5.5介电性能按GB/T 14048.1中8.2.3.4.3的有关规定进行。本安电路按GB 3836.4中4.9的有关规定进行。

A5 第5.6漏电闭锁，被测主电路分断后，用一可调电位器模拟主电路绝缘电阻值，其一引线接外壳，另一引线接至任一相动力线上，由大向小缓慢调节可调电阻至漏电闭锁显示灯亮，然后再由小向大缓慢调节可调电阻至漏电闭锁显示灯灭。反复3次，测出两点的电阻值，前者即为漏电闭锁动作值，后者即为解锁值，3次值均应在规定值范围内。

A6 第5.7漏电保护在被测控制电路接通后，用一可调电位器模拟控制电路漏电电阻值，其一引线接至外壳，另一引线固定在一绝缘棒上碰触被测电路，此时该控制电路的漏电保护应立即动作，切断供电电路，反复3次，测其阻值，3次值均应在规定值范围内。

A7 第5.8短路保护按各产品标准的有关规定进行，本安电路按GB 3836.4中7.2的规定。

A8 第5.9过载保护，5.10断相保护按GB/T 14048.1中8.2.3.8的规定进行。

A9 第5.11过热保护，用一可调电位器模拟电动机内预埋电阻，由小向大缓慢调节至过热保护继电器动作，故障灯显示，此时测得值为过热保护动作值，再将可调电位器由大向小缓慢调节至故障灯灭，过热保护继电器恢复正常工作，测其值为返回值，连做3次，每次值均应在规定范围内。

A10 第5.12动作特性按GB/T 14048.1中8.2.3.2的有关规定进行。

A11 第5.14寿命按GB/T 14048.1中8.2.3.7的有关规定进行。

A12 第5.15分断能力按GB/T 14048.1中8.2.4.2的有关规定进行。

A13 第5.16冲击与振动按MT 210中25、26章的有关规定进行。

A14 第5.17联锁按本标准的要求逐条检查。

前　言

本标准是根据1990年原中国统配煤矿总公司下达的《中煤经便字第35号文》关于制订提升容器用的无损探伤行业标准的通知，1991年煤科总技监字355号下达起草标准的通知，1991年煤炭行业标准计划项目进行制定，按GB/T 1.1—1993要求编写的。

本标准的附录A是标准的附录。

本标准的附录B、附录C都是提示的附录。

本标准由煤炭工业部科技教育司提出。

本标准由煤炭工业部煤矿专用设备标准化技术委员会归口。

本标准起草单位：煤炭工业部南京设计研究院、山东煤矿泰安机械厂。

本标准起草人：何家寿、袁有泽、王效兰、金德钧。

本标准委托煤炭工业部南京设计研究院负责解释。

中华人民共和国煤炭行业标准

矿用提升容器重要承载件无损探伤方法与验收规范

MT/T 684—1997

Specifcation of non－destructive inspection method & acceptance for important bearing members of mine－use hoisting vessel

1　范围

本标准规定了矿用提升容器(罐笼、箕斗等)重要承载件的无损探伤方法与验收规范(超声波探伤、磁粉探伤)的一般规定、探伤方法、缺陷的评定、验收标准及探伤检验报告。

本标准适用于提升容器的重要承载件中要求探伤的锻件、钢板、轴类的无损探伤检验,也适用于天轮承载轴的无损探伤,不适用于奥氏体与不锈钢件等粗晶材料。

2　引用标准

下列标准所包含的条文,通过在本标准中引用而构成为本标准的条文。本标准出版时,所示版本均为有效。所有标准都会被修订,使用本标准的各方应探讨使用下列标准最新版本的可能性。

GB/T 9445—88　无损检测人员技术资格鉴定通则

ZB Y230—87　A型脉冲反射式超声波探伤仪通用技术条件

ZB J74 003—88　压力容器用钢板超声波探伤

ZB J04 006—87　钢铁材料磁粉探伤方法

3　一般要求

3.1　探伤人员必须具有一定的专业基础知识和探伤经验,按照GB/T 9445的规定经考核取得国家认可的资格证书者担任。

3.2　无损探伤用的仪器设备,其性能应符合ZB Y230中第3章的规定。

3.3　超声波探伤面的表面粗糙度$R_a \geqslant 3.2$,磁粉探伤面要求$R_a \geqslant 6.3$。

3.4　探伤表面应无划伤以及油垢和污物及其他附着物。

4　探伤方法

4.1　超声波探伤

4.1.1　探伤方法

a)　以纵波直探头探伤为主,横波斜探头为辅;

b)　探伤方式用直接触法,应选择最可能发现缺陷的探测面作探伤面,锻件一般应从两个平面相互垂直的方向进行探伤。主要探测方向见图1。

中华人民共和国煤炭工业部 1997-12-30 批准　　　　1998-06-01 实施

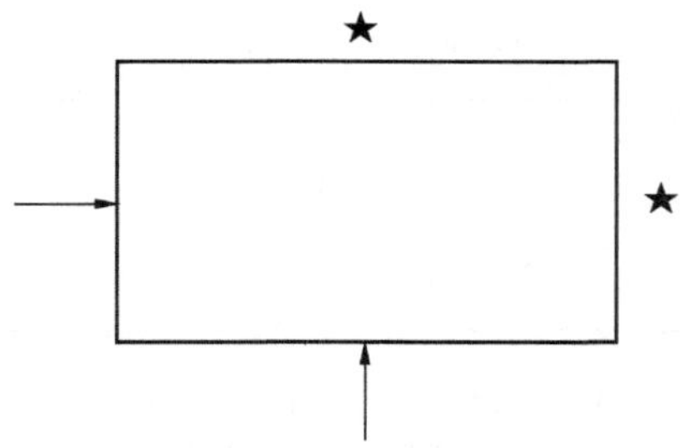

←必须探测方向
★参考探测方向

图 1　探测方向

c）扫查范围，应对整个探伤面进行连续全面扫查。扫查速度，探头移动速度不得超过 150 mm/s，探头扫查覆盖面应为探头直径的 15%以上；

d）提升容器中的销轴、锻件等，必要时还需用斜探头横波探伤，具体规定见附录 A(标准的附录)。

4.1.2　探伤时机

工件在最终热处理后必须进行探伤检验。

4.1.3　探伤灵敏度

a）锻件探伤原则上利用大平底采用计算法确定探伤灵敏度，对受工件几何形状限制，且缺陷在近场区内的工件，可采用试块法。钢板厚度在 60 mm 以下者可按 ZB J74 003 中 5.3 的规定执行；

b）锻件厚度在 200 mm 以下时，起始灵敏度为 Φ2 mm 当量直径，厚度在 200 mm 以上时，起始灵敏度为 Φ3 mm 平底孔当量直径；

c）当锻件厚大于 300 mm 时，应从相对两面探伤；

d）用底波法校正灵敏度时，校正点的位置应选在工件无缺陷的完好区域。把一次底波调到满刻度的 60%，然后根据工件不同情况加上声程差及衰减差作为探伤灵敏度。

4.1.4　探测频率

探测频率一般在 1～5 MHz，可根据工件不同情况确定其探测频率。

4.1.5　耦合剂

耦合剂为水、机油、工业甘油等。

4.1.6　探伤装置

a）采用 A 型脉冲反射式超声波探伤仪，其频率范围至少应在 1～5 MHz 内；

b）仪器和探头的组合灵敏度，在达到被探工件最大声程处的探伤灵敏度时，有效灵敏度余量至少为 15 dB；

c）仪器应至少在荧光屏满刻度的 75%范围内呈线性显示（误差在 5%以内），垂直线性误差应不大于 5%，水平线性误差应不大于 2%。

4.1.7　探头

a）探头的公称频率一般选用 2.5 MHz 左右；

b）探头主声束应无双峰，无偏斜。

4.1.8　参考试块

a）试块材质应与被检件声学性能相同或相似，试块经超声波探伤不得有 Φ2 mm 平底孔当量直径以上的缺陷存在；

b）探测表面为平面时，选用平面参考试块（见图 2）。参考试块的平底孔直径 d 分别为 2，4，6，8 mm，平底孔深度为 25 mm，探测面到平底孔的金属声程 L 推荐为 20，30，50，80，100，120，150，200，250，300 mm；

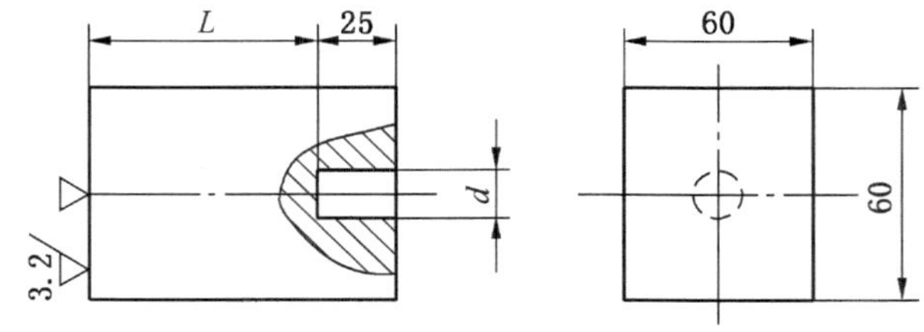

L—金属声程；d—平底孔直径；∇—探测面

图 2　平面参考试块示意图

c）　探测面为曲面时，选择与探伤面曲率大致相同（0.7～1.1 倍曲率半径）的对比试块进行探伤灵敏度的调整。曲面参考试块见图 3；

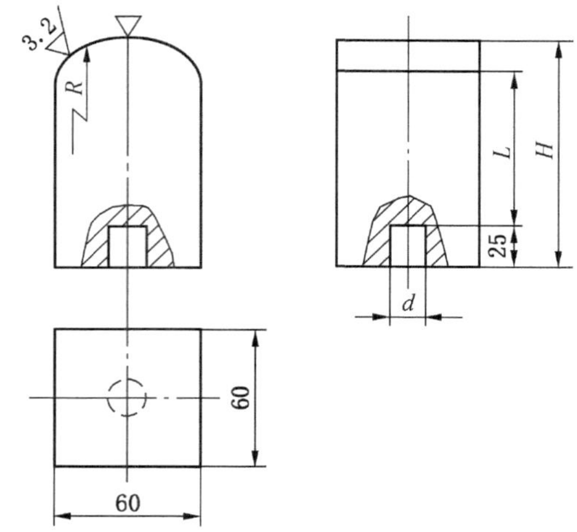

H—试块高度；R—试块曲率半径；L、d、∇ 同图 2

图 3　曲面参考试块示意图

d）　平底孔必须密封，应防止锈蚀；

e）　也可采用与上述参考试块等效作用的其他试块。

4.1.9　超声波探伤缺陷的测定

4.1.9.1　缺陷当量的确定

a）　采用 AVG 曲线及计算法确定缺陷当量；

b）　计算缺陷当量时，当材质衰减系数超过 4 dB/m 时应考虑修正。

4.1.9.2　材质衰减系数的近似测定

a）　应在被测工件完好无缺陷区域，选取三处有代表性的部位，测出第一次底波幅度 B_1 和第二次底波幅度 B_2 的波高；

b）　衰减系数 α（dB/m）的计算公式为：

$$\alpha=\frac{(B_1-B_2)-6\text{dB}}{2T} \quad \cdots\cdots(1)$$

式中：

T——锻件厚度或直径，m；

B_1、B_2——第一次和第二次底波幅度。

4.2　磁粉探伤

4.2.1　磁粉探伤适用于工件表面及表层探伤。

4.2.2　磁粉探伤用的探伤装置，磁粉、磁悬液、标准试片及对比试片以及探伤时期、探伤方法、缺陷磁痕的解释，探伤人员、探伤记录等都必须符合 ZB J04 006 的规定。

5　提升容器重要承载件探伤区域的划分原则

提升容器重要承载件的探伤区域按工件的受力情况划分为A区(主要受力区)，B区(受力区)和C区(次受力区)。

5.1　锻件及板材探伤区域划分原则

5.1.1　以受力孔或边缘孔中心线到工件边缘的距离为 h，从中心线向对称侧延伸1.5 h的区域为A区(见图4～图11)。

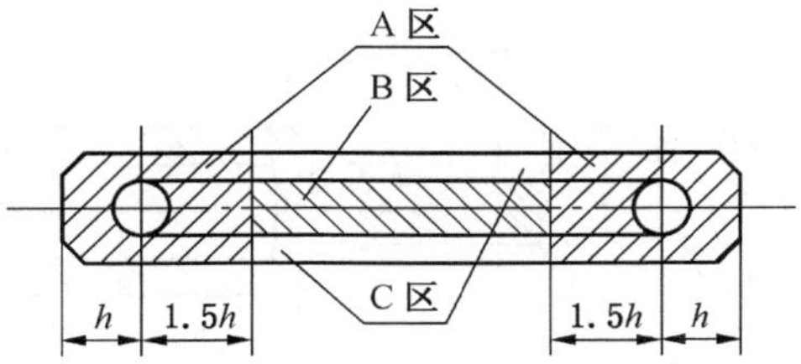

图4　连板探伤区域划分图

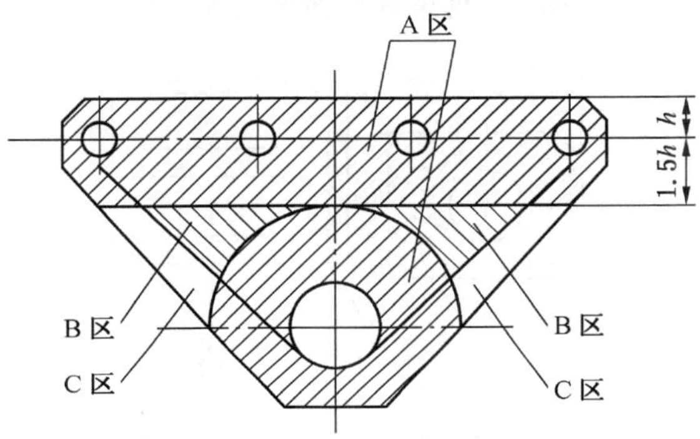

图5　三角板探伤区域划分图

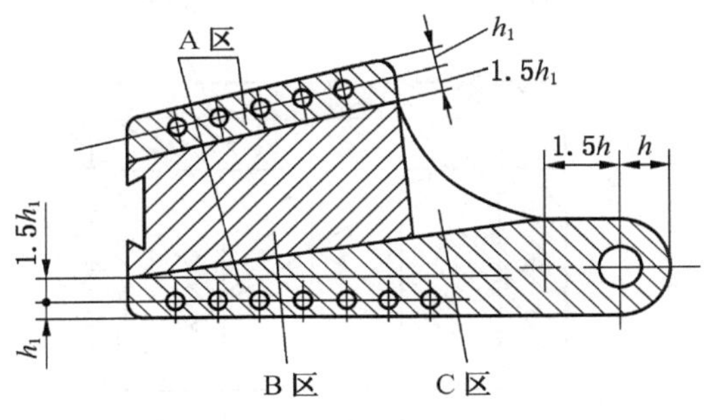

图6　颊板探伤区域划分图

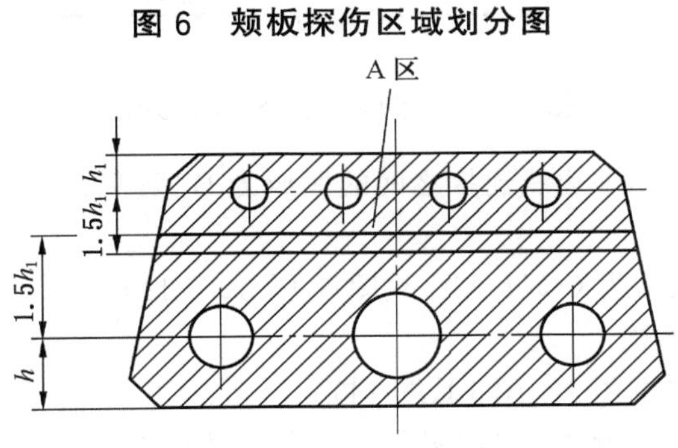

图7　四角板探伤区域划分图

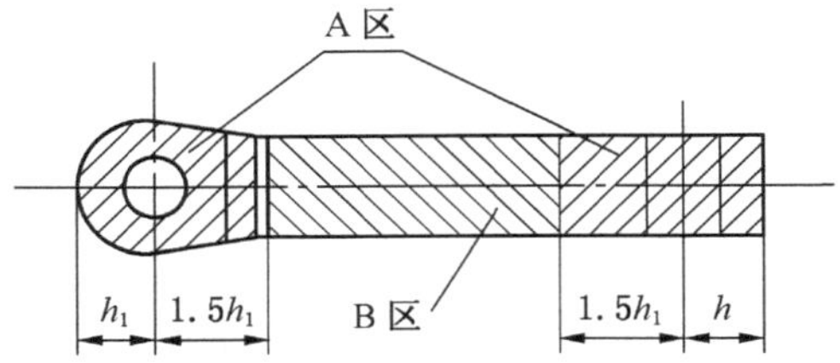

图 8　主连杆探伤区域划分图

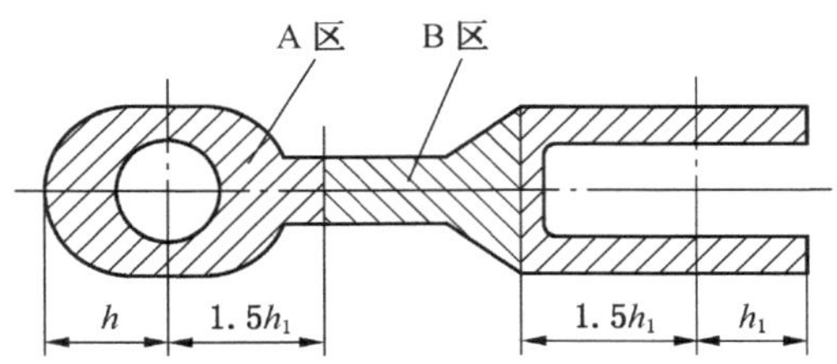

图 9　副连杆探伤区域划分图

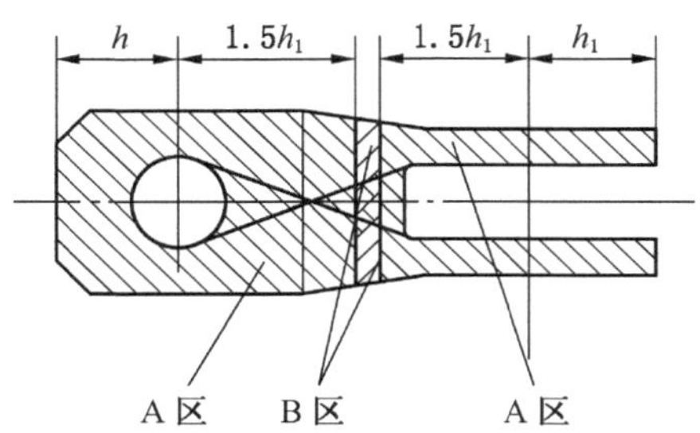

图 10　换向接头探伤区域划分图

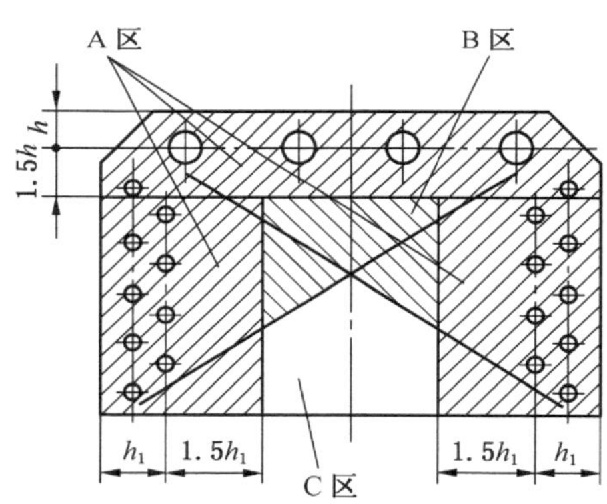

图 11　主挂板探伤区域划分图

5.1.2　除 A 区外，工件边缘孔的外边线连接之间的区域为 B 区(见图 4、图 5、图 6、图 8、图 9、图 10、图 11)。

5.1.3　除 A 区、B 区以外的区域为 C 区(见图 4、图 5、图 6、图 11)。

5.2　轴类零件探伤区域划分原则

5.2.1　轴的受载区域为 A 区(见图 12、图 13、图 14)。

5.2.2　轴端到受载区边缘间的区域为 C 区(见图 12、图 13、图 14)。

5.2.3　除 A 区、C 区以外为 B 区(见图 12、图 13、图 14)。

5.2.4　本标准未列图形的特殊工件，可参照上述原则划分受力区域。

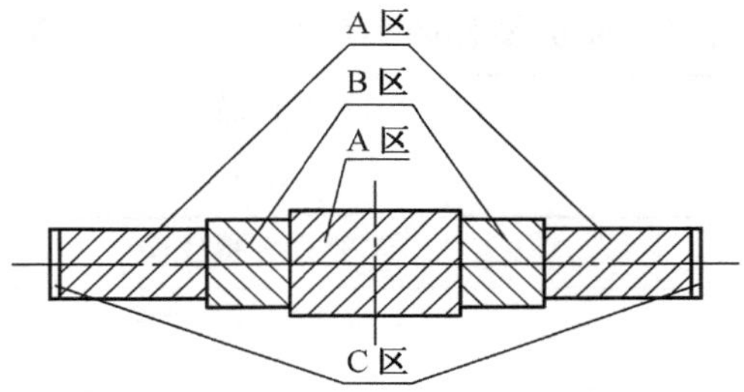

图12 轴探伤区域划分图

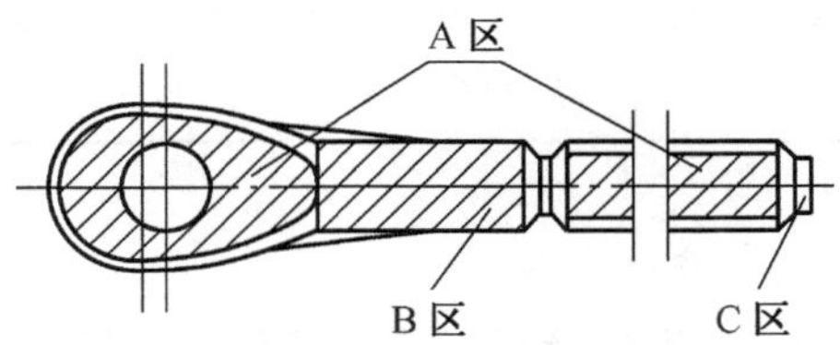

图13 吊杆探伤区域划分图

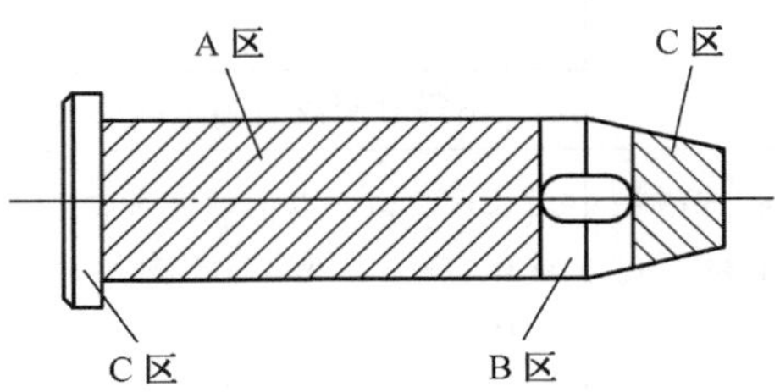

图14 销轴探伤区域划分图

6 验收标准

6.1 超声波探伤验收标准：

6.1.1 锻件及板材的超声波验收标准见表1。

表1 锻件及板材的超声波探伤验收标准

序号	探伤区域		
	A区	B区	C区
1	不允许有裂纹		
2	不允许有密集性缺陷		
3	不允许有Φ3 mm当量直径的单个缺陷	不允许有超过Φ5 mm当量直径的单个缺陷	不允许有超过Φ6 mm当量直径的单个缺陷
4	任意一条直线上不得超过3个Φ2 mm当量直径缺陷(缺陷间距≤50 mm时)	任意一条直线上不得超过3个Φ4 mm当量直径缺陷(缺陷间距≤50 mm时)	
注：密集性缺陷是指工件探伤部位在荧光屏扫描线上相当于50 mm的声程范围内同时有5个或5个以上的缺陷反射信号；或者在50 mm×50 mm的探测面上发现同一声程范围内有5个或5个以上缺陷反射信号。			

6.1.2 轴类零件的超声波探伤验收标准见表2。

表 2 轴类零件的超声波探伤验收标准

序号	探伤区域		
	A 区	B 区	C 区
1	不允许有裂纹		
2	不允许有密集性缺陷		
3	轴向不允许有超过 Φ3 mm 当量直径的单个缺陷	轴向不允许有超过 Φ4 mm 当量直径的单个缺陷	轴向不允许有超过 Φ6 mm 当量直径的单个缺陷
4	径向不允许有超过 Φ2 mm 当量直径的单个缺陷	径向不允许有超过 Φ3 mm 当量直径的单个缺陷	径向不允许有超过 Φ5 mm 当量直径的单个缺陷

6.2 **磁粉探伤验收标准：**

6.2.1 锻件及板材的磁粉探伤验收标准见表 3。

表 3 锻件及板材磁粉探伤验收标准

序号	探伤区域		
	A 区	B 区	C 区
1	不得有裂纹、白点、缩孔		
2	对长度 2 mm 以下的夹杂物或磁粉堆积，在 25 cm^2 面积内不得超过 5 个	对长度 2 mm 以下的夹杂物或磁粉堆积，在 25 cm^2 面积内不得超过 8 个	对长度 4 mm 以下的夹杂物或磁粉堆积，在 100 cm^2 面积内不得超过 15 个
3	单个夹杂物或磁粉堆积不得有圆状缺陷 3 mm，线状缺陷 3 mm	单个夹杂物或磁粉堆积不得有圆状缺陷 4 mm，线状缺陷 4 mm	单个夹杂物或磁粉堆积不得有圆状缺陷 5 mm，线状缺陷 5 mm

6.2.2 轴类零件的磁粉探伤验收标准见表 4。

表 4 轴类零件的磁粉探伤验收标准

序号	探伤区域		
	A 区	B 区	C 区
1	不得有裂纹、白点、重皮		
2	对长度 2 mm 以下的夹杂物或磁粉堆积，在 25 cm^2 面积内不得超过 3 个	对长度 2 mm 以下的夹杂物或磁粉堆积，在 25 cm^2 面积内不得有 6 个	对长度 2 mm 以下的夹杂物或磁粉堆积，在 100 cm^2 面积内不得有 15 个
3	轴向不允许有 3 mm 的单个圆状缺陷	轴向不允许有 4 mm 的单个圆状缺陷	轴向不允许有 5 mm 的单个圆状缺陷
4	径向不允许有 2 mm 的线状缺陷	径向不允许有 3 mm 的线状缺陷	径向不允许有 5 mm 的线状缺陷

6.3 在探伤过程中，如果遇到底波信号或其他非缺陷信号（如迟到波信号等）发生明显降低或消失时，应及时查明原因，必要时还应采用其他检测方法协同验证。

7 探伤检验报告

探伤检验报告应包括下列内容：

a） 探伤件名称、图号、工作号、材料、尺寸缺陷分布草图；

b） 探伤条件：探伤仪型号、探头型式、探头标称频率、晶片尺寸（K 值）、耦合剂、试块等；

c） 委托单位、委托日期、委托编号等；

d） 探伤检验结果：是否合格，缺陷位置及缺陷分布示意图，探伤工件编号等；

e） 探伤人员姓名、探伤日期、报告签发人的姓名、报告签发日期、探伤检验人员及探伤检验报告签发人资格级别等；

f） 探伤检验报告批准单位与印章；

g） 探伤检验报告的格式见附录 B(提示的附录)、附录 C(提示的附录)。

附　录　A
（标准的附录）
超声波横波探伤

A1　横波探伤仅适用于某些特别情况下，如某些轴类零件，主要用于发现直探头在某些情况下，难发现的一些缺陷上。

A2　探头：

A2.1　探头公称频率主要为 2.5 MHz。

A2.2　探头晶片尺寸根据工件形状灵活运用。

A2.3　根据工件几何形状的不同，采用相应 K 值的探头。

A3　参考反射体：

为了调整探伤灵敏度，可以利用被探工件的边角反射来调整灵敏度。可把工件的第一次边角反射波调到满幅度的 60％波高，然后再提高 14 dB 作为探伤灵敏度。

A4　扫查方法：

A4.1　扫查方向为探头沿轴类零件的轴向来回移动。

A4.2　探头移动速度不应超过 150 mm/s。

A4.3　探头扫查的覆盖率应为探头宽度的 15％以上。

附　录　B
（提示的附录）
超声波探伤检验报告单

年　月　日　　　　报告编号

<table>
<tr><td>委托单位</td><td></td><td>仪器型号</td><td></td><td>耦合剂</td><td></td></tr>
<tr><td>试件名称</td><td></td><td>试件材料</td><td></td><td>试件尺寸</td><td></td></tr>
<tr><td>图号</td><td></td><td>工作号</td><td></td><td>试件编号</td><td></td></tr>
<tr><td>仪器条件</td><td colspan="5">抑制：　　　　　发射：　　　　　扫描：</td></tr>
<tr><td>探伤方式</td><td colspan="2"></td><td>探伤时机</td><td colspan="2"></td></tr>
<tr><td>探头标称频率</td><td colspan="2"></td><td>晶片尺寸(k 值)</td><td colspan="2"></td></tr>
<tr><td>探伤灵敏度</td><td colspan="2"></td><td>试块</td><td colspan="2"></td></tr>
<tr><td rowspan="6">探伤结果</td><td colspan="5"></td></tr>
<tr><td colspan="5"></td></tr>
<tr><td colspan="5"></td></tr>
<tr><td colspan="5"></td></tr>
<tr><td colspan="5"></td></tr>
<tr><td colspan="5"></td></tr>
<tr><td>探伤部位示意图</td><td colspan="5"></td></tr>
</table>

附　录　C
（提示的附录）
磁粉探伤检验报告单

年　月　日　　　　报告编号

<table>
<tr><td>委托单位</td><td></td><td>仪器型号</td><td></td><td>磁粉类别</td><td></td></tr>
<tr><td>试件名称</td><td></td><td>试件材料</td><td></td><td>试件尺寸</td><td></td></tr>
<tr><td>试件状况</td><td></td><td colspan="2">表面粗糙度</td><td colspan="2"></td></tr>
<tr><td>磁化方法</td><td></td><td colspan="2">磁化电流</td><td colspan="2"></td></tr>
<tr><td>磁场强度</td><td></td><td colspan="2">标准试片</td><td colspan="2"></td></tr>
<tr><td rowspan="7">探伤结果</td><td colspan="5"></td></tr>
<tr><td colspan="5"></td></tr>
<tr><td colspan="5"></td></tr>
<tr><td colspan="5"></td></tr>
<tr><td colspan="5"></td></tr>
<tr><td colspan="5"></td></tr>
<tr><td colspan="5"></td></tr>
<tr><td>探伤部位示意图</td><td colspan="5"></td></tr>
</table>

前　言

高位翻车机经过长期生产实践考验,不断修改完善现已形成系列产品。为保证产品性能,提高产品质量,根据标准项目任务书编制了煤炭行业标准。

本标准由煤炭工业部科技教育司提出。

本标准由煤炭工业部煤矿专用设备标准化技术委员会归口。

本标准由煤炭工业部邯郸设计研究院负责起草。

本标准主要起草人:姚化利、练存才。

本标准委托煤炭工业部邯郸设计研究院负责解释。

中华人民共和国煤炭行业标准

高 位 翻 车 机

MT/T 685—1997

High level car dumper

1 范围

本标准规定了高位翻车机的产品分类，技术要求，试验方法，检验规则和标志、包装、运输、贮存。

本标准适用于在车场轨面以上，高位置翻卸固定车箱式矿车内煤炭、矸石或其他散料的高位翻车机。

2 引用标准

下列标准所包含的条文，通过在本标准中引用而构成为本标准条文。本标准出版时，所示版本均为有效。所有标准都会被修订，使用本标准的各方应探讨使用下列标准最新版本的可能性。

GB/T 1184—80 形状和位置公差 未注公差的规定

GB/T 1804—92 一般公差 线性尺寸的未注公差

GB/* 3322.1—82 煤矿矿车基本参数和尺寸 固定车箱式

GB/T 3766—83 液压系统通用技术条件

GB/T 13306—91 标牌

MT/T 154.1—92 煤矿机电产品型号的编制导则和管理办法

3 产品分类

3.1 品种、型式

3.1.1 高位翻车机按被翻卸固定车箱式矿车的名义载煤质量和轨距，共分为四个品种，见表 1。

表 1 品种

规格 型号	被卸矿车名义载煤质量，t	轨距，mm
FGY1.0/6	1	600
FGY1.5/6	1.5	600
FGY1.5/9	1.5	900
FGY3.0/9	3	900

3.1.2 高位翻车机按主机、液压站和控制台的布置方式，分为左侧式和右侧式。从进车方向看，转臂顺时针转为右侧式，反之为左侧式。

3.2 基本参数与主要尺寸

高位翻车机的基本参数应符合表 2 的规定，主要尺寸应符合表 3 和图 1 的规定。各种高位翻车机所适应的矿车规格，必须符合 GB/* 3322.1 的规定。

中华人民共和国煤炭工业部 1997-12-30 批准 1998-06-01 实施

表 2　基本参数

<table>
<tr><td rowspan="3">型号</td><td colspan="3">生产能力</td><td rowspan="3">整机质量
kg</td><td colspan="7">液　压　站</td></tr>
<tr><td rowspan="2">翻车次数
次/min</td><td rowspan="2">矸石
t/h</td><td rowspan="2">煤炭
t/h</td><td>系统型式</td><td colspan="3">电动机</td><td colspan="3">油泵</td></tr>
<tr><td></td><td>型号</td><td>转数
r/min</td><td>功率
kW</td><td>油泵</td><td>最大流量
L/min</td><td>工作压力
MPa</td></tr>
<tr><td>FGY1.0/6</td><td rowspan="4">2</td><td>210</td><td>120</td><td rowspan="2">4037</td><td rowspan="4">定量系统</td><td>Y200L-4</td><td>1470</td><td>30</td><td rowspan="4">齿轮泵</td><td>190</td><td>7.5</td></tr>
<tr><td>FGY1.5/6</td><td rowspan="2">326</td><td rowspan="2">180</td><td rowspan="2">Y225S-4</td><td rowspan="2">1480</td><td rowspan="2">37</td><td rowspan="2">190</td><td rowspan="2">9</td></tr>
<tr><td>FGY1.5/9</td><td>4091</td></tr>
<tr><td>FGY3.0/9</td><td>633</td><td>360</td><td>9034</td><td>Y200L-4</td><td>1470</td><td>2×30</td><td>2×120</td><td>15</td></tr>
</table>

表 3　主要尺寸

mm

<table>
<tr><td>型号</td><td>H₁</td><td>H₂</td><td>L₁</td><td>L₂</td><td>L₃</td><td>L₄</td><td>L₅</td><td>L₆</td><td>L₇</td><td>L₈</td><td>L₉</td><td>L₁₀</td><td>L₁₁</td><td>L₁₂</td><td>L₁₃</td><td>适用矿车型号</td></tr>
<tr><td>FGY1.0/6</td><td rowspan="3">1600</td><td rowspan="3">4650</td><td rowspan="3">1650</td><td rowspan="3">2000</td><td rowspan="2">887</td><td rowspan="2">2380</td><td rowspan="2">600</td><td>465</td><td rowspan="2">1000</td><td rowspan="2">1250</td><td rowspan="3">500</td><td rowspan="3">1400</td><td>1780</td><td>2000</td><td>82</td><td>MGC1.1-6</td></tr>
<tr><td>FGY1.5/6</td><td>550</td><td rowspan="2">1980</td><td rowspan="2">2400</td><td rowspan="2">82</td><td>MGC1.7-6</td></tr>
<tr><td>FGY1.5/9</td><td>1050</td><td>2680</td><td>900</td><td>600</td><td>1010</td><td>1380</td><td>MGC1.7-9</td></tr>
<tr><td>FGY3.0/9</td><td>2000</td><td>4850</td><td>2020</td><td>2020</td><td>1200</td><td>3400</td><td>900</td><td>680</td><td>1320</td><td>1750</td><td>610</td><td>1680</td><td>2840</td><td>3410</td><td>82</td><td>MGC3.3-9</td></tr>
<tr><td colspan="17">注
1　取矸石散堆密度为 1.6 t/m³。
2　整机质量未包括控制台和液压站质量。</td></tr>
</table>

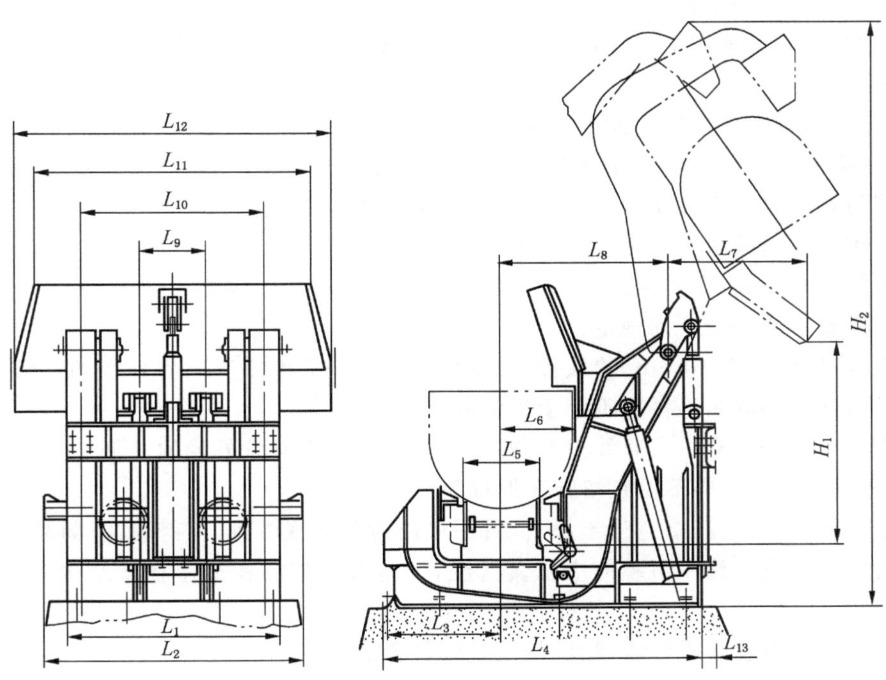

图 1

4 技术要求和试验方法

4.1 高位翻车机应符合本标准的规定，并按照规定程序批准的图样和技术文件制造。

4.2 高位翻车机液压系统应符合 GB/T 3766 的规定。

4.3 高位翻车机适用于下列工作条件：

a)矿车装载的物料粒度不大于 300 mm，物料装满高度不得超过档板处入口高度；

b)矿车装载的物料含水率不大于 30%；

c)根据布置要求进车端应设置推车机，进、出车端应设置阻车器；

d)环境温度 −30～+40 ℃；

e)液压系统用油，其粘度以 2°～5°E_{50} 为宜。

f)油箱的油温不应超过 60 ℃。

4.4 零部件(配件)及组装。

4.4.1 高位翻车机的电动机、电气元件、油泵、液压缸及液压元件等外构件，应持有制造厂的出厂合格证方可进行装配。因保管或运输不当而造成的变形、损伤、锈蚀等影响产品质量的元件不得使用。

4.4.2 高位翻车机所有零件的材料，应有供应厂的合格证明，否则应进行鉴别、化验合格后方可使用。可以用性能不低于设计规定的材料代替。

4.4.3 型钢结构件的非切削表面和切割表面应平整。

4.4.4 焊缝应均匀、密实，不得有裂纹、气孔、弧坑和夹渣等缺陷。

4.4.5 机械加工零件图样上，线性尺寸的一般公差为 GB/T 1804-m。

4.4.6 产品图样上未注形状和位置公差的机械加工零件公差值，应符合 GB/T 1184 中下列公差值：

a)直线度、平面度按 D 级公差值；

b)同轴度、对称度按 D 级公差值；

c)平行度、垂直度按 D 级公差值。

4.4.7 转臂平行度公差值不大于 4 mm，并应垂直于回转中心，垂直度公差值不大于 3 mm，同轴度公差值不大于 3 mm。

4.4.8 高位翻车机的轨距公差值不大于 2 mm。

4.4.9 高位翻车机内的轨道长度尺寸公差值不大于 3 mm。

4.4.10 车轮档与轨面之间应互相平行，平行度公差值不大于 3 mm。

4.4.11 档板与矿车之间的净空尺寸公差值不大于 4 mm。

4.4.12 内阻车器应开闭灵活、可靠。

4.4.13 液压软管安装应符合下列规定：

a)应避免急弯：外径大于 30 mm 的软管，其最小弯曲半径应不小于软管外径的 9 倍；外径小于或等于 30 mm 的软管，其最小弯曲半径应不小于软管的 7 倍；

b)与管接头的连接处应有一段直线过渡段，其长度应不小于软管外径的 6 倍；

c)在静止及随机移动时，均不得有扭转变形现象。

4.4.14 油箱应仔细清洗，用压缩空气干燥后，再用煤油检验焊缝质量，不得渗油、漏油。

4.4.15 所有液压元件及管路在组装前应认真清洗，不得有任何污物遗留在系统内。安装要求参考有关设计手册。

4.4.16 高位翻车机外露表面应涂漆，涂层的质量应符合下列要求：

a)涂层完整，无损坏或漏涂；

b)漆膜附着牢固，无剥落、皱纹、汽泡、针孔等缺陷；

c)涂层均匀。

4.5 液压系统调试：

4.5.1 液压站调试应符合下列顺序和规定：

a)用手盘动电动机和油泵之间的联轴器，应无卡阻感觉；

b)点动电动机带动油泵，检查油泵转向，应符合设计文件规定的方向；

c)在液压回路联通（高压油口接油箱）情况下，系统压力调到最低值，电动机带动油泵连续运行10 min后，油泵应无异常现象；

d)在液压回路联通（高压油口接油箱）情况下，系统压力调到实际工作压力，电动机带动油泵连续运行2 h后，检查各轴承温度应不超过70 ℃，油泵无漏油、噪音和振动现象；再次启动应工作正常。（此状态下应注意油温不超过60 ℃，最高不超过70 ℃，否则应采取临时冷却措施）。

4.5.2 系统压力调试应符合下列顺序和规定：

a)压力调试应遵守逐级提高的原则，且所有压力阀均同时调节压力值。以1 MPa为一个压力等级，每增高一个压力等级可稳压2～3 min，当达到系统最高工作压力时，稳压10 min，认定符合设计文件要求后，可将最高工作压力的压力阀调节螺杆锁定。此后可按各压力阀工作压力的大小，由大到小逐个调节出各压力阀的压力值，认定符合设计文件要求后，锁定各压力阀的调节螺杆；

b)压力调定值及以压力联锁的动作和信号应符合设计文件的规定。

4.5.3 速度调试应符合下列顺序和要求：

a)速度调试应在正常压力和正常工作油温下进行；

b)遵循先低速后高速的原则，调试前先点动，无误后继续调试；

c)速度调试前应对液压缸进行低压排气，当油口窜出油液后，方可认定系统排气完成；

d)在调试过程中应同时调整液压缸缓冲装置，应满足转臂翻转和复位的平稳性要求；

e)速度调试完毕后，液压缸往返工作3～5次，在启动换向及停止时应平稳，运行速度应符合设计文件的规定。

4.5.4 液压系统调试应符合下列的顺序和要求：

a)系统调试应在整个系统彻底清洗合格后进行；

b)调试或试验时的介质应和工作介质相一致。介质加入油箱时应过滤，过滤精度不低于系统要求的过滤精度；

c)系统调试应在液压站调试、系统压力调试、速度调试通过后，在整机空载试验之前进行；

d)在液压系统各部件和高位翻车机按设计要求组装，并认定无误后，按设计文件规定的动作程序逐个进行动作试验，同时调节各元件之间的联锁关系，以及液压缸的运行速度，压力也可根据实际调试情况进行调节。要求动作程序、联锁信号、运行速度等各项调试结果均应符合设计文件的规定。

4.6 压力试验：

a)压力试验在系统压力调试通过后进行；

b)试验压力为系统工作压力的1.5倍；

c)压力试验应遵守逐级提高的原则，以1 MPa为一个压力等级，每增加一个压力等级稳压2～3 min，达到试验压力时稳压10 min，然后降至工作压力，对整个液压系统进行全面检查。所有焊缝和连接口应无漏油、渗油现象，管道无永久变形。各元件在压力试验后应工作正常；

d)压力试验时，如有故障需要求处理，必须先卸压。如有焊缝需要重焊，必须将该管卸下，并在除净油污后方可焊接。消除故障后，再进行压力试验。

4.7 空载试验：

a)在整个液压系统调试通过后，方可进行空载试验；

b)空载试验时，必须放入一辆符合设计要求的标准矿车；

c)连续试验，累计动作次数不少于120次；

d)试验后，所有运动部件应工作正常，联锁动作及信号正确无误，液压系统无泄漏现象。

4.8 重载试验：

a)空载试验通过后，方可进行重载试验；

b)重载试验的重物质量应符合设计文件规定的固定车箱式矿车所容纳矸石的质量相一致；

c)连续试验，在一个小时之内累计动作次数不少于 120 次；

d)试验后，所有部件应无永久变形，再次启动应工作正常。联锁动作及信号正确无误，液压系统无泄漏现象。

4.9 各种调试试验完毕后，应填写记录卡片。

5 检验规则

5.1 每台高位翻车机必须经生产厂的质量检验部门检验合格后方准出厂，并出具产品合格证书。

5.2 高位翻车机产品检验分出厂检验和型式检验。其检验项目见表 4。

表 4 检验项目

试验项目	出厂检验	型式检验
零部件(配件)及组装	√	√
液压系统调试	√	√
压力试验	×	√
空载试验	√	√
重载试验	×	√

5.3 型式检验：

5.3.1 凡属下列情况之一时，应进行型式检验。

a)新产品和老产品转厂生产的试制定型鉴定；

b)正式生产后，如结构、材料、工艺有较大改变，影响产品性能时；

c)正常生产时，每 2 年进行一次周期性检验；

d)停产 2 年后，恢复生产时；

e)出厂检验结果与上次结果有较大差异时；

f)国家质量监督机构提出进行型式检验的要求时。

5.3.2 抽检方法：

型式检验采用抽样检验方法，三台以上视为一批，每批抽试一台。形成批量生产后，可随机抽检。

5.4 判定规则：

a)凡符合本标准规定和出厂检验项目的产品为出厂检验合格品

b)凡符合本标准规定和型式检验项目的产品为型式检验合格品

6 标志、包装、运输、贮存

6.1 标志

每台产品在明显部位固定产品标牌，标牌应符合 GB/T 13306 的规定，其内容包括：

a)制造厂名；

b)产品名称；

c)产品型号；

d)每分钟翻车次数；

e)电动机功率，电压等级；

f)设备总质量；

g)出厂日期与编号。

6.2 **包装**

6.2.1 液压系统外露油口，应用耐油塞子封口。

6.2.2 液压站及零散液压元件利用塑料布包装后再装箱。

6.2.3 每台产品的主机，液压站与控制台需分别包装装箱，包装应符合水陆运输要求。

6.2.4 在包装箱上应指明内装物的摆放位置。

6.2.5 每台产品出厂时，随带的产品文件应装入塑料袋，并置于包装箱内。产品随机文件包括：

a)产品合格证；

b)使用说明书；

c)装箱清单；

d)产品安装图和地脚螺栓孔洞图。

6.3 **运输**

运输中应用起重设备进行装卸，严禁使用不文明的装卸方法。

6.4 **贮存**

产品应存放于库房内，场地平整，严禁堆放。

前　言

制定 1 t,1.5 t,3 t 固定车厢式矿车系列圆环链爬车机的行业标准,可满足本行业各类用户、设计和制造单位对本项产品的安装使用、选型设计、制造验收的要求。

本标准由煤炭工业部科技教育司提出。

本标准由煤炭工业部煤矿专用设备标准化技术委员会归口。

本标准起草单位:煤炭工业部合肥设计研究院。

本标准主要起草人:张明华。

本标准委托煤炭工业部合肥设计研究院负责解释。

中华人民共和国煤炭行业标准

MT/T 686—1997

圆 环 链 爬 车 机

Circle chain creeper

1 范围

本标准规定了圆环链爬车机(以下简称“爬车机”)的产品分类、技术要求、试验方法、检验规则和标志、包装、运输、贮存。

本标准适用于600 mm、900 mm轨距1 t,1.5 t,3 t矿车爬车机。

2 引用标准

下列标准所包含的条文,通过在本标准中引用而构成为本标准的条文。本标准出版时,所示版本均为有效。所有标准都会被修订,使用本标准的各方应探讨使用下列标准最新版本的可能性。

GB/T 1184—80 形状和位置公差 未注公差的规定

GB/T 1804—92 一般公差 线性尺寸的未注公差

GB/T 12718—91 矿用高强度圆环链

GB/T 13384—92 机电产品包装通用技术条件

MT 99—91 矿用圆环链用扁平接链环

MT/T 154.1—92 煤矿机电产品型号的编制导则和管理办法

MT 231—91 矿用刮板输送机 驱动链轮

MT/T 5017—1996 煤矿立井井筒装备防腐蚀技术规范

3 产品分类

3.1 型式

本标准规定的爬车机是以电动机驱动,矿用高强度圆环链牵引,四轮小车式爬车器爬车的设备。爬车坡度11°32′13″,见图1、图2。

中华人民共和国煤炭工业部 1997-12-30 批准　　1998-06-01 实施

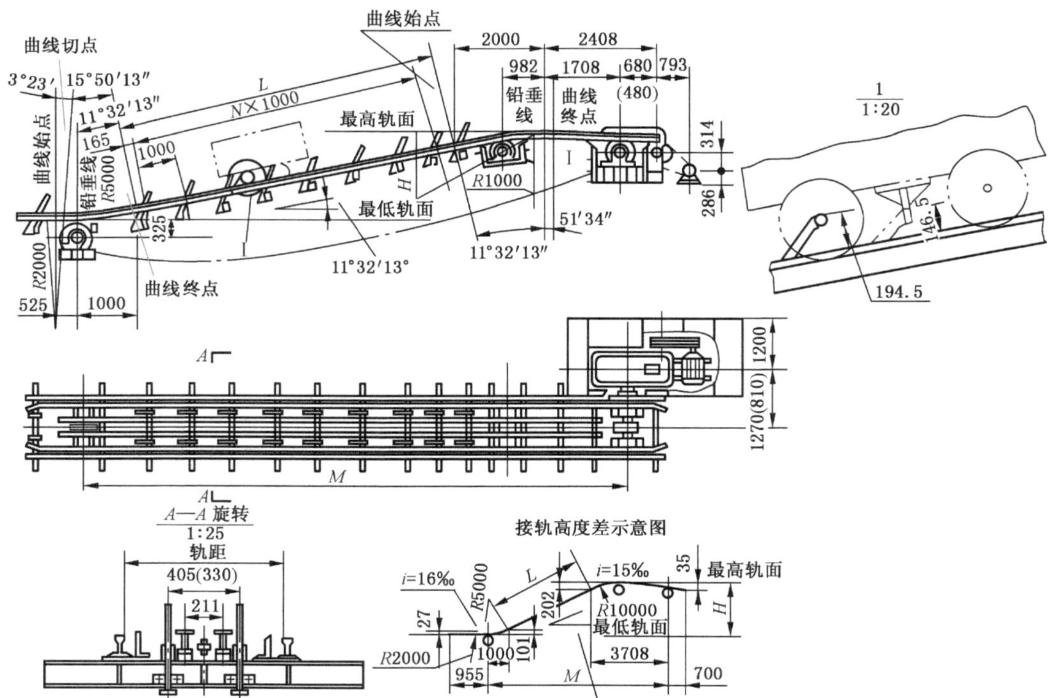

注

1. 本图按传动装置为左侧式绘制。
2. 括号内尺寸为1t矿车爬车机系统尺寸。

图1　1 t,1.5 t 矿车圆环链爬车机

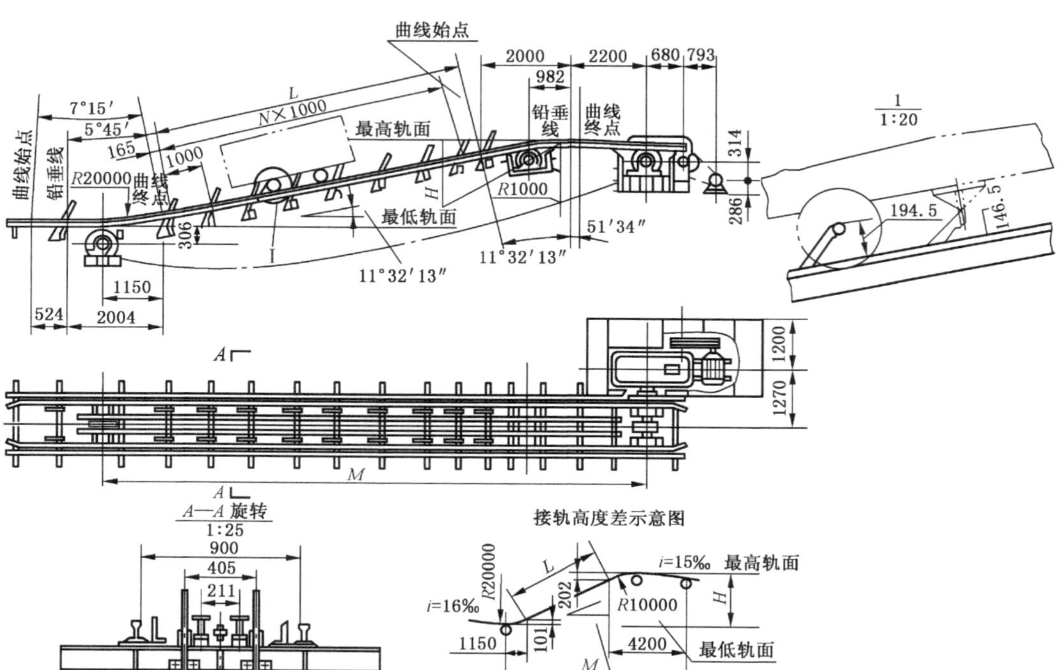

注：本图按传动装置为左侧式绘制。

图2　3 t 矿车圆环链爬车机

3.2 品种

爬车机按轨距、矿车装载量分为如下四个品种：

a)600 mm 轨距 1 t 矿车爬车机；

b)600 mm 轨距 1.5 t 矿车爬车机；

c)900 mm 轨距 1.5 t 矿车爬车机；

d)900 mm 轨距 3 t 矿车爬车机。

爬车机每一品种按爬车高度、传动装置型式、爬车器型式的不同，可分为 56 种规格。

3.3 基本参数与主要尺寸

爬车机的基本参数与主要尺寸应符合表 1、表 2 和图 1、图 2 的规定。

表 1 基本参数

<table>
<tr><th rowspan="3">爬车机
型号</th><th colspan="9">同时最大爬车数(辆)</th><th rowspan="3">爬车
速度
m/s</th><th rowspan="3">圆环
链
规格
mm</th><th rowspan="3">爬车
高度
mm</th><th colspan="3">传动装置</th></tr>
<tr><th colspan="3">600 mm 轨距
1 t 矿车</th><th colspan="3">600,900mm
轨距 1.5 t
矿车</th><th colspan="3">900 mm 轨距
3 t 矿车</th><th colspan="2">电动机</th><th rowspan="2">减速器</th></tr>
<tr><th>空车</th><th>煤车</th><th>矸石车</th><th>空车</th><th>煤车</th><th>矸石车</th><th>空车</th><th>煤车</th><th>矸石车</th><th>型号</th><th>功率
kW</th></tr>
<tr><td>PHZ6/1/□</td><td rowspan="4">$\frac{5}{5}$</td><td rowspan="4">$\frac{2}{5}$</td><td rowspan="4">$\frac{1}{5}$</td><td rowspan="4"></td><td rowspan="4"></td><td rowspan="4"></td><td rowspan="4"></td><td rowspan="4"></td><td rowspan="4"></td><td rowspan="16">0.333</td><td rowspan="16">18×64</td><td rowspan="16">1 000
1 200
1 400
1 600
1 800
2 000
2 200
2 400
2 600
2 800
3 000
3 200
3 400
3 600</td><td rowspan="2">Y132M2-6
YB132M2-6</td><td rowspan="4">$\frac{5.5}{22}$</td><td rowspan="2">QJR-D280-31.5 ⅠP
QJR-D280-31.5 ⅡP</td></tr>
<tr><td>PHY6/1/□</td></tr>
<tr><td>PHZ6/1/□D</td><td rowspan="2">Y200L2-6
YB200L2-6</td><td rowspan="2">QJR-D400-31.5 ⅠP
QJR-D400-31.5 ⅡP</td></tr>
<tr><td>PHY6/1/□D</td></tr>
<tr><td>PHZ6/1.5/□</td><td rowspan="4"></td><td rowspan="4"></td><td rowspan="4"></td><td rowspan="4">$\frac{4}{5}$</td><td rowspan="4">$\frac{1}{4}$</td><td rowspan="4">$\frac{1}{3}$</td><td rowspan="4"></td><td rowspan="4"></td><td rowspan="4"></td><td rowspan="2">Y132M2-6
YB132M2-6</td><td rowspan="4">$\frac{5.5}{22}$</td><td rowspan="2">QJR-D280-31.5 ⅠP
QJR-D280-31.5 ⅡP</td></tr>
<tr><td>PHY6/1.5/□</td></tr>
<tr><td>PHZ6/1.5/□D</td><td rowspan="2">Y200L2-6
YB200L2-6</td><td rowspan="2">QJR-D400-31.5 ⅠP
QJR-D400-31.5 ⅡP</td></tr>
<tr><td>PHY6/1.5/□D</td></tr>
<tr><td>PHZ9/1.5/□</td><td rowspan="4"></td><td rowspan="4"></td><td rowspan="4"></td><td rowspan="4">5</td><td rowspan="4">4</td><td rowspan="4">3</td><td rowspan="4"></td><td rowspan="4"></td><td rowspan="4"></td><td rowspan="8">Y200L2-6
YB200L2-6</td><td rowspan="8">22</td><td rowspan="8">QJR-D400-31.5 ⅠP
QJR-D400-31.5 ⅡP</td></tr>
<tr><td>PHY9/1.5/□</td></tr>
<tr><td>PHZ9/1.5/□D</td></tr>
<tr><td>PHY9/1.5/□D</td></tr>
<tr><td>PHZ9/3/□</td><td rowspan="4"></td><td rowspan="4"></td><td rowspan="4"></td><td rowspan="4"></td><td rowspan="4"></td><td rowspan="4"></td><td rowspan="4">4</td><td rowspan="4">3</td><td rowspan="4">2</td></tr>
<tr><td>PHY9/3/□</td></tr>
<tr><td>PHZ9/3/□D</td></tr>
<tr><td>PHY9/3/□D</td></tr>
</table>

表 2　主要尺寸

爬车机型号	H,mm	L,mm	M,mm	N	参考质量,kg
PH□6/1/1000□	1000	3485	8123	3	3700
PH□6/1.5/1000□					6030
PH□9/1.5/1000□					6040
PH□9/3/1000□			8765		6240
PH□6/1/1200□	1200	4485	9102	4	3900
PH□6/1.5/1200□					6220
PH□9/1.5/1200□					6230
PH□9/3/1200□			9774		6430
PH□6/1/1400□	1400	5485	10082	5	4140
PH□6/1.5/1400□					6480
PH□9/1.5/1400□					6500
PH□9/3/1400□			10724		6700
PH□6/1/1600□	1600	6485	11062	6	4330
PH□6/1.5/1600□					6660
PH□9/1.5/1600□					6680
PH□9/3/1600□			11704		6880
PH□6/1/1800□	1800	7485	12042	7	4540
PH□6/1.5/1800□					6870
PH□9/1.5/1800□					6900
PH□9/3/1800□			12684		7100
PH□6/1/2000□	2000	8485	13022	8	4770
PH□6/1.5/2000□					7100
PH□9/1.5/2000□					7140
PH□9/3/2000□			13664		7340
PH□6/1/2200□	2200	9485	14001	9	4980
PH□6/1.5/2200□					7300
PH□9/1.5/2200□					7370
PH□9/3/2200□			14643		7570
PH□6/1/2400□	2400	10485	14981	10	5230
PH□6/1.5/2400□					7550
PH□9/1.5/2400□					7620
PH□9/3/2400□			15623		7820

表 2(续)

爬车机型号	*H*,mm	*L*,mm	*M*,mm	*N*	参考质量,kg
PH□6/1/2600□	2600	11485	15961	11	5440
PH□6/1.5/2600□					7760
PH□9/1.5/2600□					7850
PH□9/3/2600□			16603		8050
PH□6/1/2800□	2800	12485	16941	12	5630
PH□6/1.5/2800□					7960
PH□9/1.5/2800□					8050
PH□9/3/2800□			17583		8250
PH□6/1/3000□	3000	13485	17921	13	5870
PH□6/1.5/3000□					8200
PH□9/1.5/3000□					8300
PH□9/3/3000□			18563		8500
PH□6/1/3200□	3200	14485	18900	14	6060
PH□6/1.5/3200□					8390
PH□9/1.5/3200□					8500
PH□9/3/3200□			19542		8700
PH□6/1/3400□	3400	15495	19880	15	6300
PH□6/1.5/3400□					8630
PH□9/1.5/3400□					8780
PH□9/3/3400□			20522		8980
PH□6/1/3600□	3600	16485	20860	16	6500
PH□6/1.5/3600□					8830
PH□9/1.5/3600□					8980
PH□9/3/3600□			21502		9180
表中 *N* 为轨道梁间距的个数。					

3.4 产品型号

爬车机产品型号编制应符合 MT/T 154.1 的规定。

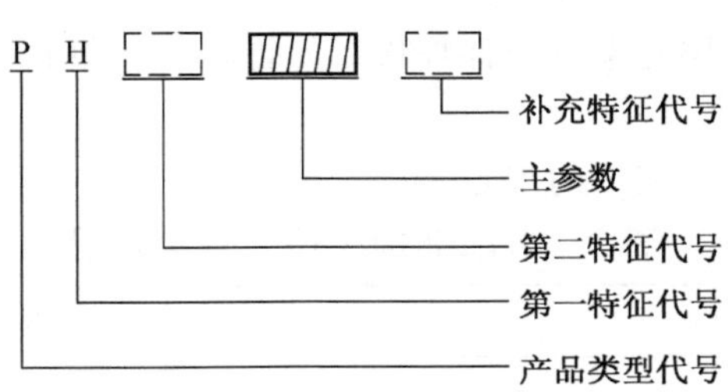

型号编制示例：

P H Z 6/1.5/1800 D

- D——爬车器推矿车挡板（推车轴不注）
- 1800——爬车高度 mm
- 1.5——矿车名义装载量 1.5 t
- 6——轨距 600 mm
- Z——传动装置左侧布置（右侧以 Y 表示）
- H——圆环链
- P——爬车机

4 技术要求

4.1 爬车机应符合本标准的要求，并按照经规定程序批准的图样和技术文件制造。

4.2 本标准未规定的设备制造通用技术要求，应按国家标准和行业标准的有关规定执行。

4.3 图样中未注明尺寸公差，机加工件应符合 GB/T 1804—M 级；焊件、铸造件应符合 C 级。

4.4 图样中未注明形位公差，机加工件应符合 GB/T 1184 中的下列公差值：

a）直线度、平面度、同轴度、对称度未注公差按 D 级公差值；

b）圆度公差值应不大于尺寸公差值；

c）平行度、垂直度未注公差按其附表 3 中 12 级公差值。

4.5 链轮的技术要求应符合 MT 231 的规定。链轮齿部不允许补焊。

4.6 圆环链的技术要求应符合 GB/T 12718 的规定。

4.7 扁平接链环的技术要求应符合 MT 99 的规定。

4.8 头尾链轮、导向链轮与圆环链啮合应良好，运转时无较大冲击和噪音。

4.9 圆环链条安装时应自然垂悬拉紧。圆环链环数（包括接链环）安装应为偶数。

4.10 爬车器运行时，爬车爪抬起、落下动作应灵活可靠；爬车器的滚轮在导轨内滚动应灵活；爬车爪从尾部链轮进入导轨喇叭口时不得有脱出和卡阻现象。

4.11 爬车机线路上的钢轨必须平直，不允许有扭曲、裂纹、损伤和锈蚀痕迹。

4.12 钢轨铺设后应符合如下要求：

a）轨距允许偏差为 $^{+3}_{-2}$ mm；

b）轨面标高允许偏差±3 mm；

c）两钢轨面高低差不得大于 2 mm；

d）轨道接头处轨面高低和内侧错动均不大于 1 mm。

4.13 传动装置机架、导向轮架、尾轮架等部件焊接后允许校正。校正后这三个机架的两轴承座的平面度公差为 0.5 mm。

4.14 导轨的扭转和变形量应符合表 3 的规定：

表 3 导轨非加工面允许变形量

mm

被检查面的最大尺寸	≤500	>500～800	>800～1300	>1300
变形量	2	3	4	5

4.15 减速器低速轴与头部链轮轴安装时，两轴同轴度公差为 2 mm。

4.16 爬车机在现场安装时，头、尾链轮中心线与导轨中心线的平行度公差为 3 mm。

4.17 爬车机的铸件表面不允许有粘砂、夹层、折叠、裂纹、结疤等较严重缺陷。如不影响铸件强度的外观缺陷，允许堆焊修补平整。

4.18 爬车机的焊缝不允许有裂纹、夹渣、烧穿、飞溅残渣、焊瘤或未焊满、未焊透等较严重缺陷。

4.19 型钢结构件在焊接前先进行喷砂(丸)除锈、或酸洗除锈，钝化处理的工艺。然后涂刷 1～2 道环氧富锌底漆，漆膜厚度可为 30～70 μm，部件组装后再涂刷 3 道低温固化环氧沥青涂料，漆膜总厚度不应小于 200 μm。漆膜附着力不应低于 85%。最后全部外露表面均涂一层浅色油漆。涂层应光亮、平坦、色泽一致，无裂纹剥落和流痕，无机械杂质，无修整痕迹。涂刷的其他技术要求按 MT/T 5017 的规定。

4.20 所有零、部件均须检验合格后进行装配。防爆电器、外购件、外协件应有防爆合格证书和产品合格证书。

5 试验方法

5.1 外观检查

5.1.1 用目测或 10 倍放大镜检查铸件表面是否达到 4.17 的要求。

5.1.2 焊缝外观检查应在涂漆前进行。用目测或 10 倍放大镜检查是否达到 4.18 的要求。

5.1.3 目测检查表面涂漆是否达到 4.19 的要求。

5.2 外形尺寸检测

5.2.1 用普通量具检测减速器中心至头部链轮中心的距离。

5.2.2 用普通量具和样板检测钢轨、护轨、导轨的竖曲线半径及夹角。

5.2.3 链轮尺寸的检测按 MT 231—91 中附录 B 的规定。

5.3 形位公差检测

5.3.1 机架的平面度检测

将传动装置架、导向轮架及尾轮架置于平台上，用专用量具测量其平面度是否达到 4.13 的要求。

5.3.2 导轨的平直度检测

将导轨放在专用平台上，用测量工具测量其平直度是否达到 4.14 的要求。

5.4 圆环链、接链环性能试验

批量生产时，应进行抽样检验，或每年至少抽出三件以上进行试验。试验方法按 GB/T 12718—91 中 7.5 和 MT 99—91 中 6.2、6.3 的规定。

5.5 钢轨铺设偏差检测

用普通量具及矿用轨道尺测量轨距、两钢轨轨面高低差、轨面标高、轨道接头平整度，其偏差应符合 4.12 要求。

5.6 空负荷试验

爬车机应进行 2 h 的空运转试验。试验时按 4.8、4.10 要求检验。

5.7 满负荷试验

5.7.1 按同时最大爬车数要求，先爬空矿车，再爬重矿车。检验爬车机运行是否正常。

5.7.2 爬车机在按规定值爬车时，第 2 s～5 s 的时间内，在导轨上分别记下爬车爪运行的位置，测量所运行的距离，经 5 次试验后求其平均值，测算实际速度。

6 检验规则

6.1 每台爬车机须经制造厂质量检验部门检验合格，并出具产品合格证方可出厂。

6.2 爬车机的检验分出厂检验和型式检验两种。检验项目详见表 4。

表 4　检验项目

<table>
<tr><th rowspan="2">序　号</th><th rowspan="2" colspan="2">检　验　项　目</th><th colspan="2">检　验　类　别</th></tr>
<tr><th>出厂检验</th><th>型式检验</th></tr>
<tr><td rowspan="3">1</td><td rowspan="3">外观检验</td><td>涂漆质量检查</td><td>√</td><td>√</td></tr>
<tr><td>焊缝质量检查</td><td>√</td><td>√</td></tr>
<tr><td>铸件表面质量检查</td><td>√</td><td>√</td></tr>
<tr><td>2</td><td colspan="2">外形尺寸检测</td><td>√</td><td>√</td></tr>
<tr><td>3</td><td colspan="2">形位公差检测</td><td>√</td><td>√</td></tr>
<tr><td>4</td><td colspan="2">圆环链接链环性能试验</td><td>—</td><td>√</td></tr>
<tr><td>5</td><td colspan="2">钢轨偏差检测</td><td>△</td><td>√</td></tr>
<tr><td>6</td><td colspan="2">空负荷试验</td><td>△</td><td>√</td></tr>
<tr><td rowspan="2">7</td><td rowspan="2">满负荷试验</td><td>爬空、重矿车试验</td><td>△</td><td>√</td></tr>
<tr><td>爬车速度测试</td><td>△</td><td>√</td></tr>
<tr><td colspan="5">注：√、△表示该项目为应检验项目；△表示该项目在现场检验；—表示不检验项目。</td></tr>
</table>

6.3　有下列情况之一时，应进行型式检验：

a)新产品或老产品转厂生产的试制定型鉴定；

b)正式生产后，如结构、材料、工艺有较大改变，可能影响产品性能时；

c)正常生产时，每 3 年或积累 10 台时；

d)停产 3 年后，恢复生产时。

6.4　判定规则：

6.4.1　被检产品按出厂检验项目全部符合标准要求时，则该产品为合格产品。如被检产品中有一项不符合检验要求时，则该产品为不合格产品。不合格产品返修后复验原不合格项自。复验时，被检产品仍按出厂检验项目全部符合要求，则该产品为合格产品。

6.4.2　被检产品按型式检验项目全部符合要求时，则该产品为合格产品，如被检产品中有一项检验项目不符合检验要求时，则该产品为不合格产品。

7　标志、包装、运输、贮存

7.1　标志

经检验合格的产品应在机架明显位置固定产品标牌，标牌应标明下列内容：

a)产品型号及名称；

b)电动机功率；

c)减速器型号；

d)额定推车速度；

e)重量；

f)制造厂名；

g)出厂日期及编号。

7.2　包装

7.2.1　本产品包装应符合 GB/T 13384 的规定。

7.2.2　爬车机应按部件分类包装，电动机、传动装置、导向轮、尾轮等分别装箱；横梁集中捆扎数捆，钢轨、护轨、导轨将弯曲部分吻合好做多处捆扎，外用包装材料扎紧；其余零部件如爬车爪、皮带轮、圆环链及备件等集中装箱。所有包装应牢固可靠，并有防雨防潮措施。

7.2.3 与产品同时发送的随带文件：产品合格证、使用说明书、装箱清单、备件清单、产品总图及基础图。

7.3 运输

产品运输中不得受猛烈碰撞。无包装箱的零部件装卸、放置时注意防止变形。

7.4 贮存

产品不得露天存放。堆放时，不得有影响零部件加工表面质量现象。

ICS 23.10
J 72
备案号:26924—2010

MT

中华人民共和国煤炭行业标准

MT/T 687—2009
代替 MT 687—1997

煤矿井下用空气压缩机

Air compressors in underground coal mines

2009-12-11 发布　　2010-07-01 实施

国家安全生产监督管理总局　发布

前　言

本标准的4.4～4.8,5.3～5.7以及第6章、第7章为强制性的,其余为推荐性的。

本标准是对MT 687—1997《煤矿井下移动式空气压缩机》的修订,本标准与MT 687—1997相比,主要变化如下:

——本标准的标准名称由“煤矿井下移动式空气压缩机”修改为“煤矿井下用空气压缩机”,修改了“范围”的内容,将煤矿用固定式空气压缩机纳入本标准(见1997年版的第1章及本版的第1章);

——修改了产品分类与型号表示方法,增加了煤矿用固定式空气压缩机的型号表示方法(见1997年版的4.1、4.2及本版的3.1、3.2);

——修改了产品“基本参数”,使煤矿用空气压缩机的额定排气压力由0.7 MPa一个级别,扩展为0.7 MPa、(0.8 MPa)、1.0 MPa、1.25 MPa四个级别,并规定了相对应的公称容积流量、驱动功率等技术参数(见1997年版的4.3及本版的3.3);

——修改了“技术要求”内容,强化了安全性能要求并将“要求”的内容分类叙述(见1997年版的第5章及本版的第4章);

——修改了“试验方法”,将试验方法的条款集中、分类叙述(见1997年版的第6章、7.4及本版的第5章);

——修改了“检验规则”,将连续运转试验的内容分别纳入“要求”与“试验方法”;对出厂检验和型式检验项目表进行了细化(见1997年版的第7章、表7及本版的第6章、表18);

——修改了“标志”,对铭牌、标牌、矿用产品安全标志标识以及采用的材料进行了规定,并提出了安全警示标牌与警示标识的要求(见1997年版的8.1及本版的7.1);

——增加了“使用说明书”条款,对使用说明书的产品使用、维护安全警示内容,提出了基本要求(见7.2);

——修改了“包装”的条款,对涉及安全使用产品的随机文件进行了规定,强调了储气罐、油水分离器等压力容器与矿用产品安全标志管理的随机文件和资料(见1997年版的8.2及本版的7.3)。

本标准由中国煤炭工业协会科技发展部提出。

本标准由煤炭行业煤矿专用设备标准化技术委员会归口。

本标准起草单位:浙江衢州煤矿机械总厂有限公司、国家安全生产北京凿岩机具检测检验中心、煤炭科学研究总院上海研究院、广东正力精密机械有限公司。

本标准主要起草人:孙雪林、何石尧、童金龙、李耀武、倪春明、何兴龄、高林胜。

本标准所代替标准的历次版本发布情况为:

——MT 687—1997。

煤矿井下用空气压缩机

1 范围

本标准规定了煤矿井下用空气压缩机的分类和命名、要求、试验方法、检验规则、标志、使用说明书、包装、运输和贮存。

本标准适用于煤矿井下用空气压缩机(以下简称空压机)。

2 规范性引用文件

下列文件中的条款通过本标准的引用而成为本标准的条款。凡是注日期的引用文件,其随后所有的修改单(不包括勘误的内容)或修订版均不适用于本标准,然而,鼓励根据本标准达成协议的各方研究是否可使用这些文件的最新版本。凡是不注日期的引用文件,其最新版本适用于本标准。

GB 150 钢制压力容器

GB 3836.1—2000 爆炸性气体环境用电气设备 第1部分:通用要求(eqv IEC 60079-0:1998)

GB 3836.2—2000 爆炸性气体环境用电气设备 第2部分:隔爆型“d”(eqv IEC 60079-1:1990)

GB 3836.4—2000 爆炸性气体环境用电气设备 第4部分:本质安全型“i”(eqv IEC 60079-11:1999)

GB/T 3853 容积式压缩机验收试验(eqv ISO 1217:1996)

GB/T 4980 容积式压缩机噪声的测定

GB/T 5330 工业用金属丝编织方孔筛网

GB/T 7777 容积式压缩机机械振动测量与评价

GB 9969.1 工业产品使用说明书 总则

GB/T 10111 利用随机数骰子进行随机抽样的方法

GB 10892 固定的空气压缩机 安全规则和操作规程(eqv ISO 5388:1981)

GB/T 13813 煤矿用金属材料摩擦火花安全性试验方法和判定规则

GB/T 15487 容积式压缩机流量测量方法

JB/T 6441 压缩机用安全阀

JB/T 7663.1 容积式压缩机包装技术条件

JB/T 7663.2 容积式压缩机涂漆技术条件

JB/T 8867 固定的往复活塞空气压缩机 储气罐

AQ 1043—2007 矿用产品安全标志标识

MT 113 煤矿井下用聚合物制品阻燃抗静电通用试验方法和判定规则

MT 244.1 煤矿窄轨车辆连接件 连接链

MT 244.2 煤矿窄轨车辆连接件 连接插销

MT 374 阻燃抗静电三角带安全性 试验方法和判定规则

MT 818.5 煤矿用阻燃电缆 第1单元:煤矿用移动类阻燃电缆 第5部分:额定电压0.66/1.14 kV及以下移动软电缆

《压力容器安全技术监察规程》(1999年)

《煤矿安全规程》国家安全生产监督管理总局(2009年)

3 分类和命名

3.1 分类

3.1.1 空压机按底架类型分为移动式(按移动方式分为轮轨式、轮胎式、滑橇式)和固定式(按基础类型分为基础式、无基础式)。

3.1.2 空压机按结构型式分为往复活塞式(简称活塞式)、滑片式、双螺杆式、单螺杆式。

3.1.3 空压机按冷却方式分为风冷式、水冷式。

3.1.4 煤矿用空压机按结构型式与底架类型特征,产品类型归结为煤矿用双螺杆式(或活塞式、滑片式、单螺杆式)移动空气压缩机和煤矿用双螺杆式(或活塞式、滑片式、单螺杆式)固定空气压缩机。

3.2 型号

3.2.1 空压机型号表示方法如下:

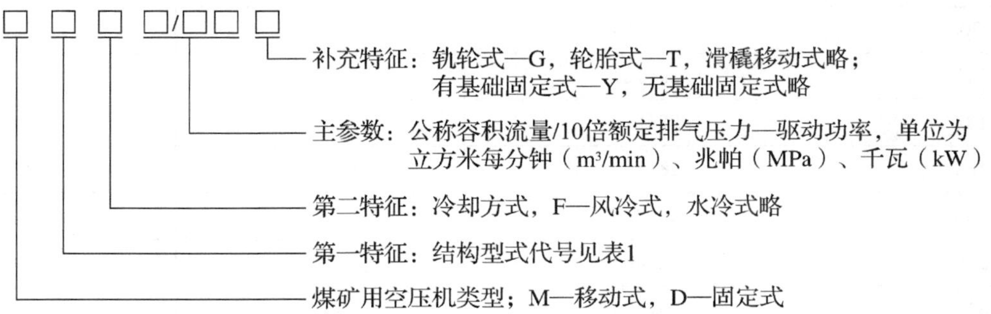

表 1 结构型式代号

结构型式	往复活塞式					滑片式	双螺杆式	单螺杆式
	V 型	W 型	L 型	扇型	立式			
代号	V	W	L	S	Z	HP	LG	OG

示例 1:公称容积流量为 6 m³/min、额定排气压力为 0.7 MPa、驱动电机功率为 37 kW、冷却方式为水冷、移动方式为轨轮的煤矿用滑片式移动空气压缩机,其型号表示为 MHP6/7-37G。

示例 2:公称容积流量为 8 m³/min、额定排气压力为 1.0 MPa、驱动电机功率为 75 kW、冷却方式为风冷的有基础煤矿用双螺杆式固定空气压缩机,其型号表示为 DLGF8/10-75Y。

3.2.2 空压机主参数的数据应按 3.3 条规定的数值选取,但是,当空压机在额定排气压力、规定驱动功率下的容积流量大于 3.3 条所示规定值的 5%时,允许将实际公称流量按两位有效数字标记在空压机型号的主参数中。

3.3 基本参数

空压机基本参数分别见表 2、表 3、表 4 和表 5。

表 2 往复活塞式空压机基本参数

驱动电动机功率 kW	额定排气压力,MPa		
	0.7(0.8)	1.0	1.25
	公称容积流量,m³/min		
18.5	3.0 2.6*(2.8 2.5*)	2.5 2.2*	2.2 2.0*
22	3.6 3.2*(3.4 3.0*)	3.0 2.6*	2.6 2.4*

表 2（续）

驱动电动机功率 kW	额定排气压力，MPa		
	0.7(0.8)	1.0	1.25
	公称容积流量，m^3/min		
30	4.8　4.2*(4.5　4.0*)	4.0　3.6*	3.4　3.2*
37	6.0　5.3*(5.6　5.0*)	5.0　4.5*	4.2　4.0*
45	7.1　6.3*(6.7　6.0*)	6.0　5.3*	5.0　4.6*
55	9.5　8.5*(9.0　8.0*)	8.0　7.1*	6.7　6.0*
(63)	11　10*(10　9.5*)	9.0　8.0*	8.0　7.1*
75	13　12*(12　11*)	10　9.5*	9.0　8.5*
90	16(15)	13	11
110	19(18)	15	13
132	22(20)	18	16
160	28(26)	22	20
200	35(32)	28	25
250	42(40)	34	30
315	56(53)	46	40

注 1：括号内数值为非优先选用值，表 2 至表 15 中括号内数值含义同本表。

注 2：带 * 号数字表示无油或风冷空压机的值。

表 3　滑片式空压机基本参数

驱动电动机功率 kW	额定排气压力，0.7 MPa			
	额定转速：≤1 500 r/min		额定转速：>1 500 r/min	
	公称容积流量，m^3/min			
	水冷	风冷	水冷	风冷
18.5	2.3	2.2	2.2	2.1
22	2.8	2.7	2.6	2.5
30	3.8	3.7	3.6	3.4
37	4.8	4.6	4.5	4.4
45	5.7	5.6	5.5	5.3
55	7.1	7.0	6.9	6.7
(63)	8.4	8.0	7.8	7.5
75	10	9.5	9.3	9.0
90	13	12	12	11
110	16	15	15	14
132	19	18	18	17
160	22	21	21	20

注：风冷空压机风扇不由主电动机驱动时，公称容积流量按水冷空压机参数选。

表 4 双螺杆式空压机基本参数

驱动电动机功率 kW	额定排气压力,MPa					
	0.7(0.8)		1.0		1.25	
	公称容积流量,m³/min					
	水冷	风冷	水冷	风冷	水冷	风冷
18.5	2.5(2.4)	2.3(2.2)	0.8	0.75	0.7	0.66
22	3.0(2.8)	2.8(2.6)	2.4	2.3	2.1	1.9
30	4.0(3.8)	3.8(3.6)	3.3	3.1	2.9	2.7
37	5.0(4.7)	4.8(4.5)	4.0	3.8	3.6	3.4
45	6.2(5.8)	5.9(5.5)	5.0	4.8	4.4	4.2
55	7.8(7.3)	7.4(6.9)	6.2	5.9	5.5	5.2
(63)	8.8(8.2)	8.4(7.8)	7.0	6.7	6.4	6.0
75	11(10)	10(9.3)	8.5	8.0	7.5	7.1
90	13(12)	12(11)	10	9.6	9.2	8.7
110	16(15)	15(14)	13	12	12	11
132	19(18)	18(17)	15	14	14	13
160	23(22)	22(21)	18	17	17	16
200	31(28)	30(27)	23	22	21	20
250	39(36)	37(34)	30	28	26	25
315	49(45)	47(43)	37	35	34	32
注:风冷空压机风扇不由主电动机驱动时,公称容积流量按水冷空压机参数选。						

表 5 单螺杆式空压机基本参数

驱动电动机功率 kW	额定排气压力,MPa					
	0.7(0.8)		1.0		1.25	
	公称容积流量,m³/min					
	水冷	风冷	水冷	风冷	水冷	风冷
18.5	2.7(2.5)	2.5(2.4)	2.2	2.1	1.9	1.8
22	3.2(3.0)	3.1(2.9)	2.6	2.5	2.3	2.2
30	4.4(4.1)	4.2(3.9)	3.6	3.4	3.2	3.0
37	5.4(5.1)	5.1(4.8)	4.4	4.2	3.9	3.7
45	6.6(6.2)	6.3(5.8)	5.3	5.1	4.8	4.5
55	8.6(7.7)	8.0(7.4)	6.7	6.4	6.0	5.7
(63)	9.5(8.9)	9.1(8.5)	7.7	7.3	6.9	6.6

表 5（续）

驱动电动机功率 kW	额定排气压力，MPa					
	0.7(0.8)		1.0		1.25	
	公称容积流量，m^3/min					
	水冷	风冷	水冷	风冷	水冷	风冷
75	12(11)	11(10)	9.1	8.7	8.2	7.8
90	14(13)	13(12)	12	11	10	9.4
110	17(16)	17(15)	14	13	13	12
132	21(19)	20(18)	17	16	15	14
160	25(23)	24(22)	20	19	18	17
200	33(30)	32(29)	26	24	23	22
250	41(37)	39(33)	33	30	29	27
315	52(47)	50(45)	41	38	36	34
注：风冷空压机风扇不由主电动机驱动时，公称容积流量按水冷空压机参数选。						

4 要求

4.1 规定工况

空压机的规定工况如下：

a） 吸气压力：0.1 MPa(绝对压力)；

b） 吸气温度：20 ℃；

c） 吸气相对湿度：0；

d） 转速：产品额定转速值，r/min；

e） 排气压力：产品额定排气压力值，MPa；

f） 风冷空压机冷却空气温度：吸气温度 20 ℃时相应所处的环境温度值，℃；

g） 水冷空压机冷却水进水温度：15 ℃；

h） 水冷空压机冷却水量：表 12 的规定值，L/m^3。

4.2 基本制造质量

4.2.1 空压机应符合本标准的规定，并按经规定程序批准的图样和技术文件制造。

4.2.2 空压机的外购件、外协件由制造厂质量检验部门验收合格方可使用。

4.2.3 空压机涂漆应符合 JB/T 7663.2 的规定。

4.3 机重与外形尺寸

4.3.1 空压机的机重应不大于规定值的 105%。

4.3.2 空压机外形尺寸应符合以下规定：

a） 空压机(包括储气罐)外形尺寸应符合煤矿提升运输的要求，移动式空压机应便于井下工作地点的安放、使用，固定式空压机应适应井下硐室的安装、使用条件；

b） 轮轨移动式空压机的底盘轮对的轨距、轴距，可在符合 4.3.2a)的前提下按表 6 列出的数据选取。允许采用 762 mm 的轨距，但所确定的轴距值，应确保空压机在轨道上通过最小弯转半径而不倾翻。

表 6 底盘轮对轨距

驱动电动机功率 kW		18.5～22		30～45		55～90		110～185		200～315	
轮对	轨距，mm	600	900	600	900	600	900	600	900	600	900
	轴距，mm	800	800	900	900	900	900	1 000	1 000	1 100	1 100
		—	900	—	1 000	1 000	1 000	1 100	1 100	1 200	1 200
		—	—	—	—	1 100	1 100	1 200	1 200	1 500	1 500
		—	—	—	—	—	—	—	1 500	1 600	1 600
		—	—	—	—	—	—	—	—	—	1 800

4.4 外观安全

4.4.1 空压机外表不应有尖锐棱角或凸出的伤人危险部位存在，各部分的连接应合理，各种管路、电缆应布置得整齐有序。

4.4.2 空压机外露运动件应有安全防护罩，防护罩应能保证人体倚靠时不发生变形、移位而触及运动件，带网孔的防护罩还应保证手指不触及运动件。

4.4.3 移动式空压机底盘碰头外缘与机体构件突出面（端）水平投影间的距离应不小于 100 mm。

4.5 电气防爆与基本结构安全

4.5.1 空压机外露零部件采用的铝合金等轻合金材料应符合 GB/T 13813 的规定。

4.5.2 空压机外露零部件采用的非金属聚合物材料应符合 MT 113 的规定。

4.5.3 空压机皮带传动用 V 型带（三角带）应符合 MT 374 的规定。

4.5.4 空压机上的电缆应符合 MT 818.5 的规定。

4.5.5 空压机的电动机应采用煤矿井下用防爆电动机，并符合 GB 3836.1—2000、GB 3836.2—2000 的规定。

4.5.6 空压机用电磁起动器等电控装置应符合煤矿井下防爆要求，当采用隔爆兼本质安全型时，应符合 GB 3836.1—2000、GB 3836.2—2000、GB 3836.4—2000 的规定。

4.5.7 空压机监控与安全保护系统及其元件，应采用本质安全型防爆类型并应符合 GB 3836.1—2000、GB 3836.4—2000 的规定。

4.5.8 空压机的储气罐及油气分离器应按 GB 150 和《压力容器安全技术监察规程》（1999 年）的规定进行设计、制造，往复活塞式空压机的储气罐还应符合 JB/T 8867 的规定。

4.5.9 空压机的轨轮式底盘所附带的连接链和连接插销，应分别符合 MT 244.1 和 MT 244.2 的规定。

4.5.10 空压机配套储气罐的设置与安装应符合以下规定：

a） 固定式空压机和储气罐应能分别安装在煤矿井下的两个硐室；

b） 移动式空压机应优先采用无专用储气罐的结构。若必须采用储气罐时，储气罐应与主机安装在同一机架上。

4.6 安全保护装置

4.6.1 空压机应按 JB/T 6441、《压力容器安全技术监察规程》（1999 年）、《煤矿安全规程》（2009 年）的规定设置安全阀。安全阀应动作灵敏、开启可靠并应符合以下规定：

a） 安全阀开启压力应高于被保护系统的额定工作压力，但不应大于额定排气压力的 1.1 倍；

b） 安全阀的选择和采用，应符合《压力容器安全技术监察规程》（1999 年）中安全附件的规定。

4.6.2 空压机应设置断油、断水及温控等自动保护装置，保护装置的动作应灵敏、可靠，并在下列情况之一时能自动停止空压机工作：

a） 油润滑空压机润滑油油压低于规定值；

b） 水冷式空压机冷却水水压低于规定值；

c） 排气温度超限：

——往复活塞式空压机排气温度超过 160 ℃；

——往复活塞式空压机曲轴箱内润滑油温度超过 70 ℃；

——滑片式空压机、双螺杆式空压机、单螺杆式空压机的排气温度超过 120 ℃；

——空压机储气罐内温度超过 120 ℃。

4.6.3 应在易于操作的地方设置红色的紧急停车按钮。

4.7 辅助装置

4.7.1 空压机应设有压力计，压力计的设置应符合 GB 10892 的规定。空压机的压力计应符合《压力容器安全技术监察规程》(1999 年)中安全附件的规定；若为数字式压力计或电接点压力计时，还应符合 4.5.7 的规定。

4.7.2 空压机应设容积流量调节装置和压力调节器，其动作应灵活、可靠并应符合《煤矿安全规程》(2009 年)的规定。

4.7.3 空压机吸气口处应设置进气滤清消声装置，以降低噪声并使进入空压机内的空气洁净。

4.7.4 滑片式空压机、双螺杆式空压机、单螺杆式空压机的排气侧，应设置油气分离装置，以分离压缩空气内的油雾，改善排出空气的质量。

4.7.5 空压机配备储气罐时，在末级排气口至储气罐之间的管路上应设置符合《压力容器安全技术监察规程》(1999 年)规定的止回阀，止回阀的动作应灵敏、可靠。

4.7.6 空压机润滑系统中应设置全流量过滤器，过滤器精度不应低于 0.08 mm，润滑油压力应不低于 0.1 MPa。

4.7.7 空压机有后冷却器的应设置冷凝液排放装置。

4.8 技术性能

4.8.1 空压机的气缸与受压腔体、压力管路等承压壳体、承压件，在 1.5 倍额定排气压力的水压下，应不发生爆裂、裂纹等破损；各气路、水路、油路、非承压箱体(壳体)及其相互连接密封部位，在正常运转时应无渗漏、泄漏现象。

4.8.2 在规定工况下，空压机的实际容积流量应不低于容积流量规定值的 95%。

4.8.3 空压机排气压力应不低于额定排气压力。

4.8.4 空压机实际转速应不大于规定值的±4%。

4.8.5 在规定工况下，空压机的比功率应分别不大于表 7、表 8、表 9 和表 10 的规定。

表 7 往复活塞式空压机比功率

<table>
<tr><th rowspan="4">驱动电动机功率
kW</th><th colspan="6">额定排气压力，MPa</th></tr>
<tr><th colspan="2">0.7(0.8)</th><th colspan="2">1.0</th><th colspan="2">1.25</th></tr>
<tr><th colspan="6">比功率，kW/(m³·min⁻¹)</th></tr>
<tr><th>水冷</th><th>风冷</th><th>水冷</th><th>风冷</th><th>水冷</th><th>风冷</th></tr>
<tr><td>18.5～37</td><td>5.80(6.19)</td><td>6.30</td><td>6.91</td><td>7.51</td><td>7.73</td><td>8.40</td></tr>
<tr><td>45</td><td>5.40(5.76)</td><td>6.10</td><td>6.43</td><td>7.27</td><td>7.20</td><td>8.13</td></tr>
<tr><td>55～75</td><td rowspan="4">5.15(5.49)</td><td>6.10</td><td rowspan="4">6.14</td><td>7.27</td><td rowspan="4">6.87</td><td>8.13</td></tr>
<tr><td>90</td><td>—</td><td>—</td><td>—</td></tr>
<tr><td>110～160</td><td>—</td><td>—</td><td>—</td></tr>
<tr><td>200～250</td><td></td><td></td><td></td></tr>
<tr><td>315</td><td>5.09(5.43)</td><td></td><td>6.06</td><td></td><td>6.79</td><td></td></tr>
<tr><td colspan="7">注：比功率的数值采用三位有效数字表示。</td></tr>
</table>

表 8 滑片空式压机比功率

驱动电动机功率 kW	额定排气压力，0.7 MPa			
	额定转速：≤1 500 r/min		额定转速：>1 500 r/min	
	比功率，kW/(m³·min⁻¹)			
	水冷	风冷	水冷	风冷
18.5	7.30	7.60	7.60	7.80
22～45	7.10	7.30	7.40	7.60
55～75	6.90	7.10	7.20	7.40
90～110	6.80	7.00	7.10	7.30
132～315	—	—	—	—
注：比功率的数值采用三位有效数字表示。				

表 9 双螺杆式空压机比功率

驱动电动机功率 kW	额定排气压力，MPa					
	0.7(0.8)		1.0		1.25	
	比功率，kW/(m³·min⁻¹)					
	水冷	风冷	水冷	风冷	水冷	风冷
18.5	6.80(7.30)	7.20(7.70)	8.40	8.80	9.50	10.0
22～45	6.60(7.10)	7.00(7.50)	8.20	8.60	9.20	9.70
55～90	6.40(6.90)	6.70(7.20)	8.00	8.40	8.90	9.40
110～160	6.20(6.70)	6.50(7.00)	7.80	8.20	8.70	9.20
200～315	5.80(6.40)	6.10(6.70)	7.60	8.00	8.40	9.00
注：比功率的数值采用三位有效数字表示。						

表 10 单螺杆式空压机比功率

驱动电动机功率 kW	额定排气压力，MPa					
	0.7(0.8)		1.0		1.25	
	比功率，kW/(m³·min⁻¹)					
	水冷	风冷	水冷	风冷	水冷	风冷
18.5	6.60(7.10)	7.00(7.50)	8.20	8.60	9.30	9.80
22～45	6.40(6.90)	6.80(7.30)	8.00	8.40	9.00	9.50
55～90	6.20(6.70)	6.50(7.00)	7.80	8.20	8.70	9.20
110～160	6.00(6.50)	6.30(6.80)	7.60	8.00	8.50	9.00
200～315	5.70(6.30)	6.00(6.60)	7.50	7.90	8.30	8.90
注：比功率的数值采用三位有效数字表示。						

4.8.6 在规定工况下，空压机排气口温度应符合以下规定：

a） 往复活塞式空压机各级排气温度：水冷式不高于 140 ℃，风冷式不高于 150 ℃；

b） 单螺杆式空压机排气温度不高于 100 ℃；

c） 双螺杆式空压机和滑片式空压机排气温度不高于 110 ℃。

4.8.7 在规定工况下，空压机润滑油消耗量应符合以下规定：

a） 往复活塞式空压机应不大于表 11 的规定；

b) 单螺杆式空压机应不大于 35 mg/m³,双螺杆式空压机应不大于 40 mg/m³,滑片式空压机应不大于 80 mg/m³。

表 11 往复活塞式空压机润滑油消耗量

驱动电动机功率,kW	18.5	22～90	110～160	200～250	315
润滑油消耗量,g/h	40	70	105	150	195

4.8.8 在规定工况下,水冷式空压机冷却水流量应符合表 12 的规定。

表 12 空压机冷却水量

<table>
<tr><td rowspan="3">结构型式</td><td colspan="3">额定排气压力,MPa</td></tr>
<tr><td>0.7(0.8)</td><td>1.0</td><td>1.25</td></tr>
<tr><td colspan="3">冷却水量,L/m³</td></tr>
<tr><td>往复活塞式空压机</td><td>2.5</td><td>3.0</td><td>3.5</td></tr>
<tr><td>滑片式空压机</td><td rowspan="3">4.0</td><td rowspan="3">4.8</td><td rowspan="3">5.6</td></tr>
<tr><td>双螺杆式空压机</td></tr>
<tr><td>单螺杆式空压机</td></tr>
</table>

4.8.9 在规定工况下,空压机噪声声功率级应不大于表 13 的规定。

表 13 空压机噪声声功率级

<table>
<tr><td rowspan="5">驱动电动机功率 kW</td><td colspan="2">往复活塞式空压机</td><td colspan="2">滑片式空压机</td><td colspan="5">双螺杆式空压机</td><td colspan="5">单螺杆式空压机</td></tr>
<tr><td colspan="14">噪声声功率级,dB(A)</td></tr>
<tr><td rowspan="3">水冷</td><td rowspan="3">风冷</td><td rowspan="3">水冷</td><td rowspan="3">风冷</td><td colspan="4">固定式</td><td rowspan="2">移动式</td><td colspan="4">固定式</td><td rowspan="2">移动式</td></tr>
<tr><td colspan="2">罩式</td><td colspan="2">无罩式</td><td colspan="2">罩式</td><td colspan="2">无罩式</td></tr>
<tr><td>水冷</td><td>风冷</td><td>水冷</td><td>风冷</td><td>风冷</td><td>水冷</td><td>风冷</td><td>水冷</td><td>风冷</td><td>风冷</td></tr>
<tr><td>18.5</td><td>102</td><td>104</td><td>95</td><td>97</td><td>95</td><td>102</td><td>105</td><td>112</td><td>112</td><td>93</td><td>100</td><td>103</td><td>110</td><td>110</td></tr>
<tr><td>22</td><td rowspan="3">103</td><td rowspan="3">105</td><td rowspan="3">98</td><td rowspan="3">100</td><td rowspan="4">97</td><td rowspan="4">104</td><td rowspan="4">107</td><td rowspan="4">114</td><td rowspan="4">114</td><td rowspan="4">95</td><td rowspan="4">102</td><td rowspan="4">105</td><td rowspan="4">112</td><td rowspan="4">112</td></tr>
<tr><td>30</td></tr>
<tr><td>37</td></tr>
<tr><td>45</td><td colspan="2" rowspan="10">107</td><td rowspan="3">104</td><td rowspan="3">106</td></tr>
<tr><td>55</td><td rowspan="4">99</td><td rowspan="4">106</td><td rowspan="4">109</td><td rowspan="4">116</td><td rowspan="4">116</td><td rowspan="4">97</td><td rowspan="4">104</td><td rowspan="4">107</td><td rowspan="4">114</td><td rowspan="4">114</td></tr>
<tr><td>(63)</td></tr>
<tr><td>75</td><td rowspan="2">105</td><td rowspan="2">107</td></tr>
<tr><td>90</td></tr>
<tr><td>110</td><td rowspan="3">106</td><td rowspan="3">108</td><td rowspan="3">102</td><td rowspan="3">109</td><td rowspan="3">112</td><td rowspan="3">119</td><td rowspan="3">119</td><td rowspan="3">100</td><td rowspan="3">107</td><td rowspan="3">110</td><td rowspan="3">117</td><td rowspan="3">117</td></tr>
<tr><td>132</td></tr>
<tr><td>160</td></tr>
<tr><td>200</td><td colspan="2" rowspan="3">—</td><td rowspan="3">105</td><td rowspan="3">112</td><td rowspan="3">115</td><td rowspan="3">122</td><td rowspan="3">122</td><td rowspan="3">104</td><td rowspan="3">111</td><td rowspan="3">114</td><td rowspan="3">121</td><td rowspan="3">121</td></tr>
<tr><td>250</td></tr>
<tr><td>315</td><td colspan="2">109</td></tr>
</table>

4.8.10 在规定工况下，空压机振动烈度应不大于表14的规定。

4.8.11 空压机在规定工况下连续运转与超压5%下连续运转，在规定的运转时间内，空压机主机、安全监控与保护系统、安全保护装置应工作正常，承压壳体与承压件应不发生损坏，排气温度应符合4.8.6的规定，储气罐的表面温度应符合《煤矿安全规程》(2009年)的规定。

表14 空压机振动烈度

结构型式	往复活塞式空压机	滑片式空压机	双螺杆式空压机	单螺杆式空压机
	振动烈度，mm/s			
固定式	28.0	驱动功率≤90 kW时，7.1		
		驱动功率>90 kW时，11.2		
移动式	45.0	18.0		

4.9 清洁度

空压机内部的清洁度应不大于表15的规定。

表15 空压机清洁度值

驱动电动机功率，kW	18.5	22	30	37	45	55	(63)	75	90	110	132	160	200	250	315
	清洁度值，mg														
往复活塞式空压机	700	900			1 400					1 800		2 300			2 700
滑片式空压机	500	600				700			1 000		1 400				
双螺杆式空压机	500							750		1 000		1 250		1 500	
单螺杆式空压机	300	500						750		1 000		1 250		1 500	

5 试验方法

5.1 基本制造质量检查

空压机的基本制造质量由制造厂保证，并应有相应的检验记录。

5.2 机重与外形尺寸检测

5.2.1 空压机的机重用称重法测量。

5.2.2 空压机的外形尺寸用最小分辨值不大于1 mm的钢尺测量。

5.3 外观安全性能检查

5.3.1 空压机外观表面的安全隐患用目测法检查。

5.3.2 运动件防护罩的有效性与牢固性检查在停机状况下进行：用手指伸入防护罩的网孔中，检查是否能触及运动件；人体自然地倚靠在防护罩上，观察防护罩的变形、位移是否会刮蹭运动件。

5.3.3 碰头部位的尺寸用钢尺测量、检查：分别测量空压机前后碰头外缘到机体构件前后突出表面的水平投影距离。

5.4 电气防爆与基本结构安全检测

5.4.1 空压机外露零部件采用铝合金等轻合金材料的试验方法按GB/T 13813的规定进行。

5.4.2 空压机外露零部件采用非金属聚合物材料的试验方法按MT 113的规定进行。

5.4.3 空压机皮带传动用V型带按MT 374的规定进行检测。

5.4.4 空压机上的电缆按MT 818.5的规定进行检测。

5.4.5 空压机的防爆电动机按GB 3836.1—2000、GB 3836.2—2000的规定进行检测。

5.4.6 空压机上采用隔爆兼本质安全型的电磁起动器等电控装置，应按GB 3836.1—2000、GB 3836.2—2000、GB 3836.4—2000的规定进行检测。

5.4.7 空压机上采用的本质安全型防爆监控与电气保护系统及其元件，应按GB 3836.1—2000、GB 3836.4—2000的规定进行检测。

5.4.8 空压机的储气罐及油气分离器按《压力容器安全技术监察规程》(1999 年)、GB 150 的规定进行检测。

5.4.9 空压机的轨轮式底盘所附带的连接链和连接插销,应分别按 MT 244.1 和 MT 244.2 的规定进行检测。

5.4.10 空压机储气罐设置的合理性检测用目测法。

5.5 安全保护装置试验

5.5.1 用目测法检查空压机安全阀的选择与安装是否符合规定,并通过调节空压机排气压力检查安全阀的动作是否灵活、可靠;安全阀试验时的压力测试方法按 GB/T 3853 的规定进行。

5.5.2 空压机设置的断油、断水及温控等自动保护装置试验时,使空压机在满负荷下连续、稳定地运转,通过调节空压机排气压力、油压、冷却水压、各相关位置的温度等,形成第 4.6.2 条限定的停机条件,观察安全保护装置及各辅助装置动作的有效性与灵敏性;试验时,压力测量仪表的精度不应低于±1%,温度测量仪表的精度不应低于 2%。

5.5.3 空压机紧急停车按钮设置的合理性用目测检查。

5.6 辅助装置检验

5.6.1 空压机设置的压力计用目测法检查它的设置是否符合 GB 10892 的规定,并按《压力容器安全技术监察规程》(1999 年)中安全附件的规定检查压力计是否符合要求;若为数字式压力计或电接点压力计时,还应检查是否符合 GB 3836.1—2000、GB 3836.4—2000 的规定。

5.6.2 4.7.2～4.7.7 规定的辅助装置用目测检查它们的设置与运行是否符合要求;对设置的容积流量调节装置和压力调节器进行调整试验,检查流量调节装置和压力调节器的动作是否灵活、可靠。

5.7 技术性能试验

5.7.1 4.8.1 规定的承压、密封性能的联机运转试验在正常压力下进行,空压机按规定压力运转 30 min,观察各观测点是否有渗漏或液体连续滴液现象:水或油的滴液时间间隔应大于 10 s。空压机制造过程的承压、密封性能试验采用以下方法并做好试验记录:

a) 非承压箱体(壳体)的渗漏试验用灌注煤油法检查,经 2 h 后观察,有无煤油渗漏迹象;

b) 气压承压壳体、承压件,在 1.5 倍额定排气压力的水压下保压 5 min,观察是否破损或渗漏;

c) 各水路、气路、油路的密封水压试验,在 1.5 倍额定压力下保压 3 min,观察是否有渗漏现象。

5.7.2 空压机的容积流量按 GB/T 15487 规定的方法进行。

5.7.3 空压机的排气压力、转速、比功率、温度、润滑油消耗量、冷却水流量的试验方法按 GB/T 3853 的规定进行。

5.7.4 空压机的噪声声功率级按 GB/T 4980 规定的方法进行试验。

5.7.5 空压机的振动烈度的测量和评定按 GB/T 7777 规定的方法进行。

5.7.6 空压机的连续运转试验应按不同检验类别,进行不同的规定工况下连续运转试验与超压 5%下连续运转试验(见表 16)。规定工况的试验条件应符合 4.1 的规定;超压试验的排气压力应调整至额定排气压力的 105%,并在超压试验时间内保持超压值。超压试验可均匀地安排在总试验时间内,也可在规定工况连续试验后集中进行。在连续运转试验过程中,应定时测定排气温度、储气罐温度,并观察各测点温度与各部运行是否正常。

表 16 空压机不同工况的连续试验时间

单位为小时

检验类别	运转试验工况与时间		
	总时间	规定工况试验	超压试验
出厂检验	≥2.0	≥1.5	0.5
新产品型式检验,老产品转厂的型式检验	≥500	≥452	48
停产一年以上恢复生产型式检验,结构、材料、工艺较大改变的型式检验	≥200	≥176	24
周期型式检验,出厂检验有较大差异,监督机构提出的型式检验	≥24	≥20	4

5.8 清洁度检查

空压机清洁度的检查方法如下:

a） 将主机解体后用清洁液进行清洗，其清洗部位见表 17；

b） 用符合 GB/T 5330 规定的网孔基本尺寸为 0.08 mm，精度为 3 级的铜丝筛网过滤，将过滤后的污物加热到 80 ℃，经 1 h 烘干处理；

c） 将经烘干的残留物用不低于 7 级精度的普通天平称重，所称得的质量值为清洁度值。

表 17 空压机清洁度检查的清洗部位

结构型式	清 洗 部 位
往复活塞式空压机	机身或曲轴箱内腔、中体内部、接筒工作表面、气缸镜面、曲轴、连杆、活塞、气阀、填料、十字头等主要部件及与润滑油接触的其他零部件表面
滑片式空压机	气缸、转子、滑片、端盖（板）、轴承座、油泵以及其他零部件中与压缩介质及润滑油接触的表面
双螺杆式空压机	主机内部、齿轮表面和增速箱体、油气分离器、油过滤器、油冷却器、油槽等部件内腔
单螺杆式空压机	主机机壳内部、蜗杆、星轮和油气分离器、油过滤器、油冷却器等主要部件内腔

6 检验规则

6.1 检验类型

空压机检验分出厂检验和型式检验，出厂检验和型式检验的检验项目见表 18。

表 18 检验项目

序号	检验项目		质量特征类别	技术要求	试验方法	检验类别	
						出厂检验	型式检验
1	基本制造质量		B	4.2	5.1	√	√
2	机重		B	4.3.1	5.2.1	—	√
3	外形尺寸		B	4.3.2	5.2.2	—	√
4	外观安全性		B	4.4	5.3	√	√
5	电气防爆与基本结构安全	铝合金材料摩擦火花安全性能	A	4.5.1	5.4.1	—	√
6		非金属阻燃导电性能	A	4.5.2	5.4.2	—	√
7		皮带传动 V 带	A	4.5.3	5.4.3	—	√
8		电缆	A	4.5.4	5.4.4	—	
9		电机防爆性能	A	4.5.5	5.4.5	—	√
10		电磁起动器与电控箱防爆性能	A	4.5.6	5.4.6	—	√
11		监控及电气保护系统本质安全性能	A	4.5.7	5.4.7	—	√
12		储气罐与油水分离器安全性能	A	4.5.8	5.4.8	—	√
13		轨轮式底盘连接插销与连接链安全性能	A	4.5.9	5.4.9	—	√
14		储气罐设置与安装的安全性	A	4.5.10	5.4.10	—	√
15	安全阀设置与动作可靠性		A	4.6.1	5.5.1	√	√
16	断油、断水及温控等自动保护设置与可靠性		A	4.6.2	5.5.2	√	√
17	紧急停车按钮设置		A	4.6.3	5.5.3	√	√
18	辅助装置设置与性能		B	4.7.1～4.7.7	5.6.1～5.6.2	√	√
19	承压与密封性能		A	4.8.1	5.7.1	√	√
20	容积流量		B	4.8.2	5.7.2	√	√

表 18（续）

序号	检　验　项　目	质量特征类别	技术要求	试验方法	检验类别	
					出厂检验	型式检验
21	排气压力	A	4.8.3	5.7.3	√	√
22	转速	B	4.8.4	5.7.3	√	√
23	比功率	A	4.8.5	5.7.3	√	√
24	排气温度	A	4.8.6	5.7.3	√	√
25	润滑油耗量	B	4.8.7	5.7.3	—	√
26	冷却水流量	B	4.8.8	5.7.3	—	√
27	噪声声功率级	B	4.8.9	5.7.4	—	√
28	振动烈度	B	4.8.10	5.7.5	—	√
29	连续运行性能	A	4.8.11	5.7.6	√	√
30	清洁度	B	4.9	5.8	—	√
注：“√”表示检验，“—”表示不检验。						

6.2 出厂检验

空压机的出厂检验由制造厂的检验部门进行。每台(套)空压机均应进行出厂检验，检验项目全部检验合格，判出厂检验合格，否则判出厂检验不合格。

6.3 型式检验

6.3.1 有下列情况之一时，空压机应进行型式检验：

a） 新产品或老产品转厂生产时；

b） 因故停产一年以上，重新恢复生产时；

c） 产品因结构、材料、工艺有较大改变时；

d） 正常生产每隔三年时，应进行周期性检验；

e） 出厂检验结果与上次型式检验有较大差异时；

f） 产品质量监督机构提出要求时。

6.3.2 空压机型式检验的样品，应从出厂检验合格的产品中按 GB/T 10111 随机抽取两台，抽样基数应不少于四台。

6.3.3 型式检验项目中，对 A 类项目，有一项及一项以上不合格时，则判定该批空压机不合格。对B类项目，有两项及两项以上不合格时，则判该批空压机为不合格；若有一项不合格时，应对不合格项加倍重新检验，若任意一台样品仍有不合格项时，则判该批空压机为不合格。

7 标志、使用说明书、包装、运输及贮存

7.1 标志

7.1.1 空压机应在其明显的部位设置产品铭牌、矿用产品安全标志标识、标牌(操作指示牌、安全警示牌等)，铭牌、标识、标牌应采用铜或不锈钢材料制作。

7.1.2 空压机铭牌应标明以下内容：

a） 产品名称和型号；

b） 公称容积流量、额定排气压力、驱动电动机功率、转速、外形尺寸、机重等技术参数；

c） 生产日期和出厂编号；

d） 制造厂名称、地址。

7.1.3 矿用产品安全标志标识应符合 AQ 1043—2007 的规定。

7.1.4　空压机的储气罐、油水分离器等压力容器应有独立的铭牌，铭牌内容应符合《压力容器安全技术监察规程》(1999 年)的规定。

7.1.5　空压机应设置旋转方向、管线接口等指示牌，指示牌的图形或字迹应清楚。

7.1.6　空压机应设置避免发生误操作或意外损坏造成重大事故的安全警示牌或安全警示标识，安全警示牌或安全警示标识应符合 GB 9969.1 的规定。

7.2　使用说明书

7.2.1　空压机的使用说明书应符合 GB 9969.1 的要求。

7.2.2　在空压机的使用说明中，应按 GB 9969.1 的规定给出安全使用、维护空压机的安全警示或安全警示说明，并着重在以下方面给以“警示”：

a) 对防爆电气元件的使用、维修给出避免造成事故的“警示”；

b) 对防爆电气的本质安全回路以及所采用元件的合理维护给出“警示”；

c) 对储气罐、油水分离器等压力容器的使用、维护给出“警示”；

d) 对空压机安全保护装置中任意一个保护失灵必须停机给出“警示”；

e) 对空压机排气温度、空压机与储气罐体表明温度超限值给出“警示”；

f) 对空压机使用的压缩机油闪点给出“警示”，压缩机油的闪点不应低于 215 ℃。

7.3　包装

7.3.1　空压机的包装应符合 JB/T 7663.1 的规定。

7.3.2　空压机应随机带有文件：

a) 产品合格证；

b) 产品使用说明书；

c) 装箱单；

d) 随机备件清单；

e) 《压力容器安全技术监察规程》(1999 年)对储气罐、油水分离器等压力容器要求提供的文件、资料；

f) 矿用安全标志产品管理对空压机与相关配套件要求提供的文件、资料。

7.4　运输

产品在运输时不得受雨淋，搬运时不得倒放、抛置和冲撞。

7.5　贮存

产品应贮存在干燥通风的库房或不会受潮的有遮盖场所，存放期间应作防锈防霉处理。

前 言

本标准是依据 ISO 2787《回转式和冲击式气动工具——性能试验》、ISO 3857—1979《压缩机、气动工具和气动机械——词汇 第三部分:气动工具和气动机械》、ISO 5941—1979《压缩机、气动工具和气动机械——优先压力》、GB 5621—86《凿岩机械与气动工具性能试验方法》、MT/T 198—1996《煤矿用液压凿岩机通用技术条件》等标准,并结合近年对国内外锚杆钻机性能试验的情况而制定的。

本标准主要突出了以下方面:

——对产品性能指标的确定突出了先进性、适用性、可操作性;

——根据煤矿特点,对气动锚杆钻机提出了不同气压等级指标,并规定了验收气压;

——对产品的可靠性规定了具体指标;

——强调了产品的安全性;

——提出了产品的命名方法。

本标准是针对煤矿用回转式液压、电动、气动锚杆钻机制定的;与本标准配套的 MT/T 199—1996《煤矿用全液压钻车通用技术条件》适用于锚杆孔钻车和钻锚杆孔与安装锚杆的综合性设备——锚杆钻车(也称锚杆支护钻车);适用于具有冲击机构的钻凿锚杆孔用气动凿岩机的煤炭行业标准《煤矿用气动凿岩机通用技术条件》正在制定。

本标准由煤炭工业部科技教育司提出。

本标准由煤炭工业部煤矿专用设备标准化技术委员会归口。

本标准起草单位:煤炭科学研究总院北京建井研究所、上海分院、南京研究所、石家庄煤矿机械厂。

本标准主要起草人:狄志勇、陈桂娥、李云峰、陈荣君、郭孝先。

本标准委托煤炭科学研究总院北京建井研究所负责解释。

中华人民共和国煤炭行业标准

煤矿用锚杆钻机通用技术条件

MT/T 688—1997

General technical condition of roofbolter for coal mining

1 范围

本标准规定了煤矿用锚杆钻机(简称产品)的定义、产品分类、技术要求、试验方法、检验规则以及标志、运输、包装、贮存。

本标准适用于煤矿用液压锚杆钻机、气动锚杆钻机、电动锚杆钻机、机载锚杆钻机以及煤矿用其他锚杆钻机。

2 引用标准

下列标准所包含的条文,通过在本标准中引用而构成为本标准的条文。本标准出版时,所示版本均为有效,所有标准都会被修订,使用本标准的各方应探讨使用下列标准最新版本的可能性。

GB/T 2829—87 周期检查计数抽样程序及抽样表(适用于生产过程稳定性的检查)

GB 3836.1—86 爆炸性环境用防爆电气设备 通用要求

GB 3836.2—86 爆炸性环境用防爆电气设备 隔爆型电气设备"d"

GB/T 5898—86 凿岩机械与气动工具噪声测量方法 工程法

GB 13813—92 煤矿用金属材料摩擦火花安全性试验方法和判定规则

MT 113—1995 煤矿井下用非金属(聚合物)制品安全性能检验规范

MT/T 198—1996 煤矿用液压凿岩机通用技术条件

MT/T 199—1996 煤矿用液压钻车通用技术条件

3 定义

本标准采用下列定义。

3.1 电动锚杆钻机 electric roofbolter

以电为动力的回转式锚杆孔钻机。

3.2 气动锚杆钻机 pneumatic roofbolter

以压缩空气为动力的回转式锚杆孔钻机。

3.3 液压锚杆钻机 hydraulic roofbolter

以高压工作液为动力的回转式锚杆孔钻机。

3.4 支腿式锚杆钻机 leg type roofbolter

采用一级或多级缸筒支撑推进钻机的锚杆钻机。

3.5 导轨式锚杆钻机 drifter roofbolter

采用导轨形式完成钻机推进移位的锚杆钻机。

3.6 机载锚杆钻机 roofbolter mounted on carrier

安装在掘进机、连续采煤机 装载机等采掘设备上的锚杆钻机,通常它由液压回转式钻机、推进机

中华人民共和国煤炭工业部 1997-12-30 批准

1998-06-01 实施

构、调位机构等组成。

3.7 最大负荷转矩 maximun load torque

在均匀转速情况下传递的最大连续转矩。

3.8 动力失速转矩 dynamic stalling torque

当施加负载使气动马达失速后，输出轴传递的峰值转矩。

3.9 额定转速 rated rotational speed

锚杆钻机最佳工作状态时，对应的输出转速；对于气动锚杆钻机指输出功率最大时，对应的输出转速。

3.10 额定转矩 rated torque

额定转速条件下，对应的输出转矩。

3.11 动力起动转矩 dynamic starting torque

当转矩载荷足以阻止旋转时，由于流体压力的作用，由气动工具输出轴传递的峰值转矩。

3.12 平均无故障工作时间 mean time between failure

锚杆钻机两次上井维修间隔时间内连续在井下工作的平均时间，也可称为平均无故障钻米数，用累计钻孔深度“钻米”表示。

4 产品分类

4.1 产品分类

按产品动力源的不同可将产品划分为液压锚杆钻机、气动锚杆钻机、电动锚杆钻机。

按钻机结构的形式，可将产品划分为支腿式锚杆钻机、导轨式锚杆钻机、机载式锚杆钻机。

4.2 产品的型号

M □ □-□ □

- □（第五位）——补充特征代号：代号与含义由制造厂自定
- □（第四位）——主参数代号：额定转矩（液压类、气动类）N·m；额定功率（电动类）kW
- □（第三位）——第二特征代号：T（支腿式）；G（导轨式）；J（机载式）
- □（第二位）——第一特征代号：Y（液压）；Q（气动）；D（电动）
- M——产品类型代号：锚杆钻机

标注示例：MYT-70 表示额定转矩 70 N·m 的支腿式液压锚杆钻机。

5 基本性能参数

见表 1。

表 1

基本性能参数	单位	液压锚杆钻机	气动锚杆钻机	电动锚杆钻机	辅助泵站	机载锚杆钻机
额定压力	MPa	√	√	—	—	√
额定转矩	N·m	√	√	√	—	√
额定转速	r/min	√	√	√	—	√
额定流量	L/min	√	—	—	—	√
推进力	kN	√	√	√	—	—
空载推进速度	mm/s	√	√	√	—	√
整机最大高度	mm	√	√	√	—	—

表 1(续)

基本性能参数	单位	液压锚杆钻机	气动锚杆钻机	电动锚杆钻机	辅助泵站	机载锚杆钻机
整机最小高度	mm	√	√	√	—	—
噪声	dB(A)	√	√	√	—	—
机重(含支腿或导轨)	kg	√	√	√	—	—
电机功率	kW	—	—	√	√	—
电机电压	V	—	—	√	√	—
泵站尺寸(长×宽×高)	mm	—	—	—	√	—
泵站重	kg	—	—	—	√	—
最大输出功率	kW	—	√	—	—	—
起动转矩	N·m	—	√	—	—	—
失速转矩	N·m	—	√	—	—	—
最大负荷转矩	N·m	—	√	—	—	—
空载转速	r/min	—	√	—	—	—
耗气量	m^3/min	—	√	—	—	—
可调工作高度	mm	—	—	—	—	√
可调工作宽度	mm	—	—	—	—	√
推进器长度	mm	—	—	—	—	√
推进行程	mm	—	—	—	—	√
注：√为要求给出的基本参数。						

6 技术要求

6.1 基本要求

6.1.1 产品应符合本标准的规定,并应按照规定程序批准的图样及技术文件制造,相同零、部件应能互换。支腿式锚杆钻机应适应使用图 1 所示钻尾规格尺寸的钻杆。

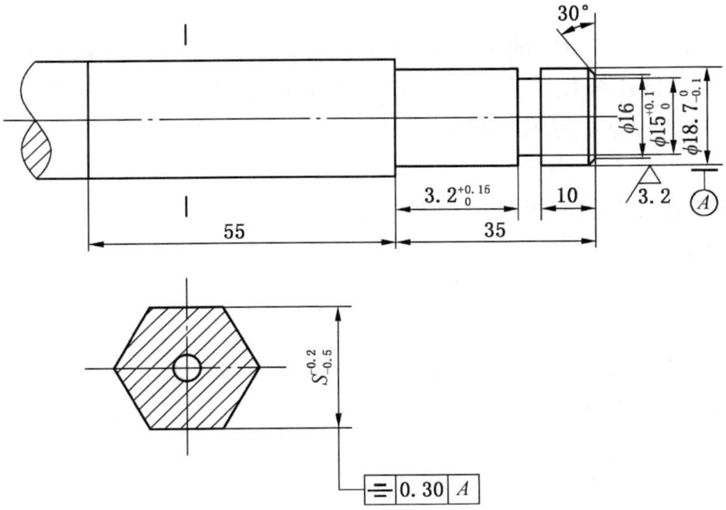

图 1

注：S 为 19 或 22。

6.1.2 产品伸缩的最大高度、最小高度应符合产品的保证值。

6.1.3 各种管路、电缆应布置合理、整齐。

6.2 安全性

6.2.1 在额定压力的 1.5 倍下运转时所有承压件应不出现异常(介质为水、压缩空气时承压0.8 MPa)。

6.2.2 产品中铝合金材料的零件中镁的含量应符合 GB 3836.1 的规定。支腿采用铝合金时,还应符合 GB 13813 的规定。

6.2.3 电机及电气器件均应符合 GB 3836.1 和 GB 3836.2 的规定。

6.2.4 支腿采用合成材料制造时应符合 MT 113 的规定。

6.3 转矩特性

6.3.1 产品的额定转矩应不小于保证值。

6.3.2 气动锚杆钻机工作压力范围应为 0.40～0.63 MPa,以 0.50 MPa 为验收气压(额定压力)。

6.3.3 气动锚杆钻机的起动转矩应不小于保证值。

6.3.4 气动锚杆钻机的最大转矩应不小于保证值。

6.3.5 气动锚杆钻机的动力失速转矩应不小于保证值。

6.3.6 电动锚杆钻机逐渐增加转矩情况下,应能承受 2.5 倍额定转矩历时 15 s 而无转速突变、停转及发生有害变形。此时,电源电压和频率应符合额定值。

6.4 回转转速特性

6.4.1 气动锚杆钻机的空载转速应不小于保证值。

6.4.2 气功锚杆钻机额定转速应不小于保证值。

6.4.3 电动锚杆钻机、液压锚杆钻机的额定转速应不小于保证值。

6.5 密封性能

产品的工作液、水、气系统各零件间结合面在额定压力的 1.5 倍(额定压力大于 16 MPa 时按 1.25 倍;介质为水、空气时承压 0.8 MPa)。不应有渗漏。

6.6 推进性能

6.6.1 推进机构应运行平稳、灵活、无异常声响。

6.6.2 额定条件下产品的推进力、空载推进速度均应不小于保证值的 95%。

6.6.3 推进行程(推进长度)应不小于产品的保证值。

6.7 岩石钻进特性

6.7.1 在抗压强度为 60～70 MPa 的人工岩石上用 ϕ27 钻头钻孔时,锚杆钻机钻孔速度应不低于 0.8 m/min;仅适用于岩石抗压强度不大于 60 MPa 的锚杆孔钻机,在抗压强度为 45～55 MPa 的人工岩石上用 ϕ27 钻头钻孔时,锚杆钻机钻孔速度应不低于 8 m/min。

6.8 噪声特性

6.8.1 在正常钻孔时产品的声功率级应符合下列要求:

a)电动锚杆钻机小于 106 dBA;

b)气动锚杆钻机小于 112 dBA;

c)液压锚杆钻机小于 108 dBA。

6.8.2 在正常钻孔时产品声压级(距声源 1.3m 处)应符合下列要求:

a)电动锚杆钻机小于 90 dBA;

b)气动锚杆钻机小于 95 dBA;

c)液压锚杆钻机小于 92 dBA。

6.9 其他性能要求

6.9.1 产品的机重(包括支腿或导轨)应不大于产品保证值的 105%。

6.9.2 气动锚杆钻机的耗气量应不大于产品保证值。

6.9.3 液压锚杆钻机的额定流量应不大于产品保证值。

6.9.4 电动锚杆钻机的额定电流应不大于产品保证值。

6.10 可靠性

6.10.1 在额定工况下连续运转 120 min,应不出现异常现象。

6.10.2 锚杆钻机下井经调试运行后,应能正常运转,在正常操作和维修条件下,平均无故障工作时间应不低于 3000 钻米。

6.11 配套泵站

6.11.1 配套泵站的重量应不大于保证值的 105%。

6.11.2 配套泵站在额定工况下连续工作 30 min,其油温应不高于 65 ℃。

6.12 机载锚杆钻机

6.12.1 机载液压锚杆钻机的液压回转式钻机应符合 MT/T 198 的规定。

6.12.2 机载锚杆钻机的推进机构、调位机构应符合 MT/T 199 的规定。

7 试验方法

7.1 产品外观质量用目测检验。

7.2 本标准 6.1.1 项要求,由制造厂予以保证,并应有相关的检验记录。

7.3 本标准 6.2.2～6.2.4 各项要求,制造厂在进行整机检验前应在规定的检验机构进行检验。

7.4 产品的转矩特性试验在试验台架上进行。

7.4.1 液体压力的测量应在产品压力液体入口处 6 m 以内的位置进行。压力测量仪表精度应不低于±1%。

7.4.2 流量测点应置于高压侧,测量仪表精度应不低于±2%。

7.4.3 耗气量的测量应将测量仪表串接在气路中,仪表精度应不低于±5%。

7.4.4 电动锚杆钻机的电流用精度为±2%的电流表测量。

7.4.5 转矩的测量,可通过转矩传感器与产品输出轴相连的方法,在保持转速一定的前提下进行测量,转矩测量精度应不低于±3%。

7.4.6 回转转速用转速测量表直接测量产品输出轴的转速,测量仪表精度应不低于±2%。

7.5 密封性与安全性的检测:

7.5.1 将产品的承压系统加压至额定压力的 1.5 倍(额定压力大于 16 MPa 时按 1.25 倍加压;介质为水、空气时加压至 0.8 MPa),保压 3 min。

7.5.2 将产品的承压系统加压至额定压力的 1.25 倍(介质为水、空气时加压至 0.8 MPa;并应符合本标准 7.4.1 的规定)连续运转 3 min。

7.6 推进力的测量:

7.6.1 在规定压力下用安装于推进力轴线方向上的力传感器测量推进力的大小。多级缸时分别测出各级缸的推力。力传感器的精度应不低于±3%。

7.6.2 用米尺和秒表测量推进全行程的长度和时间,并计算出推进速度。

7.7 在人工岩体上钻 3 个孔(每孔深度应大于 0.5 m)用米尺和秒表测量钻孔深度和钻孔时间。并计算出平均钻孔速度。

7.8 产品的伸缩高度用米尺测量。运行的平稳性、灵活性用目测检验。

7.9 噪声的测量按 GB/T 5898 规定的方法。

7.10 产品重量用称重法测量。

7.11 可靠性试验连续运转 120 min 在试验室进行,累计 3000 钻米在煤矿井下进行。

7.12 在常温(20 ℃±2 ℃)时,泵站在额定工况下连续工作 30 min 后,用 2%精度的温度计或温度传感器测量油温。

7.13 机载锚杆钻机的检验按 MT/T 198 和 MT/T 199 规定的试验方法。

8 检验规则

8.1 产品检验分为出厂检验和型式检验。出厂检验需由制造厂的检验部门进行，型式检验由产品质量监督检验机构进行。其检验项目按表 2 的规定执行。

表 2 产品出厂检验与型式检验项目

序号	检验项目	质量特征类别	技术要求	试验方法	检验类别	
					出厂	型式
1	外观	B	6.1.3	7.1	√	√
2	制造质量	B	6.1.1	7.2	√	√
3	防爆性能	A	6.2.3	7.3	—	√
4	空载转速	B	6.4.1	7.4.6	√	√
5	额定转矩	A	6.3.1	7.4.5	√	√
6	额定转速	B	6.4.2～6.4.3	7.4.6	√	√
7	超载转矩	A	6.3.3～6.3.6	7.4.5	—	√
8	密封性	B	6.5	7.5.1	√	√
9	推进力	B	6.6.2	7.6.1	—	√
10	推进行程	B	6.6.3	7.6.2	√	√
11	空载推进速度	B	6.6.2	7.6.2	—	√
12	钻孔速度	B	6.7.2	7.7	—	√
13	伸缩高度	B	6.1.2	7.8	√	√
14	噪声	B	6.8	7.9	—	√
15	机重	B	6.9.1	7.10	—	√
16	耗气量	B	6.9.2	7.4.3	—	√
17	额定流量	B	6.9.3	7.4.2	—	√
18	额定电流	B	6.9.4	7.4.4	—	√
19	安全性	A	6.2.1～6.2.4	7.3;7.5.2	—	√
20	可靠性	A	6.10	7.11	—	新产品
21	配套泵站	B	6.11	7.10;7.12	√	√
22	机载锚杆钻机	A	6.12	7.13	√	√

注

1. 气动锚杆钻机超载转矩包括起动转矩、失速转矩、最大负荷转矩；电动锚杆钻机超载转矩指历时 15 s，应能承受 2.5 倍额定转矩。

2. √表示需要进行检验的项目；—表示不检验项目。

3. 机载锚杆钻机应符合 MT/T 199。

8.2 每台产品都必须进行出厂检验。表 2 中的出厂检验项目全部合格后方可出厂并必须附有产品质量检验合格证。

8.3 有下列情况之一时，应进行型式检验：

a)新产品或老产品转厂生产的试制产品；

b)正式生产的产品在结构、材料、工艺有较大改变，可能影响产品性能时；

c)正式生产的产品每 2 年应周期性进行检验；

d)产品停产 2 年以上，重新恢复生产时；

e)出厂检验结果与上次型式检验有较大差异时；

f)产品质量监督机构提出要求时。

8.4 产品出厂检验与型式检验项目见表 2。

8.5 型式检验的样品应从出厂检验合格的产品中抽取，产品批量不大于 50 台时，应随机抽取 3 台进行型式检验(批量少于 3 台时全检)。对 A 类项目，有两项不合格则判该批为不合格，有任一项不合格都应对不合格项加倍抽样重新检验，若仍有不合格时则判该批为不合格。对 B 类项目，有两项不合格时应对不合格项加倍抽样重新检验，若任意一台仍有两项不合格则判该批为不合格。

8.6 批量大于 50 台时，抽样方案应采用 GB/T 2829，除非其他标准另有规定，一般选用一次抽样方案，判别水平Ⅱ，不合格质量水平 RQL 不大于 40。

9 标志、包装、运输、贮存

9.1 标志

9.1.1 产品外壳上应有清晰的表示旋转方向的箭头、电动锚杆钻机应有安全标志“MA”字样。

9.1.2 钻机应设置铭牌，铭牌应标明：

a)产品型号及名称；

b)主参数；

c)铭牌右上方应有明显的红色防爆标志“Ex”；

d)防爆型式和类别标志“di”；

e)防爆合格证号；

f)电动锚杆钻机要有安全标志编号；

g)机重、最大高度/最小高度；

h)制造厂名；

i)出厂编号和出厂日期。

9.1.3 泵站应设置铭牌，铭牌应标明：

a)产品型号及名称；

b)主参数；

c)制造厂名；

d)出厂编号和出厂日期。

9.2 包装

9.2.1 产品应装箱运送，包装要牢固可靠，并采取防潮措施。

9.2.2 产品随机文件：

a)产品合格证；

b)产品使用维护说明书；

c)装箱单；

d)随机附件清单。

9.3 运输

产品在运输时不得雨淋，搬运不得抛置或冲撞。

9.4 贮存

产品在贮存时应放置在空气干燥通风的地方，防止受潮和雨淋以及其他损伤。

ICS 73.100.10
D 98

MT

中华人民共和国煤炭行业标准

MT/T 689.1—1997

刨煤机 出厂检验规范

Plough—Specification of routine inspection

1997-12-30 发布 1998-06-01 实施

中华人民共和国煤炭工业部 发布

前 言

参照MT/T 410—95《刨煤机型式和基本参数》,考虑到我国目前生产和使用的均为静力式刨煤机,因此,本标准只规定了静力式刨煤机的出厂试验方法和检验规则。

本标准的附录A和附录B都是提示的附录。

本标准由煤炭工业部科技教育司提出。

本标准由煤炭工业部煤矿专用设备标准化技术委员会归口。

本标准起草单位:煤炭科学研究总院上海分院。

本标准主要起草人:周志春、周国庆、华元钦。

本标准委托煤炭科学研究总院上海分院负责解释。

中华人民共和国煤炭行业标准

MT/T 689.1—1997

刨煤机　出厂检验规范

Plough—Specification of routine inspection

1　范围

本标准规定了煤矿地下开采长壁采煤工作面用静力式刨煤机的出厂试验方法和检验规则。

本标准适用于长壁采煤工作面使用的静力式刨煤机(以下简称“刨煤机”)。

2　引用标准

下列标准所包含的条文,通过在本标准中引用而构成为本标准的条文。本标准出版时,所示版本均为有效。所有标准都会被修订,使用本标准的各方应探讨使用下列标准最新版本的可能性。

GB/T 6404—86　齿轮装置噪声声功率级测定方法

MT/T 101—93　刮板输送机用减速器检验规范

MT/T 105—93　刮板输送机通用技术条件

MT 208—89　刮板输送机用液力偶合器

3　刨煤部减速器试验

刨煤部减速器(以下简称“减速器”)试验,参考了附录A(提示的附录)中提及的标准。

3.1　试验准备

每台减速器组装后,水平置于试验台架上,注入设计要求的油质和油量,接通电源。如装有冷却系统,应按设计要求的水压和流量接上冷却水。

3.2　轻载跑合试验

3.2.1　试验方法

减速器按额定功率的25%跑合1 h(正、反向各0.5 h)。试验时,外循环油池可通以冷却水。

跑合后允许换油和清洗油池。

3.2.2　试验要求

3.2.2.1　运转平稳,无异常响声、冲击和强烈振动。

3.2.2.2　各接合面密封处不允许有渗漏现象。

3.2.2.3　各部分无异常温升。

3.2.2.4　各连接处应紧固可靠,不应松动。

3.3　温升试验

3.3.1　试验方法

减速器分别进行正、反向连续加载试验,各个方向加载顺序和负荷分配按表1规定(双速电动机以高速,减速器按最大传动比进行试验)。

中华人民共和国煤炭工业部 1997-12-30 批准　　1998-06-01 实施

表 1　加载负荷的分配

加载顺序	负荷(占额定负荷的百分率) %	运转时间,h	
		正向	反向
1	50	1.0	1.0
2	75	1.0	1.0
3	100	0.5	0.5

3.3.2　试验要求

3.3.2.1　齿轮箱油池和轴承的温升均不应大于 80 ℃,最高温度不应大于 100 ℃。

3.3.2.2　试验结束后,检查齿面接触情况,应无点蚀、剥落、胶合,轮齿不应有断齿现象。

3.3.2.3　运转过程中,应无异常噪声,无渗漏现象。

3.4　噪声测量

3.4.1　测量方法

3.4.1.1　按额定负荷运转时进行综合噪声测量(可以在温升试验的同时进行)。

3.4.1.2　噪声测量方法按 GB/T 6404 的规定进行。

3.4.1.3　将拾音器放置在与减速器同一水平距其周边为 1 m 的位置,共测 4 点。

3.4.1.4　记录噪声测量值。噪声测数据的记录表,可参考附录 B(提示的附录)。

3.4.2　测量要求

减速器的最大综合噪声值不应超过 92 dB(A)。

4　输送部减速器试验

输送部减速器试验按 MT/T 101 中有关出厂检验部分的规定进行。

5　刨煤机地面整机试验

刨煤机地面整机试验,参考了附录 A(提示的附录)中提及的标准。

5.1　刨煤机整机(以下简称“整机”)空运转试验

刨煤机装上除刨链外所有的零部件。可在水泥地面水平直线铺设,铺设长度不应少于 60 m。按设计要求的油质和数量加油,接通电源。如装有冷却系统,应按设计要求的水压和流量接上冷却水。

5.1.1　整机空运转试验

5.1.1.1　试验方法

刨煤机刨煤部的传动装置正、反向空运转各 0.5 h,测录刨煤部电动机的输入功率。

5.1.1.2　试验要求

运转时应无异常声响和强烈振动。不应出现异常温升。

5.1.2　刨煤部的传动装置密封性能试验

5.1.2.1　试验方法

与 5.1.1 试验同时进行。

5.1.2.2　试验要求

刨煤部传动装置各密封处应密封性能良好,没有渗漏现象。

5.2　整机空载试验

在整机空运转试验合格后,接上刨链,并予以张紧,使刨链预张力达到设计要求。

5.2.1　刨煤机各部分相关尺寸检测

5.2.1.1　检测内容

5.2.1.1.1　检查刨链和链道的配合尺寸,链道与链道间的错位量。

5.2.1.1.2 检查刨头与滑架或中部槽的配合尺寸及滑架与滑架(或导护链装置与导护链装置)、中部槽与中部槽间的错位量,以及机头架各部分的相对位置。

5.2.1.1.3 检查刨头往返运行至终端极限位置时,刨头左、右端底刨刀刀尖至输送部链轮中心线的距离。

5.2.1.1.4 检查其他各部分的相关尺寸。

5.2.1.2 检测要求

各项检查结果均应符合设计要求。而且零部件应能互换安装。

5.2.2 操纵试验

5.2.2.1 试验方法

操作各机械操作手把、机构;操作电器控制箱的手把、按钮和紧急停车断电开关,以及刨煤机的各个紧急停车开关等。各操作20次。

5.2.2.2 试验要求

应动作灵活、准确可靠,各指示仪表应显示正常。

5.2.3 电控安全保护系统试验

5.2.3.1 刨头行程限位装置试验

对机头、机尾限位开关各进行动作试验50次。

应能准确可靠地停止刨头。

5.2.3.2 行程指示器试验

用行程指示器发出的信号,控制刨煤部电动机停机,上、下行各试验50次。同时观察行程指示器的显示情况。

行程显示应准确可靠,应能在上、下行预定位置,准确可靠地停止刨头。

5.2.3.3 具有双速功能的刨煤机速度切换试验

刨煤部电动机设置为自动运行方式(启动→低速→高速→低速→停止→换向启动),上、下行各运行50次。与5.2.3.1同时试验。

刨煤部电动机应能准确可靠地完成启动至低速、低速与高速的相互转换、低速至停止及换向启动等自动切换功能。

5.2.4 空载运转时,刨煤部电动机功率测试

5.2.4.1 试验方法

刨煤机空载运转,刨头沿直线、水平铺设的输送部往返运行各3次。测录刨煤部电动机功率。

5.2.4.2 试验要求

刨头应运行平稳,无卡滞现象。

测录的刨煤部电动机功率,拖钩刨煤机不应超过额定功率的40%,滑行刨煤机不应超过额定功率的30%。

5.2.5 刨头的测试

刨头各零部件安装时应无碰卡现象,各让刀机构和铰接部分应动作灵活。刨头高度的调整范围应符合设计要求。

5.2.5.1 刨削深度及底刀位置检测

a)拖钩刨煤机:测量左、右底刨刀刀尖至不同厚度限位块前沿平面的距离。

滑行刨煤机:测量不同刨削深度的左、右底刨刀刀尖至铲板前沿的距离。

b)测量不同刨削深度的左、右底刨刀在不同刀位时,刀尖至刨煤机底平面的垂直距离。

5.2.5.2 让刀机构让刀量检测

测量左、右刨刀的让刀距离。

5.2.5.3 上述5.2.5.1和5.2.5.2项检测的测量值均应符合设计要求。而且5.2.5.2项中,让刀机构

应灵活可靠。

5.2.6 推进部分试验

5.2.6.1 试验方法

检查推进部分的各零部件安装情况。操作推进油缸控制阀的手柄,使活塞杆伸出和收缩。

5.2.6.2 试验要求

推进部分各液压件应无渗漏液现象。

推进油缸控制阀的手柄应操纵灵活,活塞杆动作自如,运动方向符合设计规定。如采用定量推进装置,则活塞杆的定量推进值应符合设计要求;如采用定压推进装置,则液压推进系统压力应符合设计要求。

5.2.7 刨头调向装置试验

5.2.7.1 试验方法

当采用调高油缸实现刨头调向时:操纵调高油缸,使活塞杆伸出和收缩。测量刨头的下倾量和上仰量。

当采用改变推进油缸作用力点的位置实现刨头调向时:分别在各个安装位置上安装推进油缸,检查各有关配合尺寸。

5.2.7.2 试验要求

调向机构各液压件应无渗漏液现象。

当采用调高油缸实现刨头调向时:应操纵灵活,活塞杆动作自如,运动方向符合设计规定。刨头的上仰量和下倾量应符合设计要求。

当采用改变推进油缸作用力点的位置实现刨头调向时:推进油缸在各个安装位置上不允许出现碰卡现象。

6 检验报告

6.1 出厂检验的全部试验项目结束后,应出具检验报告。

6.2 出厂检验报告由产品制造厂家提出。

7 其他

刨煤机输送部除了应完成前述各有关试验内容之外,还应按刮板输送机的有关检验标准进行检验。整机检验时,可以按用户要求对输送部的技术参数(主要是与刨煤机其他部分的相关性能)进行检验。

液力偶合器的型式和尺寸应符合 MT 208 的规定,并符合 MT/T 105—93 中 3.4“主要零部件技术要求”中有关液力偶合器的技术要求。

8 判定规则

8.1 每台刨煤机出厂时,经过整机试验、减速器试验,并且在所有试验项目中均符合试验要求的则为合格品。

8.2 刨煤机属下列情况之一者为不合格品:

a)未完成所需的试验项目,且不能继续进行试验时;

b)试验中发生故障,主要零部件损坏时;

c)虽经整机试验、减速器试验,但试验结果不符合试验要求时。

附 录 A
（提示的附录）
参 考 标 准

为了与已有的相关国家标准、行业标准相协调，本标准制订过程中，参考了下列标准。

JB/T 5077—91　通用齿轮装置型式试验方法

MT 82—84　滚筒式采煤机出厂试验规范

附 录 B
（提示的附录）
噪声测量记录表

<table>
<tr><td>委托单位</td><td></td><td>测量目的</td><td></td><td>日期</td><td></td></tr>
<tr><td>测量地点</td><td></td><td>环境</td><td></td><td>温度</td><td></td></tr>
<tr><td colspan="3">被测设备名称、型号、主要参数</td><td colspan="3"></td></tr>
<tr><td rowspan="3">测量仪器</td><td>名称</td><td>型号</td><td colspan="3">校 准 方 法</td></tr>
<tr><td></td><td></td><td colspan="3"></td></tr>
<tr><td></td><td></td><td colspan="3"></td></tr>
<tr><td colspan="6">测量噪声平面布置图：</td></tr>
<tr><td rowspan="2">数据记录</td><td>测点</td><td>1</td><td>2</td><td>3</td><td>4</td></tr>
<tr><td>声级 dB(A)</td><td></td><td></td><td></td><td></td></tr>
<tr><td>备 注</td><td colspan="5"></td></tr>
<tr><td>检测者</td><td colspan="2"></td><td>校 对</td><td colspan="2"></td></tr>
</table>

ICS 73.100.10
D 98

MT

中华人民共和国煤炭行业标准

MT/T 689.2—1997

刨煤机 型式检验规范

Plough—Specification of type inspection

1997-12-30 发布 1998-06-01 实施

中华人民共和国煤炭工业部 发布

前　　言

参照 MT/T 410—95《刨煤机型式和基本参数》，考虑到我国目前生产和使用的均为静力式刨煤机，因此，本标准只规定了静力式刨煤机的型式试验方法和检验规则。

本标准的附录 A、附录 B 和附录 C 都是提示的附录。

本标准由煤炭工业部科技教育司提出。

本标准由煤炭工业部煤矿专用设备标准化技术委员会归口。

本标准起草单位：煤炭科学研究总院上海分院。

本标准主要起草人：周志春、周国庆、华元钦。

本标准委托煤炭科学研究总院上海分院负责解释。

中华人民共和国煤炭行业标准

刨煤机　型式检验规范

MT/T 689.2—1997

Plough—Specification of type inspection

1　范围

本标准规定了煤矿地下开采长壁采煤工作面用静力式刨煤机的型式试验方法和检验规则。

本标准适用于长壁采煤工作面使用的静力式刨煤机（以下简称“刨煤机”）的地面整机、刨煤部减速器型式检验。

2　引用标准

下列标准所包含的条文，通过在本标准中引用而构成为本标准的条文。本标准出版时，所示版本均为有效。所有标准都会被修订，使用本标准的各方应探讨使用下列标准最新版本的可能性。

GB/T 6404—86　齿轮装置噪声声功率级测定方法

MT/T 101—93　刮板输送机用减速器检验规范

煤矿安全规程（1992 年版）

3　型式检验对象

符合下述情况之一的刨煤机及其减速器，应进行型式检验。

a）总体结构新颖的试制新产品；

b）正式生产后，当产品的总体结构有重大改变，足以影响产品性能时；

c）国家质量监督机构提出进行型式检验的要求时。

4　应符合的规定

4.1　产品附有的电气设备，须经防爆送审检验合格。

4.2　产品应满足《煤矿安全规程》的有关规定。

4.3　送型式检验的产品必须经出厂检验合格，并应附有完整的出厂检验报告。

5　刨煤机地面整机试验

刨煤机地面整机试验，参考了附录 A（提示的附录）中提及的标准。

5.1　刨煤机整机（以下简称“整机”）空运转试验

刨煤机装上除刨链外所有的零部件。在水泥地面水平直线铺设，铺设长度不应少于 60 m。按设计要求的油质和数量加油，接通电源。如装有冷却系统，应按设计要求的水压和流量接上冷却水。

5.1.1　整机空运转试验

5.1.1.1　试验方法

刨煤机刨煤部的传动装置正、反向空运转各 0.5 h，测录刨煤部电动机的输入功率。

5.1.1.2　试验要求

中华人民共和国煤炭工业部 1997-12-30 批准　　　1998-06-01 实施

运转时应无异常声响和强烈振动。不应出现异常温升。

5.1.2 刨煤部的传动装置密封性能试验

5.1.2.1 试验方法

与5.1.1试验同时进行。

5.1.2.2 试验要求

刨煤机传动装置各密封处应密封性能良好,没有渗漏现象。

5.1.3 操作系统试验

5.1.3.1 机械操作机构试验

对紧链器、调高油缸、推进油缸、喷雾阀等操纵机构(手把、按钮等)进行动作试验。各操作20次。

要求动作灵活、准确可靠。

5.1.3.2 电控系统手把、按钮试验

对电器控制箱的手把、按钮和紧急停车断电开关,以及刨煤机的各个紧急停车开关等进行动作试验。每个手把和按钮各操作20次。

应能准确可靠地正、反向启动、停止刨煤部电动机,准确可靠地启动、停止输送部电动机,正确地控制音响或灯光讯号。

5.2 整机空载试验

在整机空运转试验合格后,接上刨链,并予以张紧,使刨链预张力达到设计要求。

5.2.1 刨煤机各部分相关尺寸检测

5.2.1.1 检查刨链和链道的配合尺寸,链道与链道间的错位量。

5.2.1.2 检查刨头与滑架或中部槽的配合尺寸及滑架与滑架(或导护链装置与导护链装置)、中部槽与中部槽间的错位量,以及机头架各部分的相对位置。

5.2.1.3 检查刨头往返运行至终端极限位置时,刨头左、右端底刨刀刀尖至输送部链轮中心线的距离。

5.2.1.4 检查其他各部分的相关尺寸。

5.2.2 刨削深度及底刀位置检测

5.2.2.1 拖钩刨煤机:测量左、右底刨刀刀尖至不同厚度限位块前沿平面的距离;滑行刨煤机:测量不同刨削深度的左、右底刨刀刀尖至铲板前沿的距离。

5.2.2.2 测量不同刨削深度的左、右底刨刀在不同刀位时,刀尖至刨煤机底平面的垂直距离。

5.2.3 让刀机构让刀量检测

测量左、右刨刀的让刀距离。

5.2.4 刨头最高高度和最低高度检测

将刨头分别调整至最高高度和最低高度,并分别测量其相应的高度值。

5.2.5 上述5.2.1至5.2.4各项检测的测量值均应符合设计要求。而且:

a)5.2.1项中,零部件应能互换安装。

b)5.2.3项中,让刀机构应灵活可靠。

5.2.6 空载运转时,刨煤部电动机功率及刨头牵引力测试

5.2.6.1 试验方法

刨煤机空载运转,按下列三种情况,测录刨煤部电动机功率及刨头牵引力。

a)刨头沿直线、水平铺设的输送部往返运行各3次。同时测录刨头运行速度。

b)刨煤机按水平弯曲铺设,按照输送部设计允许的最大水平弯曲量铺设至少一个弯曲区段,刨头往返运行各3次。

c)刨煤机按垂直弯曲铺设,按照输送部设计允许的最大垂直弯曲量铺设至少一个弯曲区段,刨头往返运行各3次。

5.2.6.2 试验要求

各项试验时,刨头应运行平稳,无卡滞现象。

试验时,测录的刨煤部电动机功率,拖钩刨煤机不应超过额定功率的40%,滑行刨煤机不应超过额定功率的30%。测录的刨头运行速度和刨头牵引力,应符合设计要求。

5.2.7 刨头惯性试验

5.2.7.1 试验方法

刨煤机按直线、水平铺设,启动刨头,8 s后停机。双速刨煤机试验时,低速起动,转为高速并达到额定速度后停机。

5.2.7.2 试验要求

测量刨头惯性行程,往返各测量3次。

5.2.8 缓冲器试验

5.2.8.1 试验方法

去掉限位开关,将刨头置于距缓冲器10 m处,启动刨煤部电动机,刨头在不停机情况下撞击缓冲器。双速刨煤机,以高速运行进行试验。左、右缓冲器各试验3次。

5.2.8.2 试验要求

缓冲器若装有电动机停机开关,电动机停机开关应动作及时、安全可靠。

缓冲器试验时,若缓冲器及其固定机构出现漏油、漏气或变形、损坏现象,允许修复或更换后继续试验。刨煤机的其他部分,不允许出现变形或损坏现象。

5.2.9 电控系统试验

5.2.9.1 电压波动情况下操作试验

按刨煤机要求的电控系统接线,在75%和110%额定电压情况下,分别空载启动和停止刨煤部及输送部电动机,各动作试验20次。

应能准确可靠地启动和停止刨煤部和输送部电动机。

5.2.9.2 紧急停车开关试验

操作工作面上的紧急停车开关,每个各操作20次。

应能准确可靠地停止刨煤部电动机(或刨煤部和输送部电动机)。

5.2.10 电控安全保护系统试验

5.2.10.1 刨头行程限位装置试验

对机头、机尾限位开关各进行动作试验50次。

应能准确可靠地停止刨头。

5.2.10.2 行程指示器试验

用行程指示器发出的信号,控制刨煤部电动机停机,上、下行各试验50次。同时观察行程指示器的显示情况。

行程显示应准确可靠,应能在上、下行预定位置,准确可靠地停止刨头。

5.2.10.3 具有双速功能的刨煤机速度切换试验

刨煤部电动机设置为自动运行方式(启动→低速→高速→低速→停止→换向启动),上、下行各运行50次。与5.2.10.1同时试验。

刨煤部电动机应能准确可靠地完成启动至低速、低速与高速的相互转换、低速至停止及换向启动等自动切换功能。

5.3 模拟煤壁刨削试验

刨削试验用模拟煤壁的可截割性(可刨性)、形状尺寸等参数,应符合刨煤机的设计性能参数。

刨煤机安装在模拟煤壁一侧,按直线、水平铺设,启动刨煤机进行刨削模拟煤壁试验。

5.3.1 不同刨削深度时的刨削试验,并测定相应的电动机功率、刨头牵引力和实际刨削深度,计算比能耗。比较给定的刨削深度与实际的刨削深度之间的差别。

5.3.1.1 选定一种刨头设计高度不变。每种刨削深度时的底刨刀均调整在水平零位,刨头往返各刨削3次。

5.3.1.2 测录刨煤部左、右两个电动机的输入功率,刨头牵引力,刨削深度,推进油缸的压力。

5.3.1.3 绘制刨削深度和刨煤部电动机功率及刨头牵引力的相关曲线。

5.3.1.4 计算比能耗。

5.3.1.5 推进部分各液压件应无渗漏液现象。

5.3.2 刨头不同设计高度时的刨削试验,并测定刨头相应高度时的电动机功率、刨头牵引力和刨削深度。

5.3.2.1 按刨头最低、中间、最高三种刨头高度进行刨削,对每种刨头高度按选定的一种符合设计要求的刨削深度,往返各刨削3次。

5.3.2.2 测录刨煤部左、右电动机的输入功率,刨头牵引力,刨削深度和推进油缸的压力。

5.3.2.3 绘制刨头高度和刨煤部电动机功率及刨头牵引力的相关曲线。

5.3.3 刨头调向装置试验

安装最大刨削深度的左、右底刨刀。

5.3.3.1 调整底刀试验

5.3.3.1.1 把左、右底刨刀调整至零位以上的最高位置,往返各刨削3次。

5.3.3.1.2 把左、右底刨刀调整至零位以下的最低位置,往返各刨削3次。

前述5.3.3.1.1和5.3.3.1.2分别完成后,各测位一次刨削的深度及底刨刀刀尖的水平位置。同时观察刨头在零位以上最高位置和零位以下最低位置时的刨削效果。

5.3.3.2 刨头调向机构试验

底刨刀调整至水平零位。

5.3.3.2.1 调向机构调整至刨头向上的最大设计位置,往返各刨削3次。

5.3.3.2.2 调向机构调整至刨头向下的最大设计位置,往返各刨削3次。

前述5.3.3.2.1和5.3.3.2.2分别完成后,各测量一次刨削的深度及底刨刀刀尖的水平位置。同时观察刨头在最大向上和最大向下设计位置时的刨削效果。

调向机构各液压件应无渗漏液现象。

5.3.4 喷雾装置试验

5.3.4.1 试验方法

在上述刨削过程中,进行人工控制或自动控制喷雾。

5.3.4.2 试验要求

喷雾效果良好,动作可靠。

5.3.5 刨头行程限位装置试验

5.3.5.1 试验方法

与模拟煤壁刨削试验同时进行。

5.3.5.2 试验要求

应能准确可靠地停止刨头。

5.3.6 电控系统操作试验

5.3.6.1 试验方法

与模拟煤壁刨削试验同时进行。

5.3.6.2 试验要求

动作应准确可靠,各指示仪表应显示正常。

5.3.7 让刀机构让刀量的再检测

模拟煤壁刨削试验完成后进行。检测方法和检测要求同5.2.3及5.2.5中有关内容。

5.4 **过载保护系统试验**

5.4.1 试验方法

刨头运行过程中使过载保护系统动作3次。测录刨煤部电动机功率和刨头牵引力。

5.4.2 试验要求

过载保护系统应在设计的范围内产生保护作用。

6 刨煤部减速器试验

刨煤部减速器(以下简称“减速器”)试验,参考了附录A(提示的附录)中提及的标准。

6.1 **试验准备**

每台减速器组装后,水平置于试验台位上,注入设计要求的油质和油量,接通电源。如装有冷却系统,应按设计要求的水压和流量接上冷却水。

6.2 **轻载跑合试验**

6.2.1 试验方法

减速器按额定功率的25%跑合1h(正、反向各0.5h)。每15min测定一次油池温度、各轴承温度和机壳温度。试验时,外循环油池可通以冷却水。

跑合后允许换油和清洗油池。

6.2.2 试验要求

6.2.2.1 运转平稳,无异常响声、冲击和强烈振动。

6.2.2.2 各接合面密封处不允许有渗漏现象。

6.2.2.3 各部分无异常温升。

6.2.2.4 各连接处应紧固可靠,不应松动。

6.3 **温升试验**

6.3.1 试验方法

减速器分别进行正、反向连续加载试验,各个方向加载顺序和负荷分配按表1规定(双速电动机以高速,减速器按最大传动比进行试验)。

记录油池温度、轴承部位温度和环境温度,并绘制温升曲线图。

表1 加载负荷的分配

加载顺序	负荷(占额定负荷的百分率) %	运转时间,h	
		正向	反向
1	50	1.0	1.0
2	75	1.0	1.0
3	100	0.5	0.5

6.3.2 试验要求

6.3.2.1 齿轮箱油池和轴承的温升均不应大于80 ℃,最高温度不应大于100 ℃。

6.3.2.2 运转过程中,应无异常噪声,无渗漏现象。

6.4 **耐久试验**

6.4.1 试验方法

减速器水平置于台位上,以最低输出转速(双速电动机用高速,减速器用最大传动比),以减速器的额定功率加载,正、反向各连续运转300 h,共计600 h。

6.4.1.1 试验时,允许采用外循环润滑油,控制其油温低于80 ℃。

6.4.1.2 在试验过程中,当试验时间在300 h时,进行阶段停机检查。若齿轮、轴承、轴及其他零部件没有失效,则继续进行试验。

6.4.1.3 在试验过程中，若发生意外停机现象，但减速器运转无异常情况，则仍可继续进行试验，试验时间可累计。

6.4.1.4 在试验过程中，允许换油2次。

6.4.1.5 在试验过程中，由记录仪随时描绘温度曲线。试验初始阶段，每隔1 h记录一次油温，达到热平衡后，每隔4 h记录一次油温。

6.4.1.6 600 h试验结束后，将其解体全面检查，对齿轮、轴、轴承等主要零部件作全面测量检查。

6.4.2 试验要求

6.4.2.1 在试验过程中，不允许更换重要零件，否则重新试验。

6.4.2.2 600 h试验结束后，减速器的零部件不允许损坏，轮齿不允许失效，齿轮检查项目及要求应符合表2规定。

表2 刨煤部减速器齿轮轮齿失效判别标准

序号	项目名称	判别标准	备注
1	磨损	轮齿允许出现轻微磨损现象或中等磨损现象；其磨损量不应超过以下规定： a)硬齿面轮齿任一齿面磨损量不应大于0.13 mm。 b)磨损不均匀的轮齿齿面，齿面两端相差不应大于0.08 mm	
2	胶合	轮齿齿面允许发生轻微胶合，胶合区域不应大于齿高的1/4，齿宽的1/3	
3	点蚀	轮齿齿面允许出现非扩展性点蚀，但麻点的大小及点蚀坑面积不应超过以下规定： a)模数6 mm以下的齿轮，麻点的平均直径不应大于1 mm，模数6 mm以上的齿轮麻点的平均直径不应大于2 mm。 b)点蚀坑面积为下述情况时为失效： 1)点蚀区占齿高的80%时； 2)点蚀区占齿高的30%，点蚀区占齿长的40%时； 3)点蚀区占齿高的60%，点蚀区占齿长的10%时	平均直径＝(最大直径＋最小直径)/2
4	剥落	轮齿齿面不应产生剥落	
5	塑性变形	硬齿面轮齿不应出现塑性变形	
6	折断	轮齿不应出现折断现象	
7	裂纹	齿轮的任何部位不应出现裂纹	
8	干涉损伤	轮齿齿面不应出现干涉损伤	

6.5 超载试验

6.5.1 试验方法

以减速器的最低输出转速，减速器额定功率的125%加载运行，正、反向各运转5 min。

记录输入转速，输出扭矩、齿轮箱的油温及各轴承的温度。

6.5.2 试验要求

减速器的零部件不允许损坏，轮齿不允许失效，齿轮检查项目及要求应符合表2的规定。

6.6 效率试验

6.6.1 试验方法

6.6.1.1 减速器以最低输出转速(双速电动机用高速，减速器用最大传动比)，以减速器的额定功率正反向分别运转。

6.6.1.2 分别记录减速器正、反向运转时的输入扭矩、转速和输出扭矩、转速。

6.6.1.3 本试验可以与耐久试验同时进行。

6.6.2 试验要求

减速器在附设外循环冷却的条件下，以额定负荷运转，当达到热平衡温度后，其机械效率应符合下列要求：

a)90 kW 及以下的减速器的机械效率不应低于 90%；

b)90 kW 以上的减速器的机械效率不应低于 92%。

6.7 噪声测量

6.7.1 测量方法

6.7.1.1 按额定负荷运转时进行综合噪声测量(可以在耐久试验的同时进行)。

6.7.1.2 噪声测量方法按 GB/T 6404 的规定进行。

6.7.1.3 将拾音器放置在与减速器同一水平距其周边为 1 m 的位置，共测 4 点。

6.7.1.4 记录噪声测量值。噪声测量数据的记录表，可参考附录 B(提示的附录)。

6.7.2 测量要求

减速器的最大综合噪声值不应超过 92 dB(A)。

6.8 试验设备及仪器

6.8.1 试验台位

6.8.1.1 试验台位需经有关部门验收后方可使用。

6.8.1.2 试验台架应保证安全运转，加载装置应能可靠施加载荷。

6.8.1.3 减速器在试验台架上的安装应符合其工况及紧固方式。

6.8.1.4 试验装置系统可参照附录 C(提示的附录)。

6.8.2 检验用仪器仪表

检验用各种传感器、传输线、测量仪表、记录仪表等均应按有关标准和规定进行定期校准、检定，并具有有效期内的检定合格证书、测试报告。

6.9 试验用润滑油

试验用润滑油应符合设计要求。

6.10 试验条件

6.10.1 型式检验的减速器每次至少一台。

6.10.2 型式检验的产品，其制造、加工工艺应与出厂检验的产品一致，不应故意改动制造工艺或作附加准备。

6.11 检验报告

6.11.1 全部试验结束后，应根据试验结果写出详细的检验报告，所有技术文件应归档妥善保存。

6.11.2 记录测量结果，绘制特性曲线及图表并附在检验报告之后。

6.11.3 型式检验报告由检验单位提出。

7 刨煤机输送部试验

刨煤机输送部试验应按刮板输送机有关标准的规定进行。输送部减速器试验应按 MT/T 101 中型式检验部分的规定进行。

整机检验时，可以按生产及设计单位的要求，参照 4.1 的要求，对输送部的技术参数(主要是与刨煤机其他部分的相关性能)进行检验。

8 判定规则

8.1 刨煤机经过整机型式检验、减速器型式检验，并且在所有试验项目中均符合试验要求的则为合格品。

8.2 刨煤机属下列情况之一者为不合格品：

a)未完成所需的试验项目,且不能继续进行试验时;

b)试验中发生故障,主要零部件损坏时;

c)虽经整机试验、减速器试验,但试验结果不符合试验要求时。

9 检验用仪器、仪表测量误差的规定

9.1 压力:±1%。

9.2 扭矩:±2%。

9.3 转速:转速≥100 r/min 时,±2%;
转速<100 r/min 时,±3%。

9.4 温度:±2 ℃。

9.5 噪声:±1 dB(A)。

9.6 位移:±2.5%。

9.7 功率:±2%。

9.8 流量:±2%。

9.9 拉力:±3%。

附　录　A

（提示的附录）

参　考　标　准

为了与已有的相关国家标准、行业标准相协调，本标准制订过程中，参考了下列标准。

JB/T 5077—91　通用齿轮装置型式试验方法

JJG 1001—91　通用计量名词及定义

MT 81—84　滚筒式采煤机型式试验规范

附　录　B

（提示的附录）

噪声测量记录表

<table>
<tr><td>委托单位</td><td></td><td>测量目的</td><td></td><td>日期</td><td></td></tr>
<tr><td>测量地点</td><td></td><td>环境</td><td></td><td>温度</td><td></td></tr>
<tr><td colspan="3">被测设备名称、型号、主要参数</td><td colspan="3"></td></tr>
<tr><td rowspan="3">测量仪器</td><td>名称</td><td>型号</td><td colspan="3">校　准　方　法</td></tr>
<tr><td></td><td></td><td colspan="3"></td></tr>
<tr><td></td><td></td><td colspan="3"></td></tr>
<tr><td colspan="6">测量噪声平面布置图：</td></tr>
<tr><td rowspan="2">数据
记录</td><td>测点</td><td>1</td><td>2</td><td>3</td><td>4</td></tr>
<tr><td>声级 dB(A)</td><td></td><td></td><td></td><td></td></tr>
<tr><td>备　注</td><td colspan="5"></td></tr>
<tr><td>检测者</td><td colspan="2"></td><td>校　对</td><td colspan="2"></td></tr>
</table>

附 录 C

（提示的附录）

刨煤部减速器试验系统示意图

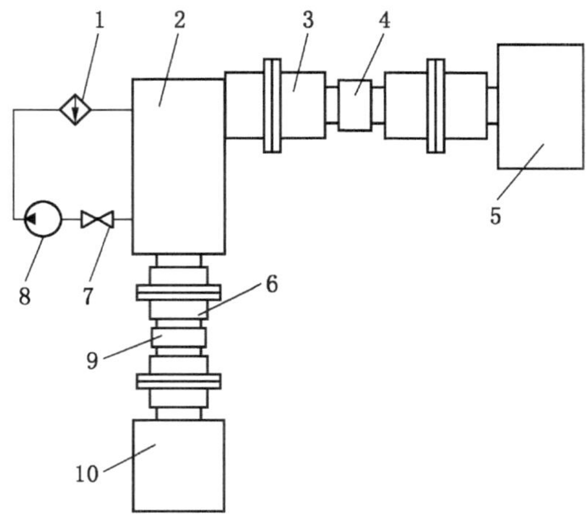

1—冷却器；2—被试减速器；3—联轴节；4—扭矩传感器；5—加载装置；
6—联轴节；7—截止阀；8—齿轮油泵；9—扭矩传感器；10—电动机

图 C1 刨煤部减速器试验系统示意图

中华人民共和国煤炭行业标准

雷管生产线导静电地面、台面电阻值测定方法

MT/T 690—1997

Determination of resistance on ground and mesa conducting statial electricity in detonator production line

1 范围

本标准规定了雷管生产线导静电地面、台面电阻值的测定仪器和材料、测定要求及测定步骤等。

本标准适用于雷管生产线导静电地面、台面电阻值测定。

2 引用标准

下列标准所包含的条文，通过在本标准中引用而构成为本标准的条文。本标准出版时，所示版本均为有效。所有标准都会被修订，使用本标准的各方应探讨使用下列标准最新版本的可能性。

GB 4385—84　防静电鞋、导电鞋　技术要求

GB 12014—89　防静电工作服

MT 520—1995　煤矿雷管生产厂防静电安全规程

3 方法提要

将兆欧表的正极接在测量电极上，负极接地，测定测量电极对地之间的电阻值。

4 仪器和材料

4.1 仪器

500V 兆欧表：测量范围为 $1\times10^{2}\ \Omega\sim1\times10^{12}\ \Omega$，准确度为±5%。

4.2 材料

a)主电极：镀铬的圆柱形黄铜电极。直径：60 mm±0.01 mm，质量：2 kg(包括提把)，电极底面的表面粗糙度为 1.6 μm

b)垫片：海绵垫片。直径：60 mm，厚度：5 mm～6 mm，$\rho=10\sim10^{2}\ \Omega\cdot cm$，硬度：邵氏 40～50。

由 a 和 b 项组成的测定电极如图所示。

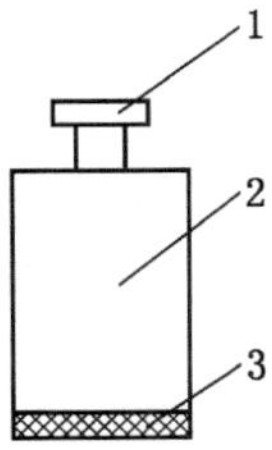

1—提把；2—主电极；3—垫片

图 1　测定电极示意图

中华人民共和国煤炭工业部 1997-12-30 批准　　1998-07-01 实施

c)连接导线：采用截面积为 1.5 mm^2 的聚乙烯护套多股铜导线。导线的绝缘电阻不应小于 5×10^8 Ω。

5 测定要求

5.1 必须在停止生产并清理产品及危险品后进行测定。
5.2 测定时，线路连接应安全可靠，防止测量过程中产生火花。
5.3 若房间内有易燃易爆气体粉尘时，严禁测定。
5.4 测定时，仪器下应放置绝缘板。
5.5 严禁雷雨天测定。
5.6 测定人员应穿好符合 GB 12014 的防静电工作服和符合 GB 4385 的防静电鞋要求。
5.7 对生产工房每 10 m^2 测定点应不少于 5 点，不足 10 m^2 或独立的一块地面、台面的测定点以 5 点为宜。

6 测定步骤

6.1 测定前，如地面有油污，须用水或中性洗涤剂予以清除，测定时地面或作业台面应处于干燥洁净状态。
6.2 将海绵垫片，用水润湿。
6.3 在导电地面或作业台面内任选一点。

a)对于用非柔性（如玻璃钢等）材料铺设的导电地面或台面，测定时在主电极下面应放置湿润且拧去水的海绵垫片。

b)对于用柔性（如导电胶板等）材料铺设的导电地面或台面，测定时在主电极下面可不放置海绵垫片。

6.4 将兆欧表的“线路”端钮用导线接至电极上，“接地”端钮用导线接至导静电地面的接地网上，然后测定出电阻值，此值即作为该测定点的对地电阻值。

7 测定对象

按 MT 520 中第 3 章规定的工序分类的各工序地面、台面进行测量电极对地电阻测定。

8 结果表述

8.1 读取的数据应保留到小数点后一位。
8.2 在同一处测定若干点电阻值时，以最高值为该测定范围内地面、台面的电阻值。

9 测试报告

测试报告必须包括以下内容：

a)测定时间；

b)测定的温度、湿度条件；

c)使用仪器名称、型号；

d)测定的地点；

e)测定出的极对地电阻值。

中华人民共和国煤炭行业标准

煤矿瓦斯抽放技术规范

MT/T 692—1997

Tchnical specifications of gas drainage for coal mining

1 范围

本标准规定了矿井瓦斯抽放的基本条件、泵站的技术要求、抽放参数方法及效果、抽放工程及施工和安全与测试等。

本标准适用于现有抽放瓦斯矿井、新建瓦斯抽放系统矿井及为解决瓦斯突出和局部抽放瓦斯矿井的一切区域。

2 抽放瓦斯的基本条件

矿井或采掘工作面瓦斯涌出量较大，采用通风方法解决瓦斯问题不合理时，应抽放瓦斯。

2.1 凡符合下列情况之一者应建立瓦斯抽放系统，开展瓦斯抽放工作：

——一个采煤工作面的瓦斯涌出量大于 5 m^3/min 或一个掘进工作面的瓦斯涌出量大于 3 m^3/min。

——矿井瓦斯绝对涌出量大于 15 m^3/min，年产煤量不大于 40 万 t。

——矿井绝对瓦斯涌出量大于 20 m^3/min，年产煤量不大于 60 万 t。

——矿井绝对瓦斯涌出量大于 25 m^3/min，年产煤量不大于 100 万 t。

——矿井绝对瓦斯涌出量大于 30 m^3/min，年产煤量不大于 150 万 t。

——矿井绝对瓦斯涌出量大于 40 m^3/min。

——开采具有煤与瓦斯突出危险煤层。

2.2 在符合 2.1 条件拟建立永久性瓦斯抽放系统的矿井，还应符合下列要求：

a）瓦斯抽放系统抽放量应稳定在不小于 2 m^3/min 以上；

b）瓦斯资源可靠，储量丰富，预计瓦斯抽放服务年限应不少于 10 年。

2.3 当不具备建立全矿井抽放瓦斯系统而个别区域瓦斯涌出量不小于 3 m^3/min 时，可采用局部抽放。

3 抽放泵站的技术要求

3.1 一般要求：

3.1.1 瓦斯抽放泵站应设在回风井工业广场内，泵站距井口和主要建筑物以及居住区应不小于 50 m。

3.1.2 泵站和泵站周围 20 m 范围内禁止有明火。

3.1.3 泵站必须用阻燃材料建造，周围用围墙或栅栏保护。

3.1.4 泵站建筑面积应为以后可能更换或增加设备留有余地。

3.2 抽放用瓦斯泵的选型应满足：

——整个服务期间最大抽放量；

——抽放系统最大阻力损失；

——运转期间泵的进口负压应不大于 73 kPa。

中华人民共和国煤炭工业部 1997-12-30 批准　　1998-07-01 实施

3.3　瓦斯抽放泵及其附属设备，至少应设一套备用。

3.4　泵站管道出口处应设有放水器，压力、浓度和流量测定装置，取样阀门等。

3.5　泵站应设有专用的供电和通讯线路。

3.6　确定管路系统：

应根据井巷布置、抽放方法及长远规划，全盘考虑，避免和减少以后主干管路系统的频繁改动，并应满足下列要求：

a)管线安装应平直，转弯时角度不应小于90°；管径要统一，变径时须设过渡节；管路要设调节阀门、放水器和排渣器；

b)按安全流速为5～15 m/s和最大通过流量来计算管径；

c)瓦斯管路的总阻力应包括直管阻力和局部阻力。局部阻力可以用估算法决定，一般取直管阻力的10%～20%；

d)管路内的压力规定：

——卸压煤层在抽放孔口的负压宜不小于6.7 kPa；

——非卸压煤层在抽放孔口宜不小于13 kPa；

——全系统应不出现正压状态。

4　抽放参数、方法及效果

4.1　抽放瓦斯的方法要根据矿井瓦斯来源、煤层地质和开采技术条件以及瓦斯基础参数等来确定。

4.1.1　对未卸压的原始煤层，瓦斯抽放的难易程度可划分为三类，见表1。

表1　煤层瓦斯抽放的难易程度划分表

分类	钻孔流量衰减系数 d^{-1}	煤层透气性系数 $m^3/MPa^2 \cdot d$
容易抽放	<0.003	>10
可以抽放	>0.003～0.05	<10～0.1
较难抽放	>0.05	<0.1

4.1.2　对有多种瓦斯涌出源的矿井宜采用开采层、邻近层、采空区并行的综合抽放方法以及钻孔抽、巷道抽的多种工艺抽放方式。

4.1.3　无采动卸压影响且较难抽放的煤层，宜选用巷道抽放、顺层钻孔、穿层钻孔、交叉钻孔、密集钻孔等抽放方法，或采用增大孔径、增加孔长、割缝、压裂等强制性卸压手段，减少抽放困难，提高抽放效率。

4.2　在岩层中开孔的钻孔封孔长度应不小于3 m，在煤层中开孔的钻孔封孔长度应不小于5 m。

4.3　以邻近层抽放为主的矿井(卸压抽放)，矿井抽放率应不低于35%，工作面抽放率应不低于45%；以本煤层抽放为主的矿井(未卸压抽放)，矿井抽放率应不低于20%，工作面抽放率应不低于25%。

4.4　采空区可采用工作面后方插管抽放、斜交钻孔抽放、密闭老空区抽放、地面打钻孔抽放等方法，在有自然发火危险煤层的采空区抽放时，必须控制抽放负压，减少漏风，并经常检测抽出气体中一氧化碳的浓度和温度的变化。抽出瓦斯的浓度应不低于25%。

5　抽放瓦斯工程及施工

5.1　抽放巷道和钻场的位置、层位、数量等，应满足选用的抽放方法的要求，不受采动影响，保证所必需的服务时间，且应有利于维护、打钻操作及作业安全。

5.2　抽放瓦斯钻场应设置钻孔汇流管、气水分离器、栅栏和牌板标志等。

5.3　瓦斯管路应具有不小于1‰的坡度；倾斜安装的管路坡度应不大于30度，并应设置防滑管卡，卡距不得大于30 m，管子联结应尽量采用快速密封接头。

5.4　抽放钻孔施工的方位角和仰角误差应不超过±2°，施工超前采煤工作面推进量应不少于二个月。

6 抽放瓦斯工程及施工

6.1　泵站及管路应设防雷、防静电、防爆防回火装置;泵的进出口必须设放空管,管径应大于或等于泵的进、出口直径,放空管的管口要高出地面 10 m 以上,放空管上空应无高压电线或其他可能被瓦斯点燃的外界因素。

6.2　抽放系统应安装自动测试仪表,定时测定瓦斯流量、浓度、压力、温度等参数,并具有自动显示、报警、记录、打印等功能。

6.3　主、干及分支管路应设置瓦斯测定(或取样)装置,定期测定和记录瓦斯浓度。

6.4　各种计量仪表都应定期检定。抽放量的计算应采用大气压力为 101.325 kPa,温度为 20 ℃的统一标准计算。

中华人民共和国煤炭行业标准

矿用无线电波坑道透视仪通用技术条件

MT/T 693—1997

General technical conditions for underground radio-wave penetration instrument

1 范围

本标准规定了矿用无线电波坑道透视仪的技术要求、试验方法、检验规则及标志、包装、运输和贮存。

本标准适用于矿用无线电波坑道透视仪(以下简称坑透仪)。

2 引用标准

下列标准所包含的条文,通过在本标准中引用而构成为本标准的条文。本标准出版时,所示版本均为有效。所有标准都会被修订,使用本标准的各方应探讨使用下列标准最新版本的可能性。

GB 191—90 包装储运图示标志

GB/T 998—82 低压电器 基本试验方法

GB/T 2423.1—89 电工电子产品基本环境试验规程 试验 Ab:低温试验方法

GB/T 2423.2—89 电工电子产品基本环境试验规程 试验 Bb:高温试验方法

GB/T 2423.4—93 电工电子产品基本环境试验规程 试验 Db:交变湿热试验方法

GB/T 2423.10—1995 电工电子产品基本环境试验规程 试验 Fc:振动(正弦)试验方法

GB 3836.1—83 爆炸性环境用防爆电气设备 通用要求

GB 3836.2—83 爆炸性环境用防爆电气设备 隔爆型电气设备“d”

GB 3836.4—83 爆炸性环境用防爆电气设备 本质安全型电路和电气设备“i”

GB 4942.2—93 低压电器 外壳防护等级

GB/T 10111—88 利用随机数骰子进行随机抽样的方法

3 技术要求

3.1 坑透仪应符合本标准的规定,并按经规定程序批准的图样及技术文件制造。

3.2 坑透仪工作环境条件:

环境温度 0～40 ℃

相对湿度 ≤98%

大气压力 86～106 kPa

3.3 坑透仪的防爆要求应符合 GB 3836.1、GB 3836.2、GB 3836.4 的有关规定。

3.4 坑透仪的外壳表面涂层应均匀,不得有明显划痕和剥落;铭牌和标志应牢固。

3.5 坑透仪外壳防护性能应符合 GB/T 4942.2 中 IP54 的要求。

3.6 坑透仪电气间隙和爬电距离应符合 GB 3836.4 中 4.6 的规定。

3.7 坑透仪外壳的表面温度应不大于+150 ℃。

3.8 坑透仪的电源引线与外壳端子间的绝缘电阻应不低于 10 MΩ,耐潮试验后应能承受交流 500 V,

中华人民共和国煤炭工业部 1997-12-30 批准 1998-07-01 实施

1 min的耐压试验，且绝缘电阻应不低于 1.0 MΩ。

3.9　坑透仪发射机工作频率应不高于 10 MHz，频率稳定度优于 5×10^{-5}；输出功率不小于 1 W，其输出功率的误差应不大于规定值的±10%。

3.10　坑透仪接收机相邻两次的指示值绝对差应小于 0.5 dB。

3.11　坑透仪应能连续工作 3 h，符合 3.9、3.10 的规定。

3.12　坑透仪经工作环境温度试验后，应符合 3.9、3.10、3.11 的规定。

3.13　坑透仪经贮存、运输环境温度试验后，应符合 3.4、3.9、3.10、3.11 的规定。

3.14　坑透仪经交变湿热试验后，应符合 3.8、3.9、3.10、3.11 的规定。

3.15　坑透仪经跌落试验后，应能正常工作并符合 3.6、3.9、3.10、3.11 的规定。

3.16　坑透仪经振动试验后，应能正常工作并符合 3.6、3.9、3.10、3.11 的规定。

4　试验方法

4.1　试验环境

温　　度　15～35 ℃

相对湿度　≤75%

大气压力　86～106 kPa

4.2　测量仪器仪表

4.2.1　测量用的频率计、信号发生器、功率计、稳压电源等测量仪器应满足所测性能的特征要求，其允许误差应不大于坑透仪允许误差的 1/3。

4.2.2　测量用直流电压表和直流电流表的测量范围应满足坑透仪使用的要求，准确度不低于 1 级。

4.3　试验方法

4.3.1　外观用目测法检查。

4.3.2　外壳防护性能按 GB/T 4942.2 中有关方法进行。

4.3.3　电气间隙和爬电距离使用量具测量。

4.3.4　电气元件的表面温度使用半导体点式温度计测量。

4.3.5　绝缘电阻按 GB/T 998 规定的方法进行。

4.3.6　绝缘耐压试验按 GB/T 998 规定的方法进行。

4.3.7　坑透仪发射机频率和功率试验：将发射机输出端接功率计和频率计，开机后 20 min 读数，读数间隔 10 min，连续读取不少于 5 个功率和频率指示值，每次指示值应符合 3.9 的规定。间歇 1 h，重复测试一次。

4.3.8　坑透仪接收机指示值试验：将接收机和发射机接上天线，分别置于一定距离（室内大于 10 m，室外大于 50 m），其位置和周围环境条件相对固定，开机连续工作 1 h，并 5 min 间隔读取接收机指示值。间歇 1 h，重复测试一次。

4.3.9　坑透仪接收机和发射机的工作时间试验：发射机输出端接功率计和频率计，接收机接上天线，保持与 4.3.8 相同的条件，同时开机连续工作 3 h 后，间隔 1 min 分别读取 5 个发射机功率计、频率计和接收机指示值。

4.3.10　工作环境温度试验分别按 GB/T 2423.1 试验 Ab 和 GB/T 2423.2 试验 Bb 的规定进行。

a)严酷等级：低温 0 ℃，高温 40 ℃，持续时间各 2 h；

b)采用温度渐变试验方法。

4.3.11　贮存、运输环境温度试验：

4.3.11.1　低温试验按 GB/T 2423.1 试验 Ab 的规定进行。

a)严酷等级：温度－40 ℃，保持时间 16 h；

b)采用温度渐变试验方法；

c)试验后恢复 4 h。

4.3.11.2 高温试验按 GB/T 2423.2 试验 Bb 的规定进行。

a)严酷等级:温度 60 ℃,持续时间 16 h;

b)采用温度渐变试验方法;

c)试验后恢复 4 h。

4.3.12 交变湿热试验按 GB/T 2423.4 规定的方法进行。

a)严酷等级:最高温度 40 ℃,试验周期 6 d(主要电气性能 2 d);

b)试验后在室温下放置 2 h,去除表面潮气;

c)绝缘电阻按 GB/T 998 的有关规定进行;

d)耐压试验按 4.3.6 进行。

4.3.13 跌落试验按 GB 3836.1 的 21.2 进行。

4.3.14 振动试验按 GB/T 2423.10 试验 Fc 方法进行。

a)严酷等级:扫频频率范围 10～150 Hz,加速度 20 m/s^2,每轴线上的扫频循环次数 5 次;

b)试验样品不包装,不进行中间检测。

5 检验规则

检验分出厂检验和型式检验。

5.1 出厂检验

5.1.1 产品由制造厂质量检验部门逐台进行,检验合格并签发合格证后方可出厂。

5.1.2 检验项目按表 1 规定。

5.2 型式检验

5.2.1 有下列情况之一时,应进行型式检验:

a)新产品或老产品转厂生产时试制定型鉴定。

b)正式生产后,在结构、材料、工艺有较大改变,可能影响到产品性能时。

c)正常生产每 5 年进行一次。

d)停产 1 年后,恢复生产时。

e)出厂检验结果与上次型式检验有较大差异时。

f)国家产品质量监督机构提出进行型式检验要求时。

5.2.2 检验项目按表 1 规定。

表 1

序号	检验项目	技术要求	试验方法	出厂检验	型式检验
1	外观检验	3.4	4.3.1	○	○
2	外壳防护性能	3.5	4.3.2	—	○
3	电气间隙	3.6	4.3.3	—	○
4	爬电距离	3.6	4.3.3	—	○
5	表面温度	3.7	4.3.4	—	○
6	绝缘性能试验	3.8	4.3.5	—	○
7	耐压性能试验	3.8	4.3.6	—	○
8	工作频率	3.9	4.3.7	○	○
9	输出功率	3.9	4.3.7	○	○
10	指示值绝对差	3.10	4.3.8	○	○

表 1(续)

序号	检验项目	技术要求	试验方法	出厂检验	型式检验
11	连续工作时间试验	3.11	4.3.9	○	○
12	工作环境温度试验	3.12	4.3.10	—	○
13	贮存、运输温度试验	3.13	4.3.11	—	○
14	交变湿热试验	3.14	4.3.14	—	○
15	跌落试验	3.15	4.3.12	—	○
16	振动试验	3.16	4.3.13	—	○
注:“○”表示必须进行检验的项目、“—”表示不进行检验的项目。					

5.2.3 抽样方法按 GB/T 10111 的规定,从出厂检验合格的产品中进行随机抽样,抽样数量不少于 2 台,抽样基数不少于 10 台。

5.2.4 判定规则

受检验项目在表 1 中的 1、2、3、4、5、6、7、8、9、10 序号有一项不合格时,或其余项有二项不合格时,则判定该批产品不合格。

6 标志、包装、运输和贮存

6.1 标志

6.1.1 产品标志

6.1.1.1 坑透仪应有明显的“Ex”防爆标志和“MA”煤矿安全标志。

6.1.1.2 坑透仪电池应设置警告标志。

6.1.1.3 坑透仪的铭牌应牢固设置在面板明显位置处,其内容如下:

a)型号、名称;

b)铭牌右上角应有明显的“Ex”标志;

c)防爆型、类别、级别、温度组别等;

d)主要技术参数;

e)关联设备型号;

f)防爆合格编号和安全标志编号;

g)产品编号和出厂日期;

h)制造单位名称。

6.1.2 包装标志

6.1.2.1 包装储运标志应符合 GB 191 的规定。

6.1.2.2 包装箱外壁应有下列标志:

a)产品型号和名称;

b)收货单位名称及地址;

c)毛重和净重;

d)防雨、轻放、不得倒置等标志;

e)制造单位名称;

f)外形尺寸:长×宽×高。

6.2 包装

6.2.1 检验合格的产品连同附件,装入塑料袋和含有减震材料的包装箱内。

6.2.2 包装箱内应有下列文件:

a)产品合格证;

b)产品使用说明书；

c)装箱单。

6.3 运输

产品在运输中，应避免雨、雪直接侵袭。

6.4 贮存

坑透仪应贮存在通风良好的仓库内，不能与化学药品等物品一同存放。

前　　言

煤矿用自动隔爆装置是80年代发展起来的抑制瓦斯、煤尘燃烧和爆炸的新技术、新产品，已在煤矿安装使用；煤炭工业部也已把自动隔爆装置写入煤矿安全规程。为了适应煤矿安全生产的需要，规范煤矿用自动隔爆装置，促进防隔爆技术的发展，制定煤炭行业的煤矿用自动隔爆装置通用技术条件。

本标准由煤炭工业部科技教育司提出。

本标准由煤炭工业部煤矿安全标准化技术委员会归口。

本标准由煤炭科学研究总院重庆分院起草。

本标准起草人：夏自柱、蔡周全。

本标准委托煤炭工业部煤矿安全标准化技术委员会煤矿粉尘防治及设备分会负责解释。

中华人民共和国国家标准

煤矿用自动隔爆装置 通用技术条件

MT/T 694—1997

General technical condition of the automatic devices for explosion suppression in coal mine

1 范围

本标准规定了煤矿用自动隔爆装置(以下简称装置)的技术要求、试验方法、检验规则与标志、包装、运输和贮存。

本标准适用于防止煤矿瓦斯、煤尘燃烧与爆炸的各种型式的自动隔爆装置。

2 引用标准

下列标准所包含的条文,通过在本标准中引用而构成为本标准的条文。本标准出版时,所示版本均为有效。所有标准都会被修订,使用本标准的各方应探讨使用下列标准最新版本的可能性。

GB/T 998—82 低压电器基本试验方法

GB/T 2423.1—89 电工电子产品基本环境试验规程 试验A:低温试验方法

GB/T 2423.2—89 电工电子产品基本环境试验规程 试验B:高温试验方法

GB/T 2423.4—93 电工电子产品基本环境试验规程 试验Db:交变湿热试验方法

GB 3836.1—83 爆炸性环境用防爆电气设备 通用要求

GB 3836.2—83 爆炸性环境用防爆电气设备 隔爆型电气设备“d”

GB 3836.3—83 爆炸性环境用防爆电气设备 增安型电气设备“e”

GB 3836.4—83 爆炸性环境用防爆电气设备 本质安全型电路和电气设备“i”

GB 4066—94 碳酸氢钠干粉灭火剂

GB 4208—93 外壳防护等级(2P代码)

GB 5099—94 钢质无缝气瓶

GB/T 10111—88 利用随机数骰子进行随机抽样的方法

MT 113—85 煤矿井下用非金属(聚合物)制品安全性检验规范

3 定义

本标准采用下列定义。

3.1 自动隔爆装置 automatic device for explosion suppression

依靠对爆炸信息的超前探测,强制性地把消焰剂抛撒到火焰阵面上,将火焰扑灭,阻止爆炸传播的装置。

3.2 传感控制器件 sensor and control unit

探测和处理燃烧、爆炸信息,迅速触发喷撒器的器件。也可分离为传感器、控制仪。

中华人民共和国煤炭工业部 1997-12-30 批准 1998-07-01 实施

3.3 **传感器响应时间 sensor response time**

由触发源作用于传感器到传感器输出之间的时间。

3.4 **喷撒器 suppressor**

贮存和快速喷撒消焰剂的部件。

3.5 **喷撒滞后时间 spurt delay time**

喷撒器接受到动作信号到喷出消焰剂的时间间隔。

3.6 **成雾时间 fog forming time**

单个喷撒器从喷出消焰剂到形成 8 m^2 雾面的时间间隔。

3.7 **雾面持续时间 fog sustained time**

单个喷撒器喷出消焰剂的雾面达到 8 m^2 的持续时间。

3.8 **喷撒效率 spurt efficiency**

喷撒器喷撒出的消焰剂量与原贮存消焰剂量之比。

4 技术要求

4.1 装置应符合本标准的全部要求，并按规定程序批准的设计图纸和技术文件制造。

4.2 **工作环境及防护条件：**

环境温度：0～45 ℃；相对湿度：98％以下；大气压力：80～101 kPa。

4.3 **传感控制器件：**

4.3.1 传感器响应时间：小于 1 ms。

4.3.2 火焰传感器（包括红外线、可见光、紫外线、温度）灵敏度试验应满足表 1 的要求。

表 1 火焰传感器灵敏度要求

黑体炉温度，K	传感器状况
853^{0}_{-5}	不触发
873^{+5}_{0}	触发

4.3.3 压力传感器灵敏度应满足表 2 的要求。

表 2 压力传感器灵敏度要求

试验条件	试验压力，kPa	传感器状况
静压试验	$4.0^{0}_{-0.4}$	不触发
	$5.0^{+0.4}_{0}$	触发

4.3.4 传感控制器件按 CB/T 998 中第 6 条规定绝缘电阻与耐压应满足表 3 的要求。

表 3 绝缘电阻与耐压要求

	正常条件下		交变湿热试验后	
试件名称	试验电压 V	绝缘电阻 Ω	试验电压 V	绝缘电阻 Ω
非本安电路电源接线端子与外壳之间	1 600	$\geqslant 50\times10^{6}$	1 500	$>1.98\times10^{6}$
本安电路接线端子与外壳之间	500	$\geqslant 20\times10^{6}$	500	$\geqslant 1\times10^{6}$
本安电路与非本安电路之间	1 600	$\geqslant 50\times10^{6}$	1 500	$>1.98\times10^{6}$

4.3.5 传感控制器件经交变湿热试验后，应满足 4.3.4 的要求。

4.3.6 传感控制器件应能承受高温试验，试验结束后，应满足 4.3.1、4.3.2、4.3.3 的要求。

4.3.7 传感控制器件应能承受低温试验，试验结束后，应满足4.3.1、4.3.2、4.3.3的要求。

4.3.8 传感控制器件的防护等级应符合IP54的规定。

4.3.9 传感控制器件的外壳最高表面温度应不大于150℃。

4.3.10 传感控制器件的防爆性能应符合GB 3836.1、GB 3836.2、GB 3836.3、GB 3836.4的有关规定。

4.4 **喷撒器**：

4.4.1 喷撒器技术指标应达到下列要求：

a） 喷撒滞后时间：小于15 ms；

b） 成雾时间：小于120 ms；

c） 雾面持续时间：粉剂大于1 000 ms；水大于300 ms；

d） 喷撒效率：大于90%。

4.4.2 喷撒器在安全性试验中应不引起CH_4与空气的混合气体爆炸。

4.4.3 采用气体驱动，高压钢质无缝气瓶（除外形外）性能应符合GB 5099的规定。

4.4.4 采用BC灭火粉剂，性能应符合GB 4066的有关规定。

4.4.5 采用塑料材料时，阻燃性能和表面电阻应符合MT 113的规定。

4.5 **装置**：

4.5.1 装置必须满足工作稳定性要求，即置于正常工作状态，工作100 h后，满足表4要求。

表4 装置工作稳定性要求

触发条件	传感控制器件状况	喷撒器状况
温度＜853 K	不触发	不触发
温度＞873 K	触发	触发
压力＜4 kPa	不触发	不触发
压力＞5 kPa	触发	触发

4.5.2 装置必须进行抑爆试验，并满足下列抑爆试验要求：

a） 对巷道型隔爆装置，进行3次抑爆试验，从爆源算起，爆炸火焰均不得超过60 m；

b） 对机载式或硐室型，进行3次抑爆试验，从爆源算起，爆炸火焰均不得超过6 m。

4.5.3 装置应进行模拟运输试验，试验结束后，对其检查应达到下列要求：

a） 装置各部分的紧固件及电缆接头不应松动、脱落；

b） 通电后，装置工作正常。

4.5.4 装置的外观质量应达到下列要求：

a） 表面整洁，标牌字迹清晰，外观结构不应有明显脱落和裂痕；

b） 观察窗口透光良好，不应有油污和擦痕；

c） 按键灵活可靠，接插件及螺栓安装连接牢固；

d） 装置各组件之间的连接电缆应绑扎整齐，必要时应另加保护套。

5 试验方法

5.1 试验所用主要仪器如表5所示。

5.2 传感器响应时间测试：

传感器处于正常工作状态，触发源和传感器输出端与数字分析仪测试系统相联，由数字分析仪测试触发源输出的时间和传感器输出的时间。

5.3 火焰传感器灵敏度测试：

表 5　试验用主要仪器表

序号	仪器仪表名称	量程	精度
1	数字分析仪	采样率大于 100 ksps,通道数大于 4	12 bt
2	数字万用表	100 μV～100 V	5.5 位
3	压力传感器	98 kPa	非线性±0.5%,重复性误差 0.5%,迟滞 0.5%
4	兆欧计	(1000,500,250)V 0～100 MΩ	1.5 级
5	中温黑体炉	300 ℃～1 300 ℃	±1 ℃
6	光具座		2 级
7	高速摄像机	500 幅/s	
8	静压标定装置	0.001 MPa～0.01 MPa	

将火焰传感器置于光具座上,处于正常工作状态,窗口距黑体炉限制光栏 400 mm,黑体炉升温到 853 K－5 K 时,取下传感器窗口前的遮光板,用数字万用表测试传感器输出状况;黑体炉温度再升到 873 K＋5 K,用数字万用表测试传感器输出状况。

5.4　压力传感器灵敏度试验:

将压力传感器安装在静压标定装置上,处于正常工作状态,静压标定装置加砝码到 4.0 kPa～0.4 kPa,用数字万用表测试传感器输出状况;再加砝码到 5.0 kPa＋0.4 kPa,用数字万用表测试传感器输出状况。

5.5　传感控制器件的绝缘电阻与耐压试验:

按 GB/T 998 中第 6 条的规定进行。

5.6　传感控制器件(在以下试验步骤叙述中简称被试件)交变湿热试验

5.6.1　试验条件

温度:45 ℃±1 ℃,持续时间:12 d。

5.6.2　试验步骤

a) 在进行交变湿热试验前应对被试件的外观,机械结构,通电运行情况进行初始检查。其外观满足本标准 4.5.4 的要求,隔爆面应满足图纸要求;

b) 被试件不通电、不包装按 GB/T 2423.4 中的 Db:交变湿热试验方法进行交变湿热试验;

c) 试验期间,被试件不进行中间检查;

d) 试验完后,被试件在正常大气条件下进行 1～2 h 的恢复处理。被试件的表面潮气应用干洁毛巾或棉纱细心擦除;并立即对被试件的外观、隔爆面进行检查;测试绝缘电阻和进行耐压试验,应在 30 min 内完成。

5.7　传感控制器件高温性能试验:

5.7.1　试验条件

温度:45 ℃±1 ℃,持续时间:2 h。

5.7.2　试验步骤

a) 被试件在不通电、不包装下按 GB/T 2423.2Bb 方法进行高温温度渐变试验;

b) 被试件不进行预处理;

c) 试验结束后不进行恢复处理,测试在 20 min 内完成。

5.8　传感控制器件低温性能试验:

5.8.1　试验条件

温度:0 ℃±1 ℃,持续时间:2 h。

5.8.2 **试验步骤**

a） 被试件在不通电、不包装下按 GB/T 2423.1Ab 方法进行低温温度渐变试验；

b） 被试件不进行预处理；

c） 试验结束后不进行恢复处理，测试在 20 min 内完成。

5.9 传感控制器件防护性能试验：

按 GB 4208 中有关方法进行。

5.10 传感控制器件表面温度试验：

按 GB 3836.1 中第 24.1 条规定进行。

5.11 传感控制器件的防爆性能检验：

按 GB 3836.1、GB 3836.2、GB 3836.3、GB 3836.4 中有关方法进行。

5.12 **喷撒滞后时间、成雾时间、雾面持续时间和喷撒效率测试试验**

5.12.1 **试验步骤**

用台秤称量消焰剂，将装有消焰剂的喷撒器安装于断面积 10 m^2 的拱型钢质爆炸试验巷道出口处；距出口 1 m，高度 1.5 m，装置处于正常工作状态，用模拟爆炸信号触发，使喷撒器动作；用高速摄像机摄录喷撒器喷撒过程（不小于 500 幅/秒拍摄），用台秤称量喷撒器中剩余的消焰剂。

5.12.2 **结果处理**

a） 根据高速摄像机摄录的胶片计算喷撒滞后时间、成雾时间和雾面持续时间；

b） 喷撒效率由下式计算：

$$\eta=\frac{m_0-m_1}{m_0}\times 100 \quad \cdots\cdots(1)$$

式中：

η——喷撒效率，%；

m_0——喷撒器充装消焰剂质量，kg；

m_1——喷撒器剩余消焰剂质量，kg。

5.13 喷撒器安全性试验：

将未装消焰剂而组装好的喷撒器安装于直径 2 m，长 29 m 的爆炸试验管道的起爆室（10 m^3）内，向起爆室充入 CH_4 气体，得到体积浓度为 8.0%～8.6%的 CH_4 与空气的混合气体，然后触发喷撒器。该试验重复进行 3 次。

5.14 高压钢质无缝气瓶检验：

按 GB 5099 中有关方法进行。

5.15 BC 灭火剂性能检验：

按 GB 4066 中有关方法进行。

5.16 非金属（聚合物）制品阻燃性能试验和表面电阻值测定：

按 MT 113 第二篇和第四篇的方法进行。

5.17 装置工作稳定性试验：

5.17.1 装置置于正常工作状态，用模拟爆炸信号（如火焰温度＜853 K，压力＜4 kPa 等）触发，用数字万用表测试传感控制器件的输出；然后接上喷撒装置，再用上述信号触发，观察喷撒装置是否被启动。

5.17.2 用模拟爆炸信号（如火焰温度＞873 K，压力＞5 kPa 等）触发，重复 5.17.1 试验。

5.17.3 装置置于正常工作状态，工作 100 k 后，重复 5.17.1 和 5.17.2 试验。

5.18 装置抑爆性能试验：

5.18.1 **巷道型隔爆装置抑爆性能试验**

1)试验条件：

a） 消焰剂用量：按断面面积计算 BC 灭火剂 20 kg/m^2，或水 80 l/m^2；其他消焰剂用量经试验确定；

b） 爆炸试验巷道：主平巷长 400 m，净断面积 7.2 m^2。巷道断面呈半圆拱形，圆拱半径 1.6 m。巷道两帮安装火焰传感器，0～40 m 内每隔 10 m 安装 1 个，40～200 m 内每隔 20 m 安装 1 个；

c） 爆炸气体：体积百分比浓度为 8.0%～8.6%的 CH_4 与空气混合物；体积 50 m^3；

d） 传爆物质为煤尘(85%粒径小于 0.075 mm，挥发分大于 40%)，按巷道空间 150 g/m^3 计算；

e） 点火源：两只 8# 工业电雷管引火药头。

2)试验步骤

a） 在主平巷距隔爆门 7 m 处，用 0.14 mm 聚氯乙烯塑料薄膜封闭巷道，构成甲烷爆炸室。在距隔爆门 7～50 m 之间的两帮和底板均匀布置煤尘。点火源安装在距隔爆门 2 m、高度 1.9 m 处；

b） 喷撒器安装在距隔爆门 25～40 m 之间，传感控制器件安装在其前方 10 m 左右。点爆 CH_4 与空气的混合物，测试爆炸火焰到达距离；试验 3 次。

5.18.2 机载式或硐室用隔爆装置抑爆性能试验

1)试验条件：

a） 消焰剂用量：按断面面积计算 BC 灭火剂 5 kg/m^2 或水 10 l/m^2；其他消焰剂用量由试验确定；

b） 爆炸试验巷道：长 10 m，净断面积 10 m^2。巷道断面呈半圆拱形，圆拱半径 2.6 m。巷道两帮安装火焰传感器，每隔 1 m 安装 1 个；

c） 爆炸气体：体积百分比浓度为 8.0%～8.6%的 CH_4 与空气混合物；体积 30 m^3；

d） 点火源：两只 8# 工业电雷管引火药头。

2)试验步骤

a） 在距巷道封闭端 3 m 处，用 0.14 mm 聚氯乙烯塑料薄膜封闭(或半封闭)巷道，构成甲烷爆炸室。点火源安装在距巷道封闭端 0.5 m、高度 1.9 m 处；

b） 喷撒器安装在距巷道封闭端 3～5 m，传感控制器件安装在距巷道封闭端 1.5 m 左右。点爆 CH_4 与空气混合物，测试爆炸火焰到达距离；试验 3 次。

5.19 运输试验：

在以下两种方法中选取：

a） 将装置包装后，置于模拟汽车运输试验台上，试验持续 2 h；

b） 将装置包装后固定在汽车上，汽车的负载应不超过其额定负载的 1/3，在三级公路上行驶 100 km，行车速度为 20～40 km/h。

5.20 装置外观质量检验：

用目测和感官检查。

6 检验规则

6.1 出厂检验

6.1.1 装置应经厂质量检验部门检验。出厂检验分逐台检验和抽样检验，检验合格并发给合格证后方可出厂。

6.1.2 按表 6 规定的项目进行检验。

表 6 检验项目表

序号	技术要求	检验项目	出厂检验		型式检验
			逐台检验	抽样检验	
1	传感器响应时间	4.3.1	—	√	√
2	火焰传感器灵敏度	4.3.2	√	—	√

表6(续)

序号	技术要求	检验项目	出厂检验		型式检验
			逐台检验	抽样检验	
3	压力传感器灵敏度	4.3.3	√	—	√
4	传感控制器件绝缘电阻与耐压	4.3.4	—	√	√
5	传感控制器件交变湿热试验	4.3.5	—	—	√
6	传感控制器件高温试验	4.3.6	—	—	√
7	传感控制器件低温试验	4.3.7	—	—	√
8	传感控制器件外壳防护性能	4.3.8	—	—	√
9	传感控制器件外表面温度	4.3.9	—	—	√
10	传感控制器件防爆性能	4.3.10	—	—	√
11	喷撒器技术指标	4.4.1	—	√	√
12	喷撒器安全性	4.4.2	—	√	√
13	高压气瓶性能	4.4.3	—	√	√
14	BC 干粉灭火剂性能	4.4.4	—	—	√
15	塑料抗静电、阻燃性能	4.4.5	—	√	√
16	装置工作稳定性	4.5.1	—	√	√
17	装置抑爆试验	4.5.2	—	—	√
18	装置运输试验	4.5.3	—	—	—
19	装置外观质量	4.5.4	√	—	√
注:"√"表示必须检验;"—"表示不必检验。					

6.2 型式检验

6.2.1 由国家规定的质量监督机构按表6规定的检验项目进行检验。

6.2.2 装置在遇到下列情况下之一者,应进行型式检验:

a) 试制新产品;

b) 正常生产后,如结构材料工艺有较大改变而可能影响产品性能时;

c) 正常生产时每5年检验一次;

d) 转产时;

e) 停产超过2年再恢复生产时;

f) 国家质量监督机构提出进行型式检验要求时。

6.3 抽样方法

6.3.1 出厂检验在抽样检验项目中,按GB/T 10111在10个成品内随机抽取2个,按表6规定进行检验。

6.3.2 型式检验从出厂检验合格的产品中,按GB/T 10111随机抽取1套,按表6规定进行检验。

6.4 判定原则

出厂检验的抽样检验项目中如有一项不合格,应在同一批产品中加倍抽取产品复检,仍不合格时,则判该批产品不合格。

型式检验时,表5中1、2、3、7、8、13、15、17、18中2项不合格或其他1项不合格,判该台不合格,应再抽3台重新进行试验,仍有一台不合格,则判该批产品不合格。

7 标志、包装、运输、贮存

7.1 装置的铭牌和标志应分别固定在对应的部件上，内容包括：

a） 装置和主要部件的名称和型号；

b） 产品标准代号；

c） 防爆标志；

d） 安全标志编号；

e） 防爆合格证号；

f） 主要技术指标；

g） 注意事项；

h） 制造厂名；

i） 出厂日期及产品编号。

7.2 包装：

7.2.1 装置各部件应分别用木箱包装，四周用减震材料塞紧。

7.2.2 包装箱外壁上应包括下列文字内容：

a） 发货站和制造厂名；

b） 收货站和收货单位、地址、邮政编码；

c） 产品名称、型号、数量、生产日期；

d） 毛质量、净质量和包装箱外形尺寸；

e） 防护要求标志。

7.2.3 随同装置提供下列文件：

a） 装箱单；

b） 产品合格证；

c） 产品说明书

7.3 运输：

装置成品包装应符合海、陆、空运输的有关规定。

7.4 贮存：

存放产品的库房应保持通风良好，并防止产品与腐蚀性物质接触。

中华人民共和国煤炭行业标准

煤矿用高倍数泡沫灭火剂通用技术条件

MT/T 695—1997

General technical condition of high-ratio-foam fire extinguish agent for coal mine

1 范围

本标准规定了煤矿用高倍数泡沫灭火剂的分类、技术要求、试验方法、检验规则、标志、包装、运输和贮存等。

本标准适用于煤矿用高倍数泡沫灭火剂(以下简称灭火剂)。

2 定义

本标准采用下列定义。

2.1 燃油惰气 kerosene inert gas

以煤油为燃料在特制的燃烧室内与空气混合燃烧产生的以氮气、二氧化碳和水蒸汽为主的混合湿式惰气。

2.2 泡沫倍数 foam to solution volume ratio

泡沫的体积与产生泡沫所使用的高倍泡沫灭火剂溶液(即液态高倍泡沫灭火剂加水后配成的溶液,以下简称溶液)的体积之比。

2.3 泡沫稳定性 stability of foam

在规定的条件下一定体积的泡沫破灭一半的时间。

2.4 析液率 extractive ratio

溶液从泡沫中脱离的速度,用一定时间内从泡沫中析出的溶液体积与泡沫的体积之比表示。

2.5 灭火剂使用浓度 agent to solution ratio

在配成的溶液中灭火剂所占的质量比。

3 分类

按形成泡沫所使用的介质及其温度分为

——普通型:利用空气介质发泡,介质温度为−5 ℃～40 ℃;

——耐高温型:利用燃油惰气介质发泡,介质温度为15 ℃～85 ℃。

4 技术要求

4.1 一般要求

4.1.1 灭火剂的使用温度范围普通型为−5 ℃～40 ℃,耐高温型为15 ℃～85 ℃。

4.1.2 灭火剂应是均相液体。

4.1.3 灭火剂被水稀释后对人体应无明显刺激,对生物应无明显毒性,其中的表面活性剂易被生物降解,对环境无污染。

中华人民共和国煤炭工业部 1997-12-30 批准　　1998-07-01 实施

4.2 性能要求

灭火剂的性能应符合表1的规定。

表 1

<table>
<tr><th>序号</th><th colspan="2">项　　目</th><th>技术指标</th></tr>
<tr><td>1</td><td colspan="2">密度(20 ℃),g/cm³</td><td>0.90～1.20</td></tr>
<tr><td>2</td><td colspan="2">粘度(20 ℃),MPa·s</td><td><25</td></tr>
<tr><td>3</td><td colspan="2">pH值(20 ℃)</td><td>6～8</td></tr>
<tr><td>4</td><td colspan="2">泡沫倍数,倍</td><td>>500</td></tr>
<tr><td>5</td><td colspan="2">泡沫稳定性,min</td><td>>90</td></tr>
<tr><td>6</td><td colspan="2">泡沫析液率(≥15 min),%</td><td><15</td></tr>
<tr><td>7</td><td colspan="2">耐水质硬度,德度</td><td>>30</td></tr>
<tr><td>8</td><td colspan="2">灭火剂使用浓度,%</td><td>3～6</td></tr>
<tr><td rowspan="2">9</td><td rowspan="2">灭火性能</td><td>灭A类火灾时间,min</td><td><5</td></tr>
<tr><td>灭B类火灾时间,min</td><td><3</td></tr>
<tr><td>10</td><td colspan="2">贮存期(用老化试验检验)</td><td>2年</td></tr>
</table>

5 试验方法

5.1 均相检查

5.1.1 仪器

——量筒:250 mL或100 mL;

——玻璃棒:250～500 mm。

5.1.2 试验步骤

5.1.2.1 将灭火剂倒入量筒中,静止放置,目测。

5.1.2.2 用玻璃棒搅拌量筒中的灭火剂,静止放置,待灭火剂稳定后目测。

5.1.3 结论

两次结果均为独立结果。

5.2 毒性检查

根据灭火剂所含成分按产品标准中规定的方法进行。

5.3 密度测定

5.3.1 仪器

——精密密度计:量程为0.900～1.200 g/cm³;

——温度计;量程为0～50 ℃,分度值为0.5 ℃;

——量筒:250 mL或100 mL;

——恒温水浴:恒温范围为0～100 ℃,控温精度为±1 ℃。

5.3.2 试验步骤

5.3.2.1 将恒温水浴温度控制在20±1 ℃。

5.3.2.2 把混合均匀的灭火剂慢慢注入干燥、洁净的量筒中,如有气泡产生,应静置待气泡升至液面,用滤纸刮去。然后垂直放入恒温水浴中,灭火剂液面应低于水浴液面。

5.3.2.3 待恒温至20 ℃±1 ℃时,手持洁净的密度计上端慢慢放入灭火剂中,当密度计稳定后读数。

5.3.3 结果

取两次试验结果的平均值作为测定结果,两次试验结果之差应不大于0.002 g/cm³。

5.4 **粘度测定**

5.4.1 仪器

旋转粘度计：转盘量程为0～100，精度为±5%；

凝固点温度计：量程为−30 ℃～60 ℃，分度值为1 ℃；

高型烧杯：250 mL；

量筒：25 mL、250 mL各一个；

半导体冷阱：温度控制精度为±1 ℃；

50%乙醇水溶液。

5.4.2 试验步骤

5.4.2.1 把混合均匀的20 mL灭火剂慢慢注入旋转粘度计的套筒中，将旋转粘度计的附加器和套筒安装在旋转粘度计中，将套筒浸没在半导体冷阱50%乙醇水溶液的介质中。

5.4.2.2 将半导体冷阱温度设定在−5 ℃，选择适宜的转速，待灭火剂达到−5 ℃并保持30 min后进行测定。测定时指针的指示值应在20～90刻度之间。

5.4.2.3 如果指针超出上述的刻度范围时，应选用1号转子和相应的转速，将混合均匀的200 mL灭火剂注入250 mL高型烧杯中，再按上述方法进行测定。待指针稳定后读数，读数乘以转子的系数，即为灭火剂的粘度值。

5.4.3 结果

取两次试验结果的平均值作为测定结果，两次测定结果之差值应不超过仪器的误差。

5.5 **pH值测定**

5.5.1 仪器、试剂

酸度计：范围0～14 pH，精度0.1 pH；

烧杯：50 mL；

温度计：量程0～50 ℃，分度值0.5 ℃；

容量瓶：250 mL；

实验室用水：二级水；

pH基准试剂；

四硼酸钠($Na_2B_4O_7 \cdot 10H_2O$)……pH 9.182(25 ℃)

混合磷酸盐(KH_2PO_4和NaH_2PO_4等摩尔混合物)………pH 6.864(25 ℃)

邻苯二甲酸氢钾($KHC_8H_4O_4$)………pH 4.003(25 ℃)

5.5.2 准备工作

5.5.2.1 用pH基准试剂和实验室用水配制好250 mL缓冲溶液。

5.5.2.2 调试好酸度计

5.5.3 试验步骤

5.5.3.1 将35 mL灭火剂注入干燥、洁净的烧杯中。

5.5.3.2 将电极浸入灭火剂中。

5.5.3.3 待灭火剂恒温至20 ℃±0.5 ℃时，测定搅拌均匀的灭火剂pH值。

5.5.4 结果

取两次试验结果的平均值作为测定结果，两次试验结果之差应不大于0.1pH。

5.6 **泡沫倍数、泡沫析液率和泡沫稳定性测定**

5.6.1 仪器、设备、材料

秒表：精度为0.1 s；

温度计：量程为0～100 ℃，分度值为1 ℃；

台秤：量程为 10 kg，精度为 5 g；

量筒：量程为 1000 mL、分度值为 10 mL，量程为 100 mL、分度值为 1 mL，量程为 10 mL、分度值为 0.1 mL；

木制泡沫刮板；

标准高倍数泡沫试验系统（见附录 A）。

5.6.2 准备工作

5.6.2.1 试验前先用清水将标准高倍数泡沫试验系统洗净，排除余水。

5.6.2.2 把标准高倍数泡沫试验系统装配好，整个系统不得有泄漏。

5.6.2.3 介质源出口风量为 0.25 m^3/min。

5.6.2.4 用 20 ℃±2 ℃的水，调试喷液嘴水的出口压力为 0.1±0.02 MPa，流量为 6.0±0.2 L/min。

5.6.2.5 试样配制

按规定的灭火剂使用浓度在量筒中配制 300 mL 溶液，搅拌均匀后用 80～100 目的滤网过滤倒入耐压溶液贮罐中。

5.6.3 试验步骤

5.6.3.1 按 5.6.2 规定的风量、流量，开机发泡，发泡正常后，用秒表记录泡沫充满 0.05 m^3 盛泡沫桶的时间。

泡沫倍数 N 按式(1)计算；

$$N=\frac{2.4\times10^5}{Q\cdot t} \qquad \cdots\cdots(1)$$

式中：

Q——标准高倍数泡沫试验系统溶液流量；

t——泡沫充满 0.05 m^3 盛泡沫桶的时间，s。

5.6.3.2 泡沫充满 0.05 m^3 盛泡沫桶后，用木板刮平，擦去外壁的泡沫后，立即将盛泡沫桶放在台架上，在台架下面放置 100 mL 的量筒，用以接收泡沫析出液。到 15 min 时，目测量筒中泡沫析出液的体积。

泡沫析液率 ρ 按式(2)计算：

$$\rho(\%)=\frac{V}{0.05}\times100 \qquad \cdots\cdots(2)$$

式中：

V——泡沫析出液的体积，m^3

0.05——盛泡沫桶的体积，m^3。

5.6.3.3 记录 0.05 m^3 盛泡沫桶中的泡沫破裂体积减少到一半的时间，这个时间即为泡沫稳定性，单位为 min。

5.6.4 结果

取泡沫倍数、泡沫析液率、泡沫稳定性各两次试验结果的平均值作为测定结果。

5.7 耐水质硬度检查

5.7.1 仪器、设备、材料

秒表：精度为 0.1 s；

温度计：量程为 0～100 ℃，分度值为 1 ℃；

台秤：量程为 10 kg，精度为 5 g；

量筒：量程为 1000 mL、分度值为 10 mL；量程为 100 mL、分度值为 1 mL；量程为 10 mL、分度值为 0.1 mL；

木制泡沫刮板；

标准高倍数泡沫试验系统(见附录 A)。

5.7.2 准备工作

5.7.2.1 按 5.6.2.1、5.6.2.2、5.6.2.3 和 5.6.2.4 进行。

5.7.2.2 试样配制

用德度大于 30 的水在量筒中配制 300 mL 溶液,搅拌均匀后用 80~100 目的滤网过滤倒入耐压溶液贮罐中。

5.7.3 试验步骤

按 5.6.3.1、5.6.3.2 和 5.6.3.3 方法分别测定泡沫倍数、泡沫析液率和泡沫稳定性。

5.7.4 结果

取两次试验结果的平均值作为测定结果。

5.8 灭火剂使用浓度测定

5.8.1 仪器、设备、材料

秒表:精度为 0.1 s;

温度计:量程为 0~100 ℃,分度值为 1 ℃;

台秤:量程为 10 kg,精度为 5 g;

量筒:量程为 1000 mL、分度值为 10 mL、量程为 100 mL、分度值为 1 mL;量程为 10 mL、分度值为 0.1 mL;

木制泡沫刮板;

标准高倍数泡沫试验系统(见附录 A)。

5.8.2 准备工作

5.8.2.1 按 5.6.2.1、5.6.2.2、5.6.2.3 和 5.6.2.4 进行。

5.8.2.2 试样配制

在规定的灭火剂使用浓度范围内,取上限及下限两种不同使用浓度,在量筒中各配制 300 mL 溶液,搅拌均匀后用 80~100 目的滤网分别过滤倒入耐压溶液贮罐中。

5.8.3 试验步骤

按 5.6.3.1、5.6.3.2 和 5.6.3.3 方法分别测定泡沫倍数、泡沫析液率和泡沫稳定性。

5.8.4 结果

取泡沫倍数、泡沫析液率和泡沫稳定性各两次试验结果的平均值作为测定结果。两个不同使用浓度下的泡沫倍数、泡沫析液率和泡沫稳定性均应符合表 1 规定。

5.9 灭火性能试验

5.9.1 设备、仪器、材料

秒表:精度为 0.1 s;

温度计:量程为 0~100 ℃,分度值为 1 ℃;

标准高倍数泡沫试验系统(见附录 A)。

90 号车用汽油(研究法辛烷值)或 70 号汽油(马达法辛烷值),20 L;

松木:70 根,水分含量应为 10%~15%,规格为(30±3)mm×(30±3)mm×(730±5)mm;

B 类火 1.0 m^2 燃烧盘(见附录图 A2)。

A 类火木栅与燃烧台(见附录图 A3)。

5.9.2 试验步骤

灭火性能试验分为 B 类火灾灭火试验和 A 类火灾灭火试验。

准备工作均按 5.6.2.1、5.6.2.2、5.6.2.3 和 5.6.2.4 进行。

5.9.2.1 B 类火灾灭火试验步骤

——在清洁的 B 类火 1.0 m^2 燃烧盘中放入约 130 mL 自来水(或水深约 8 cm)和 20 L 的 90 号车用

汽油或 70 号汽油。

——点火、开始计时；

——预燃 30 s 后，进行泡沫灭火：

——连续发生泡沫 2.5 min 后，停止发泡；

——灭火时间：从泡沫灭火开始至火焰完全熄灭为止的时间即为灭火时间。

5.9.2.2 A 类火灾灭火试验步骤

——将松木 70 根按附录 A 图 3 要求排架在 A 类火燃烧台上，在 A 类火燃烧盘内放入 1.5 L 90 号车用汽油或 70 号汽油；

——点火、开始计时；

——预燃 100 s 后，进行泡沫灭火；

——连续发生泡沫 5 min 后，停止发泡：

——在停止泡沫后 10 min 内，观察是否复燃；

——灭火时间：从泡沫灭火到火焰完全熄灭为止的时间即为灭火时间。

5.9.3 结果

B 类、A 类火灾灭火试验应各进行 3 次，应两次合格。

5.10 老化试验

将溶液装入 10 L 的容器中，放入 65±2 ℃的恒温箱内保持 216 h，恢复到室温，再放入－18±2 ℃的低温箱内保持 24 h，再恢复到室温后进行除老化试验的所有试验。

6 检验规则

检验分为出厂检验和型式检验。

6.1 取样

6.1.1 以同一生产批为取样单位，样品总量不得少于 10 L。

6.1.2 型式检验的样品应从出厂检验合格的产品中取样，样品总量不得少于 50 L。

6.1.3 取样应有代表性，应保证样品与总体的一致，取样前应将包装中的产品摇晃均匀，从三个不同的包装中取等量的样品。每一项性能在测试前也应将样品摇晃均匀后方能进行试验。

6.2 出厂检验

包括密度、粘度、pH 值、耐水质硬度、泡沫倍数、泡沫析液率、灭火剂使用浓度、泡沫稳定性和 B 类火灭火性能等项目。

6.3 型式检验

包括本标准第 4.2 条表 1 规定的全部技术要求项目检验。有下列情况之一时，要进行型式试验。

——新产品鉴定或老产品转厂生产时；

——正式生产后，如原材料、工艺有较大改变有可能影响产品性能时；

——正常生产时的定期检验；

——长期停产，恢复生产时；

——国家质量监督机构提出进行型式检验要求时。

6.4 检验结果判定

出厂检验或型式检验的结果必须符合本标准第 4 章技术要求，如有一项不合格时，应重新自两倍的包装中取样，复检后如仍有一项不合格，则判为不合格产品。

7 标志、包装、运输、储存

7.1 标志

包装桶上必须清晰、牢固地标明生产厂名、产品名称、商标、型号、混合比、生产日期或生产批号、合格标记、质量或体积、本标准编号和贮存保管要求等。

7.2 **包装**

7.2.1 高倍数泡沫灭火剂用铁桶或聚乙烯塑料桶包装，并应符合表2规定的要求。

表 2

包装规格 L	包装形式	包装要求	包装量误差 L_1
100	圆铁桶	外壁涂红色涂料，内壁作防腐处理	±0.5
50	塑料桶	长途运输时外加木条箱保护	±0.5
25	塑料桶	长途运输时外加木条箱保护	±0.2

7.2.2 包装中必须附有说明书和合格证书。

7.3 **运输和储存**

7.3.1 产品在运输、贮存期间不得混入其他物质和其他类型的灭火剂。

7.3.2 产品应存放在阴凉、干燥的库房内，防止曝晒，贮存环境温度应在规定的使用温度范围之内。

7.3.3 产品在上述环境中贮存期限为2年，其各项性能指标不得低于本标准规定的技术要求。

附　录　A
（标准的附录）
泡沫试验装置图

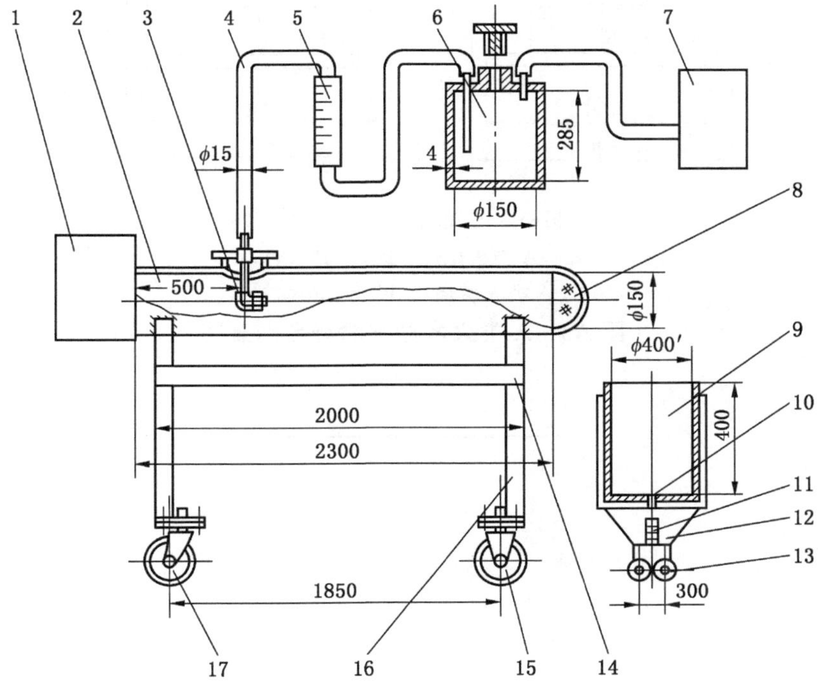

1—介质源；2—风筒（ϕ150×500 mm，铁筒）；3—喷嘴（孔径 ϕ1.5 mm）；
4—耐压输液气胶管（ϕ15）；5—浮子流量计（LEJ0～60）；6—钢制耐压溶液储罐；
7—压气源（氧气瓶或空气压缩机）；8—发泡网（棉线网，孔径 2 mm×2 mm）；
9—泡沫受桶（透明有机玻璃质）；10—析液孔（ϕ5 mm）；11—量筒；
12—泡沫受桶支架；13—脚轮（MP50）；14—支架（<40×4）；
15—脚轮（MP60）；16—台架（<40×4）；17—脚轮（MP60）

图 A1　6.0±0.2 L/min 标准高倍数泡沫灭火试验系统

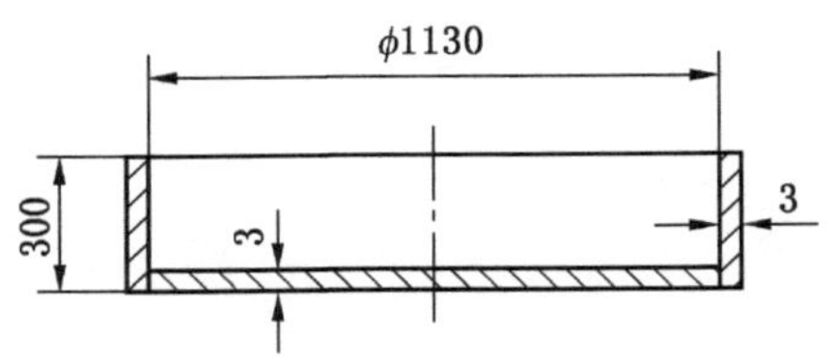

图 A2　B 类火 1.0 m^2 燃烧盘示意图

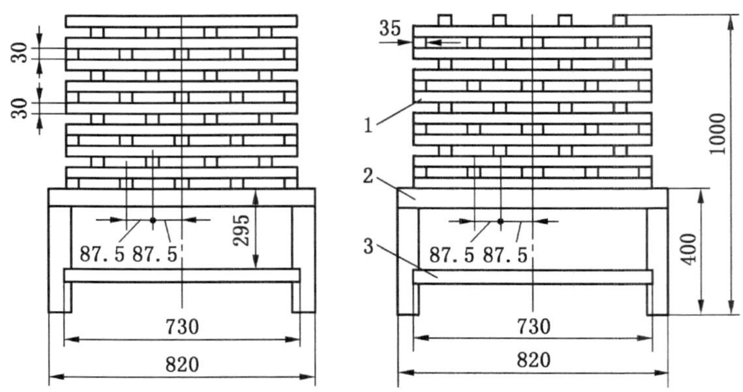

1—90 根松木栅(松木尺寸:30×35×730);

2—A 类火燃烧台架(<50×4);

3—A 类火燃烧盘(尺寸 730×730)

图 A3　A 类火木栅与燃烧台示意图

中华人民共和国煤炭行业标准

煤矿用高倍数泡沫灭火装置通用技术条件

MT/T 696—1997

General technical condition of high-ratio foam fire extinguisher equipment for coal mine

1 范围

本标准规定了煤矿用高倍数泡沫灭火装置的技术要求、试验方法、检验规则、标志、包装、运输和贮存等。

本标准适用于煤矿用高倍数泡沫灭火装置(以下简称高泡装置)。

2 引用标准

下列标准所包含的条文,通过在本标准中引用而构成为本标准的条文。本标准出版时,所示版本均为有效。所有标准都会被修订,使用本标准的各方应探讨使用下列标准最新版本的可能性。

GB 191—90 包装储运图示标志

GB 3836.1—83 爆炸性环境用防爆电气设备 通用要求

GB 3836.2—83 爆炸性环境用防爆电气设备 隔爆型电气设备“d”

GB 3836.3—83 爆炸性环境用防爆电气设备 增安型电气设备“e”

JB 8—82 产品标牌

JB 2759—80 机电产品包装通用技术条件

MT/T 695—1997 煤矿用高倍数泡沫灭火药剂技术条件

3 定义

本标准采用下列定义。

3.1 泡沫含水量 water content of foam

单位体积泡沫中的含水量。

3.2 风泡比 wind to foam ratio

用来产生泡沫所消耗的风量与产生泡沫量的体积之比。

3.3 成泡率 foaming foam ratio

高泡装置全部消耗的泡沫灭火剂溶液中能形成泡沫的泡沫灭火剂溶液(以下简称泡沫溶液)所占的百分比。

3.4 负压比例混合器 negativ pressure mixer

是一个应用文丘里射流原理的泵。压力水从水嘴喷出,由于管嘴效应和高速射流的作用,使水流周围产生真空,泡沫溶液经输药管被吸入并与水混合,再由负压比例混合器喷出。是抽吸泡沫药剂并形成泡沫的主要部件。

3.5 驱动压力 driving pressue

用来推动泡沫前进的压力。

中华人民共和国煤炭工业部 1997-12-30 批准　　1998-07-01 实施

4 分类

4.1 按驱动方式分类：

——电力驱动；

——水力驱动。

4.2 按发泡量分类：

——大型，发泡量在 500 m^3/min 以上；

——中型，发泡量在 100 m^3/min～500 m^3/min；

——小型，发泡量在 100 m^3/min 以下。

5 技术要求

5.1 高泡装置应符合本标准规定，并按经规定程序批准的图样和技术文件制造。

5.2 使用环境条件：

惰气装置在下列条件下应能正常工作：

——温度：－5～40 ℃；

——相对湿度：98％；

——大气压力：86～106 kPa。

5.3 高泡装置由发泡系统和供泡沫溶液系统组成。

5.4 一般要求：

5.4.1 高泡装置中使用的电气设备应符合 GB 3836.1、GB 3836.2 和 GB 3836.3 中有关隔爆规定的要求。

5.4.2 高泡装置的涂、镀层应均匀，无起泡、龟裂和脱落等。

5.4.3 发泡系统一般应由成泡网、喷嘴，供风装置、压力表和水柱计等组成。

5.4.4 成泡网应由两层间距为 20 mm～30 mm 的线网组成，网条宜采用棉质线，外层孔径为 2 mm×2 mm，内层孔径为 4 mm×4 mm。

5.4.5 风流与液流在网面上应均匀分布。

5.4.6 喷嘴的结构应保证不易堵塞，且应使喷洒均匀。其安装位置必须处于发泡装置的中心。

5.4.7 供泡沫溶液系统应密封良好且当

——电力驱动时包括潜水泵、滤水器、水管、负压比例混合器和吸药管等；

——水力驱动时包括压力水管、负压比例混合器和吸药管等。

5.4.8 高泡装置泡沫出口在 5 cm～10 cm 处上方应设有连接水柱计的接口。

5.4.9 可在高泡装置进口处装设调风门或严密的盖板。

5.4.10 所使用的高倍数泡沫灭火剂应符合 MT/T 695 的要求。

5.5 性能要求：

5.5.1 耗水量

应符合相应产品标准规定的要求。

5.5.2 使用泡沫溶液浓度百分比

应为 3％～6％。

5.5.3 发泡量

应符合相应产品标准的规定，并按式(1)计算：

$$Q_P = \frac{Q_f}{K} \qquad \cdots\cdots (1)$$

式中：

Q_P——发泡量，m^3/min；

Q_f——相应型号产品的供风量，m^3/min；

K——风泡比。

5.5.4 风泡比

应为1.1～1.3倍。

5.5.5 泡沫倍数

应为500倍～800倍。

5.5.6 泡沫稳定性

应不小于30 min。

5.5.7 成泡率

应大于95%。

5.5.8 供泡沫溶液压力：

——进入负压比例混合器进口处的水压应不小于0.3 MPa；

——在喷泡沫溶液嘴处的压力应不小于0.15 MPa。

5.5.9 驱动泡沫压力

在水平巷道中输送泡沫的驱动压力应不小于1 kPa。

6 试验方法

6.1 试验环境条件：

——用水应无杂质；

——环境温度为15 ℃～45 ℃；

——相对湿度为70%；

——风速为5 m/s以内。

6.2 测试工具：

——秒表，最小分度值为0.2 s；

——钢卷尺，量程：2 m，误差：±2 mm；

——量筒，200 mL；

——压力表，0～0.6 MPa；

——水柱压力计，量程：0～5000 Pa。

6.3 防爆性能由煤炭工业部指定的防爆检验单位按相应的方法进行。

6.4 一般要求中除隔爆性能外的其他要求用感官和量具检查。

6.5 整机性能试验：

6.5.1 耗水量测定

测量在一定时间内所消耗的水量。

6.5.2 使用泡沫溶液浓度百分比测定

测量在一定时间内所消耗的泡沫液量与耗水和泡沫液总量之比值。

6.5.3 发泡量测定

在泡沫装置正常工作时，将泡沫引向容器或封闭空间内，用秒表记录发泡时间，用钢卷尺测量并计算泡沫体积。

6.5.4 风泡比测定

按产品供风量与6.3.3测得的发泡量之比计算。

6.5.5 泡沫倍数测定

在泡沫装置正常工作时，将产生的泡沫充满用有机玻璃制成的容积为0.3 m^3的圆柱形容器内，待该容器中的泡沫全部破裂后用量筒测量贮存下来的液体体积。计算该容器的体积与所测得的液体体积之比。

6.5.6 泡沫稳定性测定

记录从6.5.5中0.3 m^3 的圆柱形容器中全部充满泡沫时开始到泡沫破裂其体积减少为一半的时间。

6.5.7 成泡率测定

计算形成泡沫的泡沫溶液体积与所消耗的全部泡沫溶液体积之比。

6.5.8 供泡沫溶液压力

用压力表测量负压比例混合器进口处的水压值和喷泡沫溶液嘴前的压力值。

6.5.9 驱动泡沫压力测定

读取在5.4.8规定的接口上安装的水柱计的压力值。

7 检验规则

检验分为出厂检验和型式检验。

7.1 出厂检验

7.1.1 由制造厂质量检验部门逐台进行,检验合格并发合格证后方可出厂。

7.1.2 出厂检验项目按表1规定。

表 1

序号	检验项目	技术要求	出厂检验	型式检验
1	整机外观、制造及装配质量检验	5.4.2、5.4.3、5.4.4、5.4.5、5.4.6、5.4.7、5.4.8、5.4.9、5.4.10	△	△
2	防爆性能	5.4.1	—	△
3	耗水量	5.5.1	△	△
4	使用泡沫药剂浓度百分比	5.5.2	—	△
5	发泡量	5.5.3	△	△
6	风泡比	5.5.4	—	△
7	泡沫倍数	5.5.5	△	△
8	泡沫稳定性	5.5.6	—	△
9	成泡率	5.5.7	—	△
10	供泡沫药液压力	5.5.8	△	△
11	泡沫驱动压力	5.5.9	—	△
注:"△"为须检验项目。				

7.2 型式检验

7.2.1 在下列情况之一时应进行型式检验:

——新产品鉴定或老产品转厂生产时;

——正常生产后,如结构、材料、工艺有较大改变,可能影响产品性能时;

——正常生产时,每两年应进行一次;

——停产1年后再次生产时;

——出厂检验结果与上次型式检验有较大差异时;

——国家质量监督机构提出型式检验的要求时。

型式检验的样机为1台,备一台。如一台不合格检备机,如有一项不合格时判该批产品不合格。

7.2.2 型式检验项目按表1规定。

8 标志、包装、运输、贮存

8.1 标志

8.1.1 产品标志

8.1.1.1 高泡装置应在明显位置固定产品标牌，其型式、尺寸、技术要求应符合 JB 8 的规定。

8.1.1.2 产品标牌须有下列内容：

——产品名称和型号；

——发泡量；

——耗水量；

——驱动压力；

——电源功率、电压；

——出厂编号；

——出厂日期；

——制造厂名。

8.1.2 外包装标志

8.1.2.1 外包装箱上应在适当位置印有发货标志，国内发货标志须有下列内容：

——产品名称和型号；

——产品数量、重量或体积；

——装箱日期；

——收货单位。

8.1.2.2 外包装箱上的标志应符合 GB 191 中 1、3、7、10、11 和 12 的规定。

8.2 包装

8.2.1 产品出厂包装应符合 JB 2759 的规定。

8.2.2 高泡装置分节件用塑料布罩严、绳索扎紧装入箱内。

8.2.3 置入箱内件用纸板衬垫，并用木板支撑不得串动。

8.2.4 装箱的工具、附件、备件及随机技术文件必须采取防雨、防潮等措施。

8.3 运输

8.3.1 适合于铁、公、水路运输。

8.3.2 搬运过程中应避免强烈冲击、碰撞。

8.4 贮存

8.4.1 包装成箱的高泡装置应存放在通风良好的库房内。

8.4.2 包装成箱的高泡装置的堆放不应超过二件，未包装成箱的高泡装置不允许叠放或在其上面放置重物。

8.4.5 每次使用完毕应清洗发泡网并晒干存放，潜水泵抽吸清水洗去泵内残留药液。

附 录 A

（标准的附录）

使用技术要求

A1 高泡装置在井下安装使用时，周围环境中的甲烷粉尘浓度应控制在《煤矿安全规程》规定的范围内；应有与其产品型号相适应的电源、水源；巷道断面应不小于 4 m^2；供风量应大于高泡装置相应型号供风量的 1.3 倍。

A2 使用高泡装置时，应在高泡装置出口处建立一个密闭板墙，在板墙左侧设一个小型反风门，并应保证不漏泡。

A3 在井下使用高泡装置进行灭火前，应先封闭火源与高泡装置之间的全部支巷。

A4 高泡装置应尽可能安装在靠近火区的安全地点。

A5 用高倍数泡沫灭火之后如有残火复燃现象，可在泡沫掩护下，利用水枪等工具灭除残火。

A6 高泡装置使用后，应清洗发泡网、晒干存放；潜水泵应抽吸清水洗去泵内残留药液。

A7 高倍数泡沫灭火技术不适于扑灭带电的电气火灾。

中华人民共和国煤炭行业标准

煤矿用燃油惰气发生装置通用技术条件

MT/T 697—1997

General technical condition of keroseneinert gas for coal mine

1 范围

本标准规定了煤矿用燃油惰气发生装置的技术要求、试验方法、检验规则、包装、标志、运输和贮存等。

本标准适用于煤矿井下防治火灾和抑制瓦斯爆炸时使用的采用燃油除氧原理产生湿式混合惰气的惰气发生装置(以下简称惰气装置)。

2 引用标准

下列标准所包含的条文,通过在本标准中引用而构成为本标准的条文。本标准出版时,所示版本均为有效。所有标准都会被修订,使用本标准的各方应探讨使用下列标准最新版本的可能性。

GB 191—90 包装储运图示标志

JB 8—82 产品标牌

JB 2759—80 机电产品包装通用技术条件

3 定义

本标准采用下列定义。

3.1 **风油比** wind to oil ratio

燃油燃烧时所需的风(空气)量与所消耗的燃油量的比值。

3.2 **混合湿式惰气** mixing wet type inert gas

使空气与燃油(一般为煤油或航空煤油)在特制的燃烧室内燃烧产生的以氮气、二氧化碳和水蒸汽为主的混合气体。

4 分类

惰气装置有常压和增压两大类型和按产气量分为多种规格。

5 技术要求

5.1 惰气装置应符合本标准规定,并按经规定程序批准的图样和技术文件制造。

5.2 使用环境条件

惰气装置在下列条件下应能正常工作:

温度:−5～40 ℃;

相对湿度:98%;

大气压力:86～106 kPa。

5.3 惰气装置一般由烟道、燃烧室、供风部分、供水降温部分、供油部分和控制台等组成。由烟道、燃烧

中华人民共和国煤炭工业部 1997-12-30 批准 1998-07-01 实施

室、供风部分、供水降温部分等联成主机。

5.4　一般要求

5.4.1　外观

a)供风部分涂红漆，支架涂黑漆，其余部分涂银漆。涂、镀层应均匀，无起泡、龟裂、脱落；

b)各部分应按由烟道到供水降温部分的顺序编号并设有不小于 200 mm×200 mm 的明显标志；

c)主机安装轴线应向惰气出口方向向下倾斜 5 度左右；

d)控制台距主机应不小于 5 m；

e)燃油存放处距整机应不小于 10 m。

5.4.2　连接

惰气装置的各部分应采用快速联接方式。联成整机后，应无明显漏气或严重漏水。

5.5　对惰气装置各部分的要求

5.5.1　烟道

应在适当位置安设封闭门，封闭门应转动灵活，封闭严密。

5.5.2　燃烧室

燃烧室的水套经水压试验应不渗漏。

5.5.3　供风部分

a)进风口应设有铁制护网；

b)供风量应不小于相应型号规定产气量的 2/3。

5.5.4　供水降温部分

a)当采用潜水泵供水时，应在吸水口设有 20 目滤网；

b)当采用水龙带供水时，进入水套的水压应不小于 0.15 MPa；

c)耗水量应符合相应型号耗水量的要求。

5.5.5　供油部分

a)在燃油进入油泵处应设有 100 目铜质滤网；

b)供油量应符合相应型号耗油量的规定。

5.5.6　控制台

a)控制台上的仪表、指示灯应齐全，并易于观察与示读；

b)按钮和开关的设置应便于操作、搬运和维修；

c)风油比自动调节机构应可靠、灵敏，测调误差应不大于±1%。

5.6　性能要求

5.6.1　风油比

应在 15～21 范围内。

5.6.2　惰气装置产生的湿式混合气体

a)应呈灰白色，无明显黑烟或层带黑烟；

b)气体中的氧含量应不大于 5%；

c)出口温度应不大于 60 ℃、(90 ℃)。

5.6.3　噪声

在室外，控制台距主机 4 m 处的噪声应不大于 80 dB(A)。

5.6.4　供油压力

应为 3～5 MPa。

6　试验方法

6.1　试验条件

6.1.1　试验场地的直段应不小于惰气装置整机长度的 2 倍。惰气装置气体出口正前方 50 m 内不得有建筑、堆物及人员。

6.1.2 试验场地应有相应功率的电源及水源。

6.1.3 试验场至少应配备 8 kg 装的干粉灭火器 5 个。

6.2 外观检查

用感官、卷尺检查。

6.3 连接试验

用 4 个人在 15 min 内将惰气装置的各部分联成主机。在以后的试验中应无明显漏气或严重漏水。

6.4 分部分检查

6.4.1 烟道

有封闭门，转动灵活，封闭严密。

6.4.2 燃烧室水套水压试验

向燃烧室水套施加 0.3 MPa 水压，历时 1 min，不得渗漏。

6.4.3 供风部分

进风口设有铁制护网。

用风速计测定风速后计算出供风量。

6.4.4 供水降温部分

a)当采用潜水泵供水时，在吸水口设有 20 目滤网；

b)当采用水龙带供水时，用 0～0.6 MPa 的水压表测量进入水套时的水压；

c)测量耗水量。

6.4.5 供油部分

a)设有 100 目铜质滤油网；

b)用 0～10 MPa 压力表测定供油压力。

6.5 整机性能试验

6.5.1 空转试验

a)将惰气装置各部分联接好，目测应无明显漏气；

b)供水系统目测应无严重漏水、压力表压力指示值应稳定；

c)用量程为 0～10 MPa 的压力表检查供油压力；

d)用风速计测定风速，并计算出供风量。

6.5.2 点火运转试验

启动点火系统。伴随啪、啪响声，应可靠点火，目测稳定燃烧应无明显红火。

6.6 风油比的测定

在惰气装置点火运转时在进风侧用风速计测出发生惰气时的风速，再计算出所需风量。

用称量法或涡轮流量计测定耗油量。风油比按式(1)计算：

$$\alpha=\frac{Q_F}{Q_Y} \qquad \cdots\cdots(1)$$

式中：

α——风油比，m^3/kg(α 一般在 15～21 的范围)；

Q_F——燃烧风(空气)量，m^3；

Q_Y——燃烧油量，kg。

6.7 混合气体的质量检查

在惰气装置点火运转时：

a)目测混合气体的颜色；

b)在开机 2 min 之后用氧气测定器测量发生惰气中的氧含量；

c)用量程为0～150 ℃的温度计测量惰气出口处的气体温度。

6.8 用量程为0～10 MPa的压力表再次测定供油压力。

6.9 噪声的测定

用ND1型声级计在距控制台4 m处测量声级强度。

7 检验规则

检验分为出厂检验和型式检验。

7.1 出厂检验

7.1.1 由制造厂质量检验部门逐台进行,检验合格并发合格证后方可出厂。

7.1.2 出厂检验项目按表1进行。

表1

序号	检验项目	检验内容	出厂检验	型式检验
1	整机外观 制造质量 检查	5.3 5.4.1 5.4.2	△	△
2	烟道	5.5.1	△	—
3	燃烧室	5.5.2	△	△
4	供风部分	5.5.3	—	△
5	供水降温部分	5.5.4	—	△
6	供油部分	5.5.5	—	△
7	控制台	5.5.6	△	△
8	风油比	5.6.1	△	△
9	混合气体质量	5.6.2	—	△
10	噪声	5.6.3	—	△
11	供油压力	5.6.4	—	△
注:"△"为必须检验。				

7.2 型式检验

7.2.1 在下列情况之一时进行型式检验:

——新产品或老产品转厂生产的试制定型鉴定;

——正式生产后,如结构、材料、工艺有较大改变,可能影响产品性能时;

——正常生产时,每两年应进行一次;

——停产1年后恢复生产时;

——出厂检验结果与上次型式检验有较大差异时;

——国家质量监督机构提出型式检验的要求时。

型式检验的样机为1台,备用一台。一台不合格,如仍有除外观外一项不合格时则判该批产品不合格。

8 标志、包装、运输、贮存

8.1 标志

8.1.1 产品标志

8.1.1.1 惰气装置应在明显位置设置产品标志,其型式、尺寸、技术要求应符合JB 8的规定。

8.1.1.2　产品标志须有下列内容：

——产品名称和型号；

——产气量；

——耗油量；

——耗水量；

——电源功率、电压；

——出厂编号；

——出厂日期；

——制造厂名。

8.1.2　外包装标志

8.1.2.1　外包装箱上应在适当位置设置发货标志，国内发货标志须有下列内容：

——产品名称和型号；

——产品数量、重量或体积；

——装箱日期；

——收货单位。

8.1.2.2　外包装箱上标志应符合 GB 191—90 标志中的 1、3、7、10、11 条的规定。

8.2　包装

8.2.1　产品出厂包装应符合 JB 2759 的规定。

8.2.2　各部分分解后使用塑料布罩严、绳索扎紧装入箱内。

8.2.3　置入箱内使用纸板衬垫，并用木板支撑不得串动。

8.2.4　装箱的工具、附件、备件及随机技术文件必须采取防雨、防潮等措施。

8.3　运输

8.3.1　适合于铁、陆、水路运输。

8.3.2　搬运过程中避免强烈冲击、碰撞。

8.4　贮存

8.4.1　包装成箱的惰气装置应在通风良好的库房内贮存保管。

8.4.2　包装成箱的惰气装置堆放不应超过 2 件，未包装成箱的惰气装置不允许叠放或在其上面放置重物。

8.4.3　惰气装置的油路接头均应加堵盖保护。

8.4.4　控制台等电器仪表必须存放在干燥通风良好的地方。

8.4.5　用后入库前应检查喷(油、水)咀、滤油器等，不得有堵塞物。

中华人民共和国煤炭行业标准

MT/T 698—1997

矿井密闭防灭火技术规范

Technical standerd of prevention and extingush of mine fire by air stopping

1 范围

本标准规定了矿井密闭防灭火技术的使用范围、使用通则、技术方案的制定、实施、管理和防灭火效果的检验等。

本标准适用于煤矿矿井火灾防治。

2 定义

本标准采用下列定义。

2.1 矿井密闭防灭火技术 technology on prevention and extingush of mine fire by fire seal

以建筑密闭为主要封闭措施，将井下需要防火或灭火的区域进行封闭后断绝其氧气来源，防止火灾发生或阻止火灾持续与蔓延，达到防火或灭火的目的。

注：封闭措施指封堵漏风的措施。包括建筑各种密闭、建立隔绝带、留隔离煤柱、堵塞各种裂隙和空隙、形成采空区压实带、人工假顶及水封等。建立密闭是最常用的封闭措施。

2.2 密闭（名词） air stopping

建筑在矿井生产区与欲封闭区之间的连通巷道中，用于切断连通巷道中的空气流动，同时防止人员进入的隔离构筑物。

2.3 密闭（动词） seal

建筑密闭的行为。

2.4 封闭区 sealed area

矿井中用封闭措施隔离的区域。

2.5 火区 sealed area of fire

矿井中发生火灾时被封闭的火灾区域。

2.6 漏风通道 passageway of air leakage

漏风流经或可能流经的道路。

2.7 危险漏风 dangerous air leakage

能为井下煤炭自燃或火灾蔓延提供足够氧气的漏风。

3 总则

3.1 密闭的分类与命名

3.1.1 按墙体倾角分

3.1.1.1 垂直密闭

墙体垂直布置，用于水平巷道和倾角小于等于30°的倾斜巷道中，墙体自重主要由基础支承。

3.1.1.2 倾斜密闭

中华人民共和国煤炭工业部 1997-12-30 批准　　1998-07-01 实施

墙体垂直于巷道轴线，用于倾角大于30°的倾斜巷道中，墙基表现为基座形式，墙体自重由基座支承，底板一侧受有侧压。

3.1.1.3 水平密闭

墙体水平布置，用于垂直巷道中，墙体自重由基座支承，基座四周均受有侧压。

3.1.2 按墙体受力特点及使用性能分

3.1.2.1 普通密闭

墙体主要承受地压与自重，用于一般场合。

3.1.2.2 防爆密闭

墙体能承受一定爆炸压力和冲击波，用于有瓦斯、煤尘爆炸危险的场合。

3.1.2.3 防水密闭

墙体能承受较大静水压力，用于尚需堵水的场合。

3.1.3 按服务期限分

3.1.3.1 临时密闭

发生火灾时，为了紧急切断风流控制火势或缩封火区锁风，用木板、帆布、砖等轻便材料建造的简易密闭。

3.1.3.2 永久密闭

为了长期封堵漏风，封闭防火或封闭灭火，用砖、石、水泥等不燃性耐久材料建造的坚固密闭。

3.1.3.3 防火门

为了紧急控制与隔离机电硐室等地点发生的外源火灾而设置的常开风门。

3.1.4 按墙体材料和结构分

3.1.4.1 木板密闭

墙体由立柱、顶梁、墙板和墙板上涂抹的粘土、石灰或水泥砂浆组成，用作临时密闭。

3.1.4.2 排柱密闭

墙体由单排密集支柱和涂抹的粘土、石灰或水泥砂浆组成，用作临时密闭。

3.1.4.3 风布密闭

墙体由立柱、衬板和衬板上钉挂的风布组成，用作临时密闭。

3.1.4.4 喷塑密闭

墙体由立柱、衬底和衬底上喷涂的泡沫塑料组成，用作临时密闭。

3.1.4.5 木段密闭

墙体用木段垒砌，木段之间逐层充填粘土或沙浆，可耐动压，常用作临时密闭。

3.1.4.6 沙(土)袋密闭

墙体用沙(土)袋垒砌，沙(土)袋常用麻袋、编织袋，每袋装其容量的60%～80%，不超过50 kg。能耐动压，抗冲击，可用作临时密闭或防爆密闭。

3.1.4.7 石膏密闭

墙体用石膏浇筑，整体性入密封性强，可用作临时密闭或永久密闭。

3.1.4.8 砖墙密闭

墙体用砖砌筑，可用作临时密闭或永久密闭。

3.1.4.9 料石(或片石)密闭

墙体用料石(或片石)砌筑，承压性好，可用作永久密闭。

3.1.4.10 混凝土密闭

墙体用混凝土浇筑，整体性和承压性好，能防水、防爆，可用作永久密闭。

3.1.4.11 单墙充填密闭

仅用于倾角大于30°的倾斜巷道和垂直巷道，在砖密闭或料石密闭上方，充填河沙、粘土或粉煤灰等不然性材料构筑的密闭,可做永久密闭。

3.1.4.12 双墙充填密闭

由两座密闭及其间充填的河沙、粘土、粉煤灰或凝胶等材料组成,能耐压,仅用于倾角大于30°的倾斜巷道和水平巷道,可做永久密闭。

3.1.4.13 充气气囊密闭

用塑料布或橡胶布等制成的气囊在现场充气,用作临时密闭。

3.2 密闭防灭火技术的使用范围

密闭防灭火技术主要适用于采煤工作面回采结束后的采空区、报废的煤巷、煤巷高冒或空洞的自然火灾防治和直接灭火缺乏条件或有危险或不奏效的外源火灾灭火。

3.3 密闭防灭火技术的使用通则

3.3.1 必须对发火地点、发火原因及漏风状况进行详尽的分析,使密闭防灭火技术做到有的放矢、因地制宜。

3.3.2 必须正确选择密闭的位置、结构的施工方法,尽可能缩小封闭范围,减少密闭数量,控制漏风,保证密闭的施工安全和工程质量,提高密闭防灭火的窒息效果。

3.3.3 必须加强对封闭区的管理,加强对密闭的维护和检修,严格限制其邻近区域生产活动情况对封闭区的采动影响,以保证封闭区良好的封闭状态。

3.3.4 必须选定可靠的观测地点,建立完善的观测制度,随时随地掌握封闭区内的自燃发火趋势或火情变化。

3.3.5 必须根据《煤矿安全规程》和《矿井防灭火规范》(试行)规定的条件检验封闭防灭火效果。

4 密闭防灭火方案的制定

4.1 火情及漏风分析

4.1.1 对密闭防火而言必须分析掌握最易自然发生的危险地点。

4.1.2 对密闭灭火而言必须查明发火原因、火源显现和潜伏的位置。

4.1.3 必须查明漏风分布和危险漏风通道。

4.1.4 对存在疑问的漏风通道应做连通性分析判断,难以判断的可采用六氟化硫(SF_6)示踪气体做连通性判断。

4.2 封闭范围圈定

4.2.1 封闭范围的圈定应尽可能小,有困难时可采用分步缩封的方案。

4.2.2 相邻的采空区与火区之间应尽可能隔离,避免连通。

4.2.3 几个相邻的封闭区可以再圈成一个大封闭区进行双层封闭。

4.3 密闭位置选择

4.3.1 密闭位置的选择应在确保施工安全的条件下使封闭范围尽可能小,尽可能靠近火源。

4.3.2 密闭位置应选择在动压影响小,围岩稳定、巷道规整的巷段内,密闭外侧离巷口应留有4～5 m的距离。

4.4 密闭结构选择

4.4.1 密闭的总体结构包括墙体和辅助设施,密闭的墙体必须具有足够的承压强度、足够的气密性能和足够的使用寿命,能满足指定的特殊使用性能;密闭的辅助设施应根据需要配齐。

4.4.2 永久密闭必须采用不燃性建筑材料。

4.4.3 临时密闭要求结构简单严密、材料质量轻、施工方便,完成任务后需要拆除的要便于拆除,有瓦斯爆炸危险时要求防爆。临时密闭一般选用木板密闭、风布密闭、喷塑密闭、砖密闭、石膏密闭或沙(土)袋密闭。

4.4.4 永久密闭要求墙体结构稳定严密,材料经久耐用,墙基与巷壁必须紧密结合,连成一体。永久密闭一般采用掏槽结构，也可采用锚杆注浆结构。煤巷密闭必须掏槽，帮槽深度为见实煤后 0.5 m，顶槽深度为见实煤后 0.3 m，底槽深度为见实煤后 0.2 m，掏槽宽度大于墙厚 0.3 m；岩巷不要求掏槽，但必须将松动岩体刨除，见硬岩体。

墙身应选用高强度材料砌筑或浇筑，且有足够的厚度。墙厚可参考附录 A 选择，墙面覆盖层厚度应大于 20 mm。

4.4.5 在倾角超过 30°的巷道砌筑密闭时，密闭墙体宜垂直于巷道轴线，并采用基座结构，用以承受侧压和墙体自重。墙基四周必须嵌入巷帮一定深度，岩壁宜大于 0.5 m，煤壁宜大于 1 m。墙体上方可充填河砂、粘土或粉煤灰等惰性材料或予以注浆。

4.4.6 对密闭有防爆要求时宜选用沙(土)袋密闭作缓冲墙，再建筑永久密闭。

4.4.7 要求耐动压时宜选用木段密闭。

4.4.8 在巷帮破裂的巷道中可选用充填型密闭，或对巷帮进行注浆处理。

4.4.9 要求承受一定的静水压力时，宜选用料石或混凝土密闭。料石密闭内侧应边砌边用水泥砂浆抹面，静水压力大于 0.1 MPa 时，应专门进行设计。

4.5 观测系统的确定

4.5.1 火区密闭和防火永久密闭都应在离地板高度为墙高的 2/3 处设直径不小于 25 mm 的检测口，用于观测压差，气温和取气样；封闭区内高外低处的密闭应安装直径 50 mm 以上放水管，并带有水封结构或安装阀门，离底板高度为 0.3 m，用于观测水温、释放积水；另外在密闭的顶部还要安装直径不小于 100 mm 的灌浆管，以备灌浆使用。

4.5.2 选择封闭区回风侧有代表性的密闭，定期观测封闭区内的气体状态，重点掌握封闭区内气体成分的变化，可靠检验密闭防灭火方案的实施效果。在检测封闭区内的气体浓度时，平时可用气体检测管检测，阶段性测定应取样用色谱仪分析。

4.6 方案图纸与方案说明

4.6.1 以通风系统图为底图绘制密闭防灭火方案图，图上应按统一的符号和文字标明密闭的位置、漏风的路线和有关的通风设施。同时绘制封闭方案的通风网络图，在网络图中要详细绘出封闭区与系统的连接关系，在各节点要标明节点号和节点压能值。网络图自下而上绘制进风段、用风段和回风段，用虚线会出漏风路线。

4.6.2 封闭方案应有详尽的说明书，其内容应包括：

a)基本情况的分析；

b)封闭范围的圈定；

c)密闭位置的选择；

d)密闭结构的选择；

e)观测系统的确定；

f)方案实施的安排；

g)封闭效果的预计。

5 密闭防灭火方案的实施

5.1 为了抓住密闭防火的有利时机，应根据煤的自然发火期，科学地安排密闭的时间。回采工作面回采结束后要及时进行密闭，不得长期对停采工作面进行通风。

5.2 为了保证密闭施工的安全，必须制定可靠的安全措施。

5.2.1 密闭前 5 m 内必须支护牢固，防止冒顶、片帮事故。

5.2.2 瓦斯矿井采用密闭灭火时，密闭结构必须具有足够的防爆能力。一般采用沙(土)袋密闭作掩体，再建筑永久密闭。

5.2.3 封闭火区时，应依照正、负压通风方式和瓦斯涌出量的大小来合理确定密闭顺序。有瓦斯爆炸危险时，一般进、回风侧同时砌筑密闭，做到边检测、边通风、边密闭，最后同时迅速封闭密闭通风口，迅速撤出工作人员。

5.2.4　密闭过程中，必须严格掌握火区气体的爆炸危险趋向，采取正确的通风措施。建议采用爆炸三角形法判断火区气体的爆炸危险性和危险趋向(参见附录B)。

5.3　必须确保密闭的工程质量，按质量要求验收。

6　封闭区的管理

6.1　必须绘制封闭系统图(实施后的实际封闭方案图)，建立密闭管理卡片或火区管理卡片。所有密闭都必须编号、登记、上图。密闭管理卡片或火区管理卡片内容包括密闭编号、密闭地点、巷道倾角、墙体结构、性能要求、建筑日期及完好程度、维修记录、观测记录等。

6.2　所有密闭前都必须安设栅栏、警标和记事牌。记事牌内容包括密闭编号、密闭地点、密闭检查观测记录。

6.3　必须加强密闭的检查和维修，保证密闭完好。

6.4　在密闭灭火过程中，必须停止火区周围对密闭灭火有影响的一切生产活动。

7　防灭火效果的强化

7.1　应加强对整个封闭区的封闭堵漏。

7.1.1　封闭区的所有通口均应密闭，所有密闭均应加强维修和堵漏。

7.1.2　井下大面积漏风地点宜建立隔绝带实行堵漏。

7.1.3　巷帮裂隙及碹外空帮等漏风地点宜采取注浆、充填等有效的局部堵漏措施。

7.1.4　地面漏风裂隙应采用黄土覆盖、充填等堵漏措施。

7.2　原已圈定过大的火区应设法缩封。火区缩封必须制定缩封方案，报上级部门审批后由矿山救护队在锁风状态下实施。缩封方案可参照编制密闭防灭火方案的要求编制。

7.3　采取均压措施以降低封闭区的漏风压差：

a)设法使封闭区成为通风网络中的角联分支，进行均压调节；

b)设法使封闭区所有密闭同时处于通风系统中的进风侧或回风侧；

c)设法开辟与封闭区并联的通路。

7.4　采取灌注惰性气体的措施可以提高封闭区的惰化程度，对于瓦斯矿井灭火还可起到阻爆的作用。

7.5　采取注水、注浆、注凝胶等措施可以降低密闭区内部温度，加快灭火速度。

8　防灭火效果的观测

8.1　定期测定封闭区密闭内外压差，进行漏风分析。

8.2　指定有代表性的回风侧密闭，用气体检测管测定封闭区内、外的O_2、CO、CO_2和CH_4等气体浓度，用分辨率不低于0.2 ℃的温度计测定封闭区内、外的空气温度及密闭四帮煤、岩温度，每天测定一次。定期用采样球胆采集封闭区气样，送化验室进行气体成分分析。

8.3　每次测定都必须仔细填写观测记录，至少记录观测地点、观测日期和观测人名，并填绘观测曲线。

9　防灭火效果的检验

9.1　根据测定，出现下列现象之一即定为出现自燃发火隐患：

a)密闭内出现CO，且呈上升趋势；

b)密闭内水温、气温呈上升趋势；

c)密闭附近煤温、岩温呈上升趋势。

9.2　根据测定，出现下列现象之一即定为出现发生自燃火灾，防火失败：

a)密闭内出现烟雾；

b)密闭附近煤温、岩温上升超过 70 ℃。

9.3 密闭灭火必须同时达到以下条件并稳定一个月以上方可确认火区熄灭：

a)各回风侧密闭取气样分析，CO 浓度低于 0.001%、O_2 浓度低于 5%；

b)各回风侧密闭内气温低于 30 ℃或达到发火前温度；

c)各密闭内水温低于 25 ℃或达到发火前温度。

9.4 火区长期封闭仅 O_2 浓度达不到熄灭条件时，可组织进行火区侦察，以确认火区是否熄灭。火区侦察必须制定侦察方案，报上级部门批准后由矿山救护队在锁风状态下进行。

9.5 火区达到熄灭条件需要启封时，可以制定启封方案申报启封。启封时发现火尚未熄灭应立即进行直接灭火，直接灭火有危险或不奏效时，应立即重新封闭火区。

附 录 A

（标准的附录）

各种密闭使用条件汇总表

表 A1

密闭结构		密闭厚度 m	服务年限 年	巷道断面 m^2	特 殊 性 能	
木板		—	0.25～0.3	小于 10	临时快速密闭	
风布		—	0.1	小于 8	临时快速密闭	
喷塑		—	0.1	小于 8	临时快速密闭	
木段		0.8	0.5	小于 8	抗动压	
沙(土)袋		4.10	1	—	防爆、抗冲击	
石膏		2	1	—	充填密封	
砖		0.24 0.37 0.50 0.75	1 2 3 3	小于 8 小于 10 小于 15 小于 15	抗较大地压	
料石		0.80 1.60	大于 5 大于 5	大于 10 大于 10	抗较大地压和静水压力	
混凝土		0.50 0.75 1.00	大于 6 大于 6 大于 6	小于 10 大于 10 大于 10	抗很大地压和静水压力	
单墙充填	木板墙 砖墙 料石墙	填 0.5.1 充填 3.5 充填 3.5	1 1.3 3.6	小于 6 小于 10 大于 10	抗一般地压 抗较大地压 抗较大地压	仅用于倾角大于 30°的巷道 防裂隙漏风
双墙充填	木板墙 砖墙 料石墙	填 0.5.1 充填 3.5 充填 3.5	1 1.3 3.6	小于 8 小于 10 大于 10	抗一般地压 抗较大地压 抗很大地压	仅用于倾角小于 30°的巷道 防裂隙风

附 录 B

（标准的附录）

判断火区气体爆炸危险性的爆炸三角形法

判断火区内气体爆炸危险性的爆炸三角形法，分为爆炸三角形合成法和爆炸三角形归一法两种。

B1 爆炸三角形合成法

设火区气体中含有 n 种可爆炸气体，浓度分别为 $X_i(i=1,2,\cdots,n)$；含两种超量惰性气体（CO_2 和 N_2），浓度分别为$\overline{X}_1$ 相$\overline{X}_2$；含氧气浓度为 Y_P，火区气体爆炸三角形三顶点坐标按下列各式计算：

上限点 U 的坐标：

$$\left.\begin{aligned} X_u &= \frac{\sum X_{ui} \cdot X_i}{\sum X_i} \\ Y_u &= \frac{\sum Y_{ui} \cdot X_i}{\sum X_i} \end{aligned}\right\} \tag{B1}$$

下限点 L 的坐标；

$$\left.\begin{aligned} X_l &= \frac{\sum X_{li} \cdot X_i}{\sum X_i} \\ Y_l &= \frac{\sum Y_{li} \cdot X_i}{\sum X_i} \end{aligned}\right\} \tag{B2}$$

临界点 S 的坐标：

$$\left.\begin{aligned} X_s &= \frac{\sum X_{si} \cdot X_i}{\sum X_i} \\ Y_u &= \frac{\sum Y_{si} \cdot X_i}{\sum X_i} \end{aligned}\right\} \tag{B3}$$

式中

$$\left.\begin{aligned} X_{si} &= \frac{\sum X_{sij} \cdot \overline{X}_j}{\sum X_j} \\ Y_{ui} &= \frac{\sum Y_{sij} \cdot \overline{X}_j}{\sum Y_j} \end{aligned}\right\} \tag{B4}$$

$$(j=1,2)$$

至此，可在直角坐标系中绘出火区气体合成爆炸三角形图。

按下式计算火区气体组成状态点 P 的横坐标：

$$X_p = \sum X_i \tag{B5}$$

根据 X_p，Y_p 在爆炸三角形图中绘出 P 点，根据危险性的分区即可判断该火区气体的爆炸危险性（见图 B1）。

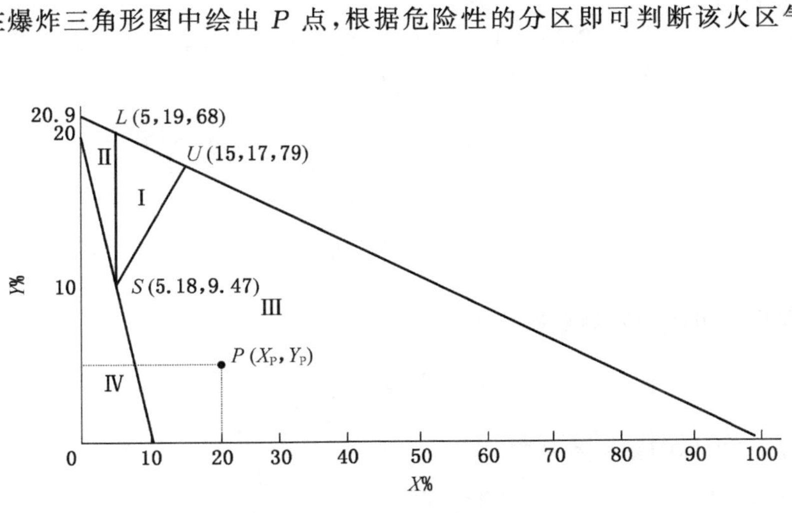

图 B1 爆炸三角形图

P 点位于爆炸三角形图中的“爆炸危险区(即Ⅰ区)”时,随时存在爆炸危险性,应当立即停止作业,撤退人员;

P 点位于“减风危险区(即Ⅱ区)”时,应当适当增加风量;

P 点位于“增风危险区(即Ⅲ区)”时,应当适当减少风量;

P 点位于“增减风安全区(即Ⅳ区)”时,增减风量均无危险。

几种火区可爆性气体爆炸三角形三顶点坐标值见表 B1。

表 B1

气体名称	爆炸下限 L %		爆炸上限 U %		临界点 S,%			
					超 N_2 时		超 CO_2 时	
	X_L	Y_L	X_u	Y_u	X_s	Y_s	X_s	Y_s
CH_4	5.00	19.88	15.0	17.79	5.18	9.47	5.96	12.32
H_2	4.00	20.09	74.2	5.40	4.20	5.13	5.20	8.46
CO	12.5	18.81	74.2	5.40	13.06	5.16	15.67	8.01
C_2H_2	2.5	20.41	80.0	4.19	2.36	5.07	3.27	8.51
C_2H_4	2.75	20.35	28.6	14.49	2.89	6.06	3.53	9.45
C_2H_6	3.00	20.30	12.5	18.31	3.12	8.41	3.82	11.17
C_3H_6	2.00	20.51	11.1	18.61	2.09	7.62	2.50	10.92
C_3H_8	2.12	20.49	9.35	18.97	2.21	8.36	2.61	11.57
C_4H_{10}	1.86	20.54	8.41	19.17	1.93	8.39	2.29	11.57

B2 爆炸三角形归一法

下面介绍库-马归一法。该法由波兰库库兹卡和马楚拉提出,以 CH_4 爆炸三角形图为归一基准图,以爆炸气体总浓度为横坐标,按下式计算修正后的气体组成状态点 P 的坐标,根据危险性分区即可判别该火区气体的爆炸危险性。

$$\left.\begin{aligned} X'_{p} &= \frac{\sum(c_i + d_i + e_i \quad Y_P + f_i \quad \alpha\beta_i)X_i}{\sum X_i} \\ X'_{p} &= \frac{\sum(c'_i + d'_i - e'_i \quad Y_P - f'_i \quad \alpha\beta_i)X_i}{\sum X_i} \end{aligned}\right\} \tag{B6}$$

$$(i=1,2\cdots n)$$

式中:

α——CO_2 对爆炸三角形的影响系数;

$$\alpha = \frac{\overline{X}_1 - 0.03}{\overline{X}_1 + \overline{X}_2} \tag{B7}$$

β_i——CO_2 对 P 点坐标的影响系系数。

$$\beta = \frac{20.93 - (Y_P + 0.2093\sum X_i}{a_i - ab_i} \tag{B8}$$

a_i、b_i、c_i、d_i、e_i、f_i、c'_i、d'_i、e'_i、f'_i——换算系数,由表 B2 查得。

表 B2

气体名称	换算系数									
	a_i	b_i	c_i	d_i	e_i	f_i	c_i'	d_i'	e_i'	f_i'
CH_4	10.376	3.016	0	1	0	−0.78	0	0	1	−2.852
H_2	14.918	3.533	4.643	0.14	−0.01	−0.107	5.401	0.116	0.698	−2.435
CO	13.039	3.396	3.117	0.101	−0.007	−0.4	3.622	0.144	0.797	−2.619
C_2H_2	15.308	3.577	4.901	0.227	0.011	−0.044	5.719	0.115	0.68	2.415
C_2H_4	14.269	3.526	4.121	0.385	−0.009	−0.216	4.849	0.072	0.729	−2.519
C_2H_6	11.872	2.909	1.937	1.052	−0.005	−0.724	2.233	−0.037	0.875	−2.391
C_3H_6	12.896	3.383	2.937	1.098	−0.006	−0.429	3.442	−0.061	0.808	−2.637
C_3H_8	12.105	3.294	2.164	1.952	−0.005	−0.538	2.537	−0.110	0.859	−2.710
C_4H_{10}	12.139	3.264	2.296	1.525	−0.006	−0.530	2.562	−0.140	0.856	−2.677

中华人民共和国煤炭行业标准

煤矿采空区阻化汽雾防火技术规范

MT/T 699—1997

The technical norms for fire-prevention of mine gob areas by the inhibition of atomized sprays

1 范围

本标准规定了应用阻化汽雾方法防止煤矿采空区自然发火的一般要求、雾化方法和管理等。

本标准适用于有条件采用阻化汽雾技术的煤矿采空区自然发火的防治。

2 引用标准

下列标准所包含的条文，通过在本标准中引用而构成为本标准的条文。本标准出版时，所示版本均为有效。所有标准均会被修订，使用本标准的各方应探讨使用下列标准最新版本的可能性。

MT/T 700—1997 煤矿防火用阻化剂通用技术条件

煤矿安全规程 1992-10-22 中华人民共和国能源部

矿井防灭火规范(试行) 1988-03-26 中华人民共和国煤炭工业部

3 定义

本标准采用下列定义。

3.1 阻化汽雾防火 fire-prevention by the inhibition of atomized sprays

使阻化液雾化后进入采空区阻止煤氧化，防止采空区煤炭自然发火的技术。

3.2 阻化剂 inhibitor

具有抑制煤炭氧化能力的化学物质。

3.3 阻化汽雾 inhibition of atomized sprays

利用汽雾发生器产生的微小阻化剂雾滴。

3.4 汽雾含量 density of atomized sprays

单位体积风流中携带阻化剂雾滴的质量或雾滴数。

4 一般要求

4.1 采用阻化汽雾防火技术的矿井应具备：

——完整的采区及工作面的通风系统图和与防灭火有关的技术资料；

——测量巷道风量和采空区的漏风量、温度、湿度等参数的仪器仪表与工具；

4.2 采用阻化汽雾防火技术时，应编制实施方案，经有关部门审批。

4.3 阻化汽雾防火技术实施前，应对阻化剂的阻化效果和汽雾发生器的雾化效果进行检验。

4.4 阻化汽雾防火技术实施后，应由批准单位负责验收。

4.5 设有阻化汽雾防火设施及观测点的巷道，应维护良好，有害气体浓度应符合《煤矿安全规程》的规定。

5 阻化汽雾防火方案内容

a)防火区或火灾隐患区的基本情况；

中华人民共和国煤炭工业部 1997-12-30 批准 1998-07-01 实施

b)防火区内通风设施的位置、状态和气体分析结果；

c)漏风状况的检测与分析；

d)阻化汽雾系统和雾化方法；

e)阻化效果的预测；

f)阻化汽雾防火管理；

g)设计说明书、有关图样、设备清册和资金概算。

6 阻化防火参数测定

6.1 阻化剂的阻化效果测定按 MT/T 700 的有关规定进行。

6.2 实施阻化喷雾时，应对采空区内风流采样，测定其汽雾含量。

7 雾化防火工艺及要求

7.1 按喷雾方法区分，可采用单点喷雾或多点喷雾。

7.2 按喷雾时间区分，可采用连续喷雾或间歇喷雾。

7.3 在采空区回风侧漏风地点不宜设置汽雾发生器。

7.4 根据汽雾阻化防火的需要，阻化剂汽雾应满足下列要求：

a)雾化率不宜低于 85%；

b)雾化率超过 85%时雾滴的最大直径不宜超过 100 μm；

c)雾滴平均直径不宜大于 15 μm；

d)小于 100 μm 雾滴的累计重量不宜少于 50%。

7.5 采空区漏风流中汽雾含量不宜低于 10 g/m^3。

7.6 实施阻化防火技术时，喷雾量按式(1)计算：

$$V = QADLHS \qquad \cdots\cdots(1)$$

式中：

V——日喷雾量，m^3/d；

Q——吨煤用液量，m^3；

A——工作面丢煤率，%；

D——实体煤容重，t/m^3；

L——工作面长度，m；

H——工作面采高，m；

S——工作面日进度，m。

8 效果考察与管理

8.1 为保证汽雾阻化防火的有效性，应建立有效的气体监测系统，定期检查工作面及采空区气体成分，需检查的气体成分主要为：氧气、甲烷、一氧化碳和二氧化碳等，同时观测温度、湿度和漏风量。

8.2 定期观测采空区内漏风流中的阻化汽雾的含量，应满足 7.5 的要求。

8.3 必须建立汽雾阻化防火设备的操作规程、工种岗位责任制等规章制度。

8.4 建立汽雾阻化防火台帐。

8.5 实施阻化汽雾防火技术的防火区的管理，应按《煤矿安全规程》和《矿井防灭火规范》的有关规定进行。

中华人民共和国煤炭行业标准

煤矿防火用阻化剂通用技术条件

MT/T 700—1997

General technical conditions of inhibitor for coal mine fire prevention

1 范围

本标准规定了煤矿防火用阻化剂的技术要求、试验方法、检验规则、包装、标志、运输及贮存。

本标准适用于除高硫煤外的煤矿井下煤层和井上采落煤炭的防火。

2 引用标准

下列标准包含的条文,通过在本标准中引用而构成本标准的条文。本标准出版时,所示版本均为有效。所有标准都会被修订,使用本标准的各方应探讨使用下列标准最新版本的可能性。

GB 191—90 包装储运图示标志

GB/T 610.2—88 化学试剂 砷测定通用方法(二乙基二硫代氨基甲酸银法)

GB/T 672—88 化学试剂 氯化镁

GB/T 6388—86 运输包装收发货标志

3 定义

本标准采用下列定义。

3.1 阻化剂 inhibitor

阻止煤炭氧化自燃的化学药剂。

3.2 阻化率 inhibitory rate

在实验室特定条件下,检验阻化剂阻化效果时原煤样和阻化煤样产生的CO体积浓度之差与原煤样产生的CO体积浓度的百分比。

3.3 阻化寿命 life of prevent oxidize

在实验室特定条件下,阻化剂能够有效阻止煤炭氧化自燃的时间。

3.4 腐蚀率 erosion rate

在实验室特定条件下,阻化剂对规定尺寸的金属试片日浸渍失重值。

4 技术要求

4.1 阻化率:

阻化剂对褐煤、烟煤的阻化率应不小于40%。

4.2 阻化寿命:

阻化剂对褐煤、烟煤的阻化寿命应不小于200 min。

4.3 腐蚀率:

阻化剂对普碳钢的腐蚀率应不大于3 mg/d·20 cm^2。

4.4 砷含量:

中华人民共和国煤炭工业部 1997-12-30 批准　　1998-07-01 实施

阻化剂中砷含量应不大于 0.3 mg/kg。

4.5 重金属含量(以铅计):

阻化剂中重金属含量应不大于 2.0 mg/kg。

4.6 阻比剂在使用时,应无刺激性气味、对人体无腐蚀性伤害。

5 检验方法

5.1 阻化率测定

5.1.1 仪器设备

a)检验装置如图 1:

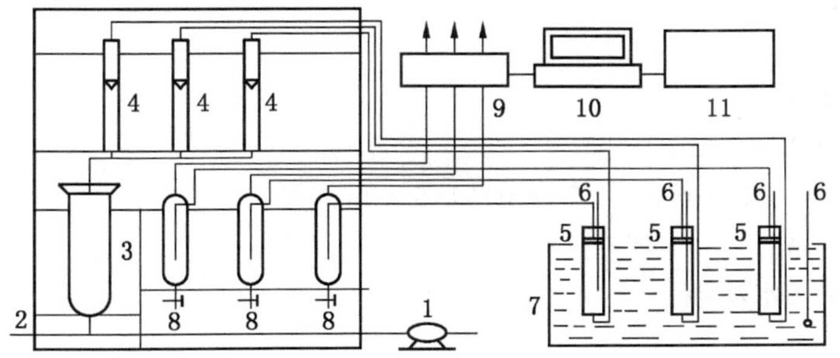

1—空气泵;2—调节阀;3—除水去尘器;4—气体流量计;5—反应管;6—温度计;7—恒温器;8—冷凝器;9—一氧化碳测定仪;10—计算机;11—打印机

图 1 阻化剂检验装置示意图

b)圆盘粉碎机;

c)标准筛:孔径 0.35 mm～0.56 mm;

d)鼓风干燥箱;

e)托盘天平:感量 0.5 g;

f)实验室常用玻璃器皿。

5.1.2 检验前的准备

a)原煤样的制备

将采集的新鲜煤样(采样规程见附录 A)5 kg,用圆盘粉碎机粉碎,通过 0.35 mm～0.56 mm 标准筛,放入瓷盘中,置于鼓风干燥箱内,在温度为 45 ℃～50 ℃条件下干燥,每隔 1 h 称重一次,待煤样恒重后,取出装瓶密封备用。此样适用于阻化率和阻化寿命的检验。

b)阻化剂水溶液的制备

称取阻化剂试样 20 g±0.5 g,放入 100 mL 烧杯中,用少量蒸馏水进行溶解,待全部溶解后,移入 100 mL 容量瓶中用蒸馏水稀释至标线,充分摇匀后备用。该水溶液的浓度为 20%,适用于阻化率和阻化寿命的检验。

c)阻化煤样的制备

称取原煤样 25 g±0.5 g,放入瓷盘中,量取阻化剂水溶液 15 mL,倒入原煤样中,搅拌均匀后,放入鼓风干燥箱内,在 45 ℃～50 ℃恒温下进行干燥,每隔 1 h 称重一次,压碎结块,待煤样恒重后,取出放入干燥器内备用。

5.1.3 检验步骤

将称取的原煤样 25 g±0.5 g 和已制备好的阻化煤样分别装入反应管中,盖好联结塞,用玻璃浆糊密封连接处。把两个反应管同时放入恒温器中,用乳胶管联结检验系统,检查系统气密性。以 100 mL/min 的流速通入空气,恒温器以 2.5 ℃/min 的速率升温,同时启动计算机,待命。当原煤样产生一氧化碳气体体积浓度达到3×10^{-6}时，给计算机指令，开始自动采样(1次/min)记录。恒温器升温至100 ℃±1 ℃时保持。每次共检验150 min。最后打印曲线和阻化率总体计算结果。

同一试样的检验平行误差在±3%之内。

5.2 阻化寿命

阻化剂的阻化寿命检验与阻化率检验步骤基本相同，但制备的阻化煤样不经烘干恒重，直接将阻化煤样装入反应管中，封好管口，下面检验步骤同前。每次检验要进行300 min。然后打印曲线，计算阻化寿命。

同一试样的检验平行误差在±16 min之内。

5.3 腐蚀率测定

5.3.1 仪器、材料及试剂

a)电热干燥箱；

b)天平：精度为0.1 mg；

c)游标卡尺：精度为0.02 mm；

d)Q235－A钢片试片：72 mm×12.5 mm×1.5 mm；

e)阻化剂：20%水溶液；

f)柠檬酸氢二氨：10%水溶液；

g)无水乙醇。

5.3.2 测定步骤

用120～140号木砂纸打磨金属试片，除去表面金属氧化物。然后用硬毛刷在自来水中洗去试片表面附着的研磨粉，用无水乙醇脱水、擦干，用游标卡尺测量试片表面积。

将上述试片放入60 ℃电热干燥箱中，恒温30 min后取出，置于干燥器中冷却至室温，用天平称量试片重量，精确到0.0005 g。

将处理好的金属试片完全浸泡在装有阻化剂溶液的密闭容器中，在温度20～25 ℃环境中保持21 d后取出试片。

将取出的试片用硬毛刷在自来水中冲刷干净，用无水乙醇脱水，在60 ℃电热干燥箱中恒温30 min后取出，在干燥器中冷却至室温，用天平称量试片重量(精确到0.0005 g)。

若试片在自来水中冲刷不掉腐蚀生成物时，用10%柠檬酸氢二氨水溶液浸泡，除去腐蚀生成物。

5.3.3 测定结果

腐蚀率计算公式：

$$C=(W/21)\cdot(20/S) \qquad \cdots\cdots(1)$$

式中：

C——试片平均腐蚀率，mg/d·20 cm^2；

W——试片平均失重值，mg；

S——试片实测表面积，cm^2。

5.4 砷含量的测定

按GB/T 610.2规定的方法进行。

5.5 铅含量的测定

按GB/T 672规定的方法进行。

6 检验规则

6.1 出厂检验

a)每批产品出厂前要进行出厂检验。出厂检验项目见表1。

表 1 出厂检验项目

序号	检验项目	技术要求	检验方法	出厂检验	型式检验
1	阻化率	4.1	5.1	√	√
2	阻化寿命	4.2	5.2	√	√
3	腐蚀率	4.3	5.3	—	√
4	砷含量	4.4	5.4	—	√
5	重金属含量(以铅计)	4.5	5.5	—	√
注:"√"表示必须进行的检验项目。					

b)出厂检验由制造厂质量检验部门或委托技术归口单位进行,检验合格并发给产品合格证后,方可出厂。

6.2 型式检验

6.2.1 由煤炭工业部指定的单位负责进行。检验合格并取得产品检验合格证后方可生产使用。

6.2.2 有下列情况之一者,应进行型式检验:

a)新产品定型鉴定时;

b)正常生产后,若是原材料,工艺有较大改动,可能影响产品质量时;

c)正常生产时,每年应进行一次;

d)停产 1 年后再次生产时;

e)出厂检验结果与上次型式检验有较大差异时;

f)国家质量监督机构提出进行型式检验的要求时。

6.2.3 型式检验的样品由出厂检验合格的产品中抽取。每次取样量不少于 0.5 kg。

6.2.4 型式检验包括本标准全部项目。

6.3 判定规则

在检验项目中,若有一项不合格时,抽取双倍的试样对不合格项目进行复检。如仍有不合格时,则判该批产品为不合格。

7 标志、包装、运输和贮存

7.1 标志

应符合 GB 191 和 GB/T 6388 的规定。

7.2 包装

a)阻化剂产品用玻璃丝编织袋(内衬塑料袋)或者用塑料桶等包装。

b)包装内应附有出厂检验合格证书。

7.3 运输

产品可采用铁路或公路运输。

7.4 贮存

贮存时应放置在干燥通风处,防止日晒和雨淋。

附 录 A

（标准的附录）

煤阻化剂检验用煤样采集规定

A1 采取新开采的新鲜煤样。

A2 采样前，先把煤层表面受氧化部分剥出，再将采样点前面的底板清理干净，铺上油布或帆布等物，然后经过整个煤层沿与煤层层理垂直方向划两条线，两条线之间的距离为 20 cm，在这两条线之间采出厚度为 20 cm 的一层煤作为初采煤样。

A3 将初采煤样应在铁板上粉碎成 20 mm～30 mm 大小的块度，仔细混合后，用圆锥四分法缩分至 10 kg～20 kg 为最后所选试样。

A4 将所选煤样立刻装入罐（铁质、塑料等）内，密封好，以防漏气氧化变质。

A5 每个煤样备有二张标签见表 A1，一张用防潮纸（或蜡纸）包好，随同煤样装入煤罐中，另一张纸贴在煤罐外壁上。

表 A1 煤层采样标签

1	煤样编号	
2	铁（塑）罐号	
3	矿井名称	
4	采样地点	
5	煤种（按国标分类）	
6	煤层名称	
7	煤层倾角	
8	煤层厚度	
9	采煤方法	
10	顶、底板岩性及夹石情况	
11	采区自然发火情况及煤最短发火期	
12	取样日期	年 月 日
13	取样人	
14	备注	

A6 采样时，防止矸石或夹石混入煤样内。

A7 勿在地质变化（如断层、褶曲等）处附近采样，如果特别需要采样时，必须说明。

A8 必须要专业采样人员采样。

中华人民共和国煤炭行业标准

煤矿用氮气防灭火技术规范

MT/T 701—1997

Technical specification of fire fighting by nitroggen in coal mines

1 范围

本标准规定了煤矿用氮气防灭火的氮气源设备、注氮防灭火工艺和方法及主要技术参数等。

本标准适用于具有煤炭自然发火而又有条件建立氮气防灭火系统的矿井。

2 引用标准

下列标准所包含的条文，通过在本标准中引用而构成为本标准的条文。本标准出版时，所示版本均为有效。所有标准都会被修订，使用本标准的各方应探讨使用下列标准最新版本的可能性。

《煤矿安全规程》 1992—12—22 中华人民共和国能源部

《矿井防灭火规范》(试行) 1988—10 中华人民共和国煤炭工业部制定

3 定义

本标准采用下列定义。

3.1 **注氮防灭火方法** method of fire fighting by nitrogen injection

将氮气通过管路输送到需要防灭火的区域，使之降低该区域内空气中的氧气浓度，达到阻止煤炭氧化或窒息火源。

3.2 **采空区三带** three zones of gob

工作面采空区沿走向方向，按其氧气浓度不同而划分的区域，即冷却带、氧化带、窒息带。

3.3 **惰化防火指标** inertion index for fire prevention

煤的防火临界氧气浓度值。

3.4 **惰化灭火指标** inertion index for fire extingishment

彻底扑灭火源并使其不再复燃的临界氧气浓度值。

3.5 **惰化抑爆指标** inertion index for explosion suppression

氧气浓度降低到瓦斯失去爆炸条件时的临界氧气浓度值。

3.6 **开放式注氮** open type of nitrogen injection

在需要注氮的区域未封闭的情况下，进行注氮。

3.7 **封闭式注氮** seal type of nitrogen injection

为控制火情或防止瓦斯爆炸，将发生火灾或积聚瓦斯的区域先封闭后再进行注氮。

3.8 **安全氧浓度指标** safety index of oxygen content

保证人员生命安全所必须的最低氧气浓度值(18.5%)。

3.9 **安全通风量** safe ventilation air quantity

注氮过程中，为防止输氮管路内的氮气全部泄漏到巷道内或工作面，不致造成该处工作人员因缺氧而发生窒息事故所必需的最小通风量。

中华人民共和国煤炭工业部 1997-12-30 批准　　　　1998-07-01 实施

4 一般要求

4.1 应有完整的矿井开拓、开采图,通风系统图及输氮管路系统图。

4.2 新建矿井应有所有煤层、拟采水平和不同地质构造区域煤的自燃倾向性鉴定报告,以及开采同煤系煤层邻近生产矿井的自然发火危险程度等级资料。

4.3 生产矿井有矿井自然发火危险程度等级资料以及新开煤层、新水平和不同地质构造区域煤自燃倾向性鉴定报告。

4.4 生产矿井有历年煤自然发火资料。

5 注氮防灭火方案

5.1 注氮方案的主要内容

5.1.1 建立氮气防灭火系统:

a)现行常规防灭火技术措施的适应性和有效性分析;

b)氮气来源选取的技术经济分析;

c)供氮能力、输氮管路的计算与选取;

d)注氮防灭火工艺和方法;

e)注氮防灭火的效果考察;

f)投资概算与工程进度计划;

g)工程组织领导机构。

5.1.2 建立完善的火灾监测系统。

5.1.3 有可靠的防止向注氮区域内漏风和氮气泄漏的措施。

5.2 注氮方案的实施

5.2.1 制定的注氮防灭火方案必须报矿务局审批后方能实施。

5.2.2 注氮防灭火方案的工程应由基建施工单位(基建矿井)或矿井(生产矿井)负责组织实施。

5.2.3 注氮防灭火方案规定的工程完工后由批准部门负责组织验收。

6 氮气源设备

6.1 氮气源设备可选用地面固定式深冷空分制氮设备;地面固定式或井上、井下移动式变压吸附制氮装置;井上、井下固定式或移动式膜分离制氮装置。

6.2 井下制氮装置中的电气设备必须取得《防爆检验合格证》。

6.3 地面移动式制氮装置的外形尺寸应能满足公路和铁路运输的要求。

6.4 井下移动式制氮装置的外形尺寸应与矿用平板车、罐笼的允许尺寸相适应。

7 主要技术参数

7.1 供氮能力

制氮设备或装置的供氮能力应按矿井注氮工作面防火注氮需要选取,供氮能力可按式(1)计算(1个工作面注氮量):

$$Q_N = 60KQ_0 \frac{C_1 - C_2}{C_N + C_2 - 1} \tag{1}$$

式中:

Q——采空区氧化带内漏风量,m^3/min;

C_1——采空区氧化带内平均氧浓度,%;

C_2——采空区惰化防火指标,其值为煤自燃临界氧浓度,%;

C_N——注入氮气的氮气浓度,%;

K——备用系数,取1.2～1.5。

7.2 **氮气纯度**

向防火区注入氮气的纯度要视其能将采空区的氧浓度降低到煤自燃临界氧浓度而定。而向火区注入氮气纯度应不低于97%。

7.3 **供氮压力**

地面、井下制氮设备的供氮压力,可按7.4.2条的供氮压力公式计算,其管路末端的绝对压力应不低于0.2 MPa。

7.4 **输氮管路**

7.4.1 管材的选取

从地面供氮时,当供氮压力小于1.6 MPa时,输氮管路应选用无缝钢管。从井下供氮时,除应采用钢管外,在满足输氮压力的情况下,可选用耐压橡胶软管。但进入采空区或火区的管路必须采用无缝钢管。

7.4.2 输氮管路的直径应满足最大输氮流量和压力的要求。供氮压力能否满足要求,按式(2)进行计算:

$$P_1=\left[0.0056\left(\frac{Q_{max}}{1000}\right)^2\sum\left(\frac{D_0}{D_i}\right)^5\left(\frac{\lambda_i}{\lambda_0}\right)L_i+P_2^2\right]^{1/2} \tag{2}$$

式中:

P_2——管路末端的绝对压力,MPa;

Q_{max}——最大输氮流量,m^3/h;

D_0——基准管径,150 mm;

D_i——实际输氮管径,mm;

L_i——相同直径管路的长度,km;

λ_0——基准管径的阻力损失系数,0.026;

λ_i——实际输氮管径的阻力损失系数,对于不同的钢管直径,则有如表1的关系:

表 1

管径 D_i,mm	70	80	100	150	200	250	300	400
阻力系数 λ	0.032	0.031	0.029	0.026	0.024	0.023	0.022	0.200

7.5 输氮管路的铺设

7.5.1 管路的铺设应尽量减少拐弯,要求平、直、稳,接头不漏气。每节钢管的支点不少于两点,每节软管的吊挂不少于4点,不允许在管路上堆放他物。低洼处可设置放水阀。

7.5.2 输氮管路的分岔处应设置三通和截止阀及压力表。

7.5.3 输氮管路应进行防锈处理,表面涂黄色油漆。

7.5.4 定期对输氮管路进行试压检漏。

8 注氮防灭火工艺和方法

根据矿井具体条件,可采用埋管注氮、拖管注氮、钻孔注氮、插管注氮和密闭注氮等工艺。

8.1 **埋管注氮**

在工作面的进风侧沿采空区埋设一趟注氮管路。当埋入一定深度后开始注氮,同时又埋入第二趟注氮管路(注氮管口的移动步距通过考察确定)。当第二趟注氮管口埋入采空区氧化带与冷却带的交界部位时向采空区注氮,同时停止第一趟管路的注氮,并又重新埋设注氮管路,如此循环,直至工作面采完为止。

8.2 **拖管注氮**

在工作面的进风侧沿采空区埋设一定长度(其值由考察确定)的厚壁钢管作为注氮管路,它的移动主要利用工作面的液压支架,或工作面运输机头、机尾,或工作面进风巷的回柱绞车作牵引。注氮管随着工作面的推进而移动,使其始终埋入采空区内的一定深度。

8.3 **钻孔注氮**

在地面或井下,向采空区或火灾隐患的区域打钻孔(全套管)注氮。

8.4 **插管注氮**

工作面开切眼、停采线和巷道高冒区,可采用向火源直接插管的注氮方式进行注氮。

8.5 **密闭注氮**

利用密闭墙上预留的注氮管向火区或火灾隐患的区域实施注氮。

8.6 **注氮方法**

根据对火情的预测情况,可选择连续或间断注氮。

8.7 **注氮地点**

防灭火注氮地点应尽可能选择在进风侧或靠近火源。工作面采空区注氮防火的注氮管口应处于采空区氧化带内。

8.8 **注氮抑制瓦斯爆炸**

扑灭瓦斯积聚区的火灾,需建防爆墙。注氮的同时,取样分析灾区气体成分的变化,并用空气—甲烷混合物的爆炸三角形法进行失爆性的判定。

9 注氮防灭火惰化指标

9.1 采空区惰化防火氧浓度指标不大于煤自燃临界氧浓度,其值由气相色谱吸氧法测定。

9.2 惰化灭火氧浓度指标应不大于3%。

9.3 惰化抑制瓦斯爆炸氧浓度指标应小于12%。

10 注氮防灭火的效果考察

10.1 为保证注氮防灭火的效果,宜对注氮的区域采取均压措施,并采取严格的堵漏措施以及有效的火灾监测,使防灭火区域的漏风量降到最低限度。

10.2 考察内容:

——注氮前、后采空区三带的变化;

——注氮量、注氮扩散半径、注氮口移动步距等。

11 安全技术措施与管理

11.1 注氮过程中,工作场所的氧气浓度不得低于18.5%,否则应立即停止作业撤除人员,同时降低注氮流量或停止注氮。

11.2 注氮地点及与其相连巷道的安全通风量,按式(3)计算:

$$Q_0 \geqslant \frac{Q_N(C_N + C_1 - 1)}{C_1 - C_2} \tag{3}$$

式中:

Q_0——工作场所的安全通风量,m^3/min;

Q_N——最大氮气泄漏量,m^3/mm;

C_N——泄漏氮气中的氮气浓度,%;

C_1——工作面或巷道中原始氧气浓度。一般取20.8%;

C_2——工作场所的安全氧浓度指标,18.5%。

11.3 注氮安全措施与管理：

在采空区进行注氮防火或在火区进行注氮灭火时，必须编制相应的安全技术措施，并经矿总工程师审批后，方可实施。

11.4 制氮设备的管理人员和操作人员，必须经培训，考试合格，并取得结业证和上岗证后，方可上岗。

11.5 必须建立制氮设备的操作规程、工种岗位责任制、机电设备维护检修规程、注氮防灭火管理暂行规定等规章制度。

11.6 建立注氮防灭火台帐。

11.7 注氮防火、灭火区的管理、熄灭标准、注销和启封要求以及防火墙的管理，应按《煤矿安全规程》和《矿井防灭火规范》的规定执行。

中华人民共和国煤炭行业标准

煤矿注浆防灭火技术规范

MT/T 702—1997

Technical specification of fire fighting by grouting in coal mines

1 范围

本标准规定了煤矿注浆防灭火工艺过程的技术要求。

本标准适用于矿井注浆防灭火的实施、设计与施工等。

2 引用标准

下列标准包含的条文,通过在本标准中引用而构成为本标准的条文。本标准出版时,所示版本均为有效。所有标准均会被修订,使用本标准的各方应探讨使用下列标准最新版本的可能性。

《煤矿安全规程》1992-10-22 中华人民共和国能源部

《矿井防灭火规范》(试行)1988-10 中华人民共和国煤炭工业部

3 定义

本标准采用下列定义。

3.1 **注浆防灭火方法** method of fire fighting by grouting

是将注浆材料(黄土、页岩、矸石、粉煤灰、尾矿等)细粒化后加水制备成浆,用水力输送到煤矿井下注入需防灭火区域内,封堵漏风通道、包裹煤岩阻止氧化、冷却煤岩温度而预防或扑灭矿井火灾的一项技术措施。

3.2 **沉降速度** settling velocity

浆液的悬浊液液面在量筒中匀速下降的平均速度,mm/min。

3.3 **临界稳定时间** critical stable time

浆液的悬浊液液面在量筒中匀速下降的时间,min。

3.4 **塑性指数** plastics index

表征注浆材料的可塑性的指数。

3.5 **粘度系数** viscosity coefficient

表征浆液内部微粒间阻碍其相对流动的一种内摩擦特征的系数,Ps. S。

3.6 **氧化镁胶体混合物含量** amount of magnesium oxide colloid mixture

浆液中的固体材料所含极细散胶体部分的体积百分比含量,%。

3.7 **含砂量** quantity of sand

注浆材料中,0.05~0.25 mm 粒径的砂质成份的重量百分比,%。

3.8 **氧化交叉温度** cross temperature in oxidation

物质在氧化反应炉中氧化升温曲线与反应炉加热升温线的交点的温度值,℃。

3.9 **恒温吸氧量** amount of absorbed oxygen at constant temperature

单位重量物质在静态恒温吸氧实验过程中的吸氧量(体积),mL/g。

中华人民共和国煤炭工业部 1997-12-30 批准　　1998-07-01 实施

3.10 **土水比** ratio of clay to water

注浆防灭火浆液中的固体材料的自然堆积体积与水的体积之比。

3.11 **浆液的制备** preparation of grout

将注浆材料(黄土、页岩、矸石、粉煤灰、尾矿等)与水混合用水力或机械搅拌的方式形成浆液的制造方法。

3.12 **注浆方法** ways of grouting

用钻孔或专门设置的管路将浆液注入到防灭火区域的方法。

3.13 **采空区氧化带** oxidation zone in gob

在回采工作面采空区中的煤最易氧化自然发火的区段。

4 一般要求

4.1 采用注浆防灭火的矿井需备有完整的矿井开拓开采图、通风系统图及注浆管路系统图。

4.2 新建矿井应有所有煤层、拟建水平和不同地质构造区域煤的自燃倾向性鉴定报告，以及开采同煤系煤层邻近生产矿井的自然发火危险程度等级资料。

4.3 生产矿井应有矿井自然发火危险程度等级资料以及新开煤层、新水平和不同地质构造区域煤的自燃倾向性鉴定报告。

4.4 应有注浆材料来源、种类、数量及其有关性能的分析资料。

5 矿井注浆防灭火设计

5.1 矿井注浆防灭火设计的主要内容应包括：

——选用的注浆材料种类及其性能分析资料；

——主要注浆参数；

——浆液的制备方法；

——输送浆液的管路系统及计算；

——注浆方法；

——矿井注浆防灭火效果考察；

——矿井注浆防灭火安全措施。

5.2 矿井注浆防灭火设计的工程实施由基建施工单位(基建矿井)或矿井(生产矿井)负责进行，设计部门派人到现场指导。

5.3 矿井注浆防灭火设计的工程完工后由批准部门组织验收。

6 注浆材料

6.1 注浆材料的种类：黄土、页岩、矿井矸石、粉煤灰、尾矿等。

6.2 注浆材料成浆性能指标(0.1 mm 以下级别的样品)应达到如下规定：

——沉降速度 1～10 mm/min；

——临界稳定时间为 20～60 min；

——塑性指数 7～14(粉煤灰可小于 7)；

——粘度系数$(1\sim2)\times10^{-3}$Pa. S；

——氧化镁胶体混合物含量 20%～35%；

——含砂量 10%～30%(粉煤灰可小于 10%)。

6.3 用矸石、粉煤灰、尾矿作注浆材料时，须进行氧化性能实验，其指标应达到如下规定：

——氧化交叉温度在 300 ℃以上；

——恒温吸氧量小于 0.1 mL/g；

——固定碳含量不大于8%，含硫量不大于1.5%，烧失减量不大于20%，发热量不大于2000 J/g。

6.4 页岩、矸石必须经破碎、湿式球磨机球磨，其粒度要求在5 mm以下，其中大于0.5 mm的粒料应占10%以下，小于0.1 mm的粒料应占60%以上。

7 主要注浆参数

7.1 灌浆系数

防火灌浆系数为3%～12%，灭火灌浆系数相应加大。

采用粉煤灰浆防火时，灌浆系数为5%～15%。

7.2 土水比

矿井防灭火注浆浆液的土水比应为1∶2～1∶5。在回采工作面洒浆防火时，土水比应为1∶2～1∶3。

7.3 注浆量

矿井注浆量按式(1)计算：

$$Q_W=\frac{kG(\delta+1)M}{r_c t} \tag{1}$$

式中：

Q_W——矿井注浆量，m^3/h；

k——灌浆系数；

G——矿井日产煤量，t；

δ——土水比的倒数；

M——浆液制成率，取0.9；

r_c——煤的密度，t/m^3；

t——矿井日注浆时间，h。

8 制浆方法

8.1 黄泥浆的制浆方法

——水力制浆

一般采用人工取土或机械取土，将土疏松，经水力(水枪)冲刷混合成浆。当采用水枪直接取土时，其供水压力、水流量和台数应能满足取土制浆的要求。水力制浆过程中应严格控制土水比。

——机械搅拌制浆

应建立浆池，黄土加水在浆池中搅拌成均匀浆浓后即可输入井下。浆池应设2个以上，一个作注浆用，另一个进行搅拌制浆，交替使用。浆池的容积应能保证注浆量的要求。

8.2 页岩浆和矸石浆的制浆方法

页岩浆和矸石浆的制浆方法相似，将页岩和矸石破碎后，用湿式球磨机加水球磨成浆，进入输浆管路。

8.3 粉煤灰浆的制浆方法

从电厂贮料场挖取粉煤灰，运到矿井地面制浆站，将粉煤灰用专门的搅拌筒加水搅拌成浆或用水枪冲搅成浆后直接进入输浆管路。

8.4 尾矿浆的制浆方法

矿井洗选厂排出的尾矿直接输送到浆池，经沉淀脱水后搅拌成浆进入输浆管路。

8.5 注浆期间浆液流量和土水比的测定

在注浆期间，每班测定一次浆液的流量和土水比，流量测定可用电磁流量计或体积法，土水比测定可采用比重法。

9 输浆管路

根据矿井地面的不同制浆方式,井下可采用集中或分区的输浆管路系统。

在浆液流入输浆管路前,应设置筛网过滤,网的孔径宜为 15～20 mm。

9.1 输浆管路的管径和水头损失值按经验式(2)、式(3)计算:

$$D_1 = 2.312\sqrt{\frac{Q}{2.92\left[\left(\frac{r_2-r_1}{r_1}\right)\left(\frac{r_3-r_2}{r_3-r_1}\right)^n 100W_1\right]^{0.25}\left(\frac{W_2}{W_1}\right)^{0.2}}} \tag{2}$$

$$i = \frac{\lambda V^2}{2gD_2} + \left(\frac{r_2-r_1}{r_1}\right)\left(\frac{r_3-r_2}{r_3-r_1}\right)^n \frac{W_1}{V} \tag{3}$$

式中:

$n = 5\left(1-0.2\log\frac{1000W_1 d}{\eta}\right)$;

$W_1 = \frac{\sum W_1 a_1}{\sum a_1}$;

D_1——输浆管路的临界管径(内径),m;

Q——浆液流量,m^3/s;

r_1——水的密度,t/m^3;

r_2——浆液的密度,t/m^3;

r_3——注浆材料自然堆积密度,t/m^3;

n——干扰沉降指数;

W_1——加权平均自由沉降速度,m/s;

W_2——颗粒分布曲线上相当于 95%处粒径的自由沉降速度,m/s;

i——每米管道长度的水头损失值,m;

λ——水的摩阻系数;

V——浆液流速,m/s;

g——重力加速度,m/s^2;

D_2——实际选用的管径(内径),m;

d——注浆材料的当量直径,mm;

η——水的运动粘滞系数,mm^2/s;

W_1——注浆材料某一粒级平均自由沉降速度,m/s;

a_1——注浆材料某一粒级的重量百分比。

9.2 由输浆管路的总水头损失值,确定是采用自流(靠自然压头)输浆还是选用相适应(流量和压力)的泥浆泵或注砂泵加压输浆。

9.3 输浆管路系统应避免“两头高中间低”的布置方式,并尽量减少拐弯。

9.4 井下输浆管路应紧靠井巷壁铺设,固定牢固,并涂以防锈漆。

9.5 每次注浆后应立即用清水冲洗管路。

10 注浆方法

根据矿井的具体条件,可选择一种或几种注浆方法。

10.1 钻孔注浆

按防灭火区的条件可采用两种形式:

a)从井下巷道或钻场向注浆区域打注浆钻孔,钻孔开孔孔径应不小于 108 mm,终孔孔径应不小于

89 mm，封孔要严密，钻孔与输浆管路的连接要牢固，并能承受最大的注浆压力。

b)从地面直接向注浆区域打注浆钻孔，钻孔孔径应不小于108 mm，钻孔内应全长度下套管。

10.2 埋管注浆

随着回采工作面推进向采空区内埋设管道进行注浆，出浆口距工作面的距离应不小于15 m。

10.3 密闭墙插管注浆

工作面回采后从密闭墙上方的注浆管向采空区注浆。此时，密闭墙的强度应满足注浆的要求，注浆时应派专人监护，一旦发现有溃浆征兆时，应立即停止注浆。

10.4 洒浆

在回采工作面由输浆管路上接出耐压胶管，向采空区均匀地洒上一层浆液。洒浆时，浆液出口压力应不大于0.3 MPa。

10.5 注浆区的排水措施

注入采空区的浆液的脱水时间一般为7～15 d，浆液中脱出的水一部分被围岩吸收，一部分滞留在注浆区的下部空间。注浆区的排水措施主要采取两种：

a)在注浆区下部的密闭墙的底部设置排水孔或溢水孔，在注浆后应随时观察这些密闭墙的排水量的变化情况。

b)在注浆区下部进行采掘前，必须对注浆区进行打钻孔或采取其他措施进行泄水。

11 注浆防灭火的效果考察

11.1 注浆区温度和气体成分的检测

11.1.1 派专人定期检测注浆灭火区、注浆防火工作面及其采空区内的气温、煤温和出水温度。

11.1.2 具有自然发火危险程度的矿井均应建立完善的火灾束管监测系统或地面气体分析实验室。气体分析成分主要有：氧气、甲烷、一氧化碳、二氧化碳。

采集气体的地点为：

——回采工作面的回风巷、上隅角、采空区氧化带回风侧；

——通向火区的密闭墙内侧或钻孔内；

——其他需要的地点。

采用人工取样在地面进行气体分析时，应符合以下要求：

——取样必须使用专用取样袋或取样器，取样后应在5 h内送到地面实验室进行分析；

——注浆防火区域应定期对各取样点取一次样；

——注浆灭火封闭区域内每天取一次样；

——回采工作面或其他地点在发火期间(未封闭的情况下)每班取一次样。

11.2 注浆防灭火区的管理

11.2.1 建立防灭火注浆台帐，主要内容应包括

——注浆区位置；

——钻孔工程；

——注浆工程；

——防灭火密闭墙工程；

——气体分析及温度记录；

——泥浆分布状况等。

11.2.2 火区熄灭标准、注销和启封要求以及防火墙的管理，均应遵循《煤矿安全规程》和《矿井防灭火规范》的规定执行。

ICS 73.010
D 09
备案号:25356—2008

MT

中华人民共和国煤炭行业标准

MT/T 703—2008
代替 MT 703—1997

煤矿用携带型电化学式一氧化碳测定器

Electro-chemical type carbon monoxide instrumentation for coal mine

2008-11-19 发布　　2009-01-01 实施

国家安全生产监督管理总局　发 布

前　言

本标准为强制性标准。

本标准是对MT 703—1997《煤矿用携带型电化学式一氧化碳测定器技术条件》的修订。同时结合我国煤矿安全仪器仪表技术参数特点实际情况，经过多次调研、试验，对部分条款进行修订。其主要变化如下：

——增加了“一般要求”、“防爆要求”条款；

——增加了“风速影响试验”条款；

——修订了“基本误差”、“基本功能要求”条款；

——对“出厂检验和型式检验”进行了修订。

本标准由中国煤炭工业协会科技发展部提出。

本标准由煤炭行业煤矿安全标准化技术委员会归口。

本标准由煤炭科学研究总院抚顺分院、安标国家矿用产品安全标志中心、煤炭科学研究总院重庆研究院负责起草。

本标准主要起草人：余进、马龙、胡继红、李者、陈青、李振新、戴峻、袁洪军、郑华、陈福民、刘艺平、董瑾、唐勇、杜学东、郭增生、潘雅楠等。

本标准所代替标准历次版本发布情况为：

——MT 703—1997。

煤矿用携带型电化学式一氧化碳测定器

1 范围

本标准规定了煤矿用携带型电化学式一氧化碳测定器的技术要求、试验方法、检验规则、标志、包装、运输和贮存等。

本标准适用于煤矿井下有毒有害气体——一氧化碳的测定(以下简称测定器)。

2 规范性引用文件

下列文件中的条款通过本标准的引用而成为本标准的条款。凡是注日期的引用文件,其随后所有修改单(不包括勘误的内容)或修改版均不适用于本标准,然而,鼓励根据本标准达成协议的各方研究是否可使用这些文件的最新版本。凡是不注日期的引用文件,其最新版本适用于本标准。

GB 191 包装储运图示标志

GB/T 2423.1 电工电子产品环境试验 第2部分:试验方法 试验A:低温

GB/T 2423.2 电工电子产品环境试验 第2部分:试验方法 试验A:高温

GB/T 2423.4 电工电子产品基本环境试验规程 试验Db:交变湿热试验方法

GB/T 2423.5 电工电子产品环境试验 第2部分:试验方法 试验Ea和导则:冲击

GB/T 2423.8 电工电子产品环境试验 第2部分:试验方法 试验Ed:自由跌落

GB/T 2423.1 电工电子产品环境试验 第2部分:试验方法 试验Fc和导则:振动(正弦)

GB 3836.1 爆炸性气体环境用电气设备 第1部分:通用要求

GB 3836.4 爆炸性气体环境用电气设备 第4部分:本质安全型“i”

GB 4208 外壳防护等级(IP代码)

GB 9969.1 工业产品使用说明书 总则

GB/T 10111 利用随机数骰子进行随机抽样的方法

GB 12358 作业环境气体检测报警仪通用技术要求

MT 209 煤矿通信、检测、控制用电工电子产品通用技术要求

MT 210 煤矿通信、检测、控制用电工电子产品基本试验方法

3 术语和定义

下列术语和定义适用于本标准。

3.1

显示值 displayed value

测定器显示的测量数值。

3.2

零点 zero point

测定器在清洁空气中正常工作时的显示值。

3.3

标定点 calibration point

测定器为满足测量准确度所选择的校准气样值。

3.4

报警点 alarm point

测定器依据使用要求所预先设置的报警启动值。

3.5

基本误差　basic error

在正常试验条件下确定的测定器测量误差值。

3.6

稳定性　stability

在规定的工作条件和时间内，测定器的零点和标定点保持在允许变化范围内的性能。

3.7

响应时间（T_{90}）　T_{90} response time

一氧化碳浓度发生阶跃变化时，测定器输出达到稳定值的90％的时间。

4　技术要求

4.1　一般要求

4.1.1　测定器应符合本标准的要求，并按经规定的程序和国家授权的试验部门审批的图样和技术文件制造。

4.1.2　测定器及其相关联的设备应经通过国家授权的防爆检验机构联检。与测定器配套的关联设备应具有有效期内矿用产品安全标志证书。

4.1.3　测定器防爆型式：矿用本质安全型，防爆标志为“ExibI”或“ExiaI”。

4.2　正常工作环境条件

a）　温度：0 ℃～40 ℃；

b）　相对湿度：≤98％（＋25 ℃时）；

c）　大气压力：80 kPa～116 kPa；

d）　风速：不大于 8 m/s；

e）　贮存温度：－40 ℃～60 ℃。

4.3　外观及结构要求

4.3.1　测定器的显示窗应透光良好，数码、符号均应清晰完好。测定器的表面、镀层或涂层不应有气泡、裂痕、明显剥落和斑点。设计结构应合理，坚固耐用。

4.3.2　测定器外壳、接插件和零件应采取防腐措施，涂、镀层应均匀、牢固，颜色一致；印制电路板应至少涂覆两次三防（防腐、防霉、防潮）漆。

4.3.3　测定器外套材质应为动物皮质外套且应耐用，不易因受潮变形。外套上开孔应合理适用，便于操作、方便观察及声音传出。

4.4　基本功能要求

4.4.1　测定器宜采用自然扩散取样方式。

4.4.2　测定器的显示值应为三位以上（含三位）有效读数，应以百分比体积浓度表示测量值，采用数字显示，其分辨率应不低于 1×10^{-6}CO，并能负向显示。

4.4.3　测定器应具有声光报警功能、报警自检功能。

4.4.4　测定器的量程范围宜采用：$(0\sim100)\times10^{-6}$CO、$(0\sim500)\times10^{-6}$CO、$(0\sim1\,000)\times10^{-6}$CO。

4.5　电源及充电功能要求

4.5.1　测定器应有电池电压显示、欠压提示和欠压自动关机功能。

4.5.2　测定器进行充电时，应有充电指示、充电完成关断及指示功能。

4.5.3　测定器所使用的电池及参数应满足 GB 3836.4 中相关要求。

4.6　基本误差和零点漂移

4.6.1　基本误差应符合表 1 的规定。

表 1　　单位为 1×10^{-6}CO

测量范围	基本误差	
	绝对误差	相对误差
0～20	±2	—
>20～100	±4	—
>100～500	—	测量值的±5%
>500～1 000	—	测量值的±6%

4.6.2　零点漂移

量程为(0～100)$\times10^{-6}$CO 的测定器，一氧化碳浓度恒定时，1 h 内测定器显示值变化量不超过 2×10^{-6} CO。

量程为(0～500、1 000)$\times10^{-6}$CO 及以上的测定器，一氧化碳浓度恒定时，1 h 内测定器显示值变化量不超过 4×10^{-6} CO。

4.7　报警功能

4.7.1　测定器的报警点在测量范围内可任意设置，报警显示值与设定值的差值不超过$\pm1\times10^{-6}$CO，仪器出厂时报警点应设置为 24×10^{-6}CO。

4.7.2　测定器的报警声级强度在距其 1 m 远处的声响信号应大于 75 dB(A)。

4.7.3　报警光信号在黑暗中 20 m 远处应清晰可见。

4.8　响应时间

测定器的响应时间应不大于 45 s。

4.9　电池工作时间

测定器可以采用可充电电池和一次性可更换电池。其中，可充电电池每次充电后应能正常工作 10 h，报警器不应出现欠压关机，其标定点及报警点误差应符合 4.6.1、4.7.1 的功能；一次性可更换电池在每天工作 10 h 的情况下应能工作 30 d，报警器不应出现欠压关机，其报警点及标定点误差应符合 4.6.1、4.7.1 的功能。

4.10　工作位置变动

当测定器的位置发生变化时，其显示值的附加误差应不超过$\pm1\times10^{-6}$CO。

4.11　工作稳定性

测定器连续工作 15 d 的基本误差应不超过 4.6.1 的规定。

4.12　电气安全

4.12.1　测定器本安端与外壳之间，常态下其绝缘电阻应不小于 50 MΩ；交变湿热试验后，应不小于 1.5 MΩ。

4.12.2　测定器本安端与外壳之间应能承受 500 V、50 Hz、历时 1 min 的绝缘介电强度试验而无击穿和闪络现象，且漏电流不大于 5 mA。

4.13　风速影响

测定器在 8 m/s 风速条件下试验时，其显示值的漂移量应不超过$\pm2\times10^{-6}$CO。

4.14　环境适应性

4.14.1　测定器在工作高、低温度试验后，基本误差应符合 4.6.1 的规定。

4.14.2　测定器经贮存高、低温度试验后，基本误差应符合 4.6.1 的规定。

4.14.3　测定器经交变湿热试验后，基本误差及电气安全应符合 4.6.1、4.12 的规定。

4.14.4　测定器经振动试验后，接插件和零部件应无松动和脱落，且基本误差应符合 4.6.1 的规定。

4.14.5　测定器经冲击试验后，接插件和零部件应无松动和脱落，并无损坏现象，且基本误差应符合 4.6.1 的规定。

4.14.6 测定器经跌落试验后，接插件和零部件应无松动和脱落，且基本误差应符合4.6.1的规定。

4.15 防爆要求

4.15.1 测定器应采用矿用本质安全型的防爆结构和与本质安全性能有关的元件，且满足GB 3836.1.4的规定。

4.15.2 测定器在正常工作和故障状态下，不得在超过元件安装条件和温度范围规定的最大电流、电压和功率额定值2/3的情况下工作。

4.15.3 测定器外壳防护性能应符合GB 4208中防护等级IP54的规定。

4.15.4 测定器采用塑料外壳时，外壳表面绝缘电阻应不超过1×10^{9} Ω或使用动物皮质外套。

4.15.5 测定器采用塑料外壳时应采用具有阻燃性能的材质制作。

4.15.6 测定器应能通过GB 3836.4中规定的火花点燃试验。

4.15.7 测定器在正常和故障状态下，导线、元件及外壳最高表面温度应不超过150 ℃。

4.15.8 测定器外壳结构、电气间隙、爬电距离应符合GB 3836.4的规定。

4.15.9 测定器用电池及其参数应符合GB 3836.4的规定。

4.15.10 测定器跌落试验按GB 3836.1的规定进行。

5 试验方法

5.1 环境条件

除环境试验或有关标准中另有规定外，试验应在下列环境条件中进行：

a） 温度：15 ℃～35 ℃；

b） 相对湿度：45％～75％；

c） 大气压力：80 kPa～116 kPa。

5.2 试验用气样和试验用主要仪器

5.2.1 试验用气样

试验用一氧化碳标准气体（以下简称标准气样）应采用国家计量部门考核认证单位提供的气样，其不确定度不大于3％。各项试验所用气样应符合表2要求。

表2

序号	试验项目	CO标准气体；1×10^{-6}CO
1	基本误差试验	0、量程的35％、量程的50％、量程的85％
2	响应时间试验	量程的50％
3	报警误差试验	$(25\pm1)\times10^{-6}$CO
注：标准气样值与标准气样标称值的偏离不超过±10％。		

5.2.2 试验用主要仪器

5.2.2.1 气体流量计：测量范围为30 mL/min～600 mL/min；准确度为2.5级。

5.2.2.2 秒表：分度值为0.01 s。

5.2.2.3 电压表及电流表：采用四位半的数字万用表，其准确度应不小于0.5级。

5.2.2.4 声级计：测量范围为40 dB～130 dB；分辨率为0.1 dB。

5.3 外观及结构、基本功能、电源及充电功能检查

用目测方法观察测定器外观及结构，检查法检查其他要求。

5.4 基本误差和零点漂移测定

在以下需通气的试验中，其试验的通气流量应符合各自产品技术条件的规定（以下简称规定流量）。

5.4.1 基本误差

在测定前按规定流量用清洁空气和量程50％的标准气样反复三次标定测定器，在以后的测定中不

得再次校准仪器。待测定器的零点在清洁空气中稳定后，按规定的流量分别向测定器通入表 2 中给定的标准气样各 1 min(在空气中恢复时间不小于 1 min)，每次通气至显示值稳定后记录测定器的显示值。重复测定四次，取后三次测量结果的算术平均值与气样的标准浓度差值，即为仪器的基本误差。

5.4.2 零点漂移

测定器正常充电完成后，开机记录时间。待测定器在清洁空气中稳定后，按规定流量通入量程 50% 的标准气样，1 min 后将测定器调至与标准气样一致，继续通气观察 1 min，记录 1 min 内测定器显示值的最大值与最小值。重复测定三次，取其最大值。

5.5 报警功能试验

5.5.1 报警值与设定值差值的测定

将测定器报警点设置在 24×10^{-6}CO 上，待测定器零点稳定后，缓慢通入表 4 所规定的标准气样，记录出现声、光信号瞬间测定器的显示值。测量四次，取后三次的算数平均值与设定报警点之差作为报警误差。

5.5.2 报警声级强度测量

报警声强度用声级计测量，环境噪声应小于 50 dB(A)。将声级计置于测定器的报警声响器轴心正前方 1 m 处，测量三次，取其平均值。

5.5.3 报警光信号监测

在黑暗环境中距测定器 20 m 处观察报警光信号。

5.6 响应时间测定

将调校好的测定器按规定流量通入清洁空气，待测定器零点稳定后，再按规定的流量通入测量范围 50%的一氧化碳标准气样 3 min，记录显示值。然后通入清洁空气，待测定器零点稳定后，将预先通入量程为 50%的标准气体的通气罩迅速换到取样头上，并记录测定器指示值达到原来指示测值的 90%所需要的时间。测量三次，取其算术平均值。

5.7 电池工作时间试验

5.7.1 电源及充电功能采用检查法试验及 GB 3836.4 中的相关规定进行试验。

5.7.2 测定器可以采用可充电电池和一次性可更换电池。

5.7.2.1 可充电电池充电完毕后正常工作 9.5 h 后，测试测定器报警点及标定点误差。

5.7.2.2 一次性可更换电池按每天工作 10 h，根据式(1)求得

$$D=\frac{C}{I\times10} \qquad \cdots\cdots(1)$$

式中：

D——工作时间，单位为天(d)；

C——电池容量，单位为安时(A·h)；

I——工作电流，单位为安(A)。

5.8 工作位置变动试验

按正常使用方位校准测定器零点，通入量程 50%的标准气样标准气样 1 min，记录测定器的显示值，然后偏离规定位置 45°，并沿该轴线旋转一周，记录与正常工作方位显示值的最大差值作为测定器的附加误差。

5.9 工作稳定性测定

将调整好的测定器在空气中连续运行 15 d，每天运行 10 h，每 9.5 h 后记录一次零点并按规定流量通入量程 50%左右的标准气样 3 min 并记录显示值。试验期间不得调整测定器。

5.10 电气安全试验

5.10.1 电阻测量按 MT210 规定的方法进行。

5.10.2 介电强度试验按 GB 3836.4 规定的方法进行。

5.11 风速影响试验

将测定器放入通风试验装置中，在风流为零时调整好测定器的零点，记录显示值，启动风机，调整风速为 $8_{+0.5}$ m/s。人为使测定器绕悬挂轴线方向转动，寻找其受风速影响的位置。固定此位置，每 30 s 记录一次指示值，共记录三次，取其算术平均值和零点的差值作为漂移量。

5.12 环境适应性试验

试验中向测定器通入标准气样的温度应与试验要求温度一致。试验后、检测性能前，允许重新校准测定器。

5.12.1 低温工作试验

低温工作试验按 GB/T 2423.1 中试验 Ab 规定的方法进行。在温度为(0±3)℃条件下，将测定器通电，稳定 2 h 后，测定基本误差，以后每小时测定一次基本误差，测量三次，取其算术平均值作为测定值。

5.12.2 高温工作试验

高温工作试验按 GB/T 2423.2 中试验 Bb 规定的方法进行。在温度为(40±2)℃条件下，将测定器通电，稳定 2 h 后，测定基本误差，以后每小时测定一次基本误差，测量三次，取其算术平均值。

5.12.3 低温贮存试验

低温贮存试验按 GB/T 2423.1 中试验 Ab 规定的方法进行。在温度为(－40±2)℃条件下，持续时间为 16 h。测定器非包装，不通电，不进行中间检测。试验后，在试验箱中恢复到 4.2 规定的条件下保持 2 h，再测定基本误差。

5.12.4 高温贮存试验

高温贮存试验按 GB/T 2423.2 中试验 Bb 规定的方法进行。在温度为(60±2)℃条件下，持续时间为 16 h。测定器非包装，不通电，不进行中间检测。试验后，在试验箱中恢复到 4.2 规定的条件下保持 2 h，再测定基本误差。

5.12.5 交变湿热试验

交变湿热试验按 GB/T 2423.4 中试验 Db 规定的方法进行。在温度为(40±2)℃，相对湿度为 93%±3%条件下，持续时间为 12 d。测定器非包装，不通电，不进行中间检测。试验后，在 4.2 规定的条件下保持 2 h，并进行绝缘电阻与工频耐压试验，再测定基本误差。

5.12.6 振动试验

振动试验按 GB/T 2423.10 中的试验 FC 规定的方法进行。严酷等级：扫描频率范围 10 Hz～150 Hz，加速度幅值为 50 m/s^2，扫频循环次数为五次。测定器不包装，固定使用的测定器不通电，不进行中间检测，机载移动使用的测定器通电，进行中间检测。试验后，进行外观检查和测定基本误差。

5.12.7 冲击试验

冲击试验按 GB/T 2423.5 中试验 Ea 规定的方法进行。严酷等级：峰值加速度为 500 m/s^2，脉冲持续时间为(11±1)ms，三个轴线每个方向连续冲击三次(共 18 次)。测定器不包装，固定使用的测定器不通电，不进行中间检测；机载移动使用的测定器通电，进行中间试验。试验后，进行外观检查和测定基本误差。

5.12.8 跌落试验

跌落试验按 GB/T 2423.8 中试验 Ed 规定的方法进行。严酷等级：跌落高度为 1 m，以正常使用方向自由落向平滑、坚硬的混凝土面上共两次。测定器不包装，不进行中间检测。试验后，进行外观检查和测定基本误差。

5.13 防爆试验

5.13.1 测定器的防爆性能试验方法按 GB 3836.1.4 中规定的方法由国家授权的防爆检验机构进行。

5.13.2 与本质安全性能有关的元件检查按 GB 3836.4 规定的方法进行。

5.13.3 外壳防护性能试验按 GB 4208 规定的方法进行。

5.13.4 塑料外壳表面绝缘电阻试验按 GB 3836.1 规定的方法进行。

5.13.5 塑料外壳的阻燃性能试验按 GB 3836.1 中附录 E 规定的方法进行。

5.13.6 测定器火花点燃试验按 GB 3836.4 规定的方法进行。

5.13.7 最高表面温度试验按 GB 3836.4 规定的方法进行。

5.13.8 电气间隙和爬电距离的测量用经计量合格的量具进行测量。

5.13.9 本安参数测量:用经计量合格的仪表进行本安电压、电流测量,所测得值不应超过标准中规定值。

5.13.10 承受自 1 m 高至混凝土平台的四次自由跌落试验后,不得出现防爆型式的任何变形与损坏。

6 检验规则

检验分出厂检验和型式检验,检验项目见表 3。

表 3

序号	检验项目	技术要求	试验方法	出厂检验	型式检验
1	外观及结构	4.3	5.3	○	○
2	基本功能	4.4	5.3	○	○
3	电源及充电功能	4.5	5.3	○	○
4	基本误差和零点漂移	4.6	5.4	○	○
5	报警功能	4.7	5.5	○	○
6	响应时间	4.8	5.6	○	○
7	电池工作时间	4.9	5.7	○	○
8	工作位置变动	4.10	5.8	○	○
9	工作稳定性	4.11	5.9	○	○
10	电气安全	4.12	5.10	※	○
11	风速影响	4.13	5.11	—	○
12	工作高、低温度	4.14.1	5.12.1~2	—	○
13	贮存高、低温度	4.14.2	5.12.3~4	—	○
14	交变湿热	4.14.3	5.12.5	—	○
15	振动	4.14.4	5.12.6	—	○
16	冲击	4.14.5	5.12.7	—	○
17	跌落	4.14.6	5.12.8	—	○
18	元件本安性能检查	4.15.2	5.13.2	*	○
19	外壳防护性能	4.15.3	5.13.3	—	○
20	表面绝缘电阻	4.15.4	5.13.4	*	○
21	助燃性能	4.15.5	5.13.5	—	○
22	火花点燃	4.15.6	5.13.6	*	○
23	最高表面温度	4.15.7	5.13.7	*	○

表 3(续)

序号	检 验 项 目	技术要求	试验方法	出厂检验	型式检验
24	电气间隙与爬电距离	4.15.8	5.13.8	*	○
25	本安参数测量	4.15.9	5.13.9	○	○
26	防爆跌落	4.15.10	5.13.10	*	○
注:“○”表示需要检验的项目;“—”表示不需要检验的项目;“※”出厂检验只作常态;“*”表示抽检项目。					

6.1 出厂检验

应由制造厂质量检验部门逐台进行出厂检验,检验合格并发给合格证后方可出厂。

6.2 型式检验及判定原则

6.2.1 有下列情况之一时,应进行型式检验;

a) 新产品试制、定型鉴定或老产品转厂生产时;

b) 正式生产后如结构、材料、工艺有较大改变,可能影响产品性能时;

c) 正常生产的测定器每三年应进行一次;

d) 停产二年以上再次恢复生产时;

e) 出厂检验结果与上次型式检验有较大差异时;

f) 国家有关机构提出要求时。

6.2.2 型式检验应由国家授权的质量监督检验机构负责进行。

6.2.3 抽样

从出厂检验合格的产品中按 GB/T 10111 规定的方法进行随机抽样,抽样基数不少于 30 台,抽样数量不少于 3 台。

6.2.4 判定规则

受检测定器为 3 台,在检验中如有一台项不合格,应加倍全项复检。复检仍有一台项不合格的,则判定该批产品不合格;否则合格。

7 标志、包装、使用说明书、运输和贮存

7.1 标志

7.1.1 测定器的外壳明显处应设有“ExibI”或“ExiaI”、“MA”标志和计量器具标志。

7.1.2 测定器的铭牌上应有下列内容:

a) 产品名称和型号;

b) 防爆标志;

c) 防爆合格证编号;

d) 煤矿安全标志编号;

e) 制造计量器具许可证编号;

f) 主要技术参数;

g) 防护等级;

h) 制造厂名称;

i) 出厂编号和日期;

j) 检验单位标志。

7.1.3 包装标志:

a) 发货标志应符合有关运输规定;

b) 作业标志应符合 GB 191 的规定。

7.2 包装

7.2.1 包装应采用复合防护包装类型，具有防雨、防潮、防尘、防振等能力。

7.2.2 包装箱内应有下列文件：

a） 产品合格证；

b） 产品使用说明书；

c） 装箱单。

7.3 使用说明书

使用说明书按 GB 9969.1 的规定编写。

7.4 运输

包装好的产品应适合公路、铁路、水路和航空运输。

7.5 储存

产品应贮存在通风良好的库房内，距热源不少于 1 m，库内温度为 5 ℃～40 ℃，不能与油类、腐蚀性药剂、气体、蒸汽等混放。

ICS 73.010
D 09
备案号:25357—2008

MT

中华人民共和国煤炭行业标准

MT/T 704—2008
代替 MT 704—1997

煤矿用携带型电化学式氧气测定器

Coal mine oxygen determination generally technology condition

2008-11-19 发布

2009-01-01 实施

国家安全生产监督管理总局　发布

前　　言

本标准为强制性标准。

本标准与MT 704—1997《煤矿用携带型电化学式氧气测定器技术条件》相比主要变化如下：

——增加了“一般要求”、“防爆要求”条款；

——增加了“风速影响试验”条款；

——修订了“基本误差”、“基本功能要求”条款；

——对“出厂检验和型式检验”进行了修订。

本标准由中国煤炭工业协会科技发展部提出。

本标准由煤炭行业煤矿安全标准化技术委员会归口。

本标准由煤炭科学研究总院抚顺分院、安标国家矿用产品安全标志中心、煤炭科学研究总院北京神州鼎天数码信息有限公司负责起草。

本标准主要起草人：余进、刘艺平、张研、陈青、朱世安、袁洪军、李振新、戴峻、郑华、余博龙、唐勇、潘雅楠、董瑾等。

本标准所代替标准历次版本发布情况为：

——MT 704—1997。

煤矿用携带型电化学式氧气测定器

1 范围

本标准规定了煤矿用氧气测定器的技术要求、试验方法、检验规则、标志、包装、使用说明、运输和贮存等。

本标准适用于煤矿井下有爆炸危险环境场所用氧气测定器(以下简称测定器)。

2 规范性引用文件

下列文件中的条款通过本标准的引用而成为本标准的条款。凡是注日期的引用文件,其随后所有修改单(不包括勘误的内容)或修改版均不适用于本标准,然而,鼓励根据本标准达成协议的各方研究是否可使用这些文件的最新版本。凡是不注日期的引用文件,其最新版本适用于本标准。

GB 191 包装储运图示标志

GB/T 2423.1 电工电子产品环境试验 第2部分:试验方法 试验A:低温

GB/T 2423.2 电工电子产品环境试验 第2部分:试验方法 试验A:高温

GB/T 2423.4 电工电子产品基本环境试验规程 试验Db:交变湿热试验方法

GB/T 2423.5 电工电子产品环境试验 第2部分:试验方法 试验Ea和导则:冲击

GB/T 2423.8 电工电子产品环境试验 第2部分:试验方法 试验Ed:自由跌落

GB/T 2423.10 电工电子产品环境试验 第2部分:试验方法 试验Fc和导则:振动(正弦)

GB 3836.1 爆炸性气体环境用电气设备 第1部分:通用要求

GB 3836.4 爆炸性气体环境用电气设备 第4部分:本质安全型"i"

GB 4208 外壳防护等级(IP代码)

GB 9969.1 工业产品使用说明书 总则

GB/T 10111 利用随机数骰子进行随机抽样的方法。

MT 209 煤矿通信、检测、控制用电工电子产品通用技术要求

MT 210 煤矿通信、检测、控制用电工电子产品基本试验方法

3 术语和定义

下列术语和定义适用于本标准。

3.1

显示值 displayed value

测定器显示的测量数值。

3.2

零点 zero point

测定器在纯氮气中正常工作时的显示值。

3.3

标定点 calibration point

测定器为满足测量准确度所选择的校准气样值。

3.4

报警点 alarm point

测定器依据使用要求所预先设置的报警启动值。

3.5

基本误差　basic error

在正常试验条件下确定的测定器测量误差值。

3.6

稳定性　stability

在规定的工作条件和时间内，测定器的零点、标定点和报警点保持在允许变化范围内的性能。

3.7

响应时间(T_{90})　T_{90} response time

氧气浓度发生阶跃变化时，测定器输出达到稳定值的90%的时间。

4　技术要求

4.1　一般要求

4.1.1　测定器应符合本标准的要求，并按经规定的程序和国家授权的试验部门审批的图样和技术文件制造。

4.1.2　测定器及其相关联的设备应经通过国家授权的防爆检验机构联检。与测定器配套的关联设备应具有有效期内矿用产品安全标志证书。

4.1.3　测定器防爆型式为：矿用本质安全型，防爆标志为“ExibI”或“ExiaI”。

4.2　正常工作环境条件

a)　温度：0 ℃～40 ℃；

b)　相对湿度：≤98%(25 ℃时)；

c)　大气压力：80 kPa～116 kPa；

d)　风速：不大于8 m/s；

e)　具有甲烷、煤尘等爆炸性混合物的煤矿井下；

f)　贮存温度：−40 ℃～60 ℃。

4.3　外观及结构要求

4.3.1　测定器的显示窗应透光良好，数码、符号均应清晰完好。

4.3.2　测定器表面、镀层或涂层不应有气泡、裂痕、明显剥落和斑点。

4.3.3　测定器应结构合理，坚固耐用。

4.3.4　测定器外壳、接插件和零件应采取防腐措施，涂、镀层应均匀、牢固，颜色一致；印制电路板应至少涂覆两次三防(防腐、防霉、防潮)漆。

4.3.5　测定器采用扩散取样方式，取样头上应有防粉尘和防风速影响的保护罩。

4.3.6　测定器应以百分体积浓度表示测量值，采用数字显示，其分辨率应不低于0.1%O_2，并应能表示值的正或负。

4.3.7　测定器应具有声光报警功能及开机自检功能。

4.3.8　测定器的测量范围宜选用0.0～25.0%O_2。

4.4　电源及充电功能检查

4.4.1　测定器应有电池电压显示、欠压提示和欠压自动关机功能。

4.4.2　测定器进行充电时，应有充电指示、充电完成关断及指示功能。

4.4.3　测定器所使用的电池及参数应满足GB 3836.4—2000中相关要求。

4.5　基本误差和零点漂移

4.5.1　基本误差应符合表1的规定。

表 1

测量范围/%O_2	基本误差/%O_2
0.0～5.0	±0.5
>5.0～25.0	±3%FS

4.5.2 **零点漂移**

在 0.0～25.0% O_2 范围内，当氧气浓度保持恒定时，测定器的显示值或输出信号值（换算为氧气浓度值）的变化量应不超过 0.3% O_2。

4.6 电池工作时间

测定器可以采用可充电电池和一次性可更换电池。其中，可充电电池每次充电后应能正常工作 10 h，基本误差和报警点应符合 4.5.1、4.10 的功能；一次性可更换电池在每天工作 10 h 的情况下应能工作 30 d，报警点及标定点误差应符合 4.5.1、4.10 的功能。

4.7 工作位置变动

当测定器偏离规定位置时，其附加误差应不超过±0.1% O_2。

4.8 工作稳定性

测定器连续工作 15 d 的基本误差应不超过 4.5.1 的规定。

4.9 响应时间

测定器的响应时间应不大于 35 s。

4.10 报警功能

4.10.1 具有报警功能的测定器应能在测量范围内任意设置报警点，报警显示值与设定值的差值应不超过±0.3% O_2。

4.10.2 报警声级强度在距其 1 m 远处的声响信号的声压级应不小于 75 db(A)；光信号应能在 20 m 远处清晰可见。

4.11 电气安全

4.11.1 测定器本安端与外壳之间，常态下其绝缘电阻应不小于 50 MΩ；交变湿热试验后，应不小于 1.5 MΩ。

4.11.2 测定器本安电路与外壳之间应能承受 500 V、50 Hz、历时 1 min 的绝缘介电强度试验而无击穿和闪络现象，且漏电流不大于 5 mA。

4.12 风速影响

测定器在 8 m/s 风速条件下试验时，其显示值的漂移量应不超过±0.1% O_2。

4.13 环境适应性

4.13.1 测定器在工作温度试验后，基本误差应符合 4.5.1 的规定。

4.13.2 测定器经贮存温度试验后，基本误差应符合 4.5.1 的规定。

4.13.3 测定器经交变湿热试验后，基本误差及电气安全应符合 4.5.1、4.11 的规定。

4.13.4 测定器经振动试验后，接插件和零部件应无松动和脱落，且基本误差应符合 4.5.1 的规定。

4.13.5 测定器经冲击试验后，接插件和零部件应无松动和脱落，且基本误差应符合 4.5.1 的规定。

4.13.6 测定器经跌落试验后，接插件和零部件应无松动和脱落，且基本误差应符合 4.5.1 的规定。

4.14 防爆要求

4.14.1 测定器应采用矿用本质安全型的防爆结构，且满足 GB 3836.1 .4 的规定。

4.14.2 测定器中任何与本质安全性能有关的元件，应符合 GB 3836.4 的规定。

4.14.3 测定器外壳防护性能应符合 GB 4208 中防护等级 IP54 的规定。

4.14.4 测定器采用塑料外壳时，外壳表面绝缘电阻应不超过 1×10^9 Ω 或使用动物毛皮外套。

4.14.5 测定器采用塑料外壳时应采用具有阻燃性能的材质制作。

4.14.6 测定器应能通过 GB 3836.4 中规定的火花点燃试验。

4.14.7 测定器在正常和故障状态下，外壳、导线及元器件的最高表面温度应不超过 150 ℃。

4.14.8 测定器外壳结构、电气间隙、爬电距离、涂层下的爬电距离符合 GB 3836.4 的规定。

4.14.9 测定器用电池及其参数应符合 GB 3836.4 的规定。

4.14.10 测定器跌落试验按 GB 3836.1 的规定进行。

5 试验方法

5.1 环境条件

除环境试验或有关标准中另有规定外，试验应在下列环境条件中进行：

a) 温度：15 ℃～35 ℃；

b) 相对湿度：45%～75%；

c) 大气压力：80 kPa～116 kPa。

5.2 试验用气样和试验用主要仪器

5.2.1 试验用气样

空气中氧气标准气样（以下简称标准气样）应采用经国家计量部门考核认证的单位提供的气样，其不确定度不大于 3%，纯氮气要求精度为大于 99.9%，各项试验所用气样应符合表 2 要求。

表 2

序号	试验项目	所需气样及取值范围/% O_2
1	基本误差试验	5.0、12.5、15.0、21.0、25.0
2	响应时间试验	12.5(氮中氧)
3	报警误差试验	15.0(氮中氧)
4	零点校准试验	纯氮气
注：标准气样值与标准气样称值的允许偏离不超过±10%。		

5.2.2 试验用主要仪器

a) 气体流量计：测量范围为 30 mL/min～300 mL/min；准确度为 4.0 级；

b) 秒表：分度值为 0.01 s；

c) 频率计：0 kHz～1 000 kHz，稳定度小于等于 1×10^{-6}；

d) 电压表及电流表：采用四位半的数字万用表，其准确度应不小于 0.5 级；

e) 声级计：测量范围为 40 dB～130 dB；分辨率为 0.1 dB。

5.3 一般要求、外观及结构要求和电源及充电器检查

用目测方法观察测定器外观及结构，检查法检查其他要求。

5.4 基本误差和零点漂移测试

5.4.1 基本误差

按规定流量，用纯氮气和 12.5% O_2 的标准气样校准三次测定器（以下简称校准测定器），在以后的测定中不得再次校准。待测定器的零点在纯氮气中稳定后，按规定流量分别向测定器依次通入 5.0% O_2、15% O_2、21% O_2、25% O_2 四种标准气样各 3 min，记录测定器的显示值。重复测定四次，取其后三次的算术平均值与标准气样的差值，即为基本误差。

5.4.2 零点漂移

测定器零点漂移在纯氮气中稳定后，按规定流量通入 12.5% O_2 的标准气样，3 min 后将测定器显示值调至与标准气样值一致，继续通气，再观察 1 min，记录 1 min 内测定器显示值的最大值和最小值的差值。重复测定三次，取其最大值。

5.5 **电池工作时间试验**

5.5.1 电源及充电功能采用检查法及 GB 3836.4—2000 中的相关规定进行试验。

5.5.2 测定器可以采用可充电电池和一次性可更换电池。其中,可充电电池充电完毕后正常工作10 h后,测试基本误差和报警点;一次性可更换电池按每天工作 10 h,根据式(1)求得

$$D=\frac{C}{I\times 10} \quad \cdots\cdots(1)$$

式中:

D——工作时间,单位为天(d);

C——电池容量,单位为安时(A·h);

I——工作电流,单位为安(A)。

5.6 **工作位置变动试验**

按正常使用方位校准测定器零点,通入 12.5%O_2 标准气样 1 min,记录测定器的显示值,然后偏离规定位置 45°,并沿该轴线旋转一周,记录与正常工作方位显示值的最大差值作为测定器的附加误差。

5.7 **工作稳定性试验**

将调整好的测定器在空气中连续运行 15 d,每天运行 10 h,正常工作 9.5 h 后记录一次零点,并按规定流量通入量程 50%左右的标准气样 3 min,记录显示值。试验期间不得调整测定器。

5.8 **响应时间测定**

将制造厂提供的扩散取样注气装置与测定器进气部位相接,按规定流量通入纯氮气,待测定器零点稳定后,以相同的流量通入量程 50%左右的标准气样 3 min,记录显示值。然后通入纯氮气,重复上述试验,待测定器的显示值达到原显示测量值 90%所需要的时间。测量三次,取其算术平均值。

5.9 **报警功能试验**

5.9.1 **报警值与设定值差值的测定**

将测定器报警点设置在 18% O_2 上,待测定器零点稳定后,缓慢通入表 2 所规定氧气浓度值的气样,记录出现声、光信号瞬间测定器的显示值并计算设定警报点氧气浓度值与显示值的差值。

5.9.2 **报警声级强度测量**

报警声强度用声级计测量,环境噪声应小于 50 dB(A)。将声级计置于测定器的报警声响器轴心正前方 1 m 处,测量三次,取其平均值。

5.9.3 **报警光信号监测**

在黑暗环境中距测定器 20 m 处观察报警光信号。

5.10 **电气安全试验**

电气安全试验按 MT 210 和 GB 3836.4 中规定的方法进行。

5.11 **风速影响试验**

将测定器放入通风试验装置中,在风流为零时调整好测定器的基准点,记录显示值,启动风机,调整风速为 $8_{+0.5}$ m/s。人为使测定器绕悬挂轴线方向转动,寻找其受风速影响的位置。固定此位置,每30 s记录一次指示值,共记录三次,取其算术平均值和基准点的差值作为漂移量。

5.12 **环境适应性试验**

试验中向测定器通入标准气样的温度应与试验要求温度一致。检测性能前允许重新校准测定器。

5.12.1 低温工作试验

低温工作试验按 GB/T 2423.1 中试验 Ab 规定的方法进行。在温度为(0±3)℃条件下,将测定器通电,稳定 2 h 后测定基本误差,以后每小时测定一次基本误差,测量三次,取其算术平均值作为测定值。

5.12.2 高温工作试验,按 GB/T 2423.2 中试验 Bb 规定的方法进行。在温度为(40±2)℃条件下,将测定器通电,稳定 2 h 后测定基本误差,以后每小时测定一次基本误差,测量三次,取其算术平均值。

5.12.3 低温贮存试验,按 GB/T 2423.1 中试验 Ab 规定的方法进行。在温度为(−40±2)℃条件下,

持续时间为 16 h。测定器非包装，不通电，不进行中间检测。试验后，在试验箱中恢复到 4.2 规定的条件下保持 2 h，再测定基本误差。

5.12.4 高温贮存试验，按 GB/T 2423.2 中试验 Bb 规定的方法进行。在温度为(60±2)℃条件下，持续时间为 16 h。测定器非包装，不通电，不进行中间检测。试验后，在试验箱中恢复到 4.2 规定的条件下保持 2 h，再测定基本误差。

5.12.5 交变湿热试验，按 GB/T 2423.4 中试验 Db 规定的方法进行。在最高温度为(40±2)℃，相对湿度为 93%±3%条件下，持续时间为 12 d。测定器非包装，不通电，不进行中间检测。试验后，在 4.2 规定的条件下保持 2 h，进行绝缘电阻与工频耐压试验，再测定基本误差。

5.12.6 振动试验，按 GB/T 2423.10 中试验 Fc 规定的方法进行。严酷等级：扫描频率范围 10 Hz～150 Hz，加速度幅值为 50 m/s^2，扫频循环次数为五次。测定器不包装，固定使用的测定器不通电，不进行中间检测；机载移动使用的测定器通电，进行中间检测。试验后，进行外观检查和测定基本误差。

5.12.7 冲击试验，按 GB/T 2423.5 中试验 Ea 规定的方法进行。严酷等级：峰值加速度为 500 m/s^2，脉冲持续时间为(11±1)ms，三个轴线每个方向连续冲击三次(共 18 次)。测定器不包装，固定使用的测定器不通电，不进行中间检测；机载移动使用的测定器通电，进行中间试验。试验后，进行外观检查和测定基本误差。

5.12.8 跌落试验，按 GB/T 2423.8 中试验 Ed 规定的方法进行。严酷等级：跌落高度为 1 m，以正常使用方向自由落向平滑、坚硬的混凝土面上共四次。测定器不包装，不进行中间检测。试验后，进行外观检查和测定基本误差。

5.13 防爆试验

5.13.1 测定器的防爆性能试验方法按 GB 3836.1.4 中规定的方法，由国家授权的防爆检验机构进行。

5.13.2 与本质安全性能有关的元件检查按 GB 3836.4 规定的方法进行。

5.13.3 外壳防护性能试验按 GB 4208 规定的方法进行。

5.13.4 塑料外壳表面绝缘电阻试验按 GB 3836.1 规定的方法进行。

5.13.5 塑料外壳的阻燃性能试验按 GB 3836.1 中附录 E 规定的方法进行。

5.13.6 测定器火花点燃试验按 GB 3836.4 规定的方法进行。

5.13.7 最高表面温度试验按 GB 3836.4 规定的方法进行。

5.13.8 电气间隙和爬电距离的测量按照 GB 3836.4 中附录 C 规定的方法进行。

5.13.9 本安参数测量：用经计量合格的仪表进行本安电压、电流测量，所测得值不应超过标准中规定值。

5.13.10 承受自 1 m 高至混凝土平台的四次自由跌落试验后，不得出现防爆型式的任何变形与损坏。

6 检验规则

检验分出厂检验和型式检验，检验项目见表 3。

表 3

序号	检 验 项 目	技术要求	试验方法	出厂检验	型式检验
1	一般检查	4.1	5.3	○	○
	外观及结构	4.3	5.3	○	○
2	电源及充电功能	4.4	5.3	○	○
3	基本误差和零点漂移	4.5	5.4	○	○
4	电池工作时间	4.6	5.5	○	○

表 3（续）

序号	检验项目	技术要求	试验方法	出厂检验	型式检验
5	工作位置变动	4.7	5.6	○	○
6	工作稳定性	4.8	5.7	○	○
7	响应时间	4.9	5.8	○	○
8	报警功能	4.10	5.9	○	○
9	电气安全	4.11	5.10	※	○
10	风速影响	4.12	5.11	—	○
11	工作温度	4.13.1	5.12.1～2	—	○
12	贮存温度	4.13.2	5.12.3～4	—	○
13	交变湿热	4.13.3	5.12.5	—	○
14	振动	4.13.4	5.12.6	—	○
15	冲击	4.13.5	5.12.7	—	○
16	跌落	4.13.6	5.12.8	—	○
17	元件本安性能	4.14.2	5.13.2	—	○
18	外壳防护性能	4.14.3	5.13.3	*	○
19	表面绝缘电阻	4.14.4	5.13.4	—	○
20	外壳阻燃性能	4.14.5	5.13.5	—	○
21	火花点燃	4.14.6	5.13.6	—	○
22	最高表面温度	4.14.7	5.13.7	*	○
23	电气间隙与爬电距离	4.14.8	5.13.8	*	○
24	本安参数测量	4.14.9	5.13.9	○	○
25	防爆跌落	4.14.10	5.13.10	—	○
注：“○”表示需要检验的项目；“—”表示不需要检验的项目；“※”表示出厂检验只作常态；“*”表示抽检项目。					

6.1 出厂检验

应由制造厂质量检验部门逐台进行出厂检验，检验合格并发给合格证后方可出厂。

6.2 型式检验及判定原则

6.2.1 有下列情况之一时，应进行型式检验：

a） 新产品试制、定型鉴定或老产品转厂生产时；

b） 正式生产后如结构、材料、工艺有较大改变，可能影响产品性能时；

c） 正常生产的测定器每三年应进行一次；

d） 停产二年以上再次恢复生产时；

e） 出厂检验结果与上次型式检验有较大差异时；

f） 国家授权检验机构提出要求时。

6.2.2 型式检验应由国家授权的质量监督检验机构负责进行。

6.2.3 抽样

从出厂检验合格的测定器中按 GB/T 10111 规定的方法进行，抽样基数不少于 30 台，抽样数量不少于 3 台。

6.2.4 判定规则

受检测定器为3台，在检验中如有一台项不合格，应加倍抽样全项复检。复检仍有一台项不合格的，则判定该批产品不合格；否则合格。

7 标志、包装、使用说明书、运输和贮存

7.1 标志

7.1.1 测定器的外壳明显处应设有永久性“ExibI”或“ExiaI”、“MA”标志和计量器具标志。

7.1.2 测定器的铭牌上应有下列内容：

a） 产品名称和型号；

b） 防爆标志；

c） 防爆合格证编号；

d） 煤矿安全标志编号；

e） 制造计量器具许可证编号；

f） 主要技术参数(包括本安参数)；

g） 电池的使用型号及节数；

h） 制造厂名称；

i） 出厂编号和日期。

7.1.3 包装标志：

a） 发货标志应符合有关运输规定；

b） 作业标志应符合 GB 191 的规定。

7.2 包装

7.2.1 包装应采用复合防护包装类型，具有防雨、防潮、防尘、防振等能力。

7.2.2 包装箱内应有下列文件：

a） 产品合格证；

b） 产品使用说明书；

c） 装箱单。

7.3 使用说明书

使用说明书按 GB 9969.1 的规定编写。

7.4 运输

包装好的产品应适合公路、铁路、水路和航空运输。

7.5 储存

产品应贮存在通风良好的库房内，距热源不少于 1 m，库内温度为 5 ℃～40 ℃，不能与油类、腐蚀性药剂、气体、蒸汽等混放。

ICS 29.260.20
D 98
备案号:20432—2007

MT

中华人民共和国煤炭行业标准

MT/T 705—2007
代替 MT 705—1997

煤矿用隔爆型低压插销

Flameproof low-voltage plugs and sockets for coal mine

2007-03-30 发布 2007-07-01 实施

国家安全生产监督管理总局 发布

前　言

本标准是对 MT 705—1997《煤矿用隔爆型低压插销》的修订，本标准代替 MT 705—1997。

本次修订主要是针对标准中引用的 GB 3836.1～2 标准由 1983 年版更新到 2000 年版，GB 3836.1～2—2000 标准等同 IEC 60079－0:1998、IEC 60079－1:1990，在内容上有较大改动，故本次标准的防爆内容也作了相应修订。另外 GB/T 14048.1 和 GB 14048.5 标准也已修订，本标准的电气性能也相应进行了以下修订。

——规范性引用文件中增加了 MT/T 661—1997 煤矿井下用电器设备通用技术条件；
——隔爆接合面隔爆参数代号发生变化；
——5.15 条增加“冲击能量为 20 J(非采掘工作面用插销可为 7 J)”；
——5.4 条增加“工频耐压试验电压值(交流有效值)见表 2，时间为 1 min”；
——5.6 条在交变湿热试验前增加“严酷等级为高温＋40 ℃，试验周期 12 d 的”；
——隔爆接合面长度 L 给出的是范围值，且纠正原标准中的错误；
——修改了绝缘电阻值表的内容；
——水压试验改为静压试验；
——轻合金外壳金属含量按 GB 3836.1—2000 进行了修改，并增加了摩擦火花试验；
——5.20 条改为 5.19 条，其中的强度试验改为外壳耐压试验，隔爆性能试验改为内部点燃的不传爆试验；
——6.1 条删除“工频耐压试验电压值(交流有效值)见表 2，时间为 1 min”；
——6.3 条删除“严酷等级为高温＋40 ℃，试验周期 12 d 的”；
——6.9 条删除“冲击能量为 20 J(非采掘工作面用插销可为 7 J)”；
——删除 5.17、6.11、6.12、6.13 条；
——在检验项目表中，增加了检验项目和试验方法；
——修改了插销检验项目表；
——7.2.1.f 条改为“国家有关部门提出进行型式检验的要求时”。

本标准由中国煤炭工业协会科技发展部提出。

本标准由煤炭行业煤矿安全标准化技术委员会归口。

本标准起草单位：煤炭科学研究总院抚顺分院。

本标准起草人：石磊、陈捷频、杨光鸽、任楠。

本标准 1997 年 12 月 30 日首次发布，2006 年 8 月第一次修订。

煤矿用隔爆型低压插销

1 范围

本标准规定了煤矿用隔爆型低压插销的产品分类、技术要求、试验方法、检验规则、标志、包装、运输和贮存。

本标准适用于作为电缆和用电设备连接的煤矿用隔爆型低压插销(以下简称“插销”)。

2 规范性引用文件

下列标准所包含的条文,通过在本标准中引用而构成为本标准的条文。本标准出版时,所示版本均为有效。所有标准都会被修订,使用本标准的各方应探讨使用下列标准最新版本的可能性。

GB 156—2003 标准电压

GB 191—2000 包装储运图示标志

GB/T 228—2002 金属材料 室温拉伸试验方法

GB/T 762—2002 标准电流等级

GB/T 1410—2006 固体绝缘材料体积电阻率和表面电阻率试验方法

GB/T 2423.4—1993 电工电子产品基本环境试验规程 试验 Db:交变湿热试验方法

GB/T 2900.1—1992 电工术语 基本术语

GB/T 2900.18—1992 电工术语 低压电器

GB 2900.35—1998 电工术语 爆炸性环境用电气设备

GB 3836.1—2000 爆炸性气体环境用电气设备 第1部分:通用要求

GB 3836.2—2000 爆炸性气体环境用电气设备 第2部分:隔爆型“d”

GB 3838.3—2000 爆炸性气体环境用电气设备 第3部分:增安型“e”

GB 4942.2—1993 低压电器外壳防护等级

GB/T 10111—1988 利用随机数骰子进行随机抽样的方法

GB/T 11020—2005 固体非金属材料暴露在火焰源的燃烧性试验方法清单

CB/T 14048.1—2000 低压开关设备和控制设备 总则

JB/T 4312—1999 隔爆型插销

MT/T 661—1997 煤矿井下用电器设备通用技术条件

3 术语和定义

3.1 本标准采用下列定义。除此之外,应符合本标准第2章所列标准中的有关名词术语的规定。

3.1.1

可逆式 phase congvertible

插头可以沿两个方位插入,以改变所连接的三相电路的相序或电机的旋转方向。

3.1.2

不可逆式 phase unconvertible

插头只能沿一个方位插入。

3.2 符号和缩略语按 GB 3836.1~3836.2、GB/T 14048.1 中的规定。

4 产品分类

4.1 型式

4.1.1 防爆型式为矿用隔爆型(Exd I)。

4.1.2 按操作方式分为可逆式和不可逆式。

4.1.3 插孔、插杆的结构型式推荐采用JB/T 4312中的型式。

4.2 型号及含义

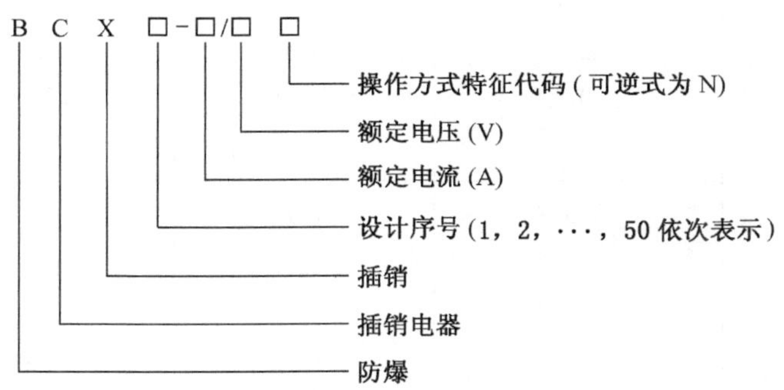

4.3 基本参数

4.3.1 额定电压：交流36 V,127 V,220 V,380 V,660 V,1 140 V。

直流36 V,48 V,110 V,220 V。

4.3.2 额定电流：10 A,16 A,20 A,25 A,31.5(32)A,50 A,63 A,100 A,125 A,160 A,200 A

注：电流参数不符合上述规定时，若其他性能参数能满足要求，则仍认为符合本标准要求。

4.3.3 交流电源额定频率：50(60)Hz。

4.3.4 插销为不间断工作制。

5 技术要求

5.1 产品应符合本标准的要求，并按照经规定程序批准的图样和技术文件制造。

5.2 插销在下列条件下应能正常工作：

a) 环境气压：86～110 kPa；

b) 环境温度：－20～＋40 ℃；

c) 空气相对湿度：不大于98%(＋25 ℃时)；

d) 具有甲烷爆炸性气体混合物的煤矿井下；

e) 无显著摇动和剧烈冲击振动的环境；

f) 污染等级：3级；

g) 安装类别：Ⅲ。

5.3 插销内不同电位的带电零件之间、带电零件与壳体等接地体之间的电气间隙和爬电距离应不小于表1的规定。

表 1　电气间隙和爬电距离

位置	额定电压 V	最小电气间隙 mm	最小爬电距离，mm		
			Ⅰ	Ⅱ	Ⅲa
接线腔	36	2.1	2.1	2.6	3.4
	48	2.1	2.1	2.6	3.4
	110	2.5	2.5	3.2	4.0
	127	3.2	3.2	7.0	5.0
	220	5.0	5.0	6.8	8.0
	380	6.0	8.0	10.0	12.5
	660	10.0	12.0	16.0	20.0
	1 140	15.0	21.0	26.0	33.0
主腔	36	0.8	1.4	1.6	1.8
	48	0.8	1.5	1.7	1.9
	110	1.5	1.9	2.1	2.4
	127	1.5	1.9	2.1	2.4
	220	3.0	3.2	3.6	4.0
	380	5.5	5.0	5.6	6.3
	660	8.0	8.0	9.0	10.0
	1 140	14.0	16.0	18.0	20.0
注：Ⅰ、Ⅱ、Ⅲa 系根据绝缘材料相比漏电起痕指数(CTI)划分的组别。					

5.4　插销的绝缘部件在工频耐压试验时，应无击穿和闪络现象。工频耐压试验电压值(交流有效值)见表 2，时间为 1 min。

表 2　工频耐压试验电压值

额定绝缘电压 U_1 V	工频耐压试验电压值(交流有效值) V
$U_1 \leqslant 60$	1 000
$60 < U_1 \leqslant 300$	2 000
$300 < U_1 \leqslant 660$	2 500
$1\ 000 < U_1 \leqslant 1\ 200$	4 200

5.5　插销接线端子和导电接触零件温升应不超过表 3 所规定的值。

表 3　极限温升

部位		温升，K
接线端子	裸紫铜	60
	裸黄铜	65
	紫铜(或黄铜)镀锡	65
	紫铜(或黄铜)镀银或镀镍	70
	其他金属	65
导电接触零件		45

5.6　插销需承受严酷等级为高温+40 ℃，试验周期 12 d 的交变湿热试验，试后绝缘电阻值应不小于表 4 的规定，并能承受本标准规定的工频耐压试验，且隔爆面不应有锈蚀现象。

表 4 绝缘电阻值

额定绝缘电压 U_1,V	$U_1 \leqslant 60$	$60 < U_1 \leqslant 660$	$660 < U_1 \leqslant 1\ 650$
绝缘电阻最小值,MΩ	1.0	1.5	2.5

5.7 插销的插孔、插杆的配合应保证可靠接触,插接时每一极的接触电阻应不大于表 5 的规定。

表 5 接触电阻值

额定电流 A	每一极接触电阻值 $\times 10^{-4}\ \Omega$	额定电流 A	每一极接触电阻值 $\times 10^{-4}\ \Omega$
10	5.8	63	3.0
16	5.5	100	2.0
20	5.2	125	1.8
25	5.0	160	1.56
31.5(32)	5.0	200	1.2
50	3.0		

5.8 插销每一极的拔出力应符合表 6 的规定。

表 6 拔出力

额定电流 A	每一极拔出力 ×9.8 N	额定电流 A	每一极拔出力 ×9.8 N
10	0.02～0.8	63	0.1～2.0
16	0.03～1.0	100	0.5～2.7
20	0.05～1.2	125	0.8～3.0
25	0.06～1.3	160	1.0～3.4
31.5(32)	0.06～1.3	200	1.5～5.8
50	0.1～2.0		

5.9 插销在不通电时,应能承受 1 000 次(对可逆式,正、反向各 500 次)的插拔试验(试验时允许将插接后的扣紧或固定结构解除),试验后,插销应能满足下列要求:

a) 零件不应出现妨碍正常使用的损伤,如弹性零件的失效,绝缘材料的破裂等;

b) 温升符合 5.5 的规定(或检测其接触电阻不大于表 5 规定值的 120%);

c) 每一极的拔出力不低于表 6 规定的下限值的 80%;

d) 插销外壳隔爆接合面直径差仍应符合表 7 的规定。

表 7 隔爆接合面结构参数

接合面型式	接合面宽度 L mm	l mm	L,mm 外壳净容量(V),cm^3 $V \leqslant 100$	 $V > 100$
平面、止口或圆筒结构	$6.0 \leqslant L < 12.5$	$\geqslant 6.0$	0.30	—
	$12.5 \leqslant L < 25$	$\geqslant 8.0$	0.40	0.40
	$25 \leqslant L < 40$	$\geqslant 9.0$	0.50	0.50
	$40.0 \leqslant L$	$\geqslant 9.0$	—	0.60

注:插销的触头在断电瞬间外壳隔爆接合面应符合下列要求:
当 $V \leqslant 500\ cm^3$ 时,$L \geqslant 15.0$ mm,$i_c \leqslant 0.50$ mm;
当 $V > 500\ cm^3$ 时,$L \geqslant 25.0$ man,$i_c \leqslant 0.60$ mm。

5.10 插销内的接线端子应选用标准件，扭转试验时不应转动和损坏。

5.11 插销隔爆接合面的最小有效长度 L、螺栓通孔边缘至隔爆接合面内缘的最小有效长度 l 和隔爆接合面的最大间隙（或直径差）i_c 必须符合表7的规定。

5.12 插销隔爆接合面的粗糙度 Ra 应不超过 6.3 μm，金属外壳隔爆接合面应采取防锈措施，但不得涂油漆。

5.13 插销隔爆外壳的紧固件应采取防松措施，采用防松垫圈时，螺栓和不透螺孔紧固后还应留有大于2倍防松垫圈厚度的螺纹余量。紧固螺孔不得穿通外壳壁，螺孔周围和底部的厚度应不小于螺栓直径的1/3，但至少为3.0 mm。螺栓和螺母不允许用轻合金材料制造。

5.14 插销隔爆外壳应能承受GB 3836.2中规定的静压试验（水压试验），历时 10^{+2}_{0} s，如果外壳无结构损坏或可能影响隔爆性能的永久变形，则认为试验合格。

5.15 插销隔爆外壳经冲击试验（壁厚大于3 mm的钢材外壳除外）后及携带式插销经跌落试验后，不得产生影响防爆性能的变形或损坏。冲击能量为20 J（非采掘工作面用插销可为7 J）。

5.16 插销隔爆外壳的防护等级应不低于IP54。

5.17 插销引入装置应符合GB 3836.1的要求，宜选用标准件。

5.17.1 引入装置经夹紧试验后，试棒位移应不大于6 mm，其结构不应损坏。

5.17.2 引入装置经密封试验、机械强度试验后，不得滴水和损坏。

5.17.3 引入装置中的弹性密封圈的硬度应为IRHD45～55度，应能承受GB 3836.1中附录D3.3规定弹性密封圈老化试验，经弹性密封圈老化试验后，其硬度变化应不超过20%。

5.18 非采掘工作面用的或外壳容积不大于2 000 cm^2 插销隔爆外壳可用抗拉强度不低于HT250的铸铁和符合GB 3836.1第8条的轻合金制成。

5.19 插销外壳应能承受GB 3836.2中15.1和15.2规定的外壳耐压试验和内部点燃不传爆试验。经外壳耐压试验后，不得产生影响隔爆性能的变形或损坏；进行内部点燃不传爆试验时，不应传爆。

5.20 插销的接地端子应制成专用的插杆和插孔，不允许用外壳接地代替接地端子。接地插杆须比主插杆先接触后断开，但对用接地芯线作为控制线者除外。

5.21 由金属制成的插销，其内、外表面应先涂防锈底漆（有色金属除外），然后内表面应均匀地涂耐弧漆，外表面涂磁漆。

5.22 插销上所有黑色金属零部件应采取防腐蚀措施。

5.23 插销应设置机械或电气联锁，以保证在触头带电时插销不能分开，插销分开后触头不能带电。未设置联锁的插销，应采用GB 3836.1规定的特殊紧固件固定在一起，且应设置"严禁带电插拔"字样的警告牌。

5.24 当额定电压低于250 V，电流小于16 A时，若使用防止骤然拔脱的徐动装置，采用延时脱扣器熄灭电弧，且在电弧熄灭期间仍具有隔爆性能的插接组件，在插杆与插孔分开后，插孔组件具有IP44防护等级的防护罩，则5.23的规定可以例外。

5.25 插销应保证在使用过程中不能自行松脱。插杆拔脱后，插孔内不允许有裸露带电部分；插孔组件入口处应设置便于开启的防护罩。但5.24规定的结构可以例外。

5.26 对直流插销，在结构上应防止正、负极误插接的措施。

6 试验方法

6.1 工频耐压试验按GB/T 14048.1中8.3.3.4的规定进行。

6.2 温升试验按GB/T 14048.1中8.3.3.3的规定进行。

6.3 交变湿热试验按GB/T 2423.4的规定进行。

6.4 接触电阻测定按JB/T 4312中5.5的规定进行。

6.5 插拔力测定按JB/T 4312中5.6的规定进行。

6.6 插拔试验按 JB/T 4312 中 5.7 的规定进行。

6.7 连接件扭转试验按 GB 3836.1 中 23.4.5 的规定进行。

6.8 静压试验按 GB 3836.2 中 15.1.2.1 的规定进行。

6.9 冲击试验和跌落试验按 GB 3836.1 中 23.4.3.1 的规定进行。

6.10 防护试验按 GB 4942.2 的规定进行。

6.11 引入装置夹紧试验按 GB 3836.1 中附录 D3.1 的规定进行。

6.12 引入装置密封试验、机械强度试验按 GB 3836.2 中附录 D2 的规定进行。

6.13 橡胶材料老化试验按 GB 3836.1 中附录 D3.3 的规定进行。

6.14 摩擦火花试验按 GB 3836.1 中第 8 条进行。

6.15 外壳耐压试验和内部点燃不传爆试验按 GB 3836.2 中 15.1 和 15.2 的规定进行。

6.16 电气间隙和爬电距离、隔爆参数、隔爆面表面粗糙度和防锈、紧固、接地、涂漆、联锁、标志、装配质量等的检查按 GB 3836.1、GB 3836.2、GB 3836.3 的规定进行。

7 检验规则

7.1 出厂检验

7.1.1 产品应经制造厂质量检验部门逐台检验，检验合格并签发合格证后方可出厂。

7.1.2 产品检验项目按表 8 规定进行。

表 8 插销检验项目

序号	检验项目	技术要求	试验方法	出厂检验	型式检验
1	电气间隙和爬电距离	5.3	6.16	√	√
2	工频耐压试验	5.4	6.1	√	√
3	温升试验	5.5	6.2	—	√
4	交变湿热试验	5.6	6.3	—	√
5	接触电阻试验	5.7	6.4	—	√
6	插拔力试验	5.8	6.5	—	√
7	插拔试验	5.9	6.6	—	√
8	扭转试验	5.10	6.7	—	√
9**	隔爆结构及参数检查	5.11	6.16	√	√
10	隔爆结合面粗糙度检查	5.12	6.16	√	√
11	紧固件检查	5.13	6.16	√	√
12**	静压试验	5.14	6.8	√	√
13**	冲击及跌落试验	5.15	6.9	—	√
14	防护试验	5.16	6.10	—	√
15	引入装置夹紧试验	5.17.1	6.11	—	√
16	引入装置密封试验、机械强度试验	5.17.2	6.12	—	√
17	橡胶圈的老化试验	5.17.3	6.13	—	√
18	轻合金材质的摩擦火花试验	5.18	6.14	—	√
19**	防爆性能试验	5.19	6.15	—	√
20*	接地标志的检查	5.20	6.16	√	√

表 8(续)

序号	检验项目	技术要求	试验方法	出厂检验	型式检验
21*	涂漆检查	5.21	6.16	√	√
22*	防腐检查	5.22	6.16	√	√
23	机械和电气联锁检查	5.23	6.16	√	√
24	徐动装置检查	5.24	6.16	√	√
25	防松结构检查	5.25	6.16	√	√
注 1：表中序号有“*”项为一般项目，有“**”项为关键项目，其余为重要项目。 注 2：表中对应格内“√”为应进行的检验项目，“—”为不检项目。					

7.2 型式检验

7.2.1 有下列情况之一时，应进行型式检验：

a) 新产品或老产品转厂生产的试制定型鉴定；

b) 正式生产后，如结构、材料、工艺有较大改变，可能影响产品性能时；

c) 正常生产时，每隔 5 年进行一次；

d) 产品停产 2 年后，恢复生产时；

e) 出厂检验结果与上次型式检验有较大差异时；

f) 国家有关部门提出进行型式检验的要求时。

7.2.2 产品型式检验项目按表 8 规定进行。试验数量为 2 台。

7.2.3 抽样：按 GB/T 10111 的规定，抽样基数为 10 台，抽样数量至少为 2 台。

7.2.4 判定规则：对关键项目，如有 1 台项不合格，则判定该批产品为不合格。对重要项目，如有 2 台项不合格，则判定该批产品为不合格；如有 1 台项不合格，则对该项目加倍复查，复查中仍有 1 台项不合格，则判定该批产品为不合格。对一般项目，不作判定。

8 标志、包装、运输和贮存

8.1 插销外壳明显处应设置清晰的永久性标志“ExdI”和煤矿安全标志“MA”。

8.2 插销外壳明显处应设置厚度不小于 1.0mm 的铜质或不锈钢质铭牌，并可靠固定。铭牌上应清晰地标明下列内容：

a) 产品型号和名称；

b) 额定电压和额定电流；

c) 防煤标志(ExdI)；

e) 防爆合格证号编号和安全标志编号；

f) 出厂日期和编号；

g) 制造厂名称。

8.3 插销应装箱出厂。包装箱外壁应有明显的文字和标志，其内容包括：

a) 收货单位和地址；

b) 产品型号和名称；

c) 包装箱尺寸和总重量；

d) 符合 GB 191 规定的“小心轻放”、“怕湿”等标志；

e) 制造厂名称和地址。

8.4 产品装箱物件：

a) 装箱单；

b） 产品合格证书；

c） 产品使用说明书；

d） 工具附件。

8.5 包装箱在运输过程中不得受到强烈颠簸、振动，并应防止雨雪侵袭。

8.6 插销应贮存于没有雨雪侵入、空气流通的库房中。

ICS 29.260.20
D 98
备案号：20433—2007

MT

中华人民共和国煤炭行业标准

MT/T 706—2007
代替 MT 706—1997

一般兼矿用本质安全型安全栅

Mine safety barrier for non-explosive atmosphere

2007-03-30 发布　　2007-07-01 实施

国家安全生产监督管理总局　发布

前　言

本标准为强制性标准。

本标准代替 MT 706—1997《一般兼矿用本质安全型安全栅》。

本标准与 MT 706—1997 相比主要变化如下：

——增加了矩形电流脉冲试验(本标准 5.5 条)；

——接线端子与外壳及接地端子间距离作了改动(本标准 4.2.3、4.2.4 条)；

——变压器的绝缘强度值作了改动(本标准表 4)；

——增加了绝缘电阻测量(本标准表 3)；

——增加了环境适应性试验(本标准 4.10、5.8～5.13 条)；

——删掉了熔断器的电流—时间特性表(原标准表 4)；

——增加了二极管温度试验(本标准 4.5.3,5.14 条)。

本标准由中国煤炭工业协会科技发展部提出。

本标准由煤炭行业煤矿安全标准化技术委员会归口。

本标准由煤炭科学研究总院抚顺分院、中国矿业大学(北京)负责起草。

本标准主要起草人：付淑玲、李者、付文俊、张岩、张芳、冯利国。

一般兼矿用本质安全型安全栅

1 范围

本标准规定了一般兼矿用本质安全型安全栅的产品分类、技术要求、试验方法、检验规则、标志、包装、运输与贮存等。

本标准适用于一般兼矿用本质安全型安全栅(以下简称“安全栅”)。

2 规范性引用文件

下列文件中的条款通过本标准的引用而成为本标准的条款。凡是注日期的引用文件,其随后所有的修改单(不包括勘误的内容)或修订版均不适用于本标准,然而,鼓励根据本标准达成协议的各方研究是否可使用这些文件的最新版本。凡是不注日期的引用文件,其最新版本适用于本标准。

GB 191—2000 包装储运图示标志

GB/T 2423.1—2001 电工电子产品环境试验 第2部分:试验方法 试验A:低温

GB/T 2423.2—2001 电工电子产品环境试验 第2部分:试验方法 试验B:高温

GB/T 2423.4—1993 电工电子产品基本环境试验规程 试验Db:交变湿热试验方法

GB/T 2423.5—1995 电工电子产品环境试验 第2部分:试验方法 试验Ea和导则:冲击

GB/T 2423.10—1995 电工电子产品环境试验 第2部分:试验方法 试验Fc和导则:振动(正弦)

GB/T 2900.35 电工名词术语 爆炸性环境用防爆电气设备

GB 3836.1—2000 爆炸性气体环境用电气设备 通用要求

GB 3836.4—2000 爆炸性气体环境用电气设备 本质安全型“i”

GB 4208—1993 外壳防护等级(IP代码)

GB/T 6388 运输包装收发货标志

GB/T 14048.1—2000 低压开关设备和控制设备 总则

MT 209—1990 煤矿通信、检测、控制用电工电子产品通用技术要求

MT 210—1990 煤矿通信、检测、控制用电工电子产品基本试验方法

MT/T 408—1995 煤矿用直流稳压电源

3 防爆型式和分类

3.1 安全栅的防爆型式为一般兼矿用本质安全型;防爆标志为[Exib]I或[Exia]I;

3.2 安全栅的分类按保护方式分为二极管安全栅和隔离式安全栅。

4 技术要求

4.1 一般要求

4.1.1 安全栅应符合本标准规定,并按照经规定程序批准的图样及技术文件制造。

4.1.2 安全栅的电气技术指标在满足相关系统要求的同时,必须符合本标准的规定。

4.1.3 安全栅在下列条件下应能正常工作:

a) 环境压力:86～106 kPa;

b) 环境温度:0～+40 ℃;

c) 空气相对湿度:≤95%RH(+25 ℃时);

d） 在不具有爆炸性气体混合物的安全场所；

e） 无显著摇动和剧烈冲击振动的环境。

4.1.4 连接安全栅本安侧的电缆在满足相关标准要求的同时，必须满足本标准的规定。

4.1.5 安全栅的印制线路板元件组装调试后应至少喷涂两遍或浸一次三防漆。

4.1.6 安全栅的外壳至少应具有 IP20 的防护等级。

4.1.7 安全栅的本安电路应采用蓝色导线或套蓝色套管，其导线直径应符合其技术指标要求并单独布置。

4.1.8 安全栅除符合本标准的规定外还应符合 GB 3836.1、GB 3836.4 等相关标准的有关规定。

4.2 接线端子

4.2.1 本安接线端子与非本安接线端子之间的距离应不小于 50 mm。

4.2.2 本安电路接线端子及引出装置旁设“ia”或“ib”或蓝色标记。

4.2.3 本安电路接线端子与接地端子之间的距离应不小于 3 mm。

4.2.4 本安接线端子与外壳之间的距离应不小于 3 mm。

4.3 结构

4.3.1 安全栅应设有一个以上接地端子。

4.3.2 安全栅应设有防误装配措施(采用不对称形状或颜色)。

4.4 隔离变压器

4.4.1 安全栅用变压器在进行工频耐压试验时，应无击穿和闪络现象。

4.4.2 向安全栅供电的变压器输入绕组应设有熔断器或断路器保护。

4.4.3 变压器向本安回路供电的端子与其他端子应分开布置，其电气间隙与爬电距离须不小于表 2 的规定值。

4.4.4 变压器中向本安电路供电的绕组应与其他绕组分开布置。

4.4.5 变压器中向本安电路供电的绕组与其他绕组内外布置时，应采取下列措施之一：

a） 向本安电路供电的绕组与其他绕组间有固体绝缘。

b） 本安电路的绕组与其他绕组间用接地屏蔽隔离。屏蔽厚度应不小于表 1 的规定值。

表 1 屏蔽厚度

熔断器额定电流，A	0.1	0.5	1	2	3	5
屏蔽金属箔最小厚度，mm	0.05	0.05	0.075	0.15	0.25	0.3
屏蔽绕组的导线直径，mm	0.2	0.45	0.63	0.9	1.12	1.4

4.4.6 向本安电路供电变压器的铁芯必须接地。

4.5 主要元器件和组件

4.5.1 本安电路与非本安电路裸露导体之间的电气间隙与爬电距离须不小于表 2 的规定。

表 2 电气间隙与爬电距离

额定电压 V(峰值)	电气间隙 mm	浇封中间距 mm	爬电距离 mm	涂层下的爬电距离 mm
10	1.5	0.5	1.5	0.5
30	2.0	0.7	2.0	0.7
60	3	1	3	1
90	4	1.3	4	1.3
190	5	1.7	8	2.6
375	6	2.0	10	3.3

4.5.2 安全栅在非本安端为最高允许电压，在本安端短路或开路时，各元件承受的电流、电压或功率应不大于其额定值的 2/3。

4.5.3 每只二极管应承受 2 h、150 ℃的温度试验。

4.5.4 每只二极管应承受矩形电流脉冲试验。

4.5.5 用熔断器保护元件时，熔断器的时间—电流特性应保证不超过元件瞬态值，当熔断器的时间—电流特性与制造厂提供的现有数据不适用时，则应抽 10 个样品进行矩形电流脉冲试验。

4.6 安全栅本安电路及绝缘导线在进行工频耐压试验时应无击穿和闪络现象。

4.7 电气安全

4.7.1 安全栅的电源输入端、输出端与外壳间的绝缘电阻值应符合表 3 的规定。

4.7.2 安全栅的电源输入端、输出端与外壳间的工频耐压值应符合表 3 的规定，历时 1 min，且无火花、飞弧和击穿现象。

表 3

<table>
<tr><th rowspan="2">试验部位</th><th rowspan="2">额定电压，V</th><th colspan="2">绝缘电阻，MΩ</th><th rowspan="2">试验电压，V</th></tr>
<tr><th>常态</th><th>湿热试验后</th></tr>
<tr><td rowspan="6">电源输入端与外壳间</td><td>1 140</td><td rowspan="6">50</td><td>2.0</td><td>4 200</td></tr>
<tr><td>660</td><td rowspan="5">1.5</td><td rowspan="2">2 500</td></tr>
<tr><td>380</td></tr>
<tr><td>220</td><td rowspan="3">2 000</td></tr>
<tr><td>127</td></tr>
<tr><td>36</td></tr>
<tr><td>电源输出端与外壳间</td><td>≤60</td><td>10</td><td>1.0</td><td>1 000</td></tr>
</table>

4.8 安全栅在非本安端加最高允许电压时，本安端最高输出电压和最大输出电流不得大于设计规定值，并能承受 GB 3836.4 第 10 章规定的火花点燃试验。

4.9 工作稳定性

安全栅应进行工作稳定性试验，通电时间不少于 2 d，其电气性能应符合各自产品标准的规定。

4.10 环境适应性

4.10.1 安全栅在工作状态应能通过＋40 ℃、2 h 高温工作试验，其电气性能及外观质量应符合各自产品标准的规定。

4.10.2 安全栅在工作状态应能通过 0 ℃、2 h 低温工作试验，其电气性能及外观质量应符合各自产品标准的规定。

4.10.3 安全栅在非工作状态应能通过＋60 ℃、16 h 高温贮存试验，经 2 h 恢复后其电气性能及外观质量应符合各自产品标准的规定。

4.10.4 安全栅在非工作状态应能通过－40 ℃、16 h 低温贮存试验，经 2 h 恢复后其电气性能及外观质量应符合各自产品标准的规定。

4.10.5 安全栅应能承受严酷等级为高温 40 ℃，周期 6 d 的交变湿热试验，其电气性能、电气安全及外观质量应符合各自产品标准的规定。

4.10.6 安全栅在非工作状态应能承受三个轴向上频率 10～150 Hz、加速度 20 m/s^2 的振动试验，试验后检查电气性能及外观质量应符合各自产品标准的规定。

4.10.7 安全栅在非工作状态应能承受峰值加速度 300 m/s^2、脉冲持续时间 18 ms、三个互相垂直轴线的每个方向连续冲击 3 次(共 18 次)的冲击试验，试验后检查电气性能及外观质量应符合各自产品标准的规定。

5 试验方法

5.1 工频耐压试验

按 GB/T 14048.1 和 GB 3836.4 第 10.6 条规定进行，工频耐压试验值见表 3、表 4、表 5。

表 4 变压器绝缘强度值

部　　位	试验电压，V	备　　注
向本安电路供电的副绕组与接地屏蔽、铁芯之间及其与其他所有绕组之间	2*U*＋1 000，最低为 1 500	*U* 为任一绕组试验中的最高额定电压

表 5 工频耐压试验值

部　　位	试验电压，V	*U* 的意义
本安电路与接地部分之间	2*U* 最低为 500	*U* 为本安电路电压
本安电路与非本安电路之间	2*U*＋1 000 最低为 1 500	*U* 为二路电压之和
本安电路用绝缘导线	2*U* 最低为 500	*U* 为本安电路电压
同一外壳中非本安绝缘导线	2*U*＋1 000 最低为 1 500	*U* 为二路电压之和

5.2 交变湿热试验

按 GB/T 2423.4 中的规定进行，严酷等级为高温＋40 ℃，试验周期 6 d。

5.3 外壳防护性能试验

按 GB 4208 中的有关规定进行。

5.4 电源波动能力测试

应在安全栅的额定供电电压的±10％范围内测试每种电压下的电气性能应符合各自产品标准的规定。

5.5 矩形电流脉冲试验

按 GB 3836.4 中的有关规定进行。

5.6 本安火花点燃试验

按 GB 3836.4 中的规定进行。

5.7 绝缘电阻测量

按 MT 210 第 7 章的规定进行测量。

5.8 低温工作试验

按 GB/T 2423.1 的规定进行。

5.9 高温工作试验

按 GB/T 2423.2 的规定进行。

5.10 低温贮存试验

按 GB/T 2423.1 的规定进行。

5.11 高温贮存试验

按 GB/T 2423.2 的规定进行。

5.12 振动试验

按 GB/T 2423.10 的规定进行。

5.13 冲击试验

按 GB/T 2423.5 的规定进行。

5.14 二极管温度试验

按 GB 3836.4 中有关规定进行。

5.15 外观、装配质量、第 4.2 条、第 4.3 条、第 4.5 条的检查

按 GB/T 14048.1 和 GB 3836.4 中的有关规定进行。

6 检验规则

6.1 出厂检验

6.1.1 出厂检验由制造厂质量检验部门逐台进行，检验合格并发给产品合格证后方可出厂。

6.1.2 出厂检验项目按表 6 内容进行。

表 6

序号	检验项目	技术要求	试验方法	判定类别	出厂检验	型式检验
1	外观	4.2.2,4.3.1,7.1.1	5.15	C	○	○
2	电气间隙与爬电距离	4.2.1,4.2.3,4.2.4,4.4.3,4.5.1	5.15	A	○	○
3	机芯组装	4.1.7,4.3.2,4.4.2,4.4.4～.6	5.15	A	○	○
4	交变湿热试验	4.10.5	5.2	B	—	○
5	耐压试验	4.4.1,4.6,4.7.2	5.1	A	○	○
6	防护试验	4.1.6	5.3	B	—	○
7	本安火花点燃	4.8	5.6	A	*	○
8	矩形电流脉冲	4.5.4	5.5	A	—	○
9	绝缘电阻测量	4.7.1	5.7	A	○	○
10	低温工作	4.10.2	5.8	B	—	○
11	高温工作	4.10.1	5.9	B	—	○
12	低温贮存	4.10.4	5.10	B	—	○
13	高温贮存	4.10.3	5.11	B	—	○
14	振动试验	4.10.6	5.12	B	—	○
15	冲击试验	4.10.7	5.13	B	—	○
16	二极管温度试验	4.5.3	5.14	A	#	○

注 1：表中“C”款为一般项目，“B”款为重要项目，“A”款为关键项目。

注 2：表中对应格内“○”款为应进行的检验项目，“—”为不检验项目，“ * ”为出厂时只进行本安参数测量，“ # ”为例行试验项目。

6.2 型式检验

6.2.1 有下列情况之一时应进行型式检验：

a） 新产品或老产品转厂生产试制定型鉴定时；

b） 正常生产后，如结构、材料、工艺有较大改变，可能影响安全栅性能时；

c） 正常生产时，每 5 年应进行一次；

d） 产品长期停产 2 年后恢复生产时；

e） 出厂检验结果与上次型式检验有较大差异时；

f） 当国家有关部门提出进行型式检验要求时。

6.2.2 型式检验项目按表6内容进行。

6.2.3 **判定规则**

对关键项目,如有1台中的1项不合格时,则判定该批产品为不合格;对重要项目,如有2台项不合格,则判定该批产品为不合格,并应对该项目加倍复查,如复查中仍有1台项不合格时,则判定该批产品为不合格。对一般项目,不作判定。

6.3 产品必须经国家煤矿防爆安全产品质量监督检验中心或具有检验资质的检验单位进行检验,并取得"防爆合格证"后方可生产。

7 标志、包装、运输和贮存

7.1 标志

7.1.1 **产品标志**

7.1.1.1 安全栅外壳明显处应有"MA"煤矿安全标志及"[Exib]I或[Exia]I"标志。

7.1.1.2 安全栅的铭牌应牢固设置在外壳明显处,铭牌上应清晰地标明下列内容:

a) 产品型号及名称;

b) 防爆标志:[Exib]I或[Exia]I;

c) 最高允许电压,最高输出电压,最大输出电流;

d) 配接设备及关联设备型号、名称;

e) 防爆合格证编号;

f) 安全标志编号;

g) 产品编号和出厂日期;

h) 制造厂名称。

7.1.2 **包装标志**

7.1.2.1 包装贮运标志应符合GB 191的规定。

7.1.2.2 包装箱外壁应有下列标志;

a) 产品型号和名称;

b) 收货单位名称和地址;

c) 总质量和净质量;

d) 防雨、轻放等标志;

e) 制造厂名称。

7.2 包装

7.2.1 将检验合格的产品连同附件,装入塑料袋和含有减震材料的包装箱内。

7.2.2 包装箱内应有下列文件:

a) 产品合格证;

b) 产品使用说明书;

c) 装箱单。

7.3 运输

产品在运输途中应避免雨、雪直接淋袭,防止摔、砸。

7.4 贮存

产品贮存在温度−10~+40 ℃,无腐蚀性气体,通风良好的库房中。

前　言

在我国煤自燃倾向性等级划分长期以来一直沿用着火温度法，但这种方法不但操作繁琐，而且与实际情况往往有较大的差异，并且没有相应的标准。“七五”期间，我国开始从事煤自燃倾向性色谱吸氧鉴定法方面的研究，并使这一方法在我国得到了普遍的应用。但在较长的一段时间内，存在着这两种测试方法同时使用的现象，致使这一重要的指标的管理和应用处在比较混乱的状态，给煤矿安全管理带来了很大的不便。为此，《煤矿安全规程》执行说明(1992 年版)规定煤自燃倾向性鉴定均采用色谱吸氧鉴定法。

煤自燃倾向性分类指标，最初是在三百多个煤样的试验基础上，联系这些煤层在矿井生产中的实际自燃发火情况，经过大量的数据分析和处理过程后确定的，后来经过多年的应用实践，并搜集现场实际应用资料，使这一指标的数据量达到了一千多个，经过分析，发现最初方案所定的Ⅰ类分类指标偏高，致使这一指标所确定的Ⅰ类容易自燃煤层数目少于现场实际生产中自然发火比较严重的煤层的数目。后经过广泛地征求现场使用单位的意见，并经过大量的数据处理，将Ⅰ类容易自燃煤层的吸氧量指标的下限值降至 0.71。

本标准附录 A、附录 B、附录 C 均为标准的附录。

本标准由煤炭工业部科技教育司提出。

本标准由煤炭部煤矿安全标准化技术委员会技术归口。

本标准起草单位：煤炭科学研究总院抚顺分院。

本标准主要起草人：钱国胤。

本标准委托煤炭科学研究总院抚顺分院负责解释。

中华人民共和国煤炭行业标准

煤自燃倾向性色谱吸氧鉴定法

MT/T 707—1997

Method for identifying tendency of coal to spontaneous combustion by oxygen adsorption with chromatograph

1 范围

本标准规定了煤自燃倾向性色谱吸氧鉴定方法、分类指标与分类等级。

本标准适用于鉴定褐煤、烟煤及无烟煤(含高硫煤)的自燃倾向性。

2 引用标准

下列标准所包含的条文,通过在本标准中引用而构成为本标准的条文。本标准出版时,所示版本均为有效。所有标准都会被修订,使用本标准的各方应探讨使用下列标准最新版本的可能性。

GB/T 212—91 煤工业分析方法

GB/T 214—83 煤中全硫的测定方法

GB/T 217—81 煤的真比重测定方法

GB/T 474—83 煤样的制备方法

GB 482—1995 煤层煤样采取方法

GB/T 4946—85 气相色谱法术语

MT/T 708—1997 煤自燃性测定仪技术条件(待公布)

煤矿安全规程 1992-10-22 中华人民共和国能源部

3 定义

本标准采用下列定义。

3.1 煤的自燃倾向性 coal spontaneous combustion tendency

煤在常温下氧化能力的内在属性。

3.2 流动色谱吸氧法 chromatographic method of fluid oxygen adsorption

应用热导法双气路气相色谱分析检测技术,测定煤对流态氧的吸附能力,以吸氧量表征煤的氧化自燃性能的方法。

3.3 煤的吸氧量 quantity of oxygen adsorption of coal

煤在常温、常压下,每克干煤吸附流态氧的量(是判断煤层自燃倾向性的主要指标)。

4 仪器和辅助设备

4.1 仪器设备

煤自燃性测定仪。

4.2 辅助设备及其他材料

a)分析天平:精度 0.0001 g;

b)煤样粉碎机;

中华人民共和国煤炭工业部 1997-12-30 批准　　1998-07-01 实施

c)标准分析筛；

d)专用标准样品管(结构见附录 C)；

e)钢瓶氮气和氧气：纯度要求均为 99.99%以上。

5 测定前的准备工作

5.1 煤样的采取

按 GB 482 规定采取煤层煤样，同时应符合附录 A 的要求。

5.2 煤样的制备

按 GB/T 474 有关规定，同时应符合附录 B 的要求。

5.3 煤样的管理

送鉴原煤样和制备的分析煤样均应封存保管，待鉴定报告发出半年后方可作丢弃或其他处理。

5.4 进行下列参数测定

a)煤的工业分析按 GB/T 212 分析。

b)煤中全硫测定按 GB/T 214 测定。

c)煤的真比重测定按 GB/T 217 标准进行。

5.5 仪器常数的测定

在与吸氧量测定的条件一致的条件下(见后 6 条)，用样品管以旁侧气路扣除死体积的方法测定仪器常数。

仪器常数 K 按式(1)计算：

$$K=\frac{aV_s}{S_o\cdot R_c}\times\frac{273P_o}{1.0133\times10^5T} \tag{1}$$

式中：

K——仪器常数，min/mV·s；

a——氧的分压与大气压之比；

V_s——样品管的体积，cm^3；

S_o——与样品管体积 V_s 相对应的峰面积，mV·s；

R_c——载气流速，cm^3/min；

P_o——实验条件下的大气压，Pa；

T——实验条件下的柱箱温度，°K。

5.6 煤样的预处理

制备好的煤样称取 1.0000 g 装入标准样品管中，通以氮气(流量 30 cm^3/min)，在柱箱温度为105 ℃的条件下处理 1.5 h。

6 吸氧量的测定与计算

本方法采用仪器常数法测定煤的吸氧量。

将处理好的煤样，在柱箱温度为 30 ℃，热导温度为 80～100 ℃，载气氮流量为 30±0.5 cm^3/min，吸附气氧流量为 20±0.5 cm^3/min 的条件下，吸附氧气 20 min 后，测定脱附峰面积 S_1；

将煤样倒出，在相同的条件下，同一样品管空管吸附氧气 5 min，测定脱附峰面积 S_2；

将 S_1、S_2 及其他测试条件实测参数代入式(2)计算吸氧量值。

$$V_d=K\cdot R_{C1}\left(S_1-\left(\frac{\alpha_1R_{C1}}{\alpha_2R_{C2}}\times S_2\left(1-\frac{G}{d_{TRD}\cdot V_S}\right)\right)\right)\times\frac{1}{(1-W_Q)\cdot G} \tag{2}$$

式中：

V_d——煤的吸氧量，cm^3/g 干煤；

K——仪器常数，min/mV·s；
R_{C1}——实管载气流量，cm^3/min；
R_{C2}——空管载气流量，cm^3/min；
α_1——实管时氧的分压与大气压之比；
α_2——空管时氧的分压与大气压之比；
S_1——实管脱附峰面积，mV·s；
S_2——空管脱附峰面积，mV·s；
G——煤样重量，g；
d_{TRD}——煤的真比重；
V_s——样品管体积（标准态），cm^3；
W_Q——煤样全水分，%。

7 煤自燃倾向性等级分类

以每克干煤在常温(30 ℃)、常压((1.0133×10^4 Pa)下的吸氧量作为分类的主指标，煤的自燃倾向性等级按表1、表2分类。

表1 褐煤、烟煤类自燃倾向性分类表

自燃倾向性等级	自燃倾向性	煤的吸氧量，cm^3/g·干煤
Ⅰ	容易自燃	≥0.71
Ⅱ	自燃	0.41～0.70
Ⅲ	不易自燃	≤0.40

表2 高硫煤、无烟煤[1)]自燃倾向性分类表

自燃倾向性等级	自燃倾向性	煤的吸氧量，cm^3/g·干煤	全 硫
Ⅰ	容易自燃	≥1.00	>2.00
Ⅱ	自燃	≤1.00	≥2.00
Ⅲ	不易自燃	≥0.80	<2.00
1)含可燃挥发分≤18.0%。			

8 允许误差

煤吸氧量测定结果的允许平行误差不得超过表3的规定：

表3 煤吸氧量测定的平行实验误差

同一实验室	不同实验室
0.05	0.10

附　录　A

（标准的附录）

煤层自燃倾向性鉴定采样方法

A1　总则

本采样方法适用于色谱吸氧鉴定法煤样的采取。

采样时应遵循如下规定：

A2　设计矿井前，或延深水平，或开采新区之前，即对所有开采煤层和分层的采煤工作面或掘进工作面采取有代表性的原始煤样。

A3　采样地点符合下述情况之一时应分别加采煤样，并描述采样地点的具体情况：

A3.1　地质构造复杂、破坏严重（如有褶曲、断层等造成破坏带及岩浆侵入等情况）的地带；

A3.2　煤岩成分在煤层中分布状态明显，如镜煤和亮煤集中存在，并含有丝炭的地点；

A3.3　煤层中富含黄铁矿的地点。

A4　采取矸石堆样品或在露天矿采样时，应按有关规定布置采样点，采取有代表性的煤样，开采台阶较高时要在有代表性的区段上采样。

A5　采样时，先把煤层表面受氧化的部分剥去，再将采样点前面的底板清理干净，铺上帆布或塑料布，然后沿工作面垂直方向划两条线，两线之间宽度为 100～150 mm，在两线之间采下厚度为 50 mm 的煤作为初采煤样。

A6　把采下的初采煤样打碎到 20～30 mm 大的粒度，混合均匀，依次按锥堆四分法，缩分到 1 kg 左右，作为原煤样装入铁筒（或较厚的塑料袋）中，封严后送试验室或寄运。

A7　新采煤层或分层首次采样进行自燃倾向性鉴定时，必需在同一煤层或分层的不同地点采取 2～3 个煤样进行鉴定。

A8　地质勘探钻孔取煤芯样时：

A8.1　从钻孔中取出煤芯，立即将夹石、泥皮和煤芯研磨烧焦部分等清除，必要时将煤芯用水清洗，但不要泡在水中。

A8.2　将清理好的煤芯立即装入铁筒（或厚塑料袋）中，封严送试验室或寄运。

A8.3　所取煤芯同样应具有代表性，并注明煤层、厚度和倾角等条件。

A9　每个煤样必需备有两张标签，分别放在装煤样的容器（务必用塑料袋包好，以防受潮）中和贴在容器外，标签按要求填写，字迹要清楚。

A10　标签：

a)煤样编号（送样单位样品号）；

b)局、矿名称；

c)煤层名称；

d)煤种（按国家分类标准）；

e)煤层厚度；

f)煤层倾角；

g)采煤方法；

h)自燃发火期（经验发火期）；

i)采样地点；

j)采样日期、采样人。

附　录　B

（标准的附录）

煤层自燃倾向性鉴定煤样制备的补充规定

B1　收到煤样后，进行送样标签核对、试验室编号登记。

B2　送检煤样水分大时，应在室温下干燥后将全部煤样打至 10 mm 以下进行缩分，取 100～150 g 作为分析用煤样，装入 250 mm 广口瓶中，贴好标签，其余煤样按原包装密封后封存。

B3　务必使 100～150 g 分析用煤样全部粉碎至 0.15 mm 以下，并要求 0.10～0.15 mm 应占 70%以上。

B4　粉碎后的煤样（在广口瓶内密封保存）在 30 天内完成各项测定，发出鉴定报告。

B5　送检煤样及分析煤样在分析报告发出后保存 6 个月。

附　录　C

（标准的附录）

专用标准样品管结构示意图

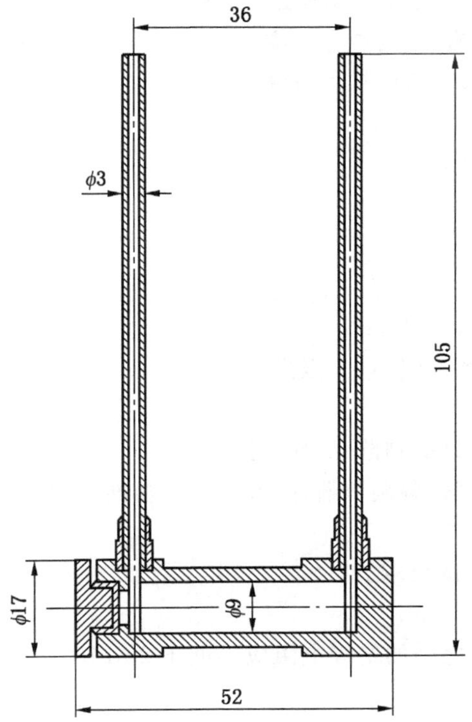

中华人民共和国煤炭行业标准

煤自燃性测定仪技术条件

MT/T 708—1997

Technical condition of the instrument for determing the susceptibility of coal

1 范围

本标准规定了煤自燃性测定仪的技术要求、试验方法、检验规则，标志、包装运输和贮存等。

本标准适用于利用色谱吸氧鉴定法测定煤自然倾向性的仪器（以下简称仪器）。

2 引用标准

下列标准所包含的条文，通过在本标准中引用而构成为本标准的条文。本标准出版时，所示版本均为有效。所有标准都会被修订，使用本标准的各方应探讨使用下列标准最新版本的可能性。

GB 4793—84 电子测量仪器安全要求

GB/T 6587.7—86 电子测量仪器 基本安全试验

ZB Y002—81 仪器仪表运输，运输贮存基本环境条件及试验方法

ZB Y003—84 仪器仪表包装，通用技术条件

3 技术要求

3.1 仪器正常工作条件

环境温度：10～30 ℃；

相对湿度：≤85%；

供电电源：220±22 V 50±0.5 Hz；

周围无强电磁场干扰，无腐蚀性气体，无强烈振动。

3.2 外观和感官要求

3.2.1 表面镀层、涂层不得有明显的剥落、擦伤和露底。

3.2.2 所有紧固件不得松动、脱落，各调节器件转动灵活，功能正常。

3.3 仪器的安全要求

仪器的安全应符合 GB 4793 的要求。

3.3.1 绝缘电阻

仪器的电源箱中连线与机壳之间的绝缘电阻应不低于 20 MΩ。

3.3.2 电压试验

仪器的电源线与机壳间能承受 1500 V，50 Hz 正弦交流电压，历时 1 min 试验无击穿及飞弧现象。

3.3.3 泄漏电流

仪器的电源箱中线与机壳间的泄漏电流不大于 5 mA（峰值）。

3.4 气路系统密封性

3.4.1 载气气路密封性

在氮气压强为 0.15 MPa 时，历时 0.5 h，压降应不大于 0.01 MPa。

中华人民共和国煤炭工业部 1997-12-30 批准 1998-07-01 实施

3.4.2 吸附气气路密闭性

在氮气压强为 0.15 MPa 时，历时 0.5 h，压降应不大于 0.01 MPa。

3.5 温度控制系统

3.5.1 吸附恒温箱温度控制系统

a)温度控制范围：30～110 ℃；

b)温度控制精度：≤2 ℃；

c)升、降温速度：室温～105 ℃不大于 0.5 h；

105～30 ℃不大 0.5 h；

d)温度漂移：≤2 ℃/h。

3.5.2 显示温度与实际温度之间的偏差

显示温度与实际温度之间的偏差应不大于 2 ℃。

3.6 检测器

a)噪声：不大于 0.1 mV；

b)漂移：不大于 0.3 mV/h；

c)重复性：峰面积重复性应不小于 95%；

d)灵敏度：峰高不小于 10 mV/cm^3(载气 N_2，O_2 峰高)。

3.7 仪器的稳定时间

仪器达到稳定的时间应不大于 1.5 h。

3.8 仪器的运输、贮存

仪器在包装状态下，应符合 ZB Y002 要求，其中高温＋55 ℃，低温－40 ℃，跌落高度 250 mm。

4 试验方法

4.1 外观检查

目视和手感进行。

4.2 仪器的安全试验

4.2.1 受潮预处理

受潮预处理在潮湿箱内进行，箱内空气要流畅，相对湿度为 91%～95%，恒温保持在 t(40 ℃)。仪器在箱内保持 48 h，不允许露滴和凝水落在仪器上。

放入潮湿箱前，应使仪器在室温 t～(t＋4)℃温度范围内至少保持 4 h。

受潮处理后，应立即进行绝缘电阻和耐压的试验。

4.2.2 绝缘电阻

用 500 V 兆欧表检查仪器的相、中线与机壳间的绝缘电阻。

4.2.3 耐压试验

用功率为 0.25～1 kVA 的高压试验设备对仪器相、中线与机壳间进行耐压试验。

4.2.4 泄漏电流

仪器置于绝缘工作台上，经隔离变压器使其在 1.1 倍的额定工作电压下工作，直到温度趋于平衡。

按图 1 连接，用标称内阻为 2 kΩ 电流表分别测量供电电源各级与连在一起的所有可触及导电部分间的泄漏电流。

4.3 气路系统密封性试验

将标准样品管 4 根，分别接到其相应的接头上，堵住其出口，将六通阀和四通阀置吸附位置，在两路的入口接上氮气，使系统压力为 0.15 MPa，然后关掉气源，观察 0.5 h 的压降。

将六通阀和四通阀放置在脱附位置，按上法通入氮气 0.15 MPa，关掉气源，观察 0.5 h 的压降。

将载气(氮气)接到氧气的 2 路，使平衡三通阀拉出在放空的位置，堵住其出口，使系统压力为

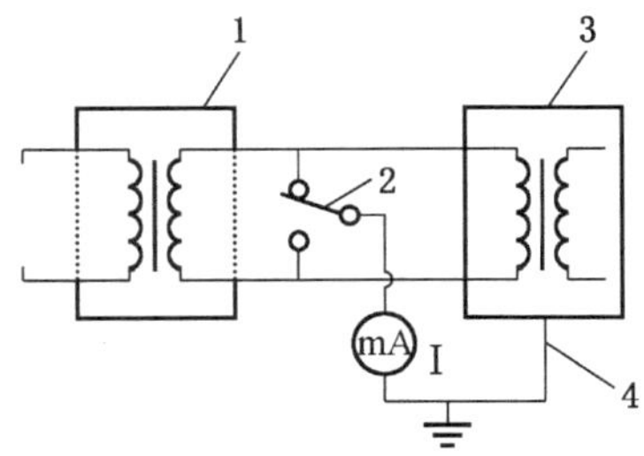

1—隔离变压器;2—转换开关;3—可触及导电部分;4—保护接地端子

图 1 仪器泄漏电流测量装置

0.15 MPa,关掉气源,观察 0.5 h 的压降。

4.4 温度控制系统试验

4.4.1 温度控制精度和漂移

在柱箱的有效工作范围内,固定两支标准铂电阻温度计,启动仪器,正确操作加热升温,选定仪器最低可控温度的和最高使用温度的 90%两点分别测量。计算出温度控制精度和 1.5 h 内的漂移。

4.4.2 升、降温速度

接通加热电源,将柱温设定在 105 ℃,记录升温所需时间;待温度稳定在 105 ℃时,再将柱温设定为 30 ℃,打开柱箱门,记录降温所需时间。

4.5 检测器试验

4.5.1 试验条件

标准样品管:体积 1 cm^3,结构见附录 A;

载气:氮气(纯度不低于 99.99%);

流速:30±0.5 cm^3/min(用皂膜流量计和秒表测定);

桥丝温度:100 ℃;

衰减:1;

记录仪:10 mV。

4.5.2 噪音、漂移

启动仪器,待仪器稳定后,走基线 1.5 h,测量其噪声和漂移。

4.5.3 重复性和灵敏度

仪器稳定后,连续进样 10 次,分别测出其峰面积,用式(1)计算峰面积的重复性。

$$\delta(A)=1-\left(\frac{\max(A)-\min(A)}{A}\times 100\right) \tag{1}$$

式中:

$\delta(A)$——峰面积的重复性,%;

$\max(A)$——峰面积的最大值,mV·s;

$\min(A)$——峰面积的最小值,mV·s;

$\overline{A}$——十次测得峰面积的平均值,mV·s;

其中 $\overline{A}=\sum Ai/10$。Ai 为每次测得的峰面积,mV·s。

用式(2)计算检测器的灵敏度。

$$s=\overline{h}/W \tag{2}$$

式中:

s——灵敏度,mV/cm^3;

W——进样量,cm^3;

$\overline{h}$——十次测得峰高的平均值(N_2 载气,O_2 峰高),mV。

4.6 **稳定时间试验**

用时钟计时,仪器在达到灵敏度要求的条件下,测定从仪器的启动到达到稳定指标所需的时间。

4.7 **运输、运输贮存试验**

按 ZB Y002 进行。

5 检验规则

5.1 **仪器检验**

分为出厂检验和型式检验。

5.2 **出厂检验**

每台仪器必须经检验合格后方能出厂,并附有合格证书。

按本标准 3.3.1、3.3.2、3.4.1、3.4.2、3.6a、3.6b、3.6c 和 3.6d 条进行检验。

5.3 **型式检验**

5.3.1 在下列情况之一时进行型式检验:

a)试制的新产品;

b)产品在设计,工艺或使用材料上作重大改进时;

c)停产 3 年再次生产时;

d)成批生产的产品每 5 年进行一次;

e)出产检验结果与上次型式检验有较大差异时;

f)国家质量监督机构提出进行型式检验的要求时。

5.3.2 仪器型式检验项目

进行 3.2～3.8 所规定的各项指标的检验。

5.3.3 型式检验的不合格类型

型式检验仪器应从出厂检验合格的一批产品中随机抽取 2 台,其中 3.2、3.4 项不合格为 C 类不合格,3.3 项不合格为 A 类不合格,其他款项不合格为 B 类不合格。

5.3.4 判定规则

有一个 A 类不合格或一个 B 类不合格,或三个 C 类不合格或两个相同的 C 类不合格则本批产品为不合格。

6 标志、包装、运输和贮存

6.1 标志:

6.1.1 产品标志

a)仪器型号及名称;

b)制造厂名称、商标;

c)仪器制造日期及编号。

6.1.2 包装标志

仪器包装木箱外的两面应有不易冲洗掉的物质写上下列标志:

a)仪器名称及型号;

b)制造厂名称;

c)体积:长×宽×高 mm;毛重和净重 kg;

d)小心轻放,请勿受潮,不可倒置等字样和图样;

e)箱号和出厂日期。

6.2 包装:

仪器包装按 ZB Y003 中防潮,防震规则进行。并随机配置仪器的下列技术文件:

a)装箱单;

b)使用说明书;

c)合格证;

d)附件,备件清单。

6.3 仪器存放在仓库内,应原箱存放保管,仓库环境温度在 0~40 ℃,相对湿度不大于 85%,同时不应有引起仪器腐蚀及电气绝缘性能降低的有害物质存在。

7 保证期

在用户遵守保管和使用规则的条件下,从制造厂发货给用户之日起 14 个月内,产品因制造质量不良而发生损坏或不能正常工作时,制造厂应无偿地为用户修理产品或更换零件。

附　录　A
（标准的附录）
标准样品管结构图

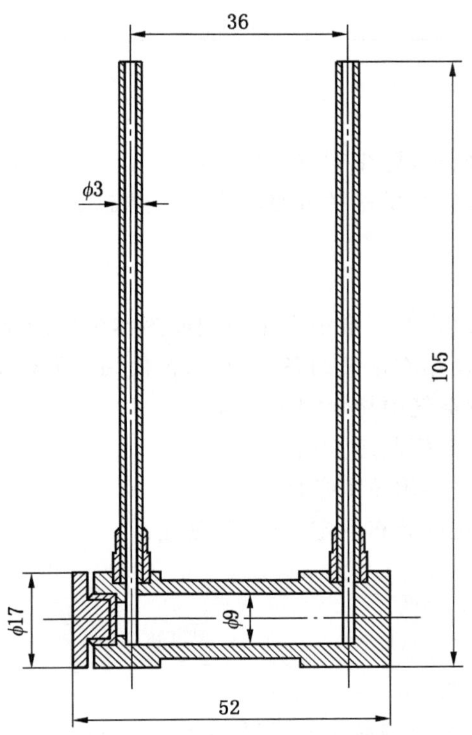

中华人民共和国煤炭行业标准

MT/T 712—1997

煤矿防尘措施的分级除尘效率测定方法

Determining method of the classification efficiency for dust prevention measures

1 范围

本标准规定了煤矿防尘措施分级除尘效率测定方法。

本标准适用于我国煤矿各类防尘措施的分级除尘效率测定。

2 引用标准

下列标准所包含的条文,通过在本标准中引用而构成为本标准的条文。本标准出版时,所示版本均为有效。所有标准都会被修订,使用本标准的各方应探讨、使用下列标准最新版本的可能性。

GB/T 5748—85 作业场所空气中粉尘测定方法

MT 79—84 粉尘浓度和分散度测定方法

MT 162—1995 粉尘采样器通用技术条件

MT 422—1996 煤矿粉尘粒度分布测定方法(质量法)

3 术语

本标准采用下列定义。

3.1 粉尘分级浓度 dust classified concentration

单位体积空气中含有某一粒径范围粉尘的质量,单位 mg/m^3。

3.2 分级除尘效率 efficiency of dust classified collection

除尘措施捕集的某一粒径范围的粉尘质量占捕集前该粒径区间的粉尘质量的百分数,%。

4 测定方法

4.1 总粉尘浓度测定

4.1.1 用符合 MT162 规定的短时粉尘采样器测定。

4.1.2 总粉尘浓度测定点按 GB/T 5748 和 MT 79 规定布置。在实施防尘措施前、后,在各测定点按 GB/T 5748 规定的方法进行采样。在各测定点采样 3～5 次。

4.1.3 按 GB/T 5748 规定的方法测定总粉尘浓度,以算术平均值代表该测定采样点的总粉尘浓度值。

4.2 粉尘粒度分布测定

在 4.1.2 规定的各测定点上采集到的多张滤膜上的粉尘为试样,按 MT 422 规定的方法测定各粉尘采样点的粉尘粒度分布 R_d。

4.3 粉尘分级浓度

4.3.1 粒径大于 d 的粉尘浓度

$$C_d = C \cdot R_d \tag{1}$$

式中:

中华人民共和国煤炭工业部 1997-12-30 批准　　1998-07-01 实施

C_d——粒径大于 d 的粉尘分级浓度，mg/m^3；

C——总粉尘浓度，mg/m^3；

R_d——粉尘粒度分布，粒径大于 d 的粉尘质量占粉尘总质量的百分数，%。

4.3.2 粒径小于 d 的粉尘浓度

$$C'_d = C \cdot (1 - R_d) \tag{2}$$

式中：

C'_d——粒径小于 d 的粉尘分级浓度，mg/m^3；

C——总粉尘浓度，mg/m^3；

R_d——粉尘粒度分布，粒径大于 d 的粉尘质量占粉尘总质量的百分数，%。

4.4 总粉尘除尘效率测定

总除尘效率：

$$\eta = \frac{C_1 - C_2}{C_1} \times 100 \tag{3}$$

式中：

η——总粉尘除尘效率，%；

C_1——采取防尘措施前的总粉尘浓度，mg/m^3；

C_2——采取防尘措施后的总粉尘浓度，mg/m^3。

4.5 粉尘分级除尘效率的测定

4.5.1 粒径大于 d 的粉尘分级除尘效率：

$$\eta_d = \frac{C_1 R_{1d} - C_2 R_{2d}}{C_1 R_{1d}} \times 100 \tag{4}$$

式中：

η_d——粒径大于 d 的粉尘分级除尘效率，%；

C_1——采取防尘措施前的总粉尘浓度，mg/m^3；

C_2——采取防尘措施后的总粉尘浓度，mg/m^3；

R_{1d}——采取防尘措施前的粉尘粒度分布，粒径≥d 的粉尘质量占粉尘总质量的百分数，%；

R_{2d}——采取防尘措施后的粉尘粒度分布，粒径≥d 的粉尘质量占粉尘总质量的百分数，%。

4.5.2 粒径小于 d 的粉尘分级除尘效率

$$\eta'_d = \frac{C_1(1 - R_{1d}) - C_2(1 - R_{2d})}{C_1(1 - R_{1d})} \times 100 \tag{5}$$

式中：

η'_d——对粒径小于 d 的粉尘分级除尘效率，%；

C_1——采取防尘措施前的总粉尘浓度，mg/m^3；

C_2——采取防尘措施后的总粉尘浓度，mg/m^3；

R_{1d}——采取防尘措施前的粉尘粒度分布，粒径≥d 的粉尘质量占粉尘总质量的百分数，%；

R_{2d}——采取防尘措施后的粉尘粒度分布，粒径≥d 的粉尘质量占粉尘总质量的百分数，%。

中华人民共和国煤炭行业标准

煤矿粉尘真密度测定方法

MT/T 713—1997

Determination of true density for mine dust

1 范围

本标准规定了煤矿粉尘真密度的测定方法。

本标准适用于煤尘、岩尘及煤岩混合尘的真密度测定。

2 引用标准

下列标准所包含的条文，通过在本标准中引用而构成为本标准的条文。本标准出版时，所示版本均为有效。所有标准都会被修订，使用本标准的各方应探讨使用下列标准最新版本的可能性。

GB/T 208—94 水泥密度测定方法

GB/T 217—81 煤的真比重测定方法

GB/T 6003—85 试验筛

3 定义

本标准采用下列定义。

粉尘真密度 dust true density

单位体积无孔隙的粉尘质量。

4 测定方法

4.1 原理

粉尘真密度的测定是通过求出粉尘的真实体积进而计算出真密度，其方法是用液体置换法将粉尘颗粒之间的空隙和外开孔孔隙的空气置换出来以获得粉尘的真实体积。根据阿基米德定律，按式(1)计算粉尘真密度：

$$\rho=\frac{m_3-m_2}{m_1+m_3-m_2-m_4}\rho_0 \tag{1}$$

式中：

ρ——粉尘真密度，g/cm^3；

m_1——装满液体的比重瓶质量，g；

m_2——装半瓶液体的比重瓶质量，g；

m_3——装半瓶液体加粉尘的比重瓶质量，g；

m_4——装满液体、粉尘的比重瓶质量，g；

ρ_0——液体密度，g/cm^3。

4.2 试剂与材料

a) 比重瓶：25 mL；

中华人民共和国煤炭工业部 1997-12-30 批准 1998-07-01 实施

b)烧杯:25 mL;

c)滴管:10 mL:

d)温度计:0～50 ℃,分度值 0.1 ℃;

e)漏斗:ϕ50 mm;

f)支架。

4.3 **仪器设备**

a)天平:感量 0.001 g;

b)恒温器;0～50 ℃;

c)抽气装置:真空度低于－0.09 MPa。

4.4 **试样**

用符合 GB/T 6003 筛孔为 200 μm 的试验筛筛分,取筛下粉尘按 GB/T 208 中的 2.4 方法干燥处理后备用。

4.5 **步骤**

4.5.1 洗净并烘干比重瓶。

4.5.2 将比重瓶注满液体,放入恒温器恒温 20 min,记录恒温器中的温度。

4.5.3 从恒温器中取出比重瓶,擦干外表面液迹,添满液体,称量液体和比重瓶的质量,计为式中的 m_1。

4.5.4 将比重瓶中的液体倒出约一半,称量此时液体和比重瓶的质量、计为式中的 m_2;在比重瓶中装入经 4.4 处理后的粉尘试样约 3～5 g,称量此时液体、粉尘和比重瓶的质量,计为式中的 m_3,并静止存放 30 min 以上。

4.5.5 将装有粉尘和液体的比重瓶放入抽气装置中,抽气,抽气时间应不少于 20 min,并防止比重瓶中的气泡不要太大以免将粉尘带出,待比重瓶中液体不冒气泡后停止抽气。

4.5.6 取出比重瓶,将液体添至瓶颈,放入恒温器中按 4.5.2 中的温度恒温 20 min。

4.5.7 从恒温器中取出比重瓶,擦干瓶外液迹,添满液体,称量此时装有粉尘、液体的比重瓶质量,计为式中的 m_4。

5 结果表示

5.1 将 4.5 中测得的 m_1、m_2、m_3、m_4 分别代入式中,计算粉尘试样的真密度。

5.2 一个试样作两次平行测定,取其平均值作测定结果,测定数据按 GB/T 217 中的 11 规定处理,即同一试样测定的平行试样误差应不大于 0.02 g/cm^3,否则重做。

中华人民共和国煤炭行业标准

煤粉生产防爆安全技术规范

MT/T 714—1997

Technical specifications for the explosion precautions in pulverized coal preparation

1 范围

本标准规定了煤粉生产场所防爆安全技术的基本要求。

本标准适用于有爆炸危险性煤粉(以下简称煤粉)生产场所的工程设计、施工及煤粉的生产、管理。

2 引用标准

下列标准所包含的条文,通过在本标准中引用而构成为本标准的条文。本标准出版时,所示版本均为有效。所有标准都会被修订,使用本标准的各方应探讨使用下列标准最新版本的可能性。

GB 12476.1—90 爆炸性粉尘环境用防爆电气设备 粉尘防爆电气设备

GB 13532—92 干粉灭火剂通用技术条件

GB 15577—1995 粉尘防爆安全规程

GB/T 15605—1995 粉尘爆炸泄压指南

GBJ 16—87 建筑设计防火规范

3 定义

本标准采用下列定义。

3.1 **煤粉** pulverized coal

细微的煤颗粒。

3.2 **煤粉生产场所** preparation place of pulverized coal

进行煤粉磨制、输送、收集、储存等工艺过程的场所。

3.3 **输粉管道** transportation duct of pulverized coal

磨粉机出口到煤粉仓之间输送煤粉的管道。

3.4 **煤粉仓** pulverized coal collecting tank

储存煤粉的容器。

3.5 **制粉系统** system of pulverized coal preparation

从原煤堆放处开始到煤粉仓为止的将原煤干燥磨制成煤粉,并进行收集和贮存的系统。

4 一般规定

4.1 新建煤粉生产场所的设计、施工及煤粉的生产、管理,必须符合本标准的规定。不符合本标准规定的现有生产场所应采取措施达到本标准的规定。

4.2 企业必须将其所生产的煤粉送往煤炭工业部指定的单位进行煤粉有无爆炸性鉴定,并对有爆炸性的煤粉进行爆炸特性参数测定,确定其着火爆炸的危险程度。

4.3 企业应结合自身煤粉生产场所的特点,制订本企业的防爆实施细则和安全检查表,并定期进行

中华人民共和国煤炭工业部 1997-12-30 批准 1998-07-01 实施

检查。

4.4 企业须认真进行安全生产和煤粉防爆知识教育，对职工进行技术和业务培训，并经考试合格者，方准上岗。

4.5 煤粉生产场所严禁烟火，所用电气设备必须符合 GB 12476.1 的要求。

4.6 煤粉生产场所应进行防爆安全评估。安全评估应包括煤尘爆炸危险性分析和防爆措施等内容。

5 防止着火

5.1 防止煤粉自燃

5.1.1 煤粉仓、布袋收尘器灰斗壁、输粉管路内壁应光滑，下料锥体壁与水平面夹角应不小于 70°。

5.1.2 输粉管道与水平面夹角应不小于 45°，应避免水平管道。

5.1.3 输粉管道的最小负荷工况设计流速应不小于 15 m/s。当必须布置水平管道时，额定负荷工况设计流速应不小于 25 m/s。

5.1.4 在煤粉仓、输粉管道的拐弯处、布袋收尘器灰斗处，积存煤粉容易引起自燃，应设置温度监测装置，一旦发现温度异常时，自动报警，并采取措施，防止自燃。

5.2 防止明火与热表面引燃

5.2.1 在煤粉生产场所进行明火作业时，必须遵守下列规定：

a)符合 GB 15577 中第 5.2.1 的规定；

b)明火作业前，应配置足够数量的手提式干粉灭火器；

c)明火作业后，必须清理现场，消除火种；确认火种消除后，才能恢复生产。

5.2.2 与浮游煤粉直接接触的电气设备，其表面允许温度应低于相应煤尘层的最低着火温度。

5.2.3 煤粉生产场所工艺设备的轴承应防尘密封；如有过热可能，应安装能连续监测轴承温度的探测器。

5.3 防止静电引燃

5.3.1 布袋收尘器应采用抗静电滤袋。

5.3.2 所有输粉管道应采用金属或抗静电材料制成。

5.3.3 布袋收尘器外壳、输粉管道等，应直接接地。直接静电接地电阻应不大于 100 Ω。输粉管道的接头之间应用导体跨接。

5.4 防止撞击火花引燃

在煤粉生产的进料处，应安装能除去混入煤中铁质杂物的电磁铁，防止铁质杂物与设备碰撞产生火花引燃煤粉。

5.5 惰化

5.5.1 制粉系统烘干煤粉时，宜采用惰性气体为烘干介质。磨粉机出口温度宜不大于 70 ℃。

5.5.2 制粉系统宜采用自动监控的惰化方法用 N_2 或 CO_2 进行惰化处理。惰化处理的极限氧含量应根据实际工况条件，在专门的实验室通过试验测得。

5.5.3 布袋收尘器和煤粉仓应设有专门的充氮装置；煤粉仓应设有氮气流态化装置。

6 限制爆炸灾害范围

6.1 抑爆

6.1.1 输粉管道在保证生产需要的条件下，应尽量减小管道直径，缩短管道长度。

6.1.2 布袋收尘器进出口、煤粉仓进口、磨粉机出口等均应安装抑爆装置。

6.1.3 抑爆装置应有自检功能，以确保其有效性。

6.1.4 抑爆装置宜采用干粉作为消焰剂，干粉性能必须满足 GB 13532 的规定。

6.2 爆炸时实现保护性停车

6.2.1 应设置安全连锁装置或遥控装置，在发生火灾，爆炸时切断所有电机的电源。

6.2.2　当设立遥控装置时,可安装几个能互相替换的遥控开关台。开关必须有明显标记,宜采用自发光信号做标记。开关必须安装在该场所发生火灾和爆炸时仍能进行操作的地方。

6.2.3　安全连锁装置的探测部件应安装在可能引起着火爆炸的危险地方。

6.3　泄爆

布袋收尘器、煤粉仓、输粉管道的拐弯处均应设置泄爆装置。所设置的泄爆装置应符合 GB/T 15605 的要求。厂房也应设计成可泄爆的结构。

6.4　预防二次爆炸

6.4.1　生产系统设备的接头、检查门、挡板、泄爆口盖等均应封闭严密,不得向外泄漏煤粉。

6.4.2　布袋收尘器宜设计成负压操作方式,以防止煤粉外泄。

6.4.3　进行煤粉装袋打包的场所,必须定期清扫。

6.4.4　包装好的煤粉,应尽快送到专用的储存室。

6.4.5　必须定期对厂房和设备表面的积尘进行清扫。不允许使用压缩空气进行吹扫。

7　灭火

7.1　厂房内必须配备灭火系统,在有积尘的部位,不应采用喷射水柱的灭火方法。

7.2　煤粉仓应设置自动灭火装置,该装置宜采用二氧化碳或卤代烷作为灭火剂,并具有自检功能。

7.3　所有电气室内应设置灭火器具或灭火系统。

8　厂房的结构与布局

8.1　按 GBJ 16 中乙类火灾危险建筑设计。

8.2　通风应良好,地板及内墙面应平整、光滑。应避免可能积煤粉的部位,难以避免的部位应便于清扫。

8.3　宜为单层建筑,屋顶宜用轻型结构。

8.4　如为多层结构时,宜采用框架结构;不能使用这种结构的地方,必须设置足够面积的泄爆口。

8.5　如果将窗口或其他开孔作为泄爆口,必须保证其在爆炸发生时能有效地进行泄爆。

8.6　工作区必须有足够数目的疏散路线,其数目和位置由设计部门确定,主管部门批准;疏散路线必须设置明显的路标和事故照明。

中华人民共和国煤炭行业标准

矿用防爆电磁阀通用技术条件

MT/T 715—1997

General specification of explosion-proof electromagnet valves in coal mine

1 范围

本标准规定了矿用防爆电磁阀的要求、试验方法,检验规则(出厂检验和型式试验)、标志、包装和贮存。

本标准适用于工作介质为水的二位二通矿用防爆电磁阀(以下简称电磁阀)。

2 引用标准

下列标准所包含的条文,通过在本标准中引用而构成为本标准的条文。本标准出版时,所示版本均为有效。所有标准都会被修订,使用本标准的各方应探讨使用下列标准最新版本的可能性。

GB 191—90 包装储运图示标志

GB/T 998—82 低压电器基本试验方法

GB/T 2423.1—89 电工电子产品基本环境试验规程 试验A:低温试验方法

GB/T 2423.2—89 电工电子产品基本环境试验规程 试验B:高温试验方法

GB/T 2423.4—93 电工电子产品基本环境试验规程 试验Db:交变湿热试验方法

GB/T 2423.5—1995 电工电子产品基本环境试验 第2部分:试验方法 试验Ea和导则:冲击

GB/T 2423.10—1995 电工电子产品基本环境试验 第2部分:试验方法 试验Fc和导则:振动(正弦)

GB 3836.1—83 爆炸性环境用防爆电器设备 通用要求

GB 3836.2—83 爆炸性环境用防爆电器设备 隔爆型电气设备“d”

GB/T 4942.2—93 低压电器外壳防护等级

GB/T 6388—86 运输包装收发货标志

GB/T 10111—88 利用随机数骰子进行随机抽样方法

MT 209—90 煤矿通信、检测、控制用电工电子产品通用技术要求

3 定义

本标准采用下列定义。

3.1 矿用防爆电磁阀 explosion-proof electromagnet valves in coal mine

能在具有爆炸危险的矿井环境中使用的电磁阀。

3.2 常闭式电磁阀 normal close electromagnet valve

不通电时关闭,通电时开启的电磁阀。

3.3 常开式电磁阀 normal open electromagnet valve

不通电时开启,通电时关闭的电磁阀。

中华人民共和国煤炭工业部 1997-12-30 批准 1998-07-01 实施

4 要求

4.1 分类与命名：

4.1.1 电磁阀分类：

分常开式和常闭式两种。

4.1.2 电磁阀命名：

DF □ □ □

- 最高工作水压，MPa；
- 电磁阀型式：常开用 K 表示，常闭不表示；
- 电磁阀阀径，单位，mm；
- 电磁阀基本代号。

4.2 电磁阀应符合本标准的要求，并按经规定程序审批的图纸和技术文件制造。

4.3 外观：

电磁阀表面应有防腐的涂、镀层，涂、镀层应均匀，无剥落、变形、开裂、腐蚀及损伤。

4.4 电磁阀应能适应下列环境条件：

a)工作温度：5 ℃～40 ℃；

b)相对湿度：＜95％；

c)有爆炸危险性的场所。

4.5 电磁阀公称通径、水压适应范围及外接管尺寸应符合表 1 规定。

表 1 电磁阀公称通径、水压适应范围及外接管尺寸表

阀径，mm	电磁阀水压适应范围，MPa	电磁阀接管 外径，mm×壁厚，mm
3	0.2～10.0	22×1.5
4	0.2～7.5	22×1.5
5	0.2～5.0	22×1.5

4.6 额定电压：

电磁阀的额定电压应符合表 2 规定。

表 2 电磁阀额定电压表

电源种类	电压等级，V		
交流	36	127	380
直流	36	127	—

4.7 电压变化适应范围：

在额定电压的 80％～120％范围内电磁阀均应正常工作。

4.8 密封性：

在 1.1 倍最高工作水压下，电磁阀应无泄漏。

4.9 电磁阀使用寿命：

在规定的试验方法下，电磁阀应能承受 60000 次开闭试验。

4.10 绝缘电阻：

电磁阀接线端子与金属外壳之间的绝缘电阻应符合 MT 209 中 11.1 条的要求。

4.11 电磁阀的防爆性能应符合 GB 3836.1、GB 3836.2 的有关规定。

4.12　电磁阀的外壳防护等级为 IP54。

4.13　电磁阀经交变湿热、工作温度、储存温度、振动、冲击和运输试验后，均应符合 4.7 和 4.10 的要求。

5　试验方法

5.1　试验环境温度：15 ℃～25 ℃。

5.2　试验设备和器材：

a)电源：试验用的交、直流电源容量应能满足试验需要，并能在试验范围内任意可调；

b)万用电表：准确度 2.5 级；

c)兆欧表：500 V；

d)压力表：量程 0～15 MPa，准确度 1.5 级；

e)水泵：压力调节范围为 0～15 MPa；

f)秒表；

g)调压器。

5.3　外观用目测法检查。

5.4　电磁阀水压适应范围试验：

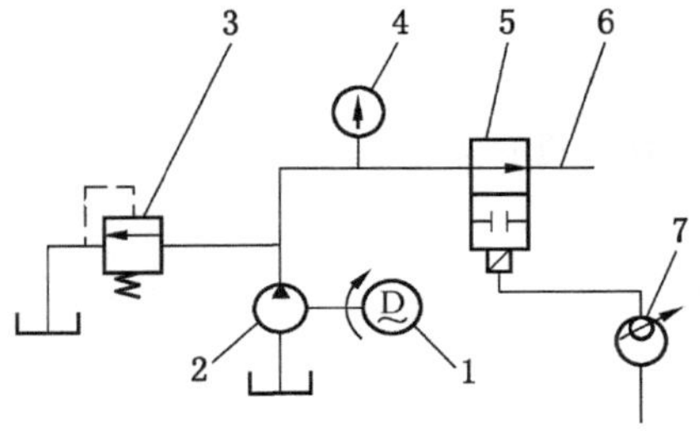

1—电动机；2—水泵；3—调压阀；4—压力表；

5—被试电磁阀；6—出水管；7—调压器

图 1　电磁阀试验系统图

按图 1 连接试验系统，将电源电压调至电磁阀额定电压，按表 3 要求进行试验。

表 3　电磁阀水压试验表

型式	试验水压，MPa	每次通电时间，min	开关次数，次	要　　求
常开式	0.2	2	10	电磁阀开关自如，且通电后的断水时间小于 4 s
	最高适应水压	2	10	
常闭式	0.2	2	10	电磁阀开关自如，通电后开启时间小于 2 s，断电后断水时间小于 4 s
	最高适应水压	2	10	

5.5　电磁阀电压变化适应范围试验：

试验系统如图 1。

5.5.1　常开式电磁阀电压变化适应范围试验：

图中电磁阀为常开式电磁阀。

a)调节电源电压至电磁阀额定工作电压的 80%，调节水泵水压至电磁阀最高适应水压，给电磁阀通电；

b)调节电源电压至电磁阀额定工作电压的 120%，调节水泵水压至 0.2 MPa，给电磁阀通电；

c)a、b 试验各重复三次,每次电磁阀都应正常工作。

5.5.2 常闭式电磁阀电压变化适应范围试验:

图中电磁阀改为常闭式电磁阀。

a)调节电源电压至电磁阀额定工作电压的 80%,调节水泵水压至 0.2 MPa,给电磁阀通电;

b)调节电源电压至电磁阀额定工作电压的 120%,水泵水压仍为 0.2 MPa,给电磁阀通电;

c)a、b 试验各重复三次,每次电磁阀都应正常工作。

5.6 密封性试验:

将电磁阀按图 1 接在系统中,电源电压调至额定范围内,使电磁阀处于关闭状态,然后从入口端输入 1.1 倍最高工作水压,历时 1 min,检查电磁阀有无渗漏。

5.7 使用寿命试验:

将电磁阀按图 1 接入试验系统中,把电源电压调至额定范围内,试验水压调至电磁阀额定范围的最大值。以每分钟 10 次的频率开、关电磁阀,连续进行 60000 次试验后,电磁阀应正常工作,且通、断水的时间不超过表 3 要求的 2 倍。

5.8 绝缘电阻试验:

用 500 V 兆欧表测量电磁阀接线端子与金属外壳之间的绝缘电阻。

5.9 耐压试验:

按 GB/T 998 进行。

5.10 防爆性能试验:

按 GB 3836.1、GB 3836.2 有关方法进行。

5.11 防护性能试验:

按 GB/T 4942.2 规定的方法进行。

防尘试验时间:8 h;

溅水试验时间:10 min。

5.12 交变湿热试验:

按 GB/T 2423.4 规定的方法进行。

周期 6 d;

严酷程度:40 ℃。

试验到最后一个周期的低温高湿阶段的最后 2 h 按 5.3、5.8 进行试验。

5.13 工作温度试验:

5.13.1 低温试验:

按 GB/T 2423.1 中 Ab 规定的方法进行。

持续时间:2 h;

严酷等级:5 ℃。

5.13.2 高温试验:

按 GB/T 2423.1 中 Bb 规定的方法进行。

持续时间:2 h;

严酷等级:40 ℃。

5.13.3 试验后,在正常环境下恢复 2 h,按 5.3、5.8 进行试验。

5.14 储存温度试验:

5.14.1 低温试验:

按 GB/T 2423.1 中 Ab 规定的方法进行;

持续时间:16 h;

严酷程度:—40 ℃。

5.14.2 高温试验；

按 GB/T 2423.2 中 Bb 规定的方法进行；

持续时间：16 h；

严酷程度：60 ℃。

5.14.3 试验后，在试验箱内恢复到正常环境温度后保持 2h，按 5.3、5.8 进行试验。

5.15 振动试验：

振动试验按 GB/T 2423.10 规定的方法进行；

频率范围：10 Hz～150 Hz；

加速度：20 m/s²；

每一轴线上的扫频循环次数：5 次。

5.16 冲击试验：

冲击试验按 GB/T 2423.5 规定的方法进行；

峰值加速度：300 m/s²；

脉冲持续时间：18±1 ms；

每一轴向的冲击次数：3 次。

5.17 运输试验：

经包装的电磁阀置于模拟汽车运输试验台上，试验持续时间 2 h。

6 检验规则

6.1 检验项目见表 4。

表 4 检验项目表

序号	技术要求	检验项目	检验方法	出厂检验		型式试验
				逐台检验	抽样检验	
1	外观	4.3	5.3	√	√	√
2	电磁阀水压适应范围	4.5	5.4	—	√	√
3	电磁阀电压变化适应范围	4.7	5.5	√	√	√
4	密封性	4.8	5.6	—	√	√
5	使用寿命	4.9	5.7	—	√	√
6	绝缘电阻	4.10	5.8	√	√	√
7	防爆性能	4.11	5.10	—	—	√
8	防护性能	4,12	5.11	—	—	√
9	交变湿热	4.13	5.12	—	—	√
10	工作温度	4.13	4.13	—	—	√
11	储存温度	4.13	4.14	—	—	√
13	振动	4.13	4.15	—	—	√
14	冲击	4.13	4.16	—	—	√
15	运输	4.13	4.17	—	—	√
注：“√”表示必须检验；“—”表示不必检验。						

6.2 出厂检验：

应经制造厂质量检验部门逐台进行，检验合格并发给产品合格证后方可出厂。

6.3 型式试验：

在下列情况之一时，应进行型式检验：

a)产品试制的定型鉴定和转厂生产时；

b)正式生产后，在结构、材料与工艺有较大改变、可能影响产品性能时；

c)正常生产每3年应进行一次；

d)产品停产1年再恢复生产时；

e)出厂试验结果与上次型式试验有较大差异时；

f)国家质量监督机构提出进行型式检验的要求时。

6.4 型式试验的样品应在出厂检验合格的产品中按GB/T 10111的规定抽取两台。

6.5 判定规则：

出厂检验时，如规定检验项目中有一项不合格，则判该台不合格；抽样检验时，应在每100台产品中抽取2台，进行表4规定的项目检验，如有一项不合格，应在同一批产品中加倍抽取产品复检，仍不合格时，则判该批产品不合格。

型式检验时，表4中1、13、14、15中2项不合格或其他一项不合格，判该台不合格，应再抽3台重新进行试验，仍有一台不合格，则判该批产品不合格。

7 标志、包装、贮存

7.1 标志

7.1.1 产品标志

7.1.1.1 外壳明显处应设置清晰的永久性凸纹或凹纹标志“Ex”。

7.1.1.2 应具备“MA”安全标记。

7.1.1.3 外壳明显处应设置牢固的警示牌和铭牌，铭牌应包括以下内容：

a)产品型号与名称；

b)右上方有明显的防爆标志“Ex”标志；

c)主要技术指标；

d)防爆合格证编号，安全标志编号；

e)产品编号及制造日期；

f)制造厂名。

7.1.2 包装标记

7.1.2.1 包装储运标记应符合GB 191的规定。

7.1.2.2 运输收发货标志应符合GB/T 6388的规定。

7.2 包装

包装箱内应有下列文件：

a)产品合格证；

b)使用说明书；

c)装箱单。

7.3 贮存

电磁阀应储存在干燥，通风良好的环境中，防止与腐蚀性物质接触。

MT

中华人民共和国煤炭行业标准

MT/T 716—2019
代替 MT/T 716—2005

煤矿重要用途钢丝绳验收技术条件

Technical delivery requirements of steel wire ropes for coal mine hoisting

2018-12-29 发布　　　　2019-07-01 实施

国家煤矿安全监察局　　发布

前　言

本标准按 GB/T 1.1—2009《标准化工作导则　第 1 部分:标准的结构和编写》进行编写。

本标准是对 MT/T 716—2005《煤矿重要用途钢丝绳验收技术条件》的修订。本标准从实施之日起代替 MT/T 716—2005。

本标准除做了编辑性修改外,与 MT/T 716—2005 相比主要变化如下:

——完善了重要用途钢丝绳的范围(见第 1 章);

——规范性引用文件中增加了 AQ/T 1043、NB/SH/T 0387 的引用(见第 2 章,2005 版的第 2 章);

——增加了压实股平行捻钢丝绳芯(见 3.2.2);

——增加了基本要求(见 4.1);

——增加了压实股钢丝绳的直径偏差和不圆度(见 4.2.1.2);

——调整了拆股钢丝的公称抗拉强度,光面和 B 级镀锌钢丝下限取消了 1470 MPa,上限提高了一个公称抗拉强度至 1960 MPa;AB 级镀锌钢丝下限取消了 1470 MPa,上限提高了一个公称抗拉强度至 1870 MPa;A 级镀锌钢丝下限取消了 1470 MPa,上限提高了两个公称抗拉强度至 1870 MPa(见 4.2.7.1,2005 版的 4.1.6.1);

——增加了特殊抗拉强度等级的要求(见 4.3.1);

——增加了拆股钢丝强度允差(见 4.3.3.2);

——调整了部分性能参数(见 4.3.4 和 4.3.5,2005 版的 4.2.4 和 4.2.5);

——增加了压实股钢丝绳允许低值钢丝根数(见 4.3.6);

——增加了合格条件(见 5.2.6);

——调整了“锌层重量试验”取样数量,与 GB/T 8918 与 YB/T 5359 一致(见 6.2.3,2005 版的 6.2.3);

——修改了判定规则(见 6.3,2005 版的 6.3);

——修改了钢丝绳捻制质量和表面质量(见附录 A,2005 年版的附录 A)。

请注意本标准的某些内容可能涉及专利,本标准的发布机构不承担识别这些专利的责任。

本标准由中国煤炭工业协会提出。

本标准由煤炭行业煤矿安全标准化技术委员会归口。

本标准起草单位:煤科集团沈阳研究院有限公司、国家煤矿防爆安全产品质量监督检验中心。

本标准起草人:马立爽、陈昊旻、贺江波、冯海涛、管长焦、齐占平、刘德君、谭廷帅、王玉成、边建朝、李骁洋。

本标准所代替标准的历次版本发布情况为:MT 716—1997、MT/T 716—2005。

煤矿重要用途钢丝绳验收技术条件

1 范围

本标准规定了煤矿重要用途钢丝绳验收、悬挂前检验的要求、检查与试验、检验规则、包装、标志、质量证明书及安全标志标识等。

煤矿重要用途钢丝绳包括:立井提升钢丝绳、斜井提升钢丝绳、悬挂吊盘用钢丝绳、用于运送人员的倾斜钢丝绳、牵引带式输送机的钢丝绳及倾斜无极绳绞车的钢丝绳、架空乘人装置用的钢丝绳。

本标准适用于煤矿重要用途各种圆股钢丝绳、异形股钢丝绳及压实股钢丝绳。

本标准不适用于平衡用扁钢丝绳及密封钢丝绳。

2 规范性引用文件

下列文件对于本文件的应用是必不可少的。凡是注日期的引用文件,仅所注日期的版本适用于本文件。凡是不注日期的引用文件,其最新版本(包括所有的修改单)适用于本文件。

GB/T 228.1 金属材料 拉伸试验 第1部分:室温试验方法

GB/T 238 金属材料 线材 反复弯曲试验方法

GB/T 239.1 金属材料 线材 第1部分:单项扭转试验方法

GB/T 1839 钢产品镀锌层质量试验方法

GB/T 2104 钢丝绳包装、标志及质量证明书的一般规定

GB/T 8170 数值修约规则

GB/T 8358 钢丝绳破断拉伸试验方法

GB/T 8706 钢丝绳术语、标记和分类

GB/T 8918 重要用途钢丝绳

GB/T 8919 制绳用钢丝

GB/T 15030 剑麻钢丝绳芯

GB/T 21965 钢丝绳 验收及缺陷术语

AQ 1043 矿用产品安全标志标识

YB/T 5343 制绳用钢丝

YB/T 5359 压实股钢丝绳

NB/SH/T 0387 钢丝绳用润滑脂

煤矿安全规程(2016年版)

3 钢丝绳材料

3.1 制绳用钢丝

制绳用钢丝应符合GB/T 8919中重要用途钢丝的规定,压实股钢丝绳钢丝应符合YB/T 5343中重要用途钢丝的规定。

3.2 绳芯

3.2.1 纤维芯

纤维芯应符合GB/T 15030的规定或用黄麻、合成纤维及其他能符合要求的纤维制成。除需方另有要求,纤维芯应用具有防腐、防锈性能的润滑油脂浸透。

3.2.2 **钢芯**

钢芯分为独立的钢丝绳芯[IWR、IWRC 、IWRC(K)]、压实股平行捻钢丝绳芯[PWRC(K)]和钢丝股芯(IWS 、WSC)。对于压实股钢丝绳,如果需方没有特殊要求,由供方确定钢芯是否为压实股芯。

3.3 **油脂**

除非需方另有要求,钢丝绳表面应均匀连续地涂敷防锈润滑油脂。需方要求钢丝绳有增摩性能时,钢丝绳应涂增摩油脂,不应有漏涂。

钢丝绳用油脂、麻芯脂应符合 NB/SH/T 0387 或其他有关要求的规定。

4 要求

4.1 基本要求

4.1.1 钢丝绳应具有矿用产品安全标志。

4.1.2 钢丝绳应具有质量证明书,其中钢丝绳的要求应符合矿用产品安全标志执行标准和要求的规定。

4.1.3 新钢丝绳到货后应按本标准进行性能检验,合格后方可备用。

4.1.4 存放时间超过 1 年的钢丝绳,在悬挂前应再次按本标准进行性能检测,合格后方可使用。

4.1.5 各种用途的钢丝绳悬挂时的安全系数(实测的合格钢丝破断拉力总和与其所承受的最大静拉力之比)应符合《煤矿安全规程》的有关规定。

4.2 对钢丝绳的要求

4.2.1 **直径**

4.2.1.1 **公称直径**

公称直径应符合 GB/T 8918 、YB/T 5359 的规定,否则应经供、需双方商定。公称直径应在钢丝绳质量证明书中注明。

4.2.1.2 **直径偏差和不圆度**

直径偏差和不圆度见表 1。

表 1 直径偏差和不圆度

钢丝绳类型	直径偏差 %	不圆度 %
圆股钢丝绳	$^{+5}_{0}$	≤4
异形股钢丝绳	$^{+6}_{0}$	≤4
压实股钢丝绳	$^{+7}_{0}$	≤4

4.2.2 **长度**

4.2.2.1 **公称长度**

应由供、需双方商定,并在订货合同中注明,所有试样都应包括在订货长度内。

4.2.2.2 **实测长度**

钢丝绳的实测长度在无负荷状态下允许与订货长度有如下偏差:

a) ≤400 m:$^{+5\%}_{0}$;

b) >400 m~1000 m:$^{+20\ \mathrm{m}}_{0}$;

c) >1000 m:$^{+2\%}_{0}$。

如用户要求钢丝绳的长度偏差较小时,应经供、需双方商定并在订货合同中注明。

4.2.3　**重量**

4.2.3.1　**参考重量**

以 kg/100 m 为单位，应符合 GB/T 8918 和 YB/T 5359 的规定，否则应经供、需双方商定并在合同中注明。

4.2.3.2　**实测重量**

以 kg/100 m 为单位，应不小于参考重量的 98%和不大于参考重量的 105%，否则应经供、需双方商定并在合同中注明。

4.2.4　**表面质量和捻制质量**

应符合附录 A 的规定。

4.2.5　**不松散性**

钢丝绳应是不松散的(多层股、四股扇形股及编结使用的钢丝绳除外)。

4.2.6　**伸长**

在使用中的永久伸长应双方协议。

4.2.7　**公称抗拉强度与破断拉力**

4.2.7.1　**公称抗拉强度**

钢丝绳和钢丝的公称抗拉强度应符合表 2 的规定。

表 2　钢丝表面状态及公称抗拉强度

表面状态	公称抗拉强度 MPa				
光面和 B 级镀锌	1 570	1 670	1 770	1 870	1 960
AB 级镀锌	1 570	1 670	1 770	1 870	1 960
A 级镀锌	1 570	1 670	1 770	1 870	—

注 1：AB 级镀锌 1 960 MPa 强度仅适用于压实股钢丝绳。

注 2：钢丝绳和钢丝其他的公称抗拉强度，应符合矿用产品安全标志的规定。

同直径钢丝应为同一公称抗拉强度，不同直径钢丝允许采用相同或相邻公称抗拉强度，但应保证钢丝绳最小破断拉力符合要求；钢丝绳内钢丝为同一公称抗拉强度时，钢丝绳的公称抗拉强度与钢丝的公称抗拉强度相同，当钢丝绳内的钢丝为不同公称抗拉强度时，钢丝绳的公称抗拉强度应符合钢丝的公称抗拉强度之一。

4.2.7.2　**破断拉力**

4.2.7.2.1　**方法 1，钢丝破断拉力总和**

实测钢丝破断拉力总和应不低于钢丝绳最小破断拉力与 GB/T 8918 中相应的最小钢丝破断拉力总和与钢丝绳最小破断拉力的换算系数或与 YB/T 5359 力学性能表中相应的最小破断拉力总和的换算系数的乘积。

注：钢丝绳的典型结构与 GB/T 8918 或 YB/T 5359 不一致时，按矿用产品安全标志确认的最小钢丝破断拉力总和执行。

4.2.7.2.2　**方法 2，钢丝绳破断拉力**

实测钢丝绳破断拉力应不低于 GB/T 8918 力学性能表或 YB/T 5359 力学性能表中与钢丝绳公称抗拉强度相对应的钢丝绳最小破断拉力。

注：钢丝绳公称直径、公称抗拉强度与 GB/T 8918 或 YB/T 5359 力学性能表不一致时，其钢丝绳最小破断拉力按 GB/T 8918 或 YB/T 5359 的方法计算；当钢丝绳的典型结构与 GB/T 8918 或 YB/T 5359 不一致、经矿用产品安全标志确认的钢丝绳最小破断拉力大于计算值时，按矿用产品安全标志确认的钢丝绳最小破断拉力执行。

4.3　**对拆股钢丝的要求**

4.3.1 总则

从钢丝绳试样中拆取钢丝。钢丝的抗拉强度及钢丝破断拉力、反复弯曲和扭转按钢丝的公称抗拉强度和公称直径考核。或相同公称直径的钢丝为一组(压实股钢丝绳用捻制前钢丝的公称直径)以其实测平均抗拉强度值下靠表2中的公称抗拉强度,作为该钢丝的公称抗拉强度,考核钢丝各项试验结果。

当钢丝的公称抗拉强度与表2不一致时,以其为公称抗拉强度考核钢丝的抗拉强度。反复弯曲和扭转按钢丝的公称抗拉强度下靠表2中的公称抗拉强度进行考核。

4.3.2 直径

4.3.2.1 公称直径

应在钢丝绳质量证明书中注明。

4.3.2.2 直径允许偏差

光面钢丝和B级镀锌、AB级镀锌、A级镀锌钢丝应符合表3的规定。

表3 钢丝直径允许偏差

单位为毫米

钢丝公称直径 d	钢丝直径允许偏差	
	光面、B级、AB级镀锌钢丝	A级镀锌钢丝
$0.20 \leqslant d < 0.60$	±0.01	±0.03
$0.60 \leqslant d < 1.00$	±0.02	±0.03
$1.00 \leqslant d < 1.60$	±0.02	±0.04
$1.60 \leqslant d < 2.40$	±0.03	±0.05
$2.40 \leqslant d < 3.70$	±0.03	±0.06
$3.70 \leqslant d \leqslant 4.40$	±0.04	±0.07
注:钢丝直径允许偏差不适用压实股钢丝绳。		

4.3.3 抗拉强度及钢丝破断拉力

4.3.3.1 公称抗拉强度

钢丝的公称抗拉强度应符合表2的规定,并应在钢丝绳质量证明书中注明。表2中的数值是抗拉强度的下限,上限等于下限加上表4规定的强度允差。

4.3.3.2 强度允差

强度允差应符合表4的规定。

表4 强度允差

钢丝公称直径 d mm	强度允差 MPa
$0.15 \leqslant d < 0.50$	390
$0.50 \leqslant d < 1.00$	350
$1.00 \leqslant d < 1.50$	320
$1.50 \leqslant d < 2.00$	290
$d \geqslant 2.00$	260
注:强度允差不适用于压实股钢丝绳。	

4.3.3.3 钢丝破断拉力

对于压实股钢丝绳,相同直径钢丝的破断拉力应不低于该直径实测平均破断拉力的92%。允许有少数钢丝的实测破断拉力低于该直径实测平均破断拉力的92%,而不低于实测平均破断拉力的75%,计算结果按GB/T 8170规定修约到1%,这种少数钢丝为低值钢丝。

4.3.4 反复弯曲

直径大于或等于 0.50 mm 钢丝的反复弯曲次数应符合表 5 的规定。

对于压实股钢丝绳，钢丝的反复弯曲次数应符合表 6 的规定。允许有少数钢丝的反复弯曲次数低于表 6 规定而不低于表 6 规定的 75%，计算结果按 GB/T 8170 规定修约成整数，这种少数钢丝为低值钢丝。

表 5　钢丝最小反复弯曲次数

钢丝公称直径 d mm	弯曲圆柱半径 mm	光面和 B 级镀锌钢丝					AB 级镀锌钢丝				A 级镀锌钢丝			
		公称抗拉强度 MPa												
		1 570	1 670	1 770	1 870	1 960	1 570	1 670	1 770	1 870	1 570	1 670	1 770	1 870
0.50≤d<0.55	1.75	15	15	14	14	14	13	13	12	11	11	11	10	9
0.55≤d<0.60		14	14	13	13	12	12	12	11	10	10	10	9	8
0.60≤d<0.65		12	12	11	11	10	10	10	9	8	8	8	7	6
0.65≤d<0.70		11	11	10	10	9	9	9	8	7	7	7	6	5
0.70≤d<0.75	2.50	16	16	15	15	14	15	15	14	13	13	13	12	11
0.75≤d<0.80		15	15	14	14	13	14	14	13	12	12	12	11	10
0.80≤d<0.90		14	14	13	13	11	13	13	12	10	11	11	9	8
0.90≤d<1.00		12	12	11	11	10	11	11	10	9	9	9	8	7
1.00≤d<1.10	3.75	17	17	16	16	15	16	16	15	14	14	14	13	12
1.10≤d<1.20		15	15	14	14	13	14	14	13	12	12	12	11	10
1.20≤d<1.30		13	13	12	12	11	12	12	11	10	10	10	9	8
1.30≤d<1.40		12	12	11	11	10	11	11	10	9	9	9	8	7
1.40≤d<1.50		11	11	10	10	9	10	10	9	8	8	8	7	6
1.50≤d<1.60	5.00	14	14	13	13	12	13	13	12	11	11	11	10	9
1.60≤d<1.70		13	13	12	12	11	12	12	11	10	10	10	9	8
1.70≤d<1.80		12	12	11	11	10	11	11	10	9	9	9	8	7
1.80≤d<1.90		11	11	10	10	9	10	10	9	8	8	8	7	6
1.90≤d<2.00		10	10	9	9	8	9	9	8	7	7	7	6	5
2.00≤d<2.10	7.50	15	15	14	14	13	14	14	13	12	12	12	11	10
2.10≤d<2.20		14	14	13	13	12	13	13	12	11	11	11	10	9
2.20≤d<2.30		13	13	12	12	11	12	12	11	10	10	10	9	8
2.30≤d<2.40		13	13	12	12	11	12	12	11	10	10	10	9	8
2.40≤d<2.50		12	12	11	11	10	11	11	10	9	9	9	8	7
2.50≤d<2.60		11	11	10	10	9	10	10	9	8	8	8	7	6
2.60≤d<2.70		10	10	9	9	8	9	9	8	7	7	7	6	5
2.70≤d<2.80		10	10	9	9	8	9	9	8	7	7	7	6	5
2.80≤d<2.90		9	9	8	8	7	8	8	7	6	6	6	5	4
2.90≤d<3.00		9	9	8	7	7	8	8	7	6	6	6	5	4

表 5　钢丝最小反复弯曲次数(续)

钢丝公称直径 d mm	弯曲圆柱半径 mm	光面和 B 级镀锌钢丝					AB 级镀锌钢丝				A 级镀锌钢丝			
		公称抗拉强度 MPa												
		1 570	1 670	1 770	1 870	1 960	1 570	1 670	1 770	1 870	1 570	1 670	1 770	1 870
3.00≤d<3.10	10	12	11	11	10	10	11	10	10	9	9	9	8	7
3.10≤d<3.20		12	11	11	10	10	11	10	10	9	9	9	8	7
3.20≤d<3.30		11	10	10	9	9	10	9	9	8	8	8	7	6
3.30≤d<3.40		11	10	10	9	9	10	9	9	8	8	8	7	6
3.40≤d<3.50		10	9	9	8	8	9	8	8	7	7	7	6	5
3.50≤d<3.60		9	8	8	7	7	8	7	7	6	6	6	5	4
3.60≤d<3.70		8	7	7	6	6	7	6	6	5	5	5	4	3
3.70≤d<3.80		7	6	6	5	5	6	5	5	4	5	4	4	3
3.80≤d<3.90		7	6	6	5	5	6	5	5	4	5	4	4	3
3.90≤d<4.00		6	5	5	4	4	5	4	4	3	4	3	3	2
4.00≤d<4.10	15	13	12	12	11	11	12	11	11	10	8	7	7	6
4.10≤d<4.20		12	11	11	10	10	11	10	10	9	7	6	6	5
4.20≤d<4.30		11	10	10	9	9	10	9	9	8	7	6	6	5
4.30≤d<4.40		11	10	10	9	9	10	9	9	8	7	6	6	5
4.40		10	9	9	8	8	9	8	8	7	6	5	5	4

表 6　钢丝最小反复弯曲次数(压实股钢丝绳)

捻制前钢丝公称直径 d mm	弯曲圆柱半径 mm	光面和 B 级镀锌钢丝					AB 级镀锌钢丝					A 级镀锌钢丝			
		公称抗拉强度 MPa													
		1 570	1 670	1 770	1 870	1 960	1 570	1 670	1 770	1 870	1 960	1 570	1 670	1 770	1 870
0.50≤d<0.55	1.75	15	14	14	13	13	12	11	11	10	10	11	10	10	9
0.55≤d<0.60		14	13	13	12	12	10	9	9	8	8	9	8	8	7
0.60≤d<0.65		12	11	11	10	10	8	7	7	6	6	7	6	6	5
0.65≤d<0.70		11	10	10	9	9	7	6	6	5	5	6	5	5	4
0.70≤d<0.75	2.50	15	14	14	13	13	14	13	13	12	12	12	11	11	10
0.75≤d<0.80		14	14	13	13	12	13	12	12	11	11	11	10	10	9
0.80≤d<0.85		13	13	12	12	10	11	10	10	9	9	9	8	8	7
0.85≤d<0.90		12	12	11	11	9	11	10	10	9	9	8	7	7	6
0.90≤d<0.95		11	11	10	10	8	10	9	9	8	8	7	6	6	5
0.95≤d<1.00		11	11	10	10	8	9	8	8	7	7	7	6	6	5

表 6　钢丝最小反复弯曲次数(压实股钢丝绳)(续)

捻制前钢丝公称直径 *d* mm	弯曲圆柱半径 mm	光面和 B 级镀锌钢丝					AB 级镀锌钢丝					A 级镀锌钢丝			
		公称抗拉强度 MPa													
		1 570	1 670	1 770	1 870	1 960	1 570	1 670	1 770	1 870	1 960	1 570	1 670	1 770	1 870
1.00≤d<1.10	3.75	15	15	14	14	13	15	14	14	13	13	12	11	11	10
1.10≤d<1.20		14	14	13	13	11	13	12	12	11	11	10	9	9	8
1.20≤d<1.30		12	12	11	11	10	12	11	11	10	10	9	8	8	7
1.30≤d<1.40		11	11	10	10	8	10	9	9	8	8	7	6	6	5
1.40≤d<1.50		10	10	9	9	7	9	8	8	7	7	6	5	5	4
1.50≤d<1.60	5.00	13	13	12	12	10	12	11	11	10	10	9	8	8	7
1.60≤d<1.70		12	12	11	11	9	11	10	10	9	9	8	7	7	6
1.70≤d<1.80		11	11	10	10	8	10	9	9	8	8	7	6	6	5
1.80≤d<1.90		10	10	9	9	7	9	8	8	7	7	6	5	5	4
1.90≤d<2.00		9	9	8	8	6	8	7	7	6	6	5	4	4	3
2.00≤d<2.10	7.50	14	14	13	13	11	12	11	11	10	10	10	9	9	8
2.10≤d<2.20		13	13	12	12	10	11	10	10	9	9	9	8	8	7
2.20≤d<2.30		12	12	11	11	9	10	9	9	8	8	8	7	7	6
2.30≤d<2.40		12	12	11	11	9	10	9	9	8	8	8	7	7	6
2.40≤d<2.50		11	11	10	10	8	9	8	8	7	7	7	6	6	5
2.50≤d<2.60		10	10	9	9	7	8	7	7	6	6	6	5	5	4
2.60≤d<2.70		9	9	8	8	6	7	6	6	5	5	5	4	4	3
2.70≤d<2.80		9	9	8	8	6	7	6	6	5	5	5	4	4	3
2.80≤d<2.90		8	8	7	7	5	6	5	5	4	4	4	3	3	2
2.90≤d<3.00		8	8	7	7	5	6	5	5	4	4	4	3	3	2
3.00≤d<3.10	10	11	10	10	9	9	10	9	9	8	8	8	7	7	6
3.10≤d<3.20		11	10	10	9	8	9	8	8	7	7	7	6	6	5
3.20≤d<3.30		10	9	9	8	7	8	7	7	6	6	6	5	5	4
3.30≤d<3.40		10	9	9	8	7	8	7	7	5	5	6	5	5	4
3.40≤d<3.50		9	8	8	6	6	8	7	7	6	6	6	5	5	4
3.50≤d<3.60		8	7	7	5	5	6	5	5	3	3	4	3	3	2
3.60≤d<3.70		7	6	6	5	5	6	5	5	3	3	4	3	3	2
3.70≤d<3.80	10	6	5	5	4	4	5	4	4	2	2	4	3	3	2
3.80≤d<3.90		6	5	5	4	4	5	4	4	2	2	4	3	3	2
3.90≤d<4.00		6	5	5	3	3	4	3	3	2	2	3	2	2	2
4.00≤d<4.10	15	12	11	10	9	9	10	9	9	7	7	7	6	6	5

表 6 钢丝最小反复弯曲次数(压实股钢丝绳)(续)

捻制前钢丝公称直径 d mm	弯曲圆柱半径 mm	光面和B级镀锌钢丝					AB级镀锌钢丝					A级镀锌钢丝			
		公称抗拉强度 MPa													
		1 570	1 670	1 770	1 870	1 960	1 570	1 670	1 770	1 870	1 960	1 570	1 670	1 770	1 870
4.10≤d<4.20	15	11	10	9	8	8	9	8	8	6	6	6	5	5	4
4.20≤d<4.30		10	10	9	8	8	9	8	8	6	6	6	5	5	4
4.30≤d<4.40		10	9	9	8	8	9	8	8	6	6	6	5	5	4
4.40		9	8	8	7	7	8	7	7	6	6	5	4	4	3

4.3.5 **扭转**

直径大于或等于 0.50 mm 钢丝的扭转次数应符合表 7 的规定。

对于压实股钢丝绳，钢丝的扭转次数应符合表 8 的规定。允许有少数钢丝的扭转次数低于表 8 规定而不低于表 8 规定的 75%，计算结果按 GB/T 8170 规定修约成整数，这种少数钢丝为低值钢丝。

表 7 钢丝最小扭转次数

钢丝公称直径 d mm	试验长度 mm	光面和B级镀锌钢丝					AB级镀锌钢丝				A级镀锌钢丝			
		公称抗拉强度 MPa												
		1 570	1 670	1 770	1 870	1 960	1 570	1 670	1 770	1 870	1 570	1 670	1 770	1 870
0.50≤d<1.00	100×d	33	32	31	28	25	30	28	27	24	21	20	19	17
1.00≤d<1.30		31	30	29	26	24	28	26	25	22	19	18	17	15
1.30≤d<1.80		30	28	27	25	23	27	25	23	20	18	17	16	14
1.80≤d<2.30		28	27	26	23	21	25	23	22	19	17	16	14	12
2.30≤d<3.00		26	24	23	21	19	23	21	20	17	14	13	11	9
3.00≤d<3.40		24	22	21	19	18	21	19	18	15	12	11	7	6
3.40≤d<3.50		22	20	19	16	16	20	18	16	13	12	11	6	5
3.50≤d<3.70		20	18	17	13	13	18	16	14	11	10	9	5	4
3.70≤d<4.00		18	17	15	12	12	16	15	13	10	8	5	5	4
4.00≤d<4.20		16	15	13	10	10	14	13	11	8	6	4	4	3
4.20≤d≤4.40		15	14	12	9	9	13	12	10	7	6	4	4	3

注：对于异形股钢丝绳，股中钢丝超过一层的，应比表 7 所列的扭转次数减少一次；股中钢丝只有一层的应比所列的扭转次数减少两次。

表 8 钢丝最小扭转次数(压实股钢丝绳)

捻制前钢丝公称直径 d mm	试验长度 mm	光面和 B 级镀锌钢丝					AB 级镀锌钢丝					A 级镀锌钢丝			
		公称抗拉强度 MPa													
		1 570	1 670	1 770	1 870	1 960	1 570	1 670	1 770	1 870	1 960	1 570	1 670	1 770	1 870
0.50≤d<1.00	100×d	30	29	28	25	22	24	22	22	20	20	16	14	14	13
1.00≤d<1.30		28	27	26	24	20	22	20	20	18	18	15	13	13	12
1.30≤d<1.80		27	25	24	22	19	21	19	19	17	17	14	12	12	11
1.80≤d<2.30		25	24	23	22	18	20	18	18	16	16	13	11	11	10
2.30≤d<3.00		23	22	21	20	17	18	16	16	14	14	12	9	9	8
3.00≤d<3.40		22	20	19	18	15	17	14	14	12	12	8	6	6	5
3.40≤d<3.50		20	18	17	16	13	15	13	13	11	11	7	5	5	4
3.50≤d<3.70		18	16	15	11	11	14	12	12	10	10	6	4	4	3
3.70≤d<4.00		16	15	14	10	10	13	10	10	8	8	6	4	4	3
4.00≤d<4.20		15	14	12	9	9	12	9	9	7	7	5	3	3	2
4.20≤d≤4.40		14	13	11	8	8	11	8	8	5	5	4	3	3	2

4.3.6 压实股钢丝绳允许低值钢丝根数

压实股钢丝绳允许低值钢丝根数不应超过表 9 的规定。

表 9 压实股钢丝绳允许低值钢丝根数

钢丝绳结构	部分试验		100%试验	
	抗拉强度	反复弯曲和扭转	抗拉强度	反复弯曲和扭转
6×K7	1	1	1	2
6×K19S	2	3	3	6
6×K25F	2	3	3	7
6×K26WS	2	5	5	9
6×K31WS	3	6	6	11
6×K29F	2	4	4	8
6×K36WS	3	7	7	13
6×K41WS	4	7	7	14
8×K19S	2	4	4	9
8×K26WS	3	6	6	12
8×K31WS	4	7	7	14
8×K36WS	4	9	9	17
8×K41WS	5	10	10	19

表9　压实股钢丝绳允许低值钢丝根数（续）

钢丝绳结构	部分试验		100%试验	
	抗拉强度	反复弯曲和扭转	抗拉强度	反复弯曲和扭转
15×K7	1	3	3	5
16×K7	1	3	3	6
18×K7	2	4	4	6
18×K19S	5	10	10	19
35(W)×K7	3	6	7	13
40(W)×K7	4	7	7	14
8×K19S-PWRC(K)	2	4	4	8
8×K26WS-PWRC(K)	3	6	6	12
8×K31WS-PWRC(K)	4	7	7	14
8×K36WS-PWRC(K)	4	9	9	17

4.3.7　打结拉伸

直径小于0.50 mm的钢丝以打结拉伸试验代替扭转和反复弯曲试验，打结拉力值应大于公称抗拉强度对应拉力值的50%。

4.3.8　镀锌层

4.3.8.1　级别

镀锌层级别分为三个级别：B级、AB级和A级。

4.3.8.2　锌层重量

如果需方要求，镀锌钢丝还应进行镀锌质量试验（异型股除外）。镀锌层重量应用单位表面积的镀锌层平均重量表示，单位 g/m²。镀锌层重量应符合表10的规定（异形股除外）。压实股钢丝绳应符合表11的规定。

表10　钢丝最小锌层重量

镀锌钢丝公称直径（包括镀锌层）d mm	最小锌层重量 g/m²		
	B级镀锌钢丝	AB级镀锌钢丝	A级镀锌钢丝
$0.20 \leqslant d < 0.25$	15	—	—
$0.25 \leqslant d < 0.40$	20	—	—
$0.40 \leqslant d < 0.50$	29	60	75
$0.50 \leqslant d < 0.60$	40	69	90
$0.60 \leqslant d < 0.70$	50	85	110
$0.70 \leqslant d < 0.80$	60	85	120

表 10 钢丝最小锌层重量（续）

镀锌钢丝公称直径（包括镀锌层）d mm	最小锌层重量 g/m²		
	B 级镀锌钢丝	AB 级镀锌钢丝	A 级镀锌钢丝
0.80≤d<1.00	70	95	130
1.00≤d<1.20	80	110	150
1.20≤d<1.50	90	120	165
1.50≤d<1.90	100	130	180
1.90≤d<2.50	110	150	205
2.50≤d<3.20	125	165	230
3.20≤d<4.00	135	190	250
4.00≤d≤4.40	150	200	260

表 11 钢丝最小锌层重量(压实股钢丝绳)

捻制前钢丝公称直径 d mm	最小锌层重量 g/m²		
	B 级镀锌钢丝	AB 级镀锌钢丝	A 级镀锌钢丝
0.50≤d<0.60	30	52	68
0.60≤d<0.70	37	64	82
0.70≤d<0.80	45	64	90
0.80≤d<1.00	52	71	97
1.00≤d<1.20	60	82	112
1.20≤d<1.50	67	90	124
1.50≤d<1.90	75	97	135
1.90≤d<2.50	82	112	154
2.50≤d<3.20	94	124	172
3.20≤d<4.00	101	142	187
4.00≤d≤4.40	112	150	195

5 检查与试验

5.1 钢丝绳的检查与试验

5.1.1 直径的测量

钢丝绳直径应用带有宽钳口的游标卡尺测量，其钳口的最小宽度应足以跨越两个相邻的股，测量仪器的最小分度值应不低于±0.02 mm。

测量应在无张力的条件下，在距钢丝绳端头 15 m 以外的直线部位上进行，在相距至少 1 m 的两个截面上，并在同一截面互相垂直测取两个数值，四个测量结果的平均值作为钢丝绳的实测直径。

同一截面测量结果的差与公称直径之比，即为不圆度。

在有争议的情况下，直径的测量可在给钢丝绳施加不超过其最小破断拉力 5%的张力情况下进行。

5.1.2　**长度的测量**

钢丝绳长度测量方法应由供、需双方商定，并在合同中注明。

钢丝绳长度测量以米为单位，量具的精度应不低于±2.5%。

5.1.3　**重量的测量**

以 kg 为单位测量钢丝绳总重量(包括卷轴、链钩和包装材料)。从总重量中减去卷轴、链钩和包装材料的重量，除以钢丝绳的实测长度(以百米为单位)，所得的商即为钢丝绳的实际单位重量，用 kg/100 m 表示。

钢丝绳总重量应用衡器测量。

5.1.4　**外观检查**

钢丝绳及其股外观，用手感和目测检查。

5.1.5　**不松散性检查**

将钢丝绳的一端解开相对称的两个股，约有两个捻距长，当这两个股重新恢复到原位后，不应自行再散开(多层股、四股扇形股的钢丝绳除外)。检查确定为松散的钢丝绳为捻制质量不合格钢丝绳。

5.1.6　**伸长的测量**

钢丝绳伸长的测量应由供需双方商定。

5.1.7　**钢丝绳中钢丝破断拉力总和的测定**

钢丝破断拉力总和是全部钢丝的实测破断拉力之和。

5.1.8　**钢丝绳破断拉力试验**

钢丝绳破断拉力按 GB/T 8358 规定的方法进行。

5.2　**拆股钢丝试验**

5.2.1　**直径的测量**

应在钢丝同一截面相互垂直方向上测得两个直径值，然后取其平均值作为钢丝的实测直径。

5.2.2　**拉力试验**

按 GB/T 228.1 规定的方法进行。

5.2.3　**反复弯曲试验**

按 GB/T 238 规定的方法进行。

5.2.4　**扭转试验**

按 GB/T 239.1 规定的方法进行。

5.2.5　**锌层重量试验**

按 GB/T 1839 规定的方法进行。

5.2.6　**合格条件**

5.2.6.1　**方法 1**

5.2.6.1.1　圆股钢丝绳和异形股钢丝绳应满足下列条件：

a)　钢丝直径超过允许偏差值的钢丝数不得大于 3%；

b)　比抗拉强度下限低 50 MPa 的钢丝数不得大于 3%；

c)　低于最小弯曲值、最小扭转值(打结拉伸不合格)的钢丝数之和不得大于 5%；

d)　所有上述不合格钢丝的总数不得大于 10%；

e)　抗拉强度、反复弯曲和扭转三项试验以不合格钢丝的总断面积与试验钢丝的总断面积之比计算。用作升降人员或升降人员和物料的钢丝绳应小于 6%；专为升降物料的钢丝绳应小于 10%；

f)　镀锌层重量低于最小锌层重量的钢丝数不得大于 5%。

同一根钢丝有多项不合格时，只按 1 根计算。镀锌层重量所计算的不合格钢丝数不足 1 根时，允许有 1 根。

5.2.6.1.2 压实股钢丝绳应满足下列条件：

a） 低值钢丝根数不应超过表 9 的规定；

b） 钢丝破断拉力、反复弯曲和扭转三项试验允许的低值钢丝总数，以低值钢丝的总断面积与试验钢丝的总断面积之比计算。用作升降人员或升降人员和物料的钢丝绳应小于 6%；专为升降物料的钢丝绳应小于 10%；

c） 镀锌层重量低于最小锌层重量的钢丝数不得大于 5%。

同一根钢丝有多项低值时，只按 1 根计算。镀锌层重量所计算的不合格钢丝数不足 1 根时，允许有 1 根。

5.2.6.2 方法 2

5.2.6.2.1 圆股钢丝绳和异形股钢丝绳应满足下列条件：

a） 任一种直径的不合格钢丝数不得超过 1 根；

b） 如果任一种直径的不合格钢丝数为 2 根或 2 根以上，则应对该种直径的其他钢丝逐根进行不合格项目的试验。不合格的钢丝数应不大于同种直径钢丝数的 4%（按 GB/T 8170 规定修约成整数）；

c） 镀锌层重量低于最小锌层重量的钢丝数不得大于 5%。

同一根钢丝有多项不合格时，只按 1 根计算。镀锌层重量所计算的不合格钢丝数不足 1 根时，允许有 1 根。

5.2.6.2.2 压实股钢丝绳应满足下列条件：

a） 镀锌层重量低于最小锌层重量的钢丝数不得大于 5%；

b） 如果一个或一个以上的试验项目不符合规定要求，则应复验其余各股中同一公称直径钢丝的不合格项目，加上原试验结果，按表 9 规定的 100% 试验评定。

同一根钢丝有多项低值时，只按 1 根计算。镀锌层重量所计算的不合格钢丝数不足 1 根时，允许有 1 根。

6 检验规则

6.1 总则

6.1.1 每条钢丝绳都应进行验收检验、悬挂前检验。

6.1.2 验收检验、悬挂前检验由使用单位提出并取样。

6.1.3 验收检验、悬挂前检验由负有安全生产监督管理职责的部门授权的具有资质的检验单位负责。

6.2 取样方法与取样数量

6.2.1 方法 1

从外观检查合格的端头截取足够长度的试样，试验的数量应为试验样品总数的 100%（不包括镀锌层试验），以相同公称直径的钢丝为一组，按 5.1.7、5.2 规定进行各项试验。

股中的填充钢丝，各种股芯钢丝和钢丝绳中的钢芯，只参加钢丝破断拉力总和的试验与考核。

组成三角股芯的低碳钢丝、填充丝和补棱丝不包括在试样范围内。

试样长度不小于 1.5 m。

6.2.2 方法 2

从每条钢丝绳的一端截取足够长度的试样，按 5.1.8 规定进行钢丝绳破断拉力试验。

从每条钢丝绳的一端截取足够长度的试样，单层股钢丝绳任取 1 股，多层股钢丝绳按表 12、压实股钢丝绳多层股按表 13 的规定选取（焊接点除外），按 5.2 规定进行各项试验。试验的钢丝不包括股中填充丝、各种股芯钢丝和钢丝绳中的钢芯。

试样长度不小于 4 m。

表 12 多层股钢丝绳拆取的股数

<table>
<tr><th>钢丝绳类型</th><th>外层</th><th>中层</th><th>内层</th></tr>
<tr><td>18×7 类、18×19 类</td><td>2</td><td>—</td><td rowspan="3">1</td></tr>
<tr><td>34×7 类</td><td>3</td><td>2</td></tr>
<tr><td>6Q×19+6V×21 类</td><td>1</td><td>—</td></tr>
<tr><td>35W×7 类</td><td>3</td><td>大小股各 1</td><td>1</td></tr>
<tr><td colspan="4">注：钢丝绳类型参考 GB/T 8918。</td></tr>
</table>

表 13 压实股钢丝绳多层股拆取的股数

钢丝绳类型	外层	中层	内层
15×K7	3	—	—
16×K7	3	—	—
18×K7	2	—	1
18×K19	2	—	1
35(W)×K7	3	大股、小股各 1	1
8×K19-PWRC(K)	1	—	1
8×K36-PWRC(K)	1	—	1
注：钢丝绳类型参考 YB/T 5359。			

6.2.3 锌层重量试验

试验数量为钢丝绳中同一公称直径钢丝总数的 10%(从规定的股数中选取)，按 GB/T 8170 规定修约成整数。

压实股钢丝绳试验数量为同一公称直径钢丝总数的 5%，但不应少于 3 根(从规定的股数中选取)，按 GB/T 8170 规定修约成整数。

6.3 判定规则

6.3.1 方法 1

6.3.1.1 圆股钢丝绳和异形股钢丝绳

钢丝破断拉力总和合格、拆股钢丝试验满足合格条件，则判该钢丝绳合格。出现钢丝破断拉力总和不合格、出现高于抗拉强度上限的钢丝、拆股钢丝试验不满足合格条件情况之一时，则判该钢丝绳为不合格。

6.3.1.2 压实股钢丝绳

钢丝破断拉力总和合格、拆股钢丝试验满足合格条件，则判该钢丝绳合格。出现钢丝破断拉力总和不合格、出现低于低值限的钢丝、拆股钢丝试验不满足合格条件情况之一时，则判该钢丝绳为不合格。

6.3.2 方法 2

6.3.2.1 圆股钢丝绳和异形股钢丝绳

钢丝绳破断拉力合格、拆股钢丝试验满足合格条件，则判该钢丝绳合格。钢丝绳破断拉力不合格或拆股钢丝试验不满足合格条件，则判该钢丝绳为不合格。

6.3.2.2 **压实股钢丝绳**

钢丝绳破断拉力合格、拆股钢丝试验满足合格条件，则判该钢丝绳合格。出现钢丝绳破断拉力不合格、出现低于低值限的钢丝、拆股钢丝试验不满足合格条件情况之一时，则判该钢丝绳为不合格。

7 包装、标志、质量证明书及安全标志标识

钢丝绳的包装、标志、质量证明书及安全标志标识应符合 GB/T 2104、AQ 1043 的规定。

附　录　A
（规范性附录）
钢丝绳捻制质量和表面质量

A.1　捻制质量

A.1.1　股应捻制均匀、紧密。

A.1.2　股芯丝和股纤维芯的尺寸，应能保证具有足够的支撑作用，以便外层包捻的钢丝能均匀捻制，带纤维芯的股绳相邻钢丝之间允许有较均匀缝隙。用同直径钢丝制成的股及绳中的钢芯，其中心钢丝和中心股应适当加大。

A.1.3　钢丝绳应捻制均匀、紧密和不松散。股内钢丝不应松动。在展开和无负荷情况下，不得呈波浪状。

A.2　表面质量

钢丝绳不允许出现下列外观缺陷：

a）　断丝：钢丝绳股中出现钢丝断裂的现象；

b）　跳丝：绳股中的钢丝，一根或几根凸起，形成弓形或环形；

c）　缺丝：钢丝绳股中出现缺少钢丝的现象；

d）　钢丝交错：钢丝绳表面出现一处或几处钢丝交叉，钢丝不在规定的几何位置上；

e）　股或丝松紧不均：绳中出现股或股中钢丝凸出或凹陷；

f）　错丝错接：股中存在丝径错配、钢丝钩接、搭接、拧接；

g）　钢丝绳扭结：由于弯曲或扭转过度，钢丝绳不能恢复直线形；

h）　表面损伤：由于碰撞、擦挤、摔压等原因，使钢丝表面出现损伤；

i）　麻芯外露：绳芯从绳股之间挤出，局部麻芯增粗，绳径变大或麻芯断头、减细变小，或出现明显缩颈；

j）　锌层缺陷：镀锌层出现不均、开裂、锌堆积、锌疤或露出钢丝；

k）　涂油不良：除用户特殊要求外，钢丝绳表面或绳芯的油脂短缺或不均匀的现象；

l）　锈蚀：钢丝表面（局部或整体）出现的氧化现象。

表面质量用手感和目测的方法检查。发现上述情况之一时，应根据缺陷程度向制造厂提出索赔或退货。

中华人民共和国煤炭行业标准

煤矿重要用途在用钢丝绳性能测定方法及判定规则

MT/T 717—1997

Testing method and decision rule of wire ropes for in use mine hoisting

1 范围

本标准规定了煤矿重要用途钢丝绳悬挂和使用中定期试验的技术要求、试验方法和判定规则。

本标准适用于煤矿重要用途的圆股和异型股钢丝绳及扁钢丝绳(以下简称绳)。

本标准不适用于面接触钢丝绳及密封钢丝绳。

2 引用标准

下列标准所包含的条文,通过在本标准中引用而构成为本标准的条文。本标准出版时,所示版本均为有效。所有标准都会被修订,使用本标准的各方应探讨使用下列标准是新版本的可能性。

GB/T 228—87 金属拉伸试验方法

GB/T 238—84 金属线材反复弯曲试验方法

MT 716—1997 煤矿重要用途钢丝绳验收技术条件

煤矿安全规程 1992 年 中华人民共和国能源部

3 新绳悬挂前技术要求

3.1 新绳到货后必须按 MT 716 进行验收检验,合格后方可使用或备用。

3.2 保管期超过 1 年的绳,在悬挂前必须再次按 MT 716 进行检验,合格后方可使用。

3.3 各种用途的绳悬挂时的安全系数(实测的合格钢丝破断拉力总和与其所承受的最大静拉力之比)必须符合《煤矿安全规程》的有关规定。

3.4 新绳的韧性指标(反复弯曲次数和扭转次数)必须符合下列规定:

a) 专为升降人员或升降人员和物料用的绳,光面绳的韧性指标不低于 MT 716 中的光面和 B 类镀锌绳的规定;镀锌绳不低于 MT 716 中 AB 类的规定;

b) 专为升降物料用的绳,光面绳的韧性指标不低于 MT 716 中的光面和 B 类镀锌绳的规定;镀锌绳应不低于 MT 716 中 A 类的规定。

4 在用绳定期检验的技术要求

4.1 周期:

4.1.1 升降人员或升降人员和物料用的绳,自悬挂时起每隔 6 个月检验 1 次;悬挂吊盘用的绳每隔 12 个月检验 1 次。

4.1.2 升降物料用的绳,自悬挂时起到 1 年时进行第一次检验,以后每隔 6 个月检验 1 次。

中华人民共和国煤炭工业部 1997-12-30 批准 1998-07-01 实施

4.2 定期检验只做钢丝破断拉力和反复弯曲两种试验。

4.2.1 以同一公称直径的钢丝为一组，钢丝的破断拉力应不小于该组钢丝平均破断拉力的90%。

4.2.2 用作升降人员或升降人员和物料的光面绳，钢丝的反复弯曲次数应不低于新绳允许弯曲次数的90%；用作升降人员或升降人员和物料的AB类镀锌绳，钢丝的反复弯曲次数应不低于新绳允许弯曲次数的85%；用作升降物料的光面和镀锌绳，钢丝的反复弯曲次数应不低于新绳允许弯曲次数的80%。以上百分数计算的结果应修约为整数(如表1所示)。

4.2.3 钢丝的公称抗拉强度和公称直径均应以新绳验收检验时确定的数值为准。

注

1 当没有新绳的原始数据时，应以同一公称直径钢丝的平均破断拉力所对应的平均抗拉强度上靠MT 716标准中的公称抗拉强度级，作为该直径钢丝的公称抗拉强度。

2 当用户没有提供钢丝的公称直径时，可用实测直径进行计算和考核。

4.3 定期检验的不合格钢丝断面积与钢丝总断面积(三角股芯的低碳钢丝，填充丝和补棱丝不计在内)之比必须小于25%。

4.4 在用绳经定期检验，其安全系数必须符合下列规定：

a) 专为升降人员时不小于7；

b) 升降人员和物料用绳，升降人员时不小于7，升降物料时不小于6；

c) 专为升降物料用相悬挂吊盘时不小于5。

5 试验方法

5.1 验收检验合格后保管期超过1年的绳，悬挂前再次检验，按MT 716规定的方法进行。

5.2 在用绳定期试验方法：

5.2.1 截取一段足够长度的试样，将其全部拆散，同一公称直径的钢丝为一组，进行钢丝的破断拉力和反复弯曲试验。

圆股中的填充钢丝、中心丝、异型股芯钢丝，绳的钢芯，只参加钢丝破断拉力总和的试验和考核。三角股芯中的低碳钢丝、填充丝和补棱丝一般不包括在试样范围内。

5.2.2 钢丝的破断拉力试验按GB/T 228规定的方法进行。钳口之间的距离应不小于100 mm。

5.2.3 钢丝的反复弯曲试验按GB/T 238规定的方法进行。

5.2.4 在用户没有提供钢丝公称直径的情况下，则应实测钢丝直径。应在没有磨损和锈蚀的部位上按MT 716中5.2.1方法进行测量，并对照有关资料(标准或产品样本)确定钢丝的公称直径。

5.2.5 拆股时如发现断丝，已断的钢丝不再做破断拉力和反复弯曲试验，并在检验记录中注明。计算钢丝的平均抗拉强度时，应消除断丝的影响。

6 判定规则

6.1 经验收检验或悬挂前检验合格的新绳，其韧性指标和悬挂时的安全系数符合3.3、3.4的规定，方准使用。

6.2 在用绳定期试验结果的判定：

6.2.1 不合格钢丝的判定：

a) 破断拉力不符合4.2.1规定的钢丝为不合格钢丝；

b) 反复弯曲次数不符合4.2.2规定的钢丝为不合格钢丝；

c) 试样内的断丝为不合格钢丝。

注：1根钢丝同时有多项不合格时，只按1根计算。

表 1　最小反复弯曲次数

公称直径 d,mm	弯曲半径,mm	光面和 B 类镀锌钢丝									AB 类镀锌钢丝									A 类镀锌钢丝					
公称抗拉强度 MPa		1 470			1 570　1 670			1 770　1 870			1 470			1 570　1 670			1 770			1 470		1 570		1 670	
降低率,%		100	90	80	100	90	80	100	90	80	100	85	90	100	85	80	100	85	80	100	80	100	80	100	80
0.50≤d<0.55	1.75	16	14	13	15	14	12	14	13	1	11	12	11	13	14	10	12	10		12	10	11	9	11	9
0.50≤d<0.60		15		12	14	13	11	13	12	10	13	11	10	12	10		11	10		11	9	10	8	10	8
0.60≤d<0.65		13	12	10	12	11	10	11	10	9	11	9		10	8	8	9	8/	7	7	7	8	6	8	6
0.65≤d<0.70		12	11		11	10	9	10	9	8	10	8		9		7	8	7	6	8	6	7		7	
0.70≤d<0.75	2.5	17	15	14	16	14	13	15				14	13						11	14	11	13	10	13	10
0.75≤d<0.80		16	14	13	15		12		12	11	15		12			11	13			13	10	12		12	
0.80≤d<0.85		15		12	11	13	11		11	10	14	12	11				12			12		11	9	11	9
0.85≤d<0.90		14	13	11	11	12	11		10		12	11	10							11	9	10	8	10	8
0.90≤d<0.95		13	12	10	12	11				9	12					9	10			1	8	9	7	9	7
0.95≤d<1.00																									
1.00≤d<1.10	3.75	18	16	14	17	15	14												12	15	12	14	11	14	11
1.10≤d<1.20		16	14	13	15	14	12	14	15		15	13	12	14	12	11	13	11	14	13	10	12	10	12	10
1.20≤d<1.30		14	13	11	13	12	10	12	11	10	13	11	10	12	10		11	9		14	9	10	8	10	8
1.30≤d<1.40		13	12	10	12	11		11	10	9	12	10		11	9		10	8		10	8	9	7	9	7
1.40≤d<1.50		12	11		11	10	9	10			11	9		10	8	9	7	6		9	7	8	6	8	6
1.50≤d<1.60	5	15	14	12	14	13	11	13	12	10	11	12	11	13	11	10	12	10		12	10	11	9	11	9
1.60≤d<1.70		14	13	11	13	12	10	12	11		13	11	10	12	10		11	9		11	9	10	8	10	8
1.70≤d<1.80		13	12	10	12	11		11	10	9	12	10		11	9		10	8		10	8	9	7	9	7
1.80≤d<1.90		12	11		11	10	9	10	9	8	11	9		10	8		9	8	7	9	7	8	6	8	6
1.90≤d<2.00		11	10	9	10	9	8	9	8	7	10	8		9	8	7	8	7	6	8	6	7		7	

表 1(续)

公称直径 d,mm	钢丝种类 / 公称抗拉强度 MPa / 降低率,% / 弯曲半径,mm	光面和B类镀锌钢丝															AB类镀锌钢丝												A类镀锌钢丝					
	公称抗拉强度 MPa	1 470			1 570			1 670			1 770			1 870			1 470			1 570			1 670			1 770			1 470		1 570		1 670	
	降低率,%	100	90	80	100	90	80	100	90	80	100	90	80	100	90	80	100	85	90	100	85	80	100	85	80	100	85	80	100	80	100	80	100	80
2.00≤d<2.10	7.5	16	14	13	15	14	12	15	14	12	14	13	11	14	13	11	15	13	12	14	12	11	14	12	11	13	11	10	13	10	12	10	12	10
2.10≤d<2.20		15		12	14	13	11	14	13	11	13	12	10	13	12	10	14	12	11	13	11	10	13	11	10	12	10		12		11	9	11	9
2.20≤d<2.30		14	13	11	13	12	10	13	12	10	12	11		12	11		13	11	10	12	10		12	10		11	9		11	9	10	8	10	8
2.30≤d<2.40																																		
2.40≤d<2.50		13	12	10	12	11		12	11		11	10	9	11	10	9	12	10		11	9		11	9		10	8	8	10	8	9	7	9	7
2.50≤d<2.60		12	11		11	10	9	11	10	9	10	9	8	10	9	8	11	9		10	8		10	8		9		7	9	7	8	6	8	6
2.60≤d<2.70		11	10	9	10	9	8	10	9	8	9	8	7	9	8	7	10	8		9	8	7	9	8	7	8	7	6	8	6	7		7	
2.70≤d<2.80																																		
2.80≤d<2.90		10	9	8	9	8	7	9	8	7	8	7	6	8	7	6	9	8	7	8	7	6	8	7	6	7	6		7	6		5	6	5
2.90≤d<3.00																																		
3.00≤d<3.10	10	13	12	10	12	11	10	11	10	9	11	10	9	10	9	8	12	10		11	9		10	8		10	8		10	8	9	7	9	7
3.10≤d<3.20														/																				
3.20≤d<3.30		12	11		11	10	9	10	9	8	10	9	8	/			11	9		10	8		9	8	7	9	8	7	9	7	8	6	8	6
3.30≤d<3.40																																		
3.40≤d<3.50		11	10	9	10	9	8	9	8	7	9	8	7	/			10	8		9	8	7	8	7	6	8	7	6	8	6	7	6	7	
3.50≤d<3.60		10	9	8	9	8	7	8	7	6	8	7	6				9	8	7	8	7	6	7	6		7	6		7		6	5	6	5
3.60≤d<3.70		9	8	7	8	7	6	7	6		7	6					8	7	6	7	6			5		6	5		6	5		4	5	4
3.70≤d<3.80		8	7	6	7	6			5		/						7	6			5			4		/							/	
3.80≤d<3.90																																		
3.90≤d<4.00		7	6			5			4								6	5			4			3					5	4		3		

表 1(续)

钢丝种类 公称直径 d,mm	弯曲半径,mm	光面和B类镀锌钢丝															AB类镀锌钢丝												A类镀锌钢丝					
公称抗拉强度 MPa		1 470			1 570			1 670			1 770			1 870			1 470			1 570			1 670			1 770			1 470		1 570		1 670	
降低率,%		100	90	80	100	90	80	100	90	80	100	90	80	100	90	80	100	85	90	100	85	80	100	85	80	100	85	80	100	80	100	80	100	80
4.00≤d<4.10		14	13	11	10	9	8	12	11	10							13	11	10	12	10		11	9					9	7	8			
4.10≤d<4.20		13	12		9	8	7	11	10	9							12	10		11	9		10	8								6		
4.20≤d<4.30	15	12	11	10	11	10	9	10	9	8	/			/			11	9		10	8		9	8	7	/			8	6	7		/	
4.30≤d<4.40																																		
d=4.40		11	10	9	10	9	8	9	8	7							10	8		9	8	7	8	7	6				7	6		5		

注:1 从异型股钢丝绳中拆出的钢丝要比表中相应类别的最小弯曲次数减少1次。

2 扁钢丝绳用A类镀锌钢丝,增加1 370 MPa公称抗拉强度级,其弯曲次数按1 470 MPa级的次数。

6.2.2 不合格钢丝的数量超过4.3规定时，必须换绳。

6.2.3 安全系数不符合4.4规定时，必须换绳。

ICS 29.260.20
D 98
备案号:20434—2007

MT

中华人民共和国煤炭行业标准

MT/T 718—2007
代替 MT 718—1997

矿用隔爆兼本质安全型安全栅

Flameproof and intrinsically safe safety barrier for coal mine

2007-03-30 发布　　2007-07-01 实施

国家安全生产监督管理总局　发布

前　言

本标准为强制性标准。

本标准代替 MT 718—1997《矿用隔爆兼本质安全型安全栅》。

本标准与 MT 718—1997 相比主要变化如下：

——增加了矩形电流脉冲试验(本标准 5.6 条)；

——接线端子与外壳及接地端子间距离作了改动(本标准 4.3.3 条)；

——变压器的绝缘强度值作了改动(本标准表 7)；

——原标准表 1、表 2、表 3 作了改动(本标准表 1、表 2、表 3)；

——增加了绝缘电阻测量(本标准表 6)；

——增加了环境适应性试验(本标准 4.11、5.15～5.20 条)；

——删掉了熔断器的电流—时间特性表(原标准表 4)；

——增加了二极管温度试验(本标准 4.5.3，5.21)；

本标准由中国煤炭工业协会科技发展部提出。

本标准由煤炭行业煤矿安全标准化技术委员会归口。

本标准由煤炭科学研究总院抚顺分院、中国矿业大学(北京)负责起草。

本标准主要起草人：付淑玲、李者、付文俊、吴北平、哈迅、潘雅楠。

矿用隔爆兼本质安全型安全栅

1 范围

本标准规定了矿用隔爆兼本质安全型安全栅的产品分类、技术要求、试验方法、检验规则、标志、包装、运输与贮存等。

本标准适用于矿用隔爆兼本质安全型安全栅(以下简称“安全栅”)。

2 规范性引用文件

下列文件中的条款通过本标准的引用而成为本标准的条款。凡是注日期的引用文件,其随后所有的修改单(不包括勘误的内容)或修订版均不适用于本标准,然而,鼓励根据本标准达成协议的各方研究是否可使用这些文件的最新版本。凡是不注日期的引用文件,其最新版本适用于本标准。

GB 191—2000 包装储运图示标志

GB/T 2423.1—2001 电工电子产品环境试验 第2部分:试验方法 试验A:低温

GB/T 2423.2—2001 电工电子产品环境试验 第2部分:试验方法 试验B:高温

GB/T 2423.4—1993 电工电子产品基本环境试验规程 试验Db:交变湿热试验方法

GB/T 2423.5—1995 电工电子产品环境试验 第2部分:试验方法 试验Ea和导则:冲击

GB/T 2423.10—1995 电工电子产品环境试验 第2部分:试验方法 试验Fc和导则:振动(正弦)

GB 3836.1—2000 爆炸性气体环境用电气设备 通用要求

GB 3836.2—2000 爆炸性气体环境用电气设备 隔爆型“d”

GB 3836.3—2000 爆炸性气体环境用电气设备 增安型“e”

GB 3836.4—2000 爆炸性气体环境用电气设备 本质安全型“i”

GB 4208—1993 外壳防护等级(IP代码)

GB/T 6388 运输包装收发货标志

GB/T 10111—1988 利用随机数骰子进行随机抽样的方法

GB/T 14048.1—2000 低压开关设备和控制设备 总则

MT 209—1990 煤矿通信、检测、控制用电工电子产品通用技术要求

MT 210—1990 煤矿通信、检测、控制用电工电子产品基本试验方法

MT/T 408—1995 煤矿用直流稳压电源

3 防爆型式和分类

3.1 安全栅的防爆型式为矿用隔爆兼本质安全型;防爆标志为Exd[ib]I或Exd[ia]I。

3.2 安全栅的分类按保护方式分为二极管安全栅和隔离式安全栅。

4 技术要求

4.1 一般要求

4.1.1 安全栅的电气技术指标在满足相关系统要求的同时,必须符合本标准的规定并按照经规定程序批准的图样及技术文件制造。

4.1.2 安全栅除符合本标准的规定外还应符合GB 3836.1、GB 3836.2、GB 3836.4等相关标准的有关规定。

4.1.3 连接安全栅本安侧的电缆在满足相关标准要求的同时，必须满足本标准的规定。安全栅在下列条件下应能正常工作：

a） 环境压力：86～106 kPa；

b） 环境温度：0～+40 ℃；

c） 空气相对湿度：≤95%RH（+25 ℃时）；

d） 在具有爆炸性混合物的危险场所；

e） 无显著摇动和剧烈冲击振动的环境；

f） 污染等级：3 级；

g） 安装类型：Ⅲ。

4.2 引入装置

4.2.1 引入装置经夹紧试验，试棒位移应不大于 6 mm，其结构不应损坏。

4.2.2 引入装置经密封试验，不得滴水和损坏。

4.2.3 引入装置中的橡胶密封圈硬度 IRHD 为 45～55 度，经老化试验后，其硬度 IRHD 变化应不超过 20%。

4.3 接线端子

4.3.1 本安接线端子与非本安接线端子之间的距离应不小于 50 mm。

4.3.2 本安电路接线端子及引出装置旁设“ib”或“ia”或蓝色标记。

4.3.3 本安电路接线端子与接地端子及外壳之间的距离应不小于 3 mm。

4.3.4 接线端子进行扭转试验时，不应转动和损坏。

4.3.5 非本安接线端子之间、非本安接线端子与接地端子及外壳之间的电气间隙和爬电距离应不小于表 1 的规定。

表 1 非本安电路电气间隙和爬电距离

额定电压 V	电气间隙 mm	爬电距离，mm		
		Ⅰ	Ⅱ	Ⅲa
36	2.1	2.1	2.6	3.4
127	3.2	3.2	4	5
380	6	8	10	12.5
660	10	12	16	20

注：Ⅰ、Ⅱ、Ⅲa 系根据绝缘材料相比漏电起痕指数（CTI）划分的组别。

4.4 隔离变压器

4.4.1 变压器的绝缘可按表 7 规定的试验电压进行工频耐压试验，应无击穿和闪络现象。

4.4.2 向安全栅供电的变压器输入绕组应设有熔断器或断路器保护。

4.4.3 向本安电路供电的端子与其他端子应分开布置，其电气间隙与爬电距离须不小于表 2 的规定值。

表 2 本安电路电气间隙和爬电距离

额定电压 V（峰值）	电气间隙 mm	浇封中间距 mm	爬电距离 mm	涂层下的爬电距离 mm
10	1.5	0.5	1.5	0.5
30	2.0	0.7	2.0	0.7

表 2（续）

额定电压 V(峰值)	电气间隙 mm	浇封中间距 mm	爬电距离 mm	涂层下的爬电距离 mm
60	3	1	3	1
90	4	1.3	4	1.3
190	5	1.7	8	2.6
375	6	2.0	10	3.3

4.4.4 变压器中向本安电路供电的绕组应与其他绕组分开布置。

4.4.5 变压器中向本安电路供电的绕组与其他绕组内外布置时，应采取下列措施之一：

a） 向本安电路供电的绕组与其他绕组间有固体绝缘。

b） 本安电路的绕组与其他绕组间用接地屏蔽隔离。屏蔽厚度应不小于表 3 的规定值。

表 3 屏蔽厚度

熔断器额定电流，A	0.1	0.5	1	2	3	5
屏蔽金属箔最小厚度，mm	0.05	0.05	0.075	0.15	0.25	0.3
屏蔽绕组的导线直径，mm	0.2	0.45	0.63	0.9	1.12	1.4

4.4.6 向本安电路供电变压器的铁芯必须接地。

4.5 主要元器件和组件

4.5.1 保护元件的使用功率在正常及故障情况下应不大于其额定值的 2/3。

4.5.2 用熔断器保护元件时，熔断器的时间—电流特性应保证不超过元件瞬态值，当熔断器的时间-电流特性与制造厂提供的现有数据不适用时，则应抽 10 个样品进行矩形电流脉冲试验。

4.5.3 每只二极管应承受 2 h、150 ℃的温度试验。

4.5.4 每只二极管应承受矩形电流脉冲试验。

4.5.5 安全栅的印制线路板元件组装调试后应至少喷涂两遍或浸一次三防漆。

4.5.6 本安电路与非本安电路裸导体之间的电气间隙与爬电距离不应小于表 2 的规定。

4.5.7 裸露导体在用绝缘材料浇封后，其间距应不小于表 2 的规定。

4.5.8 安全栅的本安电路应采用蓝色导线或套蓝色套管，其导线直径应符合其技术指标要求并单独布置。

4.5.9 安全栅本安电路及绝缘导线在进行工频耐压试验时应无击穿和闪络现象。

4.6 外壳及组件

4.6.1 安全栅隔爆接合面的最小有效长度 L、螺栓通孔边缘至隔爆接合面内缘的最小有效长度 l 和隔爆接合面的最大间隙(或直径差)i_c 必须符合表 4 的规定。

表 4 隔爆接合面结构参数

接合面型式	L mm	l mm	i_c，mm 外壳净容量(V)，cm^3 $V \leqslant 100$	i_c，mm 外壳净容量(V)，cm^3 $V > 100$
平面、止口或圆筒结构	6.0 12.5 25.0 40.0	6.0 8.0 9.0 15.0	0.30 0.40 0.50 —	— 0.40 0.50 0.60

4.6.2 安全栅隔爆接合面的粗糙度 Ra 应不超过 6.3 μm，操纵杆不超过 3.2 μm，隔爆接合面应采取防锈措施，但不得涂油漆。

4.6.3 安全栅隔爆外壳的紧固件应采取防松措施，采用防松垫圈时，螺栓和不透螺孔紧固后还应留有大于 2 倍防松垫圈厚度的螺纹余量。

4.6.4 紧固螺孔不得穿通外壳壁，螺孔周围和底部的厚度应不小于螺栓直径的 1/3，但至少为3.0 mm。螺栓和螺母不允许用轻合金材料制造。

4.6.5 安全栅隔爆外壳应能承受 GB 3836.2 中 15.1.2.1 规定的静压试验（水压试验），加压时间为 10^{+2}_{0} s，如果外壳无结构损坏或可能影响隔爆性能的永久变形则认为合格。

4.6.6 安全栅隔爆外壳经（壁厚大于 3 mm 的钢材外壳除外）冲击能量为 20 J（非采掘工作面用安全栅可为 7 J）的冲击试验后，不得产生影响防爆性能的变形或损坏。

4.6.7 安全栅外壳的防护等级应不低于 IP54。

4.6.8 非采掘工作面用或采掘工作面用外壳容积不大于 2 000 cm^3 的安全栅隔爆外壳可用牌号不低于 HT250 的灰铸铁制成。

4.6.9 安全栅经外壳耐压试验后，不得产生影响隔爆性能的变形和损坏；进行内部点燃不传爆试验时，不应传爆。

4.6.10 安全栅结构上应设有防误装配措施。

4.6.11 安全栅应设有一个以上内、外接地装置，并标志接地符号。

4.6.12 安全栅隔爆外壳的内、外表面应首先涂防锈底漆，然后内表面应均匀地涂耐弧漆，外表面涂磁漆。

4.6.13 安全栅上所有黑色金属部件应采取防腐蚀措施。

4.6.14 安全栅所有螺纹连接处应有防自行松脱措施。

4.7 安全栅电压和电流

安全栅在非本安端加最高允许电压时，在本安端最高输出电压和最大输出电流不得大于设计规定值。且应在正常及规定的故障状态下进行本安火花点燃试验时，均不应引爆。

4.8 安全栅温升

安全栅的接线端子和变压器绝缘绕组的温升应不超过表 5 规定的值。外引本安电路导线和隔爆外壳的最高温度应不超过 150 ℃。

表 5 极限温升

部　　位		温升，K
接线端子	裸铜	60
	裸黄铜	65
	铜（或黄铜）镀锡	65
	铜（或黄铜）镀银或镀镍	70
	其他金属	≤65
变压器绝缘绕组等级	A	85
	E	100
	B	110
	F	135
	H	160

4.9 电气安全

4.9.1 安全栅的电源输入端、输出端与外壳间的绝缘电阻值应符合表 6 的规定。

4.9.2　安全栅的电源输入端、输出端与外壳间的工频耐压值应符合表6的规定，历时1 min，且无火花、飞弧和击穿现象。

表 6

<table>
<tr><th rowspan="2">试验部位</th><th rowspan="2">额定电压，V</th><th colspan="2">绝缘电阻，MΩ</th><th rowspan="2">试验电压，V</th></tr>
<tr><th>常态</th><th>湿热试验后</th></tr>
<tr><td rowspan="6">电源输入端与外壳间</td><td>1 140</td><td rowspan="6">50</td><td>2.0</td><td>4 200</td></tr>
<tr><td>660</td><td rowspan="5">1.5</td><td rowspan="2">2 500</td></tr>
<tr><td>380</td></tr>
<tr><td>220</td><td rowspan="3">2 000</td></tr>
<tr><td>127</td></tr>
<tr><td>36</td></tr>
<tr><td>电源输出端与外壳间</td><td>≤60</td><td>10</td><td>1.0</td><td>1 000</td></tr>
</table>

4.10　工作稳定性

安全栅应进行工作稳定性试验，通电时间不少于2 d，其电气性能应符合各自产品标准的规定。

4.11　环境适应性

4.11.1　安全栅在工作状态应能通过+40 ℃、2 h高温工作试验，其电气性能及外观质量应符合各自产品标准的规定。

4.11.2　安全栅在工作状态应能通过0 ℃、2 h低温工作试验，其电气性能及外观质量应符合各自产品标准的规定。

4.11.3　安全栅在非工作状态应能通过+60 ℃、16 h高温贮存试验，经2 h恢复后其电气性能及外观质量应符合各自产品标准的规定。

4.11.4　安全栅在非工作状态应能通过−40 ℃、16 h低温贮存试验，经2 h恢复后其电气性能及外观质量应符合各自产品标准的规定。

4.11.5　安全栅应能承受严酷等级为高温40 ℃，周期12 d的交变湿热试验，其电气性能、电气安全及外观质量应符合各自产品标准的规定且隔爆面不应有锈蚀现象。

4.11.6　安全栅在非工作状态应能承受三个轴向上频率10～150 Hz、加速度50 m/s^2 的振动试验，试验后检查电气性能及外观质量应符合各自产品标准的规定。

4.11.7　安全栅在非工作状态应能承受峰值加速度500 m/s^2、脉冲持续时间11 ms、三个互相垂直轴线的每个方向连续冲击三次（共18次）的冲击试验，试验后检查电气性能及外观质量应符合各自产品标准的规定。

5　试验方法

5.1　引入装置夹紧试验、机械强度试验

按GB 3836.1中有关规定进行。

5.2　引入装置密封试验

按GB 3836.2中有关规定进行。

5.3　橡胶材料老化试验

按GB 3836.1中有关规定进行。

5.4　扭转试验

按GB 3836.1中有关规定进行。

5.5　工频耐压试验

按 GB/T 14048.1 和 GB 3836.4 第 10.6 条的规定进行，工频耐压试验值见表 6、表 7、表 8，时间为 1 min。

表 7　变压器工频耐压值

部　　位	试验电压，V	备　　注
向本安电路供电的副绕组与接地屏蔽、铁芯之间及其与其他所有绕组之间	$2U$+1 000，最低为 1 500	U 为任一绕组试验中的最高额定电压

表 8　本安电路及绝缘导线工频耐压试验值

部　　位	试验电压，V	备　　注
本安电路与接地部分之间	$2U$，最低为 500	U 为本安电路电压
本安电路与非本安电路之间	$2U$+1 000，最低为 1 500	U 为二路电压之和
本安电路用绝缘导线	$2U$，最低为 500	U 为本安电路电压

5.6　矩形电流脉冲试验

按 GB 3836.4 中的有关规定进行。

5.7　交变湿热试验

按 GB/T 2423.4 中的规定进行。

5.8　温升试验

按 GB 3836.4 和 GB/T 14048.1 中的有关规定进行。

5.9　静压(水压)试验

按 GB 3836.2 中 15.1.2.1 的规定进行。

5.10　外壳冲击试验

按 GB 3836.1 中的有关规定进行。

5.11　外壳防护性能试验

按 GB 4208 中的有关规定进行。

5.12　外壳耐压、内部点燃不传爆试验

按 GB 3836.2 中的有关规定进行。

5.13　本安火花点燃试验

按 GB 3836.4 中的有关规定进行。

5.14　绝缘电阻测量

按 MT 210 的第 7 章的规定进行测量。

5.15　低温工作试验

按 GB/T 2423.1 中的规定进行。

5.16　高温工作试验

按 GB/T 2423.2 中的规定进行。

5.17　低温贮存试验

按 GB/T 2423.1 中的规定进行。

5.18　高温贮存试验

按 GB/T 2423.2 中的规定进行。

5.19　振动试验

按 GB/T 2423.10 中的规定进行。

5.20　冲击试验

按 GB/T 2423.5 中的规定进行。

5.21 **二极管温度试验**

按 GB 3836.4 中的有关规定进行。

5.22 外观、装配质量、电气间隙，爬电距离、隔爆参数、粗糙度，防锈、紧固、接地、涂漆的检查，按 GB/T 14048.1、GB 3836.2、GB 3836.4 中的有关规定进行。

6 检验规则

6.1 出厂检验

6.1.1 出厂检验由制造厂质量检验部门逐台进行，检验合格并发给产品合格证后方可出厂。

6.1.2 出厂检验项目按表 9 内容进行。

表 9

序号	检验项目	技术要求	检验方法	不合格类别	出厂检验	型式检验
1	外观标志	4.3.2,4.5.8,7.1,4.6.(10～14)	目测	C	○	○
2	电气间隙爬电距离	4.3.1,4.3.3,4.3.5,4.4.3, 4.5.6,4.5.7	5.22	A	○	○
3	水压试验	4.6.5	5.9	A	○	○
4	隔爆参数	4.6.(1～4)	5.22	B	○	○
5	交变湿热试验	4.11.5	5.7	B	—	○
6	工频耐压试验	4.4.1,4.5.9,4.9.2	5.5	A	○	○
7	温升试验	4.8	5.8	B	—	○
8	夹紧试验	4.2.1	5.1	B	—	○
9	密封试验	4.2.2	5.2	B	—	○
10	老化试验	4.2.3	5.3	B	—	○
11	扭转试验	4.3.4	5.4	B	—	○
12	外壳冲击试验	4.6.6	5.10	B	—	○
13	防护性能	4.6.7	5.11	B	—	○
14	外壳耐压、内部点燃不传爆性能	4.6.9	5.12	A	—	○
15	本安火花点燃试验	4.7	5.13	A	*	○
16	矩形电流脉冲试验	4.5.4	5.6	A	—	○
17	绝缘电阻测量	4.9.1	5.14	A	○	○
18	低温工作	4.11.2	5.15	B	—	○
19	高温工作	4.11.1	5.16	B	—	○
20	低温贮存	4.11.4	5.17	B	—	○
21	高温贮存	4.11.3	5.18	B	—	○
22	振动试验	4.11.6	5.19	B	—	○
23	冲击试验	4.11.7	5.20	B	—	○

表 9(续)

序号	检验项目	技术要求	检验方法	不合格类别	出厂检验	型式检验
24	二极管温度试验	4.5.3	5.21	A	♯	○

注 1：A 类为极严重不合格，B 类为严重不合格，C 类为轻微不合格。
注 2：表中对应格内“○”为应进行的检验项目，“—”为不检验项目，“＊”为出厂时只进行本安参数测量，“♯”为例行试验项目。

6.2 型式检验

6.2.1 有下列情况之一时，应进行型式检验：

a) 新产品或老产品转厂生产试制定型鉴定时；
b) 正常生产后，如结构、材料、工艺有较大改变，可能影响安全栅性能时；
c) 正常生产时，每 5 年应进行一次；
d) 产品长期停产 2 年后恢复生产时；
e) 出厂检验结果与上次型式检验有较大差异时；
f) 当国家有关机构提出进行型式检验要求时。

6.2.2 型式检验项目按表 9 内容进行。

6.2.3 抽样：按 GB/T 10111 规定的方法进行，抽样基数为 10 台，抽样数量为 2 台。

6.2.4 判定规则：

试验数量为 2 台。如有 1 台、项 A 类不合格时，则判定该批产品为不合格；如有 2 台、项 B 类不合格，则判定该批产品为不合格；如有 1 台、项 B 类不合格，则应对该项目加倍复查；如复查中仍有 1 台项不合格时，则判定该批产品为不合格。对 C 类不合格，不作判定。

6.3 产品必须经国家煤矿防爆安全产品质量监督检验中心或具有检验资质的检验单位进行检验，并取得“防爆合格证”后方可生产。

7 标志、包装、运输和贮存

7.1 标志

7.1.1 产品标志

7.1.1.1 安全栅外壳明显处应有“MA”煤矿安全标志及“Exd[ia]I(或 Exd[ib]I)”标志。

7.1.1.2 安全栅的铭牌应牢固设置在外壳明显处，铭牌上应清晰地标明下列内容：

a) 产品型号及名称；
b) 防爆标志；
c) 最高允许电压，最高输出电压，最大输出电流；
d) 配接设备及关联设备型号、名称；
e) 防爆合格证编号；
f) 安全标志编号；
g) 产品编号和出厂日期；
h) 制造厂名称。

7.1.2 包装标志

7.1.2.1 包装贮运标志应符合 GB 191 的规定。

7.1.2.2 包装箱外壁应有下列标志：

a) 产品型号和名称；
b) 收货单位名称和地址；

c） 总质量和净质量；

d） 防雨、轻放等标志；

e） 制造厂名称。

7.2 包装

7.2.1 将检验合格的产品连同附件，装入塑料袋和含有减震材料的包装箱内。

7.2.2 包装箱内应有下列文件：

a） 产品合格证；

b） 产品使用说明书；

c） 装箱单。

7.3 运输

产品在运输途中应避免雨、雪直接淋袭，防止摔、砸。

7.4 贮存

产品贮存在温度－10～＋40 ℃，无腐蚀性气体，通风良好的库房中。

ICS 29.260.20
D 98
备案号:20435—2007

MT

中华人民共和国煤炭行业标准

MT/T 719—2007
代替 MT 719—1997

煤矿用隔爆型行程开关

Flameproof travel switch for coal mine

2007-03-30 发布　　2007-07-01 实施

国家安全生产监督管理总局　发布

前　言

本标准是对 MT 719—1997《煤矿用隔爆型行程开关》的修订，本标准代替 MT 719—1997。

本次修订主要是针对标准中引用的 GB 3836.1～2 标准由 1983 年版更新到 2000 年版，GB 3836.1～2—2000标准等同 IEC 60079，在内容上有较大改动，故本次标准的防爆内容也作了相应修订。另外 GB 14048.1 和 GB 14048.5 标准也已修订，本标准的电气性能也相应进行了修订。

对 MT 719—1997《煤矿用隔爆型行程开关》标准的具体修订内容如下：

——第 2 条引用标准中将标准 GB 3836.1～GB 3836.3—1983 均改为 GB 3836.1～GB 3836.3—2000；将标准 GB/T 14048.1—1993 改为 GB/T 14048.1—2000；将标准 GB/T 14048.5—1993 改为 GB/T 14048.5—2001；

——第 3 条产品分类中增加了产品型号及含义，去掉了按结构形式分类一项；

——修改了表 1 中电气间隙和爬电距离的参数值；

——第 4.6 条中表面粗糙度做了相应要求；

——第 4.14 条修改了静压试验(水压试验)的试验要求；

——第 4.15 条修改了橡胶密封圈硬度；

——修改了技术要求中 GB 3836—1983 标准与 GB 3836—2000 标准有差别的引用条款；

——第 4.20 条根据 GB 14048.5—2001 第 7.2.7 条增加了对操作顺序、操作次数及操作频率的具体要求；

——第 4.21 条绝缘电阻值根据 MT/T 661—1997 附录 A 进行了修改；

——增加了 4.25 条对产品操作力的要求；

——修改了试验方法中相应的引用条款；

——表 10 作了相应的修改；

——第 6.2.3 条修改了抽样基数和抽样数量；

——修改了铭牌内容。

本标准由中国煤炭工业协会科技发展部提出。

本标准由煤炭行业煤矿安全标准化技术委员会归口。

本标准起草单位：煤炭科学研究总院抚顺分院。

本标准主要起草人：耿彦波、范光、秦燕、佟德君。

本标准 1997 年 12 月 30 日首次发布，2006 年 8 月第一次修订。

煤矿用隔爆型行程开关

1　范围

本标准规定了煤矿用隔爆型行程开关的产品分类、基本参数、技术要求、试验方法、检验规则、标志、包装、运输及贮存等。

本标准适用于煤矿用隔爆型行程开关(以下简称行程开关)。

2　规范性引用文件

下列文件中的条款通过本标准的引用而成为本标准的条款。凡是注日期的引用文件,其随后所有的修改单(不包括勘误的内容)或修订版均不适用于本标准,然而,鼓励根据本标准达成协议的各方研究是否可使用这些文件的最新版本。凡是不注明日期的引用文件,其最新版本适用于本标准。

GB 191—2000　包装储运图示标志。

GB/T 2423.4—1993　电工电子产品基本环境试验规程试验 Db:交变湿热试验方法

GB 3836.1—2000　爆炸性气体环境用电气设备　第 1 部分:通用要求

GB 3836.2—2000　爆炸性气体环境用电气设备　第 2 部分:隔爆型“d”

GB 3836.3—2000　爆炸性气体环境用电气设备　第 3 部分:增安型“e”

GB/T 4942.2—1993　低压电器外壳防护等级

GB/ 10111—1988　利用随机数骰子进行随机抽样的方法

GB/T 14048.1—2000　低压开关设备和控制设备　总则

GB/T 14048.5—2001　低压开关设备和控制设备　第 5－1 部分:控制电路电器和开关元件　机电式控制电路电器

MT/T 661—1997　煤矿井下用电器设备通用技术条件

3　产品分类

3.1　型式

3.1.1　防爆型式为矿用隔爆型;防爆标志为“Exd I”。

3.1.2　按控制回路分:

a)　一回路;

b)　二回路;

c)　三回路;

d)　四回路。

3.1.3　型号及含义

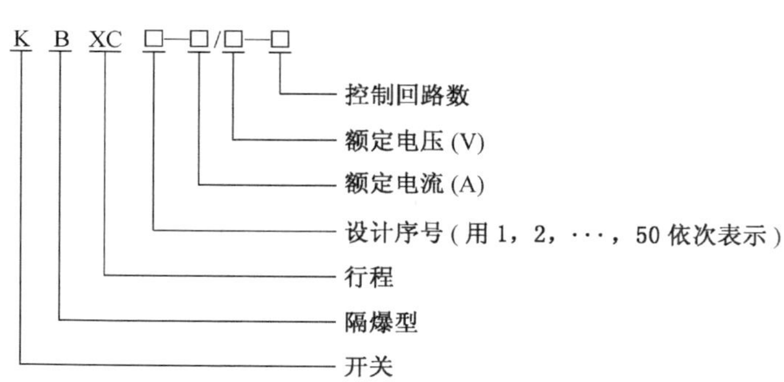

3.2 基本参数

3.2.1 行程开关的额定工作电压为：36 V，63 V，127 V，220 V，380 V，660 V，1 140 V。

3.2.2 行程开关的额定工作电流为：1 A，2.5 A，5 A，10 A，16 A。

3.2.3 行程开关的额定工作制有：

a） 8 h 工作制；

b） 不间断工作制；

c） 短时工作制。

4 技术要求

4.1 行程开关应符合本标准和 MT/T 661 标准的要求，并按照经规定程序批准的图样和技术文件制造。

4.2 行程开关内部元件的技术指标，除应符合本标准规定外，尚需符合各自产品标准的要求。

4.3 行程开关在下列条件下应能正常工作：

a） 环境气压：86～110 kPa；

b） 环境温度：－20～＋40 ℃；

c） 空气相对湿度：不大于 98%（＋25 ℃时）；

d） 具有甲烷爆炸性气体混合物的煤矿井下；

e） 无显著摇动和剧烈振动的环境；

f） 污染等级：3 级；

g） 安装类别：Ⅲ。

4.4 行程开关在规定的行程范围内，应可靠地动作。

4.5 行程开关接线盒内的电气间隙与爬电距离应不小于表 1 的规定。其余部分的电气间隙与爬电距离应不小于表 2 的规定。

表 1 电气间隙和爬电距离

额定电压 V	最小电气间隙 mm	最小爬电距离，mm		
		Ⅰ	Ⅱ	Ⅲa
36	2.1	2.1	2.6	3.4
63	2.5	2.5	3.2	4
127	3.2	3.2	4	5
220	5	5	6.3	8
380	6	8	10	12.5
660	10	12	16	20
1 140	16	22	27	34

注：表中Ⅰ、Ⅱ、Ⅲa 系根据绝缘材料相比漏电泄痕指数(CTI)划分的组别。

4.6 行程开关的隔爆接合面结构参数应符合 GB 3836.2 中第 5 章的规定。隔爆接合面的表面粗糙度 Ra 应不大于 6.3 μm，隔爆接合面应采取防锈措施，但不得涂油漆。

4.7 行程开关的电缆引入装置经夹紧试验后，试棒位移应不大于 6 mm，其结构不应损坏；电缆引入装置经密封试验、机械强度试验后，不得滴水和损坏（GB 3836.2 附录 D）。

4.8 行程开关隔爆外壳的紧固件应采用防松措施。采用防松垫圈时，螺栓和不透螺孔紧固后还应留有大于 2 倍防松垫圈厚度的螺纹余量。紧固螺孔不得穿通外壳壁，螺孔周围和底部的厚度应不小于螺栓直径的 1/3，但至少为 3.0 mm。

表 2　电气间隙和爬电距离

额定电压 V	最小电气间隙 mm	最小爬电距离,mm		
		Ⅰ	Ⅱ	Ⅲa
36	0.8	1.4	1.6	1.8
127	1.5	1.9	2.1	2.4
220	3.0	3.2	3.6	4.0
380	5.5	5.0	5.6	6.3
660	8.0	8.0	9.0	10.0
1 140	14.0	16.0	18.0	20.0
注：表中Ⅰ、Ⅱ、Ⅲa 系根据绝缘材料相比漏电泄痕指数(CTI)划分的组别。				

4.9　行程开关的外壳经冲击试验(壁厚大于 3 mm 的钢材外壳除外)后,不得产生影响防爆性能的变形或损坏。冲击能量为 20 J(非采掘工作面用行程开关可为 7 J)。

4.10　行程开关内的接线端子宜选用标准件,绝缘套管扭转试验时,导电杆和绝缘套管都不允许转动和损坏。

4.11　行程开关外壳应设置内、外接地螺栓,并标注接地符号。接地螺栓的直径应符合 GB 3836.1 中第 15 章的规定。

4.12　行程开关外壳的明显处应设置标有“严禁带电开盖”警示语的警告牌。

4.13　行程开关的铭牌和警告牌材质应符合 GB 3836.1 中 27.2 的规定,厚度不小于 1 mm。

4.14　行程开关的外壳及零部件应进行静压试验(水压试验),历时 10^{+2}_{0} s,试后外壳不得损坏或产生影响隔爆性能的永久变形。

4.15　行程开关引入装置中的弹性密封圈的硬度应为 IRHD45～55 度,经弹性密封圈材料老化试验后,其硬度变化应不超过 20%。

4.16　行程开关外壳用于采掘工作面的隔爆外壳,当容积大于 2 000 cm^3 时,必须用钢板或铸钢制成;非采掘工作面用的隔爆外壳,可用抗拉强度不低于 250 MPa 的铸铁制成。经外壳耐压试验后,不得产生影响隔爆性能的变形或损坏;进行内部点燃不传爆试验时,不应传爆。

4.17　行程开关的外壳防护等级应不低于 GB/T 4942.2 中 IP54 的规定。

4.18　行程开关应能承受表 3 中所规定的工频耐压试验,历时 1 min 无击穿和闪络现象,额定绝缘电压下的绝缘电阻值符合表 7 的要求。

表 3　工频耐压值

额定绝缘电压 U_i,V	工频耐压试验电压值(交流,有效值),V
$U_i \leqslant 60$	1 000
$60 < U_i \leqslant 300$	2 000
$300 < U_i \leqslant 660$	2 500
$1\ 000 < U_i \leqslant 1\ 200$	4 200

4.19　行程开关接线端子的温升极限值不得超过表 4 的规定,触头部分的温升以不损害相邻部件正常工作为限。

4.20　行程开关按使用类别确定其用途时,其正常条件下的接通和分断能力的试验参数见表 5a)和表 5b)。非正常条件下的接通和分断能力试验参数见表 6。

表4 极限温升

部位		温升，K
接线端子	裸铜	60
	裸黄铜	65
	铜（或黄铜）镀锡	
	铜（或黄铜）镀银或镀镍	70
	其他金属	65
动静触头		50
操纵杆	金属	15
	非金属	25

表5a） 正常条件下的接通和分断能力

使用类别	接通			分断			操作循环次数	通电时间 s
	I/I_e	U/U_e	$\cos\varphi$	I/I_e	U/U_e	$\cos\varphi$		
AC-14	6	1	0.3	1	1	0.3	6 050	≥0.05
AC-15	10							
DC-13	I/I_e	U/U_e	$T_{0.95}$	I/I_e	U/U_e	$T_{0.95}$		
	1	1	$6P$	1	1	$6P$		
$P=U_e \times I_e$——稳态功率消耗，W； $T_{0.95}$——达到95%稳态电流的时间，ms。								

表5b） 正常条件下的接通和分断能力

操作顺序、操作次数及操作频率		
顺序	操作次数	每分钟操作循环数
1	50	6
2	10	快速
3	990	60
4	5 000	6

表6 非正常条件下的接通和分断能力

使用类别	接通			分断			操作循环次数	每分钟操作次数	通电时间 s
	I/I_e	U/U_e	$\cos\varphi$	I/I_e	U/U_e	$\cos\varphi$			
AC-14	6	1.1	0.7	6	1.1	0.7	10	6	≥0.05
AC-15	10		0.3	10		0.3			
DC-13	I/I_e	U/U_e	$T_{0.95}$	I/I_e	U/U_e	$T_{0.95}$			
	1.1	1.1	$6P$	1.1	1.1	$6P$			

4.21 行程开关的交变湿热性能应符合GB 3836.1中附录C的规定，额定绝缘电压下的绝缘电阻值应不小于表7的规定，并能承受表3规定的工频耐压试验，且隔爆面不应有锈蚀现象，严酷等级为高温+40 ℃，试验周期12 d。

表 7 绝缘电阻值

条 件	绝缘电阻,MΩ					
	≤60 V	127 V	220 V	380 V	660 V	1 140 V
常温:(20±5) ℃ 相对湿度:50%～70%	≥2	>20	>20	>20	>50	>100
湿热试验后	1	1.5	1.5	1.5	2.0	2.5

4.22 行程开关的机械寿命以触头元件无负载时的操作次数表示。试后行程开关应仍能正常工作。行程开关的机械寿命次数按表 8 选择。

表 8 机械寿命次数

每小时操作次数	12	12	30	120	300	1 200
机械寿命,万次	3	10	30	100	300	1 000

4.23 行程开关按使用类别确定其用途时,其电寿命试验参数见表 9。电寿命次数不得少于机械寿命次数的 20%(交流负载)或 10%(直流负载)。

4.24 行程开关的额定限制短路电流应在试验电压为 1.1 倍额定值。功率因数在 0.5～0.7 之间,通以 1 000 A 预期电流 3 次,其间隔时间不小于 3 min。每次短路后,行程开关应处于良好的工作状态。

4.25 行程开关的操作力(或力矩)应符合产品企业标准规定。

表 9 电寿命试验参数

使用类别	接 通			分 断		
	I/I_e	U/U_e	$\cos\varphi$	I/I_e	U/U_e	$\cos\varphi$
AC-14	6	1	1	1	1	0.4
AC-15	10					
DC-13	I/I_e	U/U_e	$T_{0.95}$	I/I_e	U/U_e	$T_{0.95}$
	1	1	$6P$	1	1	$6P$

4.26 行程开关隔爆面和金属零部件应有防锈或防腐蚀处理。

4.27 行程开关金属外壳内、外表面应首先涂防锈底漆,然后内表面非隔爆面应均匀地涂耐弧漆,外表面应涂磁漆。

5 试验方法

5.1 行程开关的电气间隙和爬电距离、隔爆参数、隔爆面表面粗糙度和防锈、紧固、接地、涂漆、装配质量等的检查按 GB 3836.1～GB 3836.3 和 GB/T 14048.1 的规定进行。

5.2 工频耐压试验按 GB/T 14048.5 中 8.3.3.4 的规定进行。

5.3 温升试验按 GB/T 14048.5 中 8.3.3.3 的规定进行。

5.4 接通和分断能力试验按 GB/T 14048.5 中 8.3.3.5 的规定进行。

5.5 冲击试验按 GB 3836.1 中 23.4.3.1 的规定进行。

5.6 静压试验(水压试验)按 GB 3836.2 中 15.1.2.1 的规定进行。

5.7 弹性密封圈老化试验按 GB 3836.1 中附录 D3.3 的规定进行。

5.8 交变湿热试验按 GB/T 2423.4 规定的方法进行。

5.9 外壳耐压试验和内部点燃不传爆试验分别按 GB 3836.2 中 15.1 和 15.2 的规定进行。

5.10 机械寿命试验和电寿命试验按 GB/T 14048.5 中附录 C 的规定进行。

5.11 额定限制短路电流试验按 GB/T 14048.5 中 8.3.4 的规定进行。

5.12 操作力试验按 GB/T 14048.5 中 8.2.5 的规定进行。

5.13 引入装置的夹紧试验按 GB 3836.1 中附录 D3.1 的规定进行；机械强度试验和密封试验按 GB 3836.2中附录 D2 的规定进行。

5.14 绝缘套管扭转试验按 GB 3836.1 中 23.4.5 的规定进行。

5.15 外壳防护性能试验按 GB/T 4942.2 的规定进行。

6 检验规则

行程开关的检验分出厂检验和型式检验。

6.1 出厂检验

6.1.1 应经制造厂质量检验部门逐台进行，检验合格，并附有合格证才能出厂。

6.1.2 出厂检验项目见表 10。

表 10

序号	检验项目名称	技术要求	检验方法	检验类别	
				出厂	型式
1*	一般检验	4.5,4.11,4.12,4.13,4.26,4.27	5.1	√	√
2**	隔爆面参数检查	4.6	5.1	√	√
3**	静压试验(水压试验)	4.14	5.6	√	√
4	工频耐压试验	4.18	5.2	√	√
5	温升试验	4.19	5.3	—	√
6	交变湿热试验	4.21	5.8	—	√
7	接通和分断能力试验	4.20	5.4	—	√
8	机械寿命试验	4.22	5.10	—	√
9	电寿命试验	4.23	5.10	—	√
10**	冲击试验	4.9	5.5	—	√
11	绝缘套管扭转试验	4.10	5.14	—	√
12	弹性密封圈材料老化试验	4.15	5.7	—	√
13	引入装置的夹紧、机械强度和密封试验	4.7	5.13	—	√
14	额定限制短路电流试验	4.24	5.11	—	√
15	操作力试验	4.25	5.12	√	√
16**	外壳耐压试验和内部点燃不传爆试验	4.16	5.9	—	√
17	外壳防护性能试验	4.17	5.15	—	√

注 1：表中序号有“*”项为一般项目，有“**”项为关键项目，其余为重要项目。

注 2：表中对应格内“√”项为应进行的检验项目，“—”为不检项目。

6.2 型式检验

6.2.1 有下列情况下之一时应进行型式检验：

a） 新产品或老产品转厂生产的试制定型鉴定时；

b） 正式生产后，如结构、材料、工艺有较大改变，可能影响产品性能时；

c） 正常生产，每满5年进行一次；

d） 产品停产2年后，恢复生产时；

e） 出厂检验结果与上次型式检验有较大差异时；

f） 国家有关部门提出进行型式检验的要求时。

6.2.2 型式检验的项目见表10。

6.2.3 抽样

按GB/T 10111规定的方法进行，抽样基数为10台，抽样数量为2台。

6.2.4 判定规则

对关键项目，如有1台项不合格，则判定该批产品为不合格。对重要项目，如有2台项不合格，则判定该批产品为不合格；如有1台项不合格，则对该项目加倍复查，复查中若仍有1台项不合格，则判定该批产品为不合格。对一般项目，不作判定。

7 标志、包装、运输与贮存

7.1 行程开关外壳明显处，须设置清晰的永久性“MA”和“ExdⅠ”标志。

7.2 行程开关外壳明显处须设置铭牌，铭牌中应标明下列内容：

a） 产品型号和名称；

b） 额定电压和额定电流；

c） 防爆标志(ExdI)；

d） 防爆合格证编号和安全标志编号；

e） 出厂日期编号；

f） 制造厂名称。

7.3 行程开关外壳明显处应设置厚度不小于1.0 mm的“严禁带电开盖”的铜质或不锈钢质警告牌，并可靠固定。

7.4 行程开关杆附近应设有清晰的闭合和断开指标。

7.5 行程开关应装箱出厂。包装箱外壁应有明显的文字和标志，其内容包括：

a） 收货单位和地址；

b） 产品型号和名称；

c） 包装箱尺寸和总质量；

d） 符合GB 191规定的“小心轻放”、“怕湿”等标志；

e） 制造厂名称和地址；

f） 产品执行标准号。

7.6 产品装箱文件：

a） 装箱单；

b） 产品合格证书；

c） 产品使用说明书。

7.7 包装箱在运输过程中不得受到强烈颠簸、振动，并应防止雨雪侵袭。

7.8 行程开关应贮存于没有雨雪侵入、空气流通的库房中。

中华人民共和国煤炭行业标准

瓦斯抽放管路自动阻爆灭火装置技术条件

MT/T 720—1997

Technical conditions of automatic preventing explosion and extinguish device for the gas drainage piping

1 范围

本标准规定了装置的技术要求、试验方法、检验规则及标志、包装、运输和贮存。

本标准适用于瓦斯抽放管路自动阻爆灭火装置(以下简称装置)。

2 引用标准

下列标准所包含的条文,通过在本标准中引用而构成为本标准的条文。本标准出版时,所示版本均为有效。所有标准都会被修订,使用本标准的各方应探讨使用下列标准最新版本的可能性。

GB 191—90 包装贮运图示标志

GB/T 2423.1—89 电工电子产品基本环境试验规程 试验A:低温试验方法

GB/T 2423.2—89 电工电子产品基本环境试验规程 试验B:高温试验方法

GB/T 2423.4—93 电工电子产品基本环境试验规程 试验Db:交变湿热试验方法

GB 3836.1—83 爆炸性环境用防爆电气设备 通用要求

GB 3836.3—83 爆炸性环境用防爆电气设备 增安型电气设备"e"

GB/T 6388—86 运输包装收发货标志

GB/T 10111—88 利用随机数骰子进行随机抽样的方法

3 定义

本标准采用如下定义。

3.1 灭火瓶模拟器 simulation device for fire extinguisher

灭火瓶模拟器是一种接收显示装置,当模拟器接收到控制柜发出的灭火指令后,模拟灭火瓶的实际工作状态,并有指示灯显示。

3.2 温度探测模拟器 simulation device for temperature derection

温度探测模拟器是一种发射装置,操作模拟器按钮开关可代替传感器给控制柜发射温度探测信号。

4 技术要求

4.1 一般要求

装置应符合本标准的规定,并按经规定程序批准的图样及技术文件制造。

4.2 组成

装置主要由以下部分组成:

控制柜、红外火焰识别器(以下简称探头)、测试灯、热敏温度传感器(以下简称传感器)、灭火瓶、紧急开关。

中华人民共和国煤炭工业部 1997-12-30 批准 1998-07-01 实施

4.3 **主要技术参数指标**

4.3.1 探头的有效探测距离应大于0.5 m。

4.3.2 测试灯有效发射距离应大于0.5 m。

4.3.3 传感器达到170±10 ℃时，应输出探测信号。

4.3.4 探头与控制柜的信号转换时间

当管道内发生瓦斯爆燃时，探头从捕捉到火焰信号到控制柜发出灭火指令的时间应不大于6 ms。

4.3.5 传感器响应条件与自动灭火时间

传感器安装在放空管出口处，当其达到170 ℃时发出电信号给控制柜，从瓦斯燃烧出现火光开始到火焰被熄灭的时间总和应不大于1 min。

4.3.6 灭火瓶控制阀打开时间

灭火瓶控制阀在接收到控制柜发出的灭火指令后，应在5 ms内打开。

4.3.7 灭火剂有效喷洒时间为500～700 ms。

4.4 **功能要求**

装置的每个控制区域必须设有两个通道——工作通道和备用通道，并具有以下功能。

4.4.1 自动阻爆灭火控制功能：

当阻爆区的管路内发生瓦斯爆燃时，阻爆系统工作通道的探头在接收到瓦斯爆炸光信号后传输给控制柜，控制柜通过程序控制输出灭火瓶启动信号，启动工作通道灭火瓶进行阻爆灭火；同时该通道发出声、光报警信号。当工作通道灭火瓶喷洒后，备用通道经程序控制自动转换为工作通道，以便再次发生瓦斯爆燃时进行阻爆灭火。

4.4.2 自动阻燃灭火控制功能：

当放空管路顶部发生瓦斯燃烧时，阻燃系统工作通道的传感器接收到温度探测信号并传输给控制柜，应在1 min内将火熄灭，并发出声、光报警信号。其控制功能与4.4.1相同。

4.4.3 手动阻燃灭火控制功能：

当放空管路顶部发生瓦斯燃烧时，可以操作紧急开关直接启动阻燃系统备用通道灭火瓶实现阻燃灭火。并由控制柜发出声、光报警信号。

4.4.4 故障监测报警功能：

当装置任一区域的电路发生断路、短路故障时，在相应通道应发出声、光报警，并显示故障原因。

当供电电源发生故障时，控制柜发出电源故障声、光报警信号。

4.4.5 闭锁功能：

当给某一通道施加闭锁信号时，将中断该通道的灭火瓶控制电路，并有指示灯显示。

4.4.6 门锁功能：

控制柜应装有门闭锁开关，当打开控制柜门时，将中断所有通道的灭火瓶控制电路，并应有断路和故障声、光报警信号。

4.4.7 自检功能：

4.4.7.1 启动自检。打开控制柜门给装置供电，所有通道进入自检状态，3～5 s后，只有故障灯显示(表示故障状态)，关好柜门并操作复位开关复位后，只有正常工作灯显示(表示进入正常工作状态)。

4.4.7.2 手动自检。锁住门开关，操作手动自检按钮，可进行区域通道各部分工作状态的检测。在某一区域进行手动自检时，手控自检灯显示，通道各种功能指示灯闪动后停止，如果通道任一部分有故障，相应的故障指示灯应显示。

4.4.7.3 自动检测。装置正常工作后，所有控制通道进入自动检测状态，各区域的每个通道自检周期为10±2 min。内容与手动自检相同。

4.4.8 工作状态显示功能：

装置正常工作时，工作指示应显示，表示进入正常工作状态。

4.4.9 电源自动转换报警功能:

装置除具有交流供电电源外,还应备有蓄电池电源其连续供电时间应不少于 36 h。如果交流电源中断,装置应自动转换为蓄电池供电,同时发出电源故障声、光报警信号。

4.5 防爆要求

探头与测试灯的防爆结构应符合 GB 3836.1 和 GB 3836.3 的有关要求。

4.6 环境条件要求

控制柜:正常室内环境

探头与测试灯应满足下列环境要求:

贮存温度:-40 ℃~+60 ℃;

工作温度:-30 ℃~+50 ℃;

相对湿度:≤95±3%。

5 试验方法

探头、测试灯以及控制柜等各部件经检验符合其相应的技术条件后方可进行装置的连接。

各区域的探头和测试灯模拟安装在瓦斯抽放管路上,探头与测试灯相对放置,轴线偏差应小于 1 mm,间隔 0.5 m。

试验时,允许用灭火瓶模拟器和温度探测模拟器代替灭火瓶和传感器。

5.1 试验仪器及设备

见表 1。

表 1 测试仪器和设备

序 号	名 称	范围及测量精度	数 量	用 途
1	灭火瓶模拟器		8 个	
2	温度探测模拟器		1 个	
3	记忆示波器	μs 级	1 台	
4	高速摄影机	1000 fps	1 台	拍摄灭火瓶喷洒过程
5	放映机	与高速摄影机底片规格配套	1 台	分析灭火瓶喷洒时间

5.2 一般性检查

5.2.1 装置的组成应满足 4.2 的要求。

5.2.2 按装置图纸的要求,检查各部分连接是否正确。

5.3 主要技术参数测试

5.3.1 探头有效探测距离

在探头的轴线方向距探头 0.5 m 处,给探头施加红外光(用火柴模拟),装置的工作状态应符合 4.3.6。

5.3.2 测试灯有效发射距离

探头与测试灯相对并在同一轴线上,间隔 0.5 m,观察装置各通道的自动检测工作情况,应符合 4.3.2。

5.3.3 传感器响应温度

传感器放置在 170±10 ℃的高温箱内,应符合 4.3.3。

5.3.4 探头与控制柜的信号转换时间

给探头施加一火焰信号,用记忆示波器测定探头光电管输出信号与控制柜输出端子输出灭火信号间的时间。

5.3.5 灭火瓶控制阀打开时间及灭火剂有效喷洒时间

灭火瓶电爆阀与高速摄影机使有用同一电源启动。用高速摄影机拍摄灭火剂的喷洒过程。然后通过放映影片，分析确定灭火瓶阀门打开时间及灭火剂喷洒时间。

5.4　装置各种功能试验

5.4.1　启动自检试验

打开控制柜门，接通装置的电源，观察装置启动后的工作情况，3～5 s后，只有故障灯显示，关好柜门并操作复位开关复位，只有正常工作灯显示，视为启动自检功能正常。

5.4.2　门锁功能试验

装置正常工作后，打开控制柜门，所有通道发出断路和故障声、光报警信号；关闭控制柜门并通过复位开关复位，装置重新进入正常工作状态，视为门锁功能正常。

5.4.3　自动检测功能试验

装置进入正常工作状态后，观察控制柜 30 min，所有通道各种功能指示灯每隔 10±2 min 闪动一次，视为自动检测功能正常。

5.4.4　手动自检功能试验

打开控制柜门后锁住门开关，分别操作各通道手动自检按钮，通道自检按钮灯显示，通道各种功能指示灯闪动一次，视为手动自检功能正常。

5.4.5　电源自动转换报警功能试验

装置正常工作后，切断交流电源，控制柜电源故障灯亮，蜂鸣器响，视为电源自动转换报警功能正常。

5.4.6　自动阻爆灭火控制功能试验

装置正常工作状态下，用火柴分别给阻爆区各通道探头施加一火焰信号，施加火焰信号通道的灭火瓶模拟器上的喷洒指示灯显示；控制柜上通道的火警指示灯显示，蜂鸣器响，视为自动阻爆灭火控制功能正常。

注：每个通道试验完成后，必须操作复位开关复位才可试验下一个通道。

5.4.7　自动阻燃灭火控制功能试验

装置正常工作状态下，操作温度探测模拟器按钮开关分别给阻燃区各通道施加一火焰探测信号，通道的灭火瓶模拟器上的喷洒指示灯显示，控制柜上通道的火警指示灯显示，蜂鸣器响，视为自动阻燃灭火控制功能正常。

5.4.8　手动阻燃灭火控制功能试验

装置正常工作状态下，操作紧急开关按钮，阻燃区一个通道的灭火瓶模拟器上的喷洒指示灯显示，控制柜上通道的火警指示灯显示，蜂鸣器响，视为手动灭火控制功能正常。

5.4.9　故障监测报警功能试验

依次将各控制通道探头、测试灯、传感器及灭火瓶的电源人为断路和短路，试验通道的断路和短路指示灯显示，控制柜蜂鸣器响，视为故障监测报警功能正常。

5.4.10　闭锁功能试验

装置正常工作状态下，操作通道闭锁按钮使通道闭锁，用火柴或温度探测模拟器给该通道施加火焰信号，闭锁通道的灭火瓶模拟器上的喷洒指示灯不显示，视为锁定功能正常。

5.5　环境试验

探头和测试灯的环境试验按下述方法进行，在试验中和试验后，其机械、电气连接和性能应保持正常。

5.5.1　高温贮存试验

试验方法：按 GB 2423.2 进行。

严酷程度：温度从常温升至 60 ℃，稳定后持续工作 24 h。

试验在非工作状态下进行，试验后恢复 1 h 后测定，探头和测试灯的性能应符合 4.3 的要求。

5.5.2 低温贮存试验

试验方法:按 GB 2423.1 进行。

严酷程度:温度从常温降至—40 ℃,稳定后持续工作 24 h。

试验在非工作状态下进行,试验后恢复 1 h 后测定,探头和测试灯的性能应符合 4.3 的要求。

5.5.3 高温工作试验

试验方法:按 GB 2423.2 进行。

严酷程度:温度从常温升至 50 ℃,稳定后持续工作 2 h。

试验在工作状态下进行,试验期间进行测定,探头和测试灯的性能应符合 4.3 的要求。

5.5.4 低温工作试验

试验方法:按 GB 2423.1 进行。

严酷程度:温度从常温降至—30 ℃,稳定后持续工作 2 h。

试验在工作状态下进行,试验期间进行测定,探头和测试灯的性能应符合 4.3 的要求。

5.5.5 交变湿热试验

按 GB 2423.4 进行。

严酷程度:高温温度 40 ℃,相对湿度 95%,持续时间 6 d。

试验在非工作状态下进行,试验后立即测定,探头和测试灯的性能应符合 4.3 的要求。

5.6 防爆检验

按 GB 3836.1 和 GB 3836.3 的有关规定由国家指定的防爆检验部门进行。

6 检验规则

6.1 装置必须经国家指定的检验机构检验合格后方可投入批量生产。

6.2 装置分为出厂检验和型式检验,检验项目见表 2。

表 2

序号	检 验 项 目	技术要求	试验方法	出厂检验	型式检验
1	一般性检查	4.2	5.2	⊙	⊙
2	启动自检试验	4.4.7.1	5.4.1	⊙	⊙
3	门锁功能试验	4.4.6	5.4.2	⊙	⊙
4	自动检测功能试验	4.4.7.3	5.4.3	⊙	⊙
5	手动自检功能试验	4.4.7.2	5.4.4	⊙	⊙
6	电源自动转换报警功能试验	4.4.9	5.4.5	⊙	⊙
7	自动阻爆灭火控制功能试验	4.4.1	5.4.6	⊙	⊙
8	自动阻燃灭火控制功能试验	4.4.2	5.4.7	⊙	⊙
9	手动灭火控制功能试验	4.4.3	5.4.8	⊙	⊙
10	故障监测报警功能试验	4.4.4	5.4.9	⊙	⊙
11	锁定功能试验	4.4.5	5.4.10	⊙	⊙
12	探头有效探测距离	4.3.1	5.3.1	⊙	⊙
13	测试灯有效发射距离	4.3.2	5.3.2	⊙	⊙
14	传感器响应温度	4.3.3	5.3.3	⊙	⊙
15	探头与控制柜信号转换时间	4.3.4	5.3.4	⊙	⊙
16	灭火瓶控制阀打开时间	4.3.6	5.3.5	—	⊙

表 2(续)

序号	检　验　项　目	技术要求	试验方法	出厂检验	型式检验
17	灭火剂有效喷洒时间	4.3.7	5.3.5		⊙
18	高温贮存试验	4.6	5.5.1	—	⊙
19	低温贮存试验	4.6	5.5.2	—	⊙
20	高温工作试验	4.6	5.5.3	—	⊙
21	低温工作试验	4.6	5.5.4	—	⊙
22	交变湿热试验	4.6	5.5.5	—	⊙
23	防爆检验	4.5	5.6	—	⊙
注：⊙表示必须进行的检验项目；—表示不进行的检验项目。					

6.3　出厂检验：

6.3.1　每台装置应经厂质量检验部门按照表 2 规定的出厂检验项目逐项进行，检验合格并发给合格证后方可出厂。

6.3.2　表 2 中第 2～第 14 项的任何一项检验不合格时，判定该装置不合格。

6.4　型式检验：

型式检验是对研制的样机或转厂样品进行鉴定是否符合本技术条件要求的检验与试验。只有取得国家指定的检验单位发给的检验合格证后才能投入批量生产。

6.4.1　装置在下列情况下必须进行型式试验：

a)新产品或老产品转厂时；

b)装置的结构、工艺和使用材料的改变可能影响产品性能时；

c)装置连续生产时，每 3 年应进行一次；

d)产品停产 1 年以上，恢复生产时；

e)出厂检验结果与上次型式检验有较大差异时；

f)国家指定的检验机构认为必要时。

6.4.2　型式检验的产品应从出厂检验合格的产品中随机抽样，数量 1 台。

6.4.3　型式检验按照表 2 的规定项目逐项进行，若有一项不合格，则判定该批产品为不合格。

7　标志、包装、运输和贮存

7.7　标志

7.1.1　产品标志

7.1.1.1　产品标志应清晰，字迹符号应正确、清楚；控制柜明显处应有铭牌和“MA”标志。

7.1.1.2　装置及各部件铭牌应包括下列内容：

a)名称及型号；

b)制造厂名；

c)防爆标志及防爆合格证号；

d)安全标志及编号；

e)连接标志及编号；

f)产品编号；

g)出厂日期。

7.1.2　包装标志

7.1.2.1　包装贮运标志应符合 GB 191 的规定。

7.1.2.2　收发货标志应符合 GB/T 6388 的规定。

7.2 **包装**

7.2.1 产品用木质包装箱包装。

7.2.2 包装箱内应有防潮防震措施。

7.2.3 包装箱内应附有下列文件：

a)装箱单(含随机配件)；

b)产品合格证；

c)产品使用说明书。

7.3 **运输**

7.3.1 产品适用于公路、铁路、海运或航空运输。

7.3.2 运输中应避免强烈震动冲击。

7.4 **贮存**

产品应贮存在干燥，无酸、碱、盐，通风良好的库房里。

中华人民共和国煤炭行业标准

MT/T 721—1997

瓦斯抽放用热导式高浓度甲烷传感器

1 范围

本标准规定了瓦斯抽放用热导式高浓度甲烷传感器的技术要求、试验方法、检验规则、标志、包装、运输和贮存。

本标准适用于采用热导原理测量瓦斯抽放管道中高浓度甲烷的传感器(以下简称传感器)。

2 引用标准

下列标准所包含的条文,通过在本标准中引用而成为本标准的条文。本标准出版时,所示版本均为有效。所有标准都会被修订,使用本标准的各方应探讨使用下列标准最新版本的可能性。

GB 191—90 包装储运图示标志

GB/T 2423.1—89 电工电子产品基本环境试验规程 试验 A:低温试验方法

GB/T 2423.2—89 电工电子产品基本环境试验规程 试验 B:高温试验方法

GB/T 2423.4—93 电工电子产品基本环境试验规程 试验 Db:交变湿热试验方法

GB/T 2423.5—89 电工电子产品基本环境试验 第 2 部分:试验方法 试验 Ea 和导则:冲击

GB/T 2423.8—89 电工电子产品基本环境试验 第 2 部分:试验方法 试验 Ed:自由跌落

GB/T 2423.10—89 电工电子产品基本环境试验 第 2 部分:试验方法 试验 Fc 和导则:振动(正弦)

GB 3836.1—83 爆炸性环境用防爆电气设备 通用要求

GB 3836.2—83 爆炸性环境用防爆电气设备 隔爆型电气设备“d”

GB 3836.3—83 爆炸性环境用防爆电气设备 增安型电气设备“e”

GB 3836.4—83 爆炸性环境用防爆电气设备 本质安全型电路和电气设备“i”

GB 4208—93 外壳防护等级(IP 代码)

GB/T 6388—86 运输包装收发货标志

GB/T 10111—88 利用随机数骰子进行随机抽样方法

MT/T 408—1995 煤矿用直流稳压电源

3 技术要求

3.1 传感器应符合本标准要求,并按经规定程序批准的图样及技术文件制造。

3.2 正常工作条件:

温度:−5～+40 ℃;

相对湿度:≤98%(25 ℃);

压力:60～110 kPa;

管道内气体流速:0～20 m/s。

3.3 贮存温度为−40～+60 ℃。

3.4 一般要求:

中华人民共和国煤炭工业部 1997-12-30 批准　　1998-07-01 实施

3.4.1 向传感器供电的电源应符合 MT/T 408 的要求。

3.4.2 输出信号制式

应选用如下信号制式之一：

电流制：DC 1～5 mA、4～20 mA(负载电阻 0～500 Ω)；

频率制：5～15 Hz、200～1000 Hz(脉冲宽度大于 0.3 ms)；

数字编码制：传输速率为 300，600，1200，2400，4800，9600 b/s。电平应不小于 3 V。

3.4.3 传感器应以百分体积浓度表示测量值，其分辨率应不低于 1%CH_4。

3.4.4 传感器的结构应适合于在瓦斯抽放管道上安装，适合于在瓦斯抽放管道内取样，并能防止粉尘和管道内气体流速变化影响测量值。

3.4.5 传感器的外壳、接插件和零、部件应采取防腐措施，涂、镀层应均匀、牢固、颜色一致；印制电路板应至少涂覆两次三防(防腐、防霉、防潮)绝缘漆。

3.5 传感器的防爆结构和防爆性能应符合 GB 3836.1、GB 3836.2、GB 3836.3 和 GB 3836.4 中本质安全型或本质安全兼隔爆型的要求。

3.6 传感器的外壳防护性能应符合 GB/T 4208 中 IP 54 的要求。

3.7 传感器采用的传输电缆中每条芯线的截面积应不大于 1.5 mm^2，传输距离应不小于 1 km。

3.8 传感器在密封试验时压力的变化应不大于 1 kPa。

3.9 测量范围和基本误差：

传感器的测量范围宜分为 0～40%和 0～100%CH_4。其基本误差均应不大于测量值的 6%。

3.10 负载性能：

传感器的输出信号在负载性能试验时，其输出信号值的变化应不超过 3.9 的规定。

3.11 响应时间：

传感器的响应时间应不大于 30 s。

3.12 传感器在管道内气体流速为 20 m/s 时基准点的漂移量应不大于±1%CH_4。

3.13 稳定性：

传感器连续工作 21 d 的基本误差应不超过 3.9 的规定。

3.14 环境适应性能：

3.14.1 传感器在工作温度试验时，应符合 3.9 的规定。

3.14.2 传感器经贮存温度试验后，应符合 3.9 的规定。

3.14.3 传感器经湿热试验后，应符合 3.9 的规定。

3.14.4 传感器经振动试验后，接插件和零部件应无松动和脱落；并应符合 3.9 的规定。

3.14.5 传感器经冲击试验后，应无损坏现象，接插件和零部件应无松动、脱落；并应符合 3.9 的规定。

3.14.6 传感器经跌落试验后，接插件、零部件应无松动脱落；并应符合 3.9 的规定。

4 试验方法

4.1 环境条件

除环境试验或有关标准中另有规定外试验应在下列环境条件中进行：

温度：15～35 ℃；

相对湿度：45%～75%；

大气压力：86～108 kPa。

4.2 试验用气体和仪表

4.2.1 试验用气体：

空气中甲烷标准气体(以下简称标准气体)，其不确定度应不大于 3%。

4.2.2 试验用仪表：

4.2.2.1 气体流量计。测量范围:30～300 mL/min;准确度:2.5 级。

4.2.2.2 秒表。分度值应不低于 0.1 s。

4.2.2.3 直流毫安表。0～100 mA,0.2 级。

4.2.2.4 频率计。0～1000 kHz;稳定度:≤1×10^{-6}。

4.2.2.5 直流稳压电源。输出电压:0～30 V;输出电流:2 A。

4.2.2.6 压力表。测量范围:0～－100 kPa,2.5 级。

4.3 一般检查

传感器的安装、外观和涂镀层等用感官检查。

4.4 传感器的防爆结构检查和防爆性能试验

按 GB 3836.1、GB 3836.2、GB 3836.3 和 GB 3836.4 中的有关规定进行。

4.5 防护试验

按 GB 4208 中规定的方法进行。

4.6 传输距离试验

应与相关联的接收设备一起,按产品企业标准中规定试验方法进行。

4.7 密封试验

把传感器的排气孔密封起来。在进气孔经三通接一个测量范围为－100 kPa 的真空压力表和一个可以产生－50 kPa 的负压源。建立－50 kPa 压力,保持 60 s,观察压力表的下降值。

4.8 基本误差测定

基本误差测定装置如图 1 所示。测定前应用清洁空气和制造厂规定浓度的气体反复校准传感器,在以后的测定中不得再次调整。

待传感器零点稳定后,用制造厂提供的注气装置,按标定时的流量向传感器由低到高依次通入测量范围的(30、50、80)%±0.5%三种标准气体。

每一种气体通入 3 min 后再读取输出信号值(换算为甲烷浓度值)和指示值。重复测定 4 次,取其后 3 次的算术平均值。

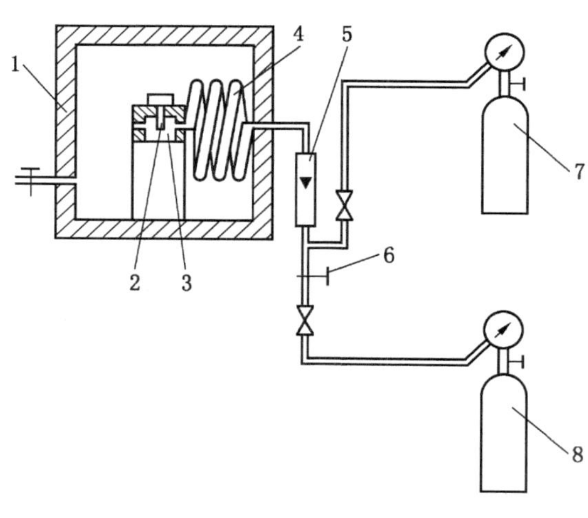

1—试验箱,2—传感器,3—注气装置,4—预热盘管;5—流量计;
6—调节阀;7—试验气体钢瓶;8—清洁空气瓶

图 1 基本误差测定示意图

4.9 负载特性试验

传感器在空气中稳定工作,将外接负载电阻为 500 Ω 时和短路时的输出信号之差折合成甲烷浓度值。

4.10 响应时间测定

测定装置如图2所示，扩散取样头上应采用制造厂提供的注气装置，以标定时的流量，通入测量范围的50%的甲烷气体3 min，读取输出信号值。

然后通入清洁空气，待传感器零点稳定后，将以标定时的流量通入原甲烷气体的注气装置迅速换到取样头上，并开始记录传感器的输出信号值达到原输出信号值90%所需要的时间，测量3次，取其最大值。

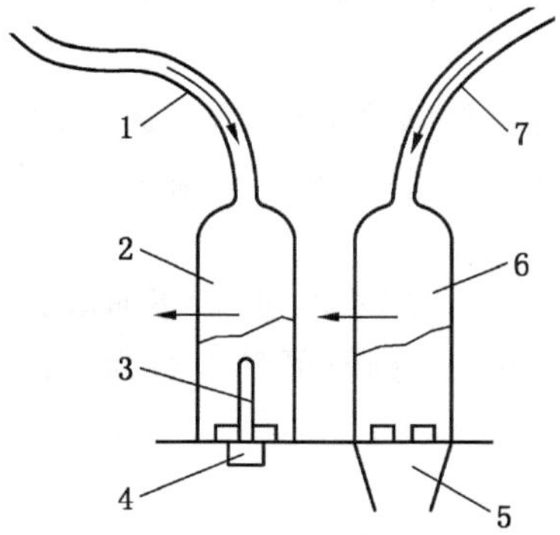

1—清洁空气软管；2—清洁空气注气装置；3—扩散取样头；4—传感器；
5—排气口；6—试验气体注气装置；7—通试验气体的软管

图2 响应时间测定示意图

4.11 气体流速影响试验

如传感器对安装位置有规定时，按规定的位置固定在试验风洞中，在风流为零时调整好传感器的基准点。然后将风速调整为$20^{-0.5}$ m/s，每30 s记录1次指示值，共记录3次，读取其输出信号值的最大值和基准点的差值作为漂移量。

如传感器对安装位置无规定时，以任意位置悬挂在试验风洞中，在风流为零时调整好传感器的基准点。然后将风速调整为$20^{-0.5}$ m/s。人为使传感器绕悬挂轴线方向转动，寻找其受风速影响的位置。固定在此位置。每30 s记录1次指示值，共记录3次，读取其输出信号值的最大值和基准点的差值作为漂移量。

4.12 稳定性测定

把调整好的传感器放入图1所示的装置中。连续运行21 d，每隔24 h按标定时的流量依次通入清洁空气和测量范围的50%的标准气体各3 min，记录输出信号值(换算为甲烷浓度值)和指示值，取其最大值。

4.13 工作温度试验

试验中向传感器通入标准气体的温度应与试验要求的温度一致。

4.13.1 低温工作试验：

按GB/T 2423.1中试验Ab的方法进行。在温度为−5±3 ℃的条件下，传感器通电，稳定2 h后，测定清洁空气和测量范围的50%的标准气体各3 min，记录输出信号值和指示值。以后每隔1 h测定清洁空气和测量范围的50%的标准气体各3 min，记录输出信号值和指示值，共4次。取其后3次的算术平均值作为测定值。

4.13.2 高温工作试验：

按GB/T 2423.2中试验Bb的方法进行。在温度为40±3 ℃的条件下，传感器通电，稳定2 h后，测定清洁空气和测量范围的50%的标准气体各3 min，记录输出信号值和指示值。以后每隔1 h测定清洁空气和测量范围的50%的标准气体各3 min，记录输出信号值和指示值，共4次。取其后3次的算术平均值作为测定值。

4.14 **贮存温度试验**

4.14.1 低温贮存试验:

按 GB/T 2423.1 中试验 Ab 的方法进行。传感器不包装,不通电,不进行中间检测。在温度为 −40±3 ℃的条件下,持续 16 h。试验后,在试验箱中恢复到 4.1 规定的条件下,再测定基本误差。

4.14.2 高温贮存试验:

按 GB/T 2423.2 中试验 Bb 的方法进行。传感器不包装,不通电,不进行中间检测。在温度为 +60±3 ℃的条件下,持续 16 h。试验后,在试验箱中恢复到 4.1 规定的条件下,再测定基本误差。

4.15 **湿热试验**

按 GB/T 2423.4 规定的方法进行。传感器不包装,不通电,不进行中间检测。在温度为 40±2 ℃,相对湿度 93%±3%条件下,持续 12 d。试验后,在 4.1 条规定的条件下恢复 2 h,再测定基本误差。

4.16 **振动试验**

按 GB/T 2423.10 规定的方法进行。传感器不包装,不通电,不进行中间检测。严酷等级:扫频频率范围为 10～150 Hz,加速度幅值为 50 m/s^2,扫频循环次数为 5 次。试验后进行外观检查,再测定基本误差。

4.17 **冲击试验**

按 GB/T 2423.5 规定的方法进行。传感器不包装,不通电,不进行中间检测。严酷等级:峰值加速度为 500 m/s^2,脉冲持续时间为 11±1 ms,互相垂直的每一个方向连续施加三次冲击,即共 18 次。试验后进行外观检查,再测定基本误差。

4.18 **关于重新校准传感器**

4.14～4.17 项试验后检查性能前,允许重新校准传感器。

5 检验规则

分为出厂检验和型式检验。经型式检验合格并取得检验合格证后方可批量生产。

5.1 **出厂检验**

5.1.1 由制造厂质量检验部门逐台进行,检验合格并发给合格证后方可出厂。

5.1.2 出厂检验项目见表 1。

表 1

序号	检验项目	标准条款	出厂检验	型式检验
1	防爆结构	3.5	√	√
2	防爆性能	3.5	—	√
3	防护性能	3.6	—	√
4	传输距离	3.7	—	√
5	密封试验	3.8	√	√
6	基本误差	3.9	√	√
7	负载性能试验	3.10	—	√
8	响应时间	3.11	—	√
9	气体流速影响试验	3.12	—	√
10	稳定性试验	3.13	√	√
11	工作温度影响试验	3.14.1	—	√

表 1(续)

序号	检验项目	标准条款	出厂检验	型式检验
12	贮存温度影响试验	3.14.2	—	√
13	湿热试验	3.14.3	—	√
14	振动试验	3.14.4	—	√
15	冲击试验	3.14.5	—	√
注:"√"表示进行检验的项目,"—"表示不进行的项目。				

5.2 型式检验

5.2.1 有下列情况之一时,应进行型式检验:

——新产品或老产品转厂生产试制定型鉴定时;

——正式生产后如结构、材料、工艺有较大改变,可能影响产品性能时;

——正常生产时每 2 年进行一次;

——停产 2 年以上再次恢复生产时;

——出厂检验结果与上次型式检验有较大差异时;

——国家质量监督检验机构提出要求时。

5.2.2 型式检验项目见表 1。

5.2.3 抽样:

从出厂检验合格的传感器中按 GB/T 10111 规定的方法进行。抽样基数不少于 10 台,抽样数量不少于 3 台。

5.2.4 判定规则:

受检传感器为三台。在检验中,如防爆结构、3.9 和 3.13 中有一台项不合格;或其他项目中有二台项不合格,则判该批产品为不合格。如不包括防爆结构、3.9 和 3.13 的其他项目中有一台项不合格则允许对不合格项目加倍复检,如仍有不合格时,则判该批产品为不合格。

6 标志、包装、运输、贮存

6.1 标志

6.1.1 传感器的外壳明显处应设有"Ex"、"MA"和计量器具标志。

6.1.2 传感器的铭牌上应有下列内容:

——产品型号和名称;

——右上角有"Ex"标志;

——防爆标志;

——防爆合格证编号;

——煤矿安全标志编号;

——仪器仪表检验合格证编号;

——制造计量器具许可证编号;

——关联设备型号;

——主要技术参数;

——防护等级;

——制造厂名称;

——出厂编号或日期。

6.1.3 包装标志

——作业标志应符合 GB 191 的规定；

——运输包装收发货标志应符合 GB/T 6388 的规定。

6.2 包装

6.2.1 包装应采用复合防护包装类型，具有防雨、防潮、防尘、防震能力。

6.2.2 包装箱内应有下列文件：

a)产品合格证；

b)产品使用说明书；

c)装箱单。

6.3 运输

包装好的传感器应适于公路、铁路、水路、航空运输。

6.4 贮存

应存放在通风良好无腐蚀性气体的库房内。

中华人民共和国煤炭行业标准

MT/T 722—1997

煤矿用网路闭锁发爆器

Network blocking exploders for coal mines

1 范围

本标准规定了网路闭锁发爆器的型号命名、技术要求、试验方法、检验规则、标志、包装、运输和贮存等。

本标准适用于网路闭锁发爆器(以下简称发爆器)。

2 引用标准

下列标准所包含的条文,通过在本标准中引用而构成为本标准的条文。本标准出版时,所示版本均为有效。所有标准都会被修订,使用本标准的各方应探讨使用下列标准最新版本的可能性。

GB 191—90 包装储运图示标志

GB 3836.1—83 爆炸性环境用防爆电气设备 通用要求

GB 3836.2—83 爆炸性环境用防爆电气设备 隔爆型电气设备“d”

GB 3836.4—83 爆炸性环境用防爆电气设备 本质安全型电路和电气设备“i”

GB/T 6388—88 运输包装收发货标志

GB/T 7958—87 煤矿用电容式发爆器

GB/T 10111—88 利用随机数骰子进行随机抽样的方法

MT/T 154.10—1996 煤矿用安全仪器仪表型号编制和管理办法

3 型号命名和编制方法

按 MT/T 154.10—1996 规定如下:

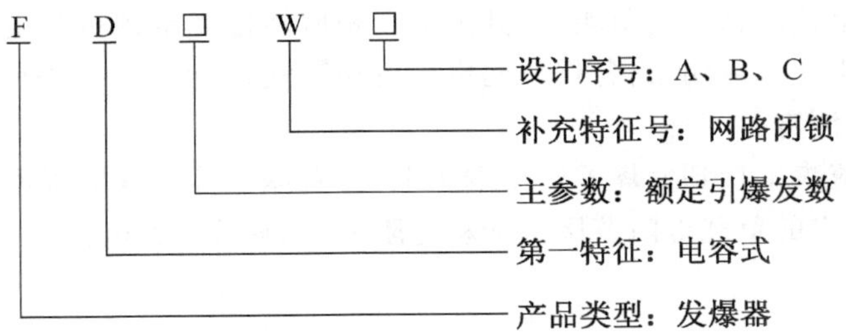

4 技术要求

4.1 发爆器应符合本标准的规定并按经规定程序批准的图样和技术文件制造。

4.2 发爆器的正常工作条件为:

温度:0～40 ℃;

中华人民共和国煤炭工业部 1997-12-30 批准

1998-07-01 实施

周围空气相对湿度不大于98%(在25 ℃时);

大气压力:80～106 kPa。

4.3 贮存环境温度为－40 ℃～＋60 ℃。

4.4 发爆器在额定引爆发数时的负载电阻和充电时间应符合GB/T 7958—87中5.4的规定。

4.5 发爆器向电爆网路输出引燃冲量的专用工具和电压指示装置的要求应符合GB/T 7958—87中5.5和5.6的规定。

4.6 发爆器外露的输出端子之间及输出端子与外壳裸露导电部位之间的电气间隙和爬电距离应符合GB/T 7958—87中5.7的规定。

4.7 发爆器除高压端子外露和电气间隙、爬电距离应符合本标准4.6,防爆结构参数和防爆性能应符合GB 3836.1、GB 3836.2和GB 3836.4中关于煤矿用隔爆兼本质安全电路的有关要求。

4.8 在额定负载范围内,发爆器的安全供电时间和输出引燃冲量应符合GB/T 7958—87中5.9和5.10的规定。

4.9 电爆网路闭锁电路可按引爆发数分为若干档位。各档位应具有在测量到电爆网路总电阻在相应档位规定的负载电阻范围内时解锁,在范围以外时可靠闭锁;各档位间应能互相闭锁,不应有误动作。

4.10 电爆网路的测量电流应不大于15 mA。

4.11 发爆器的绝缘电阻要求应符合GB/T 7958—87中5.12的规定。

4.12 发爆器的耐湿热要求应符合GB/T 7958—87中5.13的规定。

4.13 发爆器的耐贮存温度要求应符合GB/T 7958—87中5.14的规定。

4.14 发爆器的耐振动要求应符合GB/T 7958—87中5.15的规定。

4.15 发爆器的耐跌落要求应符合GB/T 7958—87中5.16的规定。

4.16 发爆器的寿命要求应符合GB/T 7958—87中5.17的规定。

5 试验方法

5.1 试验所用主要仪器按GB/T 7958—87中6.1的要求。

5.2 发爆器的操作性能、电压指示装置、电气间隙和爬电距离、防爆、充电时间、安全供电时间和引燃冲量、绝缘电阻、湿热、贮存温度、振动和自由跌落试验按GB/T 7958—87中规定的方法进行。寿命试验按GB/T 7958—87中6.12进行,当进行半负荷试验其半负荷正好处在分档处时,可任选一档进行。

5.3 网路闭锁性能检查:

在发爆器输出端子上接入精密电阻箱,当其阻值在相应档位规定的负载电阻范围内时,发爆器应解锁,可以充电和放炮;否则应可靠闭锁,各档位间也应可靠闭锁,不可充电、放炮。反复进行7次。

5.4 电爆网路测量电流测定:

把精密电阻箱和电流表串接到发爆器输出端子上,使发爆器等形成电爆网路,使发爆器处于各档位的检查状态,在该档位规定的负载电阻范围内变动电阻值,记录其最大电流值。

6 检验规则

检验分为出厂检验和型式检验。经型式检验合格并取得检验合格证后方可批量生产。

6.1 出厂检验

6.1.1 由制造厂质量检验部门逐台进行。检验合格并发给合格证后方可出厂。

6.1.2 检验项目按表1规定。

6.2 型式检验

6.2.1 有下列情况下之一时,应进行型式检验:

a)新产品或老产品转厂生产的试制定型鉴定;

b)正常生产后,如结构、材料、工艺有较大改变,可能影响产品性能时;

c)正常生产时每 5 年进行一次；

d)停产 2 年后再次恢复生产时；

e)出厂检验与上次型式检验有较大差异时；

f)国家质量监督机构提出进行型式检验的要求时。

6.2.2　型式检验的项目按表 1 规定。

6.3　抽样

型式检验的样品从出厂检验合格的产品中，按 GB/T 10111 方法抽取 2 台。抽样基数为 20 台。

6.4　判定规则

用 2 台样品进行检验，如表 1 中第 4、5、7、8、9、10 中有一台项不合格，或其他项中有 2 台项不合格，则判该批产品为不合格。如其他项中有一台项不合格，则允许加倍抽样对不合格项进行复检，如仍有不合格时，则判该批产品为不合格。

表 1

序号	检验项目	技术要求条款	出厂检验	型式检验
1	操作性能	4.5	√	√
2	电压指示装置	4.5	√	√
3	电气间隙和爬电距离	4.6	—	√
4	防爆结构	4.7	√	√
5	防爆性能	4.7	—	√
6	充电时间	4.5	√	√
7	安全供电时间	4.8	√	√
8	输出冲量	4.8	√	√
9	网路闭锁性能	4.9	√	√
10	电爆网路测量电流	4.10	√	√
11	绝缘电阻	4.11	—	√
12	湿热试验	4.12	—	√
13	贮存温度	4.13	—	√
14	振动	4.14	—	√
15	自由跌落	4.15	—	√
16	寿命试验	4.16	—	√
注：表中“√”表示必须检验；“—”表示不必检验。				

7　标志、包装、运输、贮存

7.1　标志

7.1.1　在发爆器外壳的明显处须设清晰的永久性“BxdI”凸纹标志；在开关操作插孔附近须有“充电”和“放炮”标志。

7.1.2　铭牌

应用不小于 0.5 mm 厚的黄铜制成，也可以压注在外壳上，内容应包括：

a)产品名称和型号；

b)在铭牌的右上方须有红色的“Bx”标志；

c)防爆标志：“ibdI”；

d)安全标志编号；

e)防爆合格证编号；

f)仪器仪表检验合格证编号；

g)输出峰值电压；

h)各档位额定负载电阻；

i)制造厂名；

j)出厂日期或产品编号。

7.1.3 安装电池的部位应设有“＋”和“－”标志。

7.1.4 包装箱上的标志

a)储运图示标志应符合 GB 191 的规定；

b)运输包装收发货标志应符合 GB/T 6388 的规定。

7.2 包装

7.2.1 每台发爆器(包括出厂合格证和使用说明书各一份)及其备件、附件均装入各自的袋内然后再装入箱内,箱内应加铺防潮纸,空间用木屑或碎纸填实。

7.2.2 随同包装箱提供下列文件：

a)装箱单；

b)必要备件。

7.3 运输

适合海、陆、空运输的要求。

7.4 贮存

存放于通风良好干燥的库房内。

中华人民共和国煤炭行业标准

煤矿用甲烷闭锁发爆器

MT/T 723—1997

Gas blocking exploders for coal mines

1 范围

本标准规定了甲烷闭锁发爆器的型号命名、技术要求、试验方法、检验规则、标志、包装、运输和贮存等。

本标准适用于甲烷闭锁发爆器(以下简称发爆器)。

2 引用标准

下列标准所包含的条文,通过在本标准中引用而构成为本标准的条文。本标准出版时,所示版本均为有效。所有标准都会被修订,使用本标准的各方应探讨使用下列标准最新版本的可能性。

GB 191—90 包装储运图示标志

GB 3836.1—83 爆炸性环境用防爆电气设备 通用要求

GB 3836.2—83 爆炸性环境用防爆电气设备 隔爆型电气设备“d”

GB 3836.4—83 爆炸性环境用防爆电气设备 本质安全型电路和电气设备“i”

GB/T 6388—88 运输包装收发货标志

GB/T 7958—87 煤矿用电容式发爆器

GB/T 10111—88 利用随机数骰子进行随机抽样的方法

MT/T 154.10—1996 煤矿用安全仪器仪表型号编制和管理办法

MT 444—1996 煤矿用催化燃烧式低浓度甲烷传感器技术条件

3 型号命名和编制方法

按 MT/T 154.10—1996 规定如下:

F D □ G □

□ —— 设计序号:A、B、C

G —— 补充特征号:甲烷闭锁

□ —— 主参数:额定引爆发数

D —— 第一特征:电容式

F —— 产品类型:发爆器

4 技术要求

4.1 发爆器应符合本标准的规定并按经规定程序批准的图样和技术文件制造。

4.2 发爆器的正常工作条件为:

温度:0～40 ℃;

中华人民共和国煤炭工业部 1997-12-30 批准　　1998-06-01 实施

周围空气相对湿度：不大于98%（在25 ℃时）；

大气压力：80～106 kPa。

4.3 贮存环境温度为－40 ℃～＋60 ℃。

4.4 发爆器在额定引爆发数时的负载电阻和充电时间应符合GB/T 7958中5.4的规定。

4.5 发爆器向电爆网路输出引燃冲量的专用工具和电压指示装置的要求应符合GB/T 7958中5.5和5.6的规定。

4.6 发爆器外露的输出端子之间及输出端子与外壳裸露导电部位之间的电气间隙和爬电距离应符合GB/T 7958中5.7的规定。

4.7 发爆器除高压端子外露和电气间隙、爬电距离应符合本标准4.6外，防爆结构参数和防爆性能应符合GB 3836.1、GB 3836.2和GB 3836.4中关于煤矿用隔爆兼本质安全电路的有关要求。

4.8 在额定负载范围内，发爆器的安全供电时间和输出引燃冲量应符合GB/T 7958中5.9和5.10的规定。

4.9 甲烷闭锁发爆器由与发爆器主机相配接的甲烷传感器组成。甲烷闭锁范围为1.0%～2.0%，闭锁时应使发爆器不能充电和输出引燃冲量并发出声警报。

4.10 甲烷传感器的基本测量误差和响应时间应符合MT 444中的规定。

4.11 报警和闭锁动作点的设定误差应不大于0.10% CH_4。

4.12 当甲烷传感器和主机间使用1.5 mm^2 电缆时的传输距离应不小于1 km。

4.13 发爆器的绝缘电阻要求应符合GB/T 7958中5.12的规定。

4.14 发爆器的耐湿热要求应符合GB/T 7958中5.13的规定。

4.15 发爆器的耐贮存温度要求应符合GB/T 7958中5.14的规定。

4.16 发爆器的耐振动要求应符合GB/T 7958中5.15的规定。

4.17 发爆器的耐跌落要求应符合GB/T 7958中5.16的规定。

4.18 发爆器的寿命要求应符合GB/T 7958中5.17的规定。

5 试验方法

5.1 试验所用主要仪器按GB/T 7958中6.1的要求。

5.2 发爆器的操作性能、电压指示装置、电气间隙和爬电距离、防爆、充电时间、安全供电时间和引燃冲量、绝缘电阻、湿热、贮存温度、振动、自由跌落和寿命等试验按GB/T 7958中的方法进行。

5.3 闭锁点设定范围和设定误差：

用调节闭锁设定点电位器的方法检查设定点的设定范围。然后将设定点设在1.0%处。

通入大于1.0%的甲烷气体，检查闭锁动作点。测定3次闭锁动作点和设定点之差的平均值即为闭锁点设定误差。

5.4 基本误差测定：

按MT 444中4.3规定的方法进行。

5.5 响应时间测定：

按MT 444中4.6规定的方法进行。

5.6 传输距离测定：

将发爆器主机和甲烷传感器连接好，其传输电缆阻抗宜用集中参数模拟。向甲烷传感器通入大于动作设定点的甲烷气体，然后观察并记录其显示值，无测量值显示器的发爆器允许外接适宜的仪表观察。

6 检验规则

检验分为出厂检验和型式检验。经型式检验合格并取得检验合格证后方可批量生产。

6.1 出厂检验

6.1.1 由制造厂质量检验部门逐台进行。检验合格并发给合格证后方可出厂。

6.1.2 检验项目按表1规定。

6.2 型式检验

6.2.1 有下列情况下之一时，应进行型式检验：

a)新产品或老产品转厂生产的试制定型鉴定；

b)正常生产后，如结构、材料、工艺有较大改变，可能影响产品性能时；

c)正常生产时每5年进行一次；

d)停产2年后再次恢复生产时；

e)出厂检验与上次型式检验有较大差异时；

f)国家质量监督机构提出进行型式检验的要求时。

6.2.2 型式检验的项目按表1规定。

表1

序号	检验项目	技术要求条款	出厂检验	型式检验
1	操作性能	4.5	√	√
2	电压指示装置	4.5	√	√
3	电气间隙和爬电距离	4.6	—	√
4	防爆结构	4.7	√	√
5	防爆性能	4.7	—	√
6	充电时间	4.5	√	√
7	安全供电时间	4.8	√	√
8	输出冲量	4.8	√	√
9	闭锁点设定范围	4.9	√	√
10	基本误差测定	4.10	√	√
11	响应时间测定	4.10	—	√
12	动作点设定误差	4.11	√	√
13	传输距离测定	4.12	—	√
14	绝缘电阻	4.13	—	√
15	湿热试验	4.14	—	√
16	贮存温度	4.15	—	√
17	振动	4.16	—	√
18	自由跌落	4.17	—	√
19	寿命试验	4.18	—	√
注：表中“√”表示必须检验；“—”表示不必检验。				

6.3 抽样

型式检验的样品从出厂检验合格的产品中，按GB/T 10111方法抽取2台。抽样基数为20台。

6.4 判定规则

用2台样品进行检验，如表1中第4、5、7、8、9、10中有一台项不合格，或其他项中有2台项不合格则判该批产品为不合格。如其他项中有一台项不合格，则允许加倍抽样对不合格项进行复检，如仍有不合格时，则判该批产品为不合格。

7 标志、包装、运输、贮存

7.1 标志

7.1.1 在发爆器外壳的明显处须设清晰的永久性“ExdI”凸纹标志；在开关操作插孔附近须有“充电”和“放炮”标志。

7.1.2 铭牌

应用不小于0.5 mm厚的黄铜制成，也可以压注在外壳上，内容应包括：

a)产品名称和型号；

b)在铭牌的右上方须有红色的“Ex”标志；

c)防爆标志：“ibdⅠ”；

d)安全标志编号；

e)防爆合格证编号；

f)仪器仪表检验合格证编号；

g)输出峰值电压；

h)各档位额定负载电阻；

i)制造厂名；

j)出厂日期或产品编号。

7.1.3 安装电池的部位应设有“＋”和“－”标志。

7.1.4 包装箱上的标志

a)储运图示标志应符合GB 191的规定；

b)运输包装收发货标志应符合GB/T 6388的规定。

7.2 包装

7.2.1 每台发爆器(包括出厂合格证和使用说明书各一份)及其备件、附件均装入各自的袋内然后再装入箱内，箱内应加铺防潮纸，空间用木屑或碎纸填实。

7.2.2 随同包装箱提供下列文件：

a)装箱单；

b)必要备件。

7.3 运输

适合海、陆、空运输的要求。

7.4 贮存

存放于通风良好干燥的库房内。

ICS 73.040
D 21

MT

中华人民共和国煤炭行业标准

MT/T 736—1997

无烟煤电阻率测定方法

Determination of electrical resistivity of anthracite

1997-12-12 发布　　1998-07-01 实施

中华人民共和国煤炭工业部　　发布

前　　言

本标准是以中华人民共和国黑色冶金行业标准 YB/T 035—92《焦炭电阻率的测定方法》为主要参考依据,结合我国无烟煤资源的特点和实际情况而制定的。

本标准由煤炭工业部科技教育司提出。

本标准由全国煤炭标准化技术委员会归口。

本标准起草单位:煤炭科学研究总院北京煤化学研究所。

本标准主要起草人:姜英。

本标准委托煤炭科学研究总院北京煤化学研究所负责解释。

中华人民共和国煤炭行业标准

MT/T 736—1997

无烟煤电阻率测定方法

Determination of electrical resistivity of anthracite

1 范围

本标准规定了无烟煤电阻率测定的仪器设备、试样采取、制备、测定步骤、结果表述和精密度。

本标准适用于无烟煤电阻率的测定。

2 引用标准

下列标准所包含的条文，通过在本标准中引用而构成为本标准的条文。本标准出版时，所示版本均为有效。所有标准都会被修订，使用本标准的各方应探讨使用下列标准最新版本的可能性。

GB 474—1996 煤样的制备方法

GB 475—1996 商品煤样采取方法

GB 481—93 生产煤样采取方法

GB 482—1995 煤层煤样采取方法

3 方法提要

将破碎到一定粒度的干燥无烟煤样装入试样槽内，在一定高度的试样面上施加规定的压力，用电阻测定仪测定其电阻值，再根据公式计算出电阻率。

4 仪器设备

4.1 粉末电阻率测定仪(机械部分)如图1。

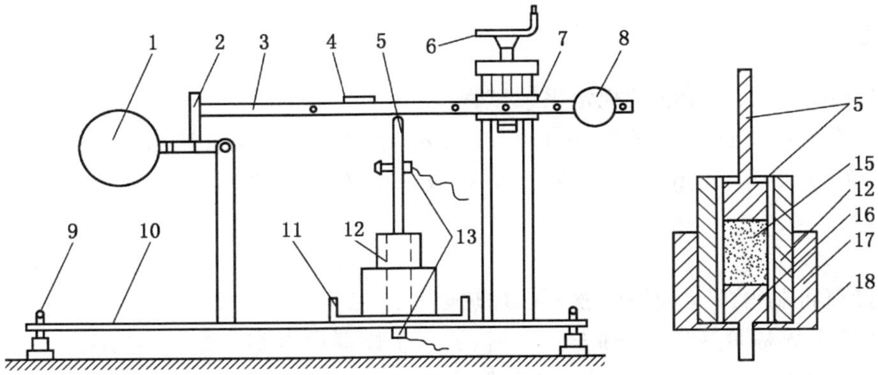

1—大铊；2—挂钩；3—杠杆；4—水平仪；5—上活柱；6—手轮；7—支架；8—小铊；9—底脚垫；10—底盘；11—槽座；12—试样槽；13—接线螺杆；14—绝缘内衬；15—试样；16—下活柱；17—定向圈；18—铜底板

图1 粉末电阻率测定仪示意图

中华人民共和国煤炭工业部 1997-12-12 批准　　1998-07-01 实施

4.1.1 试样槽:内径 16.0 mm±0.1 mm,外径 30 mm,高 60 mm。

4.1.2 重铊:大铊 6 kg,小铊 1 kg,使试样承受压力为 3922.68 kPa。

4.2 电阻测定仪(测量部分)如图 2。测量范围 1×10^{3} Ω～1×10^{12} Ω。

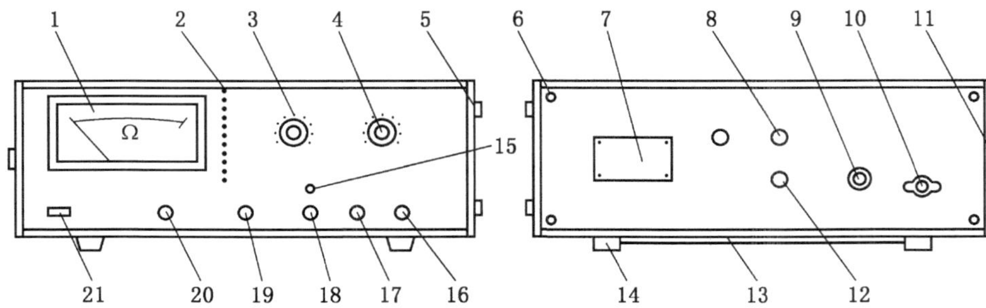

1—指示表头;2—倍率指示灯(由发光二极管组成);3—测试电压选择开关;
4—倍率选择开关;5—侧脚;6—后脚;7—铭牌;8—自动记录;9—保险丝座;
10—电源插座;11—拎手;12—接地选择开关;13—撑脚;14—底脚;15—测试电压指示;
16—输入端钮;17—接地端;18—测试电压输出端;19—测试电压控制开关;
20—调零旋钮;21—电源开关

图 2 电阻测定仪

4.3 天平:感量 0.001 g。

4.4 电热鼓风干燥箱:并能保持 120 ℃±5 ℃。

4.5 试验筛(GB 6004):0.315 mm、0.250 mm、1.00 mm。

4.6 游标卡尺:测量范围 0 mm～125 mm,分度值 0.10 mm。

4.7 塑料短颈漏斗:上口直径 60 mm。

4.8 橡皮锤:直径约 6 mm 的钢棒、一端套 5 号橡皮塞。

4.9 水平仪。

4.10 毛刷。

4.11 干燥器。

4.12 玻璃称量瓶:直径 70 mm,高 35 mm～40 mm,并带有磨口盖。

5 试样采取与制备

5.1 按 GB 475、GB 481、GB 482 的规定采取试样。

5.2 按 GB 474 的规定将试样破碎至小于 1.00 mm,缩分出 0.5 kg,然后用研磨机粉碎到全部通过 0.315 mm 试验筛,收集 0.315 mm～0.250 mm 粒级的试样,混匀备用。

6 测定步骤

6.1 用玻璃称量瓶将制得的无烟煤样放入已加热到 120 ℃±5 ℃的鼓风干燥箱内,在鼓风条件下,干燥 2 h 后取出,立即盖上煤称量瓶盖,冷却 5 min 后,放入干燥器中冷却至室温,备用。

6.2 在室温下调整电阻率测定仪底脚垫,使其保持水平。

6.3 称取干燥后的无烟煤样约 2.5 g(精确至 0.001 g),用漏斗装入试样槽内,用橡皮锤轻击槽壁(在槽壁四面各击 10 次),使试样面保持水平,放入上活柱,挂上大铊,均匀用力,缓慢转动手轮,使杠杆达到水平。用游标卡尺量出试样槽的顶部至上活柱接线螺栓处的高度 h,试样高度要求在 14.5 mm～15.5 mm 之间。若超此范围,则应根据式(1)计算调整后所需称取的试样质量 m_2。

$$m_2=15m_1/h \tag{1}$$

式中:

m_1——第一次称样质量，g；

m_2——调整后所需称取的试样质量，g；

h——试样高度，mm；

15——试样高度，常数。

6.4 接通电阻测定仪电源，预热 30 min，此时仪表的指针可能会偏离"∞"处，这时可慢慢转动调零旋钮，使指针置于"∞"处。

6.5 将电阻测定仪的输入、输出电缆线分别与粉末电阻率测定仪接触端相连。将测试电压开关置于"充电"位置，试样经 15 s 充电后，再将开关置于"测试"位置。如果发现表头无读数或读数很小，可将倍率开关逐步升高，直到读数清晰为止。若测定电阻时，出现指针不断上升的现象，则取合上测试电压开关 1 min 后的读数。测定完毕，将开关置于"放电"位置 1 min 后，取出试样，并将试样槽清扫干净。

7 结果表述

无烟煤电阻率按式(2)计算

$$\rho=10^{-1}R\cdot A/h \tag{2}$$

式中：

ρ——电阻率，Ω·cm；

R——试样电阻值，Ω；

A——试样槽截面积，mm^2；

h——试样高度，mm；

10^{-1}——换算系数。

计算结果取三位有效数字。

8 精密度

无烟煤电阻率的精密度应符合以下规定：

测定结果电阻率≤10^6 Ω·cm 数量级的煤样试验结果的重复性不超过 10%。

测定结果电阻率>10^6 Ω·cm 数量级的煤样试验结果的重复性不超过 16%。

ICS 73.040
D 21
备案号:22155—2007

MT

中华人民共和国煤炭行业标准

MT/T 737—2007
代替 MT/T 737—1997

量热仪氧弹安全性能检验规范

Specification of verification for safe use of oxygen combustion bomb

2007-10-22 发布　　　　2008-01-01 实施

国家安全生产监督管理总局　　发布

前　言

本标准中的"'水压试验'氧弹应能承受20 MPa水压"是参照了ASTM D3286《恒温式量热仪测定固体燃料总热值》而规定。

本标准代替MT/T 737—1997。

本标准与MT/T 737—1997相比主要变化如下：

——去除了"点火试验"中"弹体半高处直径,底部中心处至弹体上口高度的变化均小于0.13 mm"的规定(1997年版的2.2.2;本版的2.2.2);

——某些条款标题或内容"耐压强度"改为"耐压强度和密封性"(1997年版的2.2、4.2和5.2;本版的2.2、4.2和5.2);

——增加了点火试验检验方法中观察点火后氧弹是否泄漏的内容(1997年版的4.2.2;本版的4.2.2);

——增加了引言;

——对"前言"按照GB/T 1.1—2000《标准化工作导则》的要求,增加了部分格式上的内容,并对已改变的内容进行了更正。

本标准的附录A是资料性附录。

本标准由中国煤炭工业协会科技发展部提出。

本标准由全国煤炭标准化技术委员会归口。

本标准起草单位:煤炭科学研究总院煤炭分析实验室。

本标准主要起草人:韩立亭、孙刚。

本标准所代替标准的历次版本发布情况为:

——MT/T 737—1997。

引　言

氧弹是量热仪中点燃样品的燃烧室，按国家标准GB 213《煤的发热量测定方法》规定，在测定煤炭发热量时，氧弹内须充入氧气至压力约3.0 MPa(30 atm)。在煤样品燃烧时氧弹内有气体急剧膨胀使氧弹内压力显著增高，故氧弹安全性能关系着量热仪是否能安全使用，因而有必要制定一种氧弹安全性能的检验方法以衡量氧弹的安全性能。

量热仪氧弹安全性能检验规范

1 范围

本标准规定了氧弹安全检验的技术要求、检验条件、检验方法和检验结果的处理。

本标准适用于新制造和使用中的量热仪氧弹(以下简称氧弹)。

2 技术要求

氧弹结构中(以单头氧弹为例)与安全检验有关的部分如图1所示,其中气嘴、阀门和压盖等由连接环固定到氧弹上,连接环与弹筒为螺纹配合。

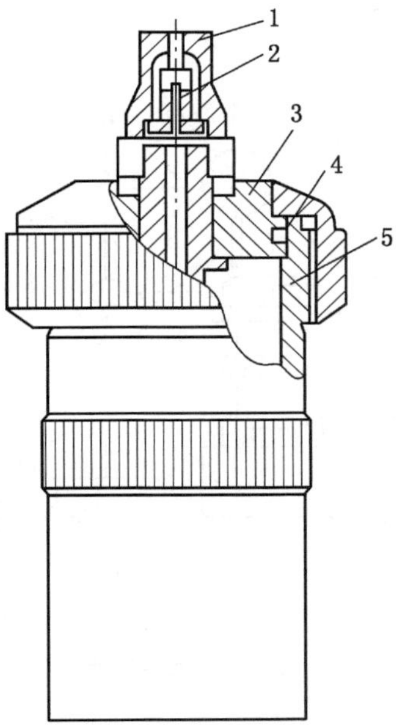

1—气嘴;2—阀门;3—压盖;4—连接环;5—弹筒

图1 氧弹结构示意图

2.1 弹体与连接环螺纹松动度应满足以下要求:

径向松动度不大于0.45 mm;

轴向松动度不大于0.27 mm。

2.2 耐压强度和密封性应满足以下要求:

2.2.1 水压试验

氧弹在施加20 MPa水压下无泄漏(10 min内压力降不大于0.1 MPa),泄压后弹体1/2高度处的直径变化和底部中心至弹体上口的高度变化均小于0.13 mm,气嘴无反向泄漏,其他零件无永久性形变。

2.2.2 点火试验

(2.0±0.2)g苯甲酸,在充氧3.0 MPa的氧弹内燃烧后,气嘴无反向泄漏,其他零件无永久性形变。

3 检验条件

3.1 设备和材料

3.1.1 压力试验机:介质为水,配有量程为0 MPa~40 MPa,1.5级的压力表。

3.1.2　测量平台:结构见图 2。

3.1.3　试验环:作螺纹松动度检验时用于移动连接环的工具,塑料制,依据氧弹型号不同应备有不同尺寸的塑料试验环。

3.1.4　防护柜:长×宽×高约为 400 mm×400 mm×900 mm,顶部厚 5 mm,四壁厚 4 mm,钢板焊接,柜门应能牢固闭锁。

3.1.5　充氧装置。

3.1.6　点火装置:交(或直)流 12 V~24 V,3 A~5 A 可调。

3.1.7　氧弹固定架(图 3)。

3.1.8　千分表:量程为 0 mm~1 mm,分度值 0.001 mm。

3.1.9　游标卡尺:量程为 0 mm~200 mm,分度值 0.02 mm。

3.1.10　毛刷。

3.1.11　三角板。

3.1.12　氧气:99.5%纯度,不含可燃成分。

3.1.13　苯甲酸。

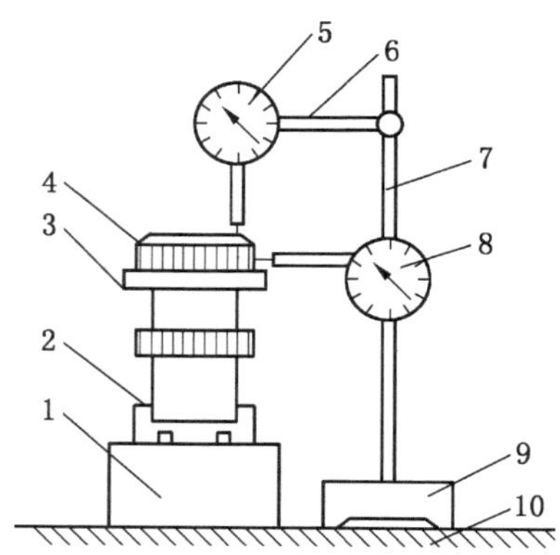

1—卡盘;2—弹体;3—试验环;4—连接环;

5、8—千分表;6—横杆;7—立杆;9—磁性表座;10—平台

图 2　测量平台

3.2　环境条件

3.2.1　水压试验在室温下进行。

3.2.2　点火试验在防护柜内进行。

3.2.3　点火装置放置在防护柜外 2 m 远处。

4　检验方法

4.1　弹体与连接环松动度检验

4.1.1　用毛刷将弹体上端螺纹与连接环螺纹清刷干净,仔细检查有无裂纹,无裂纹方可进行试验。

4.1.2　如图 2 所示,在测量平台上安放好测量架(图 2 的 5~9),调节磁性表座(9),使横杆(6)水平。

4.1.3　将弹体安装到平台的卡盘上,卡紧。套上试验环,再将连接环装到弹体上,拧 4~5 圈。

4.1.4　调整磁性表座和横杆的位置,使两个千分表(5)和(8)分别与连接环顶部和侧面平滑部分刚好接触。

4.1.5　手握试验环(3),使其缓慢上下移动并带动连接环也上下移动。读取并记录连接环沿弹体轴向移动的上下极限位置的千分表(5)读数,其上、下读数之差即为轴向松动度。重复测定 10 次,取平均值。

4.1.6　缓慢转动卡盘(1),使弹体带动连接环旋转一周,读取并记录连接环转动时千分表(8)的读数,其读数之极差即为径向松动度。重复测定 10 次,取平均值。

4.2 耐压强度和密封性检验

4.2.1 水压试验

4.2.1.1 用游标卡尺测量并记录弹体 1/2 高度处直径和底部中心处至弹体上口的高度。

4.2.1.2 卸下氧弹气嘴,将氧弹与压力试验机连接。用压力试验机将水打入氧弹至压力为 20 MPa,维持 10 min,检查有无泄漏。如无泄漏则泄除水压,从压力试验机上卸下氧弹,重新安好气嘴。

4.2.1.3 将氧弹充满水,拧紧弹盖,装到固定架(图 3)上。用压力试验机将水打入氧弹,同时旋动固定架上的丝杠(2)使之下移,使进水阀与氧弹上的气嘴逐渐压紧,以驱除压力试验机至氧弹通路中的空气。

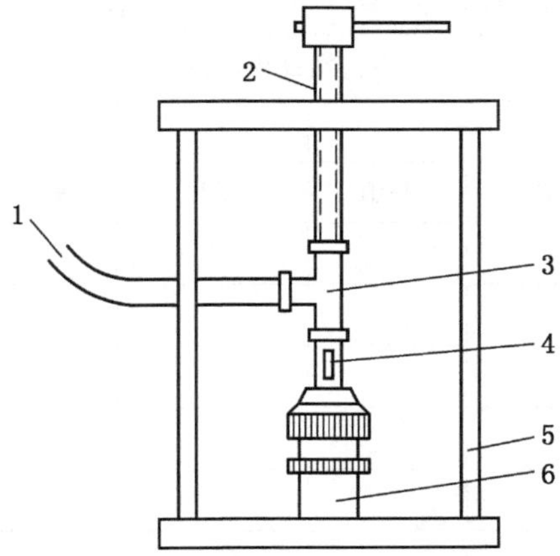

1—接压力试验机;2—丝杠;3—两通;4—进水阀;5—氧弹固定架;6—氧弹

图 3 氧弹固定架示意图

4.2.1.4 继续向氧弹打水至压力为 20 MPa,维持 10 min,观察是否泄漏。

4.2.1.5 泄压后,卸下氧弹,按 4.2.1.1 条进行测量和记录。

4.2.1.6 检查各零件有无永久性形变。

4.2.2 点火试验

4.2.2.1 在坩埚内称取(2.0±0.1)g 苯甲酸,放入氧弹,拧紧弹盖,充入 3.0 MPa 氧气。将氧弹放入防护柜里的冷却水槽内,并使氧弹全部浸没在水中,仅电极引出端露出水面。

4.2.2.2 检查确认不漏气后方可点火;否则应重新安装氧弹或更换损坏零件再行试验。

4.2.2.3 点火 10 min 后,观察是否泄漏。

4.2.2.4 取出氧弹,泄压,按 4.2.1.6 进行检查。

5 检验结果的处理

5.1 弹体与连接环螺纹松动度不合格的氧弹为不合格。

5.2 耐压强度和密封性检验两项试验中有一项不合格的氧弹为不合格。

5.3 发生永久性形变的零件应更换或修理,并重作有关检验。

5.4 经检验合格的氧弹,应在压盖、连接环和弹体上用钢字码打上印记,并发给检验合格证。

附　录　A
（资料性附录）
检验记录格式

量热仪氧弹检验记录

送检单位：________________________ 氧弹编号：________________

检验员：____________ 检验日期：____________ 检验证书编号：____________

一、螺纹松动度　　　　单位为毫米

轴　向				径　向			
序号	极限位置 1	极限位置 2	差值	序号	极限位置 1	极限位置 2	差值
1				1			
2				2			
3				3			
4				4			
5				5			
6				6			
7				7			
8				8			
9				9			
10				10			
差值平均值				差值平均值			

二、水压试验

半高直径/mm		底部中心处高度/mm		气嘴有无反向泄漏	其他零件有无永久性形变
试压前		试压前			
试压后		试压后			
差值		差值			

三、点火试验

气嘴有无反向泄漏，各零件有无永久性形变：

ICS 73.040
D 27
备案号：1058—1998

MT

中华人民共和国煤炭行业标准

MT/T 738—1997

选煤厂水力分级设备工艺效果评定方法

Performance evaluation of washery hydraulic classifiers

1997-12-12 发布　　　　1998-07-01 实施

中华人民共和国煤炭工业部　　发 布

前　言

目前,水力分级设备工艺效果的评定尚无国际标准。我国在1980年颁布实施了煤炭部指导性文件MT/Z 5—79《水力分级设备工艺效果评定方法》。本次为第一修订。

本标准从实施之日起,同时代替MT/Z 5—79。

附录A是提示的附录,提示了水力分级设备工艺性能报告表的基本格式。

附录B是提示的附录,提示了格氏法产率计算表格式。提供了计算实例。

附录C是提示的附录,提供了计算实例。

本标准由煤炭工业部科技教育司提出。

本标准由全国煤炭标准化技术委员会选煤分会归口。

本标准主要起草人:李雪萍、邓晓阳、李长安。

本标准由煤炭工业部选煤设计研究院负责起草并解释。

中华人民共和国煤炭行业标准

选煤厂水力分级设备工艺效果评定方法

MT/T 738—1997
代替 MT/Z 5—79

Performance evaluation of washery hydraulic classifiers

1 范围

本标准规定了选煤厂水力分级设备(设施)工艺效果的评定方法。

本标准适用于选煤厂斗子捞坑、角锥沉淀池、倾斜板沉淀槽、水力旋流器等水力分级设备(设施)工艺效果的评定。

2 引用标准

下列标准所包含的条文,通过在本标准中引用而构成为本标准的条文。本标准出版时,所示版本均为有效。所有标准都会被修订,使用本标准的各方,应探讨使用下列标准最新版本的可能性。

GB/T 7186—87 选煤名词术语

MT 58—93 煤粉筛分试验方法

3 评定方法

3.1 水力分级设备工艺效果的评定指标

共三项:分级效率,平均分配误差和通过粒度。

3.1.1 分级效率

3.1.1.1 分级效率计算公式:

$$\eta = E_c + E_f - 100 \qquad \cdots\cdots(1)$$

$$E_c = \frac{r_u \times u_c}{F_{c,r}} \times 100 \qquad \cdots\cdots(2)$$

$$E_f = \frac{100F_{f,r} - r_u \times u_f}{F_{f,r}} \qquad \cdots\cdots(3)$$

式中:η——分级效率,%;

E_c——粗粒物正配效率,%;

E_f——细粒物正配效率,%;

r_u——底流产物产率,%;

u_c——底流产物粗粒物含量(占本级),%;

$F_{c,r}$——计算入料中粗粒物含量,%;

$F_{f,r}$——计算入料中细粒物含量,%;

u_f——底流产物中细粒物含量(占本级),%。

注:u_c 和 u_f 可由底流产物粒度特性曲线查获,$F_{c,r}$和 $F_{f,r}$则由计算入料粒度特性曲线查获。

3.1.1.2 计算分级效率时,用规定粒度划分粗粒物和细粒物。

3.1.1.3 计算斗子捞坑的入料和底流物的数量百分数时,应扣除其中大于 3 mm 的部分。

3.1.2 平均分配误差

中华人民共和国煤炭工业部 1997-12-12 批准　　1998-07-01 实施

3.1.2.1 平均分配误差计算公式：

$$PE_m = \frac{PE_u + PE_L}{2} \quad \cdots\cdots(4)$$

$$PE_u = \frac{S_{75}}{S_p} \quad \cdots\cdots(5)$$

$$PE_L = \frac{S_p}{S_{25}} \quad \cdots\cdots(6)$$

式中：PE_m——平均分配误差；

PE_u——上分配误差；

PE_L——下分配误差；

S_{75}——分配曲线上对应于分配率为75%的粒度值；

S_p——分配粒度，即分配曲线上对应于分配率为50%的粒度值；

S_{25}——分配曲线上对应于分配率为25%的粒度值。

注：

1 S_{75}、S_p 和 S_{25} 均由分配曲线上查得。

2 当分配曲线很不规整，无法同时求得 S_{75} 和 S_{25} 时，则可由 PE_u 或 PE_L 代替 PE_m

3.1.3 通过粒度

通过粒度 S_{95} 以溢流物中95%的量通过标准筛筛孔的大小来表示，单位为mm。

3.2 指标应用原则

当评定水力分级设备(设施)工艺效果时用分级效率。当新研制设备的技术鉴定，新投产设备的验收或重要的生产技术检查时，应同时使用分级效率和平均分配误差。通过粒度为辅助评定指标。

3.3 指标的计算

3.3.1 产物产率应尽可能由计量法测定，当计量有困难时，则按格氏公式法计算。

$$r_u = \frac{\sum_{i=1}^{N}(G_{fi} - G_{0i})(G_{ui} - G_{0i})}{\sum_{i=1}^{N}(G_{ui} - G_{0i})^2} \times 100\% \quad \cdots\cdots(7)$$

$$r_0 = 100 - r_u \quad \cdots\cdots(8)$$

式中：G_{fi}——实际入料中第 i 个粒度级的产率，%；

G_{ui}——底流物中第 i 个粒度级的产率，%；

G_{0i}——溢流物中第 i 个粒度级的产率，%；

r_u——底流物的产率，%；

r_0——溢流物的产率，%。

3.3.2 评定指标的数值修约到小数点后两位。

3.4 数据检验

3.4.1 均方差检验

获得产物产率后，应用均方差检验，均方差小于3.0为合格。

均方差计算公式：

$$\sigma = \sqrt{\frac{\sum \Delta^2}{N - M + 1}} \quad (9)$$

式中：σ——均方差；

Δ——计算入料和实测入料各粒级含量之间的差值；

N——所用筛分资料中的粒级数；

M——水力分级作业的产物数。

4 曲线绘制

4.1 粒度特性曲线

绘制实测入料、计算入料和各分级产物的由细至粗的累计粒度特性曲线。

4.2 粒度分配曲线

一般仅绘制底流产物分配曲线。

分配率的计算公式：

$$\varepsilon_i = \frac{U_i}{F_i} \times 100 \qquad \cdots\cdots(10)$$

式中：ε_i——第 i 粒级在底流中的分配率，%；

U_i——第 i 粒级在底流中的分配量(占入料)，%；

F_i——第 i 粒级在计算入料中的含量，%。

5 表格填写

5.1 评定结果应填入水力分级设备工艺性能评定报告表，其格式见附录 A。

5.2 格氏法产率计算表格式见附录 B。

5.3 计算实例见附录 C。

附 录 A

（提示的附录）

水力分级设备工艺性能报告表

<table>
<tr><td>试验编号</td><td></td><td>试验地点</td><td></td><td colspan="2">试验日期　　　年　月　日</td></tr>
<tr><td colspan="2">分级设备技术特征</td><td colspan="2">入料特性指标</td><td colspan="2">评定指标和计算参数</td></tr>
<tr><td>设备名称</td><td></td><td>入料名称</td><td></td><td rowspan="2">分级效率 η
%</td><td rowspan="2"></td></tr>
<tr><td>型号规格</td><td></td><td>入料浓度,g/L</td><td></td></tr>
<tr><td rowspan="2">处理能力, $m^3/(h \cdot m^2)$
$t/(h \cdot m^2)$</td><td></td><td>入料量(Q),m^3/h</td><td></td><td>平均分配误差(PE_m)</td><td></td></tr>
<tr><td></td><td>入料灰分(A_d),%</td><td></td><td>通过粒度(S_{95}),mm</td><td></td></tr>
<tr><td rowspan="2">有效面积,m^2</td><td rowspan="2"></td><td>底流产率(r_u),%</td><td></td><td>分配粒度(S_p),mm</td><td></td></tr>
<tr><td>溢流产率(r_0),%</td><td></td><td>规定粒度(S_d),mm</td><td></td></tr>
<tr><td colspan="6">其　他　条　件</td></tr>
<tr><td colspan="6"></td></tr>
</table>

附 录 B

（提示的附录）

格式法产率计算表

粒级 mm	实测入料产率(G_f),%	底流产率 (G_u),%	溢流产率 (G_0),%	$G_{fi}-G_{0i}$	$G_{ui}-G_{0i}$	$(G_{ui}-G_{0i})^2$	$(G_{fi}-G_{0i})\times(G_{ui}-G_{0i})$
+0.500							
0.500～0.250							
0.250～0.125							
0.125～0.075							
0.075～0.045							
<0.045							
合计							

附　录　C

（提示的附录）

水力分级设备工艺性能计算实例

C1　某选煤厂圆锥分级沉淀池检查资料如表 C1 所示，要求计算其分级效率，分配误差 PE_m 和通过粒度。

表 C1　实测入料和产物粒度组成

粒级，mm ＼ 指标	实测入料		底流		溢流	
	产率，%	累计产率，%	产率，%	累计产率，%	产率，%	累计产率，%
＋0.500	13.50	100.00	44.71	100.00	0.00	100.00
0.500～0.250	7.50	86.50	17.03	55.29	1.05	100.00
0.250～0.125	12.15	79.00	10.59	38.26	7.90	98.95
0.125～0.075	7.96	66.85	10.00	27.67	12.18	91.05
0.075～0.045	4.51	58.89	3.53	17.67	5.20	78.87
＜0.045	54.38	54.38	14.14	14.14	73.67	73.67
合计	100.00		100.00		100.00	

C2　计算产物产率

表 C2　产率计算表

粒级 mm	实测入料产率(G_f)，%	底流产率(G_u)，%	溢流产率(G_0)，%	$G_{fi}-G_{0i}$	$G_{ui}-G_{0i}$	$(G_{ui}-G_{0i})^2$	$(G_{fi}-G_{0i})\times(G_{ui}-G_{0i})$
＋0.500	13.50	44.71	0.00	13.50	44.71	1998.98	603.59
0.500～0.250	7.50	17.03	1.05	6.45	15.98	255.36	103.07
0.250～0.125	12.15	10.59	7.90	4.25	2.69	7.24	11.43
0.125～0.075	7.96	10.00	12.18	－4.22	－2.18	4.75	9.20
0.075～0.045	4.51	3.53	5.20	－0.69	－1.67	2.79	1.15
＜0.045	54.38	14.14	73.67	－19.29	－59.53	3543.82	1148.33
合计	100.00	100.00	100.00			5812.94	1876.77

底流产率

$$r_u=\frac{\sum_{i=1}^{N}(G_{fi}-G_{0i})(G_{ui}-G_{0i})}{\sum_{i=1}^{N}(G_{ui}-G_{0i})^2}\times 100=\frac{1876.97}{5812.94}\times 100=32.29\%$$

溢流产率　　$r_0=100-32.29=67.71\%$

C3　计算入料粒度组成和分配率

表 C3　计算入料粒度组成和分配率计算

粒级，mm	几何平均粒度 $\sqrt{S_1 \times S_2}$	实测入料产率(F) %	底流产率 (G_u)，%		溢流产率 (G_0)，%		计算入料产率 (F_r)，%		分配率 (ε)，%
			占本级	占入料	占本级	占入料	占本级	累计	
(1)	(2)	(3)	(4)	(5)	(6)	(7)	(8)=(5)+(7)	(9)	$\frac{(5)}{(8)}\times 100$
+0.500	0.707	13.50	44.71	14.44	0.00	0.00	14.44	100.00	100.00
0.500～0.250	0.354	7.50	17.03	5.50	1.05	0.71	6.21	85.56	88.57
0.250～0.125	0.177	12.15	10.59	3.42	7.90	5.35	8.77	79.24	39.00
0.125～0.075	0.097	7.96	10.00	3.23	12.18	8.25	11.48	70.58	28.14
0.075～0.045	0.058	4.51	3.53	1.14	5.20	3.52	4.66	59.10	24.46
<0.045	0.032	54.38	14.14	4.56	73.67	49.88	54.44	54.44	8.38
合计		100.00	100.00	32.29	100.00	67.71	100.00		

注：+0.5 mm 级的上限取 1.00。<0.045 mm 级的下限取 0.023 mm。

C4　计算均方差

表 C4　均方差计算表

粒级，mm	实测入料产率(F)，%	计算入料产率(F_r)，%	$\Delta=F_r-F$	Δ^2
+0.500	13.50	14.44	0.94	0.88
0.500～0.250	7.50	6.21	−1.29	1.66
0.250～0.125	12.15	8.77	−3.38	11.42
0.125～0.075	7.69	11.48	3.52	12.39
0.075～0.045	4.51	4.66	0.15	0.02
<0.045	54.38	54.44	0.06	0.00
合计				26.37

$$\sigma=\sqrt{\frac{\Delta^2}{N-M+1}}=\sqrt{\frac{26.37}{6-2+1}}=2.30$$

因 σ 小于临界值 3.00，故认为合格。

C5　绘制粒度特性曲线和分配曲线。

C5.1　以表 C1 中的粒级为横坐标，入料累计产率，底流累计产率和溢流累计产率为纵坐标，可绘制成实测入料，底流产物和溢流产物的累计粒度特性曲线；以表 C3 中的计算入料累计产率为纵坐标，可绘制出计算入料粒度特性曲线。绘制出的累计粒度特性曲线如图 C1 所示。

C5.2　以表 C3 中的几何平均粒度为横坐标，以分配率 ε% 为纵坐标，绘制底流粒度分配曲线。绘出的分配曲线如图 C2 所示。

C6　计算分级效率

C6.1　确定有关数据

以规定粒度 S_d=0.25 mm 划分粗粒物和细粒物，由图 C1 查得：

$$U_f=38.99\%\text{则 }U_c=100-38.99=61.01$$

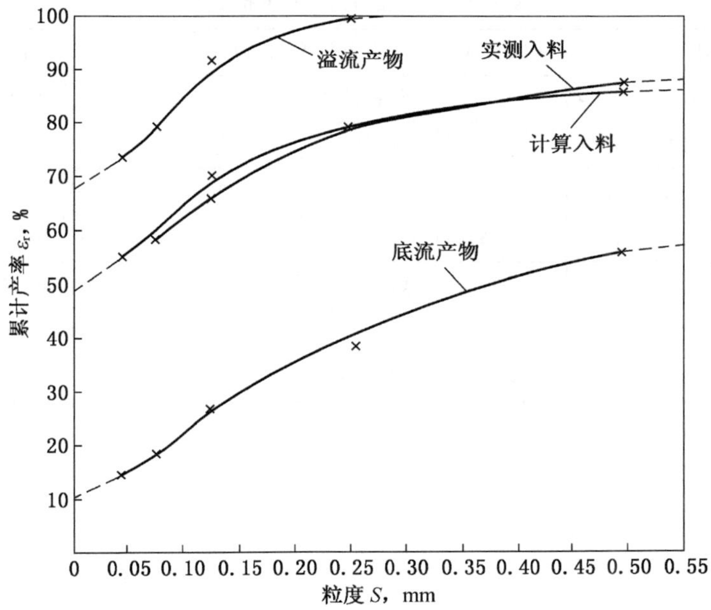

图 C1 粒度特性曲线

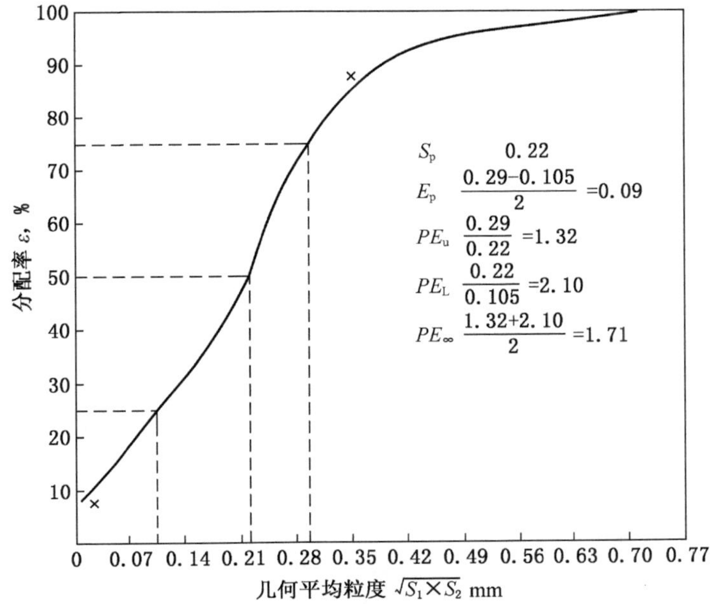

图 C2 底流粒度分配曲线

$F_{fr}=79.40$ 则 $F_{c,r}=100-79.40=20.60$

粗粒物正配率 $$E_c=\frac{r_u \times u_c}{F_{c,r}}=\frac{32.29\times 61.01}{20.60}\times 100=95.63$$

细粒物正配率 $$E_f=\frac{100F_{fr}-r_u u_f}{F_{f,r}}=\frac{100\times 79.40-32.29\times 38.99}{79.40}=84.14$$

所以 $$\eta=E_c+E_f-100=95.63+84.14-100=79.77$$

C7 填写表格

按附录 A 填写水力分级设备工艺性能报告表。

水力分级设备工艺性能报告表

<table>
<tr><td colspan="2">试验编号　001</td><td colspan="2">试验地点××矿务局××选煤厂</td><td colspan="2">试验日期　　年　月　日</td></tr>
<tr><td colspan="2">分级设备技术特征</td><td colspan="2">入料特性指标</td><td colspan="2">评定指标和计算参数</td></tr>
<tr><td>设备名称</td><td>圆锥沉淀池</td><td>入料名称</td><td>煤泥</td><td></td><td></td></tr>
<tr><td>型号、规格</td><td>ϕ10 m</td><td>入料粒度 g/L</td><td>70</td><td>分级效率(η),%</td><td>79.77</td></tr>
<tr><td rowspan="2">处理能力,$m^3/h \cdot m^2$
$t/h \cdot m^2$</td><td>18.00</td><td>入料量(Q),t/h</td><td></td><td>平均误差(PE_m)</td><td>2.50</td></tr>
<tr><td></td><td>入料灰分(A_d),%</td><td>18</td><td>通过粒度(S_{95}),mm</td><td>0.18</td></tr>
<tr><td rowspan="2">有效面积</td><td rowspan="2">75 m^2</td><td>底流产率(r_u)(%)</td><td>32.29</td><td>分配粒度(S_p),mm</td><td>0.22</td></tr>
<tr><td>溢流产率(r_0)(%)</td><td>67.71</td><td></td><td></td></tr>
</table>

ICS 75.160.10
D 21
备案号:34130—2012

MT

中华人民共和国煤炭行业标准

MT/T 739—2011
代替 MT/T 739—1997

煤炭堆密度小容器测定方法

Determination of bulk density of Coal in a small container

(ISO 567:1995,Coke-Determination of bulk density in a small container,MOD)

2011-11-16 发布　　2012-05-31 实施

国家安全生产监督管理总局　发布

前　言

本标准修改采用 ISO 567:1995《焦炭体积密度小容器测定方法》。

本标准根据 ISO 567:1995 重新起草。为了方便比较，附录 A 列出了本标准章条编号和国际标准的对应关系。

本标准采用国际标准时进行了修改。技术性差异用垂直单线标识在所涉及的章条右侧页边空白处。附录 B 列出了技术性差异及其原因，以供参考。

本标准与 ISO 567:1995 的技术性差异如下：

——适用范围改为粒度小于 150 mm 的褐煤、烟煤和无烟煤；

——引用文件采用相应的中国标准；

——修改了煤样下落高度和煤样装至高出容器顶面高度。

本标准与 MT/T 739—1997 相比，主要变化如下：

——增加了第 3 章术语和定义；

——增加了第 10 章试验报告内容。

本标准由全国煤炭标准化技术委员会归口。

本标准起草单位：煤炭科学研究总院西安研究院。

本标准主要起草人：张彩荣、张慧、李贵红。

本标准所代替标准的历次版本发布情况为：

——MT/T 739—1997。

煤炭堆密度小容器测定方法

1 范围

本标准规定了煤炭堆密度小容器测定的术语和定义、方法提要、仪器设备、测定步骤、结果表达、精密度、试验报告等。

本标准适用于粒度小于150 mm的褐煤、烟煤和无烟煤。

2 规范性引用文件

下列文件对于本文件的应用是必不可少的。凡是注日期的引用文件，仅注日期的版本适用于本文件。凡是不注日期的引用文件，其最新版本(包括所有的修改单)适用于本文件。

GB/T 211 煤中全水分的测定方法(GB/T 211—2007，ISO 589:2003，Hard coal—Determination of total moisture，NEQ)

GB 474 煤样的制备方法(GB 4745—2008，ISO 18283:2006，Hard coal and coke—Manual sampling，MOD)

GB 475 商品煤样人工采取方法(GB 475—2008，ISO 18283:2006，Hard coal and coke—Manual sampling，MOD)

GB/T 19494.1 煤炭机械化采样 第1部分:采样方法(GB/T 19491.1—2004，Mechanical sampling of coal—Part 1:Method for sampling，ISO 13909-1:2001 Hard coal and coke—Mechanical sampling—Part 1:General introduction，ISO 13909-2:2001 Hard coal and coke—Mechanical sampling—Part 2:Coal—Sampling from moving streams，Hard coal and coke—Mechanical sampling—Part 3:Coal—Sapling from stationary lots，NEQ)

GB/T 19494.2 煤炭机械化采样(GB/T 19494.2—2004，ISO 13909-1:2001 Hard coal and coke—Mechanical sampling—Part 1:General introduction，ISO 13909-4:2001 Hard coal and coke—Mechanical sampling—Part 4:Coal—Preparation of test samples，NEQ)

3 术语和定义

下列术语和定义适用于本标准。

3.1

堆密度 bulk density

在规定条件下，充填于容器中的煤样质量与容器容积之比。

4 方法提要

将煤样装入已知质量和容积的容器中，称量，根据容器中煤样质量和容器容积，计算煤的堆密度。

5 仪器设备

5.1 容器:容积为200 L，内边长为585 mm的正方体容器，内表面光滑，结构坚固，外部安装有把手。

5.2 称量设备:宜用台秤或电子秤，最大称量为500 kg，称量准确至0.1%。

6 煤样的采取和缩分

煤样应按照GB 475或GB/T 19494.1规定的方法采取，按GB 474或GB/T 19494.2将煤样缩分成质量足够的两份，以保证重复测定的需要。

7 测定步骤

7.1 用称量设备称量容器的质量(m_0)。

7.2 缓慢向容器中装入煤样，煤样下落高度应尽可能小，最大不宜超过 0.6 m，煤样装至整个煤表面高出容器顶面约 100 mm，用硬直板将高出容器的煤样刮去，使煤样表面与容器顶部平齐。

7.3 称量装有煤样的容器质量(m_1)。

7.4 按上述步骤，用另一份煤样进行重复测定。

7.5 按照 GB/T 211 测定煤样全水分。

8 结果计算与表述

体积密度按式(1)和式(2)计算：

$$D_{s,ar}=\frac{m_1-m_0}{V} \tag{1}$$

$$D_{s,d}=\frac{m_1-m_0}{V}\times\frac{100-M_t}{100} \tag{2}$$

式中：

$D_{s,ar}$——收到基煤样的体积密度，单位为吨每立方米(t/m^3)；

$D_{s,d}$——干燥基煤样的体积密度，单位为吨每立方米(t/m^3)；

m_1——装满煤样时容器的质量，单位为千克(kg)；

m_0——空容器的质量，单位为千克(kg)；

V——容器的容积，单位为升(L)；

M——煤样全水分的质量分数，%。

计算两次测定的平均值，结果应修约到小数点后两位。

9 方法精密度

重复性限：同一操作者用同样的仪器设备在同一实验室对取自同堆煤炭样品进行测定，两次测值的绝对值之差不大于 0.03 t/m^3。

10 试验报告内容

试验报告应至少包括下列内容：

a)依据标准；

b)煤样的相关分析测试结果；

c)测定日期；

d)试验结果；

e)在测定过程中发现的任何异常情况；

f)测定者，审核者。

附　录　A
（资料性附录）
本标准章条编号与 ISO 567:1995 章条编号对照

本标准章条编号与 ISO 567:1995 章条编号对照见表 A.1。

表 A.1　本标准章条编号与 ISO 567:1995 章条编号对照

本标准章条编号	对应国际标准章条编号
1	1
2	2
3	3
4	4
5	5
6	6
7.1	7
7.2	7
7.3	7
7.4	7
7.5	7
8	8
9	9
10	10

附　录　B
（资料性附录）
本标准与 ISO 567:1995 的技术性差异及其原因

表 B.1 给出了本标准与 ISO 567:1995 的技术性差异及其原因一览表。

表 B.1　本标准与 ISO 567:1995 的技术性差异及其原因

本标准章条编号	技术性差异	原　　因
1	本标准适用范围用“褐煤、烟煤和无烟煤”代替国际标准“标称最大粒度不大于 125 mm 的焦炭”	适用于煤炭行业
6	本标准增加规定按照 GB 475 或 GB/T 19494.1 规定的方法采取煤样，按 GB 474或 GB/T 19494.2 缩分煤样	保证煤样的代表性
7.2	本标准规定“煤样下落高度最大不宜超过 0.6 m，煤样装至高出容器顶面约 100 mm”代替国际标准中“装入焦炭的整个表面突出在容器顶面之上，焦炭的下落高度不超过 250 mm”	为了保证人工平整后煤样表面与容器顶面平齐

ICS 75.160.10
D 21
备案号:34129—2012

MT

中华人民共和国煤炭行业标准

MT/T 740—2011
代替 MT/T 740—1997

煤炭堆密度大容器测定方法

Determination of bulk density of Coal in a large container

(ISO 1013:1995,Coke-Determination of bulk density in a large container,MOD)

2011-11-16 发布　　2012-05-31 实施

国家安全生产监督管理总局　　发布

前　言

本标准修改采用 ISO 1013:1995《焦炭堆密度大容器测定方法》。

本标准根据 ISO 1013:1995 重新起草。为了方便比较，附录 A 中列出了本标准章条编号和国际标准的对应关系。

本标准采用国际标准时进行了修改。技术性差异用垂直单线标识在所涉及的章条右侧页边空白处。附录 B 列出了技术性差异及其原因，以供参考。

本标准代替 MT/T 740—1997《煤炭堆密度大容器测定方法》，本标准与 MT/T 740—1997 相比，主要变化如下：

——增加了第 3 章术语和定义；

——增加了第 9 章试验报告内容。

本标准与 ISO 1013:1995 的技术性差异如下：

——本标准适用范围为褐煤、烟煤和无烟煤；

——本标准 6.3 条规定“煤样的整个表面高出容器顶面约 150 mm”；

——本标准第 8 章中规定的重复性限为 0.04 t/m^3。

本标准由全国煤炭标准化技术委员会归口。

本标准起草单位：煤炭科学研究总院西安研究院。

本标准主要起草人：张彩荣、张慧、李贵红。

本标准所代替标准的历次版本发布情况为：

——MT/T 740—1997。

煤炭堆密度大容器测定方法

1 范围

本标准规定了煤炭堆密度大容器测定的术语和定义、方法、仪器设备、测定步骤、结果表达、精密度和试验报告等。

本标准适用于褐煤、烟煤和无烟煤。

2 规范性引用文件

下列文件对于本文件的应用是必不可少的。凡是注日期的引用文件，仅注日期的版本适用于本文件。凡是不注日期的引用文件，其最新版本(包括所有的修改单)适用于本文件。

GB/T 211 煤中全水分的测定方法(GB/T 211—2007，ISO 589:2003，Hard coal—Determination of total moisture，NEQ)

3 术语和定义

下列术语和定义适用于本标准。

3.1 堆密度 bulk density

在规定条件下，充填于容器中的煤样质量与容器容积之比。

4 方法提要

将煤样装入已知质量和体积的容器中，称量，根据容器中煤样的质量和容器的容积，计算煤炭堆密度。

5 仪器设备

5.1 容器：至少可容纳 3 t 煤炭的容器，如货车或翻斗车。

5.2 称量设备：能够对容器及其载重进行称量的汽车衡、轨道衡或电子磅，准确至 0.2%。

6 测定步骤

6.1 煤样应有足够的量，以保证重复测定的需要。

6.2 用称量设备称量空容器，记录其质量(m_0)。测量该容器的内部尺寸，准确至 1%，计算其容积(V)。

注：如果容器已经装满，首先称容器和煤样的质量，取出煤样后，测定空容器质量和容积。

6.3 将容器置于水平面上，使煤样自由落入容器中(煤样下落高度应尽可能小)，至煤样的整个表面高出容器顶部约 150 mm，用一硬直板沿容器顶面刮过煤样，将阻挡直板通过的煤样刮去。称量装满煤样的容器(m_1)。

6.4 按上述步骤进行重复测定。

6.5 按照 GB/T 211 测定全水分。

7 结果计算与表述

堆密度按下列公式计算：

$$D_{1,\mathrm{ar}}=\frac{m_1-m_0}{V} \tag{1}$$

$$D_{l,d}=\frac{m_1-m_0}{V}\times\frac{100-M_t}{100} \tag{2}$$

式中：

$D_{l,ar}$——收到基煤样的堆密度，单位为吨每立方米（t/m^3）；

$D_{l,d}$——干燥基煤样的堆密度，单位为吨每立方米（t/m^3）；

m_1——装满煤样时容器的质量，单位为吨（t）；

m_0——空容器的质量，单位为吨（t）；

V——容器的容积，单位为立方米（m^3）；

M_t——煤样全水分，以质量分数表示（%）。

结果应修约到小数点后两位。

8 方法精密度

同一操作者用同样的设备在不同时间对来自同一堆煤炭样品测定，两次测值之差的绝对值不大于0.04 t/m^3。

9 试验报告内容

试验报告应至少包括下列内容：

a)依据标准；

b)煤样的相关分析测试结果；

c)测定日期；

d)试验结果；

e)在测定过程中发现的任何异常情况；

f)测定者，审核者。

附　录　A

（资料性附录）

本标准章条编号与 ISO 1013:1995 章条编号对照

本标准章条编号与 ISO 1013:1995 章条编号对照见表 A.1。

表 A.1　本标准章条编号与 ISO 1013:1995 章条编号对照

本标准章条编号	对应国际标准章条编号
1	1
2	2
3	3
4	4
5	5
6.1	6
6.2	—
6.3	6
6.4	6
6.5	6
7	7
8.1	8
8.2	8
9	9

附　录　B

（资料性附录）

本标准与 ISO 1013:1995 的技术性差异及其原因

表 B.1 给出了本标准与 ISO 1013:1995 的技术性差异及其原因一览表。

表 B.1　本标准与 ISO 1013:1995 的技术性差异及其原因

本标准章条编号	技术性差异	原　　因
1	在适用范围方面，本行业标准用“褐煤、烟煤和无烟煤”代替“焦炭”	适应煤炭行业的需要
6.3	规定了装入煤炭表面突出在容器顶面之上的距离为 150 mm	为了保证人工平整后煤样表面与容器顶面平齐
8.1	将重复性限用“0.04 t/m^3”代替国际标准规定的“10 kg/m^3”	本标准规定的重复性限，是根据 5 个不同变质程度煤样、4 个不同粒级煤样，经 6 个单位测定，对 96 个数据统计处理确定的

ICS 75.160.10
D 21
备案号:34144—2012

MT

中华人民共和国煤炭行业标准

MT/T 741—2011
代替 MT/T 741—1997

煤系高岭岩三氧化二铝浸出率测定方法

Determination of the rate aluminium oxide from kaolinite in coal measures

2011-11-16 发布　　2012-05-31 实施

国家安全生产监督管理总局　发 布

前　　言

本标准代替 MT/T 741—1997《煤系高岭岩三氧化二铝浸出率测定方法》。

本标准与 MT/T 741—1997 相比，主要变化如下：

——在“2 规范性引用文件”中，增加引用标准 GB 474《煤样的制备方法》；

——在“4 试剂”中，删除了“4.1～4、4.6～7、4.10～12、4.17、4.22、4.24”，增加“4.16 其他试剂同 GB/T 14563—2008 规定”；

——在“4.11”中，硫酸铜（$CuSO_4 \cdot 5H_2O$）的称量质量修正为 8.7388 g；

——在“5 设备”中，增加“5.10 其他仪器设备同 GB/T 14563 规定”；

——在“7.2.2.3”中，二氧化钛对三氧化二铝的换算因数修正为“0.6381”，三氧化二铁对三氧化二铝的换算因数修正为“0.6384”；

——增加“10 试验报告”。

本标准由中国煤炭工业协会提出。

本标准由全国煤炭标准化技术委员会归口。

本标准起草单位：煤炭科学研究总院西安研究院。

本标准主要起草人：李育辉、田新娟、龙亚平、张培元、任忠胜。

本标准所代替标准的历次版本发布情况为：

——MT/T 741—1997。

煤系高岭岩三氧化二铝浸出率测定方法

1 范围

本标准规定了测定煤系高岭岩三氧化二铝浸出率的试剂、仪器设备、试样制备、测定步骤、结果计算、精密度及试验报告。

本标准适用于煤系高岭岩。

2 规范性引用文件

下列文件对于本文件的应用是必不可少的。凡是注日期的引用文件,仅注日期的版本适用于本文件。凡是不注日期的引用文件,其最新版本(包括所有的修改单)适用于本文件。

GB 474 煤样的制备方法(GB 474—2008,ISO 18283:2006,Hard coal and coke—Manual sampling,MOD)

GB/T 14563—2008 高岭土及其试验方法

3 方法提要

将煤系高岭岩破碎、研磨至规定粒度,在一定温度下灼烧,先测定试样中三氧化二铝质量分数,再测定硫酸浸出三氧化二铝质量分数。根据试样中三氧化二铝质量分数与硫酸浸出三氧化二铝质量分数,计算煤系高岭岩三氧化二铝浸出率。

4 试剂

4.1 氨水:密度 0.9 g/cm^3。

4.2 盐酸:密度 1.19 g/cm^3。

4.3 硫酸:密度 1.84 g/cm^3。

4.4 氨水溶液(1+1):将氨水与等体积水混合。

4.5 盐酸溶液(1+1):将盐酸与等体积水混合。

4.6 硫酸溶液(1+1):将硫酸在不断搅拌下缓慢倒入等体积水中。

4.7 硫酸溶液(1+5):将 1 份硫酸在不断搅拌下缓慢倒入 5 份水中。

4.8 乙酸-乙酸铵缓冲溶液:将 77.00 g 乙酸铵溶于 500 mL 水中,加入 58.9 mL 冰乙酸,再用水稀释至 1 000 mL。此溶液 pH 值为 4.5。

4.9 乙酸-乙酸钠缓冲溶液:将 136.00 g 乙酸钠($NaAc\cdot3H_2O$)溶于适量水中,加入 3.3 mL 冰乙酸,再用水稀释至 1000 mL。此溶液 pH 值为 6.0。

4.10 硫酸铜溶液[$c(CuSO_4)=0.035$ mol/L]:将 8.7388 g 硫酸铜($CuSO_4\cdot5H_2O$)溶于已加入 5 滴硫酸溶液(4.6)的 200 mL 水中,再用水稀释至 1000 mL。

准确吸取 EDTA 标准溶液 20 mL 于 250 mL 烧杯中,用水稀释至 100 mL,加乙酸-乙酸铵缓冲溶液 20 mL 及亚硝基红盐指示剂 2 mL,用硫酸铜溶液滴定,溶液由黄色经翠绿色突变为草绿色为终点。

每毫升硫酸铜溶液相当于 EDTA 标准溶液的体积 K 按式(1)计算:

$$K=\frac{V_{EDTA}}{V} \tag{1}$$

式中:

V_{EDTA}——吸取 EDTA 标准溶液体积,单位为毫升(mL);

V——滴定时消耗硫酸铜溶液体积，单位为毫升(mL)。

4.11 EDTA 标准溶液[c(EDTA)=0.035 mol/L]：

将 13.00 g 乙二胺四乙酸二钠溶于 300 mL 水中，再用水稀释至 1000 mL。

标定：准确吸取氧化锌标准溶液 20 mL 于 250 mL 烧杯中，用水稀释至 100 mL，加乙酸-乙酸钠缓冲溶液 20 mL 及二甲酚橙指示剂 3 滴，用 EDTA 标准溶液滴定，溶液由红色变为黄色为终点。

EDTA 标准溶液的浓度 c(mol/L)按式(2)计算：

$$c=\frac{c_{\mathrm{ZnO}}\times V_{\mathrm{ZnO}}}{V_{\mathrm{EDTA}}} \tag{2}$$

式中：

c_{ZnO}——氧化锌标准溶液的浓度，单位为摩尔每升(mol/L)；

V_{ZnO}——吸取氧化锌标准溶液体积，单位为毫升(mL)；

V_{EDTA}——滴定时消耗 EDTA 标准溶液体积，单位为毫升(mL)。

EDTA 标准溶液对三氧化二铝的滴定度 T(mg/mL)按式(3)计算：

$$T=c\times 50.98 \tag{3}$$

式中：

c——EDTA 标准溶液浓度，单位为摩尔每升(mol/L)；

50.98——与 1.00 mL EDTA 标准溶液[c(EDTA)=1.00 mol/L]相当的三氧化二铝的质量，单位为克每摩尔(g/moL)。

4.12 氧化锌标准溶液[c(ZnO)=0.01 mol/L]：

称取经 900 ℃灼烧过的基准氧化锌 0.8138 g 于 250 mL 烧杯中，用 20 mL 盐酸溶液溶解，移入 1000 mL容量瓶中，用水稀释至刻度，摇匀。

4.13 甲基橙指示剂：1 g/L，0.1 g 甲基橙溶于 100 mL 水中。

4.14 亚硝基红盐指示剂：2 g/L，0.2 g 亚硝基红盐溶于 100 mL 水中。

4.15 二甲酚橙指示剂：2 g/L，0.2 g 二甲酚橙溶于 100 mL 水中。

4.16 其他试剂同 GB/T 14563—2008 规定。

5 仪器设备

5.1 马弗炉：带有控温装置，能保持温度为(750± 10)℃。

5.2 水浴锅：能自动控温，保持温度为(98±2)℃。

5.3 电动搅拌器，转速可调。

5.4 真空泵，抽气速率>0.5 L/s，真空度>80 kPa。

5.5 瓷舟：6 cm×12 cm。

5.6 圆底烧瓶：500 mL。

5.7 具支锥形瓶：1000 mL。

5.8 布氏漏斗：直径 125 mm。

5.9 广口瓶：500 mL。

5.10 其他仪器设备同 GB/T 14563—2008 规定。

6 试样制备

6.1 参照 GB 474 规定，将煤系高岭岩破碎、缩分、研磨至粒径小于 0.15 mm。

6.2 称取 50 g 样品于瓷舟中，铺平，放入马弗炉内，从室温升至(750±10)℃，在此温度下灼烧60 min，取出，放入干燥器内。

7 测定步骤

7.1 试样三氧化二铝的测定

按照 GB/T 14563—2008 规定测定。

7.2 试样浸出三氧化二铝的测定

7.2.1 测定溶液的制备

7.2.1.1 称取 25 g(准确至 0.02 g)试样，置于 500 mL 圆底烧瓶中，加入硫酸溶液(4.7)150 mL，如图 1 所示安装好仪器。通电升温至水浴温度为(98±2)℃时，开动搅拌器，在此温度下浸取 80 min。

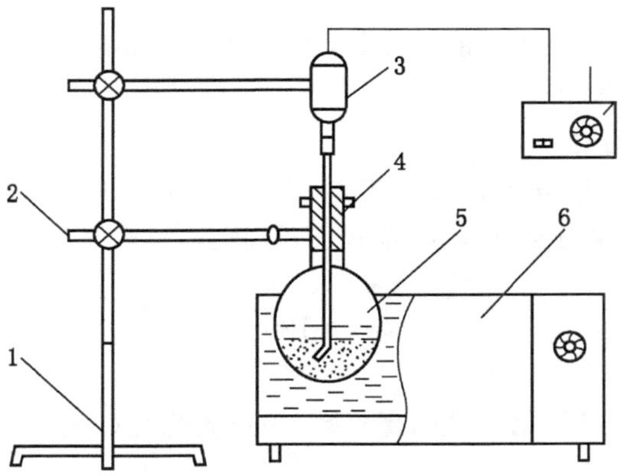

说明：
1—铁支架；
2—铁夹；
3—电动搅拌器；
4—带孔橡皮塞；
5—圆底烧瓶；
6—水浴锅

图 1 浸取反应装置

7.2.1.2 如图 2 所示，安装好减压抽气过滤装置，趁热过滤，用热蒸馏水(约 300 mL)冲洗滤渣 4～5 次。

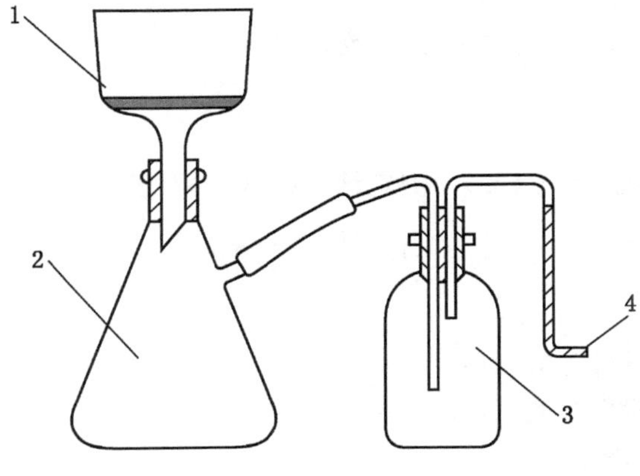

说明：
1—布氏漏斗；
2—具支锥形瓶；
3—广口瓶；
4—真空泵连接管

图 2 减压抽气过滤装置

7.2.1.3 将滤液冷却至室温，移入 500 mL 容量瓶中，加水稀释至刻度，摇匀。用移液管吸取该溶液 5 mL于 100 mL 容量瓶中，加水稀释至刻度，摇匀，为 A 溶液。

7.2.2 浸出三氧化二铝质量分数的测定

7.2.2.1 浸出二氧化钛的测定

用移液管吸取 A 溶液 20 mL，按 GB/T 14563—2008 中 5.2.4 规定测定。

浸出二氧化钛质量分数 J_1(%)按式(4)计算：

$$J_1=\frac{m_1\times 500}{m_0\times 1000}\times 100 \tag{4}$$

式中：

m_1——自标准曲线中查得二氧化钛的毫克数，单位为毫克(mg)；

m_0——试样质量，单位为克(g)。

7.2.2.2 浸出三氧化二铁的测定

用移液管吸取 A 溶液 20 mL，按 GB/T 14563—2008 中 5.2.3.4.1 规定测定。

浸出三氧化二铁占试样质量分数 J_2(%)按式(5)计算：

$$J_2=\frac{m_2\times 500}{m_0\times 1000}\times 100 \tag{5}$$

式中：

m_2——自标准曲线中查得三氧化二铁的毫克数，单位为毫克(mg)。

7.2.2.3 浸出三氧化二铝的测定

用移液管吸取 A 溶液 20 mL 于 250 mL 烧杯中，加甲基橙指示剂 1 滴，用氨水调节溶液由红色变为橙色，准确加入 EDTA 标准溶液 20 mL 和乙酸-乙酸铵缓冲溶液 20 mL，用水稀释至 100 mL，取小块滤纸压于玻璃棒下，加盖表面皿，于电炉上煮沸 3 min，取下冷却至室温，用水冲洗表面皿及杯壁，加亚硝基红盐指示剂 2 mL，以硫酸铜溶液进行滴定，溶液由黄色经翠绿色突变为草绿色为终点。

浸出三氧化二铝占试样质量分数 J_3(%)按式(6)计算：

$$J_3=\frac{(20-V\times K)\times T\times 500}{m_0\times 1000}\times 100-J_1\times 0.6381-J_2\times 0.6384 \tag{6}$$

式中：

V——滴定时消耗硫酸铜溶液的体积，单位为毫升(mL)；

0.6381——二氧化钛对三氧化二铝的换算因数；

0.6384——三氧化二铁对三氧化二铝的换算因数。

8 结果计算

煤系高岭岩三氧化二铝浸出率 L(X%)测定结果按式(7)计算：

$$L=\frac{J_3}{X}\times 100 \tag{7}$$

式中：

J_3——浸出三氧化二铝质量分数，%；

X——试样三氧化二铝质量分数，%。

测定结果修约到第二位小数。

9 精密度

煤系高岭岩三氧化二铝浸出率测定的重复性限如表 1 规定。

表 1　三氧化二铝浸出率测定的精密度

三氧化二铝浸出率 %	重复性限
L	1.50

10　试验报告

试验结果报告应包括以下信息：

a)样品编号；

b)依据标准；

c)试验结果；

d)与标准的任何偏离；

e)测试过程中出现的任何异常现象；

f)试验日期。

ICS 13.060.30
Z 23
备案号:34135—2012

MT

中华人民共和国煤炭行业标准

MT/T 742.1—2011
代替 MT/T 742.1—1997

煤矿水中总铬的测定方法

Determination of total chromium in mine water

2011-11-16 发布　　2012-05-31 实施

国家安全生产监督管理总局　发布

前　　言

本部分根据 GB/T 1.1—2009《标准化工作导则》和 GB/T 20001.4—2001《标准编写规则　第 4 部分：化学分析方法》的规定，对 MT/T 742.1—1997《煤矿水中总铬的测定方法》进行修订。

本部分从生效之日起代替 MT/T 742.1—1997《煤矿水中总铬的测定方法》。

本部分由中国煤炭工业协会提出。

本部分由全国煤炭标准化技术委员会归口。

本部分起草单位：重庆地质矿产研究院。

本部分主要起草人：李大华、李玉芳、许玲、杨洁。

本部分所代替部分的历次版本发布情况为：

——MT/T 742.1—1997。

煤矿水中总铬的测定方法

1 范围

本部分规定了用二苯基碳酰二肼比色法测定煤矿水中总铬含量的测定方法。

本部分适用于煤矿水中总铬含量的测定，本部分测定总铬含量的范围是0.004 mg/L～1.000 mg/L。

2 原理

在酸性溶液中，水样中的三价铬被高锰酸钾氧化成六价铬。六价铬与二苯基碳酰二肼反应生成水溶性的紫红色络合物，于波长540 nm处测定其吸光度，求得铬的总量。

3 试剂

3.1 无水乙醇(GB 678)。

3.2 高锰酸钾溶液(3 g/L)：称取3 g高锰酸钾(GB/T 643)，定容于1 000 mL水中。

3.3 硫酸溶液[$c(H_2SO_4)=1$ mol/L]：将100 mL硫酸(GB 625)，在不断搅拌下，缓慢加入到1700 mL水中，混匀。

3.4 叠氮化钠溶液：称取5 g叠氮化钠(NaN_3)(化学纯)溶于100 mL水中，摇匀。

注：叠氮化钠是易爆危险品。

3.5 二苯基碳酰二肼溶液：称取0.5 g二苯基碳酰二肼($C_{13}H_{14}N_4O$)溶于25 mL丙酮(GB/T 686)中，加入25 mL水，混匀后贮于棕色玻璃瓶中于冷暗处保存。若该溶液变成棕色，应重新配制。

3.6 铬标准贮备溶液(0.5 mg/mL)：准确称取于105 ℃～110 ℃干燥至恒重的重铬酸钾(GB/T 642，优级纯)1.414 5 g，用适量水溶解，定容于1 000 mL容量瓶中。

3.7 铬标准溶液(5 μg/mL)：准确吸取铬标准贮备液(3.6)10.0 mL定容于1 000 mL容量瓶中。现用现配。

4 仪器

4.1 分光光度计：波长准确度为±3 nm。

4.2 分析天平：感量0.1 mg。

5 分析步骤

5.1 做两份水样的重复测定

5.1.1 用移液管准确吸取50 mL水样于100 mL烧杯中。

5.1.2 加2.5 mL硫酸溶液(3.3)，缓慢加入10滴高锰酸钾溶液(3.2)，置于电热板上加热煮沸。如微红色消失，再补加数滴高锰酸钾溶液，煮沸5 min，反复进行此操作，直至微红色不再消失为止。

5.1.3 为了分解过量的高锰酸钾，趁热逐滴加入叠氮化钠溶液(3.4)，摇匀，至微红色消失后再煮沸约2 min。溶液冷却后移入50 mL容量瓶中，用水调节体积至40 mL～45 mL。

5.1.4 加入1 mL二苯基碳酰二肼溶液(3.5)，用水稀释至刻度，摇匀。放置5 min。

5.1.5 用1 cm比色皿，在波长540 nm处，以标准系列0作参比，测定吸光度。

5.1.6 水样空白试验：用移液管准确吸取50 mL水样于100 mL烧杯中，加2.5 mL硫酸溶液(3.3)，再加入1 mL乙醇(3.1)，煮沸5 min，取下冷却后移入50 mL容量瓶中，用水调节体积至40 mL～45 mL。

以下按 5.1.4 及 5.1.5 处理。

5.2 标准曲线的绘制

5.2.1 用移液管分别准确吸取 0、2.0 mL、4.0 mL、6.0 mL、8.0 mL、10.0 mL 铬标准溶液(3.7)于 100 mL 烧杯中,用水稀释至约 50 mL,然后按 5.1.2～5.1.5 操作。其对应的铬的质量分别为 0、10 μg、20 μg、30 μg、40 μg、50 μg。

5.2.2 以铬的质量为横坐标,对应的吸光度为纵坐标,绘制标准曲线。

6 结果计算

总铬含量按式(1)计算:

$$Cr_t = \frac{m}{V} \tag{1}$$

式中:

Cr_t——总铬含量的数值,单位为毫克每升(mg/L);

m——水样的吸光度减去水样空白的吸光度后,由标准曲线上查得的相应的总铬的质量的数值,单位为微克(μg);

V——所取水样体积的数值,单位为毫升(mL)。

结果计算到小数点后三位,修约至两位。

7 精密度

煤矿水中总铬测定的重复性限应符合表 1 规定。

表 1 煤矿水中总铬测定的重复性限

Cr_t mg/L	绝对重复性限 mg/L	相对重复性限 %
≤0.1	≤0.01	
>0.1		≤10

ICS 13.060.30
Z 23
备案号:34136—2012

MT

中华人民共和国煤炭行业标准

MT/T 742.2—2011
代替 MT/T 742.2—1997

煤矿水中六价铬的测定方法

Determination of chromium(Ⅵ) in mine water

2011-11-16 发布

2012-05-31 实施

国家安全生产监督管理总局　发布

前　言

本部分根据 GB/T 1.1—2009《标准化工作导则》和 GB/T 20001.4—2001《标准编写规则　第4部分:化学分析方法》的规定,对 MT/T 742.2—1997《煤矿水中六价铬的测定方法》进行修订。

本部分从生效之日起代替 MT/T 742.2—1997《煤矿水中六价铬的测定方法》。

本部分由中国煤炭工业协会提出。

本部分由全国煤炭标准化技术委员会归口。

本部分起草单位:重庆地质矿产研究院。

本部分主要起草人:李大华、许玲、李玉芳、李金平。

本部分所代替部分的历次版本发布情况为:

——MT/T 742.2—1997。

煤矿水中六价铬的测定方法

1 范围

本部分规定了用二苯基碳酰二肼分光光度法测定煤矿水中六价铬含量的测定方法。

本部分适用于煤矿水中六价铬含量的测定。本部分测定六价铬含量范围为0.004 mg/L～1.000 mg/L。

2 原理

在酸性溶液中，六价铬与二苯基碳酰二肼直接反应，形成水溶性的紫红色络合物，在波长 540 nm 处测定其吸光度，求得六价铬的总量。

3 试剂

3.1 无水乙醇(GB 678)。

3.2 硫酸溶液[$c(H_2SO_4)=1$ mol/L]：取 100 mL 硫酸(GB 625)在不断搅拌和冷却下，缓慢加入到1700 mL 水中，混匀。

3.3 二苯基碳酰二肼溶液：称取 0.5 g 二苯基碳酰二肼($C_{13}H_{14}N_4O$)溶于 25 mL 丙酮(GB/T 686)中，加入 25 mL 水，混匀后贮于棕色玻璃瓶中于冷暗处保存。若该溶液已变棕色，应重新配制。

3.4 铬标准贮备溶液(0.5 mg/mL)：准确称取于 105 ℃～110 ℃干燥至恒重的重铬酸钾(GB/T 642，优级纯)1.4145 g，用水溶解，定容于 1000 mL 容量瓶中。

3.5 铬标准溶液(5 μg/mL)：准确吸取铬标准贮备液(3.4)10.0 mL 定容于 1 000 mL 容量瓶中。现用现配。

4 仪器

4.1 分光光度计：波长准确度为±3 nm。

4.2 分析天平：感量 0.1 mg。

5 分析步骤

5.1 做两份水样的重复测定

5.1.1 用移液管准确吸取 25 mL 水样于 50 mL 容量瓶中，用水稀释至约 40 mL。

5.1.2 加入 2.5 mL 硫酸溶液(3.2)，再加入 1 mL 二苯基碳酰二肼溶液(3.3)用水稀释至 50 mL，摇匀。放置 5 min。

5.1.3 用 1 cm 比色皿，在波长 540 nm 处，以标准系列 0 作参比，测定其吸光度。

5.1.4 水样空白试验：用移液管准确吸取 25 mL 水样于 100 mL 烧杯中，加入 2.5 mL 硫酸溶液，再加入 1 mL 乙醇(3.1)，充分煮沸 5 min，溶液体积保持在 40 mL～45 mL，冷却后移入 50 mL 容量瓶中，以下按 5.1.2、5.1.3 操作。

5.2 标准曲线的绘制

5.2.1 用移液管分别准确吸取 0、1.0 mL、2.0 mL、3.0 mL、4.0 mL、5.0 mL、6.0 mL、7.0 mL、8.0 mL、9.0 mL、10.0 mL 铬标准溶液(3.5)于 100 mL 烧杯中，用水稀释至约 40 mL，然后按 5.1.2、5.1.3 操作。其对应的铬的质量分别为 0、5 μg、10 μg、15 μg、20 μg、25 μg、30 μg、35 μg、40 μg、45 μg、50 μg。

5.2.2 以铬的质量为横坐标，对应的吸光度为纵坐标，绘制标准曲线。

6 结果计算

六价铬含量按式(1)计算：

$$Cr^{6+}=\frac{m}{V} \tag{1}$$

式中：

Cr^{6+}——六价铬含量的数值，单位为毫克每升(mg/L)；

m——水样的吸光度减去水样空白的吸光度后，由标准曲线查得的六价铬质量的数值，单位为微克(μg)；

V——所取水样体积的数值，单位为毫升(mL)。

结果计算到小数点后三位，修约至两位。

7 精密度

煤矿水中六价铬测定的重复性限应符合表1规定。

表1 煤矿水中六价铬测定的重复性限

Cr^{6+} mg/L	绝对重复性限 mg/L	相对重复性限 %
≤0.1	≤0.01	
>0.1		≤10

ICS 13.060.30
Z 23
备案号:34137—2012

MT

中华人民共和国煤炭行业标准

MT/T 743.1—2011
代替 MT/T 743.1—1997

煤矿水中总磷的测定方法

Determination of total phosphorus in mine water

2011-11-16 发布　　2012-05-31 实施

国家安全生产监督管理总局　发 布

前　言

本部分根据 GB/T 1.1—2009《标准化工作导则》和 GB/T 20001.4—2001《标准编写规则　第 4 部分:化学分析方法》的规定,对 MT/T 743.1—1997《煤矿水中总磷的测定方法》进行修订。

本部分从生效之日起代替 MT/T 743.1—1997《煤矿水中总磷的测定方法》。

本部分由中国煤炭工业协会提出。

本部分由全国煤炭标准化技术委员会归口。

本部分起草单位:重庆地质矿产研究院。

本部分主要起草人:李大华、李玉芳、许玲、李金平。

本部分所代替部分的历次版本发布情况为:

——MT/T 743.1—1997。

煤矿水中总磷的测定方法

1 范围

本部分规定了用磷钼蓝分光光度法测定煤矿水中总磷含量的测定方法。

本部分适用于煤矿水中总磷含量的测定。本部分测定磷含量的范围为0.01 mg/L～0.80 mg/L。

2 原理

水样在酸性条件下，加入过硫酸钾为氧化剂，加热，使缩合磷酸盐和有机结合的磷酸盐分解转变为正磷酸盐，再与钼酸盐反应形成磷钼黄络合物，用抗坏血酸还原后形成磷钼蓝络合物，在波长700 nm处测定其吸光度，求得总磷的含量。

3 试剂

3.1 硫酸溶液[$c(H_2SO_4)=9$ mol/L]：将500 mL硫酸(GB 625)在不断搅拌下，缓慢加入到500 mL水中，混匀。

3.2 硫酸溶液[$c(H_2SO_4)=4.5$ mol/L]：将200 mL硫酸溶液(3.1)在不断搅拌下，缓慢加入到200 mL水中，混匀。

3.3 硫酸溶液[$c(H_2SO_4)=2$ mol/L]：将110 mL硫酸溶液(3.1)在不断搅拌下，缓慢加入到300 mL水中，用水稀释至500 mL，混匀。

3.4 氢氧化钠溶液[$c(NaOH)=2$ mol/L]：溶解80 g氢氧化钠(GB/T 629)于水中，冷却，并用水稀释至1000 mL，混匀，贮于聚乙烯瓶中。

3.5 过硫酸钾溶液：溶解5 g过硫酸钾(GB/T 641)于100 mL水中，搅拌至溶解，贮于棕色玻璃瓶中。

3.6 抗坏血酸溶液(100 g/L)：称取10 g抗坏血酸，用水溶解，稀释至100 mL。现用现配。

3.7 硫代硫酸钠溶液(12 g/L)：溶解1.2 g硫代硫酸钠($Na_2S_2O_3 \cdot 5H_2O$)(GB/T 637)于100 mL水中，加入约50 mg无水碳酸钠(GB/T 639)，混匀，贮于棕色玻璃瓶中。

3.8 酸性钼酸铵酒石酸锑钾混合溶液：溶解13 g钼酸铵[$(NH_4)_6Mo_7O_{24} \cdot 4H_2O$](GB 657)于100 mL水中。溶解0.35 g酒石酸锑钾$\left[KSbC_4H_4O_7 \cdot \frac{1}{2}H_2O\right]$(JISK 8533)于100 mL水中。不断搅拌下将钼酸盐溶液加入到300 mL硫酸溶液(3.1)中，再加上述酒石酸盐溶液，混匀。该试剂贮存在棕色玻璃瓶中，至少可稳定60 d。

3.9 磷酸盐标准贮备溶液：磷的浓度相当于50 mg/L。准确称取于105 ℃～110 ℃烘箱中干燥至恒重的磷酸二氢钾(GB 6853，优级纯)0.219 7 g并溶解于约800 mL水中，转移至1000 mL容量瓶中，加10 mL硫酸溶液(3.2)，并用水稀释至刻度，摇匀。

3.10 磷酸盐标准溶液：磷的浓度相当于2 mg/L。用移液管准确吸取10.0 mL磷酸盐标准贮备溶液(3.9)至250 mL容量瓶中，用水稀释至刻度，摇匀。现用现配。

3.11 酚酞溶液：将0.1 g酚酞(HG/T 4101)溶于100 mL 60%乙醇中。

4 仪器

4.1 分光光度计：波长准确度为±3 nm。

4.2 分析天平：感量0.1 mg。

5 分析步骤

5.1 做两份水样的重复测定

5.1.1 用移液管准确吸取 50 mL 水样于 100 mL 锥形瓶中。

5.1.2 将水样用硫酸溶液(3.3)酸化至 pH 为 1 左右(可用 pH 试纸鉴定)。加 4 mL 过硫酸钾溶液(3.5),在电热板上微沸 30 min,加水保持体积在 25 mL 以上,取下冷却。加 2 滴酚酞溶液(3.11)指示剂,用氢氧化钠溶液(3.4)调节水样至微红色,再用硫酸溶液(3.3)调节至红色刚好消失。将此溶液转入 50 mL 容量瓶中,并用水稀释至约 40 mL。

5.1.3 在摇动下,向容量瓶中加入 1 mL 抗坏血酸溶液(3.6),30 s 后加 2 mL 酸性钼酸铵酒石酸锑钾混合溶液(3.8),用水稀释至刻度,放置约 5 min。

5.1.4 用 1 cm 比色皿,在分光光度计上,于波长 700 nm 处,以标准系列 0 作参比,测定其吸光度。

5.1.5 如有砷干扰,按下述步骤测定:用移液管准确吸取 50 mL 水样于 100 mL 锥形瓶中,加 4 mL 过硫酸钾溶液(3.5),置于电热板上微沸 30 min,加水保持体积在 25 mL 以上,取下冷却。加 1 mL 硫代硫酸钠溶液(3.7)混匀,加 2 滴酚酞溶液(3.11)指示剂,用氢氧化钠溶液调节水样至微红色,再用硫酸溶液(3.3)调节至红色刚好消失,并补加 0.5 mL 硫酸溶液(3.3),将此溶液转入 50 mL 容量瓶中,并用水稀至约 40 mL,再按 5.1.3 进行。用 1 cm 比色皿在分光光度计上于波长 700 nm 处,以标准系列 0 为参比,10 min内测定其吸光度。

5.2 标准曲线的绘制

5.2.1 用移液管分别准确吸取 0、1.0 mL、2.0 mL、3.0 mL、4.0 mL、5.0 mL、6.0 mL、7.0 mL、8.0 mL、9.0 mL、10.0 mL 磷酸盐标准溶液(3.10)于 100 mL 锥形瓶中,用水稀释至约 40 mL,然后按 5.1.2～5.1.4 操作。其对应的磷的质量分别为 0、2 μg、4 μg、6 μg、8 μg、10 μg、12 μg、14 μg、16 μg、18 μg、20 μg。

5.2.2 以磷的质量为横坐标,其对应的吸光度为纵坐标,绘制标准曲线。

6 结果计算

总磷含量按式(1)计算:

$$P_t = \frac{m}{V} \qquad (1)$$

式中:

P_t——总磷含量的数值,单位为毫克每升(mg/L);

m——由标准曲线查得的磷质量的数值,单位为微克(μg);

V——所取水样体积的数值,单位为毫升(mL)。

结果计算到小数点后三位,修约至两位。

7 精密度

煤矿水中总磷测定的重复性限应符合表 1 规定。

表 1 煤矿水中总磷测定的重复性限

P_t mg/L	绝对重复性限 mg/L	相对重复性限 %
≤0.1	≤0.01	
>0.1		≤10

ICS 13.060.30
Z 23
备案号:34138—2012

MT

中华人民共和国煤炭行业标准

MT/T 743.2—2011
代替 MT/T 743.2—1997

煤矿水中正磷酸盐磷的测定方法

Determination of phosphorus in orthophosphate in mine water

2011-11-16 发布

2012-05-31 实施

国家安全生产监督管理总局　发布

前　言

本部分根据 GB/T 1.1—2009《标准化工作导则》和 GB/T 20001.4—2001《标准编写规则　第4部分:化学分析方法》的规定,对 MT/T 743.2—1997《煤矿水中正磷酸盐磷的测定方法》进行修订。

本部分从生效之日起代替 MT/T 743.2—1997《煤矿水中正磷酸盐磷的测定方法》。

本部分由中国煤炭工业协会提出。

本部分由全国煤炭标准化技术委员会归口。

本部分起草单位:重庆地质矿产研究院。

本部分主要起草人:浮爱青、许玲、李玉芳、李金平。

本部分所代替部分的历次版本发布情况为:

——MT/T 743.2—1997。

煤矿水中正磷酸盐磷的测定方法

1 范围

本部分规定了用磷钼蓝分光光度法测定煤矿水中正磷酸盐磷含量的测定方法。

本部分适用于煤矿水中正磷酸盐磷含量的测定。本部分测定正磷酸盐磷含量范围是 0.008 mg/L～1.600 mg/L。

2 原理

正磷酸盐与钼酸盐直接反应，形成磷钼黄络合物。用抗坏血酸还原该络合物则形成磷钼蓝络合物，在波长 700 nm 处测定其吸光度，求得正磷酸盐磷的含量。

3 试剂

3.1 硫酸溶液[$c(H_2SO_4)=9$ mol/L]：将 500 mL 硫酸(GB 625)在不断搅拌下，缓慢加入到 500 mL 水中，混匀。

3.2 硫酸溶液[$c(H_2SO_4)=4.5$ mol/L]：将 200 mL 硫酸溶液(3.1)在不断搅拌下，缓慢加入到 200 mL 水中，混匀。

3.3 硫酸溶液[$c(H_2SO_4)=2$ mol/L]：将 110 mL 硫酸溶液(3.1)在不断搅拌下，缓慢加入到 300 mL 水中，用水稀释至 500 mL，混匀。

3.4 氢氧化钠溶液[$c(NaOH)=2$ mol/L]：称取 80 g 氢氧化钠(GB/T 629)溶于水中，冷却并用水稀释至 1 000 mL，混匀，贮存于聚乙烯瓶中。

3.5 抗坏血酸溶液(100 g/L)：称取 10 g 抗坏血酸，用水溶解，稀释至 100 mL。现用现配。

3.6 酸性钼酸铵酒石酸锑钾混合溶液：溶解 13 g 钼酸铵[$(NH_4)_6Mo_7O_{24}\cdot 4H_2O$](GB 657)于 100 mL 水中。溶解 0.35 g 酒石酸锑钾$\left[KSbC_4H_4O_7\cdot\frac{1}{2}H_2O\right]$(JISK 8533)于 100 mL 水中。不断搅拌下将钼酸盐溶液加入到 300 mL 硫酸溶液(3.1)中，再加上述酒石酸盐溶液，混匀。该试剂若贮存在棕色玻璃瓶中，至少可稳定 60 d。

3.7 硫代硫酸钠溶液(12 g/L)：溶解 1.2 g 硫代硫酸钠(GB 637)于 100 mL 水中。加入 50 mg 无水碳酸钠(GB/T 639)。贮于棕色玻璃瓶中。

3.8 磷酸盐标准贮备溶液：磷的浓度相当于 50 mg/L。准确称取于 105 ℃～110 ℃烘箱中干燥至恒重的磷酸二氢钾(GB 6853，优级纯)0.219 7 g 溶解于约 800 mL 水中，转移至 1 000 mL 容量瓶中，加 10 mL 硫酸溶液(3.2)，并用水稀释至刻度，摇匀。

3.9 磷酸盐标准溶液：磷的浓度相当于 2 mg/L。用移液管准确吸取 10.0 mL 磷酸盐标准贮备溶液(3.8)至 250 mL 容量瓶中，用水稀释至刻度，摇匀。现用现配。

4 仪器

4.1 分光光度计：波长准确度为±3 nm。

4.2 分析天平：感量 0.1 mg。

5 分析步骤

5.1 做两份水样的重复测定

5.1.1 用移液管准确吸取 25 mL 水样于 50 mL 容量瓶中，用水稀释至约 40 mL。

注：若水样的 pH 值不在 3～10 范围内，则用氢氧化钠溶液(3.4)或硫酸溶液(3.3)进行调节。

5.1.2 加入 1 mL 抗坏血酸溶液(3.5)，混匀。再加 2 mL 酸性钼酸铵酒石酸锑钾混合溶液(3.6)，用水稀释至刻度，混匀，放置约 15 min。

5.1.3 用 1 cm 比色皿，以标准系列 0 为参比，于波长 700 nm 处测定其吸光度。

5.1.4 如有砷干扰，按下述步骤测定：用移液管准确吸取 25 mL 水样于 50 mL 容量瓶中，用水稀释至约 40 mL，加 0.5 mL 硫酸溶液(3.3)，1 mL 硫代硫酸钠溶液(3.7)混匀。再加 1 mL 抗坏血酸溶液(3.5)，2 mL酸性钼酸铵酒石酸锑钾混合溶液(3.6)，用水稀释至刻度，摇匀。用 1 cm 比色皿，以标准系列 0 为参比，于波长 700 nm 处测定其吸光度。10 min 内进行比色测定，否则溶液易浑浊。

5.2 标准曲线的绘制

5.2.1 用移液管分别准确吸取 0、1.0 mL、2.0 mL、3.0 mL、4.0 mL、5.0 mL、6.0 mL、7.0 mL、8.0 mL、9.0 mL、10.0 mL 磷酸盐标准溶液(3.9)于 50 mL 容量瓶中，用水稀释至约 40 mL，然后按 5.1.2 及 5.1.3 操作。其对应的磷的质量分别为 0、2 μg、4 μg、6 μg、8 μg、10 μg、12 μg、14 μg、16 μg、18 μg、20 μg。

5.2.2 以磷的质量为横坐标，其对应的吸光度为纵坐标，绘制标准曲线。

6 结果计算

正磷酸盐磷的含量按式(1)计算：

$$P_{PO_4}^{3-} = \frac{m}{V} \tag{1}$$

式中：

$P_{PO_4}^{3-}$——正磷酸盐磷含量的数值，单位为毫克每升(mg/L)；

m——由标准曲线上查得相应正磷酸盐磷质量的数值，单位为微克(μg)；

V——所取水样体积的数值，单位为毫升(mL)。

结果计算到小数点后三位，修约至两位。

7 精密度

煤矿水中正磷酸盐磷测定的重复性限应符合表 1 规定。

表 1 煤矿水中正磷酸盐磷测定的重复性限

$P_{PO_4}^{3-}$ mg/L	绝对重复性限 mg/L	相对重复性限 %
≤0.1	≤0.01	
>0.1		≤10

ICS 13.060.30
Z 23
备案号:34139—2012

MT

中华人民共和国煤炭行业标准

MT/T 743.3—2011
代替 MT/T 743.3—1997

煤矿水中水解性磷酸盐磷的测定方法

Determination of phosphorus in hydrolysable phosphate in mine water

2011-11-16 发布 2012-05-31 实施

国家安全生产监督管理总局 发布

前　言

本部分根据 GB/T 1.1—2009《标准化工作导则》和 GB/T 20001.4—2001《标准编写规则　第 4 部分:化学分析方法》的规定,对 MT/T 743.3—1997《煤矿水中水解性磷酸盐磷的测定方法》进行修订。

本部分从生效之日起代替 MT/T 743.3—1997《煤矿水中水解性磷酸盐磷的测定方法》。

本部分由中国煤炭工业协会提出。

本部分由全国煤炭标准化技术委员会归口。

本部分起草单位:重庆地质矿产研究院。

本部分主要起草人:浮爱青、李玉芳、许玲、李金平。

本部分所代替部分的历次版本发布情况为:

——MT/T 743.3—1997。

煤矿水中水解性磷酸盐磷的测定方法

1 范围

本部分规定了用磷钼蓝分光光度法测定煤矿水中水解性磷酸盐磷含量的测定方法。

本部分适用于煤矿水中水解性磷酸盐磷含量的测定。本部分测定水解性磷酸盐磷的含量范围为 0.01 mg/L～0.80 mg/L。

2 原理

将多磷酸盐和一些有机磷化合物,用硫酸水解后转化为可与钼酸盐反应的正磷酸盐,用抗坏血酸还原生成磷钼蓝络合物,在波长 700 nm 处测定其吸光度,求得水解性磷酸盐磷的含量。

3 试剂

3.1 硫酸溶液[$c(H_2SO_4)=9$ mol/L]:将 500 mL 硫酸(GB 625)在不断搅拌下,缓慢加入到 500 mL 水中,混匀。

3.2 硫酸溶液[$c(H_2SO_4)=4.5$ mol/L]:将 200 mL 硫酸溶液(3.1)在不断搅拌下,缓慢加入到 200 mL 水中,混匀。

3.3 硫酸溶液[$c(H_2SO_4)=2$ mol/L]:将 110 mL 硫酸溶液(3.1)在不断搅拌下,缓慢加入到 300 mL 水中,用水稀释至 500 mL,混匀。

3.4 氢氧化钠溶液[$c(NaOH)=2$ mol/L]:称取 80 g 氢氧化钠(GB/T 629)溶于水中,冷却并用水稀释至 1 000 mL,摇匀,贮存于聚乙烯瓶中。

3.5 抗坏血酸溶液(100 g/L):称取 10 g 抗坏血酸,用水溶解,稀释至 100 mL。现用现配。

3.6 酸性钼酸铵酒石酸锑钾混合溶液:溶解 13 g 钼酸铵[$(NH_4)_6Mo_7O_{24} \cdot 4H_2O$](GB 657)于 100 mL 水中。溶解 0.35 g 酒石酸锑钾$\left[KSbC_4H_4O_7 \cdot \frac{1}{2}H_2O\right]$(JISK 8553)于 100 mL 水中。不断搅拌下将钼酸盐溶液加入到 300 mL 硫酸溶液(3.1)中,再加上述酒石酸盐溶液,混匀。该试剂若贮存在棕色玻璃瓶中,至少可稳定 60 d。

3.7 硫代硫酸钠溶液(12 g/L):溶解 1.2 g 硫代硫酸钠[$Na_2S_2O_3 \cdot 5H_2O$](GB/T 637)于 100 mL 水中,加入 50 mg 无水碳酸钠(GB/T 639),混匀。贮于棕色玻璃瓶中。

3.8 磷酸盐标准贮备溶液:磷的浓度相当于 50 mg/L。准确称取于 105 ℃～110 ℃干燥至恒重的磷酸二氢钾(GB 6853,优级纯)0.219 7 g 溶于约 800 mL 水中,转移至 1 000 mL 容量瓶中,加 10 mL 硫酸溶液(3.2),并用水稀释至刻度,摇匀。

3.9 磷酸盐标准溶液:磷的浓度相当于 2 mg/L。用移液管准确吸取 10.0 mL 磷酸盐标准贮备溶液(3.8)至 250 mL 容量瓶中,用水稀释至刻度,摇匀。现用现配。

3.10 酚酞溶液:将 0.1 g 酚酞(HG/T 4101)溶于 100 mL 60%乙醇中。

4 仪器

4.1 分光光度计:波长准确度为±3 nm。

4.2 分析天平:感量 0.1 mg。

5 分析步骤

5.1 做两份水样的重复测定

5.1.1 用移液管准确吸取 50 mL 水样于 100 mL 锥形瓶中。

5.1.2 用硫酸溶液(3.2)酸化至 pH 小于 1(可用 pH 试纸鉴定)。置于电热板上微沸 30 min,加水保持体积在 25 mL 以上,取下冷却。加入 2 滴酚酞溶液指示剂(3.10),用氢氧化钠溶液(3.4)调至微红色,再用硫酸溶液(3.3)调至红色刚消失,将溶液转移至 50 mL 容量瓶中,并用水稀释至约 40 mL。

5.1.3 在摇动下,向容量瓶中加入 1 mL 抗坏血酸溶液(3.5)和 2 mL 酸性钼酸铵酒石酸锑钾混合溶液(3.6),用水稀释至刻度,混匀,放置约 15 min。

5.1.4 用 1 cm 比色皿,在分光光度计上于波长 700 nm 处,以标准系列 0 为参比,测定其吸光度。

5.1.5 如有砷干扰,按下述步骤测定:用移液管准确吸取 50 mL 水样于 100 mL 锥形瓶中,用硫酸溶液(3.2)酸化至 pH 小于 1,置于电热板上微沸 30 min,加水保持体积在 25 mL 以上,取下冷却,加 1 mL 硫代硫酸钠溶液(3.7),加 2 滴酚酞溶液(3.10)指示剂,用氢氧化钠溶液(3.4)调至微红色,再用硫酸溶液(3.3)调至红色刚消失。补加 0.5 mL 硫酸溶液(3.3),将此溶液转入 50 mL 容量瓶中,并用水稀释至约 40 mL,再按 5.1.3 步骤进行操作。用 1 cm 比色皿,在分光光度计上于波长 700 nm 处以标准系列 0 为参比,10 min 内测定吸光度。

5.2 标准曲线的绘制

5.2.1 用移液管分别准确吸取 0、1.0 mL、2.0 mL、3.0 mL、4.0 mL、5.0 mL、6.0 mL、7.0 mL、8.0 mL、9.0 mL、10.0 mL 磷酸盐标准溶液(3.9)于 100 mL 锥形瓶中,用水稀释至约 40 mL,然后按 5.1.2~5.1.4 操作。其对应的磷的质量分别为 0、2 μg、4 μg、6 μg、8 μg、10 μg、12 μg、14 μg、16 μg、18 μg、20 μg。

5.2.2 以磷的质量为横坐标,对应的吸光度为纵坐标,绘制标准曲线。

6 结果计算

水解性磷酸盐磷的含量用式(1)计算:

$$P_{\mathrm{hy}}=\frac{m}{V}-\mathrm{P}_{\mathrm{PO4}}^{3-} \qquad (1)$$

式中:

P_{hy}——水解性磷酸盐磷含量的数值,单位为毫克每升(mg/L);

m——由标准曲线上查得水解性磷酸盐磷质量的数值,单位为微克(μg);

V——所取水样体积的数值,单位为毫升(mL);

$\mathrm{P}_{\mathrm{PO_4}}^{3-}$——正磷酸盐磷含量的数值,单位为毫克每升(mg/L)。

结果计算到小数点后三位,修约至两位。

7 精密度

煤矿水中水解性磷酸盐磷测定的重复性限应符合表 1 规定。

表 1 煤矿水中水解性磷酸盐磷测定的重复性限

P_{hy} mg/L	绝对重复性限 mg/L	相对重复性限 %
≤0.1	≤0.01	
>0.1		≤10

ICS 13.030.99
E 33
备案号:1064—1998

MT

中华人民共和国煤炭行业标准

MT/T 744—1997

煤矿水中总α和总β放射性测定方法

Determination of the gross α and gross β radioactivity of the groundwater in coal mines

1997-12-12 发布

1998-07-01 实施

中华人民共和国煤炭工业部　　发布

前　　言

本标准是在 GB 5750—85 有关总 α 放射性、总 β 放射性两项测定方法的基础上，根据我国煤矿地下水的特性而制定的。

本标准由煤炭工业部科技教育司提出。

本标准由全国煤炭标准化技术委员会归口。

本标准由煤炭科学研究总院杭州环境保护研究所起草。

本标准起草人：陈维维、姚立新、卜贻孙。

本标准由煤炭科学研究总院杭州环境保护研究所负责解释。

中华人民共和国煤炭行业标准

煤矿水中总 α 和总 β 放射性测定方法

MT/T 744—1997

Determination of the gross α and gross β radioactivity of the groundwater in coal mines

1 范围

本标准规定了煤矿水中总 α 和总 β 放射性的比较测量法

本标准适用于煤矿矿井水、深井水总 α、总 β 放射性的测定。

2 方法提要

本标准采用蒸干法制备样品源，以八氧化三铀、氯化钾分别作为总 α、总 β 测定的标准源，用低本底 α、β 测量仪测定样品的总 α 和总 β 放射性浓度。

3 定义

本标准采用下列定义。

煤矿水中总 α 放射性指煤矿矿井水、深井水中除氡以外的所有 α 辐射体，包括天然和人工核素的总 α 放射性浓度。

煤矿水中总 β 放射性指煤矿矿井水、深井水中（不包括在本标准条件下属挥发性核素，如氚）的天然和人工核素的总 β 放射性浓度。

4 试剂

4.1 盐酸：$c(HCl)=6\ mol/L$。用水将 240 mL（$\rho=1.19\ g/mL$）盐酸（GB/T 622）稀释至 500 mL。

4.2 盐酸：$c(HCl)=0.5\ mol/L$，用水将 20 mL（$\rho=1.19\ g/mL$）盐酸（GB/T 622）稀释至 500 mL。

4.3 碳酸氢钠溶液：将 40 g 碳酸氢钠（GB/T 640）用水稀释至 1000 mL。

4.4 硫酸镁溶液：将 40 g 七水硫酸镁（GB/T 671）用水稀释至 1000 mL。

4.5 氯化钙溶液：将 30 g 无水氯化钙用水稀释至 1000 mL。

4.6 氯化钾：优级纯（GB/T 646）。

4.7 铀标准溶液：取八氧化三铀（U_3O_8）置于 500 ℃的马弗炉中灼烧 20 min，冷却后准确称取 0.479 g，用盐酸溶液（4.1）（50～100）mL 将其转入 500 mL 烧杯中，加热溶解、冷却，将溶液转入 1000 mL 容量瓶中，用水洗烧杯三次，洗涤液并入容量瓶中，用水定容，摇匀。此铀标准溶液的浓度为 10 Bq/mL。

5 仪器设备

5.1 低本底 α、β 测量仪：单位面积的平均 α 本底计数率 $(24\ hr)^{-1}cm^{-2}\leqslant 7$。

5.2 分析天平：感量 0.0001 g。

5.3 马弗炉。

5.4 电热恒温干燥箱。

5.5 电炉。

中华人民共和国煤炭工业部 1997-12-12 批准　　　　1998-07-01 实施

5.6　红外线干燥灯。

5.7　烧杯：2000 mL；1000 mL；500 mL。

5.8　干燥器。

5.9　压样器。

5.10　滤膜：孔径 0.45 μm。

5.11　瓷蒸发皿：50 mL。

5.12　移液管：10 mL，1 mL。

5.13　研钵。

6　测定步骤

6.1　样品处理

6.1.1　水样采集后每升水样应及时添加盐酸(4.1)约 2 mL，使 pH＜2。

6.1.2　如矿井水中有悬浮物质，先用滤膜(5.10)过滤，再用少量盐酸(4.2)洗涤滤膜 2～3 次。

6.1.3　取 1000 mL 水样或经过滤后的水样倒入 2000 mL(5.7)烧杯中缓慢蒸发浓缩到约 30 mL 左右。

6.1.4　将烧杯中少量浓缩液转入已恒重的瓷蒸发皿(5.11)中，以数滴盐酸(4.2)润湿烧杯壁，用带橡皮头的玻璃棒擦洗烧杯壁三次，洗涤液转入瓷蒸发皿中，继续蒸发至近干。

6.1.5　将瓷蒸发皿置于电热恒温干燥箱(5.4)内，在 103 ℃～105 ℃范围内烘 1 h，放入干燥器(5.8)中冷却至室温，准确称量浓缩成的固体物质总质量(M_x)。

6.1.6　用镍铬匙将固体残渣从蒸发皿中刮出，转移到研钵(5.13)中，研细、混匀。

6.2　标准源制备

6.2.1　α 标准源制备

在 2000 mL 烧杯中加水约 900 mL 再准确加入碳酸氢钠(4.3)、硫酸镁(4.4)，氯化钙(4.5)溶液各 10.0 mL 及 1.00 mL 铀标准溶液(4.7)，混匀。以下步骤按(6.1)制成固体粉末标准源，并称量总固体质量(M_s)。

6.2.2　β 标准源制备

取一定量氯化钾(4.6)放入玻璃研钵中，研细，装入称量瓶中，在干燥箱内 120 ℃烘 30 min，在干燥器中冷却备用。此氯化钾的比活度为 1.47×10^{-2} Bq/mg。

6.3　放射性测量

6.3.1　α、β 测量源制备

分别取一定量研细、混匀后的 α 标准源粉末(6.2.1)和待测样品固体粉末(6.1.5)均匀铺在两个事先已称量的样品盘内，厚度应大于有效厚度[1)]，用压样器(5.9)压匀样品后，再准确称量样品盘内待测样品质量(W_0)。对于 18 mm 直径样品盘，取样量以 100 mg 左右为宜。样品盘经红外灯干燥后在干燥器中冷却待测。

6.3.2　β 工作曲线

在预先已称量的样品盘内，分别称取氯化钾标准源(6.2.2)50，75，100，125，150 mg，铺匀压实，分别测定 β 计数率 $N_{\beta s}$ 和仪器本底计数率($N_{\beta o}$)，以净 β 计数率($N_{\beta s}-N_{\beta o}$)为纵坐标，氯化钾质量(m_s)为横坐标，绘制工作曲线。每次测定计数时间不少于 20 min。

6.3.3　总 α、总 β 放射性测定

将样品盘放入低本底 α、β 测量仪中，按相同的几何条件，测定 α 标准源(6.3.1)和待测样品的总 α 计

1)　有效厚度测量：取 α 标准源粉末，制成厚度不等的测量源，在低本底 α、β 测量仪上用 α 道测定这一系列源的总 α 计数，同时测定仪器的本底计数。以测得的总 α 净计数率对测量源厚度(mg/cm^2)作图，延长自吸收曲线的斜线线段和水平线段，其相交点对应厚度即为有效厚度。

数率 $N_{\alpha s}$ 和 N_{α}，以及待测样品的总 β 计数率 N_{β}。同时测定仪器的 α 和 β 本底计数率 $N_{\alpha 0}$ 和 $N_{\beta 0}$。计数测定时间以 600～1000 min 为宜。

6.4 **结果表述**

6.4.1 总 α 结果计算

$$C_{\alpha}=\frac{C_{s}\cdot V_{s}\cdot M_{X}(N_{\alpha}-N_{\alpha 0})}{V\cdot M_{s}(N_{\alpha s}-N_{\alpha 0})} \qquad (1)$$

式中：

C_{α}——待测水样的总 α 放射性浓度，Bq/L；

C_{s}——铀标准溶液的总 α 放射性浓度，Bq/mL；

V_{s}——铀标准液的体积，mL；

M_{s}——浓缩含铀标准液的水样后制得的固体物质总质量，mg；

M_{X}——浓缩待测水样后制得的固体物质总质量，mg；

V——待测水样体积，L；

N_{α}——待测样品的总 α 计数率，cpm；

$N_{\alpha s}$——标准源的总 α 计数率，cpm；

$N_{\alpha 0}$——测量装置的 α 本底计数率，cpm。

6.4.2 总 β 结果计算

$$C_{\beta}=\frac{1.47\times 10^{-2}\cdot M_{X}(N_{\beta}-N_{\beta 0})}{V\cdot(N_{\beta s}-N_{\beta 0})} \qquad (2)$$

式中：

C_{β}——待测水样的总 β 放射性浓度，Bq/L；

M_{X}——待测水样蒸发后制得的固体物质总质量，mg；

V——待测水样体积，L；

N_{β}——待测水样的 β 计数率，cpm；

$N_{\beta 0}$——测量装置的 β 本底计数率，cpm；

$(N_{\beta s}-N_{\beta 0})$——样品盘中称得固体物质量($M_{0}$)在 β 工作曲线中查得相同质量 KCl 标准源所对应的标准源净计数率，cpm；

1.47×10^{-2}——KCl 比活度，Bq/mg。

6.4.3 数字修约和报出

测定结果以单次测定值报出，保留二位有效数字。